EDA 应用技术

LabVIEW 编程详解

宋 铭 编著

电子工业出版社

Publishing House of Electronics Industry

北京·BEIJING

内 容 简 介

本书系统、全面地讲解了 LabVIEW 的编程技术，主要内容包括 LabVIEW 开发环境介绍、数据结构、程序结构、属性节点、子 VI 与内存管理、多线程应用、程序设计模式、动态调用、常用控件的编程、文件操作、程序界面构建、面向对象编程、LabVIEW 与外部组件的通信、LabVIEW 与硬件的通信、应用程序制作和安装包的生成。本书的特色是实例多，作者将多年的编程经验精心制作为例题，例题中的程序代码反映了 LabVIEW 编程中的重点和难点，而且浅显易懂，可以满足不同层次读者的需要。LabVIEW 的编程思想和传统的文本编程语言是有差别的，书中很多程序代码提供了多种实现方法，通过这种举一反三的形式帮助读者理解 LabVIEW 的编程思想。

本书适合从事虚拟仪器开发的工程技术人员阅读使用，也可作为高等学校相关专业的教学用书。

图书在版编目（CIP）数据

LabVIEW 编程详解/宋铭编著 . —北京：电子工业出版社，2017.5
（EDA 应用技术）
ISBN 978 − 7 − 121 − 31361 − 5

Ⅰ . ①L… Ⅱ . ①宋… Ⅲ . ①软件工具 − 程序设计 Ⅳ . ①TP311.56

中国版本图书馆 CIP 数据核字（2017）第 077639 号

策划编辑：张 剑（zhang@ phei. com. cn）
责任编辑：苏颖杰
印 刷：北京虎彩文化传播有限公司
装 订：北京虎彩文化传播有限公司
出版发行：电子工业出版社
　　　　　北京市海淀区万寿路 173 信箱 邮编 100036
开 本：787×1092 1/16 印张：38.5 字数：986 千字
版 次：2017 年 5 月第 1 版
印 次：2024 年 7 月第 14 次印刷
定 价：98. 00 元

前　　言

　　LabVIEW 是美国国家仪器公司推出的应用程序开发环境，配合高效的数据采集设备，可以快速构建虚拟测控系统。随着科技的不断进步，传统仪器正逐渐向虚拟仪器方向发展。虚拟仪器具有可编程的特点，借助计算机和通用的数据采集设备，可以编程实现或修改仪器的功能，实现了硬件的可重用性。

　　LabVIEW 是一门高级编程语言，使用 LabVIEW 不仅可以构建虚拟测控系统，还可以开发 Windows 应用程序并能生成程序安装包。由于 LabVIEW 的这些优势，它正逐渐得到广泛应用，国内外高等学校的工科专业一般都开设相关课程，学好 LabVIEW 对专业课的学习也是很有帮助的。对于 LabVIEW 的学习者，尤其是初学者，拥有一本容易入门、系统全面的编程教材是非常重要的。作者从事 LabVIEW 编程多年，在 LabVIEW 程序开发方面积累了大量的实践经验，现将这些经验编写成书奉献给读者，希望对机械、电子、通信等相关专业学生的专业课学习有所帮助。

　　对于 LabVIEW 的学习者，掌握高效的学习方法是学好 LabVIEW 的重要因素。作为一门编程语言，编程实践是极其重要的环节。在作者接触的一些 LabVIEW 学习者中，有很多人说自己的编程水平提高得很慢。这些初学者都是在阅读他人的程序，但自己很少动手编写程序，这是学习编程语言的大忌。编程水平是在编程过程中得到提高的，只有多动手编程，才能尽快熟悉 LabVIEW 的开发环境。学习 LabVIEW 时，应该多动手编程，思考为什么要这样编程，有没有更好的方法实现这段程序，仅通过阅读程序是无法提高编程水平的。根据作者的经验，对于初学者而言，大量抄写已有的程序是快速提高编程水平的好方法。本书中有大量的例题，配套的程序都是作者精心编写并通过调试的。初学者可以按照例题步骤反复抄写例题的程序，以达到熟练掌握这些程序的目的。当已经熟悉了 LabVIEW 的编程环境并可以独立完成 VI 的编写时，可以尝试思考为什么要这样编程，并在理解的基础上独立编写书中例题。在编程时，可以尝试用不同的方法实现一段相同功能的程序，并比较程序运行效率的高低。经过这种举一反三的编程，可以更加深入地理解 LabVIEW 的编程思想。

　　作者本着交流学习的态度撰写本书，由于自身水平有限，书中难免有错误之处，欢迎广大读者提出宝贵意见。如果您对书中的程序代码有更精妙的实现方法，或者指出本书中的错误，可以与作者联系（songming82@163.com）。

宋　铭

目　　录

第1章 初识 LabVIEW

随着计算机技术和集成电路的快速发展，仪器与计算机结合的日益紧密，出现了全新的仪器概念——虚拟仪器。

1.1 虚拟仪器

虚拟仪器技术是利用高性能的模块化硬件，结合高效灵活的软件来完成各种测试、测量和自动化任务的技术。虚拟仪器的核心是软件，"虚拟"是指计算机的程序界面和维持界面工作的程序代码。由于程序界面以及界面的功能可以通过编程修改，所以虚拟仪器有着传统仪器无可比拟的优点——重塑性。

虚拟仪器没有传统仪器的面板，而是在计算机屏幕绘制仪器的控制面板——虚拟仪器的界面。虚拟仪器的界面有与传统仪器类似的按钮、开关、指示灯等，通过鼠标和键盘操作虚拟仪器的界面。

目前有很多虚拟仪器的程序开发环境，以美国国家仪器（NI）公司的 LabVIEW 程序开发系统应用最为广泛。

1.2 LabVIEW

LabVIEW 是美国国家仪器公司推出的一种图形化程序开发环境。LabVIEW 创建之初，是为工程师提供一个便捷地构建软件界面并与外界通信的平台，随着发展它逐渐演变为一种编程语言。美国国家仪器公司关于 LabVIEW 的核心思想是"软件即仪器"：用计算机完成仪器界面构建和仪器功能的实现，配以外围的数据采集设备，构成虚拟测试系统。当需要修改仪器的功能时，只需要重新构建软件界面和程序代码即可。这样的仪器可以通过软件进行重构，它的灵活性和资源的可重用性具有传统仪器无可比拟的优势。

现在，LabVIEW 逐渐发展为一种集成的应用程序开发环境。在 LabVIEW 开发环境中，不仅可以进行程序的编写，还可以将编辑好的文件（VI）生成可执行文件（Windows 操作系统下扩展名为 . exe 的文件）和安装包，在没有安装 LabVIEW 开发环境的计算机上运行。LabVIEW 作为一种编程语言，其作用也是通过程序让计算机完成指定任务，但是它与其他计算机语言的显著区别是：LabVIEW 是使用图形化的"G 语言"编写程序，产生的程序是框图的形式。

在 LabVIEW 编程环境下开发的程序，文件的扩展名是". vi"，所以 LabVIEW 程序又称 VI。在 Windows 操作系统下，所有应用程序（可执行文件）的扩展名都是 . exe，这样一个疑问就产生了——为什么 LabVIEW 程序的扩展名是 . vi 呢？实际上，在 LabVIEW 编程环境下编写的 LabVIEW 程序或者说 VI 都不是应用程序，这些程序（VI）只能在 LabVIEW 开发环境下打开。如果计算机没有安装 LabVIEW 软件开发环境，这些扩展名为 .vi 的文件是无法打开的。要想在没有安装 LabVIEW 软件开发环境的计算机上打开一个 LabVIEW 程序，需要将 VI 程序制作为扩展名为 .exe 的可执行文件并在计算机中安装 LabVIEW 运行引擎。至于怎样将 LabVIEW 程序制作为扩展名为 .exe 的可执行文件，将在以后的章节中介绍。

1. LabVIEW 开发环境

LabVIEW 开发环境就是指 NI 公司推出的 LabVIEW 编程软件。LabVIEW 编程软件一般分为试用版和专业版，试用版有使用时间的限制。安装好 LabVIEW 软件并打开，就可以进入 LabVIEW 启动界面，如图 1-1 所示。

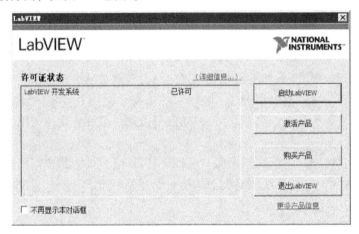

图 1-1　LabVIEW 启动界面

单击"启动 LabVIEW"按钮，进入 LabVIEW 导航界面，如图 1-2 所示。

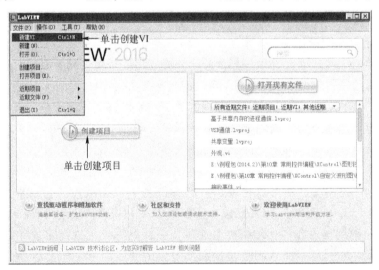

图 1-2　LabVIEW 导航界面

在 LabVIEW 导航界面左上角"文件"选项中单击"新建 VI"，可以创建一个 LabVIEW 的基本编程单元（VI），单击"创建项目"可以创建一个新项目，LabVIEW 中的项目相当于一个工程。一个项目中一般包含多个 VI 和子 VI 以及一些其他支持文件（如 DLL 动态连接库文件）。LabVIEW 中的项目一般用于组建一个大型应用程序。

如图 1-3 所示，一个完整的 VI 包含两个部分：前面板和程序框图。VI 的前面板用于构建桌面程序的界面，程序框图用于构建程序代码以实现程序的功能。通过 VI 前面板或者程序框图菜单项"窗口—显示程序框图/显示前面板"可以切换 VI 前面板和程序框图，使用"Ctrl + E"组合快捷键也可以实现 VI 前面板和程序框图的切换。

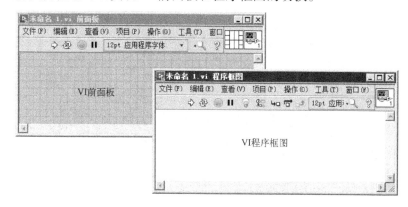

图 1-3　VI 的前面板和程序框图

2. LabVIEW 学习方法

对于如何快速高效地学习 LabVIEW，是每个入门者都关心的问题。LabVIEW 的学习方法主要有两点：第一，多练习、多编程、多思考；第二，善于使用 LabVIEW 的帮助文档。

LabVIEW 的初学者应该先照葫芦画瓢，根据已有的程序框图抄写程序，熟悉 LabVIEW 的控件、函数以及 LabVIEW 的编程环境。对于初学者而言，抄写程序是非常关键的学习阶段，在这个阶段应该抄写大量的程序以达到尽快熟悉 LabVIEW 编程环境的目的。学习是一个积累的过程，很多初学者都感觉这一阶段枯燥乏味，因而跳过这一阶段直接尝试自己编程，由于没有抄写程序这一阶段的知识积累，所以并没有熟悉 LabVIEW 编程环境往往处处碰壁，为寻找一个控件或者函数而大费周折，使得编程效率极其低下。面对一次次打击，有部分初学者渐渐失去了学习 LabVIEW 的兴趣，最终放弃抄写程序的重要性可见一斑，这是熟悉 LabVIEW 编程环境的重要途径，应该引起读者的重视。本书中配有详细的例题，均有详细的编程步骤。请初学者按照例题步骤反复抄写每道例题的程序，以达到熟练掌握这些例题的目的，这对 LabVIEW 编程水平的提高是大有帮助的；当已经熟悉了 LabVIEW 的编程环境并可以独立完成 VI 的编写时，可以尝试思考为什么要这样编程，弄清楚程序的含义并在理解的基础上独立编写每章中的例题；当已经比较熟练地掌握了 LabVIEW 编程之后，可以尝试用不同的方法实现一段相同功能的程序，并比较程序运行效率的高低。经过这种举一反三的编程，可以更加深入地理解 LabVIEW 的编程思想。

LabVIEW 开发环境中集成了许多功能非常强大的函数、属性节点、调用节点等集成组件，借助这些集成组件可以快速建立实际应用，这也是 LabVIEW 相对于其他编程语言的优势。但是，LabVIEW 中集成组件的数目巨大，程序开发人员要掌握所有这些集成组件的用法几乎是不可能的，也是没有必要的。在 LabVIEW 的学习过程中，读者应该善于使用 Lab-VIEW 提供的帮助文档，这些帮助文档提供了对各种编程元素详细的解释，读者不仅可以利用其辅助程序设计，还可以利用其进行学习，拓展 LabVIEW 知识面。

1.3   LabVIEW 的控件

LabVIEW 程序界面用于人机交互，实现对外界的控制和显示外界输入的物理量。控制和显示功能需要借助相应的控件实现：显示一个动态波形，就需要一个波形显示控件；向外界发出一个开关指令，就需要一个布尔按钮控件。LabVIEW 中的控件属于 VI 前面板的对象，在程序框图中是无法放置的。

如图 1-4 所示，在 VI 前面板中创建了三个控件：数值显示控件——液罐、字符串输入控件、布尔按钮。每个 LabVIEW 控件由两部分组成：VI 前面板中的控件本体和程序框图中对应的接线端子。

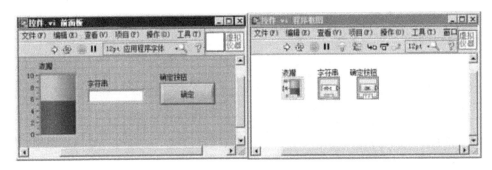

图 1-4   VI 前面板的控件和程序框图中的接线端子

在 LabVIEW 中，同一个控件有两种存在状态：输入状态和显示状态。当控件处于输入状态时，称为输入控件或控制器，具有控制功能；当控件处于显示状态时，称为显示控件或指示器，具有指示功能。图 1-4 中的控件"字符串"和"确定按钮"是控制器，而"液罐"是指示器。对于每个 VI 前面板中的控件，在程序框图中都有与其关联的接线端子用于编程。可以通过键盘或鼠标向数值输入控件输入数据，并通过程序框图中与其对应的接线端子获取输入的数据供程序使用。经过程序运算的结果可以通过显示控件在程序框图中的接线端子传递到显示控件中，使数据在前面板显示控件中显示。

1. 控件选板

VI 前面板的各种控件资源都在"控件选板"中，有以下两种办法可调出"控件选板"。

（1）通过快捷菜单调出"控件选板"：在 VI 前面板任意位置处右击。

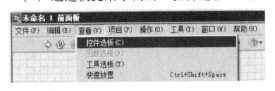

图 1-5   通过菜单调出"控件选板"

（2）通过菜单调出"控件选板"：如图 1-5 所示，单击 VI 前面板菜单项"查看—控件选板"。

默认的情况下，"控件选板"并不在窗口的顶层，如果此时鼠标在前面板进行其他操作，则"控件选板"将消失。将"控件选板"左上角的图钉样按钮按下，"控件选板"就可以一直保留在 VI 前面板的顶层了。如图 1-6 所示，默认情况下"控件选板"处于缩进的精简模式，单击"控件选板"最下边的扩展按钮可以切换"控件选板"的缩进和展开状态。控件选板中的"搜索"按钮非常实用，单击可以调出搜索界面，用来搜索 LabVIEW 的控件或函数。LabVIEW 的初学者对 LabVIEW 的编程环境并不熟悉，要查找某个控件或函数是比较困难的，在搜索界面中输入要调用的控件或函数的名称，可以将其快速定位在"控件选板"或"函数选板"中。

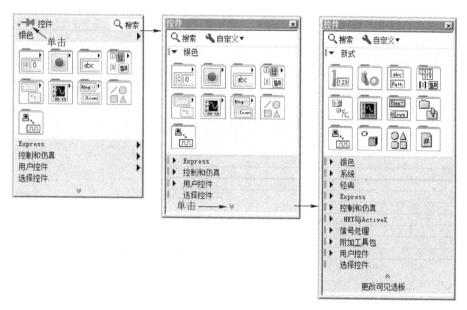

图 1-6　保持"控件选板"在窗口顶层并展开各项

在展开的"控件选板"中有"新式"、"银色"、"系统"、"经典"、"Express"、"控制设计与仿真"等选项。单击左边的黑色实心三角按钮可以展开这些选项，看到构建程序界面的基本控件。单击"新式"选项，其中有很多图标选项，单击这些图标选项可以继续展开。如图 1-7 所示，单击"字符串与路径"，就可以看到字符串输入控件、字符串显示控件、组合框控件、文件路径输入控件、文件路径显示控件。

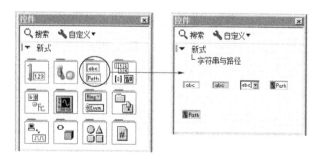

图 1-7　展开"控件选板"

在一般的 LabVIEW 程序设计中，常用的控件都在"新式"、"系统"、"经典"这三个子选板下。这三个子选板中的控件功能是差不多的，只是分别使用了三种不同的图形显示风格：新式风格、系统风格、经典风格，分别对应了 3D 风格、Windows 操作系统类型的风格、传统仪器界面的风格。表 1-1 中列出了"新式"子选板中各图标所包含的控件，这些图标中包含了构建 LabVIEW 程序将用到的大多数控件。

表 1-1　LabVIEW 中常用的控件

图　标	名　称	包含的控件
	数值	数值类型的输入控件和显示控件
	布尔	布尔类型的输入控件和显示控件
	字符串与路径	字符串、路径的输入控件和显示控件及组合框控件
	数值、矩阵与簇	数组、簇、矩阵、错误簇控件
	列表、表格和树	列表框、表格、树形控件等高级控件
	波形	波形显示控件
	下拉列表与枚举	各种下拉列表和枚举控件
	容器	分隔栏、ActiveX 容器、选项卡、子面板等控件
	I/O	与仪器 I/O 相关的控件
	变体与类	变体与 LabVIEW 对象
	修饰	各种样式的前面板修饰
	引用句柄	各种引用句柄控件

2. 创建控件

通过"VI 前面板—控件选板—新式—数值",可以获取与数值类型相关的控件。将数值输入控件的图标拖到 VI 前面板合适位置,就可以在 VI 前面板上创建一个数值输入控件,如图 1-8 所示。

在 LabVIEW 中,输入控件、显示控件、常量之间是可以转换的。在 VI 程序框图中找到 VI 前面板控件对应的接线端子,在接线端子上右击,在弹出的快捷菜单中选择"转换为显示控件/输入控件"或者"转换为常量",可以实现输入控件、显示控件、常量这三者之间的相互转换。输入控件和显示控件既是 VI 前面板的对象,又是程序框图的编程元素,在程序框图中都有与输入控件或显示控件对应的接线端子。常量是编程时给定的固定值,它只属于程序框图,只在程序框图中存在。

控件被创建后,可以调整控件在 VI 前面板中的位置和大小。将鼠标光标靠近控件,当光标变为图 1-9 所示状态时用鼠标按住控件并拖动,可以分别达到改变控件在 VI 前面板中的位置和调整控件大小的目的。

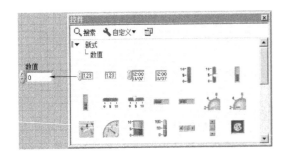

图 1-8　创建一个数值输入控件

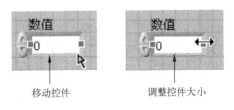

图 1-9　移动控件位置与调整控件大小

3. 自动生成控件

在 VI 的程序框图中，可以通过接线端子自动
生成控件，这样既快捷又能自动匹配数据类型，
是编程中常用的做法。将鼠标光标移动到 VI 程序
框图的某个节点上并右击，在弹出的快捷菜单中
选择"创建—输入控件/显示控件/常量"，Lab-
VIEW 将根据节点的数据类型自动创建控件或常
量。如图 1-10 所示，在" +1"函数的输出端子
上右击，在弹出的快捷菜单中选择"创建—显示
控件"，可以为" +1"函数创建一个匹配数据类
型并自动连线到输出端子的数值显示控件。

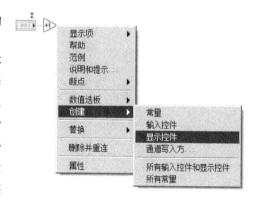

图 1-10　自动创建控件

4. 控件种类

LabVIEW 中常用的控件包括数值控件、字符串控件、布尔控件、数组控件、簇控件、
图形显示控件等。LabVIEW 中相同的控件一般有三种风格：新式、系统、经典。

1）数值控件　如图 1-11 所示，新式风格的数值控件具有 3D 显示效果。通过"VI 前
面板—控件选板—新式—数值"，可以获取新式风格的数值控件。

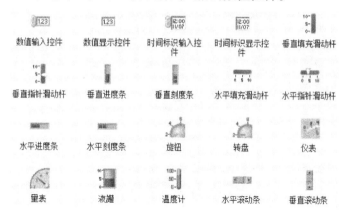

图 1-11　新式风格的数值控件

图 1-12 所示，系统风格的数值控件具有与 Windows 操作系统控件相似的风格。通过
"VI 前面板—控件选板—系统—数值"，可以获取系统风格的数值控件。

图 1-12　系统风格的数值控件

图 1-13 所示，经典风格的数值控件具有与传统仪器面板相似的风格。通过"VI 前面板—
控件选板—经典—经典数值"，可以获取系统风格的数值控件。

图 1-13　经典风格的数值控件

将鼠标移动到控件上并右击，可以在 VI 编辑状态下调出控件的快捷菜单，实现控件的一些常用操作。下面以数值输入控件为例，详细介绍控件快捷菜单的功能。

（1）显示项：通过"显示项"可以实现控件某些部分的显示与隐藏，不同控件的显示项内容是不一样的。如图 1-14 所示，数值输入控件由标题或标签、单位标签、基数、增减量按钮五部分组成。默认的情况下，新创建的数值输入控件只显示控件标签和增减量按钮。

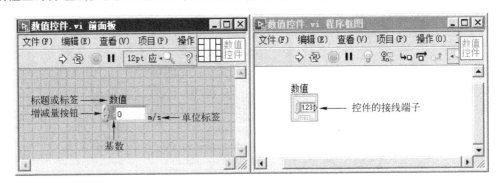

图 1-14　数值输入控件的组成部分

☺ 标签：标签是 LabVIEW 控件的身份 ID，LabVIEW 通过控件的"标签"识别控件。控件标签只能在编辑状态下修改，即使通过属性节点也无法在 VI 运行状态下修改控件标签。如果在程序的运行过程中用属性节点强制修改控件的标签，则 LabVIEW 将报错，这类似于正在运行的 Word 文档不允许修改它在硬盘上的名称。在 VI 编辑状态下，标签是可以修改的，将光标定位在标签文本某处或在标签文本上双击，高亮选中标签文本，即可修改。

> 【注意】虽然标签是控件的身份 ID，但是它不具有唯一性，同一个 VI 中允许多个控件具有相同的标签。另外，VI 程序框图中的函数、循环结构等也有标签，通过快捷菜单同样可以查看。

☺ 标题：标题是 LabVIEW 控件的名称，在 VI 编辑状态下可以直接将光标定位到控件标题，对控件标题进行修改；在 VI 运行状态下需要通过属性节点修改控件标题。当一个控件被创建时，默认的情况下不显示标题，勾选控件快捷菜单项"显示项—标题"，可以将控件标题切换到可视状态。

☺ 单位标签：单位标签是数值控件的量纲，新创建的数值控件在默认的情况下不显示单位标签，勾选控件快捷菜单项"显示项—单位标签"，可以将控件的单位标签切换到可视状态。当单位标签显示时，数值控件尾部将出现文本输入光标，此时可以输入该数值控件的单位（量纲）。

【注意】控件的单位标签一般是国际单位的标准英文符号，如果输入单位标签不符合格式要求，LabVIEW 将无法识别该量纲并在后面出现 "?"，如图 1-15 所示。

数值控件的单位标签可以随数值控件自动进行四则运算，如图 1-16 所示，物体所受合外力除以物体的质量等于物体的加速度。力的量纲是牛顿（N），质量的量纲是千克（kg），LabVIEW 自动计算并赋予数值显示控件 "加速度" 的单位是 m/s^2。

图 1-15　数值控件的单位标签　　　　　　　　图 1-16　单位标签的算数运算

☺ 基数：基数描述的是数值的进制，数值控件可以表示的进制有：二进制、八进制、十进制、十六进制。只有当数值控件的数据类型设置为整型时，数值控件中的数据才能进行数制的切换，浮点数没有进制的转换。通过控件快捷菜单项 "表示法"，可以进行数据类型的切换。

将数值控件的数据类型设为整型后，就可以在属性对话框的 "显示格式" 选项页中设置数据的进制了。如图 1-17 所示，通过数值控件快捷菜单项 "显示格式" 或 "属性"，可以进入 "显示格式" 选项页进行进制的设置。

☺ 增减量：如图 1-14 所示，增减量是数值控件左边的按钮，可以使数值控件中的数据按一定的差值递增或递减。

对于双精度浮点数而言，默认情况下的增减量是 1，但是数据增减量的差值是可以调整的。将鼠标光标定位到想要增加或减少的整数位或小数位上，数值控件将在这一位的量级上递增或者递减，如图 1-18 所示。

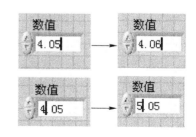

图 1-17　属性对话框的 "显示格式" 选项页　　　　图 1-18　数值控件增减量的量级

　　双精度浮点数默认的光标停留在整数位上，也就是说，增减量的差值为 1。如果想修改这个默认的增减量差值，可以通过属性对话框的"数据输入"选项页中的"增量"选项实现。如图 1-19 所示，将增量设置为"0.01"，数值控件的光标在默认情况下就停留在数值的百分位上，递增或递减的默认值为 0.01。

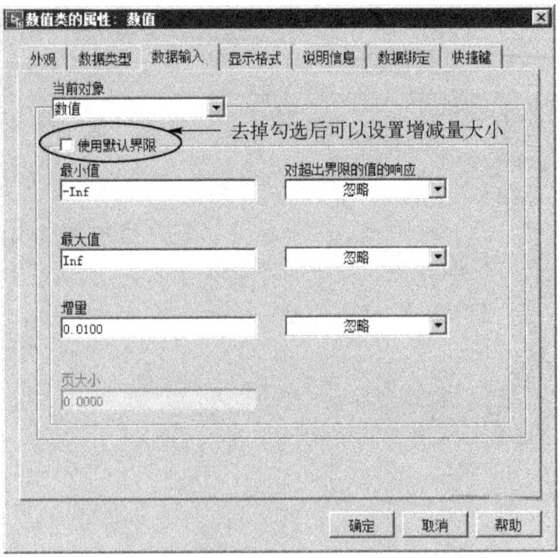

　　（2）查找接线端：单击该菜单项，可以使数值控件在 VI 程序框图中的接线端子高亮显示，同时将 VI 程序框图置为计算机屏幕的顶层窗口。

图 1-19　设置数值控件默认的增减量差值

　　（3）转换为显示（输入）控件：通过该菜单项可以实现输入控件和显示控件的切换，将数值输入控件转换为数值显示控件，或者将数值显示控件转换为数值输入控件。

　　（4）说明和提示：说明和提示是对控件的自定义描述，单击"说明和提示"快捷菜单项可以弹出"说明和提示"对话框。在"说明和提示对话框"中可以输入对控件的描述文本，如图 1-20 所示。

　　编辑好控件的说明文本后，单击 VI 前面板上工具栏最右端的即时帮助窗口按钮，并将鼠标移动到编辑了"说明和提示"的控件上，在即时帮助窗口中将显示预先输入的描述信息，如图 1-21 所示。

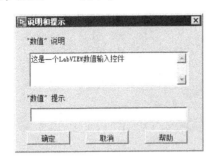

图 1-20　在"说明和提示"
对话框中输入控件描述文本

图 1-21　"即时帮助窗口"显示控件的说明和提示

　　（5）创建：该菜单项用于创建新的 VI 对象，通过该菜单项可以创建与该控件关联的局部变量、控件引用、属性节点、调用节点（方法）。

　　☺局部变量：该菜单项用于创建一个与该控件关联的局部变量，简单地说，局部变量是控件的替身，通过局部变量可以获取或修改控件的值。

　　☺引用：该菜单项用于创建一个该控件的引用句柄，引用句柄是 LabVIEW 中的一种数据类型。控件引用一般连接属性节点或调用节点，通过这些节点可以修改控件的属性。如图 1-22 所示，创建一个数值控件的引用并连接文本类的属性"文本颜色"，将数值控件文本颜色修改为粉红色。

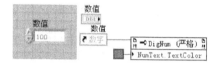

图 1-22　通过控件引用和
属性节点修改控件属性

☺ 属性节点：该菜单项用于创建与控件绑定的属性节点，通过与控件绑定的属性节点可以修改控件的属性，如可见性、控件是否闪烁、控件中文本的字体等。

☺ 调用节点：该菜单项用于创建与控件绑定的调用节点，通过 LabVIEW 的调用节点可以实现高级功能。

（6）替换：将光标移动到该菜单项上时，将弹出 VI 控件选板，可以在 VI 控件选板中选择其他控件替换本控件。

（7）数据操作。

☺ 重新初始化为默认值：该菜单项用于将控件的当前值初始化为默认值。

☺ 当前值设置为默认值：该菜单项用于将控件当前值设置为默认值，当下次打开含有该控件的 VI 时，控件中显示的将是这个默认值。

☺ 复制数据：复制本控件当前数据。

（8）高级。

☺ 快捷键：该菜单项可以调出属性对话框并切换到"快捷键"选项页，在其中可以定义该控件的快捷键。

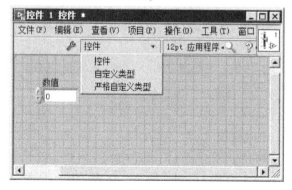

图 1-23　自定义控件的三种类型

☺ 自定义：通过该菜单项可以调出自定义控件窗口，在该窗口中可以在控件基本外观的基础上进一步修改控件的外观，自定义控件需要单独保存。如图 1-23 所示，自定义控件有三种类型：控件、自定义类型、严格自定义类型。如果将控件设置为"自定义类型"或者"严格自定义类型"，那么当自定义控件被修改时，每一处被调用的实例都将自动更新。这是自定义控件的一个很重要的特性，当编写一个大型应用程序时，单独修改程序中用到的多个相同的控件是很麻烦的，也是不可取的做法。将控件定义为自定义类型是一个明智的选择，这样只需要修改其中一个实例（实际上修改了自定义控件在计算机磁盘上的源文件），其他自定义类型的实例将自动更新。

☺ 运行时菜单：该菜单项下有"禁用"和"编辑"两个子菜单选项，分别用于禁用和自定义 VI 运行时控件的快捷菜单。

【注意】VI 编辑状态下和 VI 运行状态下控件的快捷菜单是不同的。VI 编辑状态下，控件的快捷菜单是编程时使用的；而 VI 运行状态下，控件的快捷菜单只有在 VI 运行时才能显示和使用，它是程序功能的一部分，必须通过编程才能响应 VI 运行时控件的快捷菜单。

☺隐藏输入控件：该菜单项可以使控件在前面板处于不可见状态。

☺启用状态：该菜单项包含三个子菜单项：启用、禁用、禁用并变灰。启用表示控件处于正常使用状态，禁用表示控件被禁止使用且无法编辑，禁用并变灰表示控件被禁用而且变成灰色。

（9）将控件匹配窗格：通过该菜单项可以使控件充满整个 VI 前面板窗格，当 VI 前面板大小调整时，该控件可以随所在 VI 前面板窗格的大小变化而变化，并保证充满整个窗格。

（10）根据窗格缩放对象：通过该菜单项可以使控件根据 VI 前面板窗格大小变化而变化，与"将控件匹配窗格"菜单项不同的是，该选项不是使控件充满整个窗格，而是在控件原有大小的基础上随窗格大小变化而按比例自动调整控件自身大小。

（11）表示法：通过该菜单项可以设置控件的数据类型。

（12）数据输入：该菜单项可以调出控件属性对话框的"数据输入"选项页，用户可以进行相关设置。

（13）显示格式：该菜单项可以调出控件属性对话框的"显示格式"选项页，用户可以对数据的精度、显示类型、进制等进行设置。

（14）属性：该菜单项可以调出控件的属性对话框，用户可以在其中对控件属性进行设置。

图 1-24　字符串控件

2）字符串控件　如图 1-24 所示，LabVIEW 的字符串控件用于输入或显示字符。通过"VI 前面板—控件选板—新式—字符串与路径"，可以获取字符串控件。

字符串控件的快捷菜单与数值控件快捷菜单有很多项是相同的，下面讲解不同的菜单项。

（1）正常显示：默认情况下字符串控件都是正常显示模式，即字符显示模式。

（2）"\"代码显示：用十六进制显示字符串，并将一个 8 位字节用反斜杠隔开。

（3）密码显示：字符串内容用星号代替，以达到密码输入的效果。

（4）十六进制显示：字符串内容用十六进制形式显示。

（5）限于单行输入：通过该菜单项可以使字符串控件中的输入字符只能单行编辑，按回车键不换行。

（6）键入时刷新：该功能是针对 VI 运行状态而言的，默认情况下该菜单项不勾选。VI 运行状态下，前面板字符串控件中输入字符后，必须在 VI 前面板任意位置处单击表示确认，字符串输入控件在程序框图中的接线端子才能更新前面板输入的内容。当勾选该菜单项后，在 VI 运行状态下可以时时更新字符串输入控件中的内容，无须单击确认。

（7）启用自动换行：该菜单项在默认是勾选的，当输入字符到达字符串输入控件的文本框边界时，LabVIEW 自动将输入光标切换到下一行。

（8）属性：该菜单项可以调出字符串控件的属性设置对话框。

【例 1-1】编写一个 LabVIEW 程序，在前面板显示"Hellow World"。

本例通过一个字符串常量将"Hellow World"赋给字符串显示控件，VI 的前面板和程序框图如图 1-25 所示。

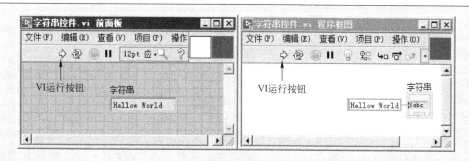

图 1-25　"Hellow World" 程序

方法 1：

（1）新建一个 VI，通过"VI 前面板—控件选板—新式—字符串与路径—字符串显示控件"，在 VI 前面板中创建一个字符串显示控件。

（2）通过"VI 程序框图—函数选板—编程—字符串—字符串常量"，在程序框图中创建一个字符串常量。在字符串常量中输入文本"Hellow World"，连接字符串常量和字符串显示控件。关于 VI 程序框图中的连线操作可以参考 1.5.2 小节中的内容。

（3）单击 VI 前面板或程序框图中的运行按钮，执行一次 VI 程序。

方法 2：

（1）新建一个 VI，通过"VI 前面板—控件选板—新式—字符串与路径—字符串显示控件"，在前面板中创建一个字符串显示控件。

（2）在字符串显示控件的接线端子上右击，在弹出的右键菜单中选择"创建—常量"，LabVIEW 将自动创建一个字符串常量并连线，在字符串常量中输入文本"Hellow World"。

3）布尔控件　如图 1-26 所示，布尔控件用于布尔量的控制和显示，包括指示灯、按钮、开关等控件。通过"VI 前面板—控件选板—新式—布尔"，可以获取 LabVIEW 的布尔控件。

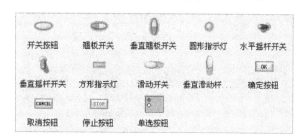

图 1-26　LabVIEW 中的布尔控件

布尔按钮有六种机械触发动作，分别对应不同的触发形式，在编程应用中很重要。

（1）单击时转换：按下按钮时改变按钮的状态（真/假），该状态将保持到下一次按下按钮为止。

（2）释放时转换：按下按钮时按钮状态不发生改变，释放按钮时按钮状态改变。

（3）保持转换直到释放：按下按钮时按钮改变状态，直到释放按钮时按钮才返回原状态。

（4）单击时触发：按下按钮时按钮改变状态，LabVIEW 读取按钮状态后按钮返回原状态。如果 LabVIEW 没有及时读取按钮状态的改变，则按钮将一直保持触发状态直到状态值被读取。

（5）释放时触发：释放按钮时按钮改变状态，LabVIEW 读取按钮状态后按钮返回原状态。如果 LabVIEW 没有及时读取按钮状态的改变，则按钮将一直保持触发状态直到状态值被读取。

（6）保持触发直到释放：按下按钮时按钮改变状态，直到释放按钮且 LabVIEW 读取按钮状态后按钮返回原状态。如果 LabVIEW 没有及时读取按钮状态的改变，则按钮将一直保持触发状态直到状态值被读取。

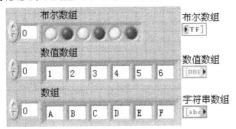

图 1-27　布尔数组、数值数组、字符串数组

4）数组控件　一般称单个的数值量、字符串量、布尔量为标量，而同一数据类型的标量集合就是数组。通过"VI 前面板—控件选板—新式—数组、矩阵与簇—数组"，可以创建一个数组控件，新创建的数组控件是一个没有关联数据类型的空数组。如图 1-27 所示，将不同数据类型的控件拖入数组控件中就可以形成数值数组、布尔数组、字符串数组等不同数据类型的数组。关于数组控件快捷菜单的功能，读者可以参考数值控件的快捷菜单。

5）簇控件　LabVIEW 中的簇数据类型相当于文本语言中的结构体，与簇数据类型对应的输入和显示控件称为簇控件。通过"VI 前面板—控件选板—新式—数组、矩阵与簇—簇"，可以创建一个簇控件，将多种不同或相同的数据类型控件拖入簇控件中就可以形成簇。如图 1-28 所示，是一个三元素的簇，它包含字符串类型、数组类型、布尔类型。簇与数组的区别是：数组是相同数据类型的集合，而簇是不同数据类型的集合。

6）图形显示控件　LabVIEW 中的图形显示控件有波形图表、波形图、XY 图等，关于图形显示控件的用法将在第 10 章中详细介绍。如图 1-29 所示，通过"VI 前面板—控件选板—新式—图形"，可以获取 LabVIEW 的图形控件，实现模拟波形、数字波形、二维图形、三维图形等的绘制。

图 1-28　LabVIEW 簇控件

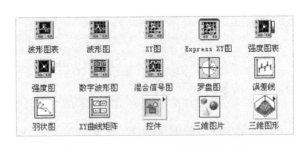

图 1-29　LabVIEW 中的图形显示控件

1.4　LabVIEW 的修饰

LabVIEW 中的修饰是一类特殊的 LabVIEW 对象，它用于修饰 VI 前面板，可以美化程序

界面。如图 1-30 所示，通过"VI 前面板—控件选板—新式—修饰"，可以获取 LabVIEW 的修饰组件。修饰与控件不同，它不仅可以存在于 VI 前面板，而且可以存在于 VI 的程序框图，可以将控件选板中的修饰拖曳到 VI 的程序框图。

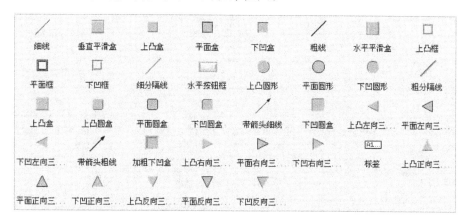

图 1-30　LabVIEW 的修饰

1.5　LabVIEW 编程元素

LabVIEW 采用图性化的 G 语言编程，LabVIEW 的程序是在 VI 程序框图中构建的，主要的编程元素有函数、连线、结构。

1. 函数

如图 1-31 所示，LabVIEW 的函数都在 VI 程序框图的"函数选板"中，与 VI 前面板的"控件选板"一样，有两种办法可调出"函数选板"：在程序框图中右击或通过 VI 菜单项"查看—函数选板"。函数的使用贯穿 LabVIEW 编程的始终，读者应熟练掌握一些常用函数的用法。以后的章节将陆续介绍 LabVIEW 的一些常用函数。

LabVIEW 的函数有数据输入和输出端子，相当于参数和返回值。数据流由函数的数据输入端流入函数，经过函数运算后由函数的输出端输出运算结果。"函数选板"中最常用的是"编程"子选板下的函数，这些函数的功能见表 1-2。

图 1-31　VI 的"函数选板"

表 1-2　"编程"子选板的功能

图　　标	名　　称	功　　能
	结构	LabVIEW 的结构、全局变量、局部变量
	数组	数组函数
	簇、类与变体	簇、类与变体相关的函数

续表

图 标	名 称	功 能
	数值	算术运算函数、数值常量、数值转换函数
	布尔	布尔函数、布尔常量
	字符串	字符串函数、字符串常量
	比较	比较函数
	定时	定时函数、时间计数器
	对话框与用户界面	对话框函数、菜单函数、光标函数、颜色盒常量
	文件 I/O	文件 I/O 函数
	波形	波形操作函数
	应用程序控制	程序控制相关的函数、属性节点、调用节点、类说明符常量、VI 服务器引用等
	同步	通知器、队列、事件发生、信号量、集合点、首次调用
	图形与声音	图形函数、声卡操作函数
	报表生成	报表函数

2. 连线

LabVIEW 是数据流推动的编程语言，数据流在连线中流动，LabVIEW 程序的数据是通过连线在控件、函数以及循环结构之间传递的。LabVIEW 中的"编程"实际上就是连线操作，即将各个节点连接在一起。

如图 1-32 所示，将控件和函数用连线连接在一起就构成了一个完整的 LabVIEW 程序，其功能是实现两个双精度浮点数的加法运算。由于程序中没有使用循环结构，所以单击 VI 前面板工具栏上的"运行"按钮，只能运行一次程序。

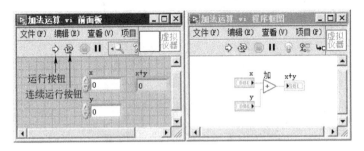

图 1-32　LabVIEW 中的连线编程

在 VI 的程序框图中是这样进行连线操作的：将光标靠近某个接线端子，当光标形状发生改变而且接线端子不断闪烁时，说明已经选中了该接线端子，此时单击，该接线端子将被连接。然后移动光标并伴随有一条虚线产生，将光标移动到想要连接的另一个接线端子上，再次单击实现两节点连线。连线成功后线条变为实线，连线的颜色是由数据类型决定的。

LabVIEW 中不同数据类型的连线颜色、粗细、形状是不同的。例如，浮点型标量之间的连线用橘红色细实线表示；整型标量之间的连线用蓝色细实线表示，布尔标量之间的连线用绿色细虚线表示；一维浮点数组之间的连线用较粗的橘红色实线表示，多维浮点数组之间的连线用更粗的橘红色实线表示。

3. 结构

LabVIEW 中的结构包括循环结构、事件结构、顺序结构、条件结构、程序框图禁用结构等。通过这些结构可以实现复杂的编程，使程序具有强大的功能。通过"VI 程序框图—函数选板—编程—结构"，可以获取 LabVIEW 中的结构，如图 1-33 所示。

图 1-33　LabVIEW 中的结构

循环结构可以实现循环框体内程序代码的循环迭代功能，事件结构可以实现用户事件检测的功能，顺序结构可以实现按照顺序依次执行程序的功能，条件结构用于选择性地执行某些程序代码，程序框图禁用结构可以禁用程序框图中的某些代码。

【例 1-2】 通过自动创建控件编写一个两数相乘的程序。

本例演示了在"乘"函数的输入、输出端子上自动创建输入控件和显示控件。"乘"函数的功能是实现两个数的乘法运算。"乘"函数有两个数据输入端子和一个数据输出端子，将鼠标移动到接线端子上，可以显示接线端子的默认名称。"乘"函数两个数据输入端子的默认名称分别为"x"和"y"，输出端子的默认名称为"x * y"。

（1）新建一个 VI，通过"VI 程序框图—函数选板—编程—数值—乘"，在程序框图中创建一个"乘"函数，可以用鼠标拖动"乘"函数以调整它在程序框图中的位置。

（2）在"乘"函数的两个输入端子上分别右击，在弹出的快捷菜单中选择"创建—输入控件"，LabVIEW 将根据接线端子的数据类型和端子名称为"乘"函数的两个输入端自动创建两个匹配数据类型的数值输入控件："x"和"y"。LabVIEW 在自动创建控件的同时，将自动修改控件标签为函数接口端子的名称，这两个数值输入控件的标签分别被自动修改为"x"和"y"。

【注意】 当光标确实移动到函数的接线端子时，将出现鼠标提示文本，内容是端子的默认名称。如果没有出现鼠标提示文本，则说明光标没有移动到接线端子上，光标应该继续向接线端子靠近，直至确实移动到接线端子上才能进行连线操作。

（3）在"乘"函数的输出端子上右击，在弹出的快捷菜单中选择"创建—显示控件"，为"乘"函数的输出端子自动创建一个浮点数类型的数值显示控件，用于显示计算结果。LabVIEW 创建数值显示控件的同时，将自动修改显示控件的标签为函数的输出端子名称："x∗y"，可以双击标签或将光标定位到标签文本上，修改标签文本为其他名称。

（4）编程到这一步，在 VI 前面板上将出现三个控件：两个数值输入控件和一个数值输出控件。可以用鼠标拖动 VI 前面板控件或控件在程序框图中的接线端子，以调整它们在前面板和程序框图中的位置。

（5）通过"VI 程序框图—函数选板—编程—结构—While 循环"，在程序框图中创建一个 While 循环结构。在 While 循环的条件端子上右击，在弹出的快捷菜单中选择"创建—输入控件"，自动创建一个"停止"按钮，这是 While 循环的停止机制。

（6）通过"VI 程序框图—函数选板—编程—定时—等待"，在 While 循环内创建一个"等待"函数。在"等待"函数上右击，在弹出的快捷菜单中选择"创建—常量"为"等待"函数创建一个数值常量并输入"100"，表示延时 100ms。

（7）在 VI 前面板的数值输入控件中输入数值，单击 VI 运行按钮，观察显示控件中的计算值，如图 1-34 所示。

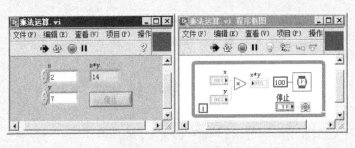

图 1-34　乘法运算

1.6　选中 VI 对象

VI 前面板中的控件、图片（可以直接将图片粘贴至 VI 前面板）以及 VI 程序框图中的连线、函数、接线端子、图片统称为 VI 前面或者程序框图的对象。在进行 LabVIEW 程序设计时，经常需要移动或删除这些对象，在进行移动或删除 VI 对象前首先要选中要操作的对象，共有三种方法。

（1）将鼠标移动到要操作的对象上，当鼠标变为斜箭头状时单击可以选中对象。被选中的 LabVIEW 对象将被虚线框包裹，该操作可以选中单个 LabVIEW 对象。

（2）在 VI 前面板或程序框图中任意位置单击并拖动，此时将出现一个虚线框，移动鼠标让虚线框包含单个或多个对象后松开鼠标左键。被选中的对象将被虚线框包裹，该操作可以选中多个 LabVIEW 对象。

（3）按住"Shift"键的同时单击需要选中的单个或多个对象，被选中的对象将被虚线框包裹，该操作可以选中多个 LabVIEW 对象。

选中 LabVIEW 的单个或多个对象后，就可以对这些对象进行操作了。用鼠标拖动被选中的对象可以实现对象的移动，通过键盘的方向键可以实现选中对象的微移，同时按住"Shift"键和方向键可以实现选中对象的快速移动，同时按住"Ctrl + C"键或"Ctrl + V"键可以分别实现选中对象的复制和粘贴操作，按下"Backspace"键可以删除选中的对象。

1.7 完整的 LabVIEW 程序——VI

　　LabVIEW 是以 VI 为基本单位组织程序的，一个完整的 LabVIEW 程序又称一个 VI，一个 VI 包括前面板和程序框图两部分。前面板是图形用户界面，也就是虚拟仪器的外观，在这一界面上用户可以利用 LabVIEW 开发环境提供的控件构建程序的界面，实现人机交互。程序功能是在程序框图中编程实现的，LabVIEW 的后面板又称程序框图，用于编辑 LabVIEW 的图形化程序。可通过 VI 前面板控件的接线端子、连线、函数、循环结构构建 LabVIEW 的程序，实现指定功能。前面的章节中已经学习了控件以及编程要素，现在可以构建一个完整的 LabVIEW 程序了。

　　【例 1-3】 编程实现一个正弦波连续显示的程序。

　　本例实现一个连续产生正弦波形的程序，程序中使用 While 循环保证程序的连续执行。由于 While 循环是全速执行的，所以在循环中加入延时函数，以避免 While 循环过度占用 CPU 资源。本例编写了一个连续执行的 VI，通过 VI 前面板的"停止"按钮使程序停止，前面板和程序框图如图 1-35 所示。

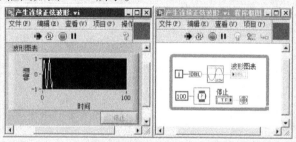

图 1-35　正弦波形发生器

　　（1）新建一个 VI。

　　（2）通过"VI 前面板—控件选板—新式—图形—波形图表"，在前面板创建一个波形图表控件，用于显示波形。

　　（3）通过"VI 程序框图—函数选板—编程—结构—While 循环"，在程序框图中创建一个 While 循环结构。在 While 循环的条件端子上右击，在弹出的快捷菜单中选择"创建—输入控件"，自动创建一个"停止"按钮，这是 While 循环的停止机制。

　　（4）通过"VI 程序框图—函数选板—数学—初等与特殊函数—三角函数—正弦"，在 While 循环内创建一个"正弦"函数。

　　（5）通过"VI 程序框图—函数选板—编程—数值—转换—转换为双精度浮点数"，在 While 循环内创建一个"转换为双精度浮点数"函数。

　　（6）通过"VI 程序框图—函数选板—编程—定时—等待"，在 While 循环内创建一个"等待"函数。在"等待"函数上右击，在弹出的快捷菜单中选择"创建—常量"，为"等待"函数创建一个数值常量并输入"100"，表示延时 100ms。

　　（7）按图 1-35 所示程序框图连线编程，关于 VI 程序框图中的连线操作可以参考1.5.2 节中的内容。单击 VI 前面板或程序框图中工具栏上的"运行"按钮可以运行程序，单击"停止"按钮可以停止 VI 运行。

1.8 LabVIEW 的项目

在 LabVIEW 的程序设计中，往往需要设计复杂的程序，这些程序可能包含上百个 VI 或子 VI，如何有效地对一个复杂程序中的多个 VI 或其他支持文件进行分类管理呢？这就要用到 LabVIEW 的项目。

LabVIEW 项目又称 LabVIEW 工程，LabVIEW 项目文件的扩展名为 . lvproj。LabVIEW 的项目可以从全局的角度组织程序或文件，对多个 VI、子 VI、库文件等集中分类管理，系统地对整个工程的 VI 调试运行。程序编写完毕后，还必须借助于项目将 LabVIEW 程序制作成可执行文件（. exe）或安装程序。关于 LabVIEW 项目的应用，读者可参考 16. 1. 3 节中的内容，这里只是简单介绍。

第2章 LabVIEW 编程环境

LabVIEW 是以 VI 为基本单元组织程序的，一个完整的 VI 包含前面板和程序框图两部分。程序界面的构建是在 VI 前面板中进行的，程序代码的编辑是在 VI 程序框图中进行的。VI 的前面板和程序框图构成了 LabVIEW 基本的开发环境。

2.1 前面板窗格

窗格是一个很重要的概念，它容易与 VI 前面板混淆。VI 前面板是指包括标题栏、最小/最大化按钮以及关闭按钮在内的 Windows 窗口。VI 前面板窗格是指 VI 前面板中用于构建程序界面的灰色网格状的可视区域，如图 2-1 所示，VI 前面板窗格是 VI 前面板的一部分。

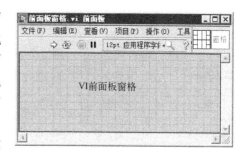

图 2-1 前面板与前面板窗格

VI 前面板窗格是有坐标原点的，对于新创建的 VI，坐标原点在左上角，如图 2-2 所示。

当 VI 前面板的垂直滚动条或水平滚动条滚动时，窗格的原点位置将发生移动，如图 2-3 所示。

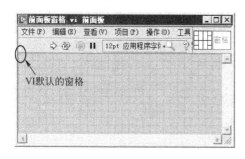

图 2-2 新建 VI 的窗格坐标原点

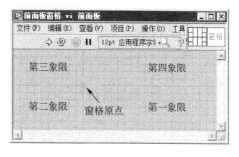

图 2-3 窗格移动后的坐标原点

2.2 工具选板

通过鼠标可以实现在 VI 前面板或程序框图中定位对象、编辑文本、进行连线、调出控件快捷菜单、设置探针等功能，这涉及鼠标的操作功能，不同的操作功能对应不同的光标样式。通过 VI 菜单项"查看—工具选板"可以调出"工具选板"，如图 2-4 所示，VI 的"工具选板"用于定义鼠标的操作功能。在默认的情况下，VI"工具选板"最顶端的"自动选择工具"按钮处于按下状态，表示 LabVIEW 自动切换鼠标操作功能。在实际的编程应用中，一般应保持默认的自动切换鼠标操作功能。

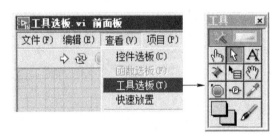

图 2-4 "工具选板"

如果选择其他鼠标操作功能，VI "工具选板" 最顶端的 "自动选择工具" 按钮将自动弹起，表示当前只执行某项鼠标功能。表2-1 中列出了 VI "工具选板" 中所有按钮的功能（鼠标的操作功能）。

表 2-1　鼠标的操作功能

图　标	名　称	功　能
✕	自动选择工具	默认情况下，该按钮处于按下状态，表示 LabVIEW 自动切换鼠标的操作功能
操作值	操作值	当该按钮被按下时，鼠标只能实现修改控件值的功能。该状态下操作鼠标时，可以修改控件的数据而不能修改控件的标签和标题等属性文本
↖	定位/调整大小/选择	当该按钮被按下时，鼠标只能实现定位前面板对象、调整前面板对象大小、选择前面板对象的功能
A	编辑文本	当该按钮被按下时，鼠标只能实现修改控件的标签、标题、数据的功能
➤	进行连线	当该按钮被按下时，鼠标只能实现在程序框图中连线的功能
↖目	对象快捷菜单	当该按钮被按下时，鼠标只能实现弹出控件快捷菜单的功能
✋	滚动窗口	当该按钮被按下时，鼠标只能实现窗口滚动的功能。单击并拖动，可以移动 VI 前面板或程序框图的可视区域
◉	设置/清除断点	当该按钮被按下时，鼠标只能实现设置或者清除断点的功能
•P|	探针数据	当该按钮被按下时，鼠标只能实现设置探针的功能
✎	获取颜色	当该按钮被按下时，鼠标可以获取前面板对象的颜色。鼠标处于该操作模式时，光标将变成吸管的形状，移动光标到 VI 前面板任意位置处并单击，即可将该处的颜色吸入颜色选板中
设置颜色	设置颜色	当该按钮被按下时，将弹出选色板，光标可以从选色板中选择颜色赋给前面板或者前面板对象。选色板还可以通过 "获取颜色" 按钮吸取 VI 前面板及其对象的颜色

2.3　VI 菜单

VI 菜单分为 VI 编辑时菜单和 VI 运行时菜单，VI 编辑时菜单是 VI 编辑模式下 VI 前面板和程序框图中呈现的菜单，在编程开发 LabVIEW 程序时使用；VI 运行时菜单是 VI 程序运行时才显示的菜单，是程序的一部分。本节所涉及的是 VI 编辑模式下的菜单，它是 Lab-VIEW 开发环境的重要组成部分，熟练掌握这些菜单项的功能是必要的。

1. 文件

1）新建 VI　创建一个新 VI。

2）新建　通过"新建"可以打开如图 2-5 所示对话框，双击其中的选项可以实现新建 VI、创建基于模板的 VI、创建项目、创建其他的 LabVIEW 文件等功能。

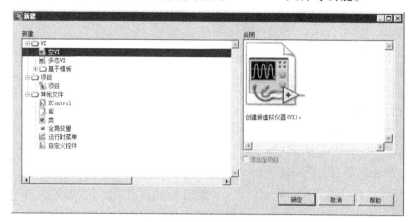

图 2-5　"新建"对话框

3）打开　打开硬盘上已经保存的 VI。

4）关闭　关闭当前 VI。

5）关闭全部　关闭当前内存中的所有 VI。

6）保存　保存当前 VI。

7）另存为　LabVIEW 中"另存为"菜单项的功能是非常强大的，如图 2-6 所示。

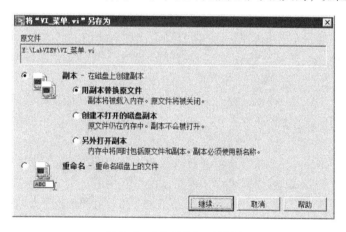

图 2-6　"另存为"对话框

（1）用副本替换原文件：LabVIEW 在内存中为当前 VI 开辟一个副本并显示其前面板和程序框图，原先的 VI 将被自动保存并关闭。当创建副本的同时，LabVIEW 将提示保存该副本，副本名称不能和原文件重名。

（2）创建不打开的磁盘副本：LabVIEW 在计算机硬盘上创建一个本 VI 的副本，如果当前 VI 有未保存的改动，LabVIEW 将为副本自动保存这些未保存的改动。创建的副本并不加载内存（它的前面板和程序框图不被打开），内存中依然是原 VI。

（3）另外打开副本：LabVIEW 为原 VI 创建副本，同时将副本加载内存，内存中同时包含原文件和副本，所以副本必须使用新名称。

（4）重命名：该选项可以实现重命名当前 VI 的功能。该选项不仅可以将已保存的磁盘文件重命名，而且可以将正在使用的 VI 重新保存到计算机磁盘的新位置处（在弹出的文件对话框中为文件重新选择磁盘路径）。

8）保存全部　保存当前内存中的所有 VI。

9）保存为前期版本　该菜单项的功能是将本 VI 保存为较早版本，以便使用较早版本的 LabVIEW 软件打开本 VI。

10）还原　取消对 VI 的所有改动。

11）新建项目　新建一个 LabVIEW 项目，在 LabVIEW 中，"工程"这一术语称为"项目"。

12）打开项目　打开一个磁盘上已经存在的 LabVIEW 项目。

13）页面设置　打印时用于设置当前 VI 的一些参数。

14）打印　该菜单项实现打印 VI 的功能。

15）VI 属性　通过该菜单项可以打开 VI 属性设置对话框，用于设置 VI 属性。还可以在 VI 前面板右上角的 VI 图标上右击，在弹出的快捷菜单中选择"VI 属性"选项，打开 VI 属性设置对话框。或者通过按"Ctrl + I"键，也可以打开 VI 属性设置对话框。

16）近期项目　将光标置于该菜单项上时，将弹出最近打开的一些 LabVIEW 项目，通过该菜单项可以快速打开最近访问过的 LabVIEW 项目。

17）近期文件　将鼠标置于该菜单项上时，将弹出最近打开的一些 VI，可以快速打开最近访问过的 VI。

18）退出　单击该菜单项可以退出 LabVIEW 编程开发环境。

2. 编辑

1）撤销　用于撤销上一步操作，VI 恢复到上次编辑之前的状态。

2）重做　撤销的逆操作，VI 恢复到撤销前的状态。

3）剪切　删除所选定内容，并将其放到剪贴板中。

4）复制　将选定的 VI 对象（控件、文本、函数、连线、循环结构）复制到剪贴板中。

5）粘贴　将剪贴板中的 VI 对象（控件、文本、函数、连线、循环结构）从剪贴板复制到当前光标位置。

6）从项目中删除　用于删除当前 VI 前面板或程序框图中选定的内容。

7）选择全部　选择 VI 前面板或程序框图中的所有内容。

8）当前值设置为默认值　将 VI 前面板所有控件的当前值设置为默认值，当下次打开该 VI 时，所有控件将被赋予上次设置的默认值。

9）重新初始化为默认值　将 VI 前面板所有控件的值重新初始化为默认值。

10）自定义控件　用于创建自定义控件，只有选中前面板某个控件时，该菜单项才能被激活。该菜单项的功能与控件快捷菜单"高级—自定义"是一样的，可以参考 1.3 节中关于控件的快捷菜单部分。

11）导入图片至剪贴板　从磁盘中导入图片文件到剪贴板中，通过按"Ctrl + V"键可以将剪贴板中的图片粘贴到 VI 前面板或程序框图中。

12）设置 Tab 键顺序　设定前面板对象的"Tab"键选中顺序。

Windows 操作系统与外部进行人机交互的途径有鼠标和键盘，VI 运行过程中，通过"Tab"键可以选中控件，选中的顺序是可以设置的。

如图 2-7 所示，通过前面板菜单项"编辑—设置 Tab 键顺序"，进入"Tab"键顺序设置模式。

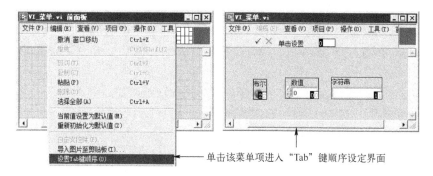

单击该菜单项进入"Tab"键顺序设定界面

图 2-7　设置"Tab"键的选中顺序

"Tab"键的顺序设定有如下两种方法。

（1）通过鼠标设置"Tab"键顺序：默认状态的起始顺序值为 0，依次单击前面板控件，顺序值依次增加，单击顺序即为"Tab"键顺序，如图 2-8 所示。设置好"Tab"键顺序后单击"对勾"按钮保存"Tab"键的顺序设置，"叉号"按钮用于清除设置的"Tab"键顺序。

（2）通过键盘设置"Tab"键顺序：通过键盘输入顺序值，然后单击控件，将该顺序值赋予控件，如图 2-9 所示。将"Tab"键顺序值赋为"2"，然后单击布尔控件，这样就将布尔控件的"Tab"键顺序值设置为"2"。原先的"Tab"键顺序是：布尔控件、数值控件、字符串控件，将布尔控件的"Tab"键顺序设置为 2 后，数值控件和字符串控件的"Tab"键顺序自动减 1。在 VI 运行状态下按"Tab"键，首先选中的控件是数值控件，其次是字符串控件，最后是布尔控件。

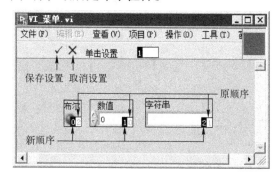
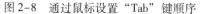

图 2-8　通过鼠标设置"Tab"键顺序

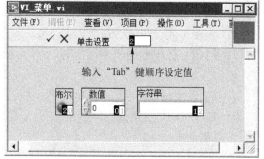

图 2-9　通过键盘设置"Tab"键顺序

【注意】在 VI 运行状态下，通过键盘"Tab"键只能选中 LabVIEW 的输入控件（控制器），LabVIEW 的显示控件（指示器）没有"Tab"键选中功能。图 2-9 中新创建的布尔灯控件默认是显示控件（指示器），只有将该控件转换为输入控件（控制器）才能实现"Tab"键选中功能。在布尔灯控件上右击，在弹出的快捷菜单中选择"转换为输入控件"，可以将其转换为输入控件。

13）删除断线　删除程序框图中的断线。

14）整理程序框图　自动整理程序框图，提高程序的可读性。这是一个很实用的菜单项，该菜单项可以自动整理程序框图中的所有内容或选中内容，通过整理程序框图可以使程序中的循环结构、连线、函数等对象变得紧凑，布局更合理。

15）从层次结构中删除断点　删除内存中所有 VI 的断点。

16）创建子 VI　该选项是一个非常实用的菜单项，在 LabVIEW 程序设计中也是经常用到的。该菜单项可将程序框图中选中的程序代码生成一个子 VI，并自动为子 VI 分配连线板接口。

17）启用/禁用前面板网格对齐　启用或者禁用前面板网格对齐功能。

18）对齐所选项　对齐前面板或者程序框图中所选的多个对象。

19）分布所选项　分布对齐前面板或者程序框图中所选的多个对象。

20）VI 修订历史　调出 VI 修订历史设置对话框。

21）运行时菜单　通过该菜单项可以调出 LabVIEW 的菜单编辑器，在 LabVIEW 的菜单编辑器中可以编辑 VI 运行时菜单。运行时菜单又称自定义菜单，需要单独存盘，在 Windows 操作系统下的文件扩展名为 . rtm。

22）查找和替换　查找并替换所选 VI 对象（控件、文本、函数、循环结构、子 VI 等）。

23）显示搜索结果　显示搜索到的 VI 对象（控件、文本、函数、循环结构、子 VI 等）。

3. 查看

1）控件选板　用于显示 LabVIEW "控件选板"。

2）函数选板　用于显示 LabVIEW "函数选板"。

3）工具选板　用于显示 LabVIEW "工具选板"。

4）快速放置　显示快速放置对话框，快速创建 VI 前面板控件或程序框图函数、循环结构等对象。

5）断点管理器　显示断点管理器窗口，该窗口用于启用、禁用或清除 VI 程序框图中的断点。

6）错误列表　显示 VI 的错误列表。

7）加载并保存警告列表　显示加载并保存警告对话框，通过该对话框可查看要加载或保存项的详细警告信息。

8）VI 层次结构　用于显示 VI 的层次结构，VI 的层次关系即是 VI 间的调用关系。

9）LabVIEW 类层次结构　在面向对象编程应用中，通过该菜单项可以浏览 LabVIEW 程序中使用的类。

10）浏览关系　通过该菜单项可以打开本 VI 的调用方或本 VI 的子 VI 等与本 VI 有调用关系的 VI。

11）类浏览器　调出类浏览器对话框。

12）ActiveX 属性浏览器　调出属性浏览器对话框，用于浏览 ActiveX 控件的属性。

13）启动窗口　调出 LabVIEW 的启动窗口。

14）导航窗口　调出 LabVIEW 的导航窗口。

4. 项目

1）新建项目　新建一个 LabVIEW 项目。

2）打开项目　打开一个磁盘上已有的 LabVIEW 项目。

3）保存项目　保存 LabVIEW 项目。

4）关闭项目　关闭 LabVIEW 项目。

5）添加至项目　将 VI 或者其他文件添加到当前 LabVIEW 项目中。

6）生成　生成可执行文件，在 Windows 操作系统下可执行文件的扩展名为 .exe。

7）文件信息　当前项目的信息。

8）解决冲突　通过该菜单项可以打开项目冲突对话框，用户可以通过重命名冲突项或者从正确的路径重新调用依赖项达到解决冲突的目的。

9）属性　显示当前 LabVIEW 项目的属性信息。

5. 操作

1）运行　运行当前 VI。

2）停止　终止当前 VI。

3）单步步入　该菜单项用于程序的调试，功能是单步执行 LabVIEW 程序。单步步入的执行规则是：当数据流经过循环结构时，一步步迭代执行；当数据流经过子 VI 时，步入子 VI 单步执行代码；子 VI 中又包含子 VI 时，还要单步步入直至进入最底层的子 VI。

4）单步步过　该菜单项用于程序的调试，功能是单步执行完成 LabVIEW 程序单元。单步步过的执行规则是：当数据流经过循环结构时，一次执行完循环结构的所有迭代；当数据流经过子 VI 时，一次执行完子 VI 的功能，然后数据流流入本 VI 的下一个节点，而不进入子 VI 内部执行程序代码。

5）单步步出　该菜单项用于程序的调试，功能是单步步出程序单元。单步步出的执行规则是：当程序正在循环结构内迭代时，单击该选项可以让程序一次执行完循环迭代并步出循环；当程序正在子 VI 中执行时，单击该选项可以使程序一次执行完子 VI 中的代码并使数据流流出子 VI。

6）调用时挂起　该菜单项主要为子 VI 的调试所设置。所谓调用时挂起是指当数据流流经该 VI 时，程序可以停留在该 VI。然后通过其他程序调试手段调试程序，如单步执行、单步步入等。当 VI 处于"调用时挂起"模式时，即使该 VI 的程序执行完毕，数据流也不会返回主 VI。程序将停留在该 VI 等待用户进一步调试，要想返回主 VI 可以单击 VI 工具栏上的"返回至调用方"按钮。

7）结束时打印　VI 运行结束后打印 VI。

8）结束时记录　VI 运行结束后记录运行结果到记录文件。

9）数据记录　用于设置记录文件的路径等信息。

10）切换至运行模式　单击该菜单选项可以使 VI 切换到运行模式，再次单击该菜单项可以重新切换回编辑状态。运行模式只是模拟运行状态时 VI 前面板的外观，实际上程序并不运行。

11）连接远程前面板　与远程前面板连接，可以与远程的 VI 连接并通信。

12）调试应用程序或共享库　该菜单项可以对应用程序或共享库调试。

6. 工具

1）Measurement & Automation Explorer　通过该菜单项可以调出测量自动化管理器，

测量自动化管理器的缩写为"MAX"。MAX 显示了外部设备和计算机（确切地说是 Lab-VIEW）的链接情况，用户可以在 MAX 上配置和测试数据采集设备。

2）仪器　通过该菜单项可以连接到仪器驱动相关选项，如查找仪器驱动、创建仪器驱动项目等。

3）MathScript 窗口　执行 LabVIEW MathScript 程序。

4）比较　该菜单项可以找出两个 VI 的不同之处。

5）合并　合并两个 VI 或 LLB 的改动。

6）性能分析　显示 VI 的内存使用情况、缓存分布、循环结构的可并行情况。

7）安全　设置 VI 的使用权限。

8）用户名　通过该菜单项可以修改用户名。

9）源代码控制　通过该菜单项可以实现 VI 源代码的高级控制。

10）LLB 管理器　通过该菜单项可以调出 VI 静态链接库的文件管理器，对静态库文件进行新建、重命名、复制、删除、转换等操作。

11）导入　用来向当前程序导入 Net 控件、ActiveX 控件、动态链接库文件（DLL）等。

12）共享变量　该菜单项可以调出"注册远程计算机"对话框并部署共享变量。

13）分布式管理系统管理器　通过该菜单项可以调出分布式系统管理器，在分布式系统管理器中可以查看网络上的系统。

14）在磁盘上查找 VI　通过该菜单项可以调出"在磁盘上查找 VI"对话框，在该对话框中，通过文件名可以查找已经保存在磁盘上的 VI。

15）NI 范例管理器　该菜单项用于打开"NI 范例管理器"，用于查找 NI 提供的范例。

16）远程前面板连接管理器　用于连接和管理远程 VI 程序，实现远程 VI 通信。

17）Web 发布工具　该菜单项用于打开"Web 发布工具"对话框，在"Web 发布工具"对话框中可以设置相关的网络发布信息。

18）高级　该菜单项包含了一些对 VI 的高级操作。

19）选项　通过该菜单项可以调出"选项对话框"，在"选项对话框"中可以设置 LabVIEW 前面板和程序框图一些属性和参数。

7. 窗口

1）显示前面板　用于切换程序框图和前面板。

2）左右两栏显示　通过该菜单项可以将 VI 前面板和程序框图以左右两栏的形式布局，并充满整个屏幕。

3）上下两栏显示　通过该菜单项可以将 VI 前面板和程序框图以上下两栏的形式布局，并充满整个屏幕。

4）最大化窗口　该菜单项可以将 VI 前面板或程序框图最大化。

8. 帮助

1）显示即时帮助　通过该菜单项可以调出即时帮助窗口，当鼠标停留在 VI 前面板或者程序框图的某个对象上时，即时帮助窗口将显示该对象的说明信息。

2）锁定即时帮助　通过该菜单项可以锁定 VI 对象在即时窗口中的帮助信息。当即时窗口被锁定后，鼠标再次移动到 VI 对象上时，即时窗口中的帮助信息是不变的，保留最近一次 VI 对象的描述信息。

3）搜索 LabVIEW 帮助 通过该菜单项可以打开 LabVIEW 帮助文档。

4）解释错误 通过该菜单项可以调出 LabVIEW 的"错误解释"对话框，"错误解释"对话框可以对 VI 的错误信息进行解释说明。

5）调出内部错误 该菜单项可以调出"调查内部错误"对话框，调查 LabVIEW 内部错误。

6）本 VI 帮助 通过该菜单项可以查看 LabVIEW 帮助中关于本 VI 的信息。

7）查找范例 该菜单项用于打开"NI 范例查找器"，通过该查找器可以查找 LabVIEW 范例程序。

8）查找仪器驱动 该菜单项用于打开 NI 仪器驱动查找器，该查找器可以查找并显示与 LabVIEW 连线的仪器驱动程序。

9）网络资源 通过该菜单项可以进入 Nl 公司的官方网站。

10）专利信息 显示 LabVIEW 软件的专利版权。

11）关于 LabVIEW 显示 LabVIEW 的相关信息。

2.4 工具栏

VI 前面板工具栏（如图 2-10 所示）大致可以分为三类功能：VI 的调试/运行/停止、字体设置、前面板对象对齐。

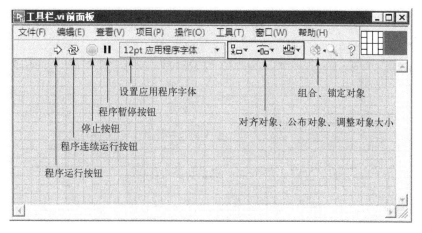

图 2-10 VI 前面板工具栏

1）程序运行按钮 当 VI 编译通过时，单击该按钮，可以运行当前 VI。当 VI 有语法错误时，该按钮将处于断开状态，单击该按钮将弹出错误提示对话框。LabVIEW 的程序编译机制与文本编程语言不同，LabVIEW 的编译环节是在编程过程中与编程同时进行的。程序员对 VI 进行编程的同时，LabVIEW 时刻都对当前 VI 进行编译和语法的校正。当程序中有错误或者编程不完整时，程序运行按钮将变为一个灰色断开的箭头，处于不可使用状态。此时单击运行按钮，将弹出错误提示对话框并提示错误原因。如图 2-11 所示，VI 程序框图中的"加 1"函数没有连接输入参数，所以程序无法通过编译。

图 2-11　VI 编译错误

单击灰色断开状态的程序运行按钮，将弹出如图 2-12 所示的错误列表，并提示错误原因为"加 1"函数有未连线端。LabVIEW 中的许多函数默认要连接函数的输入端，如果输入端没有连接，则视为语法错误。

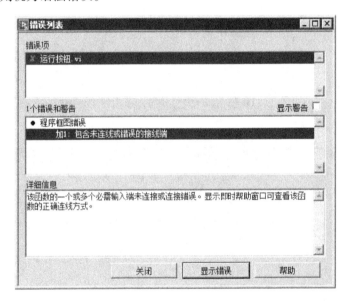

图 2-12　VI 的错误列表

如图 2-13 所示，为"加 1"函数添加输入/输出端，就可以构成完整的程序并通过编译，单击程序运行按钮可以运行 VI。

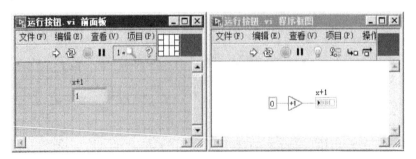

图 2-13　VI 编译正确

2）程序连续运行按钮　该按钮可以使 VI 连续运行，该按钮的功能类似于持续单击 VI 前面板工具栏中的单次运行按钮。当程序框图中没有循环结构时，单击 VI 前面板程序运行按钮，VI 只运行一次；单击程序连续运行按钮，可以使当前 VI 连续运行，相当于没有延时的循环结构。这将占用几乎所有的 CPU 资源，容易造成计算机死机，因此在编程应用中一般不使用程序连续运行按钮，而使用有延时的循环结构保证程序持续运行。

3）停止按钮　单击该按钮可以使 VI 停止运行。

4）程序暂停按钮　单击该按钮可以使 VI 暂停运行，再次单击该按钮可以恢复 VI 运行。

5）字体设置下拉菜单　通过该下拉菜单可以选择 LabVIEW 程序字体样式、字号、颜色等。

6）对象对齐　使用键盘和鼠标手动对齐 VI 对象往往不能达到理想的效果，可以使用工具栏上的对齐对象和分布对象工具，精确调整多个对象之间的位置和分布。如图 2-14 所示是对齐对象工具选板，六个按钮分别实现多个 VI 对象的上对齐、垂直中心对齐、下对齐、左对齐、水平居中对齐、右对齐。具体的操作是：选中要对齐的多个 VI 对象，然后单击一种对齐形式。选中 VI 对象的方法可以参考 1.6 节中的内容。

7）分布对象　如图 2-15 所示的一组 10 个按钮的功能是实现 VI 多个对象的分布，可以分别实现多个对象的上边缘分布、垂直中心分布、下边缘分布、垂直间隔分布、垂直压缩分布、左边缘分布、水平居中分布、右边缘分布、水平间隔分布、水平压缩分布。

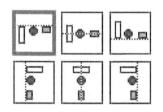 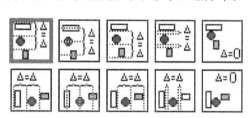

图 2-14　对齐对象工具选板　　　　　图 2-15　分布对象工具选板

8）调整对象大小　通过手动单独调整某个对象大小比较麻烦，可以使用调整对象大小工具一次调整多个对象的宽度和高度。图 2-16 所示，通过调整对象大小工具选板中的 7 个按钮可以分别将选中的多个 VI 对象统一调整到最大宽度、最大高度、最大宽度和高度、最小宽度、最小高度、最小宽度和高度、自定义宽度和高度。

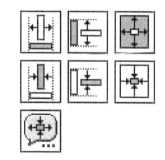

图 2-16　调整对象大小工具选板

9）重新排序　工具栏"重新排序"按钮下有 8 个菜单选项，它们的功能如下。

（1）组合：使 VI 前面板或者程序框图中被选中的对象组合为一个整体。

（2）取消组合：使 VI 前面板或者程序框图中组合的对象解除组合。

（3）锁定：锁定 VI 前面板中被选中的对象，对象被锁定后将无法移动和删除。

（4）解锁：解除 VI 前面板对象的锁定状态。

（5）向前移动：使被选中的 VI 对象向顶层窗口移动。

（6）向后移动：该选项是"向前移动"的逆操作。

（7）移至前面：使被选中的 VI 对象移动到 VI 前面板或者程序框图的顶层。

（8）移至后面：该选项是"移至前面"的逆操作。

10）整理程序框图 只有 VI 程序框图中的工具栏中才有"整理程序框图"按钮，单击该按钮时 LabVIEW 将自动整理 VI 程序框图中的程序代码。

2.5 常用组合键

LabVIEW 开发环境中定义了许多快捷组合键，可以实现便捷的功能，表 2-2 列出了常用组合键的功能。

表 2-2 LabVIEW 常用组合键的功能

组 合 键	功 能
单击连线	选中连线的其中一段
双击连线	选中连线的一个分支
三击连线	选中整条连线
Ctrl + 鼠标拖动对象	复制对象
Shift + 方向键	在该方向上快速移动对象
Ctrl + 鼠标滚轮	在条件结构、事件结构、层叠式顺序结构中翻页
Ctrl + 单击子 VI	调出子 VI 的前面板和程序框图
Shift + 单击（拖动）	选中一个或多个 LabVIEW 对象
Ctrl + E	切换到前面板或者程序框图
Ctrl + /	窗口最大化/窗口还原
Ctrl + T	前面板和程序框图上下两栏显示
Ctrl + F	搜索 LabVIEW 对象
Ctrl + Tab	在打开的 LabVIEW 窗口之间顺序切换
Ctrl + I	调出 VI 属性设置对话框
Ctrl + B	清除断线
Ctrl + X	从前面板或程序框图剪切 LabVIEW 对象到剪贴板
Ctrl + C	从前面板或程序框图复制 LabVIEW 对象到剪贴板
Ctrl + V	从剪贴板复制 LabVIEW 对象到前面板或程序框图

2.6 VI 属性

VI 的属性是通过 VI 属性对话框设置的，有以下三种方法调出 VI 属性对话框。

☺ 通过 VI 菜单：通过 VI 前面板或程序框图的菜单项"文件—VI 属性"，可以调出 VI 属性对话框。

☺ 通过 VI 图标：在 VI 前面板或程序框图右上角的 VI 图标上右击，在弹出的快捷菜单中选择"VI 属性"，可以调出 VI 属性对话框。

☺ 通过组合键：按下"Ctrl + I"组合键可以调出 VI 属性对话框。

1. 常规

如图 2-17 所示，在 VI 属性对话框中的"常规"属性页中可以进行 VI 常规属性的设置。

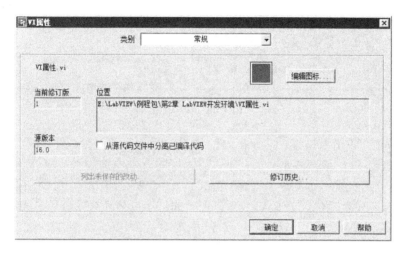

图 2-17 "常规"属性设置页

1）图标编辑按钮 该按钮的功能是调出 VI 图标编辑器，VI 图标编辑器用于自定义 VI 右上角图标。

2）当前修订版 显示本 VI 被修改的次数，"1"说明到目前为止本 VI 一共被修改并保存了 1 次。

3）位置 显示 VI 在计算机硬盘上的保存路径。

4）列出未保存的改动 该项在 VI 被修改但没有及时保存的情况下被激活，单击该按钮将弹出解释改动对话框，列出每个未保存的改动和这些改动的详细信息，如图 2-18 所示。

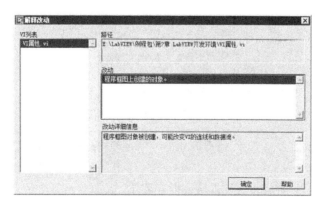

图 2-18 解释改动对话框

如图 2-19 所示，当 VI 有未保存的改动时，VI 前面板和程序框图的标题栏上将出现"＊"。由于在 VI 的程序框图中添加了一个 For 循环，所以图 2-18 中"改动"文本框中显示"程序框图上创建的对象。"，这里的"创建的对象"指的是 For 循环结构。

图 2-19　VI 未保存的改动

5）修订历史　单击该按钮，将弹出修订历史对话框。该对话框中记录了 VI 的修订历史，用户可以查看 VI 的修订版本号，并可以为程序的改动添加注释。修订版本号反映的是保存"VI 改动"的次数，而不是 VI 的保存次数。只要 VI 没有改动，无论保存多少次，VI 的修订版本号都不发生变化。只有 VI 有改动时，修订版本号才自动增加。如图 2-20 所示，"2016 年 8 月 27 日 20：12：43"保存了一次 VI 的改动，"2016 年 8 月 27 日 20：15：46"为这次改动添加了注释。程序的改动是在用户名为 Administrator 的计算机上进行的。

"重置…"按钮的作用是将以前的注释清除，"添加"按钮的作用是将注释文本框中的内容添加到历史文本框中，"确定"按钮的作用是使本次的添加生效。

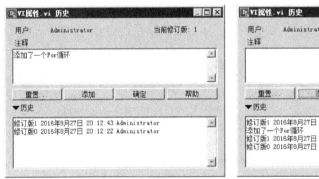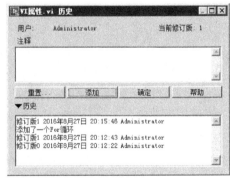

图 2-20　VI 修订历史

2. 内存使用

如图 2-21 所示，VI 属性对话框的"内存使用"属性页用于显示本 VI 对计算机内存和磁盘空间的占用情况。

"内存使用"属性页仅显示本 VI 使用的内存，而没有反映子 VI 的内存使用情况，包括以下六部分。

1）前面板对象　前面板及其控件所占内存容量。

2）程序框图对象　VI 程序框图中的对象（函数、连线、循环结构等）占用的内存容量。

3）代码　本 VI 程序框图编译形成的机器码占用的内存容量。

4）数据　VI 中的数据占用内存容量的大小。

5）总计　一个 VI 在打开时有四部分内容需要加载到内存，即前面板对象、程序框图对象、程序代码、数据。VI 所占用的内存总容量就是这四部分所占内存容量的总和。

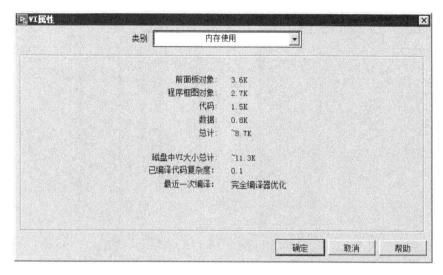

图 2-21　"内存使用" 属性页

6）磁盘中 VI 大小总计　磁盘上的 VI 文件占用磁盘空间的大小。

这里有一个值得探讨的问题：VI 所含数据量的大小与 VI 所占硬盘容量大小有关系吗？答案是肯定的。

如图 2-22 所示，VI 产生 100 万个双精度浮点数。

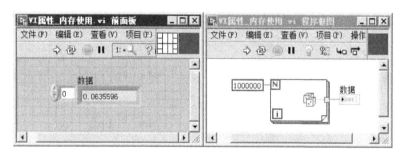

图 2-22　产生 100 万个浮点数的 VI

调出内存使用信息，如图 2-23 所示。数据占 7813.5K，而磁盘中 VI 的大小只有 13.5K，那么数据存在哪里呢？此时显示的 7813.5K 数据是保存在内存中的，此时磁盘中的 VI 大小 13.5K 肯定是不包含这些数据的，这 100 万个数据不需要保存在计算机的硬盘中。当 VI 运行时，For 循环产生 100 万个双精度浮点数，这些数据被保存在内存中。由于数组显示控件的默认数据是 0 个元素，所以保存此 VI 时，只保存了 1 个空数组。当 VI 被关闭并退出内存时，这 100 万个数据将全部丢失。

如果设置数组的默认值为当前的 100 万个数据（在数组控件上右击，在弹出的快捷菜单中选择 "数据操作—当前值设置为默认值"）并保存该 VI，那么当 VI 保存时，数组控件中当前的 100 万个数据将随 VI 一起保存到计算机硬盘上，硬盘中 VI 大小变为如图 2-24 所示的 14721.0K，下次打开本 VI 时，数组控件中的默认值将是这 100 万个数据，而不是空数组。

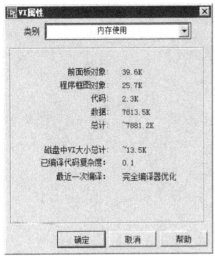
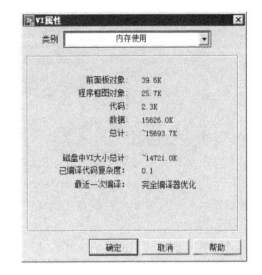

图 2-23　数据没有保存在控件中　　　　　图 2-24　数据保存在控件中

常量中的数据也是随 VI 一起保存在计算机硬盘上的，如果在 VI 程序框图中创建一个大数据的常量，那么计算机硬盘上的 VI 文件也将变得很大。

3. 说明信息

如图 2-25 所示，VI 属性对话框中的"说明信息"属性页用于设置 VI 的描述信息。

4. 修订历史

如图 2-26 所示，VI 属性对话框中的"修改历史"属性页用于设置当前 VI 的修订历史。

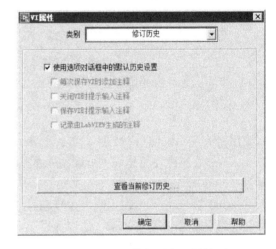

图 2-25　VI"说明信息"属性页　　　　　图 2-26　VI"修订历史"属性页

1）使用选项对话框中的默认历史设置　该项勾选时，VI 将使用选项对话框中"修订历史"选项中的默认修订历史。如需自定义 VI 的历史设置，则取消勾选该选项。该选项勾选时自定义选项无法使用。

可通过 VI 前面板或程序框图的菜单项"工具—选项"调出"选项"对话框，如图 2-27 所示。

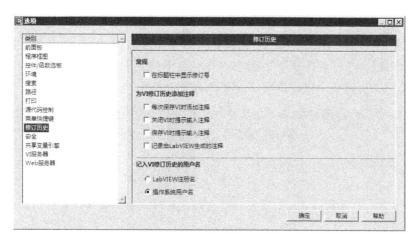

图 2-27　"选项"对话框中的默认历史设置

（1）每次保存 VI 时添加注释：改动 VI 并保存后，可在历史窗口自动生成注释。自动生成的注释只有修改次数、修改时间、计算机用户等头信息，没有注释内容。这种自动生成的注释为空注释，默认的情况下是不显示的。通过 VI 前面板菜单项"编辑—VI 修订历史"，调出修订历史对话框。在菜单项"历史"中选择"显示空输入"，VI 自动添加的空注释就可以显示了，如图 2-28 所示。

（2）关闭 VI 时提示输入注释：如果修改打开后的 VI，即使已保存改动，LabVIEW 仍提示在历史窗口中添加注释。如未修改 VI，则 LabVIEW 不会提示在历史窗口中添加注释。

（3）保存 VI 时提示输入注释：如在上次保存后对 VI 进行修改，LabVIEW 将提示用户向历史窗口添加注释。如未修改 VI，则 LabVIEW 不会提示在历史窗口中添加注释。

（4）记录由 LabVIEW 生成的注释：如 LabVIEW 对 VI 进行自动修改（如在 LabVIEW 新版本中重新编译 VI），则 LabVIEW 在保存 VI 时将在历史窗口中自动生成注释。也可以使用 VI 类的属性节点"历史—记录应用程序说明"，通过编程向 VI 修订历史添加注释。

2）查看当前修订历史　单击该按钮可以调出注释历史。

5. 编辑器选项

如图 2-29 所示，VI 属性对话框中的"编辑器选项"属性页用于设置当前 VI 对齐网格的大小和设置自动创建的控件的默认风格。

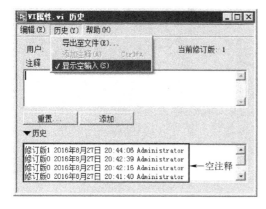

图 2-28　显示 VI 自动生成的空注释

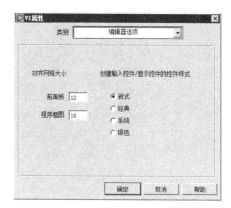

图 2-29　VI "编辑器选项"属性页

1）对齐网格大小　指定当前 VI 前面板和程序框图网格大小，以像素为单位，LabVIEW 默认前面板启用网格对齐而程序框图不启用网格对齐。通过 VI 的菜单项"工具—选项"可以调出选项对话框，在"程序框图"选项中的"程序框图网格"一栏中，勾选"显示程序框图网格"选项就可以启用程序框图网格对齐功能，如图 2-30 所示。

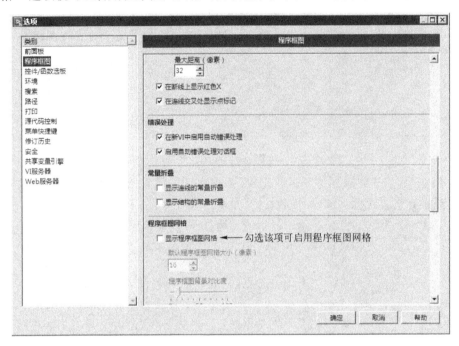

图 2-30　启用程序框图的网格

2）创建输入控件/显示控件的控件样式　LabVIEW 控件有四种风格：新式、经典、系统、银色。通过该选项可以设置 LabVIEW 自动创建的控件（在 VI 程序框图的节点上右击，通过快捷菜单项"创建—输入控件/显示控件"所创建的控件）的默认样式。在默认的情况下，通过 VI 程序框图中节点的快捷菜单自动创建的控件样式是具有 3D 风格的"新式"样式。

6. 保护

如图 2-31 所示，在 VI 属性对话框中的"保护"属性页中可以设置本 VI 的访问权限。

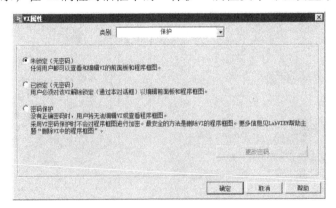

图 2-31　VI"保护"属性页

VI "保护" 属性页用于设置 VI 的访问权限。VI 提供了以下三种不同的访问权限。

1）未锁定（无密码）　允许任何用户查看并编辑 VI 的前面板和程序框图。

2）已锁定（无密码）　用户必须解除锁定后才能编辑 VI，方法是通过组合键 "Ctrl + I" 调出 "保护" 属性页并选中 "未锁定" 选项。

3）密码保护　设置 VI 保护密码。选中该选项后，将弹出输入密码对话框并提示输入设定密码。

> **【注意】**退出 LabVIEW 软件并再次打开该 VI 时，设置的密码才能生效。

4）更改密码　该按钮可更改本 VI 的密码。

7. 窗口外观

如图 2-32 所示，VI 属性对话框的 "窗口外观" 属性页用于设置 VI 前面板外观。VI 的前面板就是最终的软件界面，LabVIEW 提供了丰富的前面板样式以适应不同的需要。这是一个重要的 VI 属性，通过窗口外观的设置可以将 VI 前面板设置为对话框的样式。LabVIEW 提供的对话框函数功能简单，无法进行编程，而对话框又是 Windows 操作系统中经常用到的交互手段。通过将 VI 前面板设置为对话框样式，可以在 LabVIEW 中实现复杂的对话框。

（1）窗口标题：该文本框用于自定义 VI 运行时前面板或者程序框图窗口标题栏的文本内容。勾选 "与 VI 名称相同" 后，VI 窗口标题栏的文本将与该 VI 在硬盘上的文件名相同；不勾选时，可以自定义 VI 前面板或程序框图标题栏中的文本内容。

（2）LabVIEW 为 VI 前面板提供了以下三种已经设计好的窗口样式和一种可以自定义的窗口样式。

☺ 顶层应用程序：该样式下的 VI 前面板只显示窗口的标题栏和菜单，不显示滚动条和工具栏，不能调整窗口大小，只能关闭或最小化窗口，没有工具栏，如图 2-33 所示。

图 2-32　VI "窗口外观" 属性页

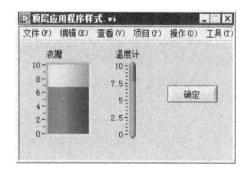

图 2-33　VI 前面板的顶层应用程序样式

☺ 对话框：如图 2-34 所示，在该样式下的 VI 前面板实际就是一个普通的 Windows 对话框，而且默认情况下对话框是模态的。模态对话框运行时，用户不能打开和访问同一应用程序中的其他窗口，只有关闭该对话框窗口后才可以操作同一应用程序中的其他窗口。可以通过自定义窗口中的相关选项，将模态改为非模态。

☺ 默认：该样式下的 VI 前面板是 LabVIEW 默认的窗口样式，也就是新创建 VI 时，呈现的 VI 前面板样式。

☺ 自定义：当选中该选项时，VI 前面板将采用自定义的窗口样式。单击"自定义"按钮可以调出"自定义窗口外观"对话框，如图 2-35 所示。在"自定义窗口外观"对话框中，可以自定义 VI 前面板窗口外观。

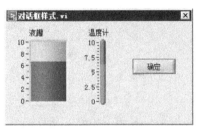

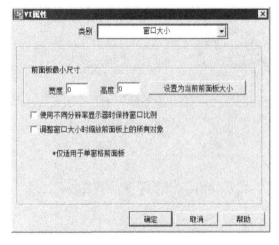

图 2-34　VI 前面板的对话框样式　　　　图 2-35　自定义 VI 前面板外观

8. 窗口大小

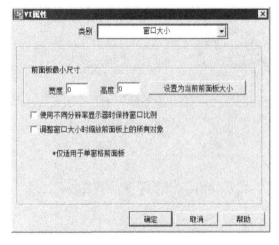

图 2-36　VI "窗口大小"属性页

如图 2-36 所示，VI 属性对话框的"窗口大小"属性页用于设置 VI 运行时前面板大小。

1）前面板最小尺寸　该选项用于设置 VI 前面板窗口所能调整达到的最小尺寸。在 Windows 操作系统下，通过拖曳窗口的四个顶角或边框可以调整窗口大小。VI 前面板也是一个 Windows 窗口，同样可以通过拖曳窗口的四个顶角或边框调整 VI 前面板大小，当调整 VI 前面板达到设置的最小尺寸时，将无法再缩小 VI 前面板。

2）设置为当前前面板大小　该按钮可将当前 VI 前面板尺寸作为前面板最小尺寸。

3）使用不同分辨率显示器时保持窗口比例　勾选该选项时，VI 自动调整前面板窗口比例以适应不同分辨率的显示器。

4）调整窗口大小时缩放前面板上的所有对象　勾选该选项时，VI 将根据前面板窗口的比例和尺寸自动调整前面板对象的大小。

9. 窗口运行时位置

如图 2-37 所示，VI 属性对话框的"窗口运行时位置"属性页用于设置 VI 前面板在运行状态时的位置和大小。

1）位置　设置 VI 前面板运行时所在计算机屏幕中的位置，有不改变、居中、最小化、

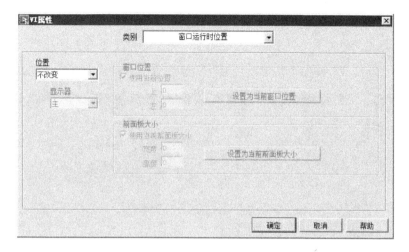

图 2-37　VI "窗口运行时位置" 属性页

最大化、自定义五种位置模式。

（1）不改变：当运行 VI 时，保持最近一次编辑 VI 时 VI 前面板所在显示器的位置。

（2）居中：当运行 VI 时，保持 VI 前面板在显示器的中间。

（3）最小化：当运行 VI 时，使 VI 前面板最小化。

（4）最大化：当运行 VI 时，使 VI 前面板最大化。

（5）自定义：自定义 VI 运行时的位置。

2）显示器　如有多台显示器，则通过该选项可以指定显示前面板窗口的显示器。该选项仅当 "位置" 选型为最大化、最小化或居中时有效。也可使用前面板窗口类的属性节点 "显示器"，通过编程设置显示前面板窗口的显示器。

3）窗口位置　该选项只有在 "位置" 选项为自定义时才可用，该选项用于设置前面板窗口在显示器中的坐标。

（1）使用当前位置：如果勾选该项，那么每次打开该 VI 时，该 VI 的前面板将保持当前 VI 前面板位置。

（2）上：打开 VI 时，VI 前面板上边框距计算机屏幕上边缘的距离，以像素为单位。

（3）下：打开 VI 时，VI 前面板左边框距计算机屏幕左边缘的距离，以像素为单位。

（4）设置为当前窗口位置：当单击该按钮时，上和下坐标中的数值将变为当前 VI 前面板在计算机屏幕上的坐标值，同时将打开 VI 时前面板的默认位置设置为当前 VI 窗口在计算机屏幕中的位置。

4）前面板大小　该选项用于设置 VI 前面板打开时前面板大小，不包括滚动条、标题栏、菜单栏和工具栏。

（1）使用当前前面板大小：VI 前面板打开时，前面板大小为当前 VI 前面板大小。

（2）宽度：当 "使用当前前面板大小" 选项没有勾选时该项才可用，该项用于设置 VI 前面板打开时的默认宽度。

（3）高度：当 "使用当前前面板大小" 选项没有勾选时该项才可用，该项用于设置 VI 前面板打开时的默认高度。

（4）设置为当前前面板大小：单击该按钮，可以将当前 VI 前面板的宽度值和高度值设置为 VI 前面板打开时的默认宽度和高度。

10. 执行

如图 2-38 所示，VI 属性对话框的"执行"属性页用于设置 VI 执行时的属性。

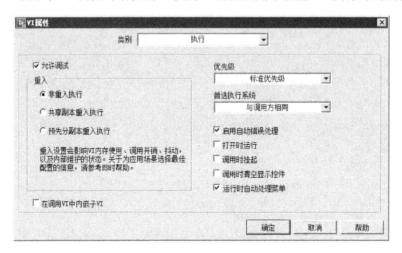

图 2-38　VI"执行"属性页

1）优先级　设置 VI 在 LabVIEW 执行系统中运行的优先顺序。LabVIEW 程序设计语言有六个优先级别，从低到高分别为后台优先级、标准优先级、高于标准优先级、高优先级、实时优先级、子程序优先级。在实际的编程应用中，一般不用修改 VI 的优先级，使用默认优先级即可。

2）重入　重入执行一般是针对子 VI 而言的，默认情况下 VI 是不可重入的。不可重入是指当有多个子 VI 实例存在时，只有当一个实例运行完毕后，另一个实例才能运行，这样保证了多线程数据的安全。可重入是指在 LabVIEW 的不同线程可以同时调用同一 VI，该 VI 的多个实例可以同时运行。

（1）共享副本重入执行：在该模式下，当有多个子 VI 实例存在时，可以共享内存中的数据存储区域。

（2）预先分副本重入执行：在该模式下，当有多个子 VI 实例存在时，LabVIEW 为每个实例在内存中开辟独立的数据存储区域。多个实例都是对各自独立的内存区域进行数据读/写操作，每个实例的数据操作不受其他实例的影响。这样做是处于对数据安全的考虑，但是增加了内存开销。

3）首选执行系统　通过该选项可以选择执行系统。LabVIEW 中将 VI 程序代码调度、运行起来的机制叫作执行系统。LabVIEW 有六大执行系统，分别是用户界面执行系统、标准执行系统、仪器 I/O 执行系统、数据采集执行系统、其他执行系统 1、其他执行系统 2。

4）启用自动错误处理　勾选该选项时，激活当前 VI 程序框图的自动错误处理。VI 运行出错时，LabVIEW 会中断执行，高亮显示发生错误的子 VI 或函数并显示错误对话框。

5）打开时运行　如果勾选该选项，则打开 VI 时，不用单击工具栏上的"运行"按钮，VI 将自动运行。

6）调用时挂起　当 VI 被调用时，处于等待与用户交互的状态，挂起状态一般用于程序调试。

7）调用时清空显示控件　如果勾选该选项，则在每次打开 VI 时，LabVIEW 将自动清空显示控件的内容。

8）运行时自动处理菜单　通过该选项可以启用或禁用自定义菜单。如果勾选该选项，则 VI 运行时 LabVIEW 自动处理 VI 运行时菜单；取消勾选该选项，可禁用 VI 运行时菜单。

2.7　程序代码调试

LabVIEW 调试 VI 运行的机制有运行、连续运行、单步执行、单步步入、单步步出、高亮显示执行过程等。可以在 VI 前面板或程序框图菜单项"操作"或工具栏中找到这些调试机制。

1）程序编译　程序在调试前首先要编译通过，编译的过程主要是校正语法的过程。LabVIEW 程序的编译是自动进行的，在 VI 程序框图中进行连线编程的同时，LabVIEW 同步自动编译程序。编译的过程无法看到，只能通过工具栏中的运行按钮观察编译结果。如果没有语法错误，"运行"按钮处于可操作状态。如果有语法错误，则"运行"按钮显示为灰色断开，此时单击"运行"按钮将弹出 VI 错误列表提示错误。

2）单步运行　单步运行又称单步步入，单步执行完成 LabVIEW 程序单元。单步执行的执行规则是：当数据流经过循环结构时，一步步迭代执行；当数据流经过子 VI 时，步入子 VI 单步执行代码；子 VI 中又包含子 VI 时，还要单步步入，直至进入最底层的子 VI。

3）单步步过　单步执行完成 LabVIEW 程序单元。当数据流经过循环结构时，一次执行完循环结构的所有迭代；当数据流经子 VI 时一次执行完子 VI 的功能，然后数据流流入本 VI 的下一个节点，而不进入子 VI 执行程序代码。

4）高亮显示　该模式下 LabVIEW 将以动画的形式一步步显示数据的流动过程。

5）保存连线值　选择该功能时，VI 程序框图的连线中将保存最近一次运行的数据，通过探针可以查看这些数据。

6）断点和探针　断点是在程序中设置的中断点，程序运行到此处时暂停并将 VI 程序框图置为计算机屏幕的顶层窗口。LabVIEW 程序执行到断点位置时，程序框图将被激活，程序停在断点处并闪烁。探针是程序运行过程中查看数据的一种手段，利用探针可以查看探针设置点的数据。在 VI 程序框图的连线或子 VI 上右击，通过弹出的右键菜单项"自定义探针"和"断点"可以为程序设置探针和断点。

第3章 数据类型与运算

计算机是处理和显示数据的机器，架构在计算机硬件上的操作系统以及由此开发的任何编程语言都是对数据进行操作。LabVIEW作为编程语言的一种，编程操作的对象也是数据。

LabVIEW程序设计中，常用的数据类型有数值类型、字符串类型、布尔类型、数组类型、簇、变体、枚举类型、类型定义。无论在编程中用到的是什么类型的数据，计算机最终都要将其转换成二进制才能进行存储和运算。

3.1 数值类型

数值类型是程序设计中最基本也是最常用的数据类型，数值类型包括整型和浮点型。浮点型也就是浮点数，用于表示十进制实数。整型又分为有符号整型和无符号整型，有符号整型可以表示正整数和负整数，无符号整型只能表示正整数。默认的情况下，LabVIEW数值控件数据类型是双精度浮点数，而由VI的程序框图创建的数值常量默认是32位有符号长整型。

3.1.1 数值类型分类

数值类型分为整型和浮点型，整型数即是整数，浮点数可以表示所有实数，既包括整数又包括小数。表3-1列出了常用数值类型的基本属性。

表3-1 常用的数值类型

图 标	符 号	数据类型	位 数	十进制范围
I8	I8	8位有符号整数	8	$-128 \sim 127$
U8	U8	8位无符号整数	8	$0 \sim 255$
I16	I16	16位有符号整数	16	$-32768 \sim 32767$
U16	U16	16位无符号整数	16	$0 \sim 65535$
I32	I32	32位有符号整数	32	$-2147483648 \sim 2147483647$
U32	U32	32位无符号整数	32	$0 \sim 4294967295$
I64	I64	64位有符号整数	64	$0 \sim 18446744073709551615$
U64	U64	64位无符号整数	64	$-9223372036854775808 \sim 9223372036854775807$
SGL	SGL	单精度浮点数	32	$-3.4 \times 10^{38} \sim 3.4 \times 10^{38}$
DBL	DBL	双精度的浮点数	64	$-1.7 \times 10^{308} \sim 1.7 \times 10^{308}$
EXT	EXT	扩展精度浮点数	128	$-1.2 \times 10^{4932} \sim 1.2 \times 10^{4932}$

3.1.2　数值型存储

1. 整型数

整型数即是整数，又分为正整数和负整数。整数是以其二进制补码的形式存储的，正整数的补码是其本身。如图 3-1 所示，8 位无符号整数"254"在内存中的存储形式就是其对应的二进制数"11111110"。负整数的补码是需要计算的，计算原则是：将负整数的绝对值对应的二进制数按位"取反"后再加 1。所谓"取反"是指"逻辑非"运算。

图 3-1　无符号整型数在内存中的存储格式

LabVIEW 中的数值控件支持多种进制的显示，在数值控件属性对话框的"格式显示"选项页中可以设置进制。调出"显示格式"选项页的方法有以下两种。

（1）在控件上右击，在弹出的右键菜单中选择"属性"，可以调出控件的属性对话框。其中包含了控件的所有属性，切换到"显示格式"属性页即可设置数值控件的显示格式。

（2）在控件上右击，在弹出的右键菜单中选择"显示格式"，可以直接调出控件属性对话框中的"显示格式"属性页。

【注意】 只有当控件的数据类型为整型数时才能进行进制之间的切换，浮点数不支持进制转换。

【例3-1】 求 8 位有符号整数"-6"在内存中的存储形式。

本例演示了负整数补码的运算法则：取反加 1。

（1）-6 的绝对值为 6，表示为二进制的形式为 0000 0110。

（2）将 0000 0110 按位取反得到 1111 1001。

（3）将 1111 1001 加 1 得到 1111 1010，这就是"-6"在内存中的存储形式，如图 3-2 所示。

对于有符号数而言，最高位是符号位，0 表示正数，1 表示负数。"-6"在内存中的存储形式为"1111 1010"，其最高位为"1"，表示该数为负数。

图 3-2　"-6"在内存中的存储形式

---

2. 浮点数

浮点数用于表示十进制实数，如 3.1415926。浮点数又分为三类：单精度浮点数、双精度浮点数、扩展精度浮点数。浮点数在内存中的存储格式与整型数完全不同，IEEE 754 标准定义了浮点数以三部分内容存储于内存：符号位、指数位、有效位，三部分内容占用的存储位数根据不同的浮点数类型而不同。

1）单精度浮点数　单精度浮点数用 32 位二进制数表示一个十进制的实数，在 Lab-VIEW 中的符号为 SGL，可以表示的十进制数范围 -3.40e-38 ～ 3.40e38。如图 3-3 所示，单精度浮点数共占用 32 位存储空间：符号位 1 位、指数位 8 位、有效位 23 位。

符号位 31位	指数位 23~30位	有效位 0~22位

图 3-3　单精度浮点数的存储格式

（1）符号位：单精度浮点数的符号位占 1 位（第 31 位），该位为"0"表示正数，为"1"表示负数。

（2）指数位：单精度浮点数的指数位占 8 位（第 23 ～ 30 位）。十进制中的实数 1000000 可以表示为 1.0×10^6 的形式，在二进制中也有类似的表示法，科学计数法在二进制中的底数是"2"而不是"10"。二进制数"110001"可以用科学计数法表示为 1.1001×2^5（$1.1001 \times 2^{00000101}$）。

（3）有效位：单精度浮点数的有效位占 23 位（第 0 ～ 22 位）。有效位表征可以精确表示实数的最大能力，有效位越多，能精确表示的十进制实数的位数越多。单精度浮点数的有效位占 23 位，所以单精度浮点数可以精确地表示 8 位十进制实数。用科学计数法表示的二进制数的整数位总是"1"，计算机在存储时省略了这个小数点前面的 1，只将小数点后面的位存储在 23 位有效位上。

十进制的实数以浮点数的格式存储内存时，首先要将十进制数转换为二进制数。将十进制实数转换为二进制数，可以按下面的步骤进行。

（1）转换整数部分：十进制实数的整数部分采用"除以 2 取余法"转换为二进制。用该实数的整数部分连续除以 2 取余数，然后商再除以 2 取余数，直到商等于 0 为止。运算结束后把得到的每一步余数按相反的顺序排列，就得到对应的二进制数。这样可以将任何一个十进制实数的整数部分转换为二进制。

（2）转换小数部分：十进制实数的小数部分采用"乘以 2 取整"法转换为二进制小数。用 2 乘以十进制实数的小数部分，将积的整数部分取出，再用 2 乘以余下的小数部分，然后将积的整数部分取出，直到积中的小数部分为 0 或达到所要求的精度为止（有些十进制小数无法完全转换为二进制小数）。运算结束后把取出的整数部分按顺序排列起来，先取出的整数部分作为二进制小数的高位，后取出的整数部分作为二进制小数的低位，即可得到对应的二进制小数。

（3）整数部分与小数部分相加：将十进制实数整数部分和小数部分转换所得的二进制数码相加即是该实数对应的二进制数。

既然可以将十进制实数转换为二进制数，那么二进制数也可以转换为十进制实数。二进制转换为十进制采用"按权相加"法。二进制数每位的"权"是以 2 为底的幂，如果二进制数有 n 位整数、m 位小数，那么它各位的权分别为 2^{n-1}、$\cdots$、2^3、2^2、2^1、2^0、2^{-1}、2^{-2}、$\cdots$、2^m。例如，二进制数 1011.01 每位的权分别为 2^3、2^2、2^1、2^0、2^{-1}、2^{-2}，将二进制数 1011.01 写为加权系数展式的形式为 $1 \times 2^3 + 0 \times 2^2 + 1 \times 2^1 + 1 \times 2^0 + 0 \times 2^{-1} + 1 \times 2^{-2} = 11.25$，11.25 就是二进制数 1011.01 对应的十进制实数。

下面以 11.25 为例详细讲解一下 11.25 是如何以单精度浮点数格式存储内存的：

（1）进制转换：11.25 的整数部分转换为二进制为 1011，小数部分转换为二进制数为 01，11.25 表示为二进制数为 1011.01。

（2）指数的确定：1011.01 用二进制科学计数法表示为 1.01101×2^3（$1.01101 \times 2^{00000011}$），这样，2 的指数就是 3。由于单精度浮点数规定的指数位是 8 位，所以可以表示的指数范围为 0 ～ 255。指数有正有负，为了在不增加符号位的情况下表示正负指数，需要对指数进行偏移处理。偏移处理的规则是：实际存储在内存中的指数 – 127 = 实际（运算时）

的指数。1.01101×2^3 中的指数 3 即为实际指数，或者说运算时的指数，偏移处理如下：实际存储在内存中的指数 $-127 = 3$，所以实际存储在内存中的指数为 130（1000 0010）。

（3）确定尾数：科学计数法表示的数，其整数部分是 1。在进行浮点数的存储时，将 1.01101×2^3 中的整数位 "1" 省略以节省 1 位存储空间，实际存储在尾数位置的二进制数为 01101。如图 3-4 所示，11.25 作为单精度浮点数在内存中的存储格式为 "01000001001101000000000000000000"。

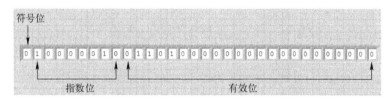

图 3-4　单精度浮点数 11.25 在内存中的存储格式

如果给出内存中如图 3-4 所示的一段数据，并且是单精度的存储格式，那么如何得知该段数据对应的十进制数值呢？其实就是对上面过程的反推。

（1）进行指数偏移量的处理：将图 3-4 中的指数进行偏移量换算，即 130（1000 0010）$-127 = 3$。

（2）表示为科学计数法：将图 3-4 所示的数据段用二进制的科学计算法表示为 $1.01101000000000000000000 \times 2^3$。

（3）二进制转换为十进制：将 $1.011\ 0100\ 0000\ 0000\ 0000\ 0000 \times 2^3$ 转换为十进制，即 $1 \times 2^0 + 0 \times 2^{-1} + 1 \times 2^{-2} + 1 \times 2^{-3} + 0 \times 2^{-4} + 1 \times 2^{-5} + 0 \times 2^{-6} + \cdots + 0 \times 2^{-23}) \times 2^3 = 11.25$。或者首先将 $1.011\ 0100\ 0000\ 0000\ 0000\ 0000 \times 2^3$ 表示为一般二进制的形式 1101.01，然后用加权系数展开式将 1101.01 转换为十进制，即 $1 \times 2^3 + 0 \times 2^2 + 1 \times 2^1 + 1 \times 2^0 + 0 \times 2^{-1} + 1 \times 2^{-2} = 11.25$。

单精度浮点数可以表示的十进制负实数和正实数的范围分别为 $-3.4 \times 10^{38} \sim -1.175494351 \times 10^{-38}$、$1.175494351 \times 10^{-38} \sim 3.4 \times 10^{38}$，单精度浮点数无法表示 $0 \sim 1.175494351e - 38$ 之间的正实数和 $-1.175494351e - 38$ 到 0 之间的负实数，但是这两个区间的实数极少用到。一般情况下，可以近似地认为单精度浮点数可以表示的十进制实数的范围为 -3.4×10^{38} 到 3.4×10^{38}。

当单精度浮点数的指数位为最大的 254（255 表示正无穷）且有效位全 "1" 时，可以得到单精度浮点数所能表示的最大十进制正实数在内存中的存储格式：01111111011111111111111111111111，如图 3-5 所示，表示为十六进制是 7F7FFFFF。这个最大二进制正实数转换为十进制数的过程如下。

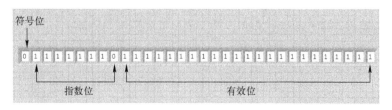

图 3-5　单精度浮点数表示的最大实数在内存中的存储格式

（1）首先进行指数位偏移量处理：$254 - 127 = 127$，十六进制表示为 FE。

（2）然后进行转换计算：用科学计数法表示为 $1.1111111111111111111111 \times 2^{127}$，其中整数位的"1"是默认自动加上的。

（3）将其转换为十进制实数：$(1 \times 2^0 + 1 \times 2^{-1} + 1 \times 2^{-2} + 1 \times 2^{-3} + \cdots + 1 \times 2^{-23}) \times 2^{127}$
$= 1.999\cdots \times 2^{127} = 3.4 \times 10^{38}$

单精度所能表示的最小正实数在内存中的存储形式是 0　00000001　000 0000 0000 0000 0000 0000。指数位为 0000001（00000000 表示无穷小）时，将指数进行偏移量调整：$1 - 127 = -126$。用科学计数法表示单精度浮点数表示的最小正整数为 $1.000\,0000\,0000\,0000\,0000\,0000 \times 2^{-126}$，浮点格式默认有效位的整数部分永远为 1。将其转换为十进制为 $(1 \times 2^0 + 0 \times 2^{-1} + 0 \times 2^{-2} + 0 \times 2^{-3} + \cdots + 0 \times 2^{-23}) \times 2^{-126} = 1 \times 2^{-126} = 1.175494351e - 38$。同理，当浮点数在内存中的存储格式分别为 1　11111110　111 1111 1111 1111 1111 1111 和 1　00000001　000 0000 0000 0000 0000 0000 时得到单精度浮点数所能表达的最小负实数和最大负实数分别为 -3.4×10^{38}（$-1.999\cdots \times 2^{127}$）和 $-1.175494351e - 38$（-1×2^{-126}）。

2）双精度浮点数　单精度浮点数共用 64 位二进制数表示一个十进制的实数，在 LabVIEW 中的符号为 DBL，可以表示的十进制数范围为 $-1.7 \times 10^{308} \sim 1.7 \times 10^{308}$。如图 3-6 所示，双精度浮点数共占用 64 位存储空间：符号位 1 位、指数位 11 位、有效位 52 位。

符号位 第63位	指数位 52~62位	有效位 0~51位

图 3-6　双精度浮点数的存储格式

3）扩展精度浮点数　扩展精度浮点数总共用 80 位二进制数表示一个十进制的实数，在 LabVIEW 中的符号为 EXT，可以表示 $6.48 \times 10^{-4966} \sim 1.19 \times 10^{4932}$ 范围内的正实数和 $-6.48 \times 10^{-4966} \sim -1.19 \times 10^{4932}$ 范围内的负实数。扩展精度浮点数共占用 80 位存储空间：符号位 1 位、指数位 15 位、有效位 64 位。

3.1.3　浮点数误差

如图 3-7 所示程序将 2.6 和 0.11 相乘，结果与 0.286 比较，比较函数的返回值为"假"，而且得到的乘积为 0.286000000000000032，这是为什么呢？

图 3-7　浮点数误差

这就是所谓的浮点数存储误差，这种误差是无法消除的，任何编程语言都存在这种误差。浮点数误差的根源是十进制转换为二进制数时的进制转换不完全性。也就是说，有些十进制的小数是无法找到一个确定的二进制数表示的，只能近似表示。例如，将 0.65 转换为二进制数得到 $(0.65)_{10} = (0.10100110011001100110011001100110011\cdots)_2$，最后的省略号表示无法转换完全，再往下换算将得到无限重复的"0011"，因此只能得到一个近似值，这就是浮点数的误差。虽然浮点数存在误差，但是这些误差是很小的，对于大多数科学和工程应用都是可以忽略的。由于浮点数误差无法从根本上消除，所以在程序设计中一般不使用浮点数进行比较操作。

3.2　字符串类型

字符串数据类型是用于文本操作的数据类型。由于计算机只能进行二进制运算，所以字符串控件中的内容最终还是要转换为二进制数值才能在计算机中进行读/写，字符串文本对应的二进制代码称为 ASCII 码。

3.2.1　字符串存储

计算机是进行二进制数据处理的机器，内存只能进行二进制数据的读/写，不可能实现字符的操作。如果想将汉字或字母等字符存储到内存怎么办呢？定义与汉字或字母对应的数值，将这些数值以二进制的形式存储到内存，这就是字符串在计算机内存中的存储原理。简单地理解就是：计算机在进行字符串存储时，先将字符串转换为对应的 ASCII 码，再将 ASCII 码对应的二进制数存储到内存。

大写英文字母"A"对应的 ASCII 码是"65"，当存储"A"时，实际上是将整型数据"65"对应的二进制数"0100 0001"存储在内存中。在 LabVIEW 中可以通过"字符串至字节数组转换"函数（"VI 程序框图—函数选板—编程—数值—转换—字符串至字节数组转换"）实现字符串和对应的 ASCII 码之间的转换。一个英文字符用一个 ASCII 码表示，一个中文汉字用两个 ASCII 码表示。

如图 3-8 所示，汉字"你好"对应 4 个 ASCII 码：196、227、186、195。计算机在存储"你好"时，实际上存储的是以下 4 个二进制数：1100 0100（196）、1110 0011（227）、1011 1010（186）、1100 0011（195）。

如图 3-9 所示，字符"1"对应的 ASCII 码为"49"，字符"2"对应的 ASCII 码为"50"，字符"3"对应的 ASCII 码为"51"。将一个整型数据"1"存储到内存时，存储的是二进制数 0000 0001。将字符"1"存储到内存时，存储的是二进制 0011 0001（49）。

图 3-8　汉字"你好"的 ASCII 码

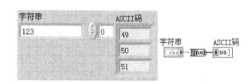

图 3-9　数字"123"的 ASCII 码

3.2.2　字符串函数

LabVIEW 提供了丰富的字符串操作函数以实现对字符串的操作，通过"VI 程序框图—函数选板—编程—字符串"可以获取 LabVIEW 的字符串操作函数，如图 3-10 所示。LabVIEW 中的大多数函数都是多态函数。简单地理解，可以适应不同数据类型输入的函数就是多态函数。

1）字符串长度　"字符串长度"函数用于获取字符串的字符长度，也就是输入字符串对应的 ASCII 码的数目。"字符串长度"函数是多态函数，函数的输入端可以接受多种数据类型。

（1）字符串标量：当"字符串长度"函数的输入为字符串标量时，该函数返回数据类型为整型的标量，表示输入字符串对应的 ASCII 码的个数。如图 3-11 所示，"你好"这两个汉字对应 4 个 ASCII 码，每个汉字用 2 个 ASCII 码表示；"AB"这两个英文字母对应 2 个

图 3-10　字符串操作函数

ASCII 码，每个英文字符用 1 个 ASCII 码表示；"12" 这两个数字对应 2 个 ASCII 码，每个数字字符用 1 个 ASCII 码表示。

（2）一维字符串数组：当"字符串长度"函数的输入为一维字符串数组时，该函数返回数据类型为整型的一维数组，数组中的元素表示一维字符串输入数组中每个对应位置元素的字符串长度。如图 3-12 所示，返回数组中第 0 个元素的值为"3"，表示输入数组第 0 个元素"ABC"的字符长度为 3。

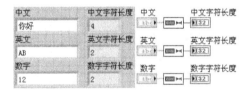

图 3-11　检测字符串标量字符长度　　　　图 3-12　检测一维字符串数组各元素字符长度

（3）多维字符串数组：当"字符串长度"函数的输入为多维字符串数组时，该函数返回数据类型为整型的多维数组，数组中的元素表示多维字符串输入数组中每个对应位置元素的字符串长度。如图 3-13 所示，返回数组中第 0 行第 1 列的值"6"表示输入二维数组中第 0 行第 1 列的字符串"一二三"的字符长度为 6。

（4）簇：当"字符串长度"函数的输入为簇时，该函数返回簇，簇中的元素表示输入簇中每个对应位置元素的字符串长度，如图 3-14 所示。

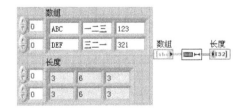
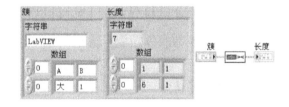

图 3-13　检测二维字符串数组各元素字符长度　　　图 3-14　检测簇中各元素字符长度

（5）簇数组：当"字符串长度"函数的输入为簇数组时，该函数返回簇数组，簇数组中的元素表示输入簇数组中每个对应位置元素的字符串长度，如图 3-15 所示。

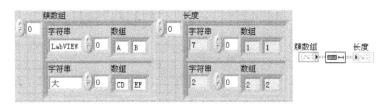

图 3-15　检测簇数组中各元素字符长度

2）连接字符串　"连接字符串"函数可以将多个输入的字符串连接并返回连接的字符串，该函数是多态函数，函数的输入端可以适应多种数据类型。

（1）连接字符串标量：当"连接字符串"函数输入为字符串标量时，该函数将输入的多个字符连接形成一个字符，如图 3-16 所示。向下拖动"连接字符串"函数底部，可以增加"连接字符串"函数的输入端数目。

（2）连接单个一维字符串数组：当"连接字符串"函数输入为单个一维字符串数组时，该函数将一维字符串数组中各元素连接成字符串标量，如图 3-17 所示。

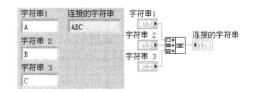

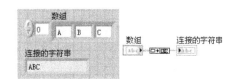

图 3-16　连接字符串标量　　　　　图 3-17　连接单个一维字符串数组中的元素

（3）连接多个一维字符串数组：当"连接字符串"函数输入为多个一维字符串数组时，该函数将多个一维字符串数组中的元素连接成字符串标量，如图 3-18 所示。

图 3-18　连接多个一维字符串数组

（4）连接单个多维字符串数组：当"连接字符串"函数输入单个多维字符串数组时，该函数将多维字符串数组中的元素连接成字符串标量，如图 3-19 所示。

图 3-19　连接单个二维字符串数组

（5）连接多个多维字符串数组：当"连接字符串"函数输入为多个多维字符串数组时，该函数将多个多维字符串数组中的元素连接成字符串标量，如图 3-20 所示。

（6）连接字符串标量和一维字符串数组：当"连接字符串"函数输入字符串标量和字符串数组时，该函数将字符串标量和一维字符串数组中的元素连接成字符串标量，如图 3-21 所示。

（7）连接字符串标量和二维字符串数组：当"连接字符串"函数输入字符串标量和二维字符串数组时，该函数将字符串标量和二维字符串数组连接成字符串标量，如图 3-22

所示。

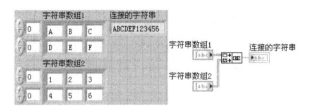

图 3-20　连接多个二维字符串数组

图 3-21　连接字符串标量和一维字符串数组　　图 3-22　连接字符串标量和二维字符串数组

（8）连接一维字符串数组和二维字符串数组：当"连接字符串"函数输入一维字符串数组和二维字符串数组时，该函数将一维字符串数组中的元素和二维字符串数组中的元素连接成字符串标量，如图 3-23 所示。

3）截取字符串　"截取字符串"函数用于获取输入字符串中的指定字符。该函数有 3 个数据输入端和 1 个数据返回端，偏移量是指开始获取的起始位置，长度是指要获取的字符长度。如图 3-24 所示，"截取字符串"函数从输入字符串"LabVIEW"的第 3 个字符"V"开始，连续获取 2 个字符，函数返回字符"VI"。

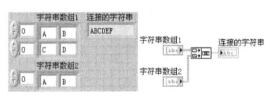 

图 3-23　连接一维字符串数组和二维字符串数组　　图 3-24　截取字符

4）替换子字符串　"替换子字符串"函数用于替换输入字符串中的指定字符。该函数输入/输出端子的含义如下：子字符串是指用于替换目标字符的字符串；偏移量是指替换的起始位置；长度是指替换长度；结果字符串返回替换后的字符串；替换子字符串返回被替换的字符。

（1）插入字符串：当"替换子字符串"函数的长度输入端输入为"0"时，该函数可以实现字符串插入的功能。

如图 3-25 所示，偏移量为"1"表示从输入字符串的第 1 个字符开始替换；长度为"0"表示替换的长度为 0，也就是不替换输入字符串中的字符而只是向输入字符串中第 1 个字符的位置插入字符。

（2）替换字符串：如图 3-26 所示，将偏移量设置为"1"，替换长度设置为"2"。

图 3-25　插入字符

"替换子字符串"函数将替换掉从输入字符串第 1 个字符位置处开始的 2 个字符"BC"。结果字符串返回替换后的字符串"A123DEF","替换字符串"函数输出端子返回被替换的字符"BC"。

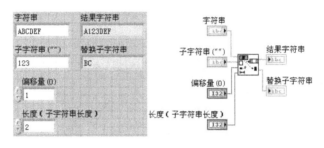

图 3-26　替换字符

5）搜索替换字符串　"搜索替换字符串"函数可以在输入字符串中搜索指定的字符并将其替换为其他字符。"搜索替换字符串"函数有 6 个数据输入端和 3 个数据返回端。6 个数据端子的含义解释如下。

（1）忽略大小写：该输入端子用于设置在搜索输入字符串时是否忽略大小写。如果该输入端子输入为"假"（默认），则区分大小写。

（2）替换全部？：该输入端子用于设置"搜索替换字符串"函数对重复字符的搜索模式。如果该输入端子输入为"真"，则"搜索替换字符串"函数将替换所有匹配的字符；如果该输入端子输入为"假"（默认值），则"搜索替换字符串"函数将只替换第一个匹配的字符，其他重复的字符将被忽略。

（3）输入字符串：该输入端子用于输入要进行替换操作的目标字符串。

（4）搜索字符串：该输入端子用于输入要搜索的匹配字符。

（5）替换字符串：该输入端子用于输入替换的新字符串。

（6）偏移量：该输入端子用于确定搜索的起始位置。

（7）替换后偏移量："搜索替换字符串"函数完成替换操作后，通过该输出端子返回"替换字符串"在"结果字符串"中的位置索引。

如果"替换全部？"输入为"真"，则"搜索替换字符串"函数将替换输入字符串中所有的匹配字符。如图 3-27 所示，输入字符串"ABCDEFA"中有两个"A"，替换字符串"123"将替换这两个"A"。

如果"替换全部？"输入为"假"，则"搜索替换字符串"函数只替换搜索到的第 1 个匹配字符，"搜索替换字符串"函数的搜索顺序为从左到右。如图 3-28 所示，"替换全部？"
输入为"假"，所以"搜索替换字符串"函数只替换了搜索到的第 1 个"A"。

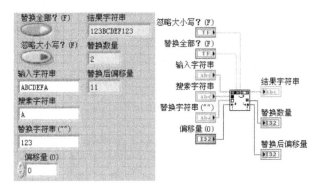

图 3-27　替换输入字符中的两个"A"

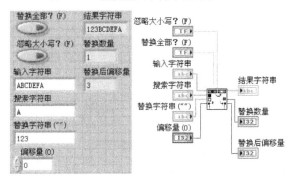

图 3-28　替换第 1 个匹配的字符

图 3-29 所示，偏移量设置为"1"，"搜索替换字符串"函数将从第 2 个字符开始搜索，
所以搜索不到输入字符串"ABCDEFA"中的第 1 个"A"，只替换了第 2 个"A"。

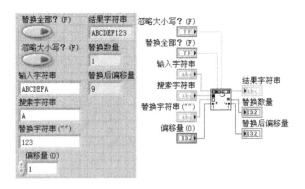

图 3-29　从第 2 个字符开始搜索

6）匹配模式　"匹配模式"函数的功能是从输入字符串的偏移量位置开始搜索正则表
达式，如找到匹配的正则表达式，该函数将返回 3 个子字符串，分别表示匹配前的字符、匹
配字符、匹配后的字符。所谓正则表达式是指具有特殊含义的符号或要搜索的目标字符。
"匹配模式"函数的接口含义如下。

（1）字符串：该输入端子用于输入待搜索的目标字符串。

（2）正则表达式：该输入端子用于输入要搜索的字符串或标准表达式。若函数没有找到正则表达式，则"匹配模式"函数的 4 个输出端子（子字符串之前、匹配子字符串、子字符串之后、匹配后偏移量）分别返回输入字符串、空、空、–1。

（3）偏移量："匹配模式"函数开始搜索的起始位置。

（4）子字符串之前：如果"匹配模式"函数搜索到匹配字符，则该输出端子返回输入字符串中匹配字符前的所有字符；如果"匹配模式"函数没有搜索到匹配字符，则该输出端子返回"输入字符串"中的所有字符。

（5）匹配子字符串：如果"匹配模式"函数搜索到匹配字符，则该输出端子返回匹配字符；如果"匹配模式"函数没有搜索到匹配字符，则该输出端子返回为空。

（6）子字符串之后：如果"匹配模式"函数搜索到匹配字符，则该输出端子返回输入字符串中匹配字符后的所有字符；如果"匹配模式"函数没有搜索到匹配字符，则该输出端子返回为空。

（7）匹配后偏移量：该输出端子返回输入字符串中匹配字符后第一个字符的索引位置。

当"匹配模式"函数输入不同的正则表达式时，该函数可以搜索以下不同类型的字符。

（1）搜索普通字符：在正则表达式中输入需要搜索的字符，"匹配模式"函数可以在输入字符串中搜索该字符。如图 3-30 所示，正则表达式中输入"C"，"匹配模式"函数搜索到输入字符串"ABCDEF"中的匹配字符"C"。

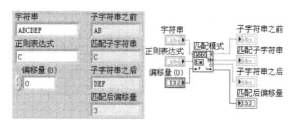

图 3-30　搜索普通字符

如图 3-31 所示，通过"匹配模式"函数查找"（）"、"＋"、"{ }"等符号。

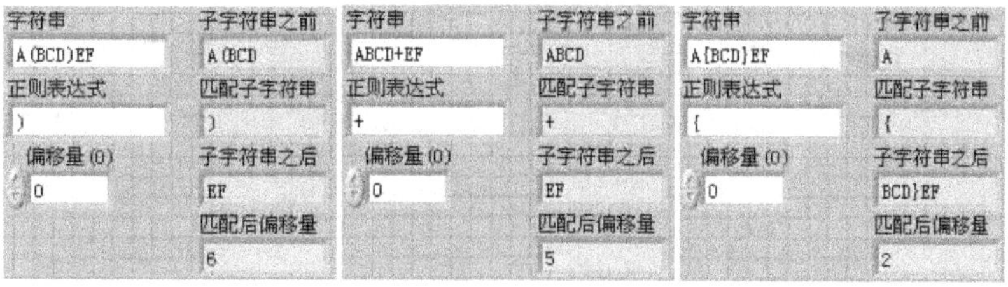

图 3-31　搜索输入字符串中的符号

（2）在字符串中搜索数字：当正则表达式为"[0-9]"时，表示搜索输入字符串中"0-9"范围内的数值字符。如图 3-32 所示，"匹配模式"函数在输入字符串"AB5CDE"中搜索数值范围为 0 ~ 9 的数值字符，搜索到的匹配字符为"5"。

中括号内的"0-9"表示搜索的数值范围，如图 3-33 所示，正则表达式中的搜索范围设置为"7-9"，"匹配模式"函数将搜索输入字符串中在 7 ~ 9 范围内的数值字符，所以在输入字符串"AB5CDE"中无法搜索到数值字符"5"。

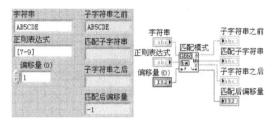

图 3-32　搜索 0～9 范围内的数值字符　　　　图 3-33　搜索 7～9 范围内的数值字符

正则表达式为"[0-9]+"时，表示搜索输入字符串中 0～9 范围内的连续多个数值字符。如图 3-34 所示，"匹配模式"函数在输入字符串"AB5CDE"中搜索在 0～9 范围内的两个连续数值"56"。

（3）搜索结尾字符串：正则表达式为"A$"时，表示搜索输入字符串结尾的字符"A"。如图 3-35 所示，正则表达式为"F$"，"匹配模式"函数在输入字符串"ABCDEF"的末尾搜索字符"F"。

图 3-34　搜索 0～9 范围内的多个连续数值字符　　　图 3-35　搜索字符串结尾的字符

（4）搜索偏移量开始位置处的字符：正则表达式为"^A"时，表示搜索输入字符串中偏移量开始位置处的字符"A"。如图 3-36 所示，正则表达式为"^D"，"匹配模式"函数从偏移量为 3 处开始搜索输入字符串"ABCDEF"中的字符"D"。

（5）搜索中括号：字符串中的"+"、"-"、"()"可以作为普通的字符搜索，而中括号需要通过正则表达式"\["进行查找，如图 3-37 所示。

图 3-36　搜索偏移位置处的字符　　　　　图 3-37　搜索中括号

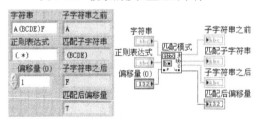

图 3-38　搜索括号内的字符

（6）搜索括号中的字符：如图 3-38 所示，正则表达式为"(.*)"时，表示搜索输入字符串中括号内的字符。

7）匹配正则表达式　"匹配正则表达式"函数用于从输入字符串偏移量位置开始搜索匹配的正则表达式。如找到匹配的正则表达式，则该函数返回三个子字符串，分别表示匹配前的字符、匹配字符、匹配后的字符。"匹配正则表达式"函数与"匹配模式"函数的功能类似,其输入/输出端子含义如下。

(1) 多行:设置是否将输入字符串文本作为多行字符串处理,该设置会影响表达式"^"和"$"如何匹配。"^"和"$"分别表示匹配行首和行尾的字符。该输入端子输入为"假"(默认)时,无论输入字符串有几行,"匹配正则表达式"函数都只搜索输入字符串的第一行字符。此时,"^"表示只与输入字符串第一行的行首匹配,"$"表示只与输入字符串第一行的行尾匹配。

如图 3-39 所示,"多行"输入端子输入为"假","匹配正则表达式"函数只搜索输入字符串的第一行字符"LabVIEWL",第一行的行首没有字符"A","匹配正则表达式"函数认为输入字符串中没有匹配字符。

"多行"输入端子输入为"真"时,"匹配正则表达式"函数将搜索输入字符串中的每行字符。此时,"^"表示与输入字符串任何一行的行首匹配,"$"表示与输入字符串任何一行的行尾匹配。如图 3-40 所示,"多行"输入端子输入为"真","匹配正则表达式"函数将搜索输入字符串的各行,输入字符串中第二行行首字符即是"A"。

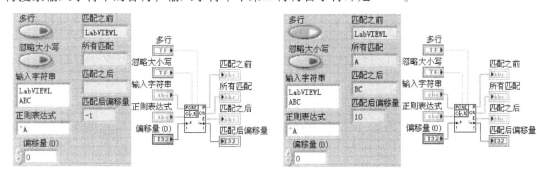

图 3-39　屏蔽"匹配正则表达式"　　　　　图 3-40　使能"匹配正则表达式"
　　　　函数多行输入功能　　　　　　　　　　　　函数多行输入功能

(2) 忽略大小写:该输入端子用于设置"匹配正则表达式"函数进行搜索时是否忽略大小写。如该输入端子输入为"假"(默认),则函数在搜索字符串时区分大小写。

(3) 输入字符串:该输入端子用于输入待搜索的目标字符串。

(4) 正则表达式:该输入端子用于输入正则表达式。如"匹配正则表达式"函数没有找到正则表达式,则函数的四个输出端子:匹配之前、所有匹配、匹配之后、匹配后偏移量,分别返回输入字符串、空、空、−1。

(5) 偏移量:"匹配正则表达式"函数开始搜索的起始位置。

(6) 匹配之前:"匹配正则表达式"函数如果搜索到匹配,则该输出端子返回输入字符串中匹配前的所有字符;如果没有搜索到匹配,则该输出端子返回"输入字符串"中的所有字符。

(7) 所有匹配:该输出端子返回与正则表达式匹配的所有字符。

(8) 匹配之后:"匹配正则表达式"函数如果搜索到匹配,则该输出端子返回输入字符串中匹配字符后面的所有字符;如果没有搜索到匹配,则该输出端子返回为空。

如图 3-41 (a)、(b)、(c) 所示,"匹配正则表达式"函数分别搜索字符"B"、圆括号中的字符、" +"号。

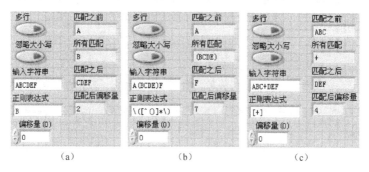

图 3-41   "匹配正则表达式"函数匹配不同的正则表达式

8) 格式化日期时间字符串   "格式化日期时间字符串"函数用于将时间标识格式化为字符串。"格式化日期时间字符串"函数有三个数据输入端子和一个数据返回端子,含义如下。

(1) 时间格式字符串:该输入端子通过输入相关格式代码可以设置输出日期/时间字符串的格式。时间相关格式的常用代码有:%X 表示指定的地域时间;%H 表示 24 小时制的小时数;%I 表示 12 小时制的小时数;%M 表示分钟;%S 表示秒;%u 表示时间精度;%p 表示上午或者下午。日期相关格式代码有:%x 表示指定地域日期;%y 表示两位年份;%Y 表示四位年份;%m 表示月份;%b 表示月名缩写;%d 表示一个月中的哪天;%a 表示星期名缩写。

如图 3-42 所示为用 12 小时制显示计算机时间。

如图 3-43 所示,如果时间格式字符串输入为空,则"格式化日期时间字符串"函数将使用默认的时间格式"%c"。

图 3-42   12 小时制显示计算机时间   图 3-43   默认时间格式

如图 3-44 所示,如果想让时间精确到毫秒,则可以使用时间格式"%u"。

(2) UTC 格式:该输入端子用于设置输出时间字符串的时间模式。如果该输入端子输入为"真",则"格式化日期时间字符串"函数返回国际通用时间,即英国伦敦格林威治天文台的标准时间;如果输入为"假",则"格式化日期时间字符串"函数返回本地计算机上设置的时间。

地球共分为 24 个时区,每个时区都有自己的本地时间。为了统一起见,使用格林威治标准时间作为国际通用的时间参考标准,英文表示为 Universal Time Coordinated,缩写为 UTC。格林威治标准时间是指位于英国伦敦郊区的皇家格林威治天文台的标准时间。北京时区是东八区,领先国际通用时间(UTC)或者说格林威治时间 8 个小时。

如图 3-45 所示,"格式化日期时间字符串"函数返回本地计算机时间(北京时间)和国际通用时间,相差 8 小时。

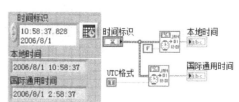

图 3-44   精确到毫秒的时间   图 3-45   北京时间与国际通用时间

（3）日期/时间字符串：该输出端子返回格式化的日期时间字符串。

【例3-2】编程实现计时器。

本例通过 While 循环和"格式化日期时间字符串"函数实现一个连续的计时器，通过 UTC 格式输入可以选择北京时间或国际通用时间。使用 While 循环时，一般要在 While 循环中加入延时，以减少 While 循环对计算机 CPU 资源的占用量。

VI 前面板和程序框图如图 3-46 所示，程序可实现 24 小时制精确到秒的计时功能。

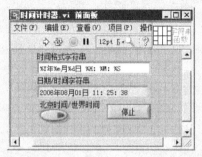

图 3-46　计时器程序

（1）新建一个 VI。

（2）通过"VI 前面板—控件选板—新式—字符串与路径—字符串输入控件"，在 VI 前面板创建一个字符串输入控件。默认情况下新创建的控件显示的是控件的标签，在字符串输入控件的标签文本上双击或拖动光标选中标签文本，当标签文本变为高亮显示的黑色时，修改字符串输入控件的标签文本"字符串"为"时间格式字符串"。

（3）通过"VI 前面板—控件选板—新式—字符串与路径—字符串显示控件"，在 VI 前面板创建一个字符串显示控件，修改字符串显示控件的标签为"日期/时间字符串"。

（4）通过"VI 程序框图—函数选板—编程—结构—While 循环"，在程序框图中添加一个 While 循环。在 While 循环的条件端子上右击，通过快捷菜单创建一个停止按钮。

（5）通过"VI 程序框图—函数选板—编程—定时—等待"，在程序框图中添加一个延时函数，并设置延时时间为100ms。添加延时函数是为了减少 While 循环对计算机 CPU 资源的占用。如果不加入延时函数，While 循环可能要占用单核 CPU 接近100%的资源。

（6）通过"VI 程序框图—函数选板—编程—字符串—格式化日期/时间字符串"，在 VI 程序框图中创建一个"格式化日期/时间字符串"函数。

（7）按图 3-46 所示布局 VI 前面板并编辑 VI 程序框图。运行 VI，在字符串输入控件中输入"%Y 年%m 月%d 日 %H:%M:%S"或"%x %X"，"格式化日期时间字符串"函数将返回当前计算机时间。

实际上，有更简便的方法创建输入控件和显示控件：在"格式化日期/时间字符串"函数的输入端子"格式化日期/时间字符串（%c）"上右击，在弹出的快捷菜单中选择"创建输入控件"，可以自动创建一个字符串输入控件，而且 LabVIEW 自动修改该控件的标签与"格式化日期/时间字符串"函数的输入端子名称相同。同样地，可以自动创建一个字符串显示控件。这里值得注意的是：函数的左侧接线端子是数据的输入端子，只能为其创建输入控件；函数的右侧接线端子是数据的输出端子，只能为其创建显示控件。

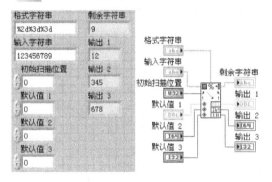

图 3-47 根据预设格式扫描字符串

9）扫描字符串 "扫描字符串"函数可以通过预先设置的格式扫描并转换输入的字符串。如图 3-47 所示，格式字符串 "%2d%3d%3d"的含义是：将输入字符串中的数字分解为三部分输出，部分的数字个数分别为 2、3、3，分别通过"扫描字符串"函数的三个输出：输出 1、输出 2、输出 3 返回。通过"扫描字符串"函数的输入：默认值 1、默认值 2、默认值 3，可以设置返回数据的数据类型。向下拖动函数底部，可以增加函数输入/输出端子数目。"扫描字符串"函数是多态函数，可以接受多种数据类型的输入。在"扫描字符串"函数上双击或右击，并在弹出的快捷菜单中选择"编辑扫描字符串"，在调出的"编辑扫描字符串"对话框中可以定义扫描的数据类型和格式字符串。

10）格式化写入字符串 "格式化写入字符串"函数可以将字符串路径、枚举型、时间标识、布尔或数值数据格式转化为文本输出，向下拖动函数底部可以增加输入端子数目。"格式化写入字符串"函数是多态函数，可以接受多种数据的输入。在"格式化写入字符串"函数上右击并在弹出的快捷菜单中选择"编辑格式字符串"或双击，均可调出"编辑格式字符串"对话框，在该对话框中可以设置不同的数据类型和格式字符串。

如图 3-48 所示，格式字符串文本 "%.2e,%0.2f"的含义是：在格式化得到的结果字符串中，"输入 1"中的数值用科学计数法表示，且保留两位小数；在格式化得到的结果字符串中，"输入 2"中的数值用普通的浮点数表示法，且保留两位小数。格式字符串中的圆括号作为文本的一部分被加入到结果字符串中，它不具有"格式字符"的功能，可以将圆括号替换为其他任意字符串。"%0.2f"中数值的整数部分表示与前面字符的间距，小数部分表示小数位数。当整数部分为 0 时，可以省略，"%0.2f"可以写为 "%.2f"。在格式字符串 "%.2e"和 "%0.2f"中，数值的整数部分都是"0"，表示在生成的结果字符串中，"3.14E+3"和"2.00"与其前面的字符 "（"和 "，"保留 0 个字符的间距。

图 3-48 通过格式字符串与初始字符串格式化输入

也可以直接向"格式字符串"中输入文本与"格式字符"的混合形式，在结果字符串中得到想要的格式字符。如图 3-49 所示，格式字符串文本"两数和:%3.0f + %3.0f = %0.1f"的含义是：在格式化得到的结果字符串中，"1"与前面字符保留三个字符的间距，且不保留小数位；在格式化得到的结果字符串中，"2"与前面字符保留三个字符的间距，且不保留小数位；在格式化得到的结果字符串中，"格式化写入字符串"函数的第三个输入

（"加"函数的输出）中的字符与前面的字符保留 0 个字符的间距，且保留一位小数。

图 3-49　仅通过格式字符串格式化输入

如图 3-50 所示，通过"格式化写入字符串"函数还可以格式化时间标识。"格式化写入字符串"函数的功能是很强大的，更详细的格式说明语法可以参考 LabVIEW 关于"格式化写入字符串"函数的帮助文档。

图 3-50　格式化时间标识

11）电子表格字符串至数组转换　"电子表格字符串至数组转换"函数可以将电子表格数据转换为数组并返回，返回数组的数据类型由"数组类型"输入端子的数据类型决定。在 Windows 操作系统下，"电子表格字符串至数组转换"函数一般用于读取记事本或 Excel 中的数据，并将其转换为 LabVIEW 的数组。在 Windows 操作系统下电子表格文件的扩展名为 .xls，一般用于打开和编辑电子表格的软件为 Excel，电子表格数据用记事本也是可以打开的。使用"电子表格字符串至数组转换"函数可以读取记事本中的数据并将数据转换为 LabVIEW 数组。读取时一定要注意：记事本文件中的分隔符要与"电子表格字符串至数组转换"函数"分隔符"输入端子输入的分隔符一致，否则将有数据丢失。"电子表格字符串至数组转换"函数输入/输出端子的含义如下。

（1）分隔符：用于对电子表格文件中的数据分隔符进行匹配，默认值为单个制表符（按一次"Tab"键产生的字符间距），分隔符还可以是标点符号、反斜杠、英文字母等字符。

该输入端子输入的分隔符必须与读取的电子表格文件中数据的分隔符一致，否则可能导致部分数据丢失。这里的"一致"还要严格区分中英文输入法，不同输入法下同一字符也是不一样的，如英文输入法与中文输入法下的逗号是不同的。如果电子表格文件中的分隔符是英文输入法下的逗号，而"电子表格字符串至数组转换"函数分隔符是中文输入法下的逗号，那么这两个分隔符是不同的，在这种情况下，读取电子表格文件中的数据时可能导致部分数据丢失。

（2）格式字符串：通过该输入端子设置返回数组数据的显示格式，可以通过 LabVIEW 帮助中的"格式字符串语法表"查看格式字符串的格式语法。

（3）电子表格字符串：通过该输入端子输入待转换的电子表格数据。

（4）数据类型：通过该输入端子设置返回数组的数据类型。

如图 3-51 所示，通过"电子表格字符串至数组转换"函数将电子表格字符串转换为二维数组输出。

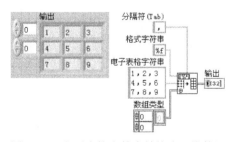

图 3-51　电子表格字符串转换为二维数组

【例 3-3】编辑一个记事本文件并输入 4 行 2 列数据，每个数据之间用逗号作为分隔符，用 LabVIEW 读取该文件并将数据显示在二维数组中。

本例实现从记事本文件中读取数据中显示在二维数组中。

（1）如图 3-52 所示，创建一个记事本，编辑 4 行 2 列数据，数据之间用英文输入法下的逗号作为分隔符。

（2）创建一个 VI，在程序框图中编程，如图 3-53 所示。通过"VI 程序框图—函数选板—编程—文件 I/O—读取文本文件"，可以获取"读取文本文件"函数。

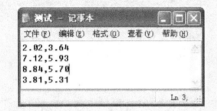
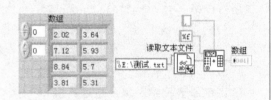

图 3-52　在记事本中编辑 4 行 2 列数据　　　　图 3-53　读取记事本文件中的数据

【注意】分隔符中的逗号是英文输入法下的逗号，一定要与记事本中的分隔符严格一致。

12）数组至电子表格字符串转换　"数组至电子表格字符串转换"函数可以将数组转换为电子表格字符串，该函数是"电子表格字符串至数组转换"函数的逆操作函数。

如图 3-54 所示，将 LabVIEW 的二维数组转换为电子表格字符串，且保留三位小数。通过"VI 程序框图—函数选板—编程—文件 I/O—写入文本文件"，可以获取"写入文本文件"函数。

图 3-54　将二维数组写入 Excel

13）搜索/拆分字符串　"搜索/拆分字符串"函数可以按照匹配字符拆分输入字符串。如图 3-55 所示，在输入字符串中搜索匹配字符"D"，并以"D"为基准将原字符串拆分为两段。一段是匹配之前的字符串，另一段是匹配字符串＋剩余字符串。"搜索/拆分字符串"函数数据输出端返回的偏移量是匹配字符在输入字符串中的位置。

14）选行并添加至字符串　"选行并添加至字符串"函数可以将多行字符串中的某行添加到输入字符串的尾部。如图 3-56 所示，将"多行字符串"中第二行的字符"B"添加到输入字符串的尾部。

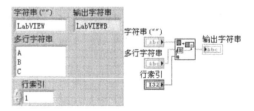

图 3-55　搜索/拆分字符串　　　　图 3-56　将多行字符串中的某行添加到字符串尾部

15）匹配字符串　"匹配字符串"函数可以检测输入字符串首字符是否与字符串数组中的元素匹配。如果字符串数组中有字符与输入字符串的首字符匹配，则"匹配字符串"函数的两个输出端分别返回输入字符串中去掉匹配字符的剩余字符、匹配字符在字符串数组中的位置索引；如果字符串数组中没有字符

与输入字符串的首字符匹配，则"匹配字符串"函数的两个输出端分别返回输入字符串、－1。如图 3-57 所示，字符串数组中的第一个元素"B"与输入字符串的首字

图 3-57　匹配字符串首字符

符"B"匹配，"输出字符串"端子返回去掉"B"剩余的字符"GE"，"索引"端子返回匹配字符"B"在字符串数组中的索引位置"1"。

16）匹配真/假字符串　"匹配真/假字符串"函数用于检测输入字符串中的首字符是否

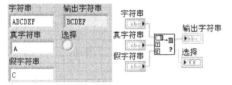

图 3-58　匹配真字符串

与"真"字符串或"假"字符串匹配，无论"真"匹配或"假"匹配，函数都将返回输入字符串中去掉匹配字符的剩余字符。如果输入字符串首字符与真字符串匹配，则"选择"端子输出为真；如果输入字符串首字符与假字符串匹配，则"选择"输出端子输出为假。如图 3-58 所示，真字符串与输入字符串首字符"A"匹配，"匹配真/假字符串"函数返回去掉匹配字符的剩余字符"BCDEF"，"选择"端子返回"真"表示"真字符串"匹配输入字符串首字符。

当真字符串输入为空时，无论假字符串匹配与否，"选择"端子均输出"真"，"匹配真/假字符串"函数将返回原字符串。如图 3-59 所示，虽然"假字符串"与输入字符串首字符"A"不匹配，但是真字符串输入为空，所以输出字符串为原输入字符串，"选择"端子返回"真"。

17）索引字符串数组　"索引字符串数组"函数可以获取字符串数组中指定索引位置处的元素，并将该元素添加到输入字符串尾部。如图 3-60 所示，"索引字符串数组"函数将字符串数组中索引位置为"2"的元素"C"取出添加到输入字符串"LabVIEW"尾部。

图 3-59　真字符串为空

图 3-60　获取数组元素添加到字符串尾部

18）添加真/假字符串　"添加真/假字符串"函数可以向输入字符串中选择性地添加字符，选择器输入为"真"时添加真字符串，选择器输入为"假"时添加假字符串。如图 3-61 所示，选择器输入为"真"，"添加真/假字符串"函数将真字符"A"添加到输入字符串"LabVIEW"的尾部。

19）字符串移位　"字符串移位"函数可以使输入字符串中的所有字符整体左移一位，如图 3-62 所示。

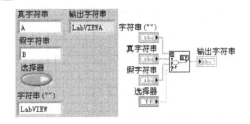

图 3-61　向输入字符串中添加真/假字符串

图 3-62　字符串移位

20）反转字符串　"反转字符串"函数可以使输入字符串反转，如图 3-63 所示。

21）字符串/数值转换　LabVIEW 中提供了数值与字符串相互转化的函数，通过"VI 程序框图—函数选板—编程—字符串—字符串/数值转换"，可以获取这些函数。这些函数的使用都比较简单，读者可以根据函数名称和接线端的名称了解函数的功能，自学这些函数的用法。如图 3-64 所示，通过"数值至小数字符串转换"函数将双精度浮点数转换为字符串，结果字符串保留两位小数。

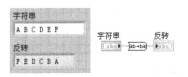

图 3-63　反转字符串

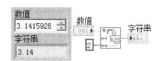

图 3-64　数值转换为字符串

3.3　布尔类型

布尔类型又称数字量，它只有真和假或 1 和 0 两种状态。LabVIEW 中与布尔类型对应的布尔控件主要有开关、布尔灯、按钮，它们可以实现数字量的输入/输出操作。

LabVIEW 中的布尔控件包括滑动开关、圆形指示灯、水平摇杆开关、确定按钮、开关按钮等，如图 3-65 所示。

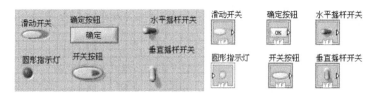

图 3-65　LabVIEW 中的布尔控件

布尔类型除了可以进行算术运算外，还可以进行逻辑运算。LabVIEW 提供了丰富的布尔操作函数来实现对布尔类型的操作，如图 3-66 所示。通过"VI 程序框图—函数选板—编程—布尔"可以获取 LabVIEW 中的布尔函数。

1. 布尔操作函数

LabVIEW 的布尔操作函数就是位运算函数或逻辑运算函数，它们大多是多态函数，可以实现多种数据类型的逻辑运算。

1）"与"函数　"与"函数可以实现布尔标量、布尔数组、整型标量、整型数组、簇的"逻辑与"运算，运算规则是：当输入全部为 1（真）时，输出为 1（真）。

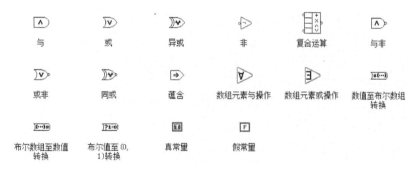

图 3-66　LabVIEW 中的布尔函数

（1）布尔标量：当"与"函数的输入为布尔标量时，"与"函数对输入布尔标量进行"逻辑与"运算并返回运算结果。如图 3-67 所示，"真"与"假"进行"逻辑与"运算的结果是"假"。

（2）一维布尔数组：当"与"函数的输入为一维布尔数组时，"与"函数对输入的两个一维布尔数组中相同索引位置处的元素进行"逻辑与"运算，并返回一维布尔数组作为运算结果，如图 3-68 所示。如果两个数组的元素个数不同，则"与"函数将忽略多余的元素。

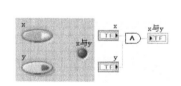

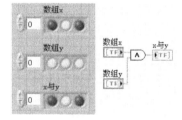

图 3-67　布尔标量的"逻辑与"运算　　　　图 3-68　一维布尔数组的"逻辑与"运算

（3）二维布尔数组：当"与"函数的输入为二维布尔数组时，"与"函数对输入的两个二维布尔数组中相同索引位置处的元素进行"逻辑与"运算，并返回二维布尔数组作为运算结果。如图 3-69 所示，"数组 x"第 n 行第 n 列的元素和"数组 y"第 n 行第 n 列的元素进行"逻辑与"运算，运算结果显示在输出数组"x 与 y"的第 n 行第 n 列。

（4）数值标量：当"与"函数的输入为整型数值标量时，"与"函数对输入的两个整型数值标量所对应的二进制数进行"逻辑与"运算，并返回一个整型标量作为运算结果。如图 3-70 所示，两个 32 位有符号整型数据进行"逻辑与"运算，实际上还是要先转换为相应的二进制数，"与"函数对这两个二进制数的每一位进行"逻辑与"运算。十进制的 6 是二进制的 110，十进制的 3 是二进制的 011，110 与 011 进行"逻辑与"运算得到 010，也就是十进制的 2。

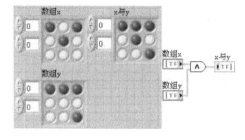

图 3-69　二维布尔数组的"逻辑与"运算　　　　图 3-70　整型数值标量的"逻辑与"运算

（5）一维整型数组：当"与"函数的输入为一维整型数组时，"与"函数对输入的两个一维整型数组中相同索引位置处的元素进行"逻辑与"运算，并返回一维整型数组作为运算结果。如图 3-71 所示，任何无符号 8 位二进制数与 255(1111 1111) 进行"逻辑与"运算后，每一位均保持不变，结果还是其本身。

（6）二维整型数组：当"与"函数的输入为二维整型数组时，"与"函数对输入的两个二维整型数组中相同索引位置处的元素进行"逻辑与"运算，并返回一个二维整型数组作为运算结果。如图 3-72 所示，"数组 x"第 0 行第 0 列的元素"10"与"数组 y"第 0 行第 0 列的元素"255"进行逻辑"与"运算，运算结果"10"显示在"x 与 y"的第 0 行第 0 列。

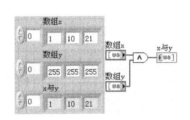
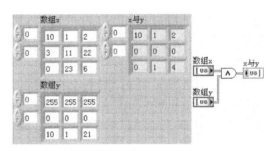

图 3-71　一维整型数组的"逻辑与"运算　　　　图 3-72　二维整型数组的"逻辑与"运算

（7）输入簇：当"与"函数的输入为簇时，"与"函数对输入簇中相同索引位置处的元素进行"逻辑与"运算，并返回一个簇作为运算结果，如图 3-73 所示。

2）"或"函数　"或"函数可以实现布尔标量、布尔数组、整型标量、整型数组、簇的"逻辑或"运算，运算规则是：当有一个输入为 1（真）时，输出为 1（真）。

3）"异或"函数　"异或"函数可以实现布尔标量、布尔数组、整型标量、整型数组、簇的"异或"运算，运算规则是：相同为"0（假）"，不同为"1（真）"，如图 3-74 所示。

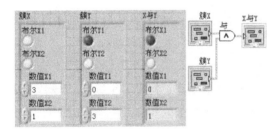
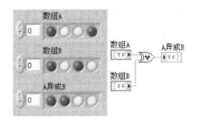

图 3-73　簇的"逻辑与"运算　　　　图 3-74　一维布尔数组的异或运算

4）"非"函数　"非"函数可以实现布尔标量、布尔数组、整型标量、整型数组、簇的"逻辑非"运算，运算规则是：输入为 1（真），输出为 0（假）；输入为 0（假），输出为 1（真）。

5）复合运算　"复合运算"函数可以实现多个输入的算数运算和逻辑运算，算数运算包括加法运算和乘法运算，逻辑运算包括逻辑与、逻辑或、逻辑异或。通过"复合运算"函数的右键菜单项"更改模式"可以在多个运算模式间切换。如图 3-75 所示为通过"复合运算"函数实现三个双精度浮点数的加法运算。

如图 3-76 所示为通过"复合运算"函数实现三个布尔数组的"逻辑与"运算。

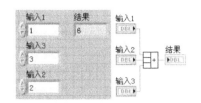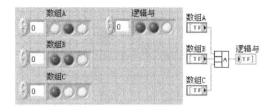

图 3-75　"复合运算"函数实现"加法"运算　　　图 3-76　"复合运算"函数实现"逻辑与"运算

在"复合运算"函数上右击，在弹出的快捷菜单中选择"逆运算"，可以实现取反运算。对于算数运算而言，逆运算相当于在原数值前加负号；对于逻辑运算而言，逆运算相当于"逻辑非"运算。

6）"与非"函数　"与非"函数可以实现布尔标量、布尔数组、整型标量、整型数组、簇的"逻辑与非"运算，运算规则是：对输入进行"逻辑与"运算并对运算结果再进行"逻辑非"运算，如图 3-77 所示。

7）"或非"函数　"或非"函数可以实现布尔标量、布尔数组、整型标量、整型数组、簇的"逻辑或非"运算，运算规则是：对输入进行"逻辑或"运算并对运算结果再进行"逻辑非"运算，如图 3-78 所示。

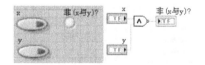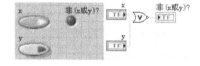

图 3-77　布尔标量的逻辑"与非"运算　　　　图 3-78　布尔标量的"逻辑或非"运算

8）同或函数　"同或"函数可以实现布尔标量、布尔数组、整型标量、整型数组、簇的"逻辑同或"运算，运算规则是：相同为 1，不同为 0。如图 3-79 所示为"同或"函数实现两个一维布尔数组的"同或"运算。

9）"蕴含"函数　"蕴含"函数可以实现布尔标量、布尔数组、整型标量、整型数组、簇的"蕴含"运算，运算规则是：当"蕴含"函数的"x"端子输入为 1（真）且"y"端子输入为 0（假）时，"蕴含"函数输出为 0（假）；否则"蕴含"函数输出为 1（真）。

如图 3-80 所示为"蕴含"函数实现两个一维布尔数组的"蕴含"运算。数组 A 中的第一个元素为"真"，数组 B 中的第一个元素为"假"，经过"蕴含"函数运算，输出数组"x 蕴含 y?"的第一个元素为"假"。

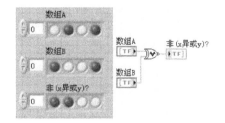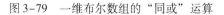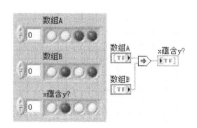

图 3-79　一维布尔数组的"同或"运算　　　图 3-80　一维布尔数组的"蕴含"运算

10）数组元素与操作 "数组元素与操作"函数可以实现布尔数组中所有元素的"逻辑与"运算。如图3-81所示，当输入的布尔数组中所有元素为"真"或输入的布尔数组为空时，该函数返回"真"；否则，该函数返回"假"。"数组元素与操作"函数只接受布尔数组类型，一般用于检测数组中的元素是否全为"真"或数组是否为空。

11）数组元素或操作 "数组元素或操作"函数可以实现布尔数组中所有元素的"逻辑或"运算。如图3-82所示，当输入的布尔数组中所有元素为"假"或输入的布尔数组为空时，该函数返回"假"；否则，该函数返回"真"。"数组元素或操作"函数输入端只能接受布尔数组类型的数据，一般用于检测数组中的元素是否全为"假"或数组是否为空。

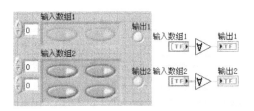 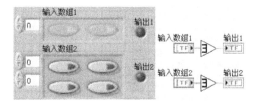

图 3-81 数组元素"逻辑与"操作   图 3-82 数组元素"逻辑或"操作

12）数值至布尔数组转换 "数值至布尔数组转换"函数可以将数值标量转换为一维布尔数组，函数输入端只能输入数值型数据。通过"数值至布尔数组转换"函数转换得到的二进制布尔数组是以低位在前（左）、高位在后（右）的形式。如图3-83所示，"数值至布尔数组转换"函数将一个8位无符号整型数"2"转换为一维布尔数组表示的8位二进制数。

在数字电路应用中，一般以高位在左、低位在右的形式表示二进制数，可以使用"反转数组"函数将布尔数组的高低位交换，如图3-84所示。

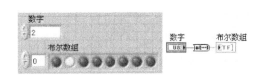 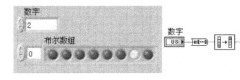

图 3-83 数值至布尔数组转换   图 3-84 反转布尔数组

13）布尔数组至数值转换 "布尔数组至数值转换"函数是"数值至布尔数组转换"函数的逆函数，可以将一维布尔数组表示的二进制数转换为相应的数值标量。"布尔数组至数值转换"函数输入端只能输入一维布尔数组，转换时采用低位在左、高位在右的形式。如图图3-85所示，"布尔数组至数值转换"函数将布尔数组表示的二进制数"0100 0000"（高位在右）转换为数值类型的整数"2"。

14）布尔值至（0，1）转换 "布尔值至（0，1）转换"函数可以实现布尔类型的"真"和"假"到数值类型的"0"和"1"转换，该函数可以接受布尔标量和布尔数组。图图3-86所示，"布尔值至（0，1）转换"函数将布尔标量和布尔数组转换为数值标量和数值数组。

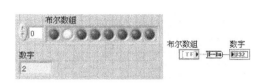

图 3-85　布尔数组转换为数值标量

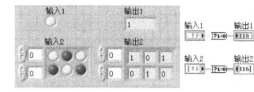

图 3-86　布尔值到 0、1 的转换

2. 布尔函数应用

【例 3-4】编程实现对一个无符号 8 位数的第 5 位置位。

要使一个数的某位置位，而其他位保持不变，可以使需要置位的位与"1"进行"逻辑或"运算，需要保留的位与"0"进行"逻辑或"运行。

要使输入数据的第 5 位置位而其他位保持不变，可以用十进制数"16"与目标数据进行"逻辑或"运算。输入数据"3"表示为二进制是"0000 0011"，"16"表示为二进制是"0001 0000"。"3"与"16""逻辑或"的运算结果为"0001 0011"，即十进制的"19"，如图 3-87 所示。

（1）通过"VI 前面板—控件选板—新式—数值—数值输入控件"，在 VI 前面板中创建一个数值输入控件。在控件的标签上双击，当标签的文本变为高亮的黑色时，修改控件的标签为"输入"。在数值输入控件上右击，在弹出的快捷菜单中选择"表示法—U8（无符号单字节整型）"，将控件的数据类型修改为无符号 8 位整型。

（2）通过"VI 程序框图—函数选板—编程—布尔—或"，在程序框图中创建一个"或"函数。

（3）将数值输入控件连线到"或"函数的一个输入端。由于"或"函数是多态函数，当数值输入控件连线到"或"函数的一个输入端时，"或"函数的其他输入输出端子的数据类型立即由默认的布尔类型转换为无符号 8 位整型（U8）。

（4）在"或"函数上右击，在弹出的快捷菜单中选择"创建—常量"，为"或"函数的另一个输入端创建一个常量，并输入数值"16"。

（5）在"或"函数的输出端子上右击，在弹出的快捷菜单中选择"创建—显示控件"，为"或"函数创建一个显示控件。在控件的标签上双击，当标签的文本变为高亮的黑色时，修改控件的标签为"输出"。

实际上，数据类型为整型的控件可以将数据显示为二进制或其他进制。在整型数值控件或常量上右击，在弹出的快捷菜单中选择"显示格式"，将弹出"控件属性"对话框的"显示格式"选项页，在该选项页中可以切换整型数据的显示格式。如图 3-88 所示，将数值控件中的数据显示为二进制格式。

图 3-87　通过"逻辑或"运算置位

图 3-88　数值控件设置为二进制显示格式

【例 3-5】编程实现对一个无符号 8 位数的高 2 位清零。

要使一个数的某位清零，而其他位保持不变，可以使需要清零的位与"0"进行"逻辑与"运算，需要保留的位与"1"进行"逻辑与"运行。

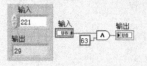

图 3-89　通过"逻辑与"
运算清零

要使输入数据的高 2 位清零而其他位保持不变，可以用十进制数"63"与输入数据"221"进行"逻辑与"运算。"63"表示为二进制是"0011 1111"，"221"表示为二进制是"1101 1101"，两数"逻辑与"的运算结果"0001 1101"即为十进制数"29"，如图 3-89 所示。

【例 3-6】编程实现 8 位数码灯的循环点亮。

（1）通过"VI 程序框图—函数选板—编程—数值—按 2 的幂缩放"，在 VI 程序框图中创建一个"按 2 的幂缩放"函数。当该函数的系数输入端输入为"1"时，该函数可以计算 2 的 n 次幂。

（2）通过"VI 程序框图—函数选板—编程—布尔—数值至布尔数组转换"，在 VI 程序框图中创建一个"数值至布尔数组转换"函数。

（3）通过"VI 程序框图—函数选板—编程—定时—等待（ms）"，在 VI 程序框图中创建一个等待函数。

（4）通过"VI 程序框图—函数选板—编程—结构—While 循环"，在 VI 程序框图中创建一个 While 循环。

（5）通过"VI 程序框图—函数选板—编程—结构—For 循环"，在 VI 程序框图中创建一个 For 循环。

（6）按图 3-90 所示编程。在"数值至布尔数组转换"函数上右击，在弹出的快捷菜单中选择"创建—显示控件"，

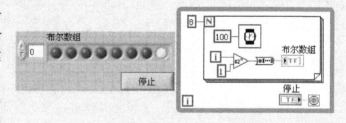

图 3-90　流水灯程序

可以自动创建一个显示控件。在 While 循环的条件端子上右击，在弹出的快捷菜单中选择"创建—输入控件"，可以自动创建一个停止按钮。

3.4　数组

数组是一组相同类型数据的集合，这些相同类型的数据可以是数值型、字符串型、布尔型、簇，所以就有了数值型数组、字符串数组、布尔数组、簇数组等数组形式。

为什么要使用数组呢？因为将相同数据类型的数据组织成一组数据的形式，可便于程序对大块数据的管理和操作。对应于计算机的物理内存而言，创建一个数组就是开辟一块内存空间，将这组数据按次序存储在这块空间内。数组的使用是编程的一个重要环节，合理使用数组可以保证数据的高效存储，进而提高程序的性能。数组使用不合理，可能引起 Windows 操作系统为数组重新分配内存空间，导致程序运行效率降低。

如图 3-91 所示，LabVIEW 提供了丰富的数组操作函数（"VI 程序框图—函数选板—编程—数组"），通过这些函数可以轻松地组织和处理庞大的数组数据。数组的使用贯穿 Lab-VIEW 编程的始终，是构建 LabVIEW 程序的基础，在 LabVIEW 编程应用中有举足轻重的作用，熟练掌握数组函数的使用是十分必要的。

数组大小	索引数组	替换数组子集	数组插入	删除数组元素	初始化数组	创建数组
数组子集	数组最大值与最小值	重排数组维数	一维数组排序	搜索一维数组	拆分一维数组	反转一维数组
一维数组循环移位	一维数组插值	以阈值插值一维数组	交织一维数组	抽取一维数组	二维数组转置	数组常量
数组至簇转换	簇至数组转换	数组至矩阵转换	矩阵至数组转换	矩阵		

图 3-91　LabVIEW 的数组函数

1. 创建数组

通过"VI 前面板—控件选板—新式—数组、矩阵与簇—数组"，可以创建一个数组控件。新创建的数组控件没有定义数据类型，是一个空数组，将相应数据类型的控件拖入新创建的数组中就可以形成某种数据类型的数组。下面以数值数组为例，详细说明创建一个数值型一维数组的过程。首先，通过"VI 前面板—控件选板—新式—数组、矩阵与簇—数组"，在程序框图中创建一个空数组。然后，通过"VI 前面板—控件选板—新式—数值—数值输入控件"，将数值输入控件拖入到空数组中。这样，一个数值型的一维数组就创建好了，如图 3-92 所示。在默认情况下，数值输入控件的数据类型为双精度浮点类型。所以图 3-92 中创建的数组就是双精度浮点型的输入数组。如果将一个字符串显示控件拖入数组控件，就可以创建一个字符串类型的显示数组。

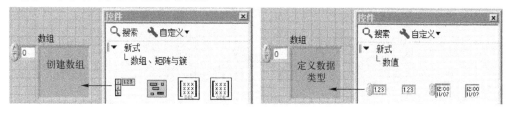

图 3-92　一维数组的创建过程

数组和控件一样，也有三种存在形式：输入数组、显示数组、数组常量，它们之间的转换可以通过数组的快捷菜单实现。在数组控件上右击，在弹出的快捷菜单中选择"转换为显示控件/转换为输入控件"或"转换为常量"，可以实现数组三种存在形式的转换。数组由两个矩形框组成，左边的矩形框是索引框，通过单击索引框左边的按钮可以实现数组元素的上下翻页；右边的矩形框中是数组元素，可以按住数组底部向下拖动，增加数组中可视元素的数目，如图 3-93 所示。

数组包含一个数组控件的外壳和定义数据类型的标量控件，对数组的操作（调整大小、改变外观）包括对数组元素（定义数据类型的标量控件）和对整个数组的操作。在数组元素上的单击、拖动、右击等操作，是对数组元素的操作；在数组边框上单击、拖动、右击等操作是对整个数组的操作。例如，在数组元素上右击，可以调出数组元素的快捷菜单，选择"显示项"并取消勾选"增量/减量"项，可以去掉数组元素前面的"增量/减量"按钮，如图 3-94 所示。

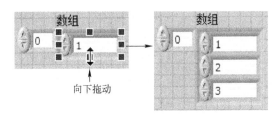

图 3-93　拓展数组可视区域　　　　图 3-94　去掉数值数组元素的"增量/减量"按钮

【例 3-7】创建 6 个元素的一维字符串数组，通过键盘为数组赋值：A、B、C、D、E、F。

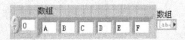

图 3-95　一维字符串输入数组

（1）通过"VI 前面板—控件选板—新式—数组、矩阵与簇—数组"，在前面板中创建一个空数组。

（2）通过"VI 前面板—控件选板—新式—字符串与路径—字符串输入控件"，将字符串输入控件拖入空数组中，形成一个一维字符串输入数组。

（3）向下拖动数组边框使数组可以显示 6 个数组元素。

（4）将鼠标光标依次定位到数组元素输入框中，通过键盘输入 A、B、C、D、E、F。

---

2. 扩展维数

LabVIEW 数组的索引框表示数组的维数，一个数组有几个索引框就表示它是几维数组。新创建的 LabVIEW 数组只有一个索引框，表示该数组是一维数组。向下拖动一维数组的索引框可以改变索引框数目，也就是改变数组的维数，如图 3-96 所示。

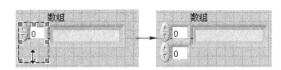

图 3-96　一维数组扩展为二维维数

3. 数组函数

通过 LabVIEW 提供的数组函数可以对数组数据进行管理，大多数数组函数是多态函数，可以适应不同的数据类型。下面详细讲解数组函数的使用。

1）数组大小　"数组大小"函数用于检测数组元素的数目，它是多态函数，输入端可以接受任意数据类型的多维数组。

（1）一维数组："数组大小"函数输入一维数组时，该函数返回 32 位整型标量，表示数组元素的数目，如图 3-97 所示。

（2）多维数组："数组大小"函数输入端子输入多维数组时，返回一维整型数组，数组的元素数目表示输入数组的维数，数组中每个元素的值表示该维度的大小。如图 3-98 所示，"数组大小" 函数返回的数组中有两个元素，说明输入数组是一个二维数组，两个维度（行和列）的大小分别为 3 和 2，输入数组是一个 3 行 2 列的二维数组。

图 3-97　检测一维数组长度　　　　　　　图 3-98　检测二维数组的维数和每维度的长度

2) 索引数组　"索引数组" 函数用于获取任意数据类型的多维数组中指定索引位置处的元素或者多维数组中的某行（列），它是多态函数，输入端可以接受任意数据类型的多维数组。

（1）输入一维数组，返回标量数据。当 "索引数组" 函数输入端输入一维数组时，函数返回一维数组中指定索引位置处的元素。数组的第 1 个元素所在的位置称为索引 0，第 n 的元素所在的位置称为索引 $n-1$。如图 3-99 所示，通过 "索引数组" 函数取出输入数组中第 1 个元素 "b"。

默认的情况下，"索引数组" 函数只显示一个索引数据输入端和一个数据返回端。向下拖动 "索引数组" 函数的底部可以产生多个索引输入端，同时返回多个数组元素，如图 3-100 所示。

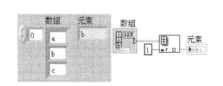
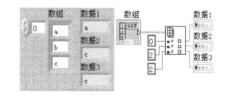

图 3-99　获取一维数组中的单个元素　　　图 3-100　获取一维数组中的多个元素

（2）输入二维数组，返回标量数据。当 "索引数组" 函数输入端输入二维数组且 "行索引" 输入端和 "列索引" 输入端都不为空时，函数返回 "行索引" 和 "列索引" 交叉处的元素。如图 3-101 所示，通过 "索引数组" 函数获取输入二维数组中第 2 行第 0 列的元素 "5"。

默认情况下，"索引数组" 函数只显示一对索引端，这对索引端包含 "行索引" 和 "列索引"。向下拖动 "索引数组" 函数的底部，可以产生 "多对" 索引输入端和多个数据输出端。如图 3-102 所示，"索引数组" 函数分别返回输入二维数组中第 2 行第 0 列、第 1 行第 1 列的两个数组元素 "5"、"4"。

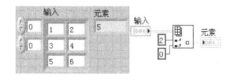
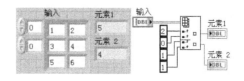

图 3-101　获取二维数组中的单个元素　　　图 3-102　获取二维数组中的多个元素

（3）输入二维数组，返回一维数组。当"索引数组"函数输入端输入二维数组且有一个索引输入端为空时，"索引数组"函数返回输入数组中的某行或某列。如图 3-103 所示，"索引数组"函数返回二维数组第 1 行整行的元素。

如图 3-104 所示，"索引数组"函数获取二维数组第 0 列整列的元素。

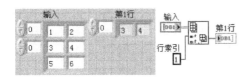　　　　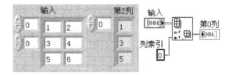

图 3-103　获取二维数组中的某行　　　　图 3-104　获取二维数组中的某列

通过"索引数组"函数还可以返回数组与标量的混合数据。如图 3-105 所示，第 1 对索引端子只输入行索引 0，获取二维数组第 0 行整行元素；第 2 对索引端子只输入列索引 0，获取二维数组第 0 列整列元素；第 3 对索引端子输入行索引 0 和列索引 1，获取二维数组第 0 行第 1 列的元素。

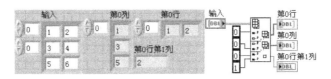

图 3-105　同时获取二维数组某行、某列、某个元素

3. 替换数组子集

"替换数组子集"函数可以从指定的索引位置开始替换数组中的某个元素或子数组，它是多态函数，输入端可以接受任意数据类型的多维数组。

（1）替换一维数组中的元素："替换数组子集"函数可以替换一维数组中的某个元素。如图 3-106 所示，用"100"替换原先数组中索引位置为 2 处的元素"2"。

当"替换数组子集"函数索引输入端无索引输入时，"替换数组子集"函数将默认替换索引位置为 0 处的元素，如图 3-107 所示。

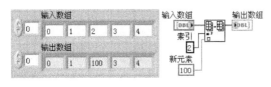　　　　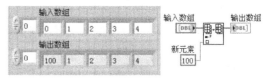

图 3-106　替换一维数组中指定索引位置处的元素　　　图 3-107　替换一维数组中默认位置处的元素

（2）替换一维数组中的子数组：当"替换数组子集"函数"新元素"输入端输入一维数组时，函数可以用新数组替换原数组中从指定索引位置开始的子数组，如图 3-108 所示。

当"替换数组子集"函数的索引输入端为空时，"替换数组子集"函数将默认从索引位置为 0 处开始替换，如图 3-109 所示。

（3）替换二维数组中的元素：当"替换数组子集"函数输入二维数组且"行索引"和"列索引"都有输入时，"替换数组子集"函数将替换输入数组行和列交叉点处的元素。如图 3-110 所示，"替换数组子集"函数用"0"替换原数组中第 1 行第 1 列处的元素"5"。

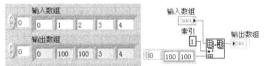

图 3-108　替换一维数组中指定索引
位置开始的子数组

图 3-109　替换一维数组中默认
位置处的子数组

向下拖动"替换数组子集"函数底部,可以产生"多对"索引输入端,函数可以替换多个数组元素。如图 3-111 所示,"替换数组子集"函数用"0"替换原数组中第 1 行第 1 列处的元素"5"和第 0 行第 2 列处的元素"3"。

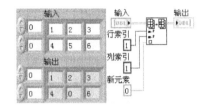

图 3-110　替换二维数组中的单个元素

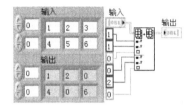

图 3-111　替换二维数组中的多个元素

(4)替换二维数组中的某行或某列:当"替换数组子集"函数输入二维数组且索引输入端只输入行索引或者列索引时,函数将用新数组替换二维数组的某行或某列,如图 3-112 所示。

向下拖动"替换数组子集"函数可以得到多对索引输入端和新元素(新数组)输入端。通过多对的输入输出端子,"替换数组子集"函数可以同时替换二维数组中的某行、某列、某个元素,如图 3-113 所示。

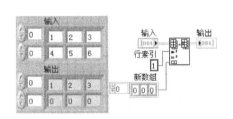

图 3-112　新数组替换二维数组中的第 1 行

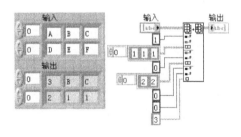

图 3-113　同时替换二维数组某行、某列、某个元素

4)数组插入　"数组插入"函数可以在输入数组指定的索引位置处插入元素或子数组。

> **【注意】**如果输入数组的第 m 个索引位置处的元素为空,则"数组插入"函数无法在第 $m+1$ 及其后面的索引位置插入元素。"数组插入"函数是多态函数,输入端可以接受任意数据类型的数组。

(1)插入标量到一维数组:"数组插入"函数可以插入标量数据到一维数组指定索引位置。如图 3-114 所示,"数组插入"函数将新元素"0"插入到输入数组索引位置为 1 处,其他元素依次向后移动一位。

如果"数组插入"函数的索引输入端子为空,则"数组插入"函数默认将新元素插入到输入数组末尾，如图 3-115 所示。

图 3-114　在一维数组指定索引位置插入标量

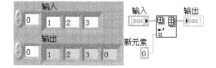

图 3-115　在一维数组默认位置插入标量

（2）一维数组中插入一维数组：如图 3-116 所示，"数组插入"函数在一维数组的第 1 个索引位置处插入一个一维数组。

（3）插入一维数组到二维数组：当"数组插入"函数索引输入端只输入行索引或者列索引时，"数组插入"函数可以插入一维数组到二维数组的某行或某列。如图 3-117 所示，"数组插入"函数将新数组插入到输入数组的第 1 行。

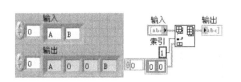

图 3-116　在一维数组指定索引位置插入一维数组

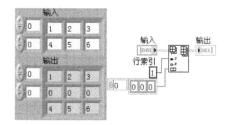

图 3-117　在二维数组指定行插入一维数组

如图 3-118 所示，"数组插入"函数将新数组插入到原二维数组的第 1 列。

如图 3-119 所示，当插入数组长度大于原数组的行数或列数时，多余的元素被忽略；当插入数组长度小于原数组的行数或列数时，不够的元素用 0 补齐。

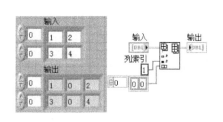

图 3-118　在二维数组指定列插入一维数组

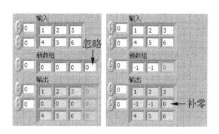

图 3-119　在二维数组中插入元素数目不同的一维数组

（4）在二维数组默认位置插入一维数组：当"数组插入"函数输入二维数组且行索引和列索引都为空时，函数默认将一维数组插入到原数组最后一行，如图 3-120 所示。

（5）向二维数组插入多行（多列）：向下拖动"数组插入"函数底部，可以产生多个新数组输入端，达到向输入二维数组中插入多行或多列的目的。如图 3-121 所示，通过"数组插入"函数，从输入数组索引位置为 1 处开始连续插入两行。

5）删除数组元素　"删除数组元素"函数可以从指定索引位置开始删除数组中指定数目的元素或子数组，并返回删除后的新数组和原数组中被删除的部分。"删除数组元素"函数是多态函数，函数的输入端可以接受任意数据类型的数组。

图 3-120　在二维数组默认位置插入一维数组　　　　图 3-121　向二维数组中插入多行

（1）删除一维数组中的元素：如图 3-122 所示，"删除数组元素" 函数从输入数组索引位置为 "1" 处开始连续删除两个元素 "2" 和 "3"，删除元素的数目由函数 "长度" 输入端的输入参数决定。

当没有指定删除的起始索引位置时，"删除数组元素" 函数默认从数组末尾开始删除指定长度的元素。如图 3-123 所示，函数从输入数组末尾开始连续删除两个元素 "4" 和 "5"。

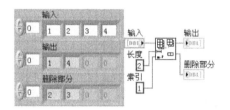

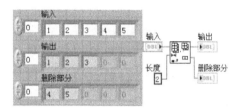

图 3-122　从一维数组指定索引　　　　　　　图 3-123　从一维数组默认索引
位置开始删除子数组　　　　　　　　　　位置开始删除子数组

如图 3-124 所示，当没有指定删除长度时，函数默认的删除长度为 1 个元素。由于默认的删除长度为 "1"，所以函数的输出端 "已删除的部分" 将返回标量而不是数组。

如图 3-125 所示，当 "删除数组元素" 函数 "索引" 和 "长度" 输入端均无参数输入时，函数默认删除数组中最后一个元素 "5"。

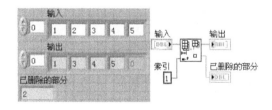

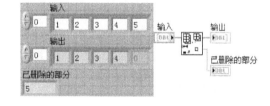

图 3-124　删除一维数组中默认长度个元素　　　图 3-125　删除一维数组末尾的元素

（2）删除二维数组中的行或列：当 "删除数组元素" 函数输入二维数组时，函数可以从指定索引位置开始删除二维数组中指定数目的行或列，删除行或列的数目由函数 "长度" 输入端的输入参数决定。当 "删除数组元素" 函数输入二维数组时，函数的 "行索引" 和 "列索引" 不允许同时有输入参数，否则 VI 将报错。

如图 3-126 所示，"删除数组元素" 函数从输入二维数组的第 0 行开始连续删除两行。

如图 3-127 所示，当没有指定删除的索引位置时，函数默认从尾行开始删除二维数组的两行。

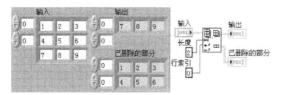

图 3-126　从指定索引位置开始
删除二维数组中的两行

图 3-127　从默认位置开始删除
二维数组中的两行

如图 3-128，当没有指定删除长度时，函数默认的删除长度为一行。由于默认的删除长度为"1"，所以函数的输出端"已删除的部分"将返回一维数组而不是二维数组。

如图 3-129 所示，当"删除数组元素"函数"索引"和"长度"输入端均无参数输入时，"删除数组元素"函数删除输入二维数组的尾行。

图 3-128　删除二维数组的行数为默认长度

图 3-129　删除二维数组的尾行

6）初始化数组函数　"初始化数组"函数用于创建 n 维数组并初始化数组元素的值，通过该函数可以获取初始化的 n 维数组。"初始化数组"函数是多态函数，通过该函数可以初始化得到任意数据类型的数组。

（1）初始化一维数组：如图 3-130 所示，"初始化数组"函数初始化了一个一维数组，数组有三个元素，每个元素的初始化值为"100"。

（2）初始化二维数组：向下拖动"初始化数组"函数底部，可以增加"初始化数组"函数的维数输入端。如图 3-131 所示，"初始化数组"函数初始化了一个 2 行 3 列的二维数组，并将所有元素赋值为"1"。

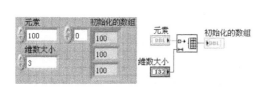

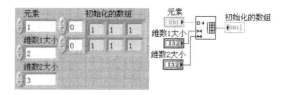

图 3-130　初始化一维数组

图 3-131　初始化二维数组

7）创建数组　"创建数组"函数可以连接多个标量、数组，或者向数组添加元素。"创建数组"函数是多态函数，函数的输入端可以接受任意数据类型的标量和数组。

（1）连接标量形成一维数组：如图 3-132 所示，"创建数组"函数将三个标量连接，生成一个三元素的一维数组。

（2）连接一维数组形成二维数组：如图 3-133 所示，"创建数组"函数将两个一维数组连接，生成一个 2 行 3 列的二维数组。

（3）连接一维数组形成更长的一维数组。当"创建数组"函数连接多个一维数组时，函数在默认情况下将增加新创建数组的维数。如图 3-134 所示，在"创建数组"函数上右击，在弹出的快捷菜单中勾选"连接输入"，可以改变函数的连接模式，使输入的多个一维数组中的元素可以首尾连接形成一个长度更长的一维数组。

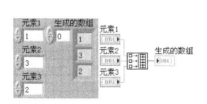

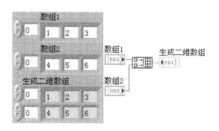

图 3-132　连接标量形成一维数组　　　　　图 3-133　连接一维数组形成二维数组

如图 3-135 所示，"创建数组"函数将两个二元素一维数组中的元素首尾相连形成一个四元素一维数组。

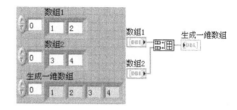

图 3-134　"创建数组"函数的"连接输入"模式　　　图 3-135　拓展一维数组长度

（4）向一维数组添加元素：如图 3-136 所示，通过"创建数组"函数将"0"和"10"分别添加到一维数组的首位置和尾部。

> **【注意】** 在循环结构中，通过"创建数组"函数连续向数组中（尤其是数组首位置）添加元素，是一项非常耗费计算机资源的工作，在编程中应该谨慎处理此种情况。

（5）向二维数组添加一维数组：如图 3-137 所示，"创建数组"函数将"数组 1"和"数组 2"分别添加到二维数组的第 0 行和最后一行。

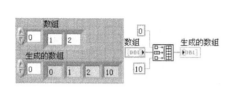

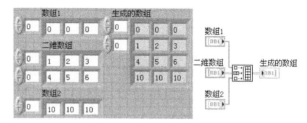

图 3-136　向一维数组添加元素　　　　　图 3-137　向二维数组添加子数组

8）数组子集　"数组子集"函数可以从指定索引位置开始，获取输入数组中的子数组。"数组子集"函数是多态函数，函数的输入端可以接受任意数据类型的数组。

（1）获取一维数组的子集，指定长度和索引。此种情况下，"数组子集"函数从输入数组的指定索引位置开始连续获取若干个元素，获取元素的数目由"数组子集"函数的"长度"输入端的输入参数决定。如图 3-138 所示，"数组子集"函数从原数组的第 1 个元素开始连续获取 3 个元素。

（2）获取一维数组的子集，指定长度，不指定索引位置。此种情况下，"数组子集"函数默认从输入数组的第 0 个元素开始连续获取元素。如图 3-139 所示，"数组子集"函数从输入数组第 0 个元素开始连续获取 3 个元素"1"、"2"、"3"。

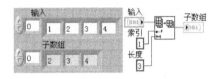
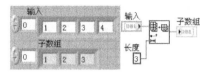

图 3-138　从指定索引位置开始　　　　　图 3-139　从默认索引位置开始
获取一维数组的子集　　　　　　　　获取一维数组的子集

（3）获取一维数组的子集，指定索引位置，不指定长度。此种情况下，"数组子集"函数默认取出输入数组中从指定索引位置开始到数组末尾之间的所有元素。如图 3-140 所示，"数组子集"函数获取输入数组从第 2 ~ 4 个元素之间的所有元素。

（4）获取一维数组的子集，不指定长度和索引。此种情况下，"数组子集"函数将返回原输入数组，如图 3-141 所示。

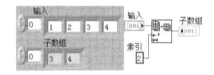
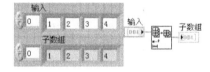

图 3-140　获取一维数组从指定索引位置到末尾之间的子集　　图 3-141　获取原一维数组

（5）获取二维数组的子集，指定行索引、行长度、列索引、列长度。此种情况下，"数组子集"函数将获取行和列交叉处的元素。如图 3-142 所示，"数组子集"函数获取第 0、1 两行和第 1、2 两列交叉处的元素。

（6）获取二维数组的行，指定行索引、行长度。此种情况下，"数组子集"函数将获取二维数组中的多行（或多列），获取行的数目由行长度输入端的输入参数决定。如图 3-143 所示，"数组子集"函数从输入数组的第 1 行开始获取 1 行元素。

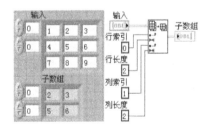

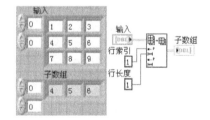

图 3-142　获取行与列交叉位置处的子集　　　图 3-143　从指定行开始获取二维数组子集

（7）获取二维数组的行，指定行索引。此种情况下，"数组子集"函数将获取输入数组从行索引开始到尾行之间的所有行。如图 3-144 所示，"数组子集"函数获取从第 1 行到尾行之间的所有行。

（8）获取二维数组的行，指定行长度。此种情况下，"数组子集"函数将默认从第 0 行开始获取输入数组的多行，获取行的数目由函数"行长度"输入端的输入参数决定。如图 3-145 所示，"数组子集"函数从第 0 行开始连续获取 2 行。

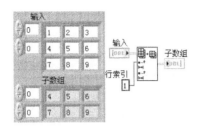
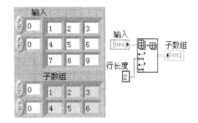

图 3-144　获取二维数组指定行到尾行之间的子集　　　图 3-145　从默认行开始获取二维数组的子集

（9）获取二维数组的列，指定列索引、列长度。此种情况下，"数组子集"函数将获取输入二维数组中的某几列，获取列的数目由函数"列长度"输入端的输入参数决定，如图 3-146 所示。

（10）获取二维数组的列，指定列索引。此种情况下，"数组子集"函数将获取输入数组从列索引开始到尾列之间的所有列，如图 3-147 所示。

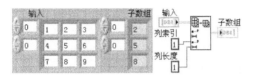

图 3-146　从指定列开始获取　　　　图 3-147　获取二维数组指定
二维数组子集　　　　　　　　　列到尾列之间的子集

（11）获取二维数组的列，指定列长度。此种情况下，"数组子集"函数将默认从第 0 列开始获取输入数组的多列，获取列的数目由函数"列长度"输入端的输入参数决定，如图 3-148 所示。

（12）输入二维数组，不指定列索引、列长度、行索引、行长度。此种情况下，"数组子集"函数返回原输入二维数组，如图 3-149 所示。

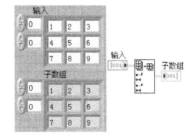

图 3-148　从默认列开始获取二维数组的子集　　　　图 3-149　获取原二维数组

9）数组最大值和最小值　"数组最大值和最小值"函数可以获取输入数组中的最大值和最小值，以及最大值索引和最小值索引。

（1）一维数组：如图 3-150 所示，输入数组最大值为"9.11"，最小值为"0.22"，在输入数组中的索引位置分别为"4"和"0"。

（2）二维数组：如图 3-151 所示，二维数组的最大值为"9"，最小值为"1"，在二维数组中的索引位置分别为第 2 行第 2 列、第 0 行第 0 列。

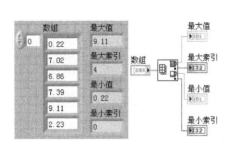 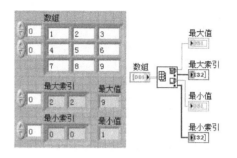

图 3-150　获取一维数组最值及最值索引　　图 3-151　获取二维数组最值及最值索引

10）重排数组维数　"重排数组维数"函数可以重新调整输入数组的维数，返回调整维数后的数组。"重排数组维数"函数是多态函数，函数的输入端可以接受任意数据类型的数组。

（1）重排一维数组：如图 3-152 所示，"重排数组维数"函数从原数组首位置开始连续获取三个元素，重新创建一个三元素的一维数组。

（2）重排一维数组为二维数组：向下拖动"重排数组维数"函数底部，可以增加维度输入端的数目，"重排数组维数"函数维度输入端子的数目等于新数组的维数，每个维度输入端子的输入值决定每一维的长度。如图 3-153 所示，"重排数组维数"函数有两个维度输入端子，所以新数组为二维数组。两个维度的长度分别是"2"和"3"，"重排数组维数"函数用输入数组中的元素重新构建了一个 2 行 3 列的二维数组，不够的元素用"0"补齐。

 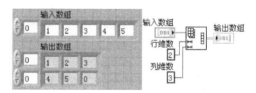

图 3-152　重排一维数组长度　　　　图 3-153　重排一维数组为二维数组

（3）重排二维数组：如图 3-154 所示，"重排数组维数"函数有两个维度输入端子，通过"重排数组维数"函数构建的新数组一定是二维数组。两个维度的长度都是"2"，"重排数组维数"函数用原二维数组中的元素重新构建了一个 2 行 2 列的二维数组，多余的元素将被忽略。

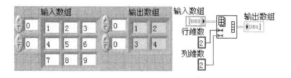

图 3-154　重排二维数组维数

（4）重排二维数组为一维数组：如图 3-155 所示，"重排数组维数"函数用原二维数组中的前三个元素构建了一个三元素的一维数组，多余的元素将被忽略。

11）一维数组排序　"一维数组排序"函数可以将一维数组按升幂排序，并返回排序好的数组，如图 3-156 所示。

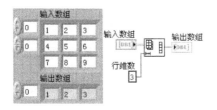

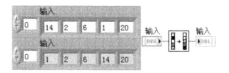

图 3-155　重排二维数组为一维数组　　　　　图 3-156　一维数组排序

【例 3-8】 前面板输入三个数，找出其中的最大值。

方法 1

（1）通过"VI 前面板—控件选板—新式—数值—数值输入控件"，在 VI 前面板创建三个数值输入控件，分别修改其标签为"A"、"B"、"C"。

（2）通过"VI 前面板—控件选板—新式—数值—数值显示控件"，在 VI 前面板创建一个数值显示控件，修改控件的标签为"MAX"。

（3）通过"VI 程序框图—函数选板—编程—数组"，在程序框图中创建"创建数组"函数、"数组大小"函数、"一维数组排序"函数、"索引数组"函数。

（4）按图 3-157 所示编程。

方法 2

如图 3-158 所示，将三个输入创建为一维数组，用"数组最大值和最小值"函数获取最大值。

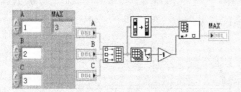　　　　　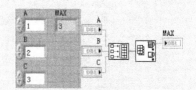

图 3-157　通过"一维数组排序"　　　　　图 3-158　通过"数组最大值和最小值"
　　　　函数获取最大值　　　　　　　　　　　　　函数获取最大值

12）搜索一维数组　"搜索一维数组"函数可以从输入数组指定索引位置开始查找数组元素。如果有匹配元素，"搜索一维数组"函数的"元素索引"输出端将返回该元素在输入数组中的索引位置；如果没有匹配值，"搜索一维数组"函数的"元素索引"输出端将返回"-1"。当"索引"输入端为空时，"搜索一维数组"函数将默认从数组首元素开始搜索。"搜索一维数组"函数是多态函数，函数的输入端可以接受任意数据类型的数组。

如图 3-159 所示，"搜索一维数组"函数从数组第 0 个元素开始搜索值为"20"的元素，由于输入数组中有匹配值"20"，所以"搜索一维数组"函数返回"20"到数组中的索引位置"1"。

如图 3-160 所示，"搜索一维数组"函数从数组第 2 个元素开始搜索，将错过匹配的数据，返回"-1"。

 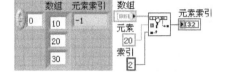

图 3-159　从首元素开始搜索指定元素　　　　图 3-160　错过匹配元素

　　当输入数组中有多个匹配的值时，函数返回最小索引值。如图 3-161 所示，输入数组中有 3 个字符"A"，函数只返回索引"0"，因为当函数搜索到匹配元素后将立即停止搜索，所以搜索不到第 2 个字符"A"。

　　如果从数组的第 2 个元素开始搜索，"搜索一维数组"函数将忽略索引位置为"0"的第 1 个字符"A"，而从输入数组的第 2 个索引位置开始搜索，则可以搜索到第 2 个字符"A"，如图 3-162 所示。

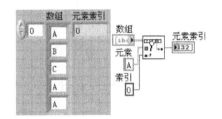 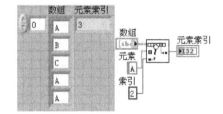

图 3-161　只搜索一个匹配值　　　　图 3-162　从索引位置"2"开始搜索指定元素

　　13）拆分一维数组　"拆分一维数组"函数可以在指定索引位置处将输入数组拆分为两个数组。如图 3-163 所示，"拆分一维数组"函数从输入数组索引位置"3"处开始，将原数组拆分为两个新数组。如果索引为负数或 0，则第 1 个子数组返回为空数组；如索引大于等于数组元素个数，则第 2 个子数组返回为空数组。"拆分一维数组"函数是多态函数，函数的输入端可以接受任意数据类型的数组。

　　14）反转一维数组　如图 3-164 所示，"反转一维数组"函数可以反转一维数组中各元素的顺序。"反转一维数组"函数是多态函数，函数的输入端可以接受任意数据类型的数组。

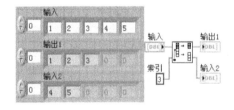 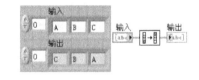

图 3-163　拆分一维数组为两个一维数组　　　　图 3-164　反转数组元素

　　15）一维数组循环移位　"一维数组循环移位"函数可以实现数组中元素的移位。"一维数组循环移位"函数是多态函数，函数的输入端可以接受任意数据类型的数组。

　　（1）数组右移："一维数组循环移位"函数的输入端"n"输入为正整数时，可以实现输入数组右移 n 位。如图 3-165 所示，输入数组中各元素依次向右移动 1 位，最后一个元素"5"变为首元素。

　　（2）数组左移："一维数组循环移位"函数的输入端"n"输入为负整数时，可以实现

输入数组左移 n 位。如图 3-166 所示，输入数组各元素左移 2 位，

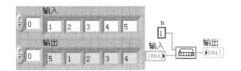

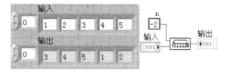

图 3-165　数组元素右移 1 位　　　　　　图 3-166　数组元素左移 2 位

16）一维数组插值　"一维数组插值"函数可以实现两点连线的线性插值，该函数可以通过给定插值点的横坐标，计算插值点的纵坐标。如图 3-167 所示，"一维数组插值"函数的输入端"x 值"输入的插值横坐标为"2.3"，通过"一维数组插值"函数运算得到插值点的纵坐标为"24.4"。

如图 3-168 所示，点数组构建的点坐标为（0，10）、（1，21）、（2，22）、（3，30）、（4，4）、（5，5），2.3 在横坐标 2 和 3 之间，相当于在点（2，22）、（3，30）构建的直线上进行线性插值，插入点为（2.3，24.4）。

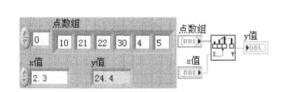

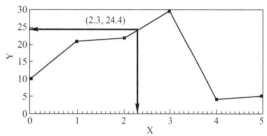

图 3-167　通过插值横坐标　　　　　　　图 3-168　在（2，22）与（3，30）
　　　　计算插值纵坐标　　　　　　　　　　　之间插入（2.3，24.4）

如图 3-169 所示，簇数组中的元素为簇，簇中两个元素分别表示点的横坐标和纵坐标。簇数组构建了三个点（1，3）、（6，7）、（10，16），通过插值横坐标"3.5"、"7"计算得到两个插值点（3.5，5）、（7，9.25）。

如图 3-170 所示，横坐标为"3.5"时，在点（1，3）和点（6，7）构建的直线上的线性插值点为（3.5，5）；横坐标为 7 时，在点（6，7）和点（10，16）构建的直线上的线性插值点为（7，9.25）。

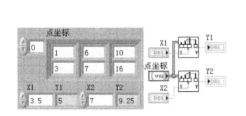

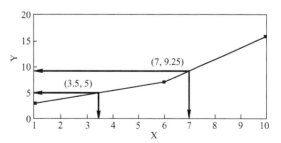

图 3-169　计算簇数组的线性插值纵坐标　　　图 3-170　横坐标为 3.5 和 7 时的插值坐标点

17）以阈值插值一维数组　"以阈值插值一维数组"函数是"一维数组插值"函数的逆函数，该函数可以通过给定插值点的纵坐标，计算插值点的横坐标。"开始索引"输入端规

定了插值的范围，当输入为"0"时，函数将从数组第 0 个元素开始查找插值点位置。如图 3-171 所示，一维数组构建的点坐标为（0，0）、（1，10）、（2，20）、（3，30）、（4，10）、（5，20），通过不同的索引位置得到插值纵坐标为"14"时对应的两个插值横坐标。

如图 3-172 所示，通过"以阈值插值一维数组"函数得到插值纵坐标为"14"时的两个插值点（1.4，14）、（4.4，14）。当"索引"输入为"0"时，确认的插值位置为（1，10）与（2，20）之间，通过插值纵坐标"14"计算得到线性插值横坐标为"1.4"。当"索引"输入为"4"时，确认的插值位置为（4，10）、（5，20）之间，通过插值纵坐标"14"计算得到线性插值横坐标为"4.4"。

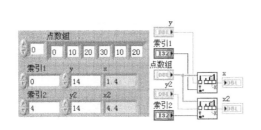

图 3-171　以阈值插值一维数组　　　　图 3-172　不同索引位置得到的插值横坐标

如图 3-173 所示，"以阈值插值一维数组"函数是以从小到大的顺序插值（升幂）的，当"索引"输入为"2"时，由于第二个点的纵坐标"20"大于给定的插值纵坐标"14"，所以插值横坐标强制取点（2，20）的横坐标"2"。

18）交织一维数组　"交织一维数组"函数可以交织多个输入数组中的相应元素，如图 3-174 所示。"交织一维数组"函数是多态函数，函数的输入端可以接受任意数据类型的数组。

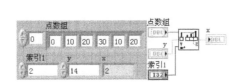

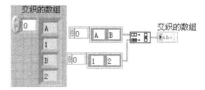

图 3-173　插值横坐标向下强制　　　　图 3-174　数组的交织

19）抽取一维数组　"抽取一维数组"函数是"交织一维数组"函数的逆函数，如图 3-175 所示，"抽取一维数组"函数抽取原数组中的元素构成两个一维数组。"抽取一维数组"函数是多态函数，函数的输入端可以接受任意数据类型的数组。

20）二维数组转置　"二维数组转置"函数可以实现二维数组的转置运算，如图 3-176 所示，将一个 2 行 3 列的二维数组转置为 3 行 2 列的二维数组。"二维数组转置"函数是多态函数，函数的输入端可以接受任意数据类型的数组。

21）数组至矩阵转换　"数组至矩阵转换"函数可以将数组转换为矩阵，如图 3-177 所示。

22）矩阵至数组转换　"矩阵至数组转换"函数是"数组至矩阵转换"函数的逆函数，可以将矩阵转换为数组，如图 3-178 所示。

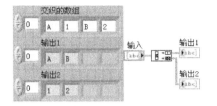

图 3-175 抽取一维数组

图 3-176 二维数组转置

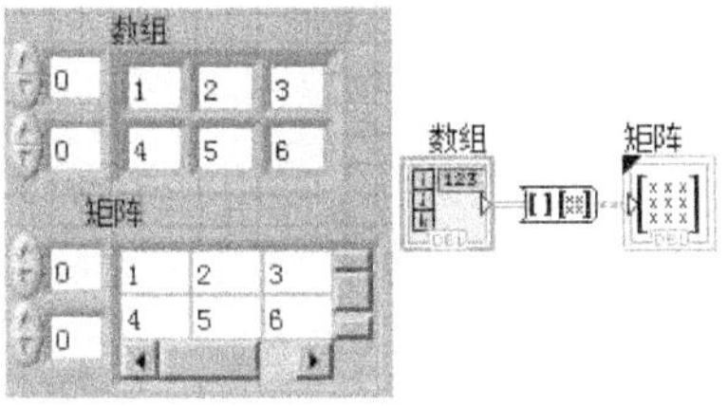

图 3-177 数组至矩阵转换

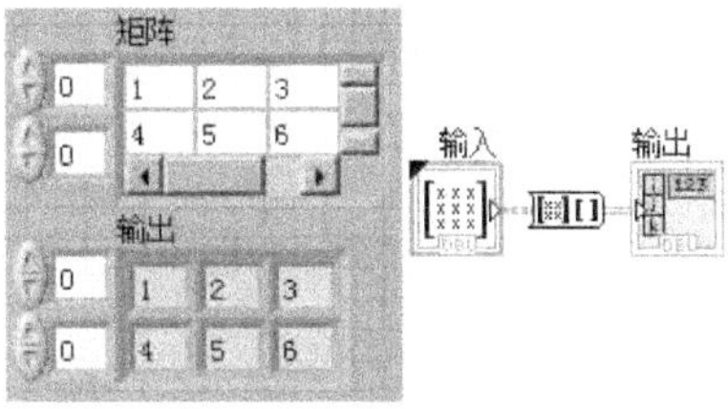

图 3-178 矩阵至数组转换

3.5 簇

簇是不同数据类型的多个元素的集合，LabVIEW 中的簇实际上是 C++ 中的结构体。通过簇可以将多个不同数据类型的元素捆绑在一起，这样不仅便于数据的组织和管理，而且使控件更加紧凑。如图 3-179 所示，簇控件中可以包含任意数据类型的元素，而且簇中还可以包含簇。

1. 创建簇

创建一个簇的步骤：首先通过 "VI 前面板—控件选板—新式—数组、矩阵与簇—簇"，在 VI 前面板创建一个簇控件，新创建的簇控件没有定义数据类型，是一个空簇；然后将其他数据类型的控件拖入到簇控件中，为簇控件定义数据类型。可以通过向簇中拖入控件或者从簇中拖出控件，达到增加或者删除簇中元素的目的。

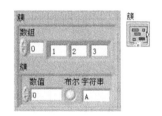

图 3-179 LabVIEW 的簇控件

如图 3-180 所示，LabVIEW 中对于簇的操作是通过簇函数实现的，通过 "VI 程序框图—函数选板—编程—簇、类与变体"，可以获取 LabVIEW 中的簇函数。

图 3-180 LabVIEW 中的簇函数

2. 簇函数

1）按名称解除捆绑 "按名称解除捆绑"函数可以分离出簇中的元素（标量、数组、簇）并按元素名称返回元素值。这里的"名称"是指簇中控件（元素）的标签。如图 3-181 所示，输入簇中有三种数据类型的元素：数值型、布尔数组、字符串型，通过"按名称解除捆绑"函数可以获取其中任意元素的值，且每个控件的标签文本都将显示在函数体上。

2）按名称捆绑 "按名称捆绑"函数可以按照控件的标签名将多个元素（标量、数组、簇）捆绑为簇，在使用"按名称捆绑"函数时要预先指定所构建的目标簇的数据结构。如图 3-182 所示，预先指定的数据结构是一个簇常量（"VI 程序框图—函数选板—编程—簇、类与变体—簇常量"）的形式，该数据结构中包含数值类型、布尔数组、字符串类型。新创建的簇常量是一个空簇，将其他数据类型的常量拖入到簇常量中，可以为新创建的簇设置数据结构，形成一个包含数据结构的簇常量。

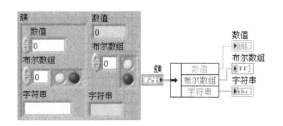
图 3-181　按元素名称获取簇中元素的值

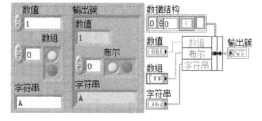
图 3-182　按元素名称捆绑不同数据类型

3）解除捆绑 "解除捆绑"函数可以分离出簇中的元素并返回簇中元素（标量、数组、簇）的值。该函数与"按名称解除捆绑"函数的功能相似，不同的是"解除捆绑"函数体上并不显示簇中元素的标签名，如图 3-183 所示。

4）捆绑 "捆绑"函数可以将多个元素（标量、数组、簇）捆绑为簇，该函数的功能与"按名称捆绑"函数相似。"捆绑"函数不用预先输入目标簇的数据结构，函数体上不显示控件的标签名，如图 3-184 所示。

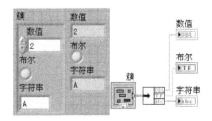
图 3-183　通过"解除捆绑"函数获取簇中元素

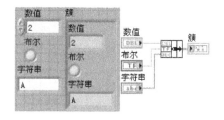
图 3-184　通过"捆绑"函数捆绑不同数据类型

5）创建簇数组 "创建簇数组"函数可以将相同数据类型的元素创建为簇数组。该函数是多态函数，可以接受任意相同数据类型（例如标量、数组、簇、变体等）的输入。无论输入什么数据类型，"创建簇数组"函数都先用簇包裹每个元素（如标量、数组、簇、变体等），形成多个新簇，再将这多个新簇作为数组元素构建簇数组。所谓的簇数组就是普通的数组，只不过它的元素是簇而已。

【注意】"创建簇数组"函数只能将相同数据类型的元素创建为簇数组。例如，可以将三个数值标量创建为簇数组，可以将三个字符串数组创建为簇数组，可以将具有相同元素的簇创建为一个簇数组。"创建簇数组"函数无法将不同数据类型的元素创建为簇数组，如无法将标量与数组或数组与簇创建为簇数组。

如图 3-185 所示，"创建簇数组"将输入的三个标量构建为三元素的簇数组。

"创建簇数组"函数先将标量用簇包裹，再将簇作为数组的一个元素构建簇数组，数据结构的构建过程如图 3-186 所示。其他数据类型构建为簇数组的过程与之类似，将图 3-186 中的"元素 1"、"元素 2"、"元素 3"替换为其他的数据类型（如数组、簇、变体等），可以构建其他数据类型的簇数组。

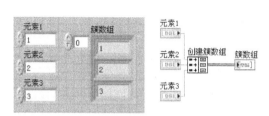

图 3-185　构建标量为簇数组

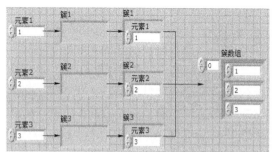

图 3-186　构建标量为簇数组的过程

6）索引与捆绑簇数组　"索引与捆绑簇数组"函数可以将输入数组元素交织为簇数组。"索引与捆绑簇数组"函数将每个输入数组的第 n 个元素用簇封装，作为要创建的目标数组的第 n 个元素。如图 3-187 所示，"索引与捆绑簇数组"函数将数值数组中的第 0 个元素"1"、布尔数组中的第 0 个元素"真"、字符串数组中的第 0 个元素"A"被打包成一个簇，这个簇作为输出簇数组的第 0 个元素。

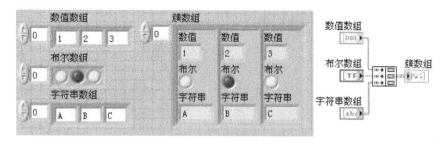

图 3-187　索引并捆绑数组中的元素形成簇数组

7）数组至簇转换　"数组至簇转换"函数可以实现数组到簇的转换，该函数是多态函数，可以接受任何数据类型的一维数组。默认情况下，经过"数组到簇转换"函数返回的簇中有九个元素。如果需要更改返回的簇元素数目，可以在"数组至簇转换"函数上右击，在弹出的快捷菜单中选择"簇大小"，在调出的簇大小设置对话框中可以设置"数组至簇转换"函数返回簇的元素数目。如图 3-188 所示，设置返回的簇中有三个元素。

8）簇至数组转换　"簇至数组转换"函数是"数组至簇转换"函数的逆函数，可以将单一数据类型的簇（如数值簇、布尔簇、字符串簇）转换为数组。由于要转换为数组，所以要求待转换的目标簇中各元素的数据类型必须相同，如图 3-189 所示。

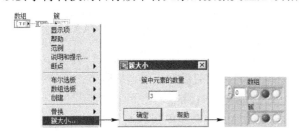 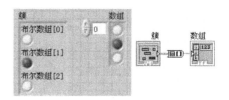

图 3-188　设置"数组至簇转换"函数　　　　　图 3-189　"簇至数组转换"
　　　　　　返回簇的元素数目　　　　　　　　　　　　　函数的作用

3.6　变体

变体是一种通用的数据类型，可以实现与其他数据类型的转换。使用变体传递数据时可以不用考虑数据类型，在需要读/写数据的节点，通过相应的函数将变体数据转换为目标数据类型。变体数据除了保留了原数据类型的数据外，还保留了原控件的属性。

LabVIEW 提供了变体函数用于操作变体数据，如图 3-190 所示。通过"VI 程序框图—函数选板—编程—簇、类与变体—变体"，可以获取变体操作函数。

图 3-190　LabVIEW 的变体操作函数

变体操作函数的用法如下。

1）转换为变体　"转换为变体"函数可以转换任意 LabVIEW 数据类型为变体数据。如图 3-191 所示，将数值标量、布尔标量、字符串标量通过"转换为变体"函数转换为变体数据类型。

2）变体至数据转换　"变体至数据转换"函数可以将变体转换为目标数据类型。如图 3-192 所示，在"变体至数据转换"函数的"类型"输入端输入目标数据类型，函数将变体数据转换为该类型数据。

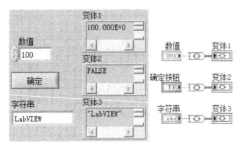 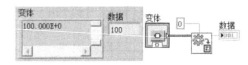

图 3-191　转换任意数据类型为变体　　　　　图 3-192　转换变体为浮点数

3）设置变体属性　"设置变体属性"函数用于创建或者修改变体数据的属性或值，其编程应用如图 3-193 所示。

4）获取变体属性　"获取变体属性"函数可以通过变体中数据的属性名称获取数据的值，编程应用如图 3-194 所示。

图 3-193　设置变体属性

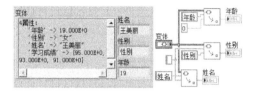
图 3-194　获取变体属性

3.7　波形数据

波形数据是将数据数组、时间间隔、初始时间、属性信息捆绑在一起的复杂数据结构。波形数据与簇类似但不是簇，使用"解除捆绑"或"按名称解除捆绑"函数无法获取波形数据结构中的单一元素，可以通过"获取波形成分"函数获取波形数据中的单一元素。

LabVIEW 提供了波形数据操作函数用于操作波形数据，如图 3-195 所示。波形数据操作函数的获取路径是"VI 程序框图—函数选板—编程—波形"。

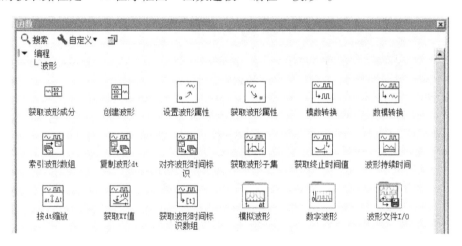
图 3-195　波形数据操作函数

下面介绍几个常用的与波形数据相关的函数。

1）基本函数发生器　"基本函数发生器"用于产生一定频率、幅值、相位的模拟波形。通过"基本函数发生器"可以产生四种模拟波形：正弦波、三角波、方波、锯齿波。

如图 3-196 所示，使用"基本函数发生器"产生频率为 1Hz，幅值为"1"、相

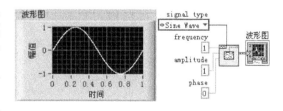
图 3-196　基本函数发生器产生正弦波形

位为"0"的正弦波。

2）获取波形成分　使用"获取波形成分"函数可以获取波形数据中的单一元素。如图 3-197 所示，通过"获取波形成分"函数，可以分解"基本函数发生器"产生的波形数据。波形数据是由数据数组、时间初始标识、数据间隔、属性信息四种数据类型构成的数据结构。默认的情况下，新创建的"获取波形成分"函数只有一个数据返回端，向下拖动函数底部可以增加函数数据返回端的数目。在"获取波形成分"函数上右击，可以在弹出的快捷菜单中选择波形成分。波形数据中各成分的含义如下。

（1）t0：是时标值，用来标识 Y 数组中第一个点采集时的时间（相对于当期的系统时间），也称初始时间或初始时标。

（2）dt：表示 Y 数组中两个相邻数据点之间的时间间隔。

（3）Y：对于一个模拟波形来说，Y 是一维数值数组。对于一个数字波形而言，Y 是表示二进制值数据的表格，表格的列表示数字线，表格的行表示变化的值。

（4）Attribute：表示波形数据的属性，通过 Attribute 可以在动态数据中捆绑自定义信息，描述该动态数据的属性。

"基本波形发生器"在默认的情况下，1s 产生一次波形数据。在 1s 内，每隔 0.001s 产生一个浮点数，1s 产生 1000 个浮点数，将这 1000 个浮点数构成的数组作为"Y"值。这个波形的数据结构是这样的：初始时间 t0 = 0，时间间隔 dt = 0.001s，数据 Y 是一个由 1000 个浮点数组成的数组。

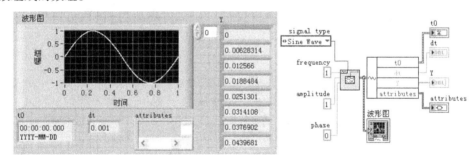

图 3-197　波形数据的成分

3）创建波形　通过"创建波形"函数可以创建波形数据。如图 3-198 所示，使用"创建波形"函数绘制一条折线，折线上数据点的间隔 dt = 2。

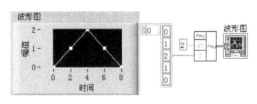

图 3-198　绘制波形曲线

4）设置波形属性　通过"设置波形属性"函数可以设置波形数据的属性信息。如图 3-199 所示，将波形数据描述为"通道 1"的数据。

5）获取波形属性　通过"获取波形属性"函数可以获取波形数据中的"属性元素"。

6）信号合并　"信号合并"函数可以将多个波形数据合并为一个动态数据输出，拖动"信号合并"函数底部，可以增加合并信号的数目。如图 3-200 所示，将三个波形数据合并为一个动态数据输入到波形图控件中，使波形图控件可以同时显示三个波形。通过"VI 程序框图—函数选板—Express—信号操作—合并信号"，可以获取"合并信号"函数。

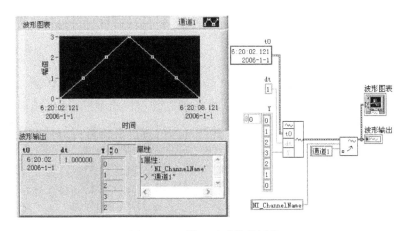

图 3-199　设置波形数据属性

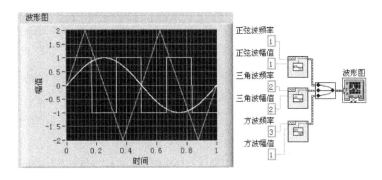

图 3-200　将多个信号波形合并到同一个波形图控件中

7）拆分信号　"拆分信号"函数是"信号合并"函数的逆函数，该函数可以将混合信号拆分为多个单一信号。通过"VI 程序框图—函数选板—Express—信号操作—拆分信号"，可以获取"拆分信号"函数。

8）从动态数据转换　"从动态数据转换"函数可以将动态数据类型转换为其他数据类型。在函数上双击可以调出如图 3-201 所示的对话框，在该对话框中可以配置目标数据类型。

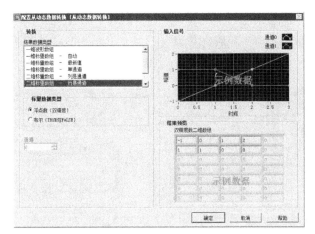

图 3-201　配置数据类型

通过"VI 程序框图—函数选板—Express—信号操作—从动态数据转换",可以获取"从动态数据转换"函数。

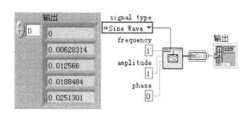

图 3-202 将波形数据转换为一维数组

如图 3-202 所示,通过"从动态数据转换"函数将波形数据转换为一维数组。

9)转换至动态数据 "转换至动态数据"函数是"从动态数据转换"函数的逆函数,该函数可以将其他数据类型转换为动态数据类型。在"转换至动态数据"函数上双击同样可以调出数据类型配置对话框,在该对话框中可以配置输入数据的类型。

3.8 枚举类型

LabVIEW 中的枚举类型实质是一个数值控件,它用字符串命名数值标量,每个数值对应一个字符串名称。LabVIEW 中与枚举类型对应的控件是枚举控件,枚举控件有三种数据类型:无符号 32 位整型、无符号 16 位整型、无符号 8 位整型。如果枚举控件为无符号 32 位整型(U32),那么枚举控件可以表示 2^{32} =4294967296 个枚举选项;如果枚举控件为无符号 16 位整型(U16),那么枚举控件可以表示 2^{16} =65536 个枚举选项;如果枚举控件为无符号 8 位整型(U8),那么枚举控件可以表示 2^8 =256 个枚举选项。

在枚举控件上右击,在弹出的右键菜单中选择"编辑项",可以调出枚举选项编辑对话框,可以在该对话框中编辑枚举选项。如图 3-203 所示,在枚举控件中编辑了四个枚举选项:加法运算、减法运算、乘法运算、除法运算,这四个枚举选项对应的数值标量分别是"0"、"1"、"2"、"3"。

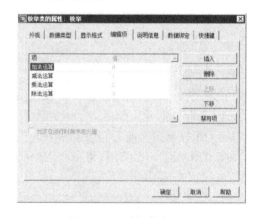

图 3-203 编辑枚举选项

编辑好的枚举控件如图 3-204 所示,单击枚举控件右侧"对勾"符号时,将出现四个下拉选项。分别选择"加法运算"、"减法运算"、"乘法运算"、"除法运算"时,枚举控件的输出分别是"0"、"1"、"2"、"3",条件结构分别跳转到对应分支。

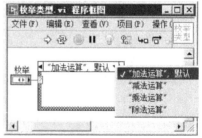

图 3-204 枚举控件中枚举选项

　　LabVIEW 中的枚举类型控件最大的优势是：条件结构可以自动识别到枚举控件的枚举选项并将其作为分支名称，这样省略了手动输入条件结构分支名称的工作，消除了录入错误分支名称的情况，简化了编程。将枚举控件输出端连接到条件结构的分支选择器输入端，在条件结构框体上右击，在弹出的快捷菜单中选择"为每个值添加分支"，条件结构将为枚举控件的每个枚举选项添加条件分支并在条件结构的"选择器标签"中显示对应的枚举选项。枚举控件在 LabVIEW 的程序设计中有重大意义，在 LabVIEW 的设计模式中，常用自定义的枚举控件作为消息指令。

3.9　自定义类型

　　LabVIEW 的控件是允许用户进行再编辑的，再编辑的主要工作是进行控件外观的修改，重新编辑的控件叫作自定义控件，又称自定义类型。LabVIEW 自定义的控件必须单独保存，在 Windows 操作系统下，LabVIEW 自定义控件的扩展名为".ctl"。

　　自定义类型在 LabVIEW 的编程应用中具有重大意义，自定义类型可以自动更新每一处被调用的实例。当制作一个控件为自定义类型后，可以在多个 VI 中调用该自定义类型的控件，每一处调用称为该控件的一个实例。如果修改了其中一个实例，也就是修改了磁盘上的源文件，其他实例可以自动更新，因为它们都调用了磁盘上的同一个扩展名为".ctl"的源文件。如果在一个 VI 中创建了一个普通的控件，并且在其他若干个 VI 中复制并使用了该控件，那么需要修改该控件时，必须修改所有 VI 中用到的该控件的实例。这个工作量是无法想象的，这种做法在编程中也是不可取的。在编程中的常用做法是：将需要被多处调用的控件定义为自定义控件，使该控件的修改可以自动在所有调用的实例上更新。

　　在需要自定义的控件上右击并在弹出的快捷菜单中选择"高级—自定义"，将弹出如图 3-205 所示的控件自定义界面。工具栏的下拉菜单中有三个选项：控件、自定义类型、严格自定义类型。选择"自定义类型"，然后编辑枚举控件的枚举选项，保存并关闭自定义 VI，LabVIEW 将提示是否将原控件替换为自定义类型，选择"是"，可以将原先普通的枚举控件替换为自定义类型的枚举控件。

　　通过"VI 前面板—控件选板—选择控件"，在弹出的对话框中选择自定义控件，即可调用已经编辑好的自定义控件，或者直接将磁盘上自定义控件的源文件拖入 VI 的前面板或程序框图，创建一个调用的实例。如果想修改自定义控件，可以在自定义控件上右击，通过快捷菜单项"打开自定义类型"打开自定义窗口，对自定义控件进行修改。

　　默认的情况下，自定义控件的快捷菜单项"从自定义类型自动更新"是勾选的，表示每处调用的实例都可以自动从硬盘的源文件更新该控件的修改。如果想使该处实例断开与计算机磁盘上源文件的关联，可以通过勾选自定义控件的快捷菜单项"断开连接自定义类型"实现，如图 3-206 所示。

> 【例 3-9】编写一个自定义枚举控件。
>
> （1）通过"VI 前面板—控件选板—系统—下拉列表与枚举—系统枚举"，在前面板创建一个枚举控件。
>
> （2）在枚举控件上右击，在弹出的快捷菜单中选择"高级—自定义"，可以弹出控件自定义界面，在工具栏的下拉菜单中选择"自定义类型"。

图 3-205　编辑自定义控件　　　　　图 3-206　断开自定义控件与磁盘源文件的关联

（3）在枚举控件上右击，在弹出的快捷菜单中选择"编辑项"，调出枚举选项的编辑界面。在编辑界面中为枚举控件添加枚举选项，编辑好枚举选项后保存自定义枚举控件。

（4）关闭自定义枚举控件的编辑界面，LabVIEW 将提示是否使用自定义枚举控件替换原先普通的枚举控件，选择"是"即可。

3.10　常量和变量

　　同一数据类型的数据包括常量和变量，如浮点数包括浮点变量和浮点常量。常量和变量是编程中经常用到的，对于任何编程语言，数据的传递都离不开常量和变量。常量和变量在编程中几乎处处存在，LabVIEW 环境下编程也不例外。LabVIEW 中的变量又分为局部变量、全局变量、LV2 型全局变量、共享变量。

　　LabVIEW 中的常量和变量与文本编程语言有所不同，有很多读者对于 LabVIEW 中的常量和变量的概念很模糊，甚至疑惑 LabVIEW 中是否有常量和变量。什么是常量，什么又是变量呢？对于文本编程语言，常量或变量是定义的一个字符串符号，这个字符串符号对应计算机内存中一块空间，用于保存字符串符号代表的数据。对于 LabVIEW 而言，常量或变量是定义的一个图形符号，这个图形符号也对应计算机内存中一块空间，用于保存图形符号代表的数据。而变量和常量的不同之处在于：在程序运行的过程中，变量所指向的内存区域可以读/写，而常量指向的内存区域是只读的。常量和变量所指向的内存空间，是在创建常量或变量时产生的，当常量或变量的生命周期结束后，LabVIEW 将通过操作系统收回内存空间。

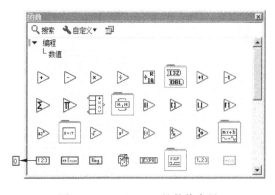

图 3-207　LabVIEW 的数值常量

　　LabVIEW 的常量不属于控件，它只在程序框图中存在。LabVIEW 中的常量是一个矩形框，矩形框的颜色代表常量的数据类型。LabVIEW 中的每种数据类型都对应一种常量：数值常量、字符串常量、布尔常量、数组常量、簇常量、变体常量。

　　通过"VI 程序框图—函数选板—编程—数值—数值常量"，可以在程序框图中创建一个数值常量，如图 3-207 所示。默认数值常量的数据类型为 32 位长整型，显示蓝色，

LabVIEW 中蓝色代表整型数据。在数值常量上右击，在弹出的快捷菜单中选择"表示法"，可以更改常量的数据类型。

3.11　运算类型

LabVIEW 中的运算类型包括算术运算、关系运算、逻辑运算，这些运算都是通过函数实现的。

1. 算术运算

LabVIEW 中的算术运算是通过算术运算函数实现的，通过"VI 程序框图—函数选板—编程—数值"，可以获取 LabVIEW 中的算术运算函数，如图 3-208 所示。

图 3-208　算术运算函数

LabVIEW 提供的算数运算函数大多都是多态函数，可以适应不同数据类型的输入。根据函数名称可以知道函数的大概作用，这些函数的使用也非常简单，只需连线即可。

1)"加"函数

（1）标量相加：当"加"函数两个输入端输入都为标量时，"加"函数实现标量的加法运算，如图 3-209 所示。

（2）数组相加：当"加"函数两个输入端输入都为 n 维数组时，"加"函数实现 n 维数组的加法运算，如图 3-210 所示。n 维数组的加法运算规则是：两个 n 维数组中相同索引位置处的元素相加并返回 n 维数组的运算结果。

（3）标量加数组：当"加"函数两个输入端分别输入标量和 n 维数组时，"加"函数可以实现标量与 n 维数组的加法运算，如图 3-211 所示。标量与 n 维数组加法运算规则是：n 维数组中的所有元素都与该标量相加并返回一个 n 维数组的运算结果。

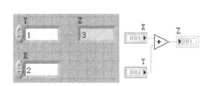

图 3-209　标量的加法运算

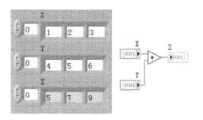

图 3-210　数组的加法运算

（4）簇相加：当"加"函数两个输入端输入都为簇时，"加"函数可以实现簇的加法运算，如图 3-212 所示。簇相加的运算规则是：簇中对应元素相加。

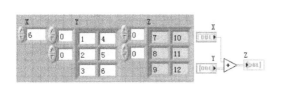

图 3-211　标量与数组的加法运算

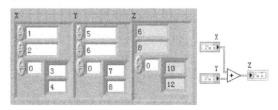

图 3-212　簇的加法运算

（5）标量加簇：当"加"函数两个输入端分别输入标量和簇时，"加"函数可以实现标量与簇的加法运算，如图 3-213 所示。标量与簇的加法运算规则是：簇中所有元素与标量相加。

（6）数值标量加时间标识：当"加"函数两个输入端分别输入标量和时间标识时，"加"函数可以实现标量与时间标识的加法运算。如图 3-214 所示，"加"函数实现当前时间加数值标量的运算，输入标量的默认单位为 s。当前时间是"10：21：26.500"，加上 60s 是"10：22：26.500"。

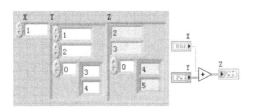

图 3-213　标量与簇的加法运算

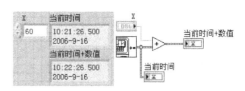

图 3-214　标量与时间标识的加法运算

图 3-215　数组与时间标识的加法运算

（7）数组加时间标识：当"加"函数两个输入端分别输入数组和时间标识时，"加"函数可以实现数组与时间标识的加法运算并返回一个时间标识数组，如图 3-215 所示。数组与时间标识的加法运算规则是：数组中的每个元素与时间标识相加产生一个新时间标识，将新时间标识作为返回数组中的元素。

（8）标量加波形数据：当"加"函数两个输入端分别输入标量和波形数据时，"加"函数可以实现标量与波形数据的加法运算。数值标量与波形数据的加法运算规则是：波形中的每个点与数值标量相加，相当于在波形的幅值上叠加了一个偏移量。如图 3-216 所示，将基本函数发生器（"VI 程序框图—函数选板—编程—波形—模拟波形—波形生成—基本函数发生器"）输出的波形加 2，相当于将波形沿 Y 轴平移 2 个坐标位置。

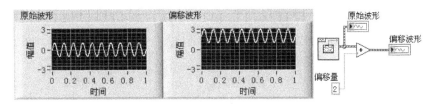

图 3-216　标量与波形数据的加法运算

（9）**波形叠加**：当"加"函数两个输入端输入都为波形数据时，"加"函数可以实现波形数据的加法运算。波形数据的加法运算规则是：两波形中每个对应位置处的点相加，两个动态波形的加法运算相当于波形的叠加。如图 3-217 所示，经过叠加，波形的幅值是原先的两倍。

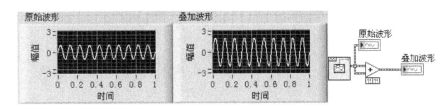

图 3-217　波形数据的加法运算

（10）**波形数据加数组**：当"加"函数两个输入端分别输入数组和波形数据时，"加"函数可以实现数组与波形数据的加法运算并返回一个波形数组。数组与波形数据的加法运算规则是：数组中的每个元素与波形数据相加产生一个新波形，将新波形数据作为返回数组中的一个元素。如图 3-218 所示，数组中第 0 个元素"–2"与原始波形中各点相加生成偏移量为"–2"的新波形。数组中第 1 个元素"2"与原始波形中各点相加生成偏移量为"2"的新波形，"加"函数输出端返回这两个波形组成的波形数组。

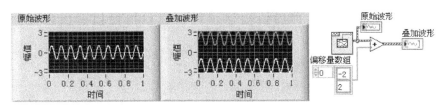

图 3-218　波形数据与数组的加法运算

2）数组元素相加　"数组元素相加"函数可以实现 n 维数组中所有元素的加法运算，如图 3-219 所示。

3）数组元素相乘　"数组元素相乘"函数可以实现 n 维数组中所有元素的乘法运算，如图 3-220 所示，实际上，该程序实现了 6 的阶乘运算。

图 3-219　计算数组元素和　　　　　　　　　　图 3-220　计算数组元素积

4）最近数取整　"最近数取整"函数可以实现向最近整数的取整运算。如图 3-221 所示，离 1.4 最近的整数为 1，离 1.6 最近的整数为 2，离 –1.4 最近的整数为 –1，离 –1.6 最近的整数为 –2。

5）向上取整　"向上取整"函数可以实现向大于自身的最近整数的取整运算，如图 3-222 所示。

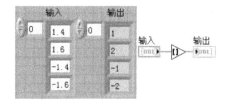

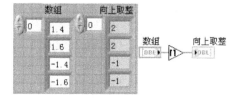

图 3-221　最近数取整运算　　　　　　　　　图 3-222　向上取整运算

6）向下取整　"向下取整"函数可以实现输入值向小于自身的最近整数的取整运算，如图 3-223 所示。

7）商与余数　"商与余数"函数可以实现两数的除法运算并返回商和余数，如图 3-224 所示。

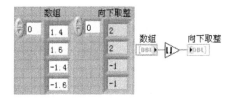

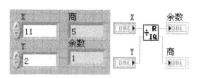

图 3-223　向下取整运算　　　　　　　　　图 3-224　获取商与余数

8）符号函数　通过"符号"函数可以获取输入数值的符号，如图 3-225 所示。如输入值大于 0，则"符号"函数返回"1"；如输入值等于 0，则"符号"函数返回"0"；如输入值小于 0，则"符号"函数返回"–1"。

9）表达式节点　表达式节点可以实现单个变量的自定义公式运算，表达式节点只能用一个变量表示输入，支持 C 语言的算术运算符。表达式节点是多态的，支持的数据类型有数值标量、数值数组、簇。如图 3-226 所示，表达式节点对标量或复合数据结构中的每个元素实现自定义的公式运算，如"sqrt（X）"表示开平方运算。

表达式节点的功能是很强大的，在表达式节点中可以使用 C 语言的运算符和 pi（圆周率）常量。表达式节点还可以支持单变量的 C 语言库函数，表 3-2 列出了 LabVIEW 中的单目数学函数及其功能，其中角度的单位为弧度。

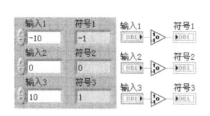

图 3-225　获取输入值的符号

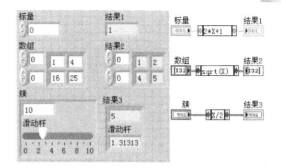

图 3-226　表达式节点应用

表 3-2　LabVIEW 中的数学函数

函　数	功　能	函　数	功　能
abs(x)	求 x 的绝对值	acos(x)	计算 x 的反余弦
acosh(x)	计算 x 的反双曲余弦	asin(x)	计算 x 的反正弦
asinh(x)	计算 x 的反双曲正弦	atan(x)	计算 x 的反正切
atanh(x)	计算 x 的反双曲正切	ceil(x)	将 x 向上取整
cos(x)	计算 x 的余弦	cosh(x)	计算 x 的双曲余弦
cot(x)	计算 x 的余切	csc(x)	计算 x 的余割
exp(x)	计算 e 的 x 次幂	expm1(x)	计算 $e^x - 1$
floor(x)	x 向下取整	getexp(x)	返回 x 的指数
getman(x)	返回 x 的尾数	int(x)	x 四舍五入至最近整数
intrz(x)	将 x 舍入到 x～0 之间最近的整数	ln(x)	计算 x 的自然对数(以 e 为底)
lnp1(x)	计算(x + 1)的自然对数	log(x)	计算 x 的对数(以 10 为底)
log2(x)	计算 x 的对数(以 2 为底)	rand( )	产生 0～1 之间的随机数
sec(x)	计算 x 的正割	sign(x)	x > 0 时,返回 1; x = 0 时,返回 0; x < 0 时,返回 0
sin(x)	计算 x 的正弦	sinc(x)	计算 sinx/x
sinh(x)	计算 x 的双曲正弦	sqrt(x)	计算 x 的平方根
tan(x)	计算 x 的正切	tanh(x)	计算 x 的双曲正切

　　如图 3-227 所示,将 For 循环的循环变量缩小为原来的 1/10,可以分别得到 0.1、0.2、…、10,这 100 个数据点作为表达式节点的输入 x,通过表达式节点的数学函数 "sin(x)" 得到100 点输出并通过波形图控件画出一条正弦波形图。

　　10)快速公式 VI　"快速公式 VI" 函数可以配置多个变量,实现更复杂的公式运算。通过 "VI 程序框图—函数选板—数学—脚本与公式—公式",可以获取 "快速公式 VI" 函数。在程序框图中创建 "快速公式 VI" 函数的同时将弹出配置公式对话框,在该对话框中可以配置 8 个变量(X1、X2、…、X8)的复杂运算公式。如图 3-228 所示,配置的自定义公式实现的算法是三个输入 X1、X2、X3 的乘积。

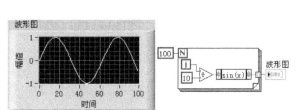

图 3-227　使用表达式节点画图

图 3-228　通过"快速公式 VI"配置公式

如图 3-229 所示，在"快速公式 VI"函数的输入/输出端子上右击，在弹出的快捷菜单中选择"创建—输入控件（或者显示控件）"可以为函数自动创建匹配端子数据类型和名称的控件。

11）字符串算式　通过"VI 程序框图—函数选板—脚本与公式——一维及二维分析—字符串公式求值"，可以获取"字符串公式求值"函数。通过"字符串公式求值"函数可以实现自定义的算式运算，如图 3-230 所示。

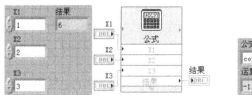

图 3-229　快速公式 VI 的应用

图 3-230　字符串公式

2. 关系运算

LabVIEW 中的关系运算是通过关系运算函数实现的，通过"VI 程序框图—函数选板—编程—比较"，可以获取 LabVIEW 中的关系运算函数。如图 3-231 所示，根据关系运算函数的名称和图标可以大概知道函数的作用。LabVIEW 的关系运算函数大多是多态函数，可以适应多种数据类型。

图 3-231　LabVIEW 中的关系运算函数

下面介绍几个常用的关系运算函数。

1）等于?　"等于?"函数用于判断两个输入是否相等。该函数是多态函数，可以接受不同的输入数据类型。

（1）数值标量：如图 3-232 所示，"等于?"函数进行数值标量的比较运算，两个输入的数值标量相等时函数返回"真"，两个输入的数值标量不相等时函数返回"假"。

> 【**注意**】由于浮点数在存储内存时可能产生误差，所以一般不使用浮点数作为比较的对象。

（2）字符串标量：如图 3-233 所示，字符串内容相同时，"等于?"函数返回"真"；字符串内容不相同时，"等于?"函数返回"假"。

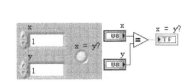
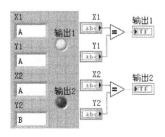

图 3-232　数值标量比较　　　　图 3-233　字符串标量比较

（3）布尔标量：如图 3-234，当输入布尔标量相同时，"等于?"函数返回"真"；当输入布尔标量不相同时，"等于?"函数返回"假"。

（4）簇：使用"等于?"函数进行簇、数组等复合数据结构的比较时，可以分为比较元素和比较集合两种比较形式。所谓比较元素是指比较簇或数组中的每个元素，比较的对象中有几个元素，"等于?"函数就返回几个比较结果。比较集合是指对簇或数组整体比较，整体相等时"等于?"函数返回一个比较结果"真"，否则返回"假"。在"等于?"函数上右击，在弹出的快捷菜单中选择"比较模式—比较元素/比较集合"，可以实现比较模式的切换。如图 3-235 所示，"等于?"函数进行簇中元素的比较，簇中有三个元素，"等于?"函数返回三个比较结果。

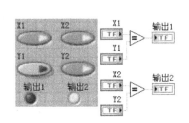
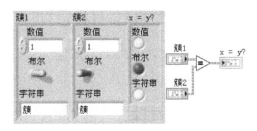

图 3-234　布尔标量比较　　　　图 3-235　比较簇元素

如图 3-236 所示，"等于?"函数进行簇的集合比较，由于"簇1"和"簇2"中的布尔量不相等，所以"等于?"函数返回集合的比较结果"假"。

（5）时间标识：如图 3-237 所示，"等于?"函数比较时间标识。

（6）路径：如图 3-238 所示是"等于?"函数比较路径。

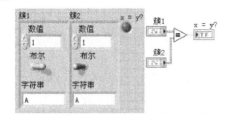

图 3-236　比较簇集合

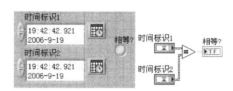

图 3-237　比较时间标识

（7）引用句柄：如图 3-239 所示是"等于?"函数比较引用句柄。

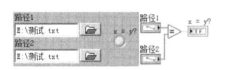

图 3-238　比较路径

图 3-239　比较引用句柄

（8）数组：如图 3-240 所示是"等于?"函数实现数组元素的比较。

如图 3-241 所示是"等于?"函数实现数组集合的比较，当数组中的所有元素都相等时，比较函数返回"真"。

图 3-240　比较数组元素

图 3-241　比较数组集合

LabVIEW 中的"小于?"、"大于等于?"、"小于等于?"、"等于 0?"、"不等于 0?"、"大于 0?"、"小于 0?"、"大于等于 0?"和"小于等于 0?"函数都是多态函数，与"等于?"函数一样，它们都可以进行多种数据类型的比较操作。

2）判定范围并强制转换　"判定范围并强制转换"函数可以根据输入的上限和下限，确定输入是否在指定的范围内并将输入值强制转换到指定范围之内，该函数只在比较元素模式下可以进行强制转换。通过快捷菜单可以选择是否包含上/下限，所谓包含上/下限是指如果输入数据等于上/下限时认为输入数据在范围内。

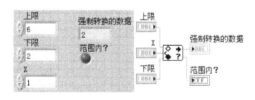

图 3-242　比较标量是否在范围内

（1）数值标量：如图 3-242 所示，"判定范围并强制转换"函数判断输入标量 X 是否在上/下限范围内。输入数据为"1"，不在 2 ～ 6 的范围内，所以"判定范围并强制转换"函数强制将输入数据"1"转换为范围内的"2"并返回布尔类型"假"，表示输入数据不在上/下限范围内。强制转换采用就近原则，输入数据离上限近时将向上限转换，离下限近时将向下限转换。

（2）簇元素：输入数据为簇时，分比较元素和比较集合两种情况。比较元素是指比较簇中的所有元素，比较集合是指将整个簇与上/下限比较。如图 3-243 所示，簇中的第 0 个元素"1"不在范围内，将其强制转换为"2"。

在进行簇元素比较时，还可以为簇中的每个元素设置上/下限，如图 3-244 所示。

图 3-243　比较簇元素是否在范围内　　　　图 3-244　为簇中每个元素设置上/下限

（3）簇集合：在"判定范围并强制转换"函数上右击，在弹出的快捷菜单中选择"比较模式—比较集合"可以实现簇集合的比较。

"判定范围并强制转换"函数进行簇集合的运算规则是：当簇中所有元素都在范围内时，函数返回"真"，表示簇集合在范围内；否则，函数返回"假"。

（4）数组元素：如图 3-246 所示，"判定范围并强制转换"函数进行数组元素的比较。

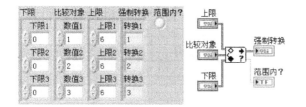
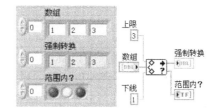

图 3-245　比较簇集合是否在范围内　　　　图 3-246　比较数组元素是否在范围内

如图 3-247 所示，在进行数组元素比较时，还可以为数组中的每个元素设置上/下限。

（5）数组集合："判定范围并强制转换"函数进行数组集合的运算规则比较特殊：当数组元素中有一个元素在范围内时，函数返回"真"，表示数组集合在范围内；当数组中所有元素都不在范围内时，函数返回"假"，表示集合不在范围内。这与"判定范围并强制转换"函数对簇集合的运算规则是不同的，不要引起混淆。如图 3-248 所示，数组中只有第 0 个元素在上/下限范围内，"判定范围并强制转换"函数返回"真"。

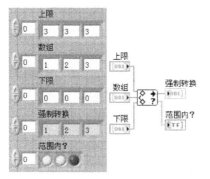
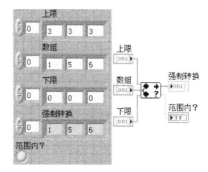

图 3-247　为数组中每个元素设置上/下限　　　图 3-248　比较数组集合是否在范围内

（6）字符串："判定范围并强制转换"函数进行字符串的运算时，实际上是比较的 ASCII 码。大写字母 A、B、C 的 ASCII 码分别是 65、66、67，B 在 A ～ C 的范围内，如图 3-249 所示。

3）选择 "选择"函数可以根据 s 端子的值选择性地返回输入端子 t 或输入端子 f 的值。"选择"函数是多态函数，t 和 f 可以输入数值标量、字符串标量、布尔标量、数组、簇、时间标识等数据类型。"选择"函数中的三个参数：t、s、f，分别是 true、select、false 的首字母，其含义分别是真、选择、假。s 输入为"真"时，"选择"函数返回输入端子 t 的值；s 输入为"假"时，"选择"函数返回输入端子 f 的值。如图 3-250 所示，s 端子输入"假"，"选择"函数返回 f 端子的值"2"。

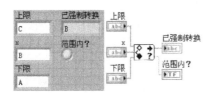
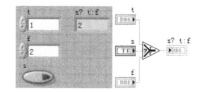

图 3-249　比较字符串是否在范围内　　　图 3-250　"选择"函数实现条件运算

3. 逻辑运算

逻辑运算又称布尔运算，LabVIEW 的逻辑运算是通过布尔函数实现的，关于布尔函数的详细用法读者可以参考 3.3.1 小节中的内容。

4. 数据操作

LabVIEW 中提供了数据操作函数用于数据的操作，这些函数位于"VI 程序框图—函数选板—编程—数值—数据操作"目录下，如图 3-251 所示。

图 3-251　LabVIEW 中的数据操作函数

1）尾数与指数 "尾数与指数"函数可以返回任意实数的尾数与指数。尾数与指数是相对于浮点数而言的，整型数据没有尾数与指数。关于浮点数的存储格式可以参见 3.1.2 小节中关于浮点数的相关内容。如图 3-252 所示，"11.25"的二进制表达形式为 1011.01，表示为二进制的科学计数法为 1.01101×2^3。指数是 3，尾数是 1.01101，1.01101 的二进制表达形式为"1.40625"。

2）带进位的左移 "带进位的左移"函数可以将整型数据的每一位向左移动一位（从最低有效位到最高有效位），经过左移操作后，数据的最高位溢出丢失，而最低位的空缺将由函数"低位插入"输入端的输入值补齐。如图 3-253 所示，将无符号 8 位整型数"1100 0011"中的所有位左移一位，其最高位的"1"溢出丢失，最低位用"低位插入"输入端的输入参数"假"（0）补齐。经过"带进位的左移"函数运算后，返回新值"1000 0110"和原值的最高溢出位"1"。

图 3-252　浮点数的尾数与指数　　　　　　　图 3-253　带低位插入和高位溢出的左移

3）带进位的右移　"带进位的右移"函数可以将整型数据的每一位向右移动一位（从最高有效位到最低有效位），经过右移操作后，数据的最低位溢出丢失，而最高位的空缺将由函数"高位插入"输入端的输入值补齐。如图 3-254 所示，将无符号 8 位整型数"1100 0010"中的所有位右移一位，其最低位的"0"溢出丢失，最高位用"高位插入"输入端的输入参数"真"（1）补齐。经过"带进位的右移"函数运算后，返回新值"1110 0001"和原值的最高溢出位"0"。

4）逻辑移位　"逻辑移位"函数可以将整型数据左移（低位向高位）或者右移（高位向低位）若干位，移位的数目由"逻辑移位"函数的输入端子 y 确定。y > 0 时，函数实现逻辑左移 y 位；y < 0 时，函数实现逻辑右移 y 位。移位的规则是：原值的高位溢出丢失，低位补零。如图 3-255 所示，无符号 8 位整型数"1100 0011"经过逻辑移位后，最高位的"1"丢失，最低位的空位补零。

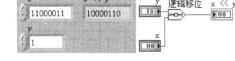

图 3-254　带高位插入和低位溢出的右移　　　　　　图 3-255　逻辑移位

5）循环移位　"循环移位"函数可以使整型数据循环移动若干位，移位的数目由"循环移位"函数输入端子 y 确定。y > 0 时，"循环移位"函数实现循环左移 y 位；y < 0 时，"循环移位"函数实现循环右移 y 位。

移位的规则是：溢出位补到空缺位。如图 3-255 所示，8 位整型数"11000011"经过逻辑移位后，最高位的"1"补到最低位的空位。

6）拆分数字　"拆分数字"函数基于字长将整型数据拆分为高位部分和低位部分，该函数返回两个参数：hi(x) 和 lo(x)，分别表示整数的高位部分和低位部分。如果输入为 8 位整型数，则 hi(x) 和 lo(x) 分别返回 8 位整型数据：lo(x) 返回 8 位输入

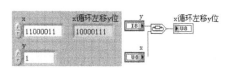

图 3-256　循环移位

数据，hi(x) 返回"0"；如果输入为 16（32、64）位整型数，则 hi(x) 和 lo(x) 分别返回 8（16、32）位整型数据：lo(x) 返回输入数据的低 8（16、32）位，hi(x) 返回输入数据的高 8（16、32）位。如图 3-257 所示，将输入 16 位整型数拆分为高 8 位的 0000 0011（3）和低 8 位的 00001110（14）。

7）整数拼接　"整数拼接"可以将两个整型数分别作为高、低位拼接为一个整型数，该函数是"拆分数字"的逆函数。如图 3-258 所示是将两个 8 位整型数拼接为一个 16 位整型数。

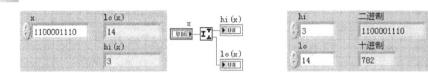

图 3-257   将无符号 16 位整型数拆分为高 8 位和低 8 位   图 3-258   整数拼接

8）交换字节   "交换字节"函数可以交换输入整型数的高低字节。如图 3-259 所示，输入数据为 16 位整型，高 8 位为 "0000 0011"，低 8 位为 "0000 1111"。将高 8 位与低 8 位互换后为 "00001111 0000 0011"，省略高位的 0 为 "1111 0000 0011"。

9）交换字   "交换字"函数可以交换输入 32 位长整型数据中的高 16 位和低 16 位。如图 3-260 所示，用 32 位二进制数表示整数 "1" 为 0000 0000 0000 0000 0000 0000 0000 0001，将高 16 位与低 16 位互换得到 0000 0000 0000 0001 0000 0000 0000 0000，表示为十进制数为 "65536"。

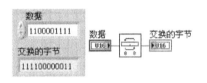   

图 3-259   整型数的高、低位互换   图 3-260   交换 32 位整数的高 16 位和低 16 位

5. 数据转换

不同的数据类型在运算时要浪费额外的计算机资源，现代计算机的性能较以前已经有了大幅度的提升，数据类型的不匹配对计算机造成的影响很小。但是出于编程规范性和优化程序代码的角度考虑，当遇到不同的数据类型时，最好对其进行转换后再运算。如图 3-261 所示，当数据类型不匹配时，在节点上将显示一个小红点。

如图 3-262 所示，通过数值转换函数匹配数据类型后，小红点消失，说明数据已经匹配。

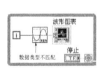   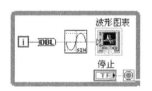

图 3-261   数据类型不匹配   图 3-262   转换数据类型

如图 3-263 所示，LabVIEW 中提供的数值类型转换函数可以将任意数值类型转换为函数体上所标示的数值类型。通过 "VI 程序框图—函数选板—编程—数值—转换"，可以获取转换函数。

1）数值类型转换   数值类型转换函数（"VI 程序框图—函数选板—编程—数值—转换"）可以将任意数值类型转换为函数体上标注的数据类型，所有的数值类型转换函数都是多态函数，函数输入端可以接受标量和数组。如图 3-264 所示，通过 "转换为长整型"函数可以将任意数值类型的标量或者数组转换为 32 位有符号长整型标量或者数组。LabVIEW 的其他数值类型转换函数都是类似的用法，请读者自己编程实践。

图 3-263 LabVIEW 中的数值转换函数

2）字符串至字节数组转换 "字符串至字节数组转换"函数可以将字符串转换为无符号 8 位整型（U8）数组，数组中的元素是字符串中相应字符的 ASCII 码。通过"VI 程序框图—函数选板—编程—数值—转换—字符串至字节数组转换"，可以获取"字符串至字节数组转换"函数。一个英文字符或数值字符用一个 ASCII 码表示，一个中文汉字用两个 ASCII 码表示。如图 3-265 所示，"A"、"B"、"C"所对应的 ASCII 代码分别为"65"、"66"、"67"。

图 3-264 数值类型转换   图 3-265 将字符串转换为 8 位无符号字节数组

3）单位转换 "单位转换"函数的作用是将具有实际意义的物理量（带量纲的数）转换为不带量纲的数，或将纯数值转换为物理量。在该函数上右击，在弹出的快捷菜单中选择"创建单位字符串"，可以为函数选择单位。该函数是多态函数，可以接受不同的数据类型。

（1）输入带量纲的数：当"单位转换"函数输入端输入带有量纲的数时，输出为无量纲数，并将返回值转换为国际单位。如图 3-266 所示，表示 $1mm = 0.001m$。

如图 3-267 所示，"单位转换"函数是多态函数，可以转换数组、簇中的所有元素。

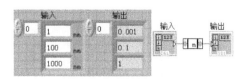

图 3-266 将带量纲标量转换为无量纲数   图 3-267 将带量纲数组转换为无量纲数组

（2）输入不带量纲的数：当"单位转换"函数输入不带量纲的数时，输出为带量纲数，如图 3-268 所示。

图 3-268　将不带量纲的数转换为带量纲的数

第**4**章 程序结构

程序的结构是程序设计中的重要组成部分，任何编程语言都需要结构去完成一些复杂的功能。结构使得程序有了智能，可以通过结构让程序连续运行、选择判断、定时执行、按照一定的顺序执行。LabVIEW 程序就是由一些基本结构构成的，这些结构包括循环结构、条件结构、事件结构、顺序结构、定时结构、公式节点等，本章将详细介绍 LabVIEW 的结构。

4.1 循环结构

循环结构可以反复地执行循环框体内的程序代码，直到循环结构满足退出条件为止。LabVIEW 的循环结构包括 While 循环、For 循环、定时循环，在 LabVIEW 程序设计中，一般采用 While 循环作为框架级的循环，也就是程序的最外层循环。For 循环一般适合某个连续迭代的算法。定时循环适合于定时运行某些程序代码。

4.1.1 While 循环

While 循环主要用于构建循环次数不确定的循环体，循环体中的代码实现连续的循环迭代，直到满足循环的退出条件。通过 While 循环既可以实现连续迭代的算法，也可以构建复杂的设计模式或者顶层程序框架。通过"VI 程序框图—函数选板—编程—结构"，可以打开 LabVIEW 程序结构所在的目录。创建一个 While 循环的步骤是这样的：在 While 循环图标上单击选中 While 循环结构并将鼠标光标移动到程序框图的合适位置再次单击，然后拖动鼠标直到虚线框到合适大小时单击确认，一个 While 循环结构就创建好了。也可以通过"VI 程序框图—函数选板—Express—执行过程控制"创建 While 循环结构。

While 循环框体创建完成后，可以通过拖动 While 循环结构的边框移动 While 循坏或调整 While 循环框体的大小。如图 4-1 所示，将鼠标光标靠近 While 循环框体，当光标变为斜箭头状时，拖动 While 循环框体可以在程序框图中移动 While 循环框体；将鼠标光标靠近 While 循环框体，当光标变为双向箭头时，拖动 While 循环框体可以调整 While 循环框体的大小。

如图 4-2 所示，While 循环结构由循环框体、循环计数端子、循环条件端子构成。

图 4-1　移动 While 循环与调整 While 循环大小　　　　图 4-2　创建 While 循环

1）循环框　循环框是 While 循环的作用范围区域，只有在 While 循环框体内部的程序代码才可以反复执行构成一个循环体。

2）循环计数端子　循环计数端子又称循环变量，该数据端子输出一个 32 位长整型的数值，该数值指示循环结构执行的次数，记数从 0 开始。

3）循环条件端子　循环条件端子是 While 循环退出的条件，需要输入一个布尔类型，默认输入为"真"时 While 循环停止。也可以设置成输入为"假"时停止循环，切换的方法是：将鼠标光标停留在循环条件端子上，当光标变为手形时单击进行切换。单击一次切换为"假"时停止模式，再单击一次切换回原来的"真"时停止模式。或者在 While 循环的条件端子上右击，在弹出的快捷菜单中选择"真（T）时停止"或"真（T）时继续"切换循环停止条件。

While 循环结构采用先执行循环迭代再判断退出条件的执行机制：每次循环迭代，当 While 循环框图内的所有程序代码执行完毕后，While 循环才判断循环条件端子的输入值是否满足退出条件。LabVIEW 中的 While 循环相当于 C 语言中的 Do…While 循环，也就是说，LabVIEW 中的 While 循环至少要执行一次才退出循环。

While 循环的停止机制是多种多样的，常用的做法是连接一个停止按钮到 While 循环的循环条件端子，当单击停止按钮时，While 循环停止。LabVIEW 的按钮有六种不同的机械动作，可以在前面板按钮控件上右击，在弹出的快捷菜单项"机械动作"中设置按钮的机械触发模式。通常在循环条件端子上通过快捷菜单项"创建—输入控件"自动创建停止按钮，并保持默认的"释放时触发"模式。在该模式下，按钮将一直保持触发动作，直到 While 循环结构读取到按钮的状态变化为止，这样可以保证前面板按钮的机械动作不被遗漏。

【例 4-1】编写一个计算双精度浮点数平方值的程序。

如图 4-3 所示是用 While 循环构建的一个双精度浮点数的求平方程序，程序的功能是计算前面板输入控件"X"中输入数据的平方值。程序启动后将持续运行，当用户单击前面板"退出程序"按钮时，循环退出，VI 停止运行。

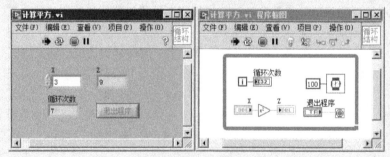

图 4-3　While 循环构建的连续运行程序

（1）通过"VI 程序框图—函数选板—编程—结构—While 循环"，在程序框图中创建一个 While 循环。在 While 循环的条件接线端子上右击，在弹出的快捷菜单中选择"创建—输入控件"，为 While 循环创建一个停止按钮用于控制程序的结束。在 While 循环变量上右击，在弹出的快捷菜单中选择"创建—显示控件"，为循环变量创建一个数值显示控件。在数值显示控件的标签上双击切换到编辑状态，将其标签修改为"循环次数"。

（2）通过"VI 程序框图—函数选板—编程—数值—平方"，在程序框图中创建一个"平方"函数。在"平方"函数上右击，在弹出的快捷菜单中选择"创建—输入控件"，为"平方"函数输入端创建一个数值输入控件。在数值输入控件的标签上双击切换到编辑状态，将其标签修改为"X"。同样，为"平方"函数的输出端创建一个数值显示控件"Z"。

（3）通过"VI 程序框图—函数选板—编程—定时—等待（ms）"，在程序框图中创建一个"等待"函数。在"等待"函数上右击，在弹出的快捷菜单中选择"创建—常量"，为"等待"函数的输入端创建一个常量。在常量中输入"100"，为 While 循环添加100ms 延时。

（4）按图 4-3 所示构建程序界面并连线程序框图。

【注意】 在 VI 运行状态下，如果通过键盘手动向 LabVIEW 的数值输入控件输入数据，那么必须在输入新数据后在前面板任意位置处单击表示确认输入，控件才能更新数据，否则程序框图识别不到数据的更新。如果通过单击数值输入控件的"增量/减量"按钮修改控件值，那么数据可以即时更新。

分析一下这个程序的性能：这是一个查询模式的程序，While 循环每隔 100ms 执行一次循环框体内的程序代码。无论前面板输入控件"X"是否有数据更新，While 循环每隔100ms 将重新计算输入控件"X"中数据的平方，并将计算结果显示在显示控件"Z"中。While 循环是全速执行的，LabVIEW 可以调用 CPU 几乎所有使用时间（时间片）去执行 While 循环框体内的程序代码。如果计算机使用的是单核 CPU，则可能使 CPU 的使用率达到 100%，这种情况下的计算机运行是不稳定的，很容易造成死机。程序中应加入延时函数并进行 100ms 延时，以控制程序对 CPU 的占用率。

【例 4-2】 编程设计一个温度报警程序，报警值可以在程序运行过程中修改，用随机数作为温度源。

如图 4-4 所示，本例演示了 While 循环的使用以及在程序的运行过程中通过控件与程序交互。要想在程序的运行过程中修改温度报警值，就必须为报警值创建输入控件。

图 4-4　While 循环的人机交互

（1）通过"VI 前面板—控件选板—新式—数值"，在前面板创建"温度计"控件和数值输入控件。在数值输入控件标签上双击，将标签切换到黑色高亮显示的编辑状态，修改数值输入控件的标签为"报警值"。

（2）通过"VI 前面板—控件选板—新式—布尔—圆形指示灯"，在前面板创建"圆形指示灯"控件。在圆形指示灯控件上右击，在弹出的快捷菜单中选择"属性"，调出控件的属性对话框。在"外观"选项页中，修改控件的标签为"报警灯"，修改布尔灯打开（值为"真"）时的颜色为红色。

（3）通过"VI 程序框图—函数选板—编程—结构—While 循环"，在程序框图中创建一个 While 循环。在 While 循环的条件接线端子上右击，在弹出的快捷菜单中选择"创建—输入控件"，为 While 循环自动创建一个停止按钮，控制程序的退出。

（4）通过"VI 程序框图—函数选板—编程—数值—乘"，在程序框图中创建一个"乘"函数。

（5）通过"VI 程序框图—函数选板—编程—比较—大于?"，在程序框图中创建一个"大于?"函数

（6）通过"VI 程序框图—函数选板—编程—定时—等待（ms）"，在程序框图中创建一个"等待"函数。在"等待"函数上右击，在弹出的快捷菜单中选择"创建—常量"为"等待"函数的输入端创建一个常量。在常量中输入"300"，为 While 循环赋予300ms 延时。

（7）按照图 4-4 所示编程。

【注意】读者在编程的过程中一定要尝试通过在接线端子上右击，使用快捷菜单项"创建"自动为接线端子创建控件或常量，这样可以大大减少编程工作量。

【例 4-3】创建一个循环嵌套结构。

如图 4-5 所示，本例构建了一个嵌套循环，内循环迭代 11 次，外循环迭代 1 次，验证了 While 循环的执行机制：先循环迭代再判断退出条件，也就是 Do…While 循环机制。程序启动后，首先执行外层 While 循环中的程序代码，也就是内层的 While 循环。内层 While 循环执行完毕后，外层 While 循环判断程序退出条件，由于输入外层 While 循环条件端子为"真"，所以外层循环执行一次。

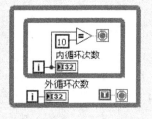

（1）通过"VI 程序框图—函数选板—编程—结构—While 循环"，构建两个 While 循环体，并将一个 While 循环结构放入另一个循环结构内部构成嵌套循环。

（2）在外层 While 循环的计数端子上右击，在弹出的快捷菜单中选择"创建—显示控件"，为循环变量创建一个显示控件，用于显示外循环次数。用同样的方法创建内循环次数显示控件，显示内循环次数。

图 4-5   While 循环嵌套结构

（3）通过"VI 程序框图—函数选板—编程—比较—等于?"，在程序框图中创建一个"等于?"函数。

（4）在"等于?"函数的输入端子上右击，在弹出的快捷菜单中选择"创建—常量"，在程序框图中创建一个常量，并赋值为"10"。While 循环的循环变量从 0 开始计数，当循环变量输出 10 时，While 循环已经执行了 11 次。

【注意】应该先将 While 循环计数端子连接到"等于?"函数的一个输入端子，利用

"等于?"函数的多态性，LabVIEW 自动将等于函数的其他端子赋值为 32 位整型数据类型。这样，通过"等于?"函数其他输入输出端子自动创建的控件或常量的数据类型也是 32 位整型数据。

（5）按图 4-5 所示编程。"等于?"函数有两个输入端、一个输出端，如果两个输入端的输入数值相等，输出为"真"，否则输出为"假"。当 While 循环条件端子输入为"真"时，循环退出。

4.1.2 For 循环

For 循环用于实现固定循环次数的循环迭代，一般用于实现某个算法，For 循环需要预先指定循环次数，否则 VI 无法通过编译。可以通过"VI 程序框图—函数选板—编程—结构—For 循环"，构建一个 For 循环，如图 4-6 所示。

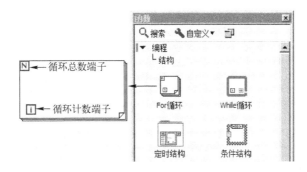

图 4-6　创建 For 循环

For 循环结构包括 For 循环框体、循环总数端子、循环计数端子、循环条件端子。

1）For 循环框体　For 循环框体用于规定 For 循环的作用范围，只有 For 循环框体内的代码才能实现 For 循环的循环迭代。

2）循环总数端子　通过该数据输入端子设置 For 循环的循环次数。

3）循环计数端子　该数据输出端子记录 For 循环的循环次数，计数从 0 开始。当第一次循环完成时，该端子输出"0"。

4）循环条件端子　新创建的 For 循环默认不启用条件接线端，在 For 循环框体上右击，在弹出的快捷菜单中勾选"条件接线端"，可以启用 For 循环的条件接线端。循环条件端子是 For 循环退出的条件，通过布尔类型的"真"或者"假"控制 For 循环退出，与 While 循环条件端子的用法类似。

虽然 For 循环在执行时也是全速运行的，但是一般在 For 循环中不加入延时函数。因为 For 循环的全速执行一般是在较短的时间内持续，而且当 For 循环达到循环次数后自动停止，不会长时间过度占用 CPU 资源。如图 4-7 所示是一个通过 For 循环创建六元素数组的程序，循环总数为 6，当 For 循环执行完 6 次循环后自动退出循环。

For 循环也可以实现类似 break 语句的功能，当满足退出条件时，即使没有达到 For 循环总次数也可以使 For 循环退出。在 For 循环框体上右击，在弹出的快捷菜单中选择"条件接线端"，就可以为 For 循环添加循环条件端子。

【注意】当启用 For 循环的条件接线端时，也必须通过循环总数端子或者 For 循环索引告知编译系统 For 循环总次数，否则 VI 无法通过编译。如图 4-8 所示，For 循环的总循环次数为 6 次，循环迭代 2 次后（循环变量从 0 开始计数，循环变量输出为 "1"，表示循环已经迭代了 2 次）满足 For 循环退出条件，For 循环退出并通过索引输出数据。

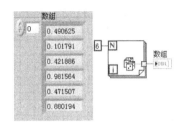
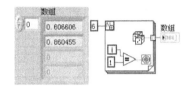

图 4-7　For 循环创建数组　　　　图 4-8　For 循环实现条件退出

4.1.3　数据进出循环的途径

在 LabVIEW 的编程应用中，数据进出循环一般有三条途径：循环隧道、自动索引、移位寄存器。这三种数据进出循环的机制各自有它自己的特点，读者应该在实际编程中灵活运用。

1. 循环隧道

通过循环隧道，数据流中的所有数据可以一次性地进出循环结构。如图 4-9 所示，循环隧道可以使数组中的所有元素一次性完全通过，所以 For 循环只需要循环一次，输入数组中的所有元素就可以通过循环隧道进入 For 循环内部，并通过循环隧道又输出到 For 循环外部。如果将图 4-9 中的循环次数改为 "10"，那么得到的输出数据是怎样的呢？实际上，无论多少次循环，得到的输出数据都是一样的。

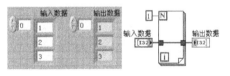

图 4-9　数据进出循环隧道

【注意】在循环迭代的过程中，数据流在循环内部流动，循环结构外部的控件是得不到循环隧道中的数据的，只有当循环结构正常结束后，数据才能输出到循环结构外部。

2. 自动索引

自动索引一般是数组数据进出循环结构的一种途径。通过自动索引，数组元素可以逐个进入循环结构内部，或者循环内部的数据成员积累成一个数组后通过自动索引一次性输出到循环外部。

LabVIEW 默认在连线与 While 循环结构框体相交处为数组数据创建 "隧道"，在连线与 For 循环结构框体相交处为数组数据创建 "索引"。也就是说，LabVIEW 的 For 循环默认启用 "自动索引"，While 循环默认禁用 "自动索引"。"隧道" 与 "索引" 之间是可以相互切换的，如图 4-10 所示，在循环结构的 "索引" 上右击，在弹出的快捷菜单中选择 "禁用索引"，可以将索引切换为循环隧道。如果想重新切换回索引，可以在循环隧道上右击，在弹出的快捷菜单中选择 "启用索引"。

自动索引每次只允许输入数组中的一个元素通过，将图 4-9 所示的循环隧道改为自动索引，如图 4-11 所示，For 循环的循环次数为 1 次，所以通过自动索引只能让输入数组的第 0 个元素通过。

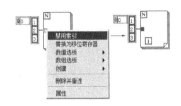

图 4-10 For 循环索引与隧道切换

图 4-11 数组元素通过索引进出循环

如果想让输入数组中的所有元素都通过，则 For 循环必须循环 3 次，如图 4-12 所示。

循环索引可以识别数组元素的数目并告知 LabVIEW 编译器，所以当数组数据通过索引进入 For 循环时，可以不用输入循环总次数。将图 4-12 所示程序改为如图 4-13 所示，程序的功能是一样的，但是实现形式上更加简单，是编程中常用的做法。

图 4-12 数据通过多次循环完全进出循环结构

图 4-13 For 循环省略循环总数

当数据出循环时，循环隧道和自动索引的显著区别是：每次循环迭代，自动索引可以将输入的数据作为数组的一个元素保存到索引中，而每次循环迭代进入隧道的数据将替换隧道中的旧数据。

如图 4-14 所示，"索引"将每次循环迭代产生的数据累积成数组，For 循环结束后波形图表控件将一次性获取"索引"中的 10 个数据：$\sin(0)$、$\sin(1)$、$\sin(2)$、$\cdots$、$\sin(9)$。

> 【注意】新创建的波形图表控件默认没有启用自动调整标尺功能，在波形图表控上右击，在弹出的快捷菜单中选择"X 标尺—自动调整 X 标尺"和"Y 标尺—自动调整 Y 标尺"，波形图表控件就可以根据数据大小自动调整标尺范围达到最佳的显示效果。一般情况下，在 VI 属性设置对话框（在 VI 前面板右上角的 VI 图标上右击，在弹出的快捷菜单中选择"VI 属性"）的"执行"属性页中，勾选"调用时清空显示控件"选项，每次运行 VI 时 LabVIEW 就会自动清空该 VI 前面板中所有显示控件中的数据。

如图 4-15 所示，将索引切换为循环隧道，隧道中的旧数据在每次循环迭代时将被新数据替代，循环结束后波形图表控件只能得到最新的一个数据 $\sin(9)$。

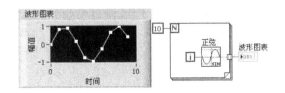

图 4-14 通过"索引"产生 10 个数据点

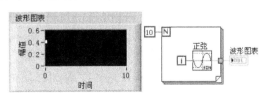

图 4-15 通过"隧道"获取 1 个数据点

【**注意**】循环隧道并非只能保存标量数据，循环隧道可以保存任意数据类型的"一个数据"。"一个数据"和"标量数据"是不同的，"一个数据"可以是一个标量、一个 n 维数组、一个簇等。

图 4-16　将一维数组索引为二维数组

将图 4-9 中的右侧隧道替换为索引，如图 4-16 所示，索引结构将每次输入的一维数组作为二维数组的一行元素，通过 3 次循环索引得到一个二维数组。

如图 4-17 所示，内循环和外循环使用隧道和索引时得到 4 个不同的输出，读者可以仔细推敲一下这 4 个输出是如何得到的。可以给读者一个提示：通过内循环的"索引"可以得到一行数据，通过内循环的"隧道"可以得到一行数据的最后一个元素。

While 循环在默认的情况下没有自动启用索引，在连线与 While 循环框体的相交处 LabVIEW 默认产生循环隧道。在 While 循环隧道上右击，在弹出的快捷菜单中选择"隧道模式—索引"，可以将 While 循环的输出隧道切换为自动索引，如图 4-18 所示。如果想重新将自动索引切换为循环隧道，可以在循环索引上右击，在弹出的快捷菜单中选择"隧道模式—最终值"。

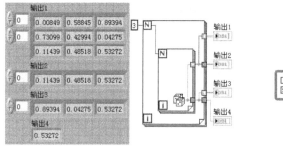

图 4-17　嵌套循环的索引与隧道

图 4-18　While 循环隧道与索引切换

3. 移位寄存器

移位寄存器是 LabVIEW 编程语言中特有的数据传递和存储机制，它依赖于循环结构而存在。移位寄存器存储循环结构一个循环周期到下一个循环周期的数据变动，实现数据从一次循环到下一次循环的传递。LabVIEW 中的移位寄存器是多态的，可以适应任何数据类型。一个循环结构可以同时使用多个不同数据类型的移位寄存器存储数据，且数目不受限制。

移位寄存器体现了 LabVIEW 的核心编程思想——数据流，它贯穿 LabVIEW 编程语言的始终，在 LabVIEW 程序设计中具有举足轻重的作用，读者应该非常熟练地掌握它。

只要是 LabVIEW 的循环结构，就可以在循环结构框体的左右两侧创建移位寄存器，LabVIEW 的移位寄存器总是成对出现并且只能成对使用。在循环结构边框的左侧或右侧右击，在弹出的快捷菜单中选择"添加移位寄存器"选项，就可以为循环结构创建移位寄存器了，如图 4-19 所示。

移位寄存器由两个内含黑色三角符号的小方块组成，这两个小方块分别称作移位寄存器的左右端子，它们平行地分布在循环结构的左右两侧边框。新创建的移位寄存器没有初始化数据类型，两个小方块的颜色为黑色；初始化数据类型后，移位寄存器左右端子的颜色将变成相应数据类型的颜色。移位寄存器的左右端子总是成对出现的，在循环结构边框的左右两侧各一个。每完成一次循环迭代后，数据存储在移位寄存器的右端子，下次循环开始时，移位寄存器将上次循环存储在右端子的数据移动到移位寄存器的左端子。

如图 4-20 所示，For 循环通过移位寄存器输出的数据为"12"，每次循环的计算值实现了累加，可见移位寄存器具有在每次循环间保存和传递数据的能力。

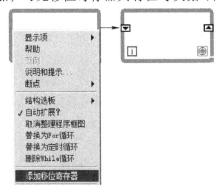

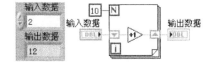

图 4-19　在循环结构框体上创建移位寄存器　　　　图 4-20　移位寄存器实现累加

从计算机物理内存角度分析，移位寄存器的左右端子指向同一块计算机物理内存，Lab-VIEW 移位寄存器的左右端子实现了对这块物理内存的读/写操作。数据从移位寄存器左右端子的左侧接线端进入这块物理内存，在需要的时候从端子的右侧接线端将数据取出。

> **【注意】** 移位寄存器所对应的物理内存空间没有设置读/写操作的权限，只要有连线连接到移位寄存器左右端子的右侧接线端，就可以从这块物理内存中读出数据；只要有连线连接到移位寄存器左右端子的左侧接线端，就可以向这块物理内存中写入数据。如果左右端子的左侧接线端没有连线，LabVIEW 将向这块物理内存中写入默认数据。在编程中要注意保护好移位寄存器的写入端口（左右端子的左侧接线端），避免移位寄存器误操作（忘记连线）而导致的数据丢失。在编程中对移位寄存器的有效保护措施是：当移位寄存器不需要写入新数据时，将移位寄存器左端子的右侧接线端与右端子的左侧接线端用连线连接，这样数据就被重新写入同一块物理内存中，确保了移位寄存器中数据的安全。

移位寄存器所指向的物理内存是什么时候建立的呢？这就涉及 LabVIEW 的编译机制，LabVIEW 采用即时编译程序的机制。当程序员在程序框图中构建程序代码时，LabVIEW 同步编译程序代码。当在循环结构框体上创建移位寄存器时，LabVIEW 并没有为其创建内存空间，因为编译器不知道移位寄存器所要保存的数据类型和数据大小。当为移位寄存器初始化数据类型后，编译器就可以根据不同的数据类型在计算机物理内存中为其开辟相应的内存空间，此时移位寄存器左右端子变成与数据类型相同的颜色，移位寄存器所指向的物理内存正是在此时建立的。

图 4-20 所示的程序中，移位寄存器的数据类型为双精度浮点数，所以 LabVIEW 在内存中为其开辟了 8 个字节 64 位的存储空间。这块内存单元的地址是操作系统为 LabVIEW 动态分配的，用户无法指定内存地址也无法获取操作系统为 LabVIEW 动态分配的内存地址号。

假设这个移位寄存器所指向的内存单元为 A，程序启动后，首先在 While 循环外部通过数值输入控件为移位寄存器（内存单元 A）赋初始化值"0"。第一次循环时，LabVIEW 通过移位寄存器左端子的右侧端口从内存单元 A 中读出初始化数据"0"，经过"加 1"函数运算后得到数据"1"。数据"1"经过数据流连线流动到移位寄存器右端子的左侧端口，Lab-VIEW 通过移位寄存器右端子的左侧端口将数据"1"写入内存单元 A 中，内存单元 A 中的数据变成"1"。下一次循环开始，LabVIEW 通过移位寄存器左端子的右侧端口从内存单元 A 中读出数据"1"，经过"加 1"函数运算后得到数据"2"。LabVIEW 通过移位寄存器右端子的左侧端口将数据"2"写入内存单元 A 中，这样内存单元 A 中的数据变成"2"。While 循环结构通过移位寄存器左端子的右侧端口不断从内存单元 A 中读取数据，经过"加 1"函数运算后通过移位寄存器右端子的左侧端口将计算值重新写入内存单元 A 中，实现内存单元 A 中数据的累加。当达到 For 循环退出条件时，For 循环正常退出，移位寄存器（内存单元 A）中的累加值输出到 For 循环外部的数值显示控件中，这就是移位寄存器的工作原理。

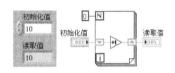

图 4-21　0 次循环的移位寄存器

如图 4-21 所示，For 循环的循环次数为 0 次，For 循环框体内部的程序代码是不执行的。但是该情况下还是可以进行移位寄存器的读/写操作，初始化值可以通过移位寄存器左端子的左侧端口写入内存，并由移位寄存器右端子的右侧端口将其读出，这也证明了移位寄存器的左右端子指向同一块物理内存空间。

移位寄存器之所以有很高的数据读/写效率并能成为 LabVIEW 数据流的核心存储机制，就是因为移位寄存器关于数据的读/写使用的是同一块内存地址空间。在大多数情况下（使用某些函数可以造成内存的重新分配，如"创建数组"函数），移位寄存器的读/写只有数据的变化而没有内存的注销和重新分配。Windows 操作系统是动态分配内存的，内存的注销和重新分配将耗费大量的计算机资源，反复地注销和重新分配内存将大大降低程序的运行效率。

【例 4-4】 编程实现 $1+2+3+\cdots+100$ 累加。

本例通过循环结构的移位寄存器实现数据的累加。

方法 1：如图 4-22 所示，通过 While 循环实现累加功能。

（1）通过"VI 程序框图—函数选板—编程—结构—While 循环"，在程序框图中创建一个 While 循环。在 While 循环结构左边框或右边框上右击，在弹出的快捷菜单中选择"添加移位寄存器"，为 While 循环创建移位寄存器。

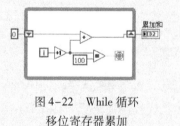

图 4-22　While 循环移位寄存器累加

（2）通过"VI 程序框图—函数选板—编程—数值"，在程序框图中创建数值常量、"加 1"函数、"加"函数。在常量上双击，为常量赋值"100"。

（3）通过"VI 程序框图—函数选板—编程—比较—等于?"，在程序框图中创建一个"等于?"函数。

（4）按图 4-22 所示连线编程 While 循环内部程序代码，当循环计数端子通过"加 1"函数与"加"函数连线到移位寄存器时，就为移位寄存器初始化了数据类型：32 位整型数据。此时在移位寄存器的左右端子上右击，可以通过快捷菜单创建 32 位整型的常量或控件。

（5）在移位寄存器的左端子上右击，在弹出的快捷菜单中选择"创建—常量"，为移位寄存器创建初始化值"0"。在移位寄存器的右端子上右击，在弹出的快捷菜单中选择"创建—显示控件"，创建一个数值显示控件并修改其标签为"累加和"。

方法 2：如图 4-23 所示，通过 For 循环实现累加的功能。

方法 3：如图 4-24 所示，通过循环索引产生一个 1 ～ 100 的数组，然后用"数组元素相加"函数（"VI 程序框图—函数选板—编程—数值—数组元素相加"）实现 1 ～ 100 的累加。

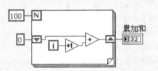
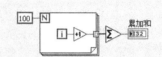

图 4-23　For 循环移位寄存器累加　　　　图 4-24　"数组元素相加"函数实现累加

【例 4-5】 计算阶乘。

如图 4-25 所示，通过 For 循环移位寄存器实现阶乘的计算。

方法 1：（1）通过"VI 程序框图—函数选板—编程—结构—For 循环"，在程序框图中创建一个 For 循环。在 For 循环结构左边框或右边框上右击，在弹出的快捷菜单中选择"添加移位寄存器"，为 For 循环创建移位寄存器。在 For 循环总数端子上右击，在弹出的快捷菜单中选择"创建—输入控件"，创建一个数值输入控件并修改其标签为"阶次"。

（2）通过"VI 程序框图—函数选板—编程—数值"，在程序框图中创建"加 1"函数和"乘"函数。按图 4-25 所示编程 For 循环内部代码，当"加 1"函数和"乘"函数连线到移位寄存器后，移位寄存器被初始化数据类型为 32 位整型。

（3）在移位寄存器左端子上右击，在弹出的快捷菜单中选择"创建—常量"，并为常量赋值"1"。在移位寄存器右端子上右击，在弹出的快捷菜单中选择"创建—显示控件"，创建一个数值显示控件并修改其标签为"n!"。

方法 2：如图 4-26 所示，通过 For 循环产生一个正整数数组，使用"数组元素相乘"函数（"VI 程序框图—函数选板—编程—数值—数组元素相乘"）计算数组元素的乘积，实现阶乘的运算。

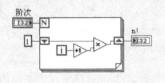
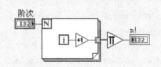

图 4-25　For 循环实现阶乘运算　　　　图 4-26　通过"数组元素相乘"函数实现阶乘运算

默认的情况下，移位寄存器的左端子只有一个元素，实际上可以为其扩展多个元素，如图 4-27 所示。移位寄存器左端子的多个元素分别对应各自独立的内存空间，可以为每个元素初始化不同的值。有以下两种方法为移位寄存器的左端子添加多个元素。

（1）在移位寄存器的左端子上右击，在弹出的快捷菜单中选择"添加元素"。

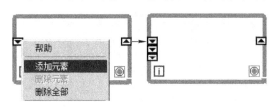

图 4-27　为移位寄存器添加多元素

（2）将鼠标光标靠近移位寄存器左端子，当鼠标光标变为双向箭头形状时，按住移位寄存器左端子底部并向下拖动。

移位寄存器左端子中各个元素由上到下依次存储了第 $n-1$ 次循环、第 $n-2$ 次循环、$n-3$ 次循环、…、第 0 次循环的数据。也就是说，移位寄存器左端子各元素中的数据在每次循环迭代时由上向下移动，最上边元素中的数据是最近一次输入到移位寄存器右端子的数据，最下边元素中的数据是最早输入到移位寄存器右端子的数据。对于多元素的移位寄存器，可以为每个元素赋不同的初始值。

如图 4-28 所示，程序将 6 次循环变量的值输出。数据先从移位寄存器的右端子进入，通过循环移位进入左端子最上面的元素中，然后在左端子的各元素之间由上到下移动。

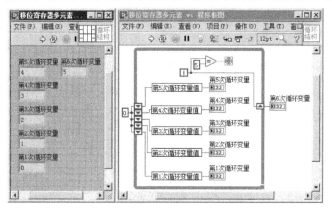

图 4-28　多元素移位寄存器循环移位

【例 4-6】 编程实现斐波那契数列的计算。

斐波那契数列是这样的一个数列：0，1，1，2，3，5，8，13，21，34，55，89，144，233，377，610，987，1597，2584，4181，6765，10946，…，通项的形式为 $F_0 = 0$，$F_1 = 1$，$F_n = F_{n-1} + F_{n-2}$，数列从第三项开始，每项都等于前两项的和。

本例通过移位寄存器的多元素存储数列相邻的两项 F_{n-1} 和 F_{n-2}，使用"加"函数实现相邻两项的加法运算。要为移位寄存器左端子的多元素正确初始化，使循环次数 $n=0$、$n=1$ 时可以分别得到 $F_0=0$、$F_1=1$。

（1）通过"VI 程序框图—函数选板—编程—结构—For 循环"，在程序框图中创建一个 For 循环。在 For 循环结构左边框或者右边框上右击，在弹出的快捷菜单中选择"添加移位寄存器"，为 For 循环创建移位寄存器。向下拖动移位寄存器左端子，将其扩展为两个元素。

（2）通过"VI 程序框图—函数选板—编程—数值—加"，在程序框图中创建一个"加"函数。

（3）按图 4-29 所示进行 For 循环内部连线，当移位寄存器连线到"加"函数时，移位寄存器中的数据类型被初始化为双精度浮点数。在移位寄存器左端子的两个元素上右击，在弹出的快捷菜单中选择"创建—常量"，为两个元素创建初始化值"0"和"1"。在移位寄存器右端子上右击，在弹出的快捷菜单中选择"创建—显示控件"，并修改控件的标签为"Fn"。

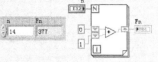

图 4-29　计算斐波那契数列

（4）在 For 循环总数端子上右击，在弹出的快捷菜单中选择"创建—输入控件"，创建一个数值输入控件并修改控件标签为"n"。

【例 4-7】编程检测标准数字流。

如图 4-30 所示是一个检测标准输入码的程序，当输入数码流中有连续五个数码与标准序列相同时表示匹配。

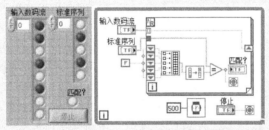

图 4-30　数码流检测程序

（1）通过"VI 程序框图—函数选板—编程—结构—While 循环"，在程序框图中创建一个 While 循环。在 While 循环的条件端子上右击，在弹出的快捷菜单中选择"创建—输入控件"，为 While 循环创建一个停止按钮。

（2）通过"VI 程序框图—函数选板—编程—定时"，为 While 循环创建一个延时函数并设置 500ms 延时，目的是减少 While 循环对 CPU 的占用率。

（3）在前面板创建两个布尔数组和一个圆形指示灯，修改三个控件的标签分别为"输入数码流"、"标准序列"、"匹配?"。

（4）通过"VI 程序框图—函数选板—编程—数组—创建数组"，在程序框图中添加"创建数组"函数。

（5）通过"VI 程序框图—函数选板—编程—数组—反转一维数组"，在程序框图中添加"反转一维数组"函数。

（6）通过"VI 程序框图—函数选板—编程—比较—等于?"，在程序框图中创建"等于?"函数。

（7）按图 4-30 所示连线编程。

移位寄存器中的数据能保持多长时间呢？这涉及移位寄存器的生命周期。移位寄存器是计算机物理内存中的一块存储空间，如果移位寄存器所指向的物理内存被操作系统注销并收回，则移位寄存器中的数据也就不复存在了。所谓移位寄存器的生命周期，是指操作系统为移位寄存器动态分配内存空间到操作系统收回移位寄存器所指向的内存空间所持续的时间。

实际上，移位寄存器和载有该移位寄存器的 VI 具有相同的生命周期；当 VI 被打开时，该 VI 就被加载到内存，VI 中的移位寄存器就获得了一块内存空间；当 VI 被关闭时，该 VI 就从内存中卸载，VI 中的移位寄存器所指向的内存空间被操作系统收回。

　　将图 4-20 程序中移位寄存器的初始化值去掉，运行结果怎样？如图 4-31 所示，运行三次程序，得到的运算结果为"30"。当移位寄存器左端子有初始化值"0"输入时，每次运行程序的结果都是"10"，这是什么原因呢？

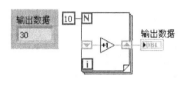

图 4-31　没有初始化的移位寄存器

循环结构所创建的移位寄存器并不是随着 VI 的结束而释放内存，而是随着 VI 的关闭而结束生命周期。当一个 VI 打开时，LabVIEW 通过操作系统为 VI 中的移位寄存器动态分配内存单元；当一个 VI 关闭时，LabVIEW 通过操作系统收回该 VI 中移位寄存器指向的内存单元，这块内存单元中的数据将全部丢失。如果没有在循环外部为移位寄存器初始化，那么移位寄存器中的数据将一直保持下去，直到载有该移位寄存器的 VI 被关闭为止。如图 4-31 所示，对于没有在循环外部初始化的移位寄存器而言，第一次单击 VI 运行按钮运行程序时，LabVIEW 自动为移位寄存器初始化默认值"0"，移位寄存器指向的物理内存单元被赋值为"0"。进入 For 循环后，循环结构从这块内存单元中读取数据并进行 10 次累加，经过 10 次累加后 For 循环退出，输出累加结果"10"。第二次单击 VI 运行按钮运行程序时，由于移位寄存器在 For 循环外部没有初始化，移位寄存器中的值为"10"，For 循环在上一次累加的基础上再进行 10 次累加，得到累加结果"20"。同理，第三次运行程序得到在前两次基础上的累加和"30"。图 4-31 所示程序中，如何清零移位寄存器中的数据呢？这种情况下是无法清除移位寄存器所指向物理内存单元中的数据的。只有当移位寄存器的生命周期结束，也就是当载有该移位寄存器的 VI 被关闭（退出内存）时，该移位寄存器所指向的内存空间被操作系统收回，该内存单元中的数据才被清空。该 VI 再次启动时，操作系统将为该移位寄存器动态分配一块新的内存地址单元。再次运行程序，第一次运行得到结果"10"，第二次得到"20"，继续重复这一过程。

　　为什么只有第一次程序运行时，LabVIEW 为移位寄存器初始化了默认值呢？用数据流的观点解释是这样的：LabVIEW 是数据流推动的编程语言，没有数据流的流动，LabVIEW 程序将停滞。由于图 4-31 所示的程序中移位寄存器左端子的左接线端没有连接常量或输入控件为其初始化，所以第一次运行程序时移位寄存器指向的物理内存单元中没有数据。如果没有数据从移位寄存器的左端子中流出，那么循环将无法运行，LabVIEW 为保证循环正常运行自动为移位寄存器所指向的物理内存单元初始化了默认值。第一次运行程序结束后，移位寄存器指向的物理内存单元中有数据"10"。下一次运行程序时，由于移位寄存器中有数据，所以 LabVIEW 无须再为移位寄存器赋初始值。如果将常量或者输入控件连接到移位寄存器左端子的左接线端，那么在每次运行程序时，常量或输入控件都将重新初始化移位寄存器。这样，每次累加是在初始化值的基础上进行的，而不是在上次累加和的基础上再进行累加。

　　如果载有移位寄存器的 VI 作为子 VI 被调用，该子 VI 中的所有移位寄存器都随着子 VI 的打开而加载内存，并占据一定的内存空间。当该子 VI 所有的静态调用方退出内存时，该子 VI 也退出内存，该子 VI 中的所有移位寄存器将释放所占据的内存空间，移位寄存器中的所有数据也将丢失。移位寄存器的生存周期是一个很重要的知识点，程序员应该知道数据什么时候在内存中以及什么时候数据已经退出了内存。

4.1.4 反馈节点

一般情况下，LabVIEW 的数据流只能从左向右流动，无法从右向左流动，但是反馈节点例外。反馈节点可以使一条程序执行路径上的数据流沿连线从右向左流动，实现数据流的反馈。反馈节点类似于移位寄存器，如图 4-32 所示是使用反馈节点实现图 4-20 所示的累加程序。

默认的情况下，新创建的反馈节点的"初始化器"与反馈节点是合并在一起的，如图 4-20 所示。在反馈节点上右击，在弹出的快捷菜单中选择"将初始化器移出循环"，可以将反馈节点的"初始化器"移到循环结构的边框，如图 4-33 所示。通过反馈节点的快捷菜单项"全局初始化—编译或加载时初始化"，可以将反馈节点的"初始化器"重新合并到反馈节点。

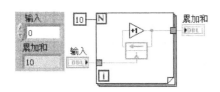

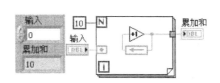

图 4-32 反馈节点实现累加　　　　图 4-33 在循环外部初始化反馈节点

通过反馈节点的快捷菜单项"全局初始化"可以获取反馈节点的两种初始化模式：编译或加载时初始化、首次调用时初始化。反馈节点常用的初始化模式是"首次调用时初始化"，该初始化模式是指每次运行循环时初始化反馈节点中的数据，相当于在循环外部初始化的移位寄存器，效果类似于图 4-20 所示程序。"编译或加载时初始化"是指每次打开 VI（VI 加载内存）时初始化反馈节点中的数据，相当于没有在循环外部初始化的移位寄存器，效果类似于图 4-31 所示程序。

【例 4-8】编程利用反馈节点实现 $1+2+3+\cdots+100$。

（1）通过"VI 程序框图—函数选板—编程—结构—For 循环"，在程序框图中创建一个 For 循环。在 For 循环总数端子上右击，在弹出的快捷菜单中选择"创建—常量"，在常量中输入循环次数。

（2）通过"VI 程序框图—函数选板—编程—结构—反馈节点"，在程序框图中创建一个反馈节点。将反馈节点置于 For 循环内部，在反馈节点上右击，在弹出的快捷菜单中选择"将初始化器移出一个循环"。在反馈节点的"初始化器"上右击，在弹出的快捷菜单中选择"创建—常量"，在常量中输入反馈节点的初始化值。

（3）通过"VI 程序框图—函数选板—编程—数值"，在程序框图中创建"加1"函数和"加"函数。

（4）按照图 4-34 所示编程。

图 4-34 反馈节点实现累加

4.1.5　For 循环的退出机制

For 循环有三种设置循环次数或说退出循环的机制：循环总数、For 循环索引、For 循环条件端子。

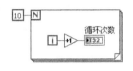

图 4-35　通过 For 循环总数确定循环次数

1）通过循环总数退出 For 循环　如图 4-35 所示，当达到循环总次数时，For 循环退出循环迭代。为了保证循环计数从 1 开始，在程序中加入了"加 1"函数。

2）通过 For 循环索引退出 For 循环　当 For 循环没有启用自动索引时，For 循环总数端子必须输入循环次数，否则程序无法编译通过。当 For 循环启用自动索引时，循环总数端子可以省略输入，LabVIEW 的编译器可以按照数组元素个数确定 For 循环次数。如果有多个数组同时进入 For 循环，则 For 循环总是按照元素个数最少的数组元素数目确定循环次数。如图 4-36 所示，有一个三元素数组和一个五元素数组通过自动索引进入 For 循环内部，LabVIEW 编译器确定循环次数为 3 次。由于 For 循环只运行 3 次，所以五元素数组将丢失两个元素。

3）通过 For 循环条件端子退出 For 循环　如图 4-37 所示，当循环次数达到 5 次时满足 For 循环条件端子退出条件，For 循环退出。在 For 循环上右击，在弹出的快捷菜单中选择"条件接线端"，可以启用 For 循环条件端子。

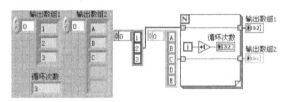

图 4-36　最少元素数组确定 For 循环次数

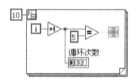

图 4-37　通过 For 循环条件端子退出循环

4）多种退出条件并存　当三种停止机制都存在时，For 循环怎样停止循环呢？三种 For 循环的停止机制并没有优先级的高低之分（多种停止机制之间是"逻辑或"的关系），只要有一种停止机制达到停止条件，For 循环就停止。

如图 4-38 所示程序中包含了所有的 For 循环停止机制，For 循环次数达到 2 次时，循环总数的停止机制满足了循环停止的条件，For 循环退出。

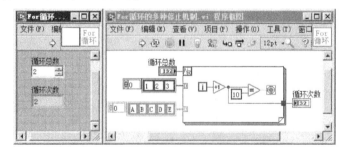

图 4-38　循环总数首先满足退出条件

如图 4-39 所示，将循环总数设置为 6 次，三元素数值数组开启的自动索引首先满足 For 循环停止条件，For 循环退出。

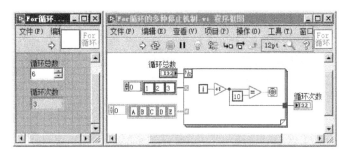

图 4-39　三元素数组首先满足 For 循环停止条件

如图 4-40 所示，将循环条件端子判定条件设置为 2 次，当循环次数达到 2 次时，"等于?" 函数输出 "真" 值，For 循环的条件端子首先满足了循环退出的条件，For 循环退出。

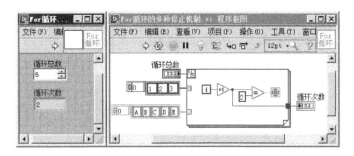

图 4-40　For 循环条件端子首先满足 For 循环停止条件

4.1.6　While 循环的退出机制

While 循环的停止机制和 For 循环是不同的，While 循环的停止只与循环条件端子有关。当 While 循环的循环条件端子满足循环退出条件时，While 循环退出，否则 While 循环将持续运行。

1）通过按钮退出 While 循环　如图 4-41 所示，在 While 循环的条件输入端连接一个停止按钮，这是 While 循环最常用的退出机制。

【注意】LabVIEW 中的按钮控件有六种机械触发动作，在图 4-41 所示查询模式的 While 循环中一般保持按钮默认的 "释放时触发" 这一机械动作。在 LabVIEW 程序设计中，一般都是在 While 循环的条件端子上右击，通过快捷菜单项 "创建—输入控件" 自动为 While 循环创建停止按钮。

2）通过程序退出 While 循环　如图 4-42 所示，While 循环执行 4 次后退出，While 循环次数与循环索引的数组元素个数无关。当循环到第 3 次时，数值常量数组已经没有元素了。由于 While 循环条件端子没有满足循环退出条件，为了保证 While 循环能继续执行，左索引端子自动为数据流连线补 0 以维持数据流的流动，进而保证 While 循环能顺利完成第 4 次循环。由于只运行了 4 次循环，所以字符串数组只得到 4 个输出元素。

图 4-41　通过按钮退出
While 循环

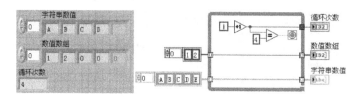

图 4-42   通过"等于?"函数判断循环退出

3）通过错误簇退出 While 循环   While 循环的条件端子还可以接受错误簇的输入，如图 4-43 所示，通过"打开/创建/替换文件"函数和"STOP"函数分别实现发生错误时的退出机制和单击按钮时的退出机制。运行 VI 将弹出文件选择对话框，如果用户单击了文件对话框中的"取消"按钮，"打开/创建/替换文件"函数（"VI 程序框图—函数选板—编程—文件I/O—打开/创建/替换文件"）将输出错误，LabVIEW 的条件端子接收到错误后退出循环。

实际上，真正起到停止循环作用的是错误簇中的元素"状态"。可以将错误簇分解，将元素"状态"的输出直接连接到循环结构的条件端。当错误发生时，错误簇中的元素"状态"输出"真"，循环退出，如图 4-44 所示。

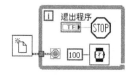
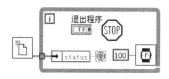

图 4-43   错误簇作为 While 循环的退出机制   图 4-44   错误簇中的元素作为 While 循环的退出机制

4.1.7   数据出循环的条件

对于 LabVIEW 的循环结构而言，数据出循环是有条件的，即循环结构正常结束。只有在循环结构正常退出的情况下，循环内部的数据才能输出到循环外部。这里所说的循环结构的正常退出是指满足循环退出机制而使循环结构退出，也就是 4.1.5 小节和 4.1.6 小节中提到的循环退出机制。通过 VI 前面板或程序框图工具栏的"退出"按钮以及"STOP"函数强制结束程序不属于正常退出循环，这样无法使循环内部的数据传递到循环外部。在这些情况下，只是通过某些手段强制停止 VI 执行，在 VI 停止前，数据流还在循环内部流动，并没有流出到循环外部，无法在循环外部得到数据。鉴于数据流是 LabVIEW 编程的核心思想，读者应学习用数据流的思想分析 LabVIEW 编程应用中遇到的问题，不断地思考和实践对编程的进步是大有帮助的。

如图 4-45 所示，程序的功能是采集并保存最新的六个随机数，程序中加入了"STOP"函数（"VI 程序框图—函数选板—编程—应用程序控制—停止"）。当单击"停止程序"按钮时，"STOP"函数强制停止 VI 运行，While 循环非正常退出，移位寄存器中的数据无法输出到循环外部；当单击"退出循环"按钮时，While 循环正常退出，While 循环内部的数据可以输出到循环外部。

【注意】在 LabVIEW 的程序设计中，一般勾选 VI 的执行属性"调用时清空显示控件"项，这样不用手动清零显示控件，VI 启动时 LabVIEW 自动清空 VI 前面板所有显示控件中的值。关于 VI 属性的设置，可以参考 2.6 节中的内容。

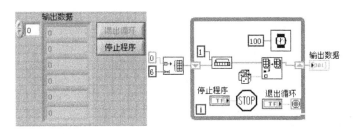

图 4-45 正常退出与非正常退出

4.1.8 循环结构与数组函数

【例 4-9】编程创建一维数组。

方法 1：如图 4-46 所示，通过 While 循环索引产生一个五元素的一维数组。

（1）通过"VI 程序框图—函数选板—编程—结构—While 循环"，在程序框图中创建一个 While 循环结构。

（2）通过"VI 程序框图—函数选板—编程—数值—随机数（0—1）"，在程序框图中创建一个随机数函数。

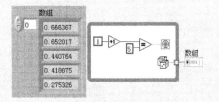

图 4-46 通过 While 循环的索引产生一维数组

（3）通过"VI 程序框图—函数选板—编程—比较—等于?"，在程序框图中创建一个"等于?"函数。

（4）按照图 4-46 所示连线。将随机数函数的接线端子和循环结构的右侧边框连接，LabVIEW 自动在连线与 While 循环框体相交处产生循环隧道。在循环隧道上右击，在弹出的快捷菜单中选择"启用索引"，将循环隧道切换为索引。

（5）在索引输出端子上右击，在弹出的快捷菜单中选择"创建—显示控件"，自动创建一个数组显示控件。

方法 2：如图 4-47 所示，通过 For 循环索引产生一个五元素的一维数组。

方法 3：如图 4-48 所示，通过 While 循环 + "创建数组"函数（"VI 程序框图—函数选板—编程—数组—创建数组"）产生一个五元素一维数组。

图 4-47 For 循环索引产生一维数组　　图 4-48 While 循环 + "创建数组"函数产生一维数组

方法 4：如图 4-49 所示，通过 For 循环 + "创建数组"函数产生一个五元素一维数组。

方法 5：如图 4-50 所示，通过 While 循环 + "初始化数组" 函数 + "替换数组子集" 函数，产生一个五元素一维数组。通过 "初始化数组" 函数可以预先在内存中开辟一定大小的存储空间，供后续数据写入，这样在程序执行的过程中可以避免内存的注销和再分配，极大地提高了程序的执行效率。LabVIEW 的编译机制比较特殊，编程的同时 LabVIEW 同步编译程序。如图 4-50 所示，通过 "初始化数组" 函数设置移位寄存器所指向的内存单元大小为 40 个字节。一个双精度浮点数占用的内存空间为 8 个字节 64 位，五个双精度浮点数占用 40 个字节的内存空间。通过 "VI 程序框图—函数选板—编程—数组"，可以获取 "初始化数组" 函数和 "替换数组子集" 函数。

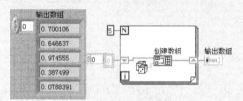

图 4-49　For 循环 + "创建数组"　　　图 4-50　While 循环 + "初始化数组" 函数 +
函数产生一维数组　　　　　　　　　"替换数组子集" 函数产生一维数组

方法 6：如图 4-51 所示，通过 For 循环 + "初始化数组" 函数 + "替换数组子集" 函数，产生一个五元素一维数组。

方法 7：如图 4-52 所示，通过 For 循环 + "数组插入" 函数，产生一个五元素一维数组。

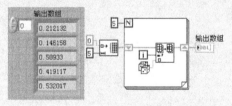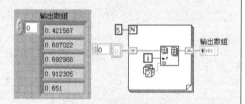

图 4-51　For 循环 + "初始化数组" 函数 +　　　图 4-52　For 循环 + "数组插入"
"替换数组子集" 函数产生一维数组　　　　　　函数产生一维数组

【例 4-10】 创建一个 3 行 2 列的二维数组。

本例中的程序是用 For 循环实现的，这些程序都可以用 While 循环实现，请读者自己练习。

方法 1：如图 4-53 所示，使用嵌套循环 + "创建数组" 函数产生 3 行 2 列的二维数组。每经过一次外循环产生一行（两元素）数据，内循环总数对应列数，外循环总数对应行数。

（1）通过 "VI 程序框图—函数选板—编程—结构—For 循环"，在程序框图中创建嵌套的 For 循环。在 For 循环边框上右击，在弹出的快捷菜单中选择 "添加移位寄存器"，为 For 循环创建移位寄存器。在 For 循环总数端子上右击，在弹出的快捷菜单中选择 "创建—常量"，设置 For 循环次数。

（2）通过"VI 程序框图—函数选板—编程—数值—随机数"，在程序框图中创建随机数函数。

（3）通过"VI 程序框图—函数选板—编程—数组—创建数组"，在程序框图中添加"创建数组"函数。

（4）按图 4-53 所示编程。

方法 2：如图 4-54 所示，使用 For 循环索引功能，创建二维数组。外循环每执行一次，内循环执行两次并产生一行（两元素）数据。外循环总共执行三次，产生三行数据，每行数据有两列，产生一个 3 行 2 列的二维数组。

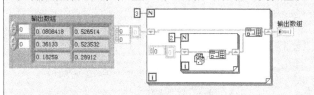

图 4-53　嵌套循环＋"创建数组"函数产生二维数组

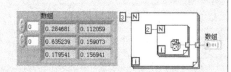

图 4-54　通过两层 For 循环索引产生二维数组

方法 3：如图 4-55 所示，使用一维数组确定嵌套循环的内、外循环次数。一维数组的元素数目代表所要创建二维数组的行数，一维数组的元素值代表所要创建二维数组的列数。

如果一维数组中的元素值不相等，则可以产生一个下三角的矩阵，如图 4-56 所示。

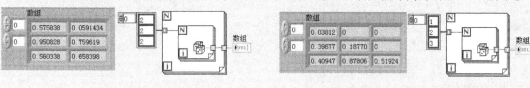

图 4-55　通过一维数组确定行数和列数　　　　图 4-56　产生下三角的矩阵

【例 4-11】 编程计算一维数组元素累加和。

方法 1：用移位寄存器作为累加器，每次累加的结果保存在移位寄存器指向的同一块内存中，如图 4-57 所示。

（1）通过"VI 前面板—控件选板—新式—数组、矩阵与簇—数组"，在 VI 前面板创建一个数组控件。通过"VI 前面板—控件选板—新式—数值—数值输入控件"，将数值输入控件拖入到数组控件中形成一个双精度浮点数组。在数组元素上右击，在弹出的快捷菜单中选择"表示法—长整型"，将数组元素的数据类型修改为 32 位长整型。

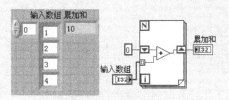

图 4-57　For 循环索引依次取出数组元素实现累加

（2）通过"VI 程序框图—函数选板—编程—结构—For 循环"，在程序框图中创建一个 For 循环。在 For 循环框体上右击，在弹出的快捷菜单中选择"添加移位寄存器"，为 For 循环添加移位寄存器。

（3）通过"VI 程序框图—函数选板—编程—数值—加函数"，在程序框图中创建一个"加"函数。

（4）按照图 4-57 所示编程。可以通过在移位寄存器的左右端子上右击，在弹出的快捷菜单中选择"创建—常量（显示控件）"，自动为移位寄存器创建初始化常量"0"和显示控件"累加和"。

方法 2：如图 4-58 所示，通过"数组大小"函数确定 For 循环次数，通过"索引数组"函数将数组中的元素取出。

方法 3：如图 4-59 所示，通过"数组元素相加"函数（VI 程序框图—函数选板—编程—数值—数组元素相加）实现数组元素的累加和。

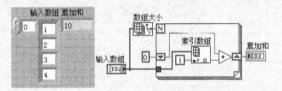

图 4-58 "索引数组"函数依次取出
数组元素实现累加

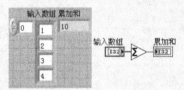

图 4-59 通过"数组元素相加"
函数计算数组元素和

方法 4：如图 4-60 所示，通过"删除数组元素"函数的数据返回端"已删除的部分"获取输入数组中的数据，配合移位寄存器和"加函数"实现累加。当"删除数组元素"函数返回端"已删除元素的数组子集"输出为空数组时，说明已经取出了输入数组中的所有数据，While 循环退出。通过"VI 程序框图—函数选板—编程—数组—删除数组元素"，可以获取"删除数组元素"函数；通过"VI 程序框图—函数选板—编程—比较—等于?"，可以获取"等于?"函数。

【注意】要将"等于?"函数设置为"比较集合"的模式（在"等于?"函数上右击，在弹出的快捷菜单中选择"比较集合"），这样"等于?"函数才能比较整个数组是否为空数组。

如图 4-61 所示，也可以通过"数组大小"函数判断输入数组中的元素是否全部取出，并将返回值作为 While 循环退出条件。通过"VI 程序框图—函数选板—编程—数组—数组大小"，可以获取"数组大小"函数。

图 4-60 通过"删除数组元素"函数
取出数组元素（算法 A）

图 4-61 通过"删除数组元素"函数
取出数组元素（算法 B）

方法 5：如图 4-62 所示，通过移位寄存器的多元素，配合"索引数组"函数实现数值数据累加和。通过移位寄存器左端子的快捷菜单项"添加元素"或者拖动移位寄存器左端子的顶部或者底部，均可以为其添加元素。通过"VI 程序框图—函数选板—编程—数值—复合运算"，可以获取"复合运算"函数，向下拖动"复合运算"函数的底部，可以增加其输入端的数目。

方法 6：如图 4-63 所示，通过"索引数组"函数和"复合运算"函数实现数组数据的累加和。鼠标左键按住"索引数组"函数底部向下拖动，可以为"索引数组"函数创建多个索引输入端和数据返回端。

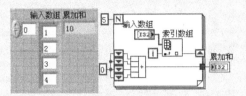

图 4-62 通过多元素移位寄存器依次
取出数组元素实现累加

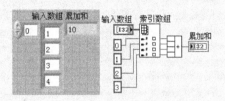

图 4-63 "索引数组"函数同时
取出数组元素实现累加

【例 4-12】 编程实现二维数组的行排序。

如图 4-64 所示，使用 For 循环索引 + "一维数组排序"函数实现二维数组行排序。通过 For 循环索引将二维数组的每一行单独引出，使用"一维数组排序"函数对其排序，将排序后的行再重新索引为二维数组的一行。

图 4-64 二维数组行排序

（1）通过"VI 前面板—控件选板—新式—数组、矩阵与簇—数组"，在 VI 前面板创建一个数组控件。通过"VI 前面板—控件选板—新式—数值—数值输入控件"，将数值输入控件拖入到数组控件中形成一个双精度浮点数组，向下拖动数组索引框的底部，将数组扩展为二维数组。在数组元素上右击，在弹出的快捷菜单中选择"表示法—长整型"，将数组元素的数据类型修改为 32 位长整型。

（2）通过"VI 程序框图—函数选板—编程—数组—一维数组排序"，在程序框图中创建"一维数组排序"函数。

（3）按图 4-64 所示编程，通过 For 循环右侧索引的快捷菜单项"创建—显示控件"，自动创建一个显示控件用于显示排序后的数组。

【例 4-13】 编程实现二维数组的列排序。

方法 1：首先使用"二维数组转置"函数将二维数组的行和列转置，排序完成后，再次使用"二维数组转置"函数恢复，如图 4-65 所示。

图 4-65 二维数组列排序（算法 A）

方法 2：如图 4-66 所示，通过"数组大小"函数和"索引数组"函数获取输入二维数组的列数。将 For 循环变量连接到"索引数组"函数列索引输入端，取出输入二维数组的每列，经过排序后进入 For 循环索引存储。由于 For 循环索引是将数据按行存储的，所以要经过"二维数组转置"函数处理。

图 4-66　二维数组列排序（算法 B）

方法 3：如图 4-67 所示，通过双层 For 循环获取输入二维数组的列数，利用内层 For 循环将二维数组的每列取出排序，排序后经过"二维数组转置"函数处理得到列排序的数组。

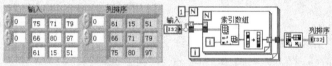

图 4-67　二维数组列排序（算法 C）

【例 4-14】 编程实现二维数组全文排序。

如图 4-68 所示，使用"重排数组维数"函数将二维数组转换为一维数组，用"一维数组排序"函数实现数组排序，排序后再通过"重排数组维数"函数恢复原先数组的维度。

图 4-68　二维数组全文排序

【例 4-15】 编程实现二维数组累加和。

方法 1：如图 4-69 所示，通过"数组大小"函数和"索引数组"函数获取输入二维数组的行数和列数，进而确定内、外循环次数。

（1）通过"VI 程序框图—函数选板—编程—结构—For 循环"，在程序框图中创建两个 For 循环。

（2）通过"VI 程序框图—函数选板—编程—数组"，在程序框图中创建一个"索引数组"函数和"数组大小"函数。用鼠标左键按住"索引数组"函数底部向下拖动，为"索引数组"函数创建两个索引输入端子并输入索引数据"0"和"1"。

（3）按图 4-69 所示编程。

方法 2：如图 4-70 所示，通过嵌套的 For 循环索引将二维数组中的每个元素取出，在移位寄存器中实现累加。

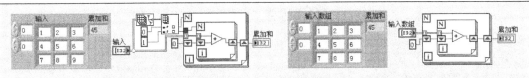

图 4-69　二维数组累加和（算法 A）　　　　图 4-70　二维数组累加和（算法 B）

如图 4-71 所示程序能否实现二维数组元素的累加和？由于内循环没有初始化移位寄存器，所以该程序可以实现二维数组多次累加和。LabVIEW 只在第一次运行 VI 时强制将寄存器所指向的内存单元初始化为"0"，以后再进行运算时，移位寄存器无法清零，得到的是二维数组的多次累加和。二维数组所有元素的单次累加和为"45"，单击三次 VI 运行按钮（使程序运行三次），三次累加的结果是"135"。

方法 3："数组元素相加"函数（"VI 程序框图—函数选板—编程—数值—数组元素相加"）是多态函数，可以直接进行多维数组累加和，如图 4-72 所示。

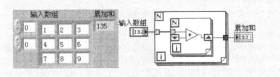

图 4-71　多次累加和　　　　　　　图 4-72　二维数组累加和（算法 C）

【例 4-16】 编程计算二维数组各行的和。

方法 1：用两层 For 循环读出二维数组中的每个元素，内层 For 循环实现将每行的元素累加，外层 For 循环的功能是将各行的累加和用索引组织成一维数组输出。

（1）通过"VI 程序框图—函数选板—编程—结构—For 循环"，在程序框图中创建两个 For 循环。

（2）在内层 For 循环框体上右击，在弹出的快捷菜单中选择"添加移位寄存器"。为内层 For 循环创建移位寄存器并初始化，保证在进行每行累加计算前清零移位寄存器指向的内存单元。

（3）通过"VI 程序框图—函数选板—编程—数值"，在程序框图中创建一个"加"函数。

（4）按照图 4-73 编程。

方法 2：如图 4-74 所示，使用"创建数组"函数（"VI 程序框图—函数选板—编程—数组—创建数组"）同样可以将每行的累加和组织成一维数组。

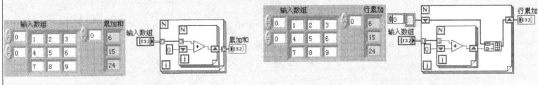

图 4-73　二维数组行累加（算法 A）　　　　图 4-74　二维数组行累加（算法 B）

方法 3：如图 4-75 所示，使用"数组大小"函数和"索引数组"函数得到二维数组的行长度和列长度，使用 For 循环和"加"函数对每行元素实现累加。

方法4：如图 4-76 所示，用"数组元素相加"函数（"VI 程序框图—函数选板—编程—数值—数组元素相加"）实现二维数组中每行的累加和，通过 For 循环的索引将每行的和组织成一维数组。

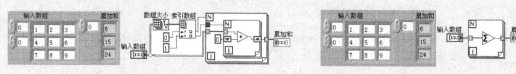

　　　　图 4-75　二维数组行累加（算法 C）　　　　　图 4-76　二维数组行累加（算法 D）

方法5：如图 4-77 所示，通过"索引数组"函数将二维数组中的每行取出实现累加。

方法6：如图 4-78 所示，通过"数组子集"函数将二维数组中的每行取出作为子数组（还是二维数组）实现累加，并将累加和通过索引组织成一维数组。

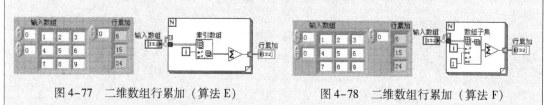

　　　　图 4-77　二维数组行累加（算法 E）　　　　　图 4-78　二维数组行累加（算法 F）

【例 4-17】 编程计算二维数组各列的和。

方法1：通过"二维数组转置"函数将二维数组进行转置，然后利用例 4-16 中的算法进行行累加，所得到的累加和即是原二维数组的列累加和。

方法2：如图 4-79 所示，通过"数组子集"函数将二维数组中的各列作为子数组实现累加，再通过 For 循环索引将累加和输出。

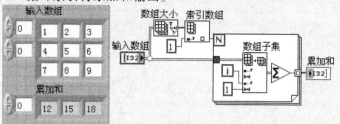

图 4-79　二维数组列累加

【例 4-18】 求 $S_n = a + aa + aaa + \cdots + \overbrace{aa\cdots a}^{n \uparrow a}$

方法1：如图 4-80 所示，当 $n = 3$，$a = 1$ 时，$S_n = 2 + 2 \times 2 + 2 \times 2 \times 2$。

方法2：如图 4-81 所示，将 a 设置为移位寄存器的初始化值。循环结构的循环变量是从 0 开始计数的，当外层 For 循环计数端子输出"0"到内层 For 循环的循环总数端子时，内层 For 循环框体内的程序代码不执行，但是可以直接从移位寄存器右端子读取初始化的 a 值。

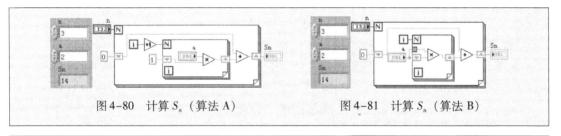

图 4-80 计算 S_n（算法 A）　　　　图 4-81 计算 S_n（算法 B）

【例 4-19】求一个 3×3 矩阵对角线元素和。

如图 4-82 所示，使用 For 循环实现对角线元素累加和。

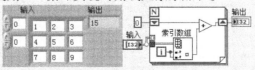

图 4-82 对角线元素累加和

【例 4-20】编程删除一维字符串数组中的空字符。

方法 1：将输入数组中的元素依次取出，判读是否为空字符串。如果不是空字符串，使用"创建数组"函数将该元素添加到移位寄存器。

（1）通过"VI 程序框图—函数选板—编程—结构—For 循环"，在程序框图中创建一个 For 循环。

（2）通过"VI 程序框图—函数选板—编程—结构—条件结构"，在程序框图中创建一个条件结构。

（3）通过"VI 程序框图—函数选板—编程—比较—不等于?"，在程序框图中创建一个"不等于?"函数。

（4）按如图 4-83 所示编程。

如图 4-84 所示，如果当前字符是空字符，保持移位寄存器中的数据不变。

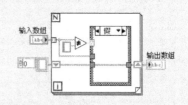

图 4-83 删除一维数组中的空字符（算法 A）　　图 4-84 去除输入数组中的空字符

方法 2：通过"匹配字符串"函数查找输入数组中的空字符串，"匹配字符串"函数（"VI 程序框图—函数选板—编程—字符串—附加字符串—匹配字符串"）从输入数组首元素开始查找，当找到匹配字符串时，"匹配字符串"函数返回空字符串在数组中的索引位置。将该索引位置输入到"删除数组元素"函数，就可以删除该索引位置处的空字符串。当数组中没有匹配字符串（空字符串）时，"匹配字符串"函数返回"−1"。

如图 4-85 所示，程序不用逐次判断输入数组中的每个元素。输入数组中有几个空字符串，"匹配字符串"函数就查找几次，循环结构执行几次，这样大大提高了程序的执行效率。图 4-85 所示程序中，For 循环只需要执行 2 次，而图 4-83 所示程序中需要执行 5 次。图 4-85 所示程序中，For 循环启用的退出机制包括 For 循环索引、For 循环条件，在 For 循环边框上右击，在弹出的快捷菜单中勾选"条件接线端"可以启用 For 循环的条件退出机制。

也可以使用"搜索一维数组"函数代替"匹配字符串"函数，二者具有相同的功能，如图 4-86 所示。

 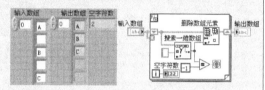

图 4-85　删除一维数组中的空字符（算法 B）　　　图 4-86　删除一维数组中的空字符（算法 C）

【例 4-21】在内存中开辟一块 80 个字节的存储空间，编程模拟数据采集程序，数据在这块存储空间上采用先入先出的存储模式。

本例演示了 LabVIEW 数据采集存储的标准模式。在一般的数据采集应用中，先在内存中预开辟一块固定大小的存储空间，大小根据采集数据的多少而定。将采集的数据保存在该存储区域中，当该存储区域存满时，采用先入先出的模式处理数据溢出。这样，在该段内存中始终保存固定数目个最新的数据。

（1）通过"VI 前面板—控件选板—新式—图形—波形图"，在 VI 前面板中创建一个波形图控件。

（2）通过"VI 程序框图—函数选板—编程—结构—While 循环"，在 VI 程序框图中创建一个 While 循环。在 While 循环条件端子上右击，在弹出的快捷菜单中选择"创建—输入控件"，为 While 循环创建停止按钮。在 While 循环框图上右击，在弹出的快捷菜单中选择"添加移位寄存器"，为 While 循环添加移位寄存器。

（3）通过"VI 程序框图—函数选板—编程—数值—随机数"，在 VI 程序框图中创建一个随机数函数。

（4）通过"VI 程序框图—函数选板—编程—定时—等待（ms）"，在 VI 程序框图中创建一个延时函数并设置 100ms 的延时。

（5）通过"VI 程序框图—函数选板—编程—数组"，在 VI 程序框图中创建"初始化数组"函数、"一维数组移位"函数、"替换数组子集"函数。

（6）按图 4-87 所示编程。

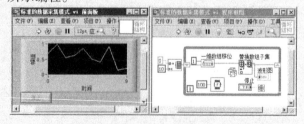

图 4-87　连续采集更新并保存 10 个数据点

4.2　条件结构

LabVIEW 中的条件结构用于判断选择或实现状态转移，通过"VI 程序框图—函数选板—结构—条件结构"，可以在程序框图中创建一个条件结构。

如图 4-88 所示，条件结构由条件结构框体、选择器标签、分支选择器组成。条件结构的框体用于规定条件作用的范围。条件结构左边框的绿色问号是条件结构的"分支选择器"，通过它可以选择性地执行条件结构的某个分支。条件结构上边框中央的矩形框是"选择器标签"，用于指示条件结构的分支名称。当条件结构"分支选择器"的输入数据与条件结构"选择器标签"相

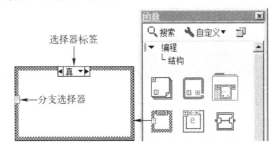

图 4-88　条件结构

同时，条件结构就进入该分支执行程序。在条件结构"选择器标签"上双击或拖动并选中里面的文本，都可以使其切换到高亮显示的编辑状态，在"选择器标签"编辑状态下可以更改条件分支名称。一般情况下，不同的条件分支中编写功能各异的程序代码，实现不同的功能。新创建的条件结构默认输入类型为布尔型，包含"真"和"假"两个分支。

对于条件结构这样的层叠式结构而言，所有的分支程序都重叠在一个结构框体中。一次只能查看条件结构一个分支中的程序，通过"选择器标签"左右两端的黑色三角符号可以进行条件分支的翻页。单击左边的黑色三角符号可以使条件结构向上一个分支翻页，单击右边的黑色三角符号可以使条件结构向下一个分支翻页。也可以在按住"Ctrl"键的同时滚动鼠标滚轮，实现条件结构各个分支间的切换。

在条件结构的框体上右击，弹出的快捷菜单可以实现条件结构的许多功能。

1）取消整理程序框图　如果该选项被勾选，当单击 VI 程序框图的工具栏按钮"整理程序框图"时，LabVIEW 将忽略对本条件结构的整理。

2）替换为层叠式顺序　将当前的条件结构替换为层叠式顺序结构。

3）在后面添加分支　通过该选项可以在当前分支的后面添加新的条件分支。

4）在前面添加分支　通过该选项可以在当前分支的前面添加新的条件分支。

5）复制分支　通过该选项可以在当前分支的后面创建一个新分支并将当前分支中的程序代码复制到新分支中。

6）删除本分支　通过该选项可以删除条件结构的当前分支。

7）删除空分支　删除条件结构中没有编辑程序代码的分支。

8）重排分支　通过该选项可以重新调整分支顺序（当条件结构有多个分支时，该选项才可用）。

条件结构的"分支选择器"可以识别的数据类型有布尔类型的"真"和"假"、数值标量、字符串类型、枚举类型、错误簇。

4.2.1　布尔类型输入

新建条件结构的"分支选择器"的输入数据类型是布尔型，包含两个分支："真"和"假"，"选择器标签"默认显示"真"这一分支。

条件结构没有索引、移位寄存器等功能，通过直接连线可以使数据进出条件结构，LabVIEW 在连线和条件结构框体的相交处自动产生隧道。如图 4-89 所示，当选择器选择"减1"时，布尔控件"选择器"输出"假"到条件结构的"分支选择器"，条件结构进入"假"分支执行程序。数据由输入控件流入"减 1"函数，再由"减"1 函数流出到条件结构外部，进入显示控件。连线与条件结构的交点是一个小方块，进出条件结构处各有一个，这两个小方块就是数据进出条件结构的隧道。小方块的颜色根据连线中数据流的数据类型而定，如双精度浮点数为橘红色、整型数据为蓝色、字符串类型为粉红色。

如图 4-90 所示，当选择器选择"加 1"时，布尔控件"选择器"输出"真"到条件结构的"分支选择器"，条件结构进入"真"分支执行程序。

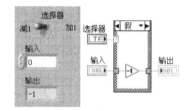

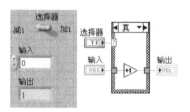

图 4-89   条件结构"假"分支   图 4-90   条件结构"真"分支

条件结构的左侧隧道是数据进入条件结构的通道，通常只要连线就能自动形成。条件结构的右侧隧道是数据出条件结构的通道，当条件结构的每个分支都有数据通过同一个右侧隧道输出到外部时，该隧道显示为实心小方块，如图 4-89 和图 4-90 所示。如果条件结构有某个或多个分支没有用到条件结构右侧的输出隧道，则条件结构右侧隧道显示为空心小方块，而且程序无法编译通过。

如图 4-91 所示，将图 4-89 程序假分支中"减 1"函数与条件结构右侧隧道的连线删除，右侧隧道将由实心变为空心。"假"分支没有为隧道赋值，程序无法编译通过。

用数据流的思想分析无法编译通过的原因：LabVIEW 是数据流推动的编程语言，没有数据的流动程序将停滞。当条件结构右侧隧道显示为空心小方块时，说明没有数据流入，这严重违背了 LabVIEW 的编程思想。假设编译通过，那么当执行这一分支时，没有数据流程序将怎样运行呢？

当条件结构中的某个分支不需要输出数据时，可以将该分支的输出隧道赋默认值以确保程序可以编译通过。在条件结构输出隧道上右击，在弹出的快捷菜单中勾选"未连线时使用默认"，可以为条件结构输出隧道赋默认值，如图 4-92 所示。

运行该程序，如图 4-93 所示，"假"分支输出为"0"，因为条件结构右侧隧道被赋予的默认值为"0"。

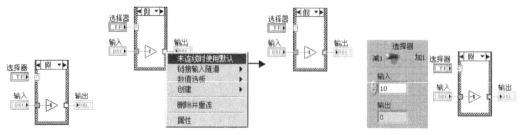

图 4-91   隧道未赋值   图 4-92   为隧道赋默认值   图 4-93   获取条件结构隧道默认值

【例 4-22】编程实现一个开关灯的功能。

(1) 通过 "VI 前面板—控件选板—新式—布尔", 在前面板创建一个 "开关按钮" 控件和 "圆形指示灯" 控件。

(2) 通过 "VI 程序框图—函数选板—编程—结构—While 循环", 在 VI 程序框图中创建一个 While 循环。在 While 循环的条件端子上右击, 在弹出的快捷菜单中选择 "创建—输入控件", 为 While 循环创建一个停止按钮。

(3) 通过 "VI 程序框图—函数选板—编程—结构—条件结构", 在 VI 程序框图中创建一个条件结构。

(4) 按图 4-94 所示连线编程。

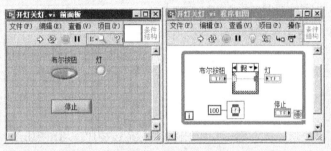

图 4-94 开关灯程序

【例 4-23】由键盘输入两个整数 A、B, 输出其中的最大值。

方法 1: 前面板输入控件 A、B 中的数据通过隧道进入条件结构, 通过 "大于等于?" 函数判断两个数的大小。A 大于 B 时, 将 A 中的数据通过条件结构右侧隧道输出到显示控件 "MAX" 中; A 小于 B 时, 将 B 中的数据通过条件结构右侧隧道输出到显示控件 "MAX" 中。

(1) 通过 "VI 前面板—控件选板—新式—数值", 在 VI 前面板创建两个数值输入控件和一个数值显示控件, 修改三个控件的标签分别为 "A"、"B"、"MAX"。

(2) 通过 "VI 程序框图—函数选板—编程—结构—条件结构", 在 VI 程序框图中创建一个条件结构。

(3) 通过 "VI 程序框图—函数选板—编程—比较", 在 VI 程序框图中创建一个 "大于等于?" 函数。

(4) 按照图 4-95 和图 4-96 所示编程。

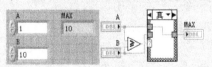

图 4-95 A 大于 B

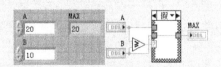

图 4-96 A 小于 B

方法 2: 如图 4-97 所示, 使用 "选择" 函数 ("VI 程序框图—函数选板—编程—比较—选择") 获取 A、B 中的最大值。

图 4-97 通过选择函数获取最大值

LabVIEW 中的条件结构是可以嵌套的，也就是说，一个条件结构中还可以有一个或多个条件结构。

【例 4-24】由前面板输入一个整型数，判断该整数与 0 的大、小、等于关系。

（1）通过"VI 前面板—控件选板—新式—数值"，在 VI 前面板创建一个数值输入控件并修改数值输入控件的标签为"X"。

（2）通过"VI 前面板—控件选板—新式—字符串"，在 VI 前面板创建一个字符串显示控件并将其标签修改为"判断结果"。

（3）通过"VI 程序框图—函数选板—编程—结构—条件结构"，在 VI 程序框图中创建两个条件结构。

（4）通过"VI 程序框图—函数选板—编程—比较"，在 VI 程序框图中创建一个"等于？"函数和一个"大于？"函数。

（5）通过"VI 程序框图—函数选板—编程—字符串—字符串常量"，创建三个字符串常量并分别编辑文本内容为"X 等于 0"、"X 大于 0"、"X 小于 0"。

（6）按照图 4-98 所示编写 X 等于 0 时的程序。

（7）按照图 4-99 所示编写 X 大于 0 时的程序。

（8）按照图 4-100 所示编写 X 小于 0 时的程序。

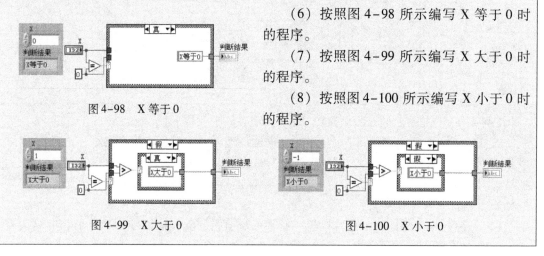

图 4-98　X 等于 0

图 4-99　X 大于 0　　　　　　　　图 4-100　X 小于 0

4.2.2　整型标量输入

当条件结构的"分支选择器"输入为数值标量时，条件结构的"选择器标签"将指示"0"、"1"、"2"、"3"、…等数值。当条件结构的"分支选择器"连接数值量输入时，条件结构默认创建"0"和"1"两个分支，且"0"分支为默认分支。条件结构可以接受 8 位无符号数到 64 位有符号数之间的所有整数类型。如果条件结构的分支数目与"分支选择器"输入数值所表示的状态个数相同，则条件结构不需要默认分支。条件结构的分支数目小于"分支选择器"输入数据类型所表示的状态个数时，要为条件结构创建默认分支（在找不到匹配分支的情况下进入默认分支），否则编译无法通过。例如，条件结构"分支选择器"输入 8 位无符号整型（可以表示 0、1、2、…、255 共 256 个状态），如果条件结构没有包含 0～255 之间的所有 256 个分支，就要为条件结构创建默认分支，否则程序无法编译通过。

【例 4-25】创建一个三分支的条件结构，当选择每个分支时分别输出对应的分支信息。

本例演示了条件结构实现状态分支的转移功能，程序如图 4-101 所示。条件结构的所有分支都重叠在一个条件结构框体中，节约了程序框图的空间，使程序框图变得紧凑。条件结构显示的是"分支 0"中的程序代码，代码的内容是输出字符串"程序执行了分支 0"，当 VI 前面板中的数值控件输入为"0"时，条件结构执行"分支 0"。

图 4-101　条件结构"分支 0"

当 VI 前面板中的数值控件输入为"1"时，条件结构将执行"分支 1"，如图 4-102 所示。

图 4-102　条件结构"分支 1"

当 VI 前面板中的数值控件输入为"2"时，条件结构将执行"分支 2"，如图 4-103 所示。

图 4-103　条件结构"分支 2"

（1）通过"VI 前面板—控件选板—新式—数值"，在 VI 前面板创建一个数值输入控件。新创建的控件默认显示的就是控件的标签，在控件标签上双击，使标签切换到编辑状态，修改控件标签为"分支"。

（2）通过"VI 前面板—控件选板—新式—字符串与路径—字符串显示控件"，在 VI 前面板创建一个字符串显示控件并修改标签为"分支指示器"。

（3）通过"VI 程序框图—函数选板—编程—结构—条件结构"，在 VI 程序框图中创建一个条件结构。

（4）在 VI 程序框图中将数值输入控件"分支"的数据输出端连线到条件结构"分支选择器"的输入端。连线后，LabVIEW 将自动为条件结构创建两个分支："0，默认"和"1"。通过条件结构的"选择器标签"将条件结构切换到分支"1"，在条件结构框体上右击，在弹出的快捷菜单中选择"在后面添加分支"，为条件结构创建新分支"2"。

（5）通过"VI 程序框图—函数选板—编程—字符串—字符串常量"，在程序框图中创建三个字符串常量。分别编辑字符串常量中的文本为"程序执行了分支 0"、"程序执行了分支 1"、"程序执行了分支 2"。将三个字符串常量分别置于条件结构的第 0、1、2 分支中，在每个分支中将字符串常量的输出端子连接到字符串显示控件"分支指示器"的数据输入端，LabVIEW 在连线和条件结构框体相交处自动产生方块形的隧道。

（6）通过数值输入控件"分支"选择不同的分支，然后单击 VI 工具栏上的"运行"按钮，不同分支中字符串常量的文本信息将输入到字符串显示控件中。

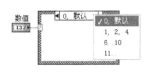

图 4-104　多条件分支

条件结构中，一个分支可以设置多个条件，其中一个条件满足时，条件结构就执行该分支。如图 4-104 所示，在多条件分支中，多个条件之间用英文输入法的逗号隔开。当数值控件输入值为 1、2、4 中的一个值时，条件结构执行分支"1,2,4"。条件分支还可以表示一段数值范围，中间用英文输入法下的句号隔开。当数值控件输入 6～10 之间的数时，条件结构执行分支"6..10"；当数值控件输入大于等于 11 的数时，条件结构执行分支"11.."；当数值控件输入 0、3、5 以及负数时，条件结构执行分支"0,默认"，也就是默认分支。

【例 4-26】编程实现分段函数 $Y = \begin{cases} 0 & (x < 0) \\ 1 & (x = 0) \\ 2 & (x = 1) \\ 3 & (x \geq 2) \end{cases}$。

本例通过条件结构的多条件特性实现分段函数求值。

（1）构建程序界面如图 4-105 所示。

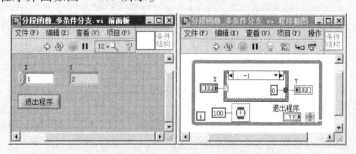

图 4-105　例 4-26 的前面板和程序框图

（2）通过"VI 程序框图—函数选板—编程—结构—While 循环"，在 VI 程序框图中创建一个 While 循环。在 While 循环的条件端子上右击，在弹出的快捷菜单中选择"创建—输入控件",为 While 循环创建一个停止按钮。

（3）通过"VI 程序框图—函数选板—编程—定时—等待（ms）",在 VI 程序框图中创建一个延时函数并设置 100ms 延时。

（4）通过"VI 程序框图—函数选板—编程—结构—条件结构",在 VI 程序框图中创建一个条件结构。

（5）编辑条件结构分支中的程序如图 4–106 所示。

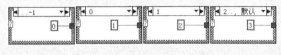

图 4–106　分支程序

【例 4–27】编程实现 VI 前面板多个按钮的响应。

方法 1：使用"创建数组"函数 + "布尔数组至数值转换"函数 + 条件结构实现多个按钮的响应。

（1）通过"VI 前面板—控件选板—新式—布尔—确定按钮",在 VI 前面板创建四个确定按钮。修改四个按钮的标签和布尔文本分别为"按钮一"、"按钮二"、"按钮三"、"退出程序",如图 4–107 所示。布尔按钮的布尔文本是指按钮上显示的文字（按钮名称）,用鼠标选中按钮的布尔文本即可对其进行修改。

（2）通过"VI 前面板—控件选板—新式—字符串",在 VI 前面板创建一个字符串显示控件用于显示被按下的按钮名称。

（3）通过"VI 程序框图—函数选板—编程—结构—条件结构",在 VI 程序框图中创建一个条件结构

（4）通过"VI 程序框图—函数选板—编程—数组",在程序框图中创建"搜索一维数组"函数和"创建数组"函数。

（5）通过"VI 程序框图—函数选板—编程—定时—等待",在程序框图中创建"等待"函数并设置 100ms 延时。

（6）按照图 4–108 所示编程,用"布尔数组至数值转换"函数将按钮输入值转换为十进制数。

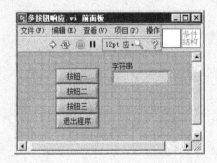

图 4–107　例 4–27 的程序界面

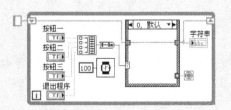

图 4–108　通过"布尔数组至数值转换"
函数识别按钮

（7）条件结构的响应分支如图4-109所示。"按钮一"按下时，通过"创建数组"函数得到的二进制数组"0001"，转换为十进制为"1"。"按钮二"按下时，通过"创建数组"函数得到的二进制数组"0010"，转换为十进制为"2"。"按钮三"按下时，通过"创建数组"函数得到的二进制数组"0100"，转换为十进制为"4"。按钮"退出程序"按下时，通过"创建数组"函数得到的二进制数组"1000"，转换为十进制为"8"。二进制数组向高位移动一位，十进制数以乘2的规律变化，再增加按钮，也是按照这个规律为条件结构分支命名。

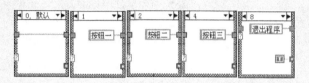

图4-109   "布尔数组至数值转换"函数的条件响应分支

方法2：使用"创建数组"函数 + "搜索一维数组"函数 + 条件结构实现多个按钮的响应。

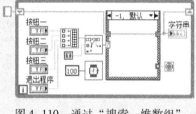

图4-110 通过"搜索一维数组"函数识别按钮

如图4-110所示，将按钮创建为一维布尔数组，当有按钮按下时，"搜索一维数组"函数检测到"真"输入，并输出对应按钮的索引。

条件结构的响应分支如图4-111所示。当没有按钮按下时，"搜索一维数组"函数输出"-1"；当有按钮按下时，"搜索一维数组"函数输出按下按钮的索引。

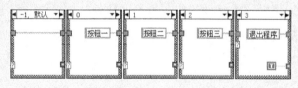

图4-111   "搜索一维数组"函数的条件响应分支

4.2.3 字符串类型输入

当条件结构的"分支选择器"输入字符串类型时，条件结构"选择器标签"文本将自动加上双引号表示输入类型为字符串类型。在编辑条件结构分支名称时无须输入双引号，LabVIEW将自动为输入到"选择器标签"中的文本加上双引号。条件结构连接字符串类型输入时必须要有默认分支，否则程序无法编译通过。当条件结构识别不到"分支选择器"输入的字符串文本时，自动进入默认分支执行程序。如图4-112所示为一个三分支条件结构，条件结构的输入类型为字符串类型，设置"分支程序一"为默认分支。在当前条件分支上右击，在弹出的快捷菜单中选择"本分支设置为默认分支"，可以将当前分支设置为默认分支。

如图4-113所示，当条件结构的"分支选择器"输入字符串类型时，通过字符的ASCII

码可以实现多条件分支。当输入字符的 ASCII 码小于 67（大写字母 C 的 ASCII 码）时，条件结构进入默认的"．．"C""分支；当输入字符的 ASCII 码介于 69（大写字母 E 的 ASCII 码）与 82（大写字母 R 的 ASCII 码）之间时，条件结构进入""E"．．"R""分支；当输入字符的 ASCII 码大于 83（大写字母 S 的 ASCII 码）时，条件结构进入""S"．．"分支。

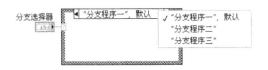
图 4-112　条件选择器输入字符串

图 4-113　字符串类型的多条件分支

【例 4-28】 用条件结构构建一个计算器程序，实现加、减、乘、除、清零的功能。

本例演示了条件结构的用法和组合框控件的使用，组合框控件是编程中常用的控件，读者应该熟练掌握它的用法。

程序的前面板布局和程序框图如图 4-114 所示，加入 100ms 的延时以免 While 循环占用过多的 CPU 资源。

（1）通过"VI 前面板—控件选板—新式—字符串与路径—组合框"，在前面板创建一个组合框控件并将其标签修改为"运算模式"。在组合框控件上右击，在弹出的快捷菜单中选

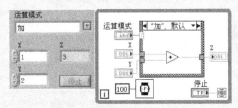
图 4-114　条件结构计算器

择"编辑项"，将弹出组合框的属性对话框。在"编辑项"选项页中单击"插入"按钮，为组合框控件插入五个选项：加、减、乘、除、清零。

（2）通过"VI 前面板—控件选板—新式—数值"，在前面板创建两个数值输入控件和一个数值显示控件，分别修改三个控件的标签为"X"、"Y"、"Z"。

（3）通过"VI 程序框图—函数选板—编程—结构—While 循环"，在程序框图中创建一个 While 循环。在 While 循环的条件端子上右击，在弹出的快捷菜单中选择"创建—输入控件"，为 While 循环创建一个停止按钮。

（4）通过"VI 程序框图—函数选板—编程—定时—等待（ms）"，在程序框图中创建一个"等待"函数并设置 100ms 的延时。

（5）通过"VI 程序框图—函数选板—编程—结构—条件结构"，在程序框图中创建一个条件结构，将输入控件"运算模式"在程序框图中的接线端子连接到条件结构的"分支选择器"。这时条件结构的"选择器标签"中有两个分支："假"分支和"真"分支，选中"选择器标签"中的文本，分别修改这两个分支名称为"加"分支和"减"分支。在条件结构框体上右击，在弹出的快捷菜单中选择"在后面添加分支"，为条件结构再添加三个分支，并分别修改分支名称（选择器标签）为"乘"、"除"、"清零"。这样，就为条件结构创建了五个条件分支：加、减、乘、除、清零。切换到"清零"分支，在条件结构框体上右击，在弹出的快捷菜单中选择"本分支设置为默认分支"，将"清零"分支设置为默认分支。

（6）通过"VI 程序框图—函数选板—编程—数值"，在程序框图中创建"加"函数、"减"函数、"乘"函数、"除"函数，分别放置在相应的分支中，并按照图 4-115 所示连线。

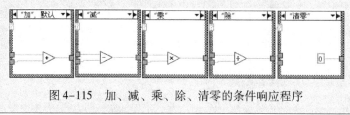

图 4-115　加、减、乘、除、清零的条件响应程序

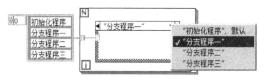

图 4-116　条件结构实现程序状态转移

条件结构的每个分支也可以看作一个程序的跳转状态，可以用字符串数组 + 循环结构 + 条件结构实现程序状态的连续转移，如图 4-116 所示，条件结构按以下顺序执行：初始化程序、分支程序一、分支程序二、分支程序三。

4.2.4　枚举类型

枚举类型与条件结构的结合是一个不错的选择，将枚举类型的输出连接到条件结构的"分支选择器"后，条件结构可以自动将枚举选项识别为分支名称。这样大大简化了编程操作，而且使程序的可读性大大增强，是编程中常用的做法。枚举类型的这一特性在 LabVIEW 编程中的应用十分广泛，希望读者熟练掌握。如果再将枚举类型修改为自定义枚举控件，那么 LabVIEW 可以将自定义枚举类型的更新应用在所有调用的实例上，使程序的编写效率大大提高。

这里再强调一下：在 LabVIEW 程序设计中，一般将程序中多处调用的相同控件制作为自定义类型。自定义类型的控件需要单独保存在计算机磁盘上，当自定义控件被修改时，它在程序中的所有实例可以自动更新。以枚举控件为例，可以通过"Ctrl + C"键和"Ctrl + V"键分别实现该控件在同一个 VI 或者不同 VI 之间的复制、粘贴操作。被复制的枚举控件与源控件完全相同，它们的外观和其中编辑的枚举选项是完全一样的。但是修改枚举控件中的枚举选项是一项艰巨的工作，这需要单独修改每一处复制的枚举控件。如果一个程序中用到了 1000 个这样的枚举控件，单独修改每一个枚举控件中的枚举选项是不可行的做法。在编程中一般将需要多处调用的相同控件制作为自定义控件类型，自定义类型的控件单独保存在计算机磁盘上。当程序中有一处自定义控件的实例被修改并保存时，计算机磁盘上的源文件就被修改了，程序中所有调用的实例都可以自动更新，因为它们读取的都是磁盘上的同一个文件（自定义控件的文件扩展名为 .ctl）。关于自定义控件的制作，可以参考 3.9 节中的相关内容。值得注意的是，在制作自定义控件时，一定要选择"自定义类型"或"严格自定义类型"。

如图 4-117 所示，创建一个枚举控件并编辑"加"、"减"、"乘"、"除"四个选项。将枚举控件的输出连接到条件结构的"分支选择器"，条件结构可以将枚举选项识别为条件分支名称。在条件结构上右击，在弹出的快捷菜单中选择"为每个值添加分支"，条件结构将为枚举控件的所有枚举选项创建分支，分支名称即为对应枚举选项中的文本内容："加"、"减"、"乘"、"除"。

如图 4-118 所示为用枚举 + 循环结构 + 条件结构实现的程序状态连续转移。与图 4-116 所示程序对比，使用枚举类型作为条件结构的数据类型，可以不用手动输入条件结构的分支名称。如果将枚举控件制作为自定义控件，则还可以实现程序中多处自定义枚举控件的统一修改，这在编程中应用得极为广泛。

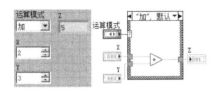

图 4-117　枚举与条件结构的结合

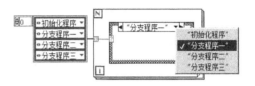

图 4-118　枚举常量数组实现的程序顺序执行

【例 4-29】 用条件结构实现函数 $y = \begin{cases} x & (x \geqslant 0) \\ x^2 + 1 & (x < 0) \end{cases}$。

本例通过枚举指令控制程序的状态转移，实现分段函数的运算。通过枚举 + 循环结构 + 移位寄存器 + 条件结构，可以实现在任意分支中控制程序状态的转移。移位寄存器是关键，在移位寄存器中存储了下一个状态的转移指令。

（1）通过"VI 前面板—控件选板—新式—数值"，在前面板创建一个数值输入控件和一个数值显示控件，分别修改两个控件的标签为"X"、"F(X)"。

（2）通过"VI 程序框图—函数选板—编程—结构—For 循环"，在程序框图中创建 For 循环结构。将 For 循环的循环次数设置为 2 次并为 For 循环创建移位寄存器。

（3）通过"VI 程序框图—函数选板—编程—数值—枚举常量"，在程序框图中创建一个枚举常量。在枚举常量上右击，在弹出的快捷菜单中选择"编辑项"，为枚举常量编辑三项："判断定义域"、"F(X) = X"、"F(X) = X2 +1"。

（4）由于在程序的多处需要用到枚举常量，所以需要在程序框图中创建多个相同的枚举常量。可以通过复制的方法产生多个相同的枚举常量，即按住"Ctrl"键的同时用鼠标拖动需要复制的对象到程序框图的合适位置，完成一次复制。

（5）通过"VI 程序框图—函数选板—编程—结构—条件结构"，在程序框图中创建两个条件结构。

（6）通过"VI 程序框图—函数选板—编程—比较—大于等于?"，在程序框图中创建一个"大于等于?"函数。

（7）按照图 4-119 所示连线，当枚举常量通过 For 循环的移位寄存器连接到条件结构的"分支选择器"输入端时，条件结构自动识别到枚举选项并显示在"选择器标签"中作为条件分支的名称。条件结构默认只创建了两个分支，在条件结构的边框上右击，在弹出的快捷菜单中选择"为每个值添加分支"，这样就为枚举常量中的每个枚举选项添加了对应的条件分支。将鼠标光标置于条件结构框体内部，按住"Ctrl"键的同时滚动鼠标滚轮，可以实现分支切换。

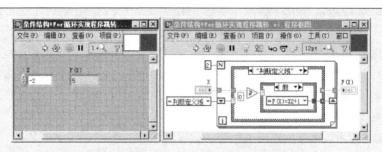

图 4-119　例 4-29 的前面板和程序框图

（8）本例一共构建了三个程序分支："判断定义域"、"F（X）= X"、"F（X）= X2 + 1"，其分支程序代码如图 4-120 所示。

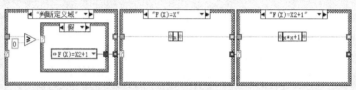

图 4-120　例 4-29 的分支程序

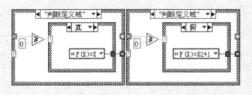

图 4-121　判断定义域

（9）如图 4-121 所示，在"判断定义域"分支中通过条件结构和"大于等于?"函数实现函数定义域的判断。当 X ≥ 0 时，将"F（X）= X"这条分支指令输入到移位寄存器，下一个循环周期从移位寄存器左端子流出的是分支指令"F（X）= X"，程序跳转到"F（X）= X"分支；当 X < 0 时，将"F（X）= X2 + 1"这条分支指令输入到移位寄存器，下一个循环周期从移位寄存器左端子流出的是分支指令"F（X）= X2 + 1"，程序跳转到"F（X）= X2 + 1"分支。

（10）在"F（X）= X"分支和"F（X）= X2 + 1"分支中，通过表达式节点（"VI 程序框图—函数选板—编程—数值—表达式节点"）实现 F（X）= X 和 F（X）= X^2 + 1 的计算。

4.2.5　错误簇

LabVIEW 的条件结构还可以接受错误簇的输入。当条件结构的"分支选择器"连接错误簇时，条件结构为其创建两个分支：错误分支和无错误分支，如图 4-122 所示。一般的编程应用中，在无错误分支中编辑程序正常运行时的程序代码，在错误分支中编辑

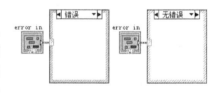

图 4-122　分支选择器输入错误簇

程序出错时的提示代码。错误簇在控件选板中的路径是"VI 前面板—控件选板—新式（经典）—数组、矩阵与簇—错误输出 3D"。

4.3　事件结构

消息机制是 Windows 操作系统最基本的特征，事件是推动 Windows 桌面程序运行的动

力。LabVIEW 编程的核心思想是数据流，数据流是推动程序运行的动力。虽然 LabVIEW 是数据流驱动的编程语言，但是事件结构可以大大改善 LabVIEW 程序的执行效率。配合 LabVIEW 的数据流编程思想，LabVIEW 事件结构可以实现精妙的编程。事件结构类似硬件的中断，当事件被触发时，事件结构发送中断请求给 CPU，CPU 收到信号便处理事件结构内的程序代码。

LabVIEW 中的事件结构主要用于实现用户界面的交互，用事件结构响应 VI 前面板的动作是编程中常用的做法。使用 LabVIEW 的事件结构时，实际上是操作系统做了大多数工作。例如，鼠标按下、移动、抬起等动作的识别不需要编程，是操作系统自己完成的，需要编程的是事件分支中响应事件的程序代码。

LabVIEW 中的事件结构按照事件类型可以分为通知事件、过滤事件、动态事件，本节详细介绍通知事件和过滤事件，动态事件将在 9.3 节中介绍。

4.3.1　创建事件分支

通过"VI 程序框图—函数选板—编程—结构—事件结构"，可以在程序框图中创建一个事件结构。在函数选板的子选板"结构"中单击事件结构的图标，然后将鼠标移动到程序框图任意位置再次单击并移动鼠标构建事件结构框体，当虚线框体达到合适大小时，单击确认事件结构框体大小，一个事件结构就创建好了。

如图 4-123 所示，一个完整的事件结构包括分支选择器（事件分支名称）、事件数据端子、超时端子、事件过滤端子、动态事件端子。新创建的事件结构不显示动态事件端子，在事件结构边框上右击，在弹出的快捷菜单中勾选"显示动态事件接线端"，可以使其显示。

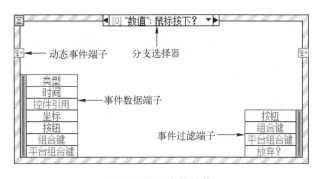

图 4-123　事件结构

1）分支选择器　分支选择器用于选择事件结构的分支并指示分支的名称。单击"分支选择器"左右两端的黑色三角符号，或者在按住 Ctrl 键的同时将鼠标光标置于事件结构内部并滚动鼠标滚轮，都可以实现事件分支的上下翻页。

2）事件数据端子　事件数据端子位于每个事件分支结构的左边框内侧，通过事件数据端子可以获取事件数据。根据事件结构分支注册的不同事件源，事件数据端子可以返回不同的数据。如果为事件结构的一个分支注册了多个事件，那么只有被所有事件类型都支持的数据才可用。有以下两种办法增加或者减少事件数据端子的数目。

（1）将鼠标光标移动到事件数据端子顶部或底部，当光标变为双向箭头状时按住鼠标左键上下拖动，可以增减事件数据端子数目。

（2）在事件数据端子上右击，在弹出的快捷菜单中选择"添加元素"或"删除元素"，可以增减事件数据端子数目。

3）超时端子　超时端子一般与应用程序超时事件配合使用，在设置的超时时间内没有事件发生时，事件结构进入超时分支执行程序。超时时间以毫秒为单位，默认值为"−1"（32 位长整型），表示永不超时。

图 4−124　通过超时分支初始化程序

在实际的编程应用中，一般不为事件结构构建超时分支，但可以在程序中动态控制超时分支，以丰富程序的功能。如图 4−124 所示，程序启动时通过移位寄存器为超时端子赋值"0"，启用超时分支用于初始化程序。程序在超时分支中完成初始化工作后，通过移位寄存器为超时端子赋值"−1"，停止超时分支的使用。

4）事件过滤端子　事件过滤端子用于向过滤事件输入数据，只有过滤事件的分支中才有事件过滤端子，LabVIEW 中的过滤事件都是带问号并用红箭头标记的事件源。

5）动态事件端子　动态事件端子用于动态注册事件，新创建的事件结构默认没有动态事件接线端子。在事件结构框体上右击，在弹出的快捷菜单中勾选"显示动态事件接线端"，可以调出动态接线端。

在事件结构的边框上右击，可以弹出事件结构的快捷菜单，实现事件结构的基本操作，读者可以根据这些菜单项的字面意思推断出菜单的功能。

数据进出事件结构是通过隧道实现的，LabVIEW 自动在连线与事件结构框体相交处为事件结构创建隧道。在默认的情况下，事件结构的隧道自动启用"未连线时使用默认"，LabVIEW 将自动为没有赋值的隧道赋默认值。这与条件结构的隧道默认不同，条件结构的隧道默认不启用"未连线时使用默认"，需要通过快捷菜单手动设置默认值，否则程序无法编译通过。

事件结构到底有什么作用呢？首先回顾一下图 4−3 所示程序，该程序采用查询的编程模式，每隔 100 毫秒做一次求平方运算，并更新显示控件"Z"的值。当用户没有向输入控件"X"赋新值时，程序还是每隔 100ms 执行一次，这些都是重复而无效的工作，程序的执行效率很低。通过增加延时虽然可以减少做无效工作的次数，提高程序的运行效率，但是将产生程序响应的滞后。这就凸显了查询编程模式的一个缺点：程序的执行效率和程序的响应速度是矛盾的。能否使程序的执行效率和程序的响应速度都达到最优化呢？或者说，可不可以只有当输入控件"X"值改变时，才执行一次求平方运算并更新一次显示控件"Z"的值呢？LabVIEW 的事件结构可以实现这样的功能，事件结构可以实现零响应时间。

事件结构一般不单独使用，它总是被嵌套在 While 循环内部使用，这样才能保证事件结构持续响应前面板的用户事件。在程序框图中创建了事件结构后，还要配置事件，并为事件结构添加事件分支。在事件结构框体上右击，在弹出的快捷菜单中选择"编辑本分支所处理的事件"或"添加事件分支"，都可以调出事件编辑对话框，在事件编辑对话框中可以配置事件。

【例 4-30】用事件驱动模式编写一个计算输入数值平方的程序。

本例演示了事件结构的基本用法，程序的功能是用事件中断的编程模式实现计算输入数据的平方，读者可以对比图 4-3 所示的程序学习。程序采用了中断的编程模式，运行程序可以看到，只有输入控件"X"的"值改变"时，While 循环才执行一次。程序没有进行无用的循环，执行效率为 100%。

一个完整的 LabVIEW 程序还需要构建程序的退出机制，事件结构的退出机制与单独 While 循环的退出机制是完全不同的。在包含事件结构的程序中，需要为程序添加用于退出程序的按钮，但是直接将退出按钮连接到 While 循环的条件端子是不可行的，需要构建事件分支响应退出按钮。一般而言，事件结构的退出机制可以通过两种方法实现："退出程序"按钮的"鼠标释放"事件和"退出程序"按钮的"值改变"事件。这两种事件结构的退出机制将分别在方法 1 和方法 2 中体现。

方法 1：

（1）通过"VI 前面板—控件选板—系统—数值—系统步进数值控件"，在前面板创建一个数值输入控件。双击标签切换到黑色高亮显示的编辑状态，将标签文本"数值"修改为"X"。

（2）通过"VI 程序框图—函数选板—编程—数值—平方"，在程序框图中创建一个"平方"函数。将数值输入控件的接线端子连接到"平方"函数的输入端，在"平方"函数的输出端子上右击，在弹出的快捷菜单中选择"创建—显示控件"并将显示控件的标签修改为"Z"。

（3）通过"VI 程序框图—函数选板—编程—结构—While 循环"，在程序框图中创建一个 While 循环。在 While 循环端子上右击，在弹出的快捷菜单中选择"创建—显示控件"，为循环变量创建一个显示控件并修改控件的标签为"循环次数"。

（4）通过"VI 程序框图—函数选板—编程—结构—事件结构"，在程序框图中创建一个事件结构。新创建的事件结构默认有一个超时分支，一般不使用超时分支。可以通过事件结构的快捷菜单项"删除本事件分支"将超时分支删除，也可以通过事件结构的快捷菜单项"编辑本分支所处理的事件"重新注册配置事件。

（5）在事件结构的框体上右击，在弹出的快捷菜单中选择"编辑本分支所处理的事件"，可以调出"编辑事件"对话框，如图 4-125 所示。可以在事件源选项框中的"控件"目录下看到所有前面板控件：数值输入控件"X"、数值显示控件"Z"、布尔按钮"退出程序"、数值显示控件"循环次数"。实际上，事件结构识别的是前面板控件的标签，控件的标签是控件的身份 ID。控件的标签不具有唯一性，前面板多个相同数据类型控件的标签是可以重名的。在"事件源"中选择控件"X"，在"事件"中选择"值改变"，并单击"确定"按钮使配置生效。这样就为事件结构创建了控件"X"的"值改变"事件分支，当输入控件"X"的值改变时，触发事件结构进入该分支执行程序。

"编辑事件"对话框的下方有"锁定前面板（延迟处理前面板的用户操作）直至事件分支完成"复选框，默认是选中的，表示在该事件响应完成之前 LabVIEW 将锁定前面板，前面板的所有控件处于不可操作状态；如果不勾选，则有事件响应没有结束前 VI 前面板控件是可以操作的，但是由于有事件没有处理完，所以其他控件只能操作而它们的事件无法得到响应。

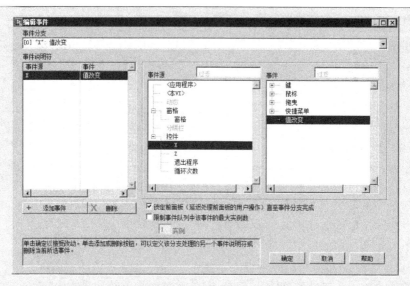

图 4-125 配置输入控件 "X" 的 "值改变" 事件

图 4-126 X 的 "值改变"
事件分支

（6）当用户在前面板改变控件 "X" 的值时，触发控件 "X" 的 "值改变" 事件，事件结构进入 "X" 的 "值改变" 事件分支执行程序代码。在 "X" 的 "值改变" 事件分支中编写计算输入数据 X 平方的程序代码，如图 4-126 所示。

（7）在事件结构框体上右击，在弹出的快捷菜单中选择 "添加事件分支"，为 "退出程序" 按钮创建 "鼠标释放" 事件，如图 4-127 所示。当鼠标单击该按钮并抬起时，触发该事件并使事件结构进入 "退出程序" 按钮的 "鼠标释放" 事件分支执行程序代码。

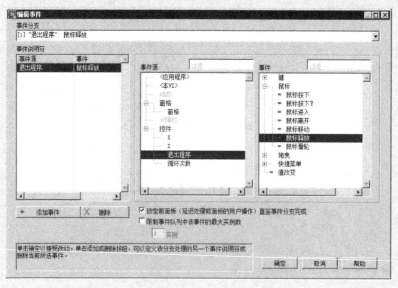

图 4-127 配置 "退出程序" 按钮的 "鼠标释放" 事件

　　如图4-128所示，在"退出程序"按钮的"鼠标释放"事件分支中编辑程序的退出机制。当鼠标光标在"退出程序"按钮上释放时，事件结构检测到"退出程序"按钮的"鼠标释放"事件并进入该事件分支。程序代码的内容是为While循环的条件端子赋"真"值，使While循环退出。

　　【注意】如果为"退出程序"按钮配置"鼠标释放"事件，就要设置"退出程序"按钮的机械动作为"保持转换直到释放"。在该按钮上右击，通过快捷菜单项"机械动作"可以更改按钮的机械触发模式，新创建按钮的默认机械动作是"释放时触发"。

　　方法2：事件结构的应用中，可以通过事件结构的事件数据端子获取控件中的数据，如图4-129所示，通过事件结构的数据端子"新值"获取控件"X"的值。

图4-128 "退出程序"按钮的
"鼠标释放"事件分支

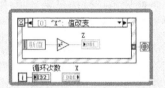

图4-129 通过事件数据端子
获取控件值

　　如图4-130所示，为"退出程序"按钮注册"值改变"事件也可以实现事件结构的退出机制。

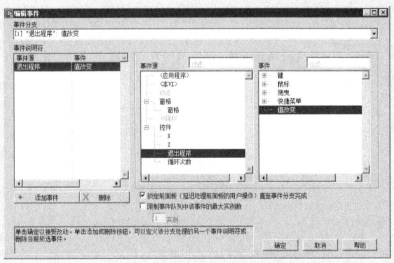

图4-130 注册"退出程序"按钮的"值改变"事件

　　如图4-131所示，为"退出程序"按钮注册"值改变"事件，一般保持"退出程序"按钮默认的机械动作——释放时触发。

图4-131 "退出程序"按钮的
"值改变"事件分支

结合例 4–30，用数据流的思想进一步分析一下事件结构的运行机制：事件结构框体相当于控制数据流流动的窗口，当没有事件触发时，事件结构框体阻断数据流的流动，使While 循环停滞在事件结构框体处。一般情况下，如果没有任何机制对数据流进行控制，则While 循环是全速连续运行的。每一次循环，While 循环中的数据流都沿着连线从左向右流动。在 While 循环中加入了事件结构后，相当于在 While 循环中添加了一个控制数据流流动与停滞的机制，数据流被事件结构框体所限制。只有事件触发时，数据流才能流过事件结构框体完成一次 While 循环。

【例 4–31】 编程实现事件结构的退出机制。

在 LabVIEW 事件结构的编程中，VI 的退出机制没有连续循环编程模式的退出机制那么直观，下面介绍几种事件结构常用的退出机制。

一般而言，事件结构的退出机制涉及按钮的两种机械动作：释放时触发、保存转换直到释放，具体的编程如图 4–132 所示。退出按钮的机械动作为默认的"释放时触发"时，可以通过按钮的"值改变"事件实现程序的退出机制；退出按钮的机械动作设置为"保存转换直到释放"时，一般采用按钮的"鼠标释放"事件实现程序的退出机制。

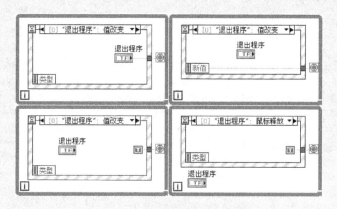

图 4–132　事件结构的退出机制

【注意】 当按钮的机械动作为"释放时触发"时，一定要将"退出程序"按钮置于响应退出机制的事件分支内部，否则按钮无法自动弹起。

4.3.2　通知事件

通知事件是 LabVIEW 中最常用的事件类型。通知事件的主要特点是：当有事件发生时，LabVIEW 检测到事件发生并立即响应事件。事件编辑对话框中带绿色箭头的事件是通知事件，如图 4–125 中控件"X"的"值改变"事件就是一个通知事件。

【例 4–32】 编程模拟一个开关灯的程序：当单击"开灯"按钮时，布尔灯被点亮；当单击"关灯"按钮时，布尔灯被熄灭。

方法 1：为程序构建三个标准通知事件："开灯"按钮的"鼠标按下"事件、"关灯"按钮的"鼠标按下"事件、"退出按钮"的"值改变"事件。

（1）通过"VI 前面板—控件选板—新式—布尔—确定按钮"，在前面板创建一个确定按钮。在确定按钮上右击，在弹出的快捷菜单中选择"机械动作—保持转换直到释放"，该机械动作可以保证按钮被单击后自动弹起。将鼠标移动到"确定按钮"上，黑色高亮选中按钮中部的布尔文本"确定"，将其修改为"开灯"。将鼠标移动到"确定按钮"的标签上，双击选中按钮的标签文本"确定按钮"，将其修改为"开灯"。去掉"确定按钮"快捷菜单项"显示项—标签"前的勾选，将按钮的标签隐藏。按住"Ctrl"键的同时拖动"开灯"按钮，在前面板复制两个按钮控件，将这两个复制按钮的布尔文本和标签分别修改为"关灯"和"退出程序"。

（2）通过"VI 前面板—控件选板—新式—布尔—方形指示灯"，在前面板创建一个方形指示灯控件，将其标签修改为"布尔指示灯"。

（3）通过"VI 程序框图—函数选板—编程—结构—While 循环"，在程序框图中创建一个 While 循环。在 While 循环的计数端子上右击，在弹出的快捷菜单中选择"创建—显示控件"，为循环变量创建一个显示控件并修改控件的标签为"循环次数"。

（4）按照图 4-133 所示布局前面板。

（5）通过"VI 程序框图—函数选板—编程—结构—事件结构"，在程序框图中创建一个事件结构。

（6）新创建的事件结构有一个默认的超时分支，在事件结构框体上右击，在弹出的快捷菜单中选择"编辑本分支所处理的事件"。在调出的"编辑事件"对话框中重新

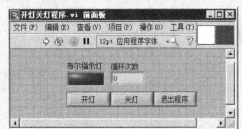

图 4-133　例 4-32 程序界面

注册事件，即"开灯"按钮的"鼠标按下"事件，如图 4-134 所示。

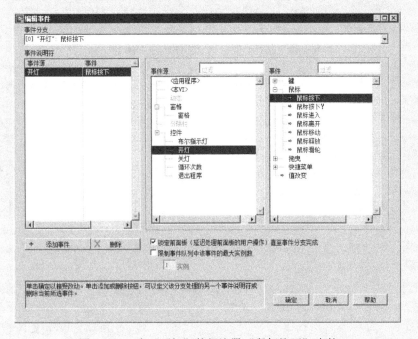

图 4-134　为"开灯"按钮注册"鼠标按下"事件

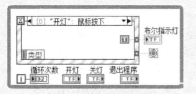

图4-135 开灯分支程序

通过"VI 程序框图—函数选板—编程—布尔—真常量",在程序框图中创建一个布尔"真"常量,并按照图4-135所示连线编程。当前面板的"开灯"按钮被按下时,LabVIEW 进入"开灯"按钮的"鼠标按下"事件分支执行程序,将"真"常量赋给布尔指示灯。

(7) 在事件结构框体上右击,在弹出的快捷菜单中选择"添加事件分支",注册"关灯"按钮的"鼠标按下"事件,如图4-136所示。

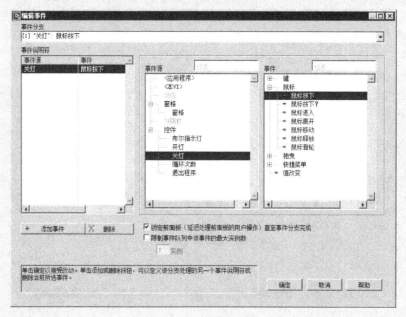

图4-136 为"关灯"按钮注册"鼠标按下"事件

通过"VI 程序框图—函数选板—编程—布尔—假常量",在程序框图中创建一个布尔"假"常量,并按照图4-137所示连线编程。当前面板的"关灯"按钮被按下时,LabVIEW 进入"关灯"按钮的"鼠标按下"事件分支执行程序,将"假"常量赋给布尔指示灯。

图4-137 关灯分支程序

(8) 在事件结构框体上右击,在弹出的快捷菜单中选择"添加事件分支",注册"退出程序"按钮的"鼠标释放"事件,如图4-138所示。

如图4-139所示,在"退出程序"按钮的"鼠标释放"事件分支中,将"真"常量赋给 While 循环条件端子。

【注意】"退出程序"按钮注册的是"鼠标释放"这一事件,而不是"开灯"和"关灯"按钮注册的"鼠标按下"事件。所谓"鼠标释放"事件是指:用鼠标单击按钮并在该按钮上抬起。如果鼠标在一个按钮上按下而移出该按钮再抬起,则不算按钮的"鼠标释放"动作,也无法触发"鼠标释放"这一事件。

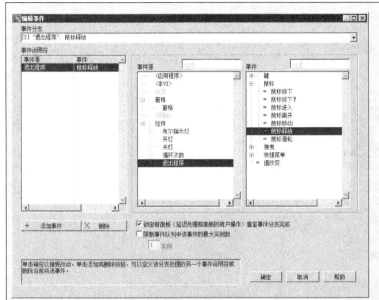

图4-138 为"退出程序"按钮注册"鼠标释放"事件

图4-139 "退出程序"按钮的
"鼠标释放"事件分支

方法2：如果需要在多个重叠的结构中使用同一个控件，则可以借助该控件的局部变量或"值"属性节点。局部变量和"值"属性节点具有读和写两种状态，可以从控件的局部变量或"值"属性节点中获取控件的值或向控件中写入数据。

在控件上右击，在弹出的快捷菜单中选择"创建—局部变量"，在局部变量上右击，在弹出的快捷菜单中选择"转换为读取（转换为写入）"，可以转换局部变量的读/写状态。如图4-140所示，将"假"常量赋给布尔指示灯的局部变量，通过局部变量将"假"值传递给布尔指示灯。

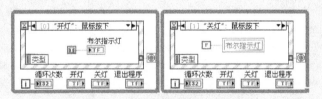

图4-140 通过局部变量修改控件值

如图4-141所示，将"假"常量赋给布尔指示灯控件的"值"属性节点，通过"值"属性将"假"值传递给布尔指示灯。

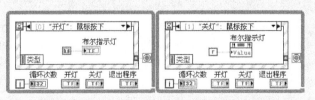

图4-141 通过"值"属性修改控件值

【例 4-33】 实现滑动杆与波形图表数据同步。

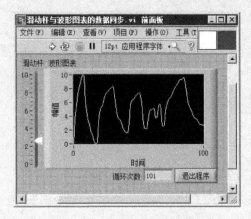

图 4-142 例 4-33 的程序界面

本例通过事件结构的数据端子获取滑动杆控件的值，并通过波形图表显示滑动杆的值，如图 4-142 所示。

（1）通过"VI 前面板—控件选板—新式—图形—波形图表"，在前面板创建一个波形图表控件。

（2）通过"VI 前面板—控件选板—新式—数值—垂直指针滑动杆"，在前面板创建一个垂直指针滑动杆控件。

（3）通过"VI 前面板—控件选板—新式—布尔—确定按钮"，在前面板创建一个确定按钮，修改标签和布尔文本为"退出程序"。

（4）通过"VI 前面板—控件选板—新式—数值—数值显示控件"，在前面板创建一个数值显示控件，修改标签为"循环次数"。

（5）通过"VI 程序框图—函数选板—编程—结构—While 循环"，在程序框图中创建一个 While 循环。

（6）通过"VI 程序框图—函数选板—编程—结构—事件结构"，在程序框图中创建一个事件结构。

（7）如图 4-143 所示，编辑滑动杆控件的"值改变"分支程序。在滑动杆的"值改变"事件分支中，通过事件数据端子"新值"获取滑动杆控件的当前值。

（8）如图 4-144 所示，编辑程序的退出机制。

图 4-143 滑动杆控件的"值改变"事件分支

图 4-144 例 4-33 的退出机制

【例 4-34】 在 VI 前面板创建一个数值输入控件，当鼠标进入该控件时为其赋值，当鼠标离开控件时将其清零。

为事件结构构建三个事件分支：控件的"鼠标进入"事件、控件的"鼠标离开"事件、"退出程序"按钮的"鼠标释放"事件，分别实现当鼠标进入控件时为控件赋值、当鼠标离开控件时清零控件数据、程序的退出机制。

（1）通过"VI 前面板—控件选板—新式—数值—数值显示控件"，在前面板创建一个数值显示控件。

（2）通过"VI 前面板—控件选板—新式—布尔—确定按钮"，在前面板创建一个按钮。将鼠标移动到确定按钮上并选中确定按钮中部的布尔文本"确定"，当被选中的文本内容变为高亮显示的黑色时将其修改为"退出程序"。将鼠标移动到按钮上方的标签上，选中标签文本"确定按钮"将其修改为"退出程序"。在按钮上右击，在弹出的快捷菜单中去掉"显示项—标签"前的勾选，隐藏确定按钮的标签。

（3）通过"VI 程序框图—函数选板—编程—结构—While 循环"，在程序框图中创建一个 While 循环。在 While 循环端子上右击，在弹出的快捷菜单中选择"创建—显示控件"为循环变量创建一个显示控件并修改控件的标签为"循环次数"。

（4）如图 4-145 所示，构建程序界面。

（5）通过"VI 程序框图—函数选板—编程—结构—事件结构"，在程序框图中创建一个事件结构并将其置于 While 循环内部。

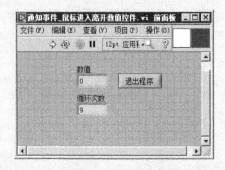

新创建的事件结构有一个默认的超时分支，本例中不使用超时分支，可以通过快捷菜单项"删除本事件分支"将超时分支删除或者在超时分支中重新配置事件。在事件结构上右击，在弹出的快捷菜单中选择"编辑本分支所处理的事件"，为超时分支重新配置事件。如图 4-146 所示，为

图 4-145　例 4-34 程序界面

数值显示控件配置"鼠标进入"事件，当鼠标光标进入数值显示控件时触发该事件。

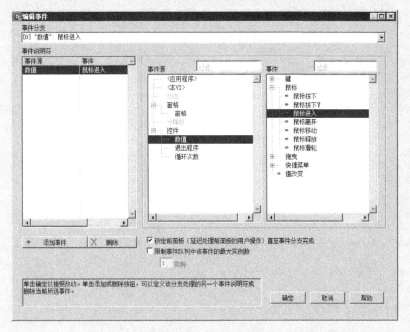

图 4-146　数值显示控件的"鼠标进入"事件

通过"VI 程序框图—函数选板—编程—数值—数值常量"，在程序框图中创建一个数值常量并将其置于事件结构内部。新创建的数值常量的默认数据类型是 32 位整型，在常量上右击，在弹出的快捷菜单中选择"表示法—双精度"修改数值常量的数据类型为双精度浮点数。由于不需要事件数据，所以拖动事件结构框图内侧左边框的事件数据端子

图 4-147 数值显示控件的
"鼠标进入"事件分支

底部，使数据端子显示最少的数目 1 个。按照图 4-147 所示连线编程，当鼠标进入数值显示控件时将常量数据"10"赋给数值显示控件。

（6）在事件结构边框上右击，在弹出的快捷菜单中选择"添加事件分支"，为数值显示控件配置"鼠标离开"事件，当鼠标从数值显示控件中离开时触发该事件，如图 4-148 所示。

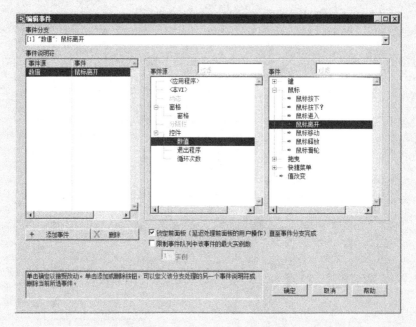

图 4-148 配置数值显示控件的"鼠标离开"事件

通过"VI 程序框图—函数选板—编程—数值—数值常量"，创建一个常量"0"，或者在按住"Ctrl"键的同时用鼠标拖动已经创建的常量"10"，复制一个常量并将其值修改为"0"。在数值显示控件的"鼠标离开"事件分支中编写程序如图 4-149 所示，当鼠标离开数值显示控件时将常量"0"赋给数值显示控件，使其清零。

图 4-149 数值显示控件的
"鼠标离开"事件

（7）在事件结构边框上右击，在弹出的快捷菜单中选择"添加事件分支"，为"退出程序"按钮配置"值改变"事件，如图 4-150 所示。

按照图 4-151 所示连线编程，构建程序的退出机制。

在 LabVIEW 程序设计中，经常遇到运算强度很大的模块，当程序运行到这些模块时，前面板得不到响应。对于程序的规范性而言，应该提示用户程序繁忙。如图 4-152 所示，当程序执行 2s 的延时算法时，通过光标函数（"VI 程序框图—函数选板—编程—对话框与用户界面—光标"）设置光标为忙碌状态并禁用鼠标功能。

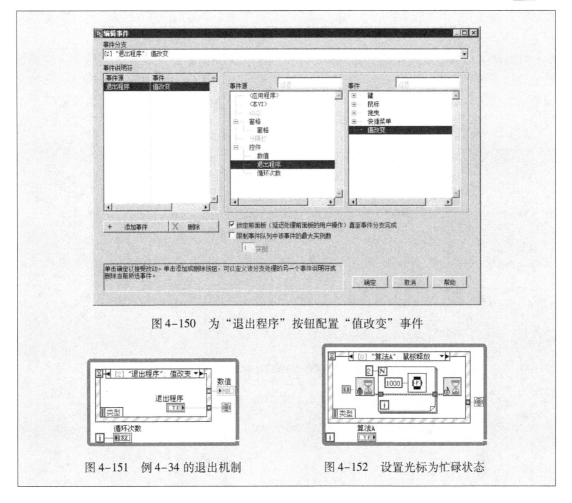

图 4-150　为"退出程序"按钮配置"值改变"事件

图 4-151　例 4-34 的退出机制　　　　　　图 4-152　设置光标为忙碌状态

4.3.3　过滤事件

通过 LabVIEW 的过滤事件，可以选择性地执行与其对应的通知事件，或者向通知事件传递数据。

在事件编辑对话框中用红箭头表示并带有"？"的事件是过滤事件，过滤事件和通知事件是针对同一个事件而言的。例如，图 4-136 中"关灯"按钮的"鼠标按下"这一事件包括过滤事件"鼠标按下？"和通知事件"鼠标按下"。同一事件的过滤事件和通知事件往往同时使用，过滤事件总是在通知事件前先执行，因为过滤事件的作用就是选择性地过滤掉与其对应的通知事件。如图 4-153 所示是过滤事件和通知事件的执行顺序测试程序，在一个事件结构中，同一事件（"测试"按钮的"鼠标按下"事件）的过滤事件和通知事件并存，

图 4-153　过滤事件与通知事件的顺序

LabVIEW 先响应"测试"按钮的过滤事件"鼠标按下？"，再选择性地响应"测试"按钮的通知事件"鼠标按下"。

在过滤事件的分支中有过滤事件端子，在过滤事件端子中有"放弃"接线端。如果过滤事件数据输入端"放弃？"输入为"真"，则 LabVIEW 将放弃对通知事件的响应；如果过滤事件数据输入端"放弃？"输入为"假"，则 LabVIEW 将进入通知事件分支执行程序。

【例 4-35】 在例 4-32 的事件结构中添加开/关灯的过滤机制。

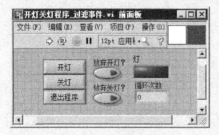

图 4-154 例 4-35 的程序界面

本例在例 4-32 的基础上添加两个过滤事件分支："开灯"按钮的过滤事件"鼠标按下？"和"关灯"按钮的过滤事件"鼠标按下？"。在例 4-32 的程序界面中添加两个布尔按钮："放弃开灯？"、"放弃关灯？"，并修改程序界面如图 4-154 所示。当"放弃开灯？"或"放弃关灯？"按钮按下时，"开灯"按钮或"关灯"按钮将无法实现开灯或关灯的功能。

（1）如图 4-155 所示，为"开灯"按钮注册"鼠标按下？"这一过滤事件，用红箭头表示并以"？"结尾的事件是过滤事件。

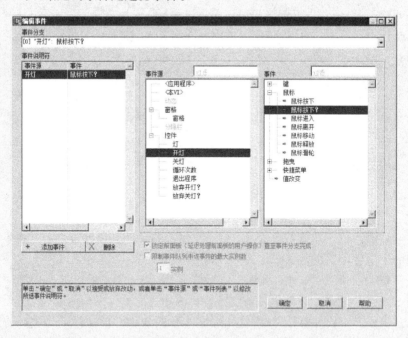

图 4-155 注册"关灯"按钮的过滤事件"鼠标按下？"

（2）为"开灯"按钮的"鼠标按下？"这一过滤事件分支编写响应程序，如图 4-156 所示。在过滤事件的分支中，右边框内侧有过滤事件的数据端子，通过上下拖动鼠标可以改变过滤事件数据端子的数目。在该事件分支中，通过为过滤事件数据端子"放弃？"赋"真"值或"假"值，可以放弃或响应"开灯"按钮的通知事件"鼠标按下"。

（3）为"关灯"按钮注册"鼠标按下？"这一过滤事件，并编写分支程序，如图 4-157 所示。

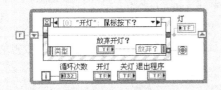

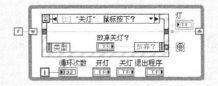

图 4-156 "开灯"按钮的过滤事件"鼠标按下？"　　图 4-157 "关灯"按钮的过滤事件"鼠标按下？"

【例 4-36】 过滤键盘上输入的小写英文字母。

本例创建了"键按下"事件的通知事件和过滤事件，并将数据从过滤事件传递到通知事件。当同一事件的通知事件和过滤事件并存时，LabVIEW 先响应过滤事件再响应通知事件。

（1）按图 4-158 所示构建程序界面，显示控件"循环次数"用于显示 While 循环迭代次数。

（2）通过"VI 程序框图—函数选板—编程—结构"，在程序框图中创建一个 While 循环结构、一个事件结构、一个条件结构。

（3）如图 4-159 所示，为事件结构配置"本 VI"的"键按下？"事件，当计算机键盘有键按下时，触发该事件。

图 4-158 例 4-36 的程序界面

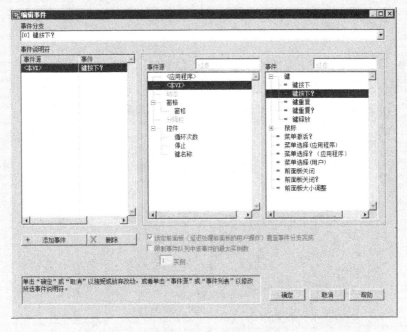

图 4-159 配置本 VI 的过滤事件"键按下"

图 4-160　65～90 之间的 ASCII
代码通过条件结构

（4）如图 4-160 所示，在"键按下"的过滤事件分支中编写识别大写字母的程序。大写字母 A～Z 的 ASCII 代码为 65～90 之间的整数，当事件数据端子"字符"输出键盘按键的 ASCII 代码为 65～90 之间的整数时，说明通过键盘输入的是大写字母，直接让数据通过条件结构并赋给通知事件。

（5）如图 4-161 所示，当事件数据端子"字符"输出键盘按键的 ASCII 代码为 97～122 之间的整数时，说明输入的是小写字母，将其转换为相应大写字母的 ASCII 代码，并刷新事件数据端子"字符"中的数据。

（6）如图 4-162 所示，在"本 VI"的通知事件"键按下"事件分支中通过"转换为变体"函数和"变体至平化字符串转换"函数将"字符"转换为键名。通过"VI 程序框图—函数选板—编程—簇、类与变体—变体"，可以获取"转换为变体"函数和"变体至平化字符串转换"函数。

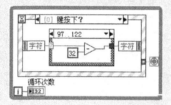

图 4-161　小写字母的 ASCII 码转换为
大写字母的 ASCII 码

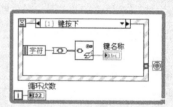

图 4-162　将"字符"转换为键名

4.3.4　LabVIEW 的事件源

LabVIEW 中的事件源是指可以产生事件的对象，LabVIEW 的事件源分为应用程序事件、VI 事件、动态事件、窗格事件、分隔栏事件、控件事件，如图 4-163 所示。

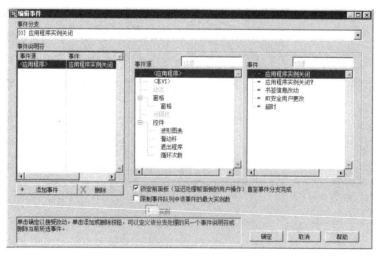

图 4-163　LabVIEW 中的事件源

1. 应用程序事件

如图 4-163 所示，应用程序事件包括应用程序实例关闭、书签信息改动、NI 安全用户更改、超时，其中的"应用程序实例关闭"事件包含过滤事件和通知事件。

1）应用程序实例关闭　将一个 VI 制作为应用程序（扩展名为 .exe 的可执行文件）后，打开该应用程序就是运行了该应用程序的一个实例。当用户单击应用程序窗口标题栏最右边的关闭按钮时，触发的事件称为"应用程序实例关闭事件"。

2）超时　新创建的事件结构默认只有一个"超时"事件分支，超时端子连接超时时间，当没有事件发生且达到超时时间时，事件结构进入超时分支执行超时事件分支中的程序代码。

如图 4-164 所示，通过超时分支可以构建连续的数据采集程序。设置事件结构的超时时间为 100ms，超时事件分支每 100ms 执行一次，实现连续的采集任务。

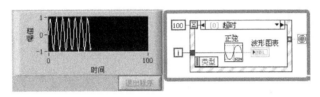

图 4-164　超时事件分支实现连续采集

一般情况下，在构建以事件驱动为基础的人机交互响应界面时，是要删除"超时"分支的。超时分支相当于一个查询的 While 循环结构，它的存在大大削弱了 LabVIEW 事件结构存在的意义。

2. VI 事件

如图 4-165 所示，LabVIEW 的 VI 事件包括键事件、鼠标事件、菜单激活事件、菜单选择事件、前面板关闭事件、前面板大小调整事件。

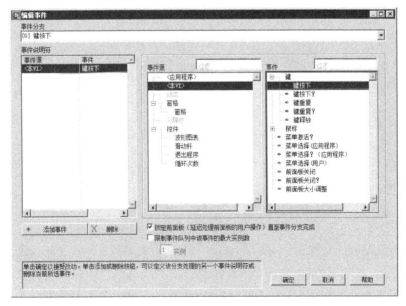

图 4-165　VI 事件

1）键事件　LabVIEW 的键盘操作事件有三个：键按下事件、键重复事件、键释放事件，当用户按住键盘上某个按键、长按某个按键、在某个按键上按下并抬起时分别触发这三个键事件。其中的键按下事件和键重复事件包括过滤事件和通知事件，键释放事件只有通知事件。

如图 4-166 所示是键事件的事件数据节点，这些数据节点的含义如下。

（1）类型：事件名称。

（2）时间：响应事件所用的时间。

（3）VI 引用：本 VI 的引用句柄，连接 VI 类的属性节点可以获取或修改本 VI 的属性。如图 4-167 所示，当按下键盘上的任何一个按键时，通过 VI 类的调用节点"前面板关闭"（在数据端子"VI 引用"上右击，在弹出的快捷菜单中选择"创建 VI 类的方法—前面板—关闭"），实现关闭本 VI 并退出内存的功能。

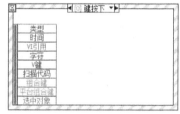

图 4-166　键按下事件数据端子　　图 4-167　通过调用节点"前面板关闭"关闭 VI

（4）字符：键盘上每个键值对应的 ASCII 代码。大写字母 A ～ Z 的 ASCII 代码分别对应 65 ～ 90 之间的整数，小写字母 a ～ z 的 ASCII 代码分别对应 97 ～ 122 之间的整数，数字 0 ～ 9 的 ASCII 代码分别对应 48 ～ 59 之间的整数。

（5）V 键：判断键的类型，是否为功能键。如果按下键盘上的字母键或数字键，则通过该数据端子返回 ASCII 码；如果按下键盘上的功能键，则通过该数据端子返回功能键的名称。

（6）扫描代码：是键盘上每个按键的身份 ID。计算机键盘上的每个物理按键对应唯一的扫描代码。

（7）组合键：该数据端子是由布尔类型组成的簇，用于判断按下的键是数字键（只对数字小键盘有效）还是菜单键。

（8）平台组合键：是布尔类型组成的簇。当键盘上的"Ctrl"、"Shift"、"Alt"、Command（Mac OS X 操作系统）、Option 等平台组合键按下时，簇中对应的布尔类型将输出"真"，表示该键被按下。

（9）选中对象：该数据端子返回 VI 前面板通过 Tab 键所选中对象的引用句柄，配合属性节点可以获取或者设置选中对象的属性。

如图 4-168 所示，通过事件数据端子"选中对象"只能得到实例化到图形对象类的引用句柄，需要通过"转换为特定的类"函数（"VI 程序框图—函数选板—编程—应用程序控制—转换为特定的类"）配合类说明符常量（"VI 程序框图—函数选板—编程—应用程序控制—类说明符常量"）将引用句柄向下转换到数值类的引用句柄，然后通过数值类的属性"值"获取前面板中被选中数值控件的值。由于数值类的属性"值"输出变体类型，所以要通过"变体至数据转换"函数（"VI 程序框图—函数选板—编程—簇"、"类与变体—变体—

变体至数据转换")将变体转换为双精度浮点数。

　　将选中对象的引用句柄转换为数值控件的引用句柄，配合数值类控件的属性"值"，获取前面板"数值 1"或"数值 2"中的数据。运行图 4-168 所示程序，当按下键盘上的"Tab"键时，可以在"数值 1"或"数值 2"之间实现选中的切换。选中一个数值控件后，再按空格键，可以将选中控件的值输入到显示控件"数据"中。事件数据端子"字符"输出 ASCII 代码为"32"，表示键盘上的空格键被按下。

　　2）菜单激活？　VI 的过滤事件"菜单激活？"用于激活或者禁用 VI 运行时系统菜单。如图 4-169 所示，输入"真"常量到"菜单激活？"事件分支中的"放弃"输入端，可以禁用所有 VI 运行时系统菜单项。

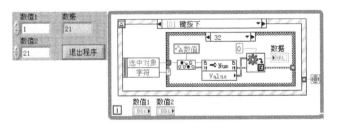

图 4-168　通过事件数据端子"选中对象"获取　　　图 4-169　禁用所有 VI 运行
　　　　　"Tab"键选中对象的值　　　　　　　　　时系统菜单项

　　3）菜单选择（应用程序）　"菜单选择（应用程序）"事件用于响应 VI 系统菜单，当用户单击 VI 系统菜单时触发该事件。在该事件分支中包括以下几个重要的数据端子。

　　（1）项标识符：项标识符是菜单的身份 ID，通过菜单项标识符可以唯一表征某个 VI 系统菜单项。例如，VI 系统菜单项"保存"的菜单项标识符为"APP_SAVE"，VI 系统菜单项"打开"的菜单项标识符为"APP_OPEN"。

　　（2）菜单引用：通过"菜单引用"可以获取 VI 系统菜单的引用句柄，连接属性节点可以获取或修改 VI 系统菜单的属性。

　　"菜单选择（应用程序）"事件包括过滤事件和通知事件。在过滤事件"菜单选择？（应用程序）"的事件分支中可以禁用某项 VI 系统菜单。如图 4-170 所示，禁用 VI 系统菜单项"文件"的子菜单项"打开"。在 VI 编辑模式下，可以通过 VI 菜单项"编辑—运行时菜单"调出菜单编辑器，在菜单编辑器中可以查看所有 VI 系统菜单的项标识符。

　　在本 VI 的通知事件"菜单选择（应用程序）"事件分支中可以增加 VI 运行时系统菜单项的功能。如图 4-171 所示，为 VI 运行时系统菜单项"文件—保存"增加保存数据的功能。当 VI 处于运行模式时，单击 VI 前面板系统菜单项"文件—保存"，将在 D 盘产生一个记事本文件"测试.txt"。

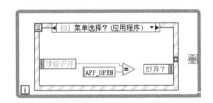

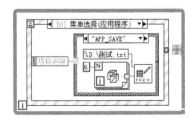

图 4-170　禁用 VI 运行时系统菜单项"打开"　　　图 4-171　增加 VI 运行时系统菜单的功能

4）**菜单选择（用户）** 菜单选择（用户）事件用于响应用户自定义菜单，当用户单击自定义的 VI 菜单时触发该事件。在默认的情况下，VI 运行时的菜单是系统菜单。通过 VI 的菜单编辑器可以编辑自定义的菜单系统，在 VI 运行时，自定义 VI 菜单可以替换 VI 系统菜单实现自定义的功能。关于自定义菜单的详细编程应用，读者可以参考 12.1 节的相关内容。

5）**鼠标事件** 本 VI 的鼠标事件包括鼠标进入和鼠标离开，当鼠标进入或离开本 VI 的前面板时，分别触发这两个鼠标事件。

6）**前面板关闭** 在 VI 运行模式下，单击 VI 前面板右上角的关闭按钮将触发前面板关闭事件，前面板关闭事件包含过滤事件和通知事件。一般在前面板关闭的过滤事件中添加提示用户保存数据的机制，在前面板关闭的通知事件中添加保存数据的程序代码，实现程序退出时的数据保存机制。

7）**前面板大小调整** 在 VI 运行状态下，当改变前面板大小时，触发前面板大小调整事件。

【例 4-37】 编写一个简单计算器程序，当按下键盘上的 A、B、C、D、E 五个键时，分别实现加、减、乘、除、清零的功能。

方法 1：

（1）通过"VI 前面板—控件选板—新式—数值"，在前面板创建两个数值输入控件和两个数值显示控件，分别修改四个控件的标签为"X"、"Y"、"运算结果"、"循环次数"。

（2）通过"VI 前面板—控件选板—新式—布尔—确定按钮"，在前面板创建一个确定按钮，修改确定按钮的标签和布尔文本为"退出程序"。

（3）按图 4-172 所示构建程序界面。

（4）通过"VI 程序框图—函数选板—编程—结构"，在程序框图中创建 While 循环、事件结构、条件结构。

（5）按图 4-173 所示编程，注册 VI 的"键按下"事件，在该事件分支中识别并响应键盘所有按键。

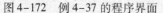

图 4-172 例 4-37 的程序界面

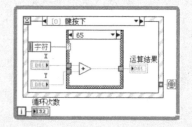

图 4-173 通过 ASCII 码识别键盘所有按键

条件结构的六个分支程序如图 4-174 所示，大写字母 A、B、C、D、E 对应的 ASCII 码分别是 65、66、67、68、69。当键盘上其他按键按下时，进入默认分支执行程序。在默认分支中用到了数值显示控件"运算结果"的局部变量。局部变量是控件的替身，通过局部变量可以获取控件的值。在默认分支中，通过局部变量将数值显示控件"运算结果"的值重新返回给它自身。这样做的目的是，当其他键按下时，保证数值显示控件"运算结果"中的当前值不变。在控件上右击，在弹出的快捷菜单中选择"创建—局部变量"可以为控件创建一个局部变量。在局部变量上右击，在弹出的快捷菜单中选择"转化为读取（写入）"，可以实现局部变量读/写状态的切换。

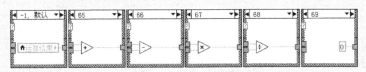

图 4-174 键盘所有按键的响应程序

方法 2：如图 4-175 所示，通过过滤事件"键按下？"过滤掉键盘其他的按键值，只保留 A、B、C、D、E这五个键值的响应。当事件数据端子"字符"返回 ASCII码为 65 ~ 69 之间的数值时，说明 A、B、C、D、E 键中的一个按下，此时不放弃对通知事件"键按下"的响应。

如图 4-176 所示，当事件数据端子"字符"返回ASCII 码为其他数值时，放弃响应通知事件"键按下"。

按图 4-177 所示编程，注册 VI 的通知事件"键按下"，在该事件分支中识别并响应按键 A、B、C、D、E。

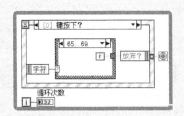

图 4-175 保留 A、B、C、D、E
键的事件响应

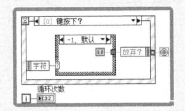

图 4-176 过滤掉 A、B、C、D、E
键以外的按键

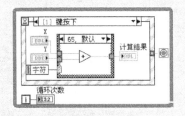

图 4-177 识别按键 A、B、C、D、E

如图 4-178 所示，在 A、B、C、D、E 键的响应程序中分别实现加、减、乘、除、清零的功能。

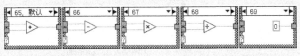

图 4-178 按 A、B、C、D、E 键的响应程序

【例 4-38】编程实现键盘按键的检测。

本例实现键盘按键的检测，程序可以将计算机键盘上被按下键的键名显示在字符串显示控件中。本例的核心是通知事件"键按下"的事件数据"字符"，该数据端子返回按键的 ASCII 码所对应的字符串就是按键名称。

方法 1：可以用"转换为变体"函数先将事件数据端子"字符"输出的数值转换为变体，再用"变体至平化字符串转换"函数将变体数据转换为字符串文本，即键名。

（1）通过"VI 前面板—控件选板—新式—字符串与路径—字符串显示控件"，在前面板创建一个字符串显示控件，并修改其标签为"键名称"。

（2）通过"VI 前面板—控件选板—新式—布尔—停止按钮"，在前面板创建一个停止按钮，并修改其标签为"退出程序"。

（3）通过"VI 程序框图—函数选板—编程—簇、类与变体"，在程序框图中创建"转换为变体"函数和"变体至平化字符串转换"函数。

（4）通过"VI 程序框图—函数选板—编程—结构"，在程序框图中创建 While 循环、事件结构，并将事件结构置于 While 循环内部。在事件结构框体上右击，在弹出的快捷菜单中选择"编辑本分支所处理的事件"，配置 VI 的"键按下"事件，如图 4-179 所示。

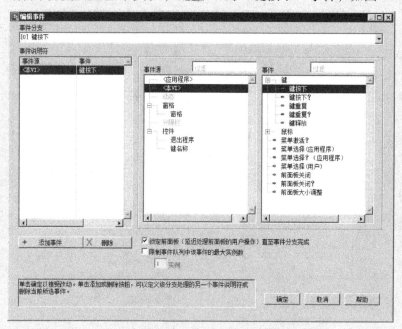

图 4-179　配置本 VI 的"键按下"事件

按照图 4-180 所示编程 VI 的"键按下"事件分支中的程序。

方法 2：如图 4-181 所示，将本 VI 的通知事件"键按下"的事件数据"字符"返回的 ASCII 码转换为 U8 数组，通过"字节数组至字符串转换"函数（"VI 程序框图—函数选板—编程—数值—转换—字节数组至字符串转换"）得到键名。

"键按下"事件分支的数据端子"字符"返回的 ASCII 码的数据类型为有符号 16 位整型（I16），通过"转换为无符号单字节整型"函数（"VI 程序框图—函数选板—编程—数值—转换—转换为无符号单字节整型"）将其转换为无符号 8 位整型（U8），这样可以节约额外的内存损耗。通过"创建数组"函数（"VI 程序框图—函数选板—编程—数组—创建数组"）将 U8 类型的 ASCII 码标量创建为数组，得到 ASCII 码的 U8 数组（字节数组）。通过"字节数组至字符串转换"函数（"VI 程序框图—函数选板—编程—数值—转换—字节数组至字符串转换"）将 ASCII 码的 U8 数组转换为对应的键名。

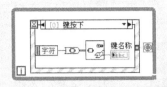

图 4-180 获取按键名称（算法 A）

图 4-181 获取按键名称（算法 B）

【例 4-39】编程实现长按大写 A 键时采集数据。

本例演示了 VI 事件"键重复"的用法，当用户长按大写 A 键时实现连续的循环迭代。

（1）通过"VI 前面板—控件选板—新式—图形—波形图表"，在前面板创建一个波形图表控件。

（2）通过"VI 前面板—控件选板—新式—布尔—确定按钮"，在前面板创建一个确定按钮，并修该其标签和布尔文本为"退出程序"。

（3）按图 4-182 布局前面板。

（4）通过"VI 程序框图—函数选板—编程—结构—While 循环"，在程序框图中创建一个 While 循环。

（5）通过"VI 程序框图—函数选板—编程—结构—事件结构"，在程序框图中创建一个事件结构。

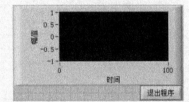

图 4-182 例 4-39 的程序界面

（6）在事件结构框体上右击，在弹出的快捷菜单中选择"编辑本分支所处理的事件"，为事件结构配置 VI 的"键重复"事件，如图 4-183 所示。

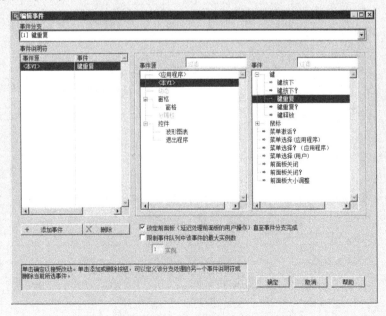

图 4-183 注册本 VI 的通知事件"键重复"

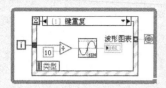

图 4-184　连续的正弦波
生成程序

（7）通过"VI 程序框图—函数选板—编程—数值—除"，在程序框图中创建"除"函数。通过"VI 程序框图—函数选板—数学—初等与特殊函数—三角函数—正弦"，在程序框图中创建"正弦"函数。按照图 4-184 所示连线，编辑"键重复"事件分支中的程序代码。

（8）在事件结构框体上右击，在弹出的快捷菜单中选择"添加事件分支"，为事件结构注册 VI 的过滤事件"键重复？"，如图 4-185 所示。这里用过滤事件"键重复？"判断被按下的是否为 A 键，进而决定是否对通知事件"键重复"进行响应。

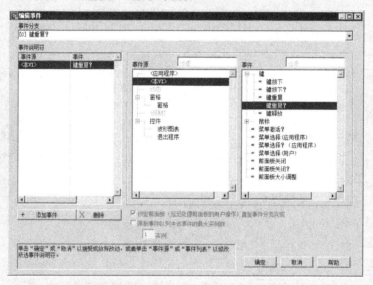

图 4-185　注册本 VI 的过滤事件"键重复？"

通过"VI 程序框图—函数选板—编程—比较—不等于？"，在程序框图创建一个"不等于？"函数，按照图 4-186 所示编辑"键重复？"过滤事件分支。通过计算机键盘的"Caps Look"键可以切换键盘的大小写状态，大写字母 A 的 ASCII 码是"65"。当用户按下"A"键时，"键重复？"过滤事件分支的事件数据端子"字符"将输出大写字母 A 的 ASCII 码"65"。用"不等于？"函数进行判断，如果不

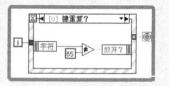

图 4-186　判断按下的键
是否为"A"键

等于 65 则说明被长按的不是"A"键，放弃对通知事件"键重复"的响应；如果等于 65 则说明 A 键被长按，进入通知事件"键重复"进行响应。

【例 4-40】编程实现程序退出时的提示保存功能。

本例演示了 VI 的过滤事件"前面板关闭？"和 VI 的通知事件"前面板关闭"的用法。VI 的前面板关闭事件一般用于关闭程序时保存数据，在过滤事件"前面板关闭？"中提示用户是否退出程序，在通知事件"前面板关闭"中编辑需要保存的内容。

　　本例程序的功能是当单击 VI 前面板窗口右上角的关闭按钮时，弹出一个提示对话框，提示是否退出程序。单击"是"按钮，保存数据并退出程序；单击"否"按钮，程序继续运行。程序需要构建三个事件分支，分别实现弹出提示对话框、产生并保存数据、退出程序的功能。其中，让弹出提示对话框在过滤事件"前面板关闭?"中完成，产生和保存数据的环节在通知事件"前面板关闭"中完成，退出程序的功能在"退出程序"按钮的"值改变"事件中完成。

　　（1）通过"VI 程序框图—函数选板—编程—结构—While 循环"，在程序框图中创建一个 While 循环。

　　（2）通过"VI 程序框图—函数选板—编程—结构—事件结构"，在程序框图中创建一个事件结构。

　　（3）在事件结构框体上右击，在弹出的快捷菜单中选择"编辑本分支所处理的事件"，在"事件编辑"对话框中重新配置事件：本 VI 的"前面板关闭"事件。

　　（4）按照图 4-187 所示编程，在通知事件分支"前面板关闭"中将数据保存为记事本文件并退出程序。

　　（5）在事件结构边框上右击，在弹出的快捷菜单中选择"添加事件分支"，在"事件编辑"对话框中配置事件：本 VI 的"前面板关闭?"事件。通过"VI 程序框图—函数选板—编程—对话框与用户界面—双按钮对话框"，在程序框图中创建一个"双按钮对话框"函数。当数据流执行到"双按钮对话框"函数时，将弹出一个有两个按钮的对话框，当用户选择"是"按钮时，"双按钮对话框"函数返回"真"；当用户选择"否"按钮时，"双按钮对话框"函数返回"假"。通过"VI 程序框图—函数选板—编程—布尔—非"，在程序框图中创建一个"非"函数。

　　（6）按图 4-188 所示编程，在过滤事件分支"前面板关闭?"中判断程序是否退出，并决定是否响应通知事件"前面板关闭"。通过"非"函数取反运算后得到的逻辑是：当用户单击"是"按钮时，事件结构将进入通知事件"前面板关闭"中执行程序代码；当用户单击"否"按钮时，事件结构放弃对通知事件"前面板关闭"的响应。

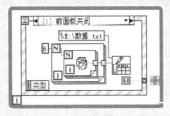
图 4-187　保存文件并退出程序

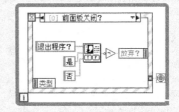
图 4-188　提示是否退出程序

3. 窗格事件

　　所谓 VI 窗格是指 VI 前面板构建程序界面的编辑区域，窗格不包括菜单、工具栏以及滚动条，如图 4-189 所示。关于 VI 窗格的相关概念，可以参考 2.1 节中的相关内容。

　　默认情况下，LabVIEW 前面板只显示一个窗格。事实上，通过"VI 前面板—控件选板—新式—容器—水平分隔栏（垂直分隔栏）"，可以将 VI 前面板划分为多个窗格。如图 4-190 所示，用水平分隔栏和垂直分隔栏将 VI 前面板分为四个窗格，每个窗格有自己的水平滚动

LabVIEW 编程详解

条和垂直滚动条，可以在各自的窗格中构建应用程序的界面。在水平分隔栏或垂直分隔栏上右击，在弹出的快捷菜单中可以对分隔栏进行属性设置。一般情况下，应该通过分隔栏的快捷菜单项"调整分隔栏—按比例调整分隔栏"设置相邻两个窗格的调整模式为"按比例调整分隔栏"。该调整模式下，当调整 VI 前面板大小时（VI 运行状态下），相邻两个窗格可以按照比例调整大小。

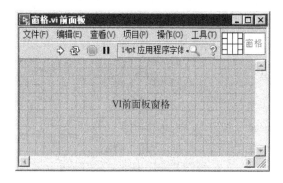

图 4-189　VI 前面板窗格

图 4-190　VI 前面板中的多个窗格

LabVIEW 的窗格事件包括鼠标事件、窗格大小事件、快捷菜单事件。

1）鼠标事件　鼠标事件包括鼠标在 VI 前面板窗格中按下、鼠标在 VI 前面板窗格中释放、鼠标进入 VI 前面板窗格、鼠标离开 VI 前面板窗格、鼠标在 VI 前面板窗格中移动。

2）窗格大小事件　窗格大小事件是指调整 VI 前面板窗格尺寸时触发的事件。

3）快捷菜单事件　快捷菜单事件包括"快捷菜单激活？"与"快捷菜单选择（用户）"。VI 处于运行模式时，右击 LabVIEW 控件，将弹出控件的运行时快捷菜单，其中定义了一些对控件的常用操作。但是 LabVIEW 没有为窗格定义运行时系统默认的快捷菜单，所以在 VI 运行模式下右击 VI 前面板窗格，并不弹出快捷菜单。在过滤事件"快捷菜单激活？"中通过 LabVIEW 菜单函数（"VI 程序框图—函数选板—编程—对话框与用户界面—菜单"），可以为 VI 前面板窗格自定义快捷菜单，窗格的通知事件"快捷菜单选择（用户）"用于响应自定义的窗格快捷菜单。关于窗格的自定义快捷菜单的编程及应用，读者可以参考例 1-27。

【例 4-41】 编程识别鼠标在前面板窗格中的动作：双击点亮布尔灯，单击熄灭布尔灯，右击退出程序。

本例展示了窗格事件"鼠标按下"以及事件数据端子"按钮"和"组合键.Double Click"的用法。为事件结构配置了窗格中的"鼠标按下"事件后，在事件数据端子中将出现"按钮"接线端和"组合键.Double Click"接线端。通过"按钮"接线端可以区分鼠标的左右键及滚轮，当单击时，"按钮"返回值为"1"；当右击时，"按钮"返回值为"2"；当鼠标滚轮按下时，"按钮"返回值为"3"。通过"组合键.Double Click"数据端子可以区分鼠标的点击模式：当鼠标单击、右击或滚轮单击时，"组合键.Double Click"返回"假"；当鼠标双击、右键双击或滚轮双击时，"组合键.Double Click"返回"真"。单击时，触发一次"鼠标按下"事件，While 循环执行 1 次；双击时，触发两次"鼠标按下"事件，While 循环执行 2 次。

（1）通过"VI 程序框图—函数选板—编程—结构—While 循环"，在程序框图中创建一个 While 循环。

（2）通过"VI 程序框图—函数选板—编程—结构—事件结构"，在程序框图中创建一个事件结构。在 While 循环的循环计数端子上右击，在弹出的快捷菜单中选择"创建—显示控件"为循环变量创建一个显示控件，并修改控件的标签为"循环次数"。

（3）在事件结构框体上右击，在弹出的快捷菜单中选择"编辑本分支所处理的事件"，在调出的"事件编辑"对话框中重新配置事件：窗格的"鼠标按下"事件。

（4）通过"VI 程序框图—函数选板—编程—比较—等于?"，在程序框图中创建一个"等于?"函数。

（5）拖动事件数据端子底部调整数据端子的数目，得到"按钮"接线端和"组合键. Double Click"接线端。

（6）在"组合键. Double Click"接线端上右击，在弹出的快捷菜单中选择"创建—显示控件"，并修改其标签为"布尔灯"。

（7）按照图 4-191 所示连线编程。

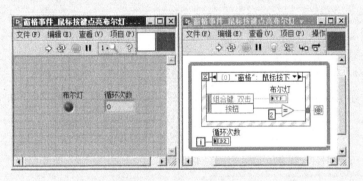

图 4-191 识别鼠标在 VI 前面板窗格中的动作

【例 4-42】 在前面板创建一个字符串显示控件，编程实现该字符串控件随光标移动并显示当前鼠标的坐标。

本例实现了字符串控件显示鼠标坐标，随光标移动的功能。在窗格的"鼠标移动"事件分支中可以通过事件数据"坐标"得到当前鼠标光标在 VI 前面板窗格中的坐标，以像素为单位。将事件数据"坐标"的返回数据赋给字符串控件，可以使字符串控件显示当前鼠标的坐标值；将事件数据"坐标"的返回数据赋给字符串控件的属性节点"位置"，可以使控件随鼠标移动。程序界面如图 4-192 所示。

图 4-192 例 4-42 的程序界面

（1）通过"VI 前面板—控件选板—新式—字符串与路径—字符串显示控件"，在前面板创建一个字符串显示控件并修改其标签为"坐标"。

（2）通过"VI 前面板—控件选板—新式—布尔—确定按钮"，在前面板创建一个按钮并修改标签为"停止"。

（3）通过"VI 程序框图—函数选板—编程—结构—While 循环"，在程序框图中创建一个 While 循环。在 While 循环的循环计数端子上右击，在弹出的快捷菜单中选择"创建—显示控件"为循环变量创建一个显示控件并修改控件的标签为"循环次数"。

（4）通过"VI 程序框图—函数选板—编程—结构—事件结构"，在程序框图中创建一个事件结构并将其置于 While 循环内部。在事件结构框体上右击，在弹出的快捷菜单中选择"编辑本分支所处理的事件"，在调出的"事件编辑"对话框中配置窗格的"鼠标移动"事件。

（5）通过"VI 程序框图—函数选板—编程—字符串—格式化写入字符串"，在程序框图中创建一个"格式化写入字符串"函数。在字符串显示控件"坐标"上鼠标右击，在弹出的快捷菜单中选择"创建—属性节点—位置—全部元素"，在程序框图中创建字符串控件的属性节点"位置"。通过"VI 程序框图—函数选板—编程—数值—加"，在程序框图中创建一个"加"函数。拖动事件数据端子调整数据端子的数目，产生三个事件数据端子并通过鼠标左键将这三个数据端子分别设置为坐标 . Horizontal、坐标 . Vertical、坐标。

（6）按照图 4-193 所示编写程序代码，通过"格式化写入字符串"函数将光标的坐标值写入字符串显示控件。其中，"坐标 . Horizontal"接线端和"坐标 . Vertical"接线端是"坐标"数据簇中的元素。用"加"函数将鼠标光标的坐标值加"20"是为了避免字符串控件的位置与鼠标光标重叠，以免遮住字符串控件中的文本内容。"加"函数是一个多态函数，将簇数据和标量"20"相加的结果是簇中的各个元素都加 20。

（7）在事件结构边框上右击，在弹出的快捷菜单中选择"添加事件分支"为程序构建退出机制："停止"按钮的"值改变"事件分支，如图 4-194 所示。

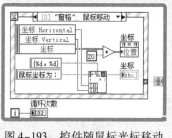
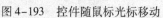

图 4-193　控件随鼠标光标移动　　　　图 4-194　例 4-42 的退出机制

4. 控件事件

不同控件具有的事件种类和数目是不同的，但是一般的控件都有拖曳事件、键事件、鼠标事件、快捷菜单事件、值改变事件。

1）拖曳事件　拖曳事件用于拖曳操作，通过拖曳事件可以将控件的数据或属性从一个控件拖曳到另一个控件中。

【例 4-43】将字符串中被选中的文本内容拖曳到另一个字符串控件中。

本例通过拖曳事件将字符串控件中被高亮选中的文本拖曳到另一个字符串控件中，达到数据移动或复制的目的。

（1）按图 4-195 构建程序界面。

（2）如图 4-196 所示，在数值输入控件"数据源"的过滤事件"拖曳开始？"中，将拖曳数据输入到事件结构中。用文本类的属性节点"文本选择区域_起始"（在数值输入控件"数据源"上右击，在弹出的快捷菜单中选择"创建—属性节点—文本—选择区域—起始"）和"文本选择区域_末尾"（在数值输入控件"数据源"上右击，在弹出的快捷菜单中选择"创建—属性节点—文本—选择区域—末尾"）获取被选中文本的起始位置和末尾位置，通过"截取字符串"函数（"VI 程序框图—函数选板—编程—字符串—截取字符串"）取出数据源中被高亮选中的字符段，再通过"转换为变体"函数（"VI 程序框图—函数选板—编程—簇、类与变体—变体—转换为变体"）将字符串类型的数据转换为变体数据。

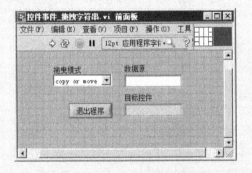

图 4-195 例 4-43 的程序界面

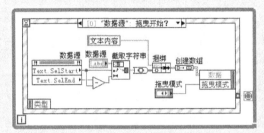

图 4-196 高亮选中的字符段作为拖曳数据

拖曳数据是簇数组的形式，首先通过"捆绑"函数（"VI 程序框图—函数选板—编程—簇、类与变体—捆绑"）将字符串标量（拖曳数据的名称）和变体数据捆绑为簇，再通过"创建数组"函数（"VI 程序框图—函数选板—编程—数组—创建数组"）将簇转换为簇数组。

事件数据"拖曳模式"的有效输入值包括"0"、"1"、"2"。0（copy only）表示拖曳过程中仅允许复制数据源的数据；1（move only）表示拖曳过程中仅允许移动数据源的数据，当完成移动操作后，数据源的数据将被删除；2（copy or move）表示拖曳过程中可以复制或移动数据源的数据。在"copy or move"模式下，拖动数据源的数据可以达到移动数据的目的，按住 Ctrl 键的同时拖动数据源的数据可以达到复制数据的目的。

（3）如图 4-197 所示，通过"获取拖放数据"函数（"VI 程序框图—函数选板—编程—应用程序控制—获取拖放数据"）将数据赋给目标控件。

【注意】如果为事件数据端子"接受"赋"真"值，表示拖曳完成，此时若拖曳模式为"move only"，那么数据源中被拖曳的数据将被删除；如果为事件数据端子"接受"赋"假"值，即使拖曳模式为"move only"，拖曳完成后，数据源中的数据依然存在。

（4）构建程序的退出机制，如图 4-198 所示。

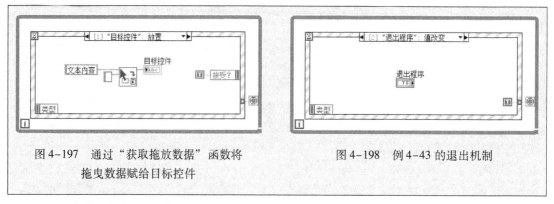

图 4-197　通过"获取拖放数据"函数将　　　　图 4-198　例 4-43 的退出机制
　　　　拖曳数据赋给目标控件

2）键事件　控件的键事件包括键按下、键释放、键重复，当通过 Tab 键选中前面板控件并在选中的控件上执行键盘的按键操作"键按下"、"键释放"、"键长按"时，分别触发控件的键按下、键释放、键重复事件。

3）鼠标事件　控件的鼠标事件包括鼠标在控件上按下、鼠标进入控件、鼠标离开控件、鼠标在控件上移动、鼠标在控件上释放。当鼠标在前面板某控件上单击、双击、右击、右键双击、滚轮单击、滚轮双击时触发控件的鼠标按下事件，该事件与 VI 窗格中的鼠标按下事件类似，读者可以参考例 4-41 中鼠标在前面板控件中的鼠标动作识别程序。

4）快捷菜单事件　控件的快捷菜单事件包括"快捷菜单激活？"、"快捷菜单选择？（应用程序）"、"快捷菜单选择（应用程序）"、"快捷菜单选择（用户）"。"快捷菜单激活？"是过滤事件，通过该事件可以实现启用或禁用控件快捷菜单的功能。当 VI 运行时，单击控件的快捷系统菜单，触发"快捷菜单选择（应用程序）"事件；单击控件自定义快捷菜单，触发"快捷菜单选择（用户）"事件。关于控件快捷菜单的编程和应用，读者可以参考 12.2 节的内容。

5）值改变事件　当前面板控件的值改变时，触发控件的值改变事件。对于控件的值改变事件，有两种不同的途径获取事件数据：第一种是直接通过控件获取控件的更新值；第二种是通过"值改变"事件分支的数据端子"新值"获取控件的更新值。在例 4-30 中的两种方法分别演示了两种获取控件值的途径，读者可以参考。

　　【注意】并不是控件的原值和新值不同时才触发值改变事件，即使控件的新值与原值相同也是可以触发值改变事件的。实际上，只要有对前面板控件或数据流的赋值操作，就可以触发值改变事件。有以下两种情况可以触发控件的值改变事件。

（1）对输入控件的赋值操作：通过键盘向输入控件输入数据或通过数值输入控件的"增量/减量按钮"为控件赋值，都可以触发控件的值改变事件。

（2）数据流的赋值操作：数据流的赋值操作是指从数据流连线、全局变量、局部变量、移位寄存器等数据节点处获取数据从而刷新显示控件的值。这种情况下，可以用控件的属性节点"值（信号）"触发值改变事件。这是个只读属性节点，只要有数据流入该属性节点就触发控件的值改变事件。控件还有一个"值"属性节点，这个属性节点只能传递数据，无法触发值改变事件。属性节点的获取方法是：在前面板控件或程序框图中控件对应的接线端子上右击，选择"创建—属性节点—值（信号）"。通过 VI 服务器，"值（信号）"属性节点还可以触发不同 VI 之间控件的值改变事件。

如图 4-199 所示，滑动杆控件的值改变事件属于用户对控件的赋值操作，而数值显示控件的值改变事件属于数据流的赋值操作。

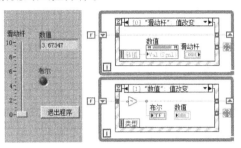

图 4-199 对控件和数据流的赋值操作

【例 4-44】在前面板创建两个控件：数值控件和布尔灯显示控件，当鼠标进入数值控件时点亮布尔灯，当鼠标离开数值控件时熄灭布尔灯，当鼠标滚轮在数值控件上按下时退出程序。

方法 1：

（1）按图 4-200 所示构建程序界面。

（2）如图 4-201 所示，在数值显示控件"循环次数"的"鼠标进入"事件分支中将"真"常量赋给矩形灯。当鼠标进入数值显示控件"循环次数"时，为矩形灯赋"真"值，点亮矩形灯。

图 4-200 例 4-44 的前面板

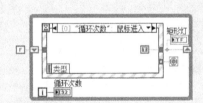

图 4-201 在"鼠标进入"事件
分支中点亮布尔灯

（3）如图 4-202 所示，在数值显示控件"循环次数"的"鼠标离开"事件分支中将"假"常量赋给矩形灯。当鼠标离开数值显示控件"循环次数"时，为矩形灯赋"假"值，熄灭矩形灯。

（4）如图 4-203 所示，在数值显示控件"循环次数"的"鼠标按下"事件中构建程序的退出机制。当鼠标滚轮在数值显示控件"循环次数"上按下时，事件数据端子"按钮"输出"3"，"等于？"函数输出"真"常量到 While 循环条件端子，循环退出。

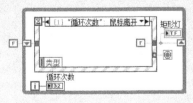

图 4-202 在"鼠标离开"事件分支中熄灭布尔灯

图 4-203 鼠标滚轮按下时退出程序

【**注意**】在 VI 运行状态下，当在控件上右击时，将弹出控件的快捷菜单。控件快捷菜单的大小如果超出控件的大小，LabVIEW 就认为鼠标离开了控件，这将造成错误的鼠标离开事件。通过在控件上右击，在弹出的快捷菜单中选择"高级—运行时快捷菜单—禁用"可以禁用控件快捷菜单，避免鼠标离开事件的误动作。

方法 2：当涉及重叠结构时，可以考虑使用局部变量或者控件的"值"属性节点在重叠结构的多个分支中实现对同一控件的读/写操作。

如图 4-204 所示，使用矩形灯的局部变量替代控件本身，在事件结构两个重叠的分支中修改矩形灯的值。在控件上右击，在弹出的快捷菜单中选择"创建—局部变量"，可以创建与控件绑定的局部变量。或者通过"VI 程序框图—函数选板—编程—结构—局部变量"，在程序框图中创建一个未绑定控件的局部变量。在空的局部变量上单击，在弹出的快捷菜单中将列出所有前面板中的控件，选择需要绑定的控件即可。另外，在局部变量上右击，在弹出的快捷菜单中选择"转换为读取（写入）"可以切换读/写状态。

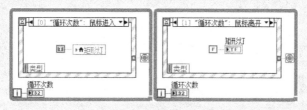

图 4-204　使用局部变量替代控件

如图 4-205 所示，用控件的"值"属性节点替代控件本身，在事件结构两个重叠的分支中修改矩形灯的值。在控件上右击，在弹出的快捷菜单中选择"创建—属性节点—值"，可以创建与控件绑定的"值"属性节点；在"值"属性节点上右击，在弹出的快捷菜单中选择"转换为读取（写入）"，可以切换读/写状态。

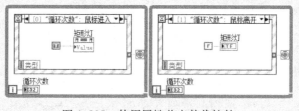

图 4-205　使用属性节点替代控件

由于控件是存在于 VI 前面板窗格中的，所以控件事件也是包含在窗格事件中的。当窗格事件与控件事件并存时，事件结构首先响应窗格事件，然后响应控件事件。例如，在 VI 前面板控件上按下鼠标时，将触发窗格的鼠标按下事件和控件的鼠标按下事件。事件结构首先响应窗格的鼠标按下事件，然后响应控件的鼠标按下事件，检测程序如图 4-206 所示。

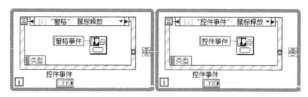

图 4-206　窗格事件与控件事件的响应顺序

4.3.5 多事件分支

LabVIEW 的事件结构可以支持多事件分支，在一个事件分支中注册多个事件。多事件分支中的一个事件触发时，这一事件分支就被执行。如图 4-207 所示，在一个事件分支中注册"波形图表"的"鼠标移动"事件和"窗格"的"鼠标按下"事件，当鼠标光标在波形图表控件中移动或

图 4-207　一个事件分支响应多个事件

在窗格中单击时，都可以触发该事件分支执行，实现连续的数据采集任务。

为一个事件分支注册多个事件是通过编辑事件对话框中的"添加事件"按钮实现的，也可以通过"删除"按钮删除多事件分支中的某个事件。在同一事件分支中添加多个事件的操作是这样的：单击"添加事件"按钮，在"事件说明符"中将创建空事件源和空事件，然后添加事件源和目标事件。

【例 4-45】 在一个事件分支中实现计算器程序。

例 4-27 中实现了两种区分多个按钮的办法，本例演示了多事件分支的使用，通过事件数据端子"控件引用"配合控件的属性节点，获取不同按钮的标签文本，达到区分按钮的目的。

（1）通过"VI 前面板—控件选板—新式—数值"，在前面板创建两个数值输入控件和两个数值显示控件，分别修改标签为"X"、"Y"、"计算结果"、"循环次数"。

（2）通过"VI 前面板—控件选板—新式—布尔—确定按钮"，在前面板创建六个按钮，修改它们的标签和布尔文本分别为"加"、"减"、"乘"、"除"、"清零"、"退出程序"。在按钮上右击，在弹出的快捷菜单中选择"机械动作—保持转换直到释放"使按钮被按下后可以自动弹起。

图 4-208　例 4-45 的程序界面

（3）按照图 4-208 所示布局程序界面。

（4）通过"VI 程序框图—函数选板—编程—结构—While 循环"，在程序框图中创建一个 While 循环。通过"VI 程序框图—函数选板—编程—结构—事件结构"，在程序框图中创建一个事件结构。在事件结构框体上右击，在弹出的快捷菜单中选择"编辑本分支所处理的事件"，在调出的"编辑事件对话框"中重新配置事件：在事件源中选择控件中的"加"，在事件中选择鼠标事件中的"鼠标释放"。单击"添加事件"按钮，然后在事件源中选择控件中的"减"，在事件中选择鼠标事件中的"鼠标释放"，为本分支添加"减"按钮的"鼠标释放"事件。同样，为本分支再添加"乘"、"除"、"清零"三个按钮的"鼠标释放"事件，如图 4-209 所示。

如图 4-210 所示，通过多事件分支的事件数据端子"控件引用" ＋布尔类的属性节点"标签" ＋条件结构实现多个按钮的区分和响应。

通过"VI 程序框图—函数选板—编程—应用程序控制—属性节点"，在程序框图中创

图 4-209　　一个事件分支注册多个事件

建一个属性节点。将事件数据端子"控件引用"的输出连接到属性节点的引用输入端，在属性节点上单击，在弹出的快捷菜单中选择"标签—文本"，可以得到布尔类的属性节点"标签文本"。或者在事件数据端子"控件引用"上右击，在弹出的快捷菜单中选择"创建—布尔类的属性—标签—文本"，也可以得到布尔类的属性节点"标签文本"。通过标签文本属性可以获取控件的标签，前面板按钮"加"、"减"、"乘"、"除"、"清零"的标签文本分别为"加"、"减"、"乘"、"除"、"清零"。当五个按钮中的一个按下时，事件结构被触发并进入多事件分支执行程序，多事件分支的事件数据端子"控件引用"返回该按钮的引用句柄，通过连接"标签文本"属性就可以获取该按钮的标签文本。由于五个按钮的标签文本不同，所以可以通过标签文本区分被按下的按钮。

（5）为条件结构创建五个条件分支：加、减、乘、除、清零。通过"VI 程序框图—函数选板—编程—数值"，在程序框图中创建"加"、"减"、"乘"、"除"四个函数。

（6）按照图 4-210 所示编程多事件分支中的响应程序。

（7）构建程序的退出机制如图 4-211 所示。

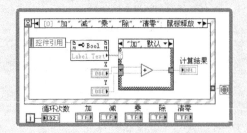

图 4-210　　五个按钮的"鼠标释放"事件

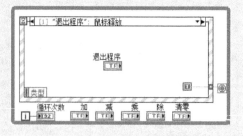

图 4-211　　例 4-45 的退出机制

4.3.6　事件结构应用

【例4-46】编程实现数组数据的添加、上移、下移、替换、删除。

本例通过事件结构+数组函数，实现数组的一系列操作，在事件结构各分支之间用移位寄存器共享数据。

（1）按图4-212所示，构建程序界面。

（2）按图4-213所示，构建"添加"按钮"鼠标释放"事件分支中的程序代码。"数组插入"函数只能在已有的数组元素中插入数据，当插入位置索引大于数组元素个数时，无法插入元素。如果原数组有两个元素，现在想要在原数组索引位置为五处插入元素，那么只有在原数组的第3、4两个索引位置补齐元素，才能在第5个索引位置插入元素。图4-213所示程序中，用For循环产生空字符串数组，达到补齐元素的目的。

图4-212　例4-46的程序界面

（3）按图4-214所示编辑"替换"按钮"鼠标释放"事件分支中的程序，该分支的功能是：用字符串输入控件中的文本替换索引位置处的元素。该分支中用到两个局部变量，局部变量是控件的替身。当在程序的多个分支中需要获取或者修改同一控件的值时，可以使用局部变量。局部变量的创建方法是：在需要创建局部变量的控件上右击，在弹出的快捷菜单中选择"创建—局部变量"。

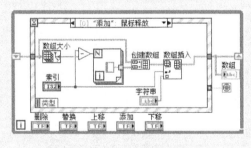

图4-213　向数组中添加元素

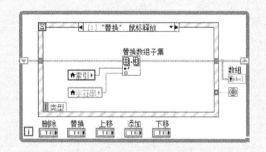

图4-214　替换数组元素

（4）按图4-215所示编辑"删除"按钮"鼠标释放"事件分支中的程序，该分支的功能是删除索引位置处的元素。

（5）按图4-216所示编辑"上移"按钮"鼠标释放"事件分支中的程序，该分支的功能是实现指定索引位置处元素的向上移动。

如图4-217所示，当元素移动到数组首位置时，不需要再向上移动，条件结构进入"真"分支执行程序。

（6）按图4-218所示编辑"下移"按钮"鼠标释放"事件分支中的程序，该分支的功能是实现指定索引位置处元素的向下移动。

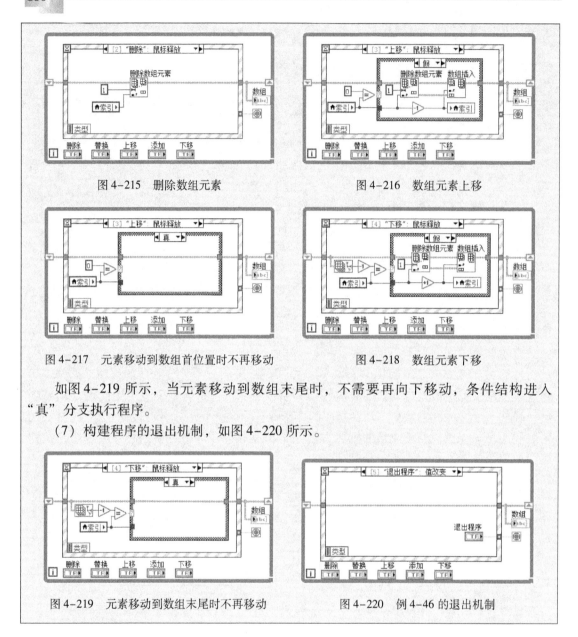

图 4-215　删除数组元素　　　　　　　　图 4-216　数组元素上移

图 4-217　元素移动到数组首位置时不再移动　　　图 4-218　数组元素下移

　　如图 4-219 所示，当元素移动到数组末尾时，不需要再向下移动，条件结构进入"真"分支执行程序。

　　（7）构建程序的退出机制，如图 4-220 所示。

图 4-219　元素移动到数组末尾时不再移动　　　图 4-220　例 4-46 的退出机制

4.4　顺序结构

　　顺序结构是使程序按顺序执行的结构，顺序结构一般由多个帧组成，每个帧中有相应的程序代码。顺序结构中的程序只能一帧一帧地执行，所以保证了程序的执行顺序。顺序结构分为平铺式顺序结构和层叠式顺序结构，平铺式顺序结构在程序框图中占用较大空间，但是所有帧的程序可以同时显示在计算机屏幕上，使程序代码的可读性大大提高。层叠式顺序结构在程序框图中占用的空间较小，结构紧凑，但是每次只能显示一帧程序，不利于程序的阅读。

　　LabVIEW 程序代码是自动多线程的编程语言，程序可以沿着多条并行的数据连线同时执行。顺序结构虽然可以保证程序的执行顺序，但它使得程序代码不能完全以并行的多线程方式运行，降低了程序的运行效率。

4.4.1 平铺式顺序结构

LabVIEW 的程序代码是自动多线程的，独立并行的连线上的程序代码都是从左向右独立并行地执行的。所谓并行地同时执行，实际上并不是严格地同时执行，并行的执行路径通过获取 CPU 的使用权（时间片）维持该线程运行。操作系统将计算机的 CPU 资源划分为时间片，所谓时间片是指 CPU 的一个很短的使用时间。每个并行的数据流路径使用完自己的时间片后将 CPU 的使用权交给操作系统，操作系统再将 CPU 的下一时间片交给另一个随机的并行数据流路径。由于时间片的时间长度非常短，所以认为多条并行的数据流执行路径是同时执行的。

如图 4-221 所示，程序中有四条并行执行的数据流路径，LabVIEW 中独立并行的数据流执行路径在程序框图中上、下、左、右的位置与执行顺序没有任何关系。图 4-221 中四条数据流执行路径的执行顺序是不确定的，由 LabVIEW 的执行系统随机确定。

如果想让两条独立的连线上的代码按照顺序先后执行，该怎样做呢？在 LabVIEW 中可以通过顺序结构实现代码的按顺序执行，如图 4-222 所示。

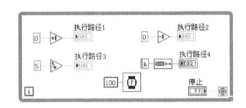

图 4-221 并行的程序执行路径

图 4-222 代码的同时执行与顺序执行

1. 平铺式顺序结构的创建

如图 4-223 所示，通过"VI 程序框图—函数选板—编程—结构—平铺式顺序结构"，可以创建 LabVIEW 的平铺式顺序结构。

新创建的平铺式顺序结构默认只有一帧，在顺序结构框体上右击，在弹出的快捷菜单中选择"在前面添加帧"或"在后面添加帧"，可以为顺序结构添加分支（帧）。

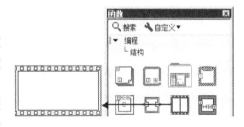

图 4-223 平铺式顺序结构

为每帧中添加一些程序代码，就可以按照顺序执行各帧中的程序了，平铺式顺序结构的执行顺序是从左到右。如图 4-224 所示，用平铺式顺序结构实现布尔灯每隔 200ms 闪烁一次。在控件上右击，在弹出的快捷菜单中选择"创建—局部变量"，可以创建一个与控件绑定的局部变量。在局部变量上右击，在弹出的快捷菜单中选择"转换为读取"或"转换为写入"可以实现读/写状态的转换。

2. 平铺式顺序结构数据传递

平铺式顺序结构中，帧与帧之间的数据传递可以通过隧道实现。连线可以直接穿过顺序结构进行数据的传递，连线与顺序结构框体交汇处自动产生隧道，如图 4-225 所示。

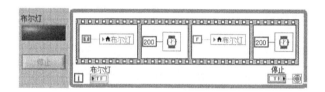

图 4-224　平铺顺序实现布尔灯闪烁

如图 4-226 所示，顺序结构每一帧的数据可以单独通过隧道输出，并不是等到所有的帧结束后一起输出数据。这和循环结构是不同的，循环结构只有正常结束后，才能输出数据到循环外部。

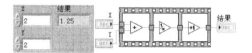

图 4-225　帧与帧之间通过隧道传递数据

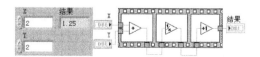

图 4-226　顺序结构内外交互

4.4.2　层叠式顺序结构

层叠式顺序结构与平铺式顺序结构实现的功能是相同的，都可以使程序代码按照先后顺序执行。

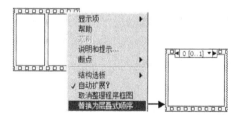

图 4-227　层叠式顺序结构

1. 层叠式顺序结构的创建

如图 4-227 所示，在平铺式顺序结构上右击，在弹出的快捷菜单中选择"替换为层叠式顺序"，可以创建层叠式顺序结构。

层叠式顺序结构原理与平铺式顺序结构相同，但比平铺式顺序结构更紧凑，占用程序框图的空间更少。新创建的层叠式顺序结构默认也只有一帧，可以通过快捷菜单项"在后面添加帧"或"在前面添加帧"为层叠式顺序结构添加帧。

如图 4-228 所示是用层叠式顺序结构实现图 4-224 所示平铺式顺序结构的程序。

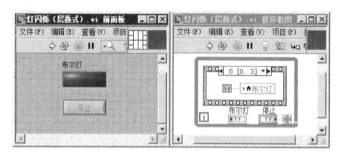

图 4-228　层叠式顺序结构实现布尔灯闪烁

如图 4-229 所示是层叠式顺序结构每帧中的程序代码。

2. 层叠式顺序结构的数据传递

层叠式顺序结构中，帧与帧之间的数据传递是通过"顺序局部变量"实现的。在层叠

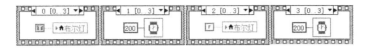

图 4-229　层叠式顺序结构的各帧

式顺序结构框体上右击，在弹出的快捷菜单中选择"添加顺序局部变量"，可以为层叠式顺序结构添加顺序局部变量。

如图 4-230 所示，没有初始化数据类型的顺序局部变量的外观是黄色的方框。

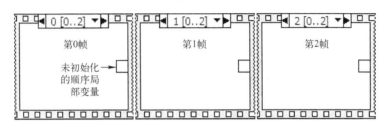

图 4-230　没有初始化数据类型的顺序局部变量

当有数据连接之后，方框颜色就变为该数据类型的颜色，同时顺序局部变量也有了数据流动方向，如图 4-231 所示。

第 0 帧中的箭头向右，说明数据输入层叠式顺序结构。在第 1 帧中，将第 0 帧的输入连接到第 1 帧的输出，通过顺序局部变量将数据传递到第 2 帧中。在第 2 帧中，将顺序局部变量输出端子连接到层叠式顺序结构边框上，即可将数据输出到层叠式顺序结构外部。如图 4-232 所示是用平铺式顺序结构实现图 4-231 的功能，平铺式顺序结构的隧道等同于层叠式顺序结构的顺序局部变量。

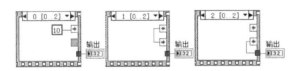　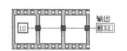

图 4-231　通过顺序局部变量在层叠式　　　　图 4-232　平铺式顺序结构实现
　　　　　　顺序结构间传递数据　　　　　　　　　　　　图 4-231 的功能

如图 4-233 所示是用层叠式顺序结构实现图 4-225 所示的平铺式顺序结构的功能。

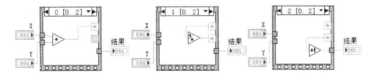

图 4-233　层叠式顺序结构实现图 4-225 所示程序功能

4.4.3　平铺式顺序与层叠式顺序的转换

实际上，平铺式顺序结构和层叠式顺序结构之间可以实现自动互换。在平铺式顺序结构框体上右击，在弹出的快捷菜单中选择"替换为层叠式顺序"，可以将平铺式顺序结构替换为层叠式顺序结构，如图 4-234 所示。

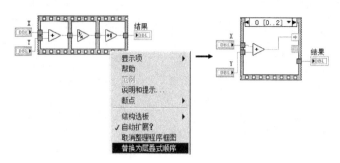

图 4-234　平铺式顺序结构替换为层叠式顺序结构

在层叠式顺序结构边框上右击，在弹出的快捷菜单中选择"替换为平铺式顺序"，可以将层叠式顺序结构替换为平铺式顺序结构，如图 4-235 所示。

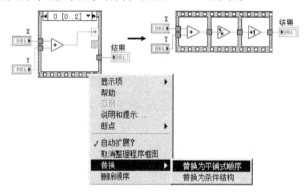

图 4-235　层叠式顺序结构替换为平铺式顺序结构

4.5　公式节点

在 LabVIEW 编程应用中，使用数值运算函数进行复杂的运算显得力不从心，而且程序代码不紧凑，程序的可阅读性较差。在实际的编程应用中，一般使用公式节点实现复杂的公式计算。在 LabVIEW 的公式节点中可以编辑 C 语言代码，支持 C 语言的 Break 语句、Continue 语句、条件语句、循环语句、Switch 语句，可以将公式节点理解为 LabVIEW 与 C 语言的交互窗口。

公式节点是一种在程序框图上执行运算的文本节点，类似于一个单独的 For 循环、While 循环、条件结构、层叠式顺序结构或平铺式顺序结构。LabVIEW 中与 C 语言一样，可将注释的内容放在/＊＊/中，如/＊注释内容＊/，或在注释文本之前添加两条斜杠，如//注释内容。

> 【注意】LabVIEW 公式节点不支持布尔类型，遇到布尔类型的情况时可以将布尔值转换为"0"和"1"。

通过"VI 程序框图—函数选板—编程—结构—公式节点"，可以在程序框图中创建一个公式节点，如图 4-236 所示。

在公式节点的框体上右击，在弹出的快捷菜单中选择"添加输入"和"添加输出"，可以为公式节点添加输入/输出参数，如图 4-237 所示。

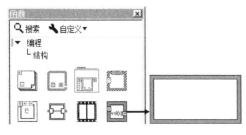

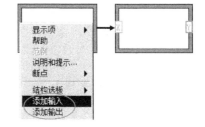

图 4-236 公式节点 　　　　　图 4-237 公式节点的输入/输出参数

在公式节点的框体中可以一次实现多个公式的编辑，如图 4-238 所示为用公式节点实现三个计算公式，每个公式的末尾用英文输入法下的分号标记，表示一条完整的语句。

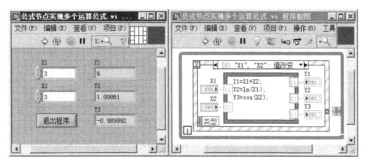

图 4-238 用公式节点实现三个运算式

【例 4-47】画出函数 $y = \cos x \ln x$ 的曲线。

本例通过 For 循环和公式节点实现图形的绘制。

（1）通过"VI 前面板—控件选板—新式—图形—波形图表"，在前面板创建一个波形图表控件。

（2）通过"VI 程序框图—函数选板—编程—结构—For 循环"，在程序框图中创建一个 For 循环结构。

（3）通过"VI 程序框图—函数选板—编程—结构—公式节点"，在程序框图中创建一个公式节点。

（4）在公式节点框体上右击，在弹出的快捷菜单中选择"添加输入"和"添加输出"，为公式节点创建输入/输出参数并分别命名为"X"和"Y1"。

（5）按图 4-239 所示编辑程序。

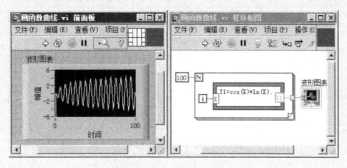

图 4-239 公式节点绘图

公式节点的框体内部就是一个 C 语言的编程区域，在这个区域里不仅可以实现简单的 C 语言算法，还可以实现 C 语言的结构。

【例 4-48】 用公式节点实现计算累加和 $1 + 2 + 3 + \cdots + 100$。

本例通过公式节点实现 $1 \sim 100$ 之间整数的累加，公式节点本身支持 C 语言的 For 循环和 While 循环。公式节点框体内如果编辑了 C 语言循环结构，则无须再为公式节点加入 LabVIEW 的循环结构。

方法 1：如图 4-240 所示，在公式节点中定义了输出数据类型为浮点数，通过 For 循环实现计算 $1 + 2 + 3 + \cdots + 100$ 的累加和。

图 4-240　通过 C 语言的 For 循环实现 $1 \sim 100$ 的累加

方法 2：如图 4-241 所示，通过 C 语言的 While 循环实现计算 $1 + 2 + 3 + \cdots + 100$ 的累加和。

图 4-241　通过 C 语言的 While 循环实现 $1 \sim 100$ 的累加

【例 4-49】 编程用公式节点产生随机数。

如图 4-242 所示，在公式节点中定义一个浮点数组的输出，通过 C 语言的 While 循环生产一个 6 元素的随机数数组，C 语言中的随机数函数为 "rand( )"。

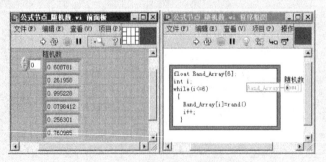

图 4-242　用公式节点产生随机数数组

【例 4-50】 编程用公式节点实现例 4-26 中的分段函数。

如图 4-243 所示，通过 C 语言的 if 语句实现分段函数的功能。

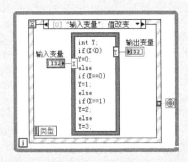

图 4-243　通过 C 语言的 if 语句实现分段函数

【例 4-51】 用公式节点实现位运算。

利用 C 语言的位运算符可以实现位操作，本例通过"移位运算符"和"数值至布尔数组转换"函数（"VI 程序框图—函数选板—编程—布尔—数值至布尔数组转换"）实现流水灯程序。如图 4-244 所示，For 循环移位寄存器初始化数据"1"，通过 For 循环移位 8 次，实现流水灯。

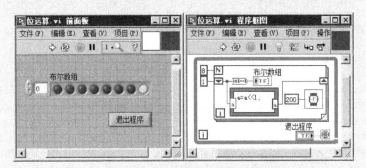

图 4-244　用公式节点实现流水灯程序

第5章　属性节点和方法

　　属性是事物或对象本身所固有的性质，如事物的形状、颜色、大小等都是事物的属性。人类有黄种人、白种人、黑种人，肤色就是人类的一个属性。字符串控件有"可见"、"闪烁"、"背景颜色"、"大小"、"键选中"等属性，VI 具有"VI 路径"、"VI 类型"、"VI 所属应用程序"等属性，VI 前面板具有"是否允许关闭"、"是否允许最大化"等属性，应用程序类包括"版本号"、"操作系统名称"等属性。在 LabVIEW 中，节点是数据输入或输出的连线点，通过连线可以向节点输入数据或从节点获取数据。将属性和节点关联在一起即为"属性节点"，那么可以这样理解属性节点：属性节点是 LabVIEW 对象属性数据输入或输出的连线点。LabVIEW 中的大多数属性节点具有读和写两种状态，通过属性节点的读状态获取对象的某项属性数据，通过属性节点的写状态写入数据到对象达到设置该对象某项属性的目的。

　　方法是获取对象更高权限属性或者实现某些高级功能的途径，LabVIEW 中的控件、VI 以及应用程序都有自己的属性和方法。在 LabVIEW 的程序设计中，一般称方法为调用节点。

5.1　控件的属性节点

　　在 LabVIEW 的编程应用中，最常用的是控件的属性节点。在控件或程序框图中控件的接线端子上右击，在弹出的快捷菜单中选择"创建—属性节点"，可以在程序框图中创建与控件绑定的属性节点。这样所创建的属性节点是已经实例化（绑定）到 LabVIEW 某个具体控件的属性节点，可以直接通过绑定到对象的属性节点获取或修改该对象的属性数据。但是，这样创建的属性节点依靠控件而存在，删除前面板控件的同时其属性节点将被一起删除。

　　通过在属性节点上右击，在弹出的快捷菜单中选择"链接至—窗格"，并选择窗格中的某个控件，可以将该属性节点重新绑定到其他控件，也就是将该属性节点实例化为其他控件的同一项属性。

　　在属性节点上右击，在弹出的快捷菜单中选择"断开链接控件"可以实现属性节点的"去实例化"操作，重新使已经实例化到控件的属性节点变为没有实例化的属性节点，使属性节点断开与控件的绑定。"去实例化"操作后，属性节点增加了引用句柄输入端，需要连接具体对象的引用句柄，才能重新关联到具体对象。

　　如图 5-1 所示，通过数值输入控件的"值"属性节点将数值输入控件的值赋为"10"。可以看到，通过右键创建的属性节点没有句柄输入端，由于已经实例化（绑定）到具体对象，所以不需要句柄输入端。值得注意的是："值"属性节点具有读和写两种状态，可以通过"值"属性节点获取控件的值，也可以通过"值"属性节点

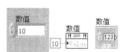

图 5-1　通过数据流向
输入控件赋值

向控件写入数据。这样就打破了 LabVIEW 输入控件和显示控件的界限，借助属性节点，可以通过数据流向输入控件赋值或者从显示控件中获取数据。

【例 5-1】　编程实现控件的可视与不可视。

LabVIEW 控件具有可见和不可见的属性，通过控件类的属性节点"可见"可以设置控件在前面板的可视状态。本例的程序界面如图 5-2 所示，单击"不可见"按钮时，前面板布尔指示灯控件将隐藏；单击"可见"按钮时，前面板布尔指示灯控件可见。

（1）通过"VI 前面板—控件选板—新式—布尔—圆形指示灯"，在前面板创建一个圆形布尔指示灯。通过"VI 前面板—控件选板—新式—布尔—确定按钮"，在前面板创建三个按钮，并将标签和布尔文本分别修改为"可见"、"不可见"、"退出程序"。分别在三个按钮上右击，在弹出的快捷菜单中选择"机械动作—保持转换直到释放"。

（2）按照图 5-2 所示构建程序界面。

（3）通过"VI 程序框图—函数选板—编程—结构—While 循环"，在程序框图中创建一个 While 循环。

（4）通过"VI 程序框图—函数选板—编程—结构—事件结构"，在程序框图中创建一个事件结构，为事件结构添加"可见"按钮的"鼠标释放"事件。

（5）在圆形布尔指示灯控件上右击，在弹出的快捷菜单中选择"创建—属性节点—可见"，为圆形布尔指示灯控件创建"可见"属性。在属性节点上右击，在弹出的快捷菜单中选择"转换为写入"，按照图 5-3 所示编程。当单击"可见"按钮时，使圆形布尔指示灯可视。

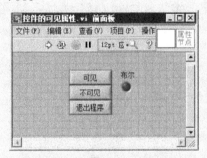

图 5-2　例 5-1 程序界面

图 5-3　使布尔指示灯可见

（6）在事件结构上右击，在弹出的快捷菜单中选择"复制事件分支"，在弹出的"编辑事件"对话框中配置"不可见"按钮的"鼠标释放"事件。这样"可见"按钮的"鼠标释放"事件分支中的程序代码就复制到"不可见"按钮的"鼠标释放"事件分支中了。如图 5-4 所示，将布尔常量设置为"假"，当单击"不可见"按钮时，使圆形布尔指示灯不可见。

（7）构建程序的退出机制，如图 5-5 所示。

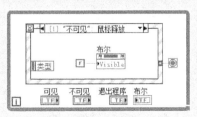

图 5-4　使布尔指示灯不可见

图 5-5　例 5-1 的退出机制

5.2　属性的类层次结构

LabVIEW 的主流编程思想虽然不是面向对象的编程思想，但是 LabVIEW 中的属性节点和方法却应用了面向对象的类的继承思想。LabVIEW 的属性节点和方法具有类层次结构，如果想查找某一 LabVIEW 属性节点，可以通过类的继承思想层层向下递推找到目标属性节点。LabVIEW 所有属性类的继承都是从 VI 服务器开始的，它是所有 LabVIEW 属性类的基类。经常用到的控件的各种属性是从通用类—图形对象类—控件类继承得到的，所以控件类具有其祖先类通用类和图形对象类的所有属性。通过 LabVIEW 属性节点的类层次结构来学习 LabVIEW 的属性和方法，是一种很好的学习途径。

在 LabVIEW 的程序设计中，通过"类说明符常量"（"VI 程序框图—函数选板—编程—应用程序控制 —类说明符常量"）可以迅速地获取某个类的引用句柄。在"类说明符常量"上单击，选中要获取的目标类，然后在"类说明符常量"上右击，在弹出的快捷菜单项"创建"中将出现该类的所有属性和方法。单击这些属性选项，就可以在程序框图中创建相应的属性节点。

LabVIEW 中经常出现"引用句柄"这一概念，引用句柄类似于类的指针。将对象的引用句柄连接到"属性节点"函数，并在"属性节点"函数上单击选择相应的属性，可以得到实例化（具体化）到该对象的属性节点。通过"VI 程序框图—函数选板—编程—应用程序控制"，可以获取类的转换函数："转换为特定的类"函数和"转换为通用的类"函数。前者把当前引用句柄转换成更为具体的类（子类）的引用句柄，后者把当前引用句柄转换成更为通用的类（父类）的引用句柄。

类是面向对象的编程设计的基本思想，在面向对象的编程中，通过类的不断继承完善应用程序。LabVIEW 的属性类也是采用了类的继承思想，由一个基本类向下衍生出子孙类，进而不断丰富属性节点。

实例化也是类思想中的一个重要概念。所谓实例化就是将抽象的属性概念指定到具体对象的过程。如果将"肤色"这一属性实例化（指定）到具体的对象——欧洲人、亚洲人、非洲人，将得到不同的属性数据：白色、黄色、黑色。这样就得到了"肤色"这一属性的三个实例：欧洲人的肤色、亚洲人的肤色、非洲人的肤色。通过"欧洲人的肤色"这一属性获取的属性数据是白色，通过"亚洲人的肤色"这一属性获取的属性数据是黄色，通过"非洲人的肤色"这一属性获取的属性数据是黑色。

类是抽象的概念，只有将具体对象的引用句柄连接到抽象的属性类，才能得到具体对象的属性数据。属性节点的实例化操作是指将具体对象的引用句柄连接到"属性节点"函数，得到某个具体对象的某项属性。LabVIEW 是很智能的编程语言，当找到 LabVIEW 某个对象的引用句柄时，可以在句柄的输出端子上右击，在弹出的快捷菜单项"创建"中，Lab-VIEW 自动为句柄识别属性类。

LabVIEW 中属性的类层次结构如图 5-6 所示，LabVIEW 所有属性类的基类是 VI 服务器，向下派生出应用程序类、通用类、项目类、项目项类、场景类、变量类、VI 类。通用类向下派生出图形对象类，图形对象类向下派生出控件类、修饰类、窗格类、前面板类、标尺类、分隔栏类。通用类及其子类是 LabVIEW 编程中常用的类，希望读者能熟练掌握。

LabVIEW 属性的类层次结构是 LabVIEW 软件本身编写好的，通过具体对象的引用句柄

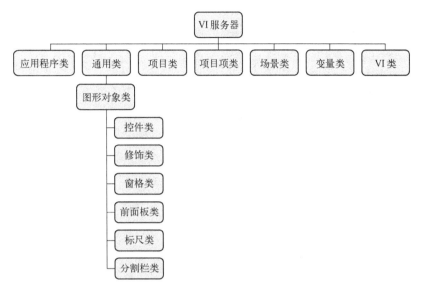

图 5-6 属性节点的类层次结构

可以对属性节点进行正确的实例化。对于 LabVIEW 对象而言，在编程中应用最多的是 Lab-VIEW 的控件，前面板控件的引用句柄可以通过前面板类的属性节点"控件[ ]"获取，该属性节点返回的句柄数组中包含了前面板所有控件的引用句柄。

【**例 5-2**】通过属性节点的实例化，修改前面板控件值。

实际上，控件的"值"属性节点是通过通用类—图形对象类—控件类继承得到的，要将"值"属性实例化到具体的对象，需要具体对象的引用句柄。通过"VI 类—前面板类—控件[ ]"，可以得到前面板类的属性节点"控件[ ]"，该属性的返回数据正是前面板所有控件的引用句柄。

如图 5-7 所示，前面板有三个 LabVIEW 控件，通过属性节点"控件[ ]"得到的是前面板控件的引用句柄数组，数组中的元素即为前面板三个控件的引用句柄。从 For 循环索引输出的不同控件的引用句柄连接到三个条件分支中的"值"属性节点，可以将控件类的"值"属性实例化到三个不同控件：数值控件、字符串控件、布尔控件，这样就可以为三个控件赋值或从这三个控件中获取数据。

对于属性节点"控件[ ]"输出的三个控件的引用句柄的顺序，默认是 LabVIEW 对象在前面板被创建的先后顺序，也就是 VI 运行时"Tab"键的选中顺序。在 VI 运行状态下，VI 前面板控件被"Tab"键选中的顺序与从属性节点"Control[ ]"中获取的前面板控件句柄的先后顺序是对应的。通过 VI 菜单项"编辑"中的子菜单"设置 Tab 键顺序"可以查看和设置前面板控件的"Tab"键选中顺序，读者可以参考 2.3.2 小节中关于"设置 Tab 键顺序"的详细内容。

（1）通过"VI 前面板—控件选板—新式"，在 VI 前面板创建三个输入控件：数值输入控件、字符串输入控件、布尔输入控件。

（2）通过"VI 程序框图—函数选板—编程—应用程序控制—VI 服务器引用"，在程序框图中创建一个"VI 服务器引用"函数和三个"属性节点"函数。

按图 5-7 所示编程，将"VI 服务器引用"函数句柄输出端连接到"属性节点"函数的句柄输入端，然后在"属性节点"函数上单击，在弹出的快捷菜单中选择"前面板"。将属性节点"前面板"的输出句柄连接到另一个"属性节点"函数，并在"属性节点"函数上单击，在弹出的快捷菜单中选择"控件[ ]"。将"控件[ ]"的输出连线到 For 循环的框体上形成一个索引，这样就可以通过属性节点"控件[ ]"得到前面板所有控件的引用句柄了。在条件结构的分支 0 中放置一个"属性节点"函数，将 For 循环的句柄索引输出端连接到该"属性节点"函数的句柄输入端。在"属性节点"函数上单击，选择"值"属性，这样就创建了控件类的属性节点"值"。由于已经连接到前面板控件的引用句柄，所以此时的"值"属性节点与前面板数值输入控件绑定（数值控件的 Tab 键选中顺序为 0）。

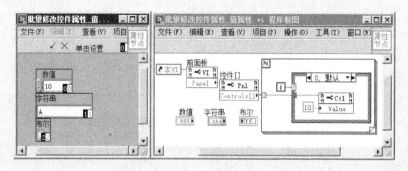

图 5-7　实例化（绑定）到数值控件的"值"属性

实际上，也可以通过快捷菜单自动创建属性节点。在"VI 服务器引用"函数上右击，选择"创建—VI 类的属性—前面板"，可以自动创建一个 VI 类的属性节点"前面板"。在 VI 类的属性节点"前面板"上右击，在弹出的快捷菜单中选择"创建—前面板类的属性—控件[ ]"，可以在程序框图中创建一个前面板类的属性节点"控件[ ]"。通过前面板类的属性节点"控件[ ]"可以获取所有前面板控件的引用句柄，其中方括号"[ ]"表示返回的是"多个"控件的引用句柄。将"控件[ ]"的句柄输出连接到 For 循环框体上，形成 For 循环索引。在 For 循环索引输出端右击，在弹出的快捷菜单中选择"创建—控件类的属性节点—值"，这样就创建了与控件绑定的"值"属性节点。

在属性节点上右击，在弹出的快捷菜单中选择"名称格式—长名称"可以将属性节点中的英文切换为中文，如果选择"名称格式—短名称"可以将中文重新切换为英文。

（3）根据图 5-7 所示，编辑条件结构分支 1 中的程序。如图 5-8 所示，由于字符串的"Tab"键选中顺序为"1"，所以属性节点"控件[ ]"输出的第 1 个元素是字符串控件的引用句柄，条件分支 1 中是实例化到字符串控件的"值"属性节点。

（4）如图 5-9 所示，为条件结构添加条件分支 2。由于布尔控件的"Tab"键选中顺序为"2"，所以属性节点"控件[ ]"返回的第 2 个元素是布尔控件的引用句柄，条件分支 2 中是实例化到布尔控件的"值"属性节点。

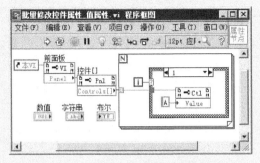
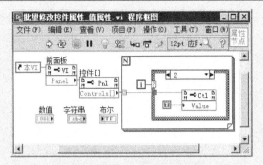

图 5-8　实例化（绑定）到字符串　　　　　图 5-9　实例化（绑定）到布尔
　　　　控件的"值"属性　　　　　　　　　　　　控件的"值"属性

【例 5-3】编程将字符串控件中的文本字体设置为楷体。

方法 1：

（1）通过"VI 前面板—控件选板—新式—字符串与路径—字符串输入控件"，在前面板创建一个字符串输入控件。

（2）在程序框图中字符串控件的接线端子上右击，在弹出的快捷菜单中选择"创建—属性节点—文本—字体—全部元素"，创建与字符串控件绑定的文本类的属性节点"字体"。这是一个簇，簇中包含了关于字符串文本字体格式的所有信息。在属性节点"Text. Font"上右击，在弹出的快捷菜单中选择"转换为写入"，切换到写入模式。

（3）在属性节点"Text. Font"上右击，在弹出的快捷菜单中选择"创建—输入控件"，为其创建一个簇数据输入控件。

（4）按照图 5-10 所示设置簇控件并运行程序。

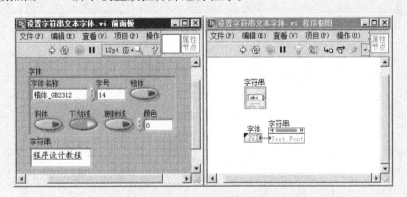

图 5-10　通过控件快捷菜单获取"Text. Font"属性

方法 2： 图 5-10 所示程序是通过控件的快捷菜单自动创建与控件绑定的属性节点，也可以通过前面板控件的引用句柄，实例化"属性节点"函数到具体控件。通过属性节点"控件[ ]"只能获取实例化到控件类的引用句柄，如果要向下获取更具体的子类（字符串类）的引用句柄，需要使用"转换为特定的类"函数将控件类的引用句柄向下转换为更具体的子类（字符串类）句柄。将这个实例化到字符串类的引用句柄连接到"属性节点"函数，就可以获取字符串类的属性，程序的代码如图 5-11 所示。

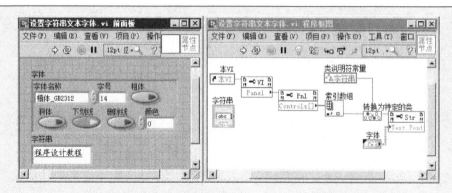

图 5-11　向下继承得到"Text. Font"属性

（1）通过"VI 程序框图—函数选板—编程—应用程序控制—VI 服务器引用"，在程序框图中创建一个"VI 服务器引用"函数。

（2）在"VI 服务器引用"函数上右击，在弹出的快捷菜单中选择"创建—VI 类的属性—前面板"，创建一个 VI 类的属性节点"前面板"。

（3）在 VI 类的属性节点"前面板"上右击，在弹出的快捷菜单中选择"创建—前面板类的属性—控件[ ]"，在程序框图中创建一个前面板类的属性节点"控件[ ]"。

（4）通过"VI 程序框图—函数选板—编程—数组—索引数组"，在程序框图中创建一个"索引数组"函数。将前面板类的属性节点"控件[ ]"的输出连接到"索引数组"函数的输入端，"索引数组"函数的索引输入端保持默认的 0（获取"控件[ ]"的第 0 个元素），可以返回 VI 前面板字符串控件的引用句柄（设置字符串控件的"Tab"键选中顺序为 0）。

（5）通过"VI 程序框图—函数选板—编程—应用程序控制—转换为特定的类"，在程序框图中创建一个"转换为特定的类"函数。将"索引数组"函数的输出连线到"转换为特定的类"函数的输入。

（6）在"转换为特定的类"函数的"目标类"输入端上右击，在弹出的快捷菜单中选择"创建—常量"，为目标类输入端创建"类说明符常量"（或者通过"VI 程序框图—函数选板—编程—应用程序控制—类说明符常量"，创建类说明符常量）。单击类说明符常量，选择"通用类—图形对象类—控件类—字符串—字符串"。

（7）在"转换为特定的类"函数的输出端右击，在弹出的快捷菜单中选择"字符串类的属性—文本—字体—全部元素"，创建文本类的属性节点"Text. Font"。在属性节点"Text. Font"上通过快捷菜单创建输入控件。

【例 5-4】 批量修改前面板修饰对象的属性。

VI 前面板中的修饰对象也有属性节点，通过这些属性节点可以修改修饰对象的颜色、长度等属性。通过 VI 前面板类的属性节点"Decos[ ]"（修饰），可以获取 VI 前面板所有修饰对象的引用句柄。

（1）通过"VI 前面板—控件选板—新式—修饰"，在 VI 前面板创建三个修饰对象：细线、细分隔线、粗线。

（2）通过"VI 程序框图—函数选板—编程—应用程序控制—VI 服务器引用"，在程序框图中创建一个"VI 服务器引用"函数。

（3）在"VI 服务器引用"函数上右击，在弹出的快捷菜单中选择"创建—VI 类的属性—前面板"，创建一个 VI 类的属性节点"前面板"。

（4）在 VI 类的属性节点"前面板"上右击，在弹出的快捷菜单中选择"创建—前面板类的属性—修饰[ ]"，通过前面板类的属性"修饰[ ]"可以获取 VI 前面板所有修饰对象的引用句柄。

（5）通过"VI 程序框图—函数选板—编程—结构—For 循环"，在程序框图中创建一个 For 循环结构。

（6）通过"VI 程序框图—函数选板—编程—应用程序控制—属性节点"，在程序框图中创建一个"属性节点"函数。

（7）通过"VI 程序框图—函数选板—编程—对话框与用户界面—颜色盒常量"，在程序框图中创建一个颜色盒常量。

（8）按图 5-12 所示连线，在"属性节点"函数上单击，选择修饰类的属性节点"颜色—前景色"。

图 5-12　批量修改修饰对象的属性

5.3　LabVIEW 的属性类

LabVIEW 的属性类是按照面向对象的编程思想组织的，通过类的继承，不断丰富 LabVIEW 对象的属性。LabVIEW 属性类种类繁多，记住所有的类属性是很困难的，但是可以通过类的继承关系递推得到所有类属性。在编程应用中，读者应该掌握常用属性类的用法，常用的属性类有"VI 类"、"通用类"及其通用类的诸多子类。

5.3.1　通用类

通用类是由 VI 服务器类派生出的类，通用类包括对象所属 VI、类 ID、类名、所有者四个属性。

1. 对象所属 VI

对象所属 VI 为只读属性，该属性返回 LabVIEW 对象所在 VI 的引用句柄。如图 5-13 所示，前面板的三个控件：数值控件、字符串控件、布尔控件，存在于 VI 前面板中，它们的所属 VI 就是本 VI。通过通用类的属性"对象所属 VI"，可以获取对象所在 VI 的引用句柄。

图 5-13 中前面板的三个控件属于同一个 VI，通过三个控件的"对象所属 VI"属性获取的是同一个 VI（本 VI）的引用句柄。连接 VI 类的属性节点"前面板窗口—标题"，可以获取同一个 VI（本 VI）的窗口标题（VI 前面板或者程序框图窗口标题栏中的文本）。

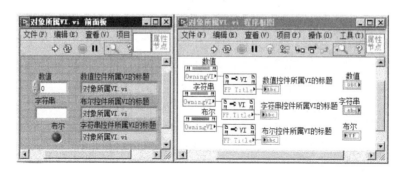

图 5-13　通过控件获取本 VI 的引用句柄

【例 5-5】编程通过前面板控件的属性节点"对象所属 VI"，向下递推得到前面板控件的"标题文本"属性。

本例的程序如图 5-14 所示，功能是通过控件"对象所属 VI"属性获取本 VI 的引用句柄，然后通过本 VI 的引用句柄向下层层递推，得到 VI 前面板所有控件的标题属性。

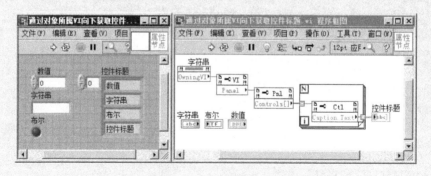

图 5-14　对象所属 VI

【注意】如果是新创建的控件（新创建的控件默认只创建控件标签，而没有创建控件标题），应该首先创建控件的标题：在新建控件上右击，在弹出的快捷菜单中勾选"标题"选项，并为其输入内容。LabVIEW 只能操作创建了的属性，如果没有创建控件的标题，那么在操作标题的相关属性时 LabVIEW 将报错。控件的其他属性也具有类似的特性，要想通过编程修改 LabVIEW 对象的某个属性，必须先创建该属性。当 LabVIEW 报错时，要根据报错内容查找错误的原因，分析并纠正错误，通过不断查找错误并解决问题可以迅速提高编程水平。

（1）通过"VI 前面板—控件选板—新式—数值—数值输入控件"，在前面板创建一个数值输入控件。通过"VI 前面板—控件选板—新式—字符串与路径—字符串输入控件"，在前面板创建一个字符串输入控件。通过"VI 前面板—控件选板—新式—布尔—圆形指示灯"，在前面板创建一个布尔指示灯。

（2）在三个控件中的任意一个上右击，在弹出的快捷菜单中选择"创建—属性节点—对象所属 VI"，均可以创建通用类的属性"对象所属 VI"。由于三个控件都是 VI 前面板对象，所以它们都具有"对象所属 VI"属性，而且通过所有前面板对象的"对象所属 VI"属性节点获取的 VI 引用都是相同的，即本 VI 的引用句柄。

（3）通过"对象所属 VI"返回的 VI 引用句柄向下逐级递推获取所有前面板控件的标题。在属性节点"对象所属 VI"上右击，在弹出的快捷菜单中选择"创建—VI 类的属性—前面板"，在程序框图中创建一个 VI 类的属性节点"前面板"。在属性节点"前面板"上右击，在弹出的快捷菜单中选择"创建—前面板类的属性—控件[ ]"，在程序框图中创建一个前面板类的属性节点"控件[ ]"，其中的方括号"[ ]"表示多个，通过前面板类的属性"控件[ ]"可以获取所有前面板控件的引用句柄。

（4）通过"VI 程序框图—函数选板—编程—结构—For 循环"，在程序框图中创建一个 For 循环。将属性节点"控件[ ]"的输出连线到 For 循环的框体形成索引，在 For 循环索引输出端子上右击，在弹出的快捷菜单中选择"创建—控件类的属性—标题—文本"可以获取控件的属性节点"标题文本"。按照图 5-14 所示连线，其中的属性节点"Caption. Text"是控件的属性节点"标题文本"，通过该属性节点可以设置或获取控件的标题。将"标题文本"的数据输出端通过 For 循环的索引组织成数组输出到 For 循环外的数组中。

上面介绍的是通过右击获取属性节点，还可以通过"属性节点"函数获取属性节点。通过"VI 程序框图中—函数选板—编程—应用程序控制—属性节点"，在程序框图中创建三个属性节点函数。将"对象所属 VI"的输出句柄连接到其中一个属性节点函数上并单击，选择"前面板"，可以获取 VI 类的属性节点"前面板"。将属性节点"前面板"的输出句柄连接到"属性节点"函数的句柄输入端并单击，选择"控件[ ]"，可以获取前面板类的属性节点"控件[ ]"。通过 For 循环的索引将属性节点"控件[ ]"的输出连接到 For 循环内部的"属性节点"函数，单击并选择"标题—文本"，可以获取控件类的属性节点"标题文本"。

【注意】只有先将相应的引用句柄连接到属性节点函数上，才可以通过单击选择属性，否则属性项不可用。

2. 类 ID

类 ID 是 LabVIEW 对象的类标识符，只读属性，返回数据类型为 32 位无符号长整型，通过该属性可以识别 LabVIEW 中某一类对象。如图 5-15 所示，字符串类控件的类 ID 为"27"，布尔类控件的类 ID 为 8，数值类控件的类 ID 为"18"。

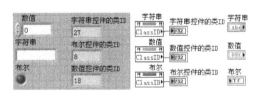

图 5-15　类 ID

表 5-1 列出了常用控件的类名和类 ID，有些类名（类 ID）并不是指某个控件，而是代表某类控件。例如，类 ID 为"21"的"滑动杆类控件"包括滑动杆、进度条、刻度条、温度计、液罐等；类 ID 为"32"的"旋钮控件"包括旋钮、转盘、仪表、量表。

表 5-1　常用的类名和类 ID

中文名称	类名	类 ID	中文名称	类名	类 ID
修饰类	Decoration	4	颜色盒	ColorBox	7
布尔类控件	Boolean	8	变体类控件	LVVariant	10
路径	Path	11	列表框	ListBox	12
表格控件	Table	13	数组	Array	14
ActiveX 容器	ActiveXContainer	16	数值类控件	Digital	18
滑动杆	Slide	21	波形图表	WaveformChart	23
波形图	WaveformGraph	24	强度图表	IntensityChart	25
强度图	IntensityGraph	26	字符串	String	27
组合框控件	ComboBox	29	簇	Cluster	30
旋钮控件	Knob	32	下拉列表	Ring	34
枚举控件	Enum	35	多列列表框	Multicolumn Listbox	46
VISA 资源名称控件	VISAResource Name	50	选项卡控件	TabControl	55
子面板	SubPanel	65	树形控件	TreeControl	66

【例 5-6】 在前面板创建一个簇控件，在簇控件中创建三个数值控件和三个字符串控件。编程为数值控件赋值 "100"，为字符串控件赋值 "A"。

方法 1： 通过 LabVIEW 对象的 "类 ID" 属性可以获取某类对象的 ID，进而可以批量修改 VI 前面板对象的属性。

（1）通过 "VI 前面板—控件选板—新式—数组、矩阵与簇—簇"，在前面板创建一个簇控件。

（2）通过 "VI 前面板—控件选板—新式—数值—数值输入控件"，在前面板创建三个数值输入控件并拖动到簇控件中。通过 "VI 前面板—控件选板—新式—字符串与路径—字符串输入控件"，在前面板创建三个字符串输入控件并拖动到簇控件中。

图 5-16　例 5-6 的程序界面

（3）按照图 5-16 所示构建前面板界面。布局簇中控件的位置时，可以在簇控件边框上右击，在弹出的快捷菜单中通过 "自动调整大小" 选项下的 "调整为匹配大小"、"水平排列"、"垂直排列" 三个选项调整簇中控件的布局。

（4）在簇控件上右击，在弹出的快捷菜单中选择 "创建—属性节点—控件[ ]"，获取簇类的属性节点 "控件[ ]"，通过簇类的属性节点 "控件[ ]" 可以获取簇中所有控件的引用句柄。

（5）通过 "VI 程序框图—函数选板—编程—应用程序控制—属性节点"，在程序框图中创建四个属性节点函数。通过 "VI 程序框图—函数选板—编程—簇、类与变体—变体—转换为变体"，在程序框图中创建两个 "转换为变体" 函数。

（6）通过 "VI 程序框图—函数选板—编程—结构"，在程序框图中创建 For 循环、条件结构。

（7）按照图 5-17 所示连线，编程批量修改数值控件属性的程序代码。数值控件的类 ID 为"18"，通过属性节点"类 ID"和"值"属性节点给簇中所有的数值控件赋值"100"。

按照图 5-18 所示连线，编程批量修改字符串控件属性的程序代码，通过属性节点"类 ID"和"值"属性节点给簇中所有的字符串控件赋值"A"。

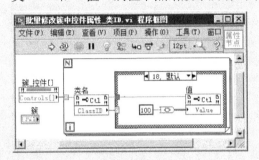 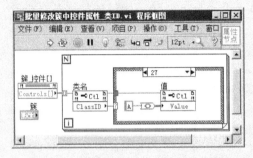

　　图 5-17　批量修改簇中数值控件的值　　　　图 5-18　批量修改簇中字符串控件的值

【注意】 不要忘记为条件结构创建默认分支，否则程序无法编译通过。

通过簇类的属性节点"控件[]"获取的是簇中所有元素的引用句柄，这类似于"索引数组"函数，只是"索引数组"函数获取的是数组中元素的值。LabVIEW 中没有类似的索引簇中元素的函数，所以用簇类的属性节点"控件[]"实现类似"索引数组"函数的功能，获取簇中所有元素的引用句柄，进而得到簇中各元素的属性。通过簇类的属性节点"控件[]"得到的句柄数组中元素的顺序是如何确定的呢？这和 VI 类的属性节点"控件[]"类似，簇类的属性节点"控件[]"获取簇中控件的句柄的顺序也是"Tab"键的选中顺序。在簇控件上右击，在弹出的快捷菜单中选择"重新排序簇中控件"，可以进入簇中控件的排序模式。设置簇中控件"Tab"键选中顺序和设置 VI 前面板控件的"Tab"键选中顺序一样，读者可以参考 2.3 节中"编辑"菜单中的"设置 Tab 键顺序"的相关内容。如图 5-19 所示，通过簇类的属性节点"控件[]"获取的簇中元素引用句柄的顺序为：数值 1 的引用句柄、数值 2 的引用句柄、数值 3 的引用句柄、字符串 1 的引用句柄、字符串 2 的引用句柄、字符串 3 的引用句柄。

图 5-19　设置簇中控件的选中顺序

方法 2：通过 LabVIEW 的类层次逐级向下递推也可以找到属性节点"类 ID"（如图 5-20 所示）。逐级递推的方法是：在属性节点上右击，在弹出的快捷菜单项"创建"中选择相关属性。

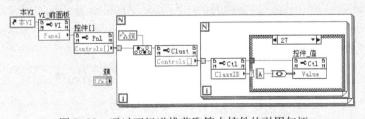

图 5-20　通过逐级递推获取簇中控件的引用句柄

3. 类名

类名是 LabVIEW 对象的类标识字符串，只读属性，返回数据类型为字符串，通过该属性节点可以识别 LabVIEW 中某一类对象的名称。如图 5-21 所示，数值控件的类名是 "Digital"，字符串控件的类名是 "String"，布尔类控件的类名是 "Boolean"。类名与类 ID 的作用都是用于识别 LabVIEW 的某类对象的身份，只是返回的数据类型不同。"类名" 返回的是字符串数据，"类 ID" 返回的是数值数据，每个类 ID 对应唯一的类名。

可以将图 5-17 中的 "类 ID" 改为 "类名"，如图 5-22 所示。

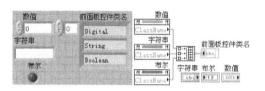

图 5-21　控件的类名

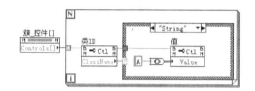

图 5-22　使用类名识别簇中控件

4. 所有者

"所有者" 是 LabVIEW 对象的拥有者，只读属性，该属性节点返回 LabVIEW 对象拥有者的引用句柄。"所有者" 的输出连接到 LabVIEW 对象的属性节点 "类名" 或 "类 ID"，可以分别获取对象所有者的类名或类 ID。如图 5-23 所示，VI 前面板控件 "簇" 的所有者是 "前面板"，簇中元素的所有者是 "簇"。由于 VI 的前面板是顶层对象，所以前面板没有所有者，当通过编程获取前面板所有者的类名时，LabVIEW 将报错。

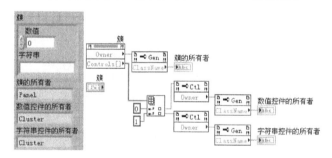

图 5-23　簇的所有者和簇元素的所有者

5.3.2　图形对象类

图形对象类是由通用类派生出的子类，图形对象类除了具有通用类的属性外，还拥有两个自己的私有属性：边界和位置。所谓的图形对象是指控件、分隔栏、窗格、前面板、修饰等构建 LabVIEW 程序界面的元素。

1. 边界

只读属性，数据类型为 LabVIEW 自定义类型的簇，簇中两元素为无符号 32 位整型。通过该属性节点可以获取 LabVIEW 图形对象的边界，边界是指对象的所有组成部件所占据的区域大小，以像素为单位。如图 5-24 所示，数值输入控件的边界是指包括控件标签、增减量按钮以及文本输入框在内的区域，这块区域的宽度为 "95"，高度为 "40"。

2. 位置

读/写属性，数据类型为 LabVIEW 自定义类型的簇，簇中两元素为无符号 32 位整型。通过该属性节点可以获取或修改 LabVIEW 图形对象在 VI 前面板窗格中的坐标位置，坐标原点为窗格原点。关于窗格和窗格原点的概念，读者可以参考 2.1 节中的相关内容。

该属性节点所描述的位置，是控件左上角相对于窗格原点的位置，并不一定是相对于 LabVIEW 前面板窗格左上角的位置坐标。由于新创建的 VI 窗格原点的位置就在 VI 前面板窗格左上角，所以容易产生混淆。当滚动 VI 前面板的垂直滚动条或水平滚动条时，VI 窗格原点将脱离 VI 前面板左上角的位置。

如图 5-25 所示，字符串控件左上角距离前面板窗格原点的坐标为（68，36）。

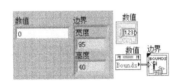

图 5-24　通过"边界"属性获取控件的宽度和高度　　　图 5-25　图形对象类的"位置"属性

【例 5-7】 控件的位置随滑动杆上、下、左、右移动。

本例实现的程序功能是：当 VI 运行时，"退出程序"按钮随滑动杆在 VI 前面板中移动。在 LabVIEW 的编程应用中，经常遇到需要修改簇中某个元素值的情况，很有可能由于编程的不当，误修改了簇中其他元素的值。本例演示了如何在修改簇中某个元素值时，有效地保护其他元素值。通过"按名称解除捆绑"函数，在修改簇中某元素时可以有效保护其他元素。

方法 1：

（1）通过"VI 前面板—控件选板—新式—数值"，在前面板创建一个垂直滑动杆控件和一个水平滑动杆控件。修改这两个滑动杆控件的标签分别为"垂直坐标"、"水平坐标"。在垂直滑动杆控件上右击，在弹出的快捷菜单中选择"属性"，调出垂直滑动杆控件的属性对话框。属性对话框默认显示"外观"属性页，在"外观"属性页中将垂直滑动杆控件大小修改为：宽度"5"，高度"200"。切换到"标尺"属性页，将垂直滑动杆控件刻度范围的最大值修改为"200"。同样地，修改水平滑动杆控件大小为：高度"5"，宽度"200"，刻度范围修改为"100"。

（2）通过"VI 前面板—控件选板—新式—布尔—确定按钮"，在前面板创建一个按钮，并将按钮的标签和布尔文本修改为"退出程序"。在"退出程序"按钮上右击，在弹出的快捷菜单中选择"机械动作—保持转换直到释放"，使"退出程序"按钮被单击后可以自动弹起。

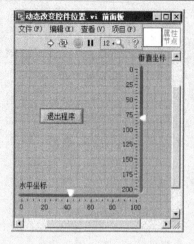

图 5-26　例 5-7 的程序界面

（3）按照图 5-26 所示构建程序界面。

（4）通过"VI 程序框图—函数选板—编程—结构—While 循环"，在程序框图中创建一个 While 循环。

（5）通过"VI 程序框图—函数选板—编程—结构—条件结构"，在程序框图中创建一个条件结构。为条件结构编辑两个条件分支"垂直坐标"和"水平坐标"，设置"垂直坐标"为默认分支。

（6）通过"VI 程序框图—函数选板—编程—结构—事件结构"，在程序框图中创建一个事件结构。在事件结构上右击，在弹出的快捷菜单中选择"添加移位寄存器"，为事件结构创建移位寄存器。

（7）通过"VI 程序框图—函数选板—编程—簇、类与变体—按名称捆绑"，在程序框图中创建两个"按名称捆绑"函数。在程序框图"退出按钮"按钮的接线端子上右击，在弹出的快捷菜单中选择"创建—属性节点—位置—全部元素"，在程序框图上创建"退出按钮"的属性节点"位置"。在属性节点"位置"上右击，在弹出的快捷菜单中选择"创建—常量"，在程序框图中创建一个 LabVIEW 自定义类型簇的常量。

（8）按图 5-27 所示编程，将垂直滑动杆控件"值改变"事件和水平滑动杆控件"值改变"事件构建在一个事件分支中。在事件数据端子"控件引用"上右击，在弹出的快捷菜单中选择"标签—文本"。或者通过"VI 程序框图—函数选板—编程—应用程序控制—属性节点"，在程序框图中创建"属性节点"函数。将事件数据端子"控件引用"输出的句柄连接到"属性节点"函数上，在属性节点函数上单击，选择"标签—文本"。在"按名称捆绑"函数上单击，可以选择要修改的簇中元素。

（9）如图 5-27 所示，当垂直滑动杆移动时，通过事件数据端子输出垂直滑动杆的引用句柄，连接滑动杆的"标签"属性就可以获取垂直滑动杆控件的标签文本"垂直坐标"。条件结构进入相应分支执行程序，将垂直滑动杆的新值（当前值）输入到"退出程序"按钮的属性节点"位置"中。

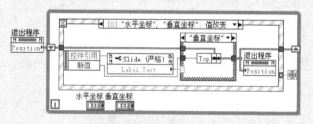

图 5-27　修改"垂直坐标"

如图 5-28 所示，当水平滑动杆控件的值改变时，事件数据端子"控件引用"输出的是水平滑动杆控件的引用句柄，连接滑动杆的"标签"属性就可以获取水平滑动杆控件的标签文本"水平坐标"。条件结构进入相应分支执行程序，将水平滑动杆的新值（当前值）输入到"退出程序"按钮的属性节点"位置"中。

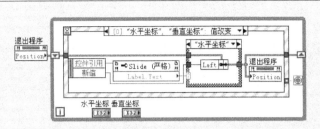

图 5-28　修改"水平坐标"

　　这里值得注意的是,"退出程序"按钮移动的过程中是以窗格原点为坐标原点的,如果在构建前面板界面的过程中移动了窗格原点,则最好通过垂直滚动条和水平滚动条将窗格原点重新移动到前面板窗格的左上角。

　　(10)构建程序的退出机制如图 5-29 所示。

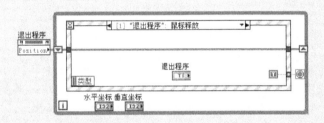

图 5-29　例 5-7 的退出机制

　　方法 2:如图 5-30 所示,将垂直滑动杆控件"值改变"和水平滑动杆控件"值改变"这两个事件配置在两个不同的事件分支中。

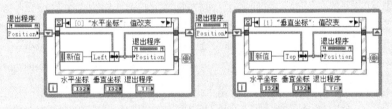

图 5-30　两个事件分支分别响应垂直滑动杆和水平滑动杆

5.3.3　修饰类

　　修饰类继承于图形对象类,除了具有图形对象类的属性外,还具有修饰类的三个私有属性:大小、可见、颜色,通过修饰类的属性可以获取或设置对象的大小、可视状态、颜色。

　　1)大小　读/写属性,数据类型为 LabVIEW 自定义簇,簇中两元素为无符号 32 位整型,通过该属性节点可以获取或设置对象的宽度和高度。如图 5-31 所示,调用修饰类的"大小"属性,可以获取控件标签的大小。

　　2)可见　读/写属性,数据类型为布尔类型,通过该属性节点可以获取或设置对象的可视状态。输入"真"到该属性,可以使该属性绑定的对象可见。输入"假"到该属性,可以使该属性绑定的对象不可见。

3）颜色　读/写属性，数据类型为 LabVIEW 自定义簇，簇中两元素为无符号 32 位整型，通过该属性节点可以获取或设置对象的前景色和背景色。如图 5-32 所示，将两个颜色盒控件（"VI 前面板—控件选板—新式—数值—带边框颜色盒"）作为簇数据赋给修饰类的"颜色"属性，修改数值文本的前景色和背景色。在数值控件上右击，在弹出的快捷菜单中选择"创建—属性节点—数值文本—颜色—全部元素"，可以获取实例化到数值控件的修饰类属性"颜色"。

 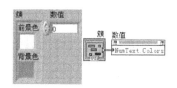

图 5-31　通过修饰类的属性"大小"　　　　　图 5-32　通过修饰类的"颜色"属性
获取控件标签大小　　　　　　　　　修改数值控件文本边框的颜色

5.3.4　文本类

文本类属性反映了文本的排列方式、文本的字体大小、文本的颜色等属性。文本类属性继承于修饰类，除了具有修饰类的属性外，文本类还具有私有属性：垂直排列、调整、调整为文本大小?、滚动条位置、锁定、文本、文本颜色、选择、选择区域、字体。LabVIEW 对象的很多属性都调用了文本类的属性节点，例如，控件的标签属性、标题属性、数值文本属性都是调用的文本类的属性节点。LabVIEW 属性节点采用的面向对象的思想有效地利用了属性类节点，某属性类连接不同对象的引用句柄就可以实例化（绑定）为不同对象的属性节点，这样可以重复利用 LabVIEW 的属性类。

1）垂直排列　读/写属性，数据类型为枚举类型，通过该属性节点可以获取或者设置文本的排列方式。将文本类的"垂直排列"属性实例化为数值控件标签文本的"垂直排列"属性，就可以获取或者设置数值输入控件标签文本的排列方式。在 LabVIEW 中通过控件的快捷菜单选项"创建—属性节点"，可以创建已经实例化（绑定）到该控件的属性节点，也

图 5-33　调用文本类的属性"垂直排列"
使控件标签文本垂直排列

就是说，通过控件快捷菜单创建的属性节点已经与控件绑定。由于无须再通过具体对象的引用句柄进行实例化，所以通过控件快捷菜单得到的属性节点是没有引用句柄输入端的。如图 5-33 所示是通过数值控件快捷菜单项"创建—属性节点—标签—垂直排列"创建实例化（绑定）到数值控件的"垂直排列"属性。通过调用文本类的属性"垂直排列"，将数值输入控件标签文本的排列方式设置为垂直排列。

如图 5-34 所示，通过属性类的递推思想，修改数值输入控件标签文本排列方式。通过 VI 类的属性"前面板"得到前面板的句柄，通过前面板类的属性节点"控件[ ]"得到前面板所有控件的引用句柄，通过控件的句柄就可以实例化文本类中的"垂直排列"属性为数值输入控件标签文本的排列属性了。可以通过 For 循环将 VI 前面板所有控件的引用句柄逐一取出，这些引用句柄的索引顺序是通过"Tab"键在 VI 前面板中设置的。

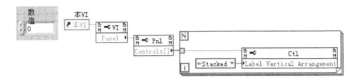

图 5-34　通过数值控件的引用句柄将文本类的属性"垂直排列"实例化到控件标签中

> **【注意】**文本类中的"垂直排列"属性仅可以实例化为标题、标签、单位标签的"垂直排列"属性，也就是说，仅可以将标题文本、标签文本、单位标签文本设置为垂直排列。布尔控件中的布尔文本属性也是调用了文本类的属性节点，但是文本类的"垂直排列"属性无法实例化为布尔文本的"垂直排列"属性，布尔文本无法实现垂直排列。

2）**调整**　读/写属性，数据类型为枚举类型，通过该属性节点可以获取或设置文本的对齐方式，包括左对齐、中间对齐、右对齐。如图 5-35 所示，通过该属性节点修改数值输入控件的标签文本为左对齐，数值文本为右对齐。

3）**调整为文本大小?**　读/写属性，数据类型为布尔类型，通过该属性节点可以获取或者设置文本边界的大小。如图 5-36 所示，数值输入控件的标签调用了文本类的属性"调整为文本大小?"，将数值控件标签文本边界（黑色虚线框）设置为与文本一样大。拖动数值控件标签文本边框可以改变标签文本边界的大小，通过文本类的属性节点"调整为文本大小?"可以将控件标签文本边框匹配到标签文本的大小。通过在控件的标签上右击，在弹出的快捷菜单中选择"调整为文本大小"，也可以实现该功能。

图 5-35　对齐属性

图 5-36　将标签的文本边界匹配为文本大小

4）**滚动条位置**　读/写属性，数据类型为无符号 32 位整型，通过该属性节点可以获取或者设置多行文本在文本显示区域中的位置。如图 5-37 所示，字符串控件的标题文本和字符串文本都有三行：A、B、C，标题文本框和字符串文本框只能显示一行文本。字符串标题的"滚动条位置"属性和字符串文本的"滚动条位置"属性都是调用了文本类的"滚动条位置"这一属性，通过"滚动条位置"属性可以使文本框中的文本上下滚动，让某行文本显示在文本框可视区域内的首行。

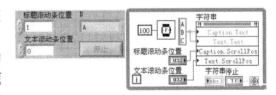

图 5-37　滚动条位置

5）**锁定**　读/写属性，数据类型为布尔类型，通过该属性节点可以获取或者设置文本的锁定信息。该属性节点默认为"假"，表示文本可以自由移动。大多数的属性节点是针对 VI 运行状态而言的，文本类的"锁定"属性是针对 VI 编辑状态而言的。如图 5-38 所示为"锁定"属性赋"假"值。在 VI 编辑模式下，数值控件的标签只能与控件一起移动而无法自由移动。

6）**文本**　读/写属性，数据类型为字符串类型，通过该属性节点可以获取或设置文本的内容。如图 5-39 所示，调用文本类的"文本"属性，将字符串的标题文本和文本输入框中的文本修改为"A"和"B"。

图 5-38　将控件标签与控件锁定　　　　　　　图 5-39　文本内容

【注意】图 5-39 中修改的是控件的"标题"而不是控件的"标签"，由于控件的标签文本表征了控件的身份 ID，所以控件的标签文本在程序的运行过程中是不能改变的。在编程的过程中向控件的"标签文本"属性节点赋值时，LabVIEW 是可以编译通过的，但是运行时是要报错的。新创建的控件默认没有创建标题，LabVIEW 的属性节点对没有创建的属性是无效的。在新创建的字符串控件上右击，在弹出的快捷菜单中选择"显示项—标题"，可以为字符串控件创建标题。

　　7）文本颜色　读/写属性，数据类型为 LabVIEW 自定义簇，通过该属性节点可以设置文本的背景色和文本颜色。如图 5-40 所示为调用文本类的"文本颜色"属性修改控件标签的文本颜色和背景颜色。

【注意】修饰类有一个"颜色"属性与文本类的"文本颜色"属性类似，这两个"颜色"属性的数据类型都是 LabVIEW 自定义类型的簇，簇中都包含两个无符号 32 位整型数（U32）。但是文本类的"文本颜色"属性与修饰类的"颜色"属性是有区别的：文本类的"文本颜色"属性涉及的是对象的字体颜色和背景色，修饰类的"颜色"属性涉及的是对象的前景色（对象的边框）和背景色。

　　如图 5-41 所示，调用修饰类的"颜色"属性修改控件标签时，修改的是控件标签框体的边框颜色和背景色。

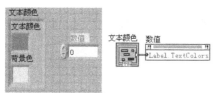

图 5-40　调用文本类的属性"文本颜色"　　　　图 5-41　调用修饰类的"颜色"属性
　　　　　修改控件标签颜色　　　　　　　　　　　　　修改控件标签颜色

　　8）选择　读/写属性，数据类型为 LabVIEW 自定义簇。当文本类的属性节点"选择"处于读状态时，通过该属性节点可以获取文本中被高亮选中的部分在文本中的位置。如图 5-42 所示，数值输入控件的"数值文本"调用了文本类的"选择"属性，获取数值输入控件中高亮选中的文本内容在整个文本中的位置：从第 3 个字符到第 9 个字符。

　　也可以通过文本类的"选择"属性设置光标在文本中的位置或者获取光标在文本中的位置，如图 5-43 所示。

　　当文本类的属性节点"选择"处于写状态时，通过该属性节点可以使文本中指定区间内的字符高亮显示。如图 5-44 所示，运行程序通过"Tab"键选中前面板数值输入控件

（或为数值控件的"键选中"属性赋"真"值，使该控件始终处于选中状态），选中文本起始位置和末尾分别为"0"和"6"，则数值输入控件的第 0～6 个字符将高亮显示。

图 5-42　文本类"选择"属性　　　　　　　　图 5-43　获取光标位置

如图 5-45 所示，如果选择的字符起始位置大于或者等于字符末尾位置，则可以定位光标在数值文本中的位置。

图 5-44　高亮选中文本　　　　　　　　　图 5-45　设置光标位置

9）选择区域　选择区域中的"起始"和"末尾"是将"选择"属性节点的数据簇分解为两个单独的标量数据，实现的功能和属性节点"选择"是一样的。

10）字体　读/写属性，返回数据类型为 LabVIEW 自定义簇，通过该属性节点可以获取或者设置文本的字体信息。

【**例 5-8**】编程实现高亮显示字符串文本及光标位置的移动。

本例通过文本类的"选择"属性实现光标在文本中的移动和高亮选中文本内容，高亮选中文本内容后就可以通过"Ctrl + C"键和"Ctrl + V"键对高亮选中的文本内容分别进行复制和粘贴操作了。

（1）通过"VI 前面板—控件选板—新式—数值—水平滑动杆"，在前面板创建两个水平滑动杆控件。修改两个水平滑动杆控件的标签分别为"选择文本范围"、"设置光标位置"。右击滑动杆"选择文本范围"，在弹出的快捷菜单中选择"属性"，调出水平滑动杆控件的属性设置对话框。在属性设置对话框的"外观"选项页中，设置水平滑动杆的尺寸为：高度"5"、宽度"200"。在属性设置对话框的"外观"选项页中单击"添加"按钮，为水平滑动杆控件"选择文本范围"再添加一个滑动指针（滑块），用于设置文本的末尾位置。在属性设置对话框的"标尺"选项页中将可读范围设置为"0～20"。同样地，设置水平滑动杆"设置光标位置"的尺寸为：高度"5"、宽度"200"，刻度范围为"0～20"。

（2）通过"VI 前面板—控件选板—新式—布尔—确定按钮"，在前面板创建一个按钮，并将按钮的标签和布尔文本修改为"退出程序"。

（3）通过"VI 前面板—控件选板—新式—字符串与路径—字符串输入控件"，在前面板创建一个字符串输入控件。

（4）按照图 5-46 所示构建程序界面。

（5）通过"VI 程序框图—函数选板—编程—结构—While 循环"，在程序框图中创建一个 While 循环。

（6）通过"VI 程序框图—函数选板—编程—结构—事件结构"，在程序框图中创建一个事件结构。为事件结构添加三个事件分支：水平滑动杆控件"选择文本范围"的"值改变"事件、水平滑动杆控件"设置光标位置"的"值改变"事件、"退出按钮"的"值改变"事件。

（7）在字符串控件上右击，选择"创建—属性节点—键选中"，为字符串输入控件创建一个"键选中"属性节点并为其赋"真"值。在字符串控件上右击，选择"创建—属性节点—文本—选择—全部元素"，为字符串输入控件创建一个"选择"属性节点。如图 5-47 所示，将滑动杆选择的文本范围赋给字符串控件的"选择"属性，使字符串控件中被选中的文本高亮显示。

图 5-46　例 5-8 的程序界面

图 5-47　高亮选中字符串控件文本

（8）通过"VI 程序框图—函数选板—编程—簇、类与变体—捆绑"，在程序框图中创建一个"捆绑"函数。如图 5-48 所示，用"捆绑"函数将水平滑动杆控件"设置光标位置"的输出值捆绑为簇输入到"选择"属性节点。当输入到"选择"属性的起始值和末尾值相同时，可以定位光标在文本中的位置，而不是高亮选中一段字符。

（9）如图 5-49 所示构建程序的退出机制。

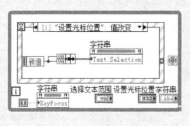

图 5-48　设置光标位置

图 5-49　例 5-8 的退出机制

5.3.5　控件类

控件类是图形对象类派生出的子类，LabVIEW 的控件是图形对象的一种。通过控件类属性可以获取和设置控件的属性，如控件的标题、控件大小、让前面板的控件不可见等。控件类除了具有图形对象类的属性外，还具有控件类的私有属性：按"Tab"键时跳过、标签、标题、键选中、禁用、可见、闪烁、数据绑定、说明、提示框、同步、显示控件、选中键绑定、值、值（信号）、DataSocket、XControl。

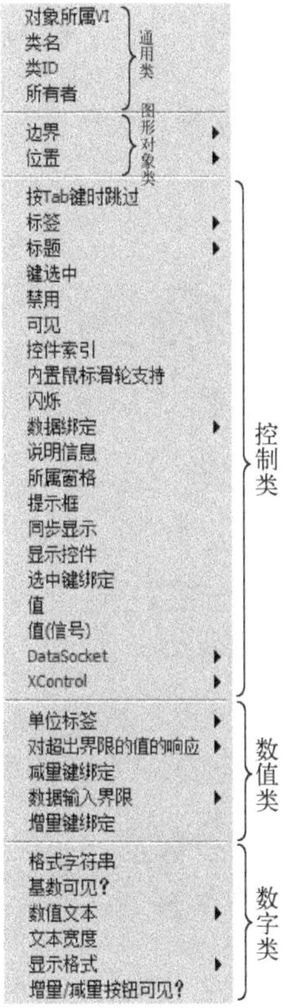

通过控件的快捷菜单创建的属性节点都是与控件绑定的或者说已经实例化到具体控件的属性节点，不用通过引用句柄就可以直接关联到控件。这样得到的属性节点没有引用句柄的输入端，通过属性节点的快捷菜单项"断开连接控件"可以断开与控件的关联，这个断开的过程称为"去实例化"的过程。除了可以"去实例化"外，通过属性节点的快捷菜单还可以实现绑定的转换。在属性节点上右击，在弹出的快捷菜单中选择"链接至—窗格—…"，选择窗格中的另一个控件，可以将属性节点重新绑定到 VI 前面板窗格中的另一个控件。

如图 5-50 所示是一个数值输入控件的所有属性节点的类层次结构，属性节点的类与类之间用分隔符分开。快捷菜单由上到下依次是通用类、图形对象类、控件类、数值类、数字类。数字类是最底层的类，它具有最丰富的类属性。控件类是由通用类—图形对象类继承得到的子类，它拥有图形对象类的所有属性。控件除了可以继承属性类外，还可以调用其他的属性类，例如，控件的标题、标签、数字文本等属性就是调用了文本类的属性。

1）按 Tab 键时跳过　读/写属性，数据类型为布尔类型。如果该属性输入值为"真"，当程序处于运行状态时，按"Tab"键可以忽略该控件，使该控件不被选中。关于"Tab"键选中 VI 前面板控件的顺序，可以参见 2.3 节中的内容。

2）标签　标签是控件的身份标识，只能在 VI 编辑状态下修改控件标签文本，程序运行过程中无法改变控件标签。程序运行时如果修改了控件的标签文本，程序将无法识别该控件。标签的内容是字符串文本，所以控件标签调用的是文本类的属性。读者可以参考修饰类和文本类的相关章节，学习控件标签的属性。

标签属性除了拥有文本类的属性外，还拥有"引用"属性。"标签引用"为只读属性，数据类型为引用句柄，通过该属性节点可以获取控件标签的引用句柄。如图 5-51 所示，通过"标签引用"获取控件标签的引用句柄，连接到文本类的属性"垂直排列"，将该属性实例化到控件标签的排列方式（垂直排列）。

3）标题　标题是 LabVIEW 控件的名称，在 VI 运行的过程中，控件的标题是可以修改的。控件的标题也是调用了文本类的属性，关于控件标题的编程应用，读者可以参考修饰类和文本类章节中的相关内容。

4）键选中　读/写属性，数据类型为布尔类型。通过该属性节点可以获取或修改前面板控件的选中状态。"键选中"主要针对输入控件，显示控件的"键选中"属性不可用。如图 5-52 所示，将"真"输入该属性节点，当 VI 运行时，控件将处于选中状态，光标将停留在控件上，可以直接由键盘向控件输入数据。

5）禁用　读/写属性，数据类型为 LabVIEW 自定义的枚举类型，通过该属性节点可以获取或修改前面板控件的禁用状态。控件在前面板中有三种状态：可用、禁用、禁用并变灰。如图 5-53 所示，"Enabled"表示前面板输入控件可用，可以向输入控件中输入数据；

图 5-50　控件类的继承关系

"Disabled"表示该输入控件被禁用，无法向输入控件中输入数据；"Disabled and Grayed Out"表示该输入控件被禁用并变为灰色，无法向输入控件中输入数据。当控件被禁用时，光标将变为手形。

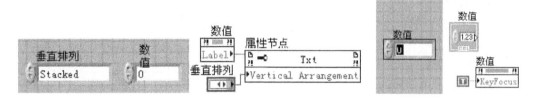

图 5-51　通过"标签引用"获取标签句柄　　　图 5-52　通过"键选中"
属性选中前面板数值控件

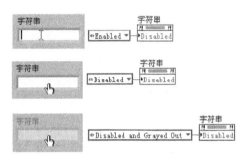

图 5-53　控件的 3 种状态

6）可见　读/写属性，数据类型为布尔类型，通过该属性节点可以获取或者修改控件在前面板的可见状态。将"假"输入该属性节点时，控件在前面板不可视。

7）闪烁　读/写属性，数据类型为布尔类型，通过该属性节点可以获取或设置控件的闪烁状态。将"真"输入该属性节点，在运行状态下，控件将在前面板闪烁，闪烁的频率为1s。控件闪烁的频率可以在"选项"对话框"前面板"选项页中的"前面板控件的闪烁延迟（毫秒）"项中修改，通过 VI 前面板菜单项"工具—选项"，可以调出"选项"对话框。

8）说明信息　读/写属性，数据类型为字符串类型，通过该属性节点可以获取或者设置"说明和提示"对话框和"即时帮助"中的"说明"信息。如图 5-54 所示，VI 运行时，在布尔显示控件"布尔指示灯"上右击，在弹出的快捷菜单中选择"说明和提示"，可以弹出说明和提示对话框。

图 5-54　通过"说明"属性修改"说明和提示"对话框中的文字

9）提示框　读/写属性，数据类型为字符串类型，通过该属性节点可以获取或设置"说明和提示"对话框中"提示框"中的信息，见图 5-54。

10）显示控件　只读属性，数据类型为布尔类型，通过该属性节点可以判断前面板控件是否为显示控件。当该属性返回数据为"真"时，表示控件为显示控件。当该属性返回数据为"假"时，表示控件为输入控件，如图 5-55 所示。

11）选中键绑定 读/写属性，数据类型为 LabVIEW 自定义簇，通过该属性节点可以获取或设置控件的选中快捷键。如图 5-56 所示，当用户按下"Shift + F1"组合键时，数值输入控件被选中，可以进行数据更新操作。

图 5-55　通过"显示控件"属性判断控件类型

12）值 读/写属性，数据类型与控件本身数据类型相同，通过该属性节点可以获取或设置控件的值。LabVIEW 的输入控件与显示控件其实没有很大的差别，LabVIEW 的输入控件其实也可以用作显示控件，LabVIEW 的显示控件也可以用作输入控件。通过"值"属性节点，可以让数据流为输入控件赋值或者从显示控件中获取数据。如图 5-57 所示，通过"数值显示控件"的"值"属性节点读取数据"10"，进行"加 1"运算后将计算结果通过"数值输入控件"的"值"属性节点写入"数值输入控件"中。

图 5-56　通过"选中键绑定"
设置控件的选中快捷键

图 5-57　"值"属性节点获取显示控件的值

另外，"值"属性节点是支持多线程通信的，可以在多线程中传递数据，如图 5-58 所示。

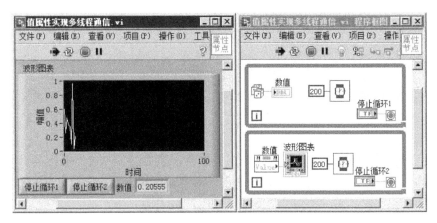

图 5-58　"值"属性节点实现循环间通信

13）值（信号） 只写属性，通过该属性节点可以设置控件的值并产生控件的"值改变"事件，当数据流进入"值（信号）"属性时，产生一次控件的"值改变"事件。"值（信号）"属性与"值"属性类似，"值（信号）"属性除了可以传递数据外还可以触发事件，"值"属性无法触发事件只能传递数据。如图 5-59 所示，通过数值显示控件的属性节点"值（信号）"，进行事件和数据的传递。

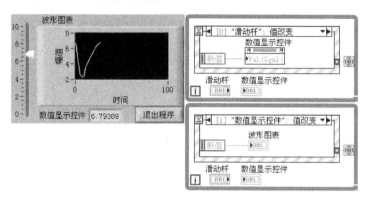

图 5-59   "值（信号）"属性传递事件和数据

14）DataSocket   控件的"DataSocket"属性用于 LabVIEW 的 DataSocket 通信，包含了 DataSocket 通信常用的设置和反馈信息。

（1）URL：获取或设置控件连接的 URL。在 Windows 平台上，通过 DataSocket 属性连接至控件的有效 URL 使用 opc 协议、ftp 和 http，在 LabVIEW 支持的平台上可使用 dstp 和 file 协议。

（2）模式：获取或设置数据连接的模式。

（3）启用：在 Windows 平台上，该启用状态为 opc、ftp 和 http 连接；在 LabVIEW 支持的平台上，启用状态为 dstp 和 file 连接，仅当启用时连接才可传输数据。

（4）指示灯可见：显示或隐藏连接状态显示控件。

（5）状态：返回数据连接的状态，连接状态可以是 Invalid Status、Unconnected、Active、Idle、Error 或 Connecting。

15）XControl   通过控件类的属性"XControl"可以获取或者设置 XControl 控件的属性。LabVIEW 的自定义控件只能在原有 LabVIEW 控件的基础上修改控件的外观，无法编程增加控件的功能。XControl 控件不仅可以将多个 LabVIEW 控件组合在一起，而且可以通过编程增加控件的功能。关于 XControl 控件的编程应用，可以参考 10.8 节中的内容。

（1）容器边界：读/写属性，数据类型为 LabVIEW 自定义簇，通过该属性节点可以获取或者设置 XControl 控件大小。只有当该属性绑定的控件为 XControl 控件时，该属性才可用。

（2）是否为 XControl?：只读属性，数据类型为布尔类型，通过该属性节点可以判断与该属性绑定的控件是否为 XControl 控件。如果该属性返回"真"，说明与该属性绑定的控件是 XControl 控件。

5.3.6   字符串类

字符串类继承于控件类，字符串类除了拥有所有控件类的属性外还拥有字符串类的私有属性：滚动条可见、大小、键入时刷新、启用自动换行、文本、显示样式、限于单行输入?、允许放置、允许拖曳。

1）滚动条可见   读/写属性，数据类型为布尔型，通过该属性节点可以获取或设置字符串控件滚动条的可见状态。LabVIEW 默认字符串控件的滚动条是不可见的，当输入"真"到属性节点"滚动条可见"时，字符串控件的滚动条将可视，如图 5-60 所示。

2）大小　读/写属性，数据类型为 LabVIEW 自定义簇，通过该属性节点可以获取或者设置字符串控件大小，如图 5-61 所示。

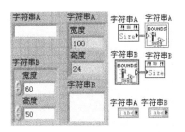

图 5-60　滚动条可见　　　　　图 5-61　获取和设置字符串文本框大小

3）键入时刷新？　读/写属性，数据类型为布尔型，通过该属性节点可以获取或者设置字符串控件的刷新模式。该属性节点输入为"真"时，前面板字符串中的数据可以即时刷新；该属性节点输入为"假"时，前面板字符串控件有输入时并不是立即刷新，而是在前面板任意位置单击表示确认后，字符串中的数据才能刷新。读者可以按图 5-62 所示编程，体验字符串控件的"键入时刷新"模式。

4）启用自动换行　读/写属性，数据类型为布尔型，通过该属性节点可以获取或设置字符串控件的输入模式。如果该属性节点输入为"真"，当字符串控件中的输入文本到达文本框边界时，用户无须回车换行，LabVIEW 自动将输入光标移至下一行，使输入文本始终保持在字符串输入控件的可视区域内。

5）文本　"文本"指的是字符串控件文本框中的内容，字符串的文本属性调用了文本类的属性节点。

6）显示样式　读/写属性，数据类型为无符号 32 位整型，通过该属性节点可以获取或者设置字符串控件的显示模式。有效值包括：0（正常）、1（反斜杠 ' \ '代码）、2（密码）和 3（十六进制）。如图 5-63 所示演示了"大"字在字符串控件中的四种显示模式。

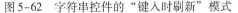

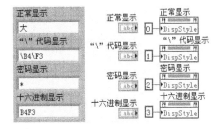

图 5-62　字符串控件的"键入时刷新"模式　　　图 5-63　字符串控件的显示样式

7）限于单行输入？　读/写属性，数据类型为布尔型。通过该属性节点可以获取或者设置字符串控件的文本录入模式。该属性输入为"真"时，表示字符串输入控件只能单行输入，回车键无效；该属性输入为"假"时，表示字符串输入控件可以多行输入，通过回车键切换到下一行。

8）允许放置　读/写属性，数据类型为布尔型，该属性用于拖曳操作。如果输入"真"

到该属性，控件接受拖曳数据；输入"假"到该属性，控件不接受拖曳数据。

9）允许拖曳　读/写属性，数据类型为布尔型。输入"真"到该属性，LabVIEW 允许从该控件拖曳数据；输入"假"到该属性，LabVIEW 不允许从该控件拖曳数据。

5.3.7　布尔类

布尔类继承于控件类，除了拥有控件类的所有属性外，还拥有私有属性：按钮大小、布尔文本、切换键绑定、锁定布尔文本居中、颜色[4]、字符串[4]。

1）按钮大小　读/写属性，数据类型为 LabVIEW 自定义簇，通过该属性节点可以获取或设置布尔控件的大小，如图 5-64 所示。

2）布尔文本　读/写属性，数据类型为字符串类型，通过该属性节点可以获取或设置布尔控件的布尔文本。布尔文本是用于描述布尔控件名称、状态的文字，在布尔控件上右击，在弹出的快捷菜单中选择"显示—布尔文本"，可以使控件的布尔文本可见。

布尔文本调用了文本类的属性节点，拥有文本类的所有属性。通过将文本类属性实例化到布尔文本，可以获取或设置布尔文本的所有属性，如修改布尔文本的内容、颜色、字体等。如图 5-65 所示，通过按钮的"布尔文本"属性，修改按钮的名称为"ABC"。

图 5-64　获取布尔按钮的宽度和高度

图 5-65　修改按钮的布尔文本

3）切换键绑定　读/写属性，数据类型为 LabVIEW 自定义簇，通过该属性节点可以获取或设置与控件绑定的快捷键。如图 5-66 所示，将布尔按钮的绑定快捷键设置为"Ctrl + Shift + F2"。在 VI 运行状态下，同时按下"Ctrl + Shift + F2"键等同于单击一次布尔控件，实现布尔控件的状态改变。也可以在布尔控件上右击，在弹出的快捷菜单中选择"属性"，在属性对话框的"快捷键"选项页中设置控件的快捷组合键。

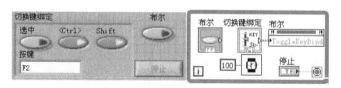

图 5-66　设置布尔控件的快捷组合键

4）锁定布尔文本居中　读/写属性，数据类型为布尔类型，通过该属性节点可以获取或设置布尔文本的居中锁定状态。该属性的默认值为"真"，表示将布尔文本锁定在布尔控件的中部。当调整布尔控件的大小时，布尔文本将保持在布尔控件的中部。

5）颜色[4]　读/写属性，数据类型为簇数组。通过该属性节点可以获取或设置布尔按钮不同动作时的颜色。LabVIEW 布尔控件有六种触发形式，当设置布尔控件的触发为"释放时触发"时，布尔控件将使用到四种颜色。肉眼看到的是控件按下和抬起两个状态，实际上每个状态又包含两个动作，共有四个动作。LabVIEW 为区分不同的动作，为这四种动作赋予了四种颜色，每种颜色又分为前景色和背景色。如图 5-67 所示，通过簇数组中的颜色盒为"确定"按钮的四个动作赋予四种颜色，四种颜色的变化只有在自定义控件编辑模式下才能看到。首先通过图 5-67 所示程序修改"确定"按钮的四种颜色，然后在 VI 编辑状态下进入"确定"按钮的自定义编辑模式（在"确定"按钮

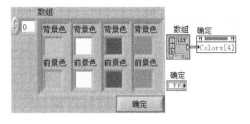

图 5-67　设置按钮四种动作时的颜色

上右击，在弹出的快捷菜单中选择"高级—自定义"）。在自定义控件的前面板中单击"确定"按钮，可以观察按钮动作时颜色的变化。

6）字符串[4]　读/写属性，数据类型为字符串数组。通过该属性节点可以获取或设置布尔按钮四个动作状态时的布尔文本：假状态、真状态、真至假转换和假至真转换。

5.3.8　数值类

数值类继承于控件类，除了拥有控件类的所有属性外，还拥有私有属性：减量键绑定、增量键绑定、数据输入界限、对超出界限的值的响应、显示格式、单位标签。

1）减量键绑定　读/写属性，数据类型为 LabVIEW 自定义簇，通过该属性节点可以获取或设置数值输入控件的减量快捷键。减量快捷键的作用是：当操作减量快捷键时（相当于单击数值控件的减量按钮），数值控件的值递减。该属性节点的作用类似于数值控件属性对话框中"快捷键"选项页中的"减量"选项。如图 5-68 所示，"减量键绑定"属性节点的自定义簇中有三个布尔类型和一个字符串类型。"按键"是一个字符串类型，表示执行数值输入控件递减操作的按键。"选中"表示进行数值控件递减操作时，控件是否处于选中状态。如果该项为"假"，则在程序运行的过程中只要按下"F1"键，数值输入控件中的数值就递减；如果该项为"真"，则在程序运行的过程中必须通过"Tab"键选中控件且按下"F1"键时，数值输入控件中的值才能递减。"Ctrl"表示是否加入"Ctrl"组合键，当该项为"真"时，只有同时按下"Ctrl"键和"F1"键才能实现数值控件值递减的功能。"Shift"表示是否加入"Shift"组合键。

2）增量键绑定　增量键绑定与减量键绑定的作用类型，当单击控件的增量快捷键时，控件的值递增。

3）数据输入界限　读/写属性，数据类型为 LabVIEW 自定义簇，簇中三元素均为双精度浮点数。该属性节点用于获取或设置数值输入控件的输入界限和增量值。该属性节点的作用类似"数值控件属性"对话框中"数据输入"选项页的作用。如图 5-69 所示，数值输入控件的输入范围设置为 0 ～ 10，当单击数值输入控件的增/减量按钮时，数值以"0.1"递增或递减。

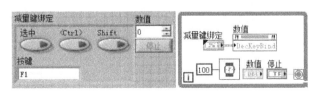

图 5-68　为数值输入控件设置减量快捷键

图 5-69　设置数值输入控件的
输入范围和增量值

【注意】默认情况下数值控件的增量为"0",增量为"0"并不表示递增或递减量为0,而是表示递增量或递减量为1。

4）对超出界限的值的响应 读/写属性,数据类型为 LabVIEW 自定义簇,通过该属性节点可以获取或设置数值控件对超出界限值的响应方式。

5）显示格式 读/写属性,数据类型为 LabVIEW 自定义簇,通过该属性节点可以获取或设置数值控件显示格式和小数位数。格式的有效值包括 0 ~ 9 之间的正整数:0 表示十进制,1 表示科学计数法,2 表示工程,3 表示二进制,4 表示八进制,5 表示十六进制,6 表示相对时间,7 表示时间和日期,8 表示 SI,9 表示自定义(只读)。精度表示数值控件中值的小数位数。如图 5-70 所示,格式"0"表示十进制,精度"3"表示三位小数。

【注意】只有当数据类型设置为整型时,才能设置格式为非十进制,否则 LabVIEW 将报错。如图 5-71 所示为用十六进制表示输入数值。

图 5-70 设置浮点数保留三位小数   图 5-71 设置数值控件显示格式为十六进制

6）单位标签 单位标签是数值控件的量纲,默认情况下 LabVIEW 数值控件不显示单位标签。在控件上右击,在弹出的快捷菜单中选择"显示项—单位标签"能使该项显示。数值类的属性"单位标签"调用了文本类的属性节点,拥有文本类的所有属性。数值控件的单位标签一般是国际单位的标准英文符号,可以进行算术运算,如图 116 所示。

5.3.9 数字类

数字类继承于数值类,除了拥有数值类的所有属性外,数字类还有私有属性:格式字符串、基数可见?、数值文本、文本宽度、增量/减量按钮可见?

1）格式字符串 读/写属性,数据类型为字符串类型,该属性节点用于获取或设置数值控件的显示格式。如图 5-72 所示,LabVIEW 默认的数值控件的显示格式为"%#_g",表示根据数值控件中数字小数位数,LabVIEW 使用浮点数或科学计数法表示数值控件中的实数。数值控件中实数的小数位数小于等于 4 或小于指定的精度时,LabVIEW 使用浮点数表示该实数;数值控件中实数的小数位数大于 4 位时,LabVIEW 使用科学计数法表示该实数。关于格式字符串的使用可以查看 LabVIEW 帮助中的格式说明语法。

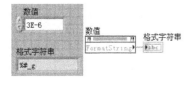

图 5-72 数值控件默认的
格式字符串

2）基数可见 读/写属性,数据类型为布尔类型。该属性节点用于获取或者设置数值控件基数的可视状态。基数描述的是数值控件中数值的进制,LabVIEW 数值控件默认使用十进制表示法。如图 5-73 所示,"基数可见"属性节点输入"真",数值的基数将可见,十进制的基数用小写英文字母"d"表示。新创建的数值控件默认基数是不可见的,可以在数值控件上右击,在弹出的快捷菜单中勾选"显示项—基数",使"基数"可见。

进制的选择可以通过属性对话框中的"显示格式"选项页实现，如图 1-17 所示。只有当数据类型设置为整型时才能设置数值控件的进制，如果数据类型为浮点数，则属性对话框"显示格式"选项页中的"类型"选项框内的进制选项不可用。

3）数值文本　数值文本就是数值控件中显示的数值，数值文本调用了文本类的属性节点，拥有文本类的所有属性。通过将文本类实例化到数值文本，可以获取或设置数值文本的所有属性。

4）文本宽度　读/写属性，数据类型为无符号 32 位整型，通过该属性节点可以获取或设置数值控件的文本框宽度。如图 5-74 所示，将"数值 1"和"数值 2"的文本宽度分别设置为"40"和"100"。

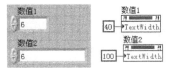

图 5-73　显示数值控件的基数　　　　图 5-74　设置文本框宽度

5）增量/减量按钮可见　读/写属性，数据类型为布尔类型，通过该属性节点可以获取或设置数值输入控件"增量/减量按钮"的可视状态。该属性节点输入为"真"时，增量/减量按钮可见；该属性节点输入为"假"时，增量/减量按钮不可见。

5.3.10　簇类

1）彩色　读/写属性，数据类型为无符号 32 位整型，通过该属性节点可以获取或设置簇控件的背景颜色。如图 5-75 所示，用颜色盒常量（"VI 程序框图—函数选板—编程—对话框与用户界面—颜色盒常量"）将簇控件的背景设置为绿色。

2）控件[ ]　只读属性，数据类型为句柄数组，数组元素是簇中所有控件的引用句柄。通过该属性节点可以获取簇中所有控件的引用句柄，配合属性节点可以获取或者修改簇中任意元素的属性。如图 5-76 所示，控件类的"Value（值）"属性并没有实例化到具体对象，需要由具体对象的引用句柄对该属性进行实例化。在程序运行过程中，通过簇类"控件[ ]"属性获取簇中三个控件的引用句柄，使用 For 循环动态地将控件类的"Value（值）"属性依次实例化到字符串控件、数值控件、布尔控件，进而获取这三个控件的值。通过"VI 程序框图—函数选板—编程—应用程序控制—属性节点"，可以获取没有实例化的"属性节点"函数。将某类对象的句柄连接到该函数并在该函数上单击，可以获取某类对象的属性节点。

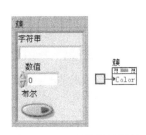

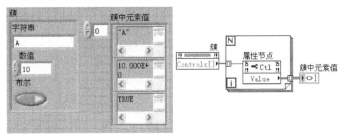

图 5-75　通过簇类的属性　　　　　　图 5-76　获取簇中控件的值
"彩色"设置簇的背景色

　　簇是 LabVIEW 中经常用到的数据类型，LabVIEW 函数中有"索引数组"函数，但是没有函数可以索引簇中的元素。属性节点"控件[ ]"可以返回簇中控件的引用句柄（类指针），提供了对簇中元素操作的途径。

　　与簇类的属性节点"控件[ ]"类似的还有前面板类的属性节点"控件[ ]"，通过前面板类的"控件[ ]"属性可以获取 VI 前面板中所有控件的引用句柄，编程应用可以参见例 5-2。

　　【注意】 通过"控件[ ]"属性只能得到控件类的引用句柄，如果想要得到更具体的子类句柄，如数值类、字符串类、布尔类，还需要用"转换为特定的类"函数（"VI 程序框图—函数选板—编程—应用程序控制—转换为特定的类"）向下转换引用句柄。

　　3）所有对象[ ]　只读属性，数据类型是句柄数组，数组元素是簇中所有元素具体到图形对象类的引用句柄。该属性所涉及的是簇中的所有元素，而"控件[ ]"属性涉及的是簇中的控件，"所有对象[ ]"属性涉及的范围更广。"控件[ ]"属性提供簇中控件具体到控件类的引用句柄，"所有对象[ ]"属性只提供簇中元素具体到图形对象类的引用句柄。因为不是簇中所有元素都具有控件类的属性，所以无法将簇中所有元素的引用句柄具体到控件类。通过簇中对象具体到图形对象类的引用句柄并配合属性节点，可以得到图形对象类的属性：对象所属 VI、类名、类 ID、所有者、边界、位置。如图 5-77 所示为通过簇类的属性"所有对象[ ]"和图形对象类的属性"类名"得到簇中所有控件的类名。

图 5-77　通过簇类属性"所有对象[ ]"得到的图形对象类引用句柄

　　通过"所有对象[ ]"获取的图形对象类的引用句柄也可以通过"转换为特定的类"函数（"VI 程序框图—函数选板—编程—应用程序控制—转换为特定的类"），向下转换得到更具体的子类（控件类）的引用句柄。如图 5-78 所示，通过"转换为特定的类"函数将"所有对象[ ]"返回的句柄向下转换得到控件类的引用句柄，将控件类的句柄连接到控件类的"值"属性获取簇中控件的值，图 5-78 与图 5-76 所示程序实现的功能相同。

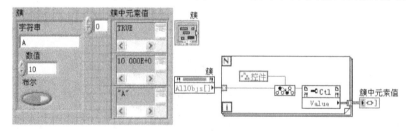

图 5-78　向下转换图形对象类句柄得到控件类句柄

　　【注意】 只有当簇中的元素都是控件时，才能使用"转换为特定的类"函数向下转换句柄，否则 LabVIEW 将报错。

4）修饰[ ]　只读属性，数据类型是句柄数组，数组元素是簇中所有修饰对象的引用句柄。如图 5-79 所示，簇中有一个布尔控件，将一个修饰对象"平面框"套在布尔控件的外部（通过簇控件的快捷菜单设置簇中元素排列模式为"调整为匹配大小"，否则无法将布尔控件置于平面框内部），通过簇类的属性"修饰[ ]"可以获取修饰对象"平面框"的引用句柄，配合修饰类的属性"大小"可以获取平面框的宽度和高度。

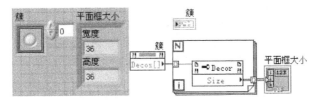

图 5-79　通过簇类属性"修饰"获取簇中修饰对象的属性

> **【注意】**修饰对象不能单独作为簇的元素，修饰对象不能算作 LabVIEW 控件，单独将修饰对象置于簇中时，LabVIEW 将认为簇中没有元素，编译无法通过。

5.3.11　VI 类

一个完整的 LabVIEW 程序又称 VI，可以通过 VI 类属性节点获取或设置 VI 的属性。VI 服务器引用（"VI 程序框图—函数选板—编程—应用程序控制—VI 服务器引用"）是 VI 类的引用句柄，连接"属性节点"函数（"VI 程序框图—函数选板—编程—应用程序控制—属性节点"）可以得到 VI 类的属性节点。下面介绍一些常用的 VI 类属性。

1）可关闭　读/写属性，数据类型为布尔类型，用于获取或设置 VI 前面板可关闭的状态。如图 5-80 所示，VI 类的前面板窗口属性节点"可关闭"输入为"假"，VI 前面板"关闭"按钮不可用。

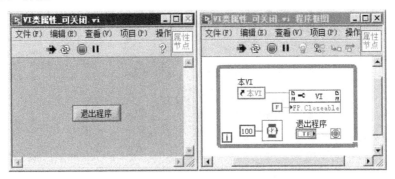

图 5-80　使 VI 前面板窗口不可关闭

2）可最小化　读/写属性，数据类型为布尔类型，用于获取或设置 VI 前面板可最小化的状态。如图 5-81 所示，VI 类的属性节点"前面板窗口_可最小化"输入为"假"，VI 前面板窗口的"最小化"按钮不可用。

3）可调整大小　读/写属性，数据类型为布尔类型，用于获取或设置 VI 前面板可调整大小的状态。如图 5-82 所示，VI 类的属性节点"前面板窗口可调整大小"输入为"假"，VI 前面板"最小化"和"调整大小"按钮处于不可见状态。

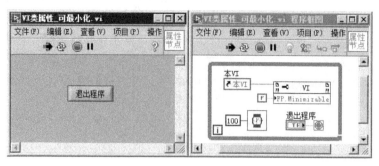

图 5-81   使 VI 前面板窗口不可最小化

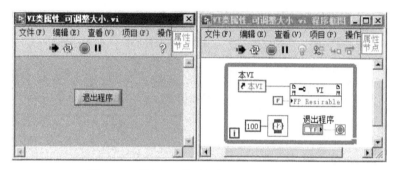

图 5-82   设置 VI 前面板窗口不可调整大小

4）窗口边界   读/写属性，数据类型为 LabVIEW 自定义簇，用于获取或设置 VI 前面板窗口上、下边界距离计算机屏幕上边界的距离和 VI 前面板窗口左、右边界距离计算机屏幕左边界的距离。如图 5-83 所示，VI 前面板窗口的左、右边界距离计算机屏幕左边界的距离分别为"660"和"1021"个像素点，VI 前面板窗口的上、下边界距离计算机屏幕上边界的距离分别为"256"和"546"个像素点。

图 5-83   VI 前面板在计算机屏幕的坐标

【例 5-9】 编程实现 VI 前面板在计算机屏幕上移动。

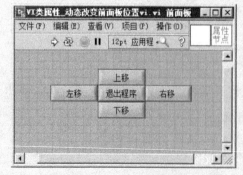

图 5-84   例 5-9 的程序界面

VI 的前面板就是应用程序人机交互的软件界面，LabVIEW 中 VI 类关于窗口的移动、可最大化、可调整大小等属性都是针对 VI 前面板的。程序框图在程序的运行过程中是不可见的，改变它的大小、外观或使其移动没有多大的意义。本例构建的程序界面如图 5-84 所示，通过 VI 类前面板窗口属性"窗口边界"实现 VI 前面窗口在计算机屏幕上的上移、下移、左移、右移功能。

（1）通过"VI 前面板—控件选板—新式—布尔—确定按钮"，在前面板创建五个按钮，并将按钮的标签和布尔文本修改为"上移"、"下移"、"左移"、"右移"、"退出程序"。在按钮上右击，在弹出的快捷菜单中设置五个按钮的机械动作均为"保持转换直到释放"，使按钮被单击后可以自动弹起。

（2）按照图 5-84 所示所示构建 VI 前面板。

（3）通过"VI 程序框图—函数选板—编程—结构—While 循环"，在程序框图中创建一个 While 循环。

（4）通过"VI 程序框图—函数选板—编程—结构—事件结构"，在程序框图中创建一个事件结构。为事件结构添加五个事件分支："上移"按钮的"鼠标释放"事件、"下移"按钮的"鼠标释放"事件、"左移"按钮的"鼠标释放"事件、"右移"按钮的"鼠标释放"事件、"退出程序"按钮的"鼠标释放"事件。

（5）通过"VI 程序框图—函数选板—编程—应用程序控制—VI 服务器引用"，在程序框图中创建一个"VI 服务器引用"函数。通过"VI 程序框图—函数选板—编程—簇、类与变体"，在程序框图中创建"按名称解除捆绑"函数和"按名称捆绑"函数。在"VI 服务器引用"函数上右击，在弹出的快捷菜单中选择"创建—VI 类的属性—前面板窗口—窗口边界"。

（6）按照图 5-85 所示连线，编程前面板窗口上移的程序代码。将前面板窗口的上边界和下边界分别减一个像素点，前面板窗口的上边界和下边界距离计算机屏幕上边界的距离减少一个像素点，所以前面板窗口向上移动了一个像素点的距离。

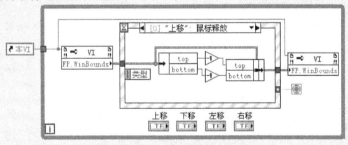

图 5-85　VI 前面板上移

（7）按照图 5-86 所示连线，编程前面板窗口下移的程序代码。将前面板窗口的上边界和下边界分别加一个像素点，前面板窗口的上边界和下边界距离计算机屏幕上边界的距离增加一个像素点，所以前面板窗口向下移动了一个像素点的距离。

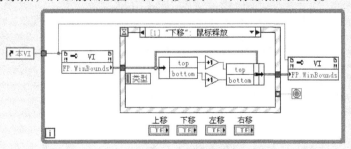

图 5-86　VI 前面板下移

（8）按照图 5-87 所示连线，编程前面板窗口左移的程序代码。将前面板窗口的左边界和右边界分别减一个像素点，前面板窗口的左边界和右边界距离计算机屏幕左边界的距离减少一个像素点，所以前面板窗口向左移动了一个像素点的距离。

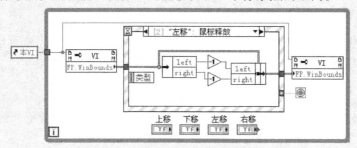

图 5-87　VI 前面板左移

（9）按照图 5-88 所示连线，编程前面板窗口右移的程序代码。将前面板窗口的左边界和右边界分别加一个像素点，前面板窗口的左边界和右边界距离计算机屏幕左边界的距离增加一个像素点，所以前面板窗口向右移动了一个像素点的距离。

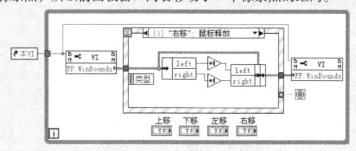

图 5-88　VI 前面板右移

（10）图 5-89 所示是"退出程序"按钮的"鼠标释放"事件分支中的程序代码。

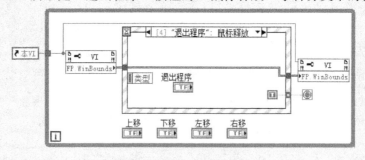

图 5-89　例 5-9 的退出机制

5）显示菜单栏　读/写属性，数据类型为布尔类型，通过该属性节点可以获取或设置菜单栏的可视状态。如图 5-90 所示，VI 类的属性"前面板窗口_显示菜单栏"输入为"假"，VI 前面板菜单栏处于不可见状态。

6）VI 路径　只读属性，数据类型为路径，该属性节点返回本 VI 在磁盘上的路径，如图 5-91 所示。

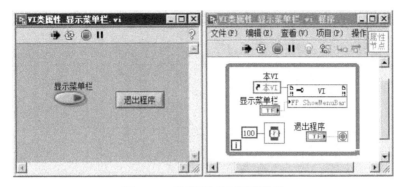

图 5-90　隐藏 VI 前面板菜单栏

图 5-91　本 VI 路径

7）前面板　只读属性，数据类型为句柄，通过该属性节点可以获取前面板的引用句柄。

8）前面板边界　读/写属性，数据类型为 LabVIEW 自定义簇，通过该属性节点可以获取或者设置前面板上、下、左、右边界在计算机屏幕中的坐标。

9）以透明方式运行 VI　读/写属性，数据类型为布尔类型，通过该属性节点可以获取或设置 VI 前面板透明运行的状态。该属性节点输入为"真"时，允许 VI 前面板以透明方式运行，输入 0 ～ 100 的整数到属性节点"透明度"可以改变 VI 前面板的透明度。该属性节点输入为"假"时，LabVIEW 不允许 VI 前面板以透明方式运行，输入数值到属性节点"透明度"并不能改变 VI 前面板的透明度。该属性的作用类似于自定义窗口样式中的"运行时透明显示窗口"选项（"VI 属性对话框—"窗口外观"属性页—自定义按钮—自定义窗口外观—运行时透明显示窗口"）。

10）透明度　读/写属性，数据类型为 8 位无符号整型，通过该属性节点可以获取或者设置 VI 前面板透明度。0 代表不透明，100 代表完全透明（不可见），如图 5-92 所示。

图 5-92　设置 VI 前面板透明度

按图 5-93 所示程序，可以实时调整 VI 前面板窗口透明度，调整窗口透明度之前首先要为 VI 类的属性"以透明方式运行 VI"赋"真"值。

11）在最前　读/写属性，数据类型为布尔类型，通过该属性节点可以获取或设置 VI 前面板置顶的状态。如果该属性节点输入为"真"，则 VI 前面板被置为计算机屏幕的顶层窗口。

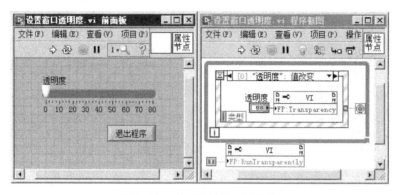

图 5-93   实时调整窗口透明度

12）状态   读/写属性，数据类型为枚举类型，通过该属性节点可以获取或设置 VI 前面板窗口的状态。有效值包括：0（Invalid）表示无效状态，1（Standard）表示标准状态，2（Closed）表示关闭状态，3（Hidden）表示隐藏状态，4（Minimized）表示最小化状态，5（Maximized）表示最大化状态。

13）自定义标题   读/写属性，数据类型为布尔类型，通过该属性可以获取或者设置 VI 前面板窗口标题栏自定义标题的使用状态。如图 5-94 所示，该属性节点输入为"真"时，表示允许使用"标题"属性写入的自定义标题；该属性节点输入为"假"时，LabVIEW 将删除使用"标题"属性写入的自定义标题。

图 5-94   使用/删除自定义标题

14）标题   读/写属性，数据类型为字符串类型，通过该属性节点可以获取或者设置 VI 前面板窗口标题的文本。如图 5-95 所示，将 VI 前面板窗口标题修改为"A"。

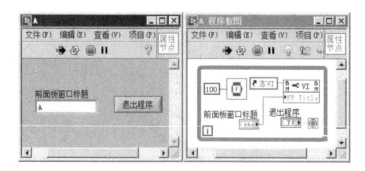

图 5-95   修改 VI 前面板窗口标题

15）最小尺寸　读/写属性，数据类型为 LabVIEW 自定义簇，通过该属性节点可以获取或设置 VI 前面板窗口在运行时允许用户调整的最小尺寸。

5.3.12　前面板类

前面板类继承于图形对象类，除了拥有图形对象类的所有属性外，还拥有私有属性：窗格［］、分隔栏［］、控件［］、所有对象［］、修饰［］、选择列表［］、延迟前面板更新。

1）窗格［］　只读属性，数据类型为句柄数组，通过该属性节点可以获取 VI 前面板所有窗格的引用句柄。默认的情况下 VI 前面板只有一个窗格，通过分隔栏（"VI 前面板—控件选板—新式—容器—水平分隔栏/垂直分隔栏"）可以将 VI 前面板划分为多个窗格。

2）分隔栏［］　只读属性，数据类型为句柄数组，通过该属性节点可以获取 VI 前面板所有分隔栏的引用句柄。

3）控件［］　只读属性，数据类型为句柄数组，数组元素为 VI 前面板所有控件具体到控件类的引用句柄。通过"控件［］"属性获取的前面板所有控件的引用句柄数组，需要使用 For 循环的索引或者"索引数组"函数将句柄数组中的元素逐个取出。该属性节点与簇类属性"控件［］"类似，通过簇类属性"控件［］"可以获取簇中所有控件的引用句柄。

这是一个极其重要的属性节点，通过该属性节点可以获取 VI 前面板所有控件的引用句柄，配合属性节点可以批量修改前面板控件的属性，大大提高编程效率。LabVIEW 的属性节点是支持多线程、多 VI 的，通过连接"打开 VI 引用"函数还可以获取磁盘上任何 VI 前面板控件的引用句柄，实现对计算机磁盘上任何 VI 前面板控件的操作。关于前面板类属性"控件［］"的编程应用，可以参见例 5-2。

4）所有对象［］　只读属性，数据类型为句柄数组，数组元素为 VI 前面板所有对象具体到图形对象类的引用句柄。该属性节点与簇类属性"所有对象［］"类似，通过簇类属性"所有对象［］"可以获取簇中所有对象具体到图形对象类的引用句柄。如图 5-96 所示，通过前面板类属性"所有对象［］"获取前面板对象：数值输入控件、修饰对象、ActiveX 容器的类名。

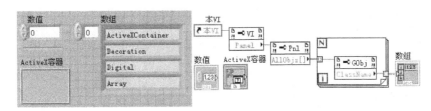

图 5-96　通过前面板类属性"所有对象［］"获取前面板对象的类名

通过 VI 前面板类的属性"所有对象［］"获取的是 VI 前面板所有对象具体到图形对象类的引用句柄，通过"转换为特定的类"函数可以使句柄向下转换，得到控件类的引用句柄。通过控件类的引用句柄，连接属性节点可以实现对 VI 前面板控件属性的操作。但是，"转换为特定的类"函数只能将控件类的引用句柄向下转换到控件类的应用句柄，无法将修饰对象、ActiveX 容器等其他对象的引用句柄转换到控件类，因为这些对象本身不具有控件类的属性。如图 5-97 所示，如果 VI 前面板中的对象只有控件，那么通过"转换为特定的类"函数可以将控件具体到图形对象类的引用句柄向下转换得到控件类的引用句柄，配合

"值"属性可以向控件写入数据。

图 5-97　向下转换前面板控件图像对象类句柄

5）修饰[ ]　只读属性，数据类型为句柄数组，数组元素为 VI 前面所有修饰对象（修饰类）的引用句柄。该属性节点与簇类属性"修饰[ ]"类似，通过簇类属性"修饰[ ]"可以获取簇中修饰对象的引用句柄。

6）选择列表[ ]　只读属性，数据类型为句柄数组，通过该属性节点可以获取前面板所选对象的引用。

7）延迟前面板更新　读/写属性，数据类型为布尔类型，通过该属性节点可以获取或设置 VI 前面板控件的更新模式。当该属性节点输入"假"时，LabVIEW 即时更新前面板控件值；当该属性节点输入"真"时，LabVIEW 不更新前面板控件值。

如图 5-98 所示，当"延迟更新数据?"按钮按下时，VI 前面板所有控件的值将延迟更新（波形图表中的波形停滞），直到为"延迟前面板更新"属性赋"假"值，波形才重新开始刷新。

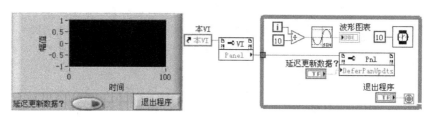

图 5-98　连续向波形图表写入数据

5.4　LabVIEW 的方法

LabVIEW 的方法又称调用节点，它是访问对象高级属性的权限，LabVIEW 中经常用到的是控件的方法和 VI 的方法。

5.4.1　控件的方法

1）对象高亮显示　"对象高亮显示"可以使前面板对象高亮闪烁一次，LabVIEW 数值控件、字符串控件、布尔控件都具有该方法。

2）重新初始化为默认值　通过"重新初始化为默认值"可以将控件值重新设置为默认值，该方法无需数据输入。

3）获取图像　通过方法"获取图像"可以获取对象的图像信息，将图像的输出数据连接到"写入 PNG 文件"函数，可以将对象在前面板的图形以 PNG 格式保存在磁盘上。如图 5-99 所示，通过控件类的方法"获取图像"和"写入 PNG 文件"函数（"VI 程序框图—函数选板—编程—图形与声音—图形格式—写入 PNG 文件"）将字符串控件的图像保存在 E 盘下的"控件图像. png"文件中。

4）将控件匹配窗格　控件类的方法"将控件匹配窗格"可以使控件充满整个 VI 前面板，而且当调整 VI 前面板大小时，控件随前面板自动调整自身大小使自身总是能匹配并充满整个 VI 前面板。某些有高度限制的控件（如数值控件）只有长度可以匹配前面板大小，而高度保持不变。如图 5-100 所示，将字符串控件匹配至窗格，使前面板变成一个文本编辑框。

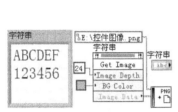
图 5-99　获取前面板控件图像

图 5-100　字符串输入控件匹配到窗格

5）获取第 N 行　通过控件类的方法"获取第 N 行"可以获取字符串控件中的某行数据。如图 5-101 所示，输入字符串中有 3 行，通过字符串的方法"获取第 N 行"获取字符串中的第 1 行数据。

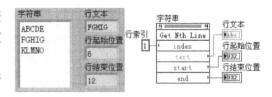
图 5-101　获取字符串输入控件的某行数据

6）调整为文本大小　该方法可以调整字符串控件高度以显示所有文本，该方法的作用类似于字符串控件属性对话框中"外观"选项页中的选项"调整为文本大小"。

7）开始拖放　该方法用于设置控件拖曳时的数据和拖曳模式，通过"开始拖放"可以实现控件的自定义拖曳操作。该方法有两个数据输入端，分别输入拖曳数据和拖曳模式。拖曳模式包括："move"，表示移动数据源的数据，将数据源的数据拖曳到目标控件后，数据源的数据被删除（并不是所有数据源的数据被拖曳移走后都可以被删除，某些控件的数据无法删除）；"copy"，表示复制数据源的数据，将数据源的数据拖曳到目标控件后，数据源的数据仍然存在；"copy or move"，表示复制或移动数据源的数据，直接拖曳数据实现数据源数据的移动，拖曳数据的同时按住"Ctrl"键可以复制数据源数据。

【例 5-10】将颜色盒中的颜色通过鼠标右键拖入布尔控件中。

本例实现右键的自定义拖曳功能，通过鼠标右键将颜色盒中的颜色拖曳到布尔控件中。颜色盒的颜色是只读属性，所以即使选用"move"模式，当在颜色盒上实现拖曳操作后，颜色盒中的颜色还是存在的。

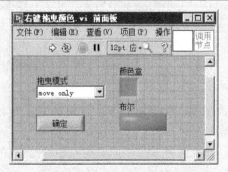

图 5-102 例 5-10 的程序框图

（1）按图 5-102 所示构建程序界面。在颜色盒控件（"VI 前面板—控件选板—新式—数值—带边框颜色盒"）上右击，在弹出的快捷菜单中选择"高级—运行时快捷菜单—禁用"。在 VI 运行模式下，去掉颜色盒控件的快捷菜单，否则会影响右键的拖曳操作。

（2）如图 5-103 所示，在"颜色盒"的"鼠标按下"事件分支中编写检测鼠标按键的程序。鼠标在颜色盒控件上单击、右击、滚轮按下时，事件数据端子"按钮"分别输出"1"、"2"、"3"。

（3）如图 5-104 所示，在颜色盒控件的"鼠标离开"事件分支中构建检测拖曳动作的代码。如果移位寄存器输出"2"，说明上一个动作是"鼠标右键按下"，与"鼠标离开"联系在一起，就是鼠标右键拖曳并离开颜色盒控件的动作。在鼠标右键拖曳的条件分支中，将拖曳数据和拖曳模式输入到控件的方法"开始拖曳"。

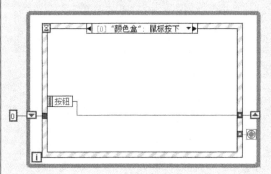

图 5-103 识别鼠标按键

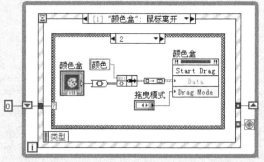

图 5-104 颜色盒的数据输入到拖曳数据中

（4）如图 5-105 所示，在布尔控件的"放置"事件分支中通过"获取拖放数据"函数（"VI 程序框图—函数选板—编程—应用程序控制—获取拖放数据"）将拖曳数据输入到布尔灯的前景色和背景色中。

（5）如图 5-106 所示，如果鼠标在颜色盒控件上释放，则说明不是一个完整的拖曳操作。将存储鼠标状态的移位寄存器清零，准备下一次拖曳操作。

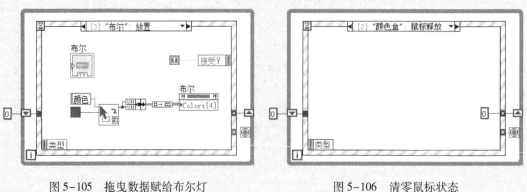

图 5-105 拖曳数据赋给布尔灯   图 5-106 清零鼠标状态

5.4.2 VI 的方法

1）缩放对象 通过该方法可以获取程序框图中代码的缩放图形，"Max Width"与 "Max Height"输入端用于设置图片尺寸。如果这两个输入端输入为空，则该方法返回原始尺寸的图片。如图 5-107 所示，将图像的输出数据连接到"写入 PNG 文件"函数（"VI 程序框图—函数选板—编程—图形与声音—图形格式—写入 PNG 文件"），可以将程序框图中的对象（程序代码）以 PNG 格式保存在磁盘上。

2）获取控件值 通过该方法可以获取前面板控件的值，该方法的输入端"Control Name（控件名称）"指的是控件的标签，该方法通过控件的标签识别控件。"获取控件值"返回的是变体数据，可以通过"变体至数据转换"函数（"VI 程序框图—函数选板—编程—簇、类与变体—变体—变体至数据转换"）将变体数据转换为目标数据类型。LabVIEW 的属性和方法是支持多线程和多 VI 的，该方法配合"打开 VI 引用"函数，可以获取磁盘上其他 VI 前面板中控件的值。读者可以参考图 9-9 更深入地学习控件类的方法"获取控件值"。

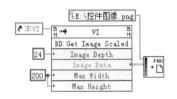 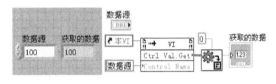

图 5-107　获取 VI 程序框图对象的图形　　　图 5-108　获取控件值

3）获取全部控件值 通过该方法可以获取 VI 前面板全部控件的值，返回簇数组。通过数组索引先取出数组的单个元素，单个元素是簇，再通过"解除捆绑"函数或"按名称解除捆绑"函数将簇中的元素取出。如图 5-109 所示，前面板有两个控件，通过"索引数组"函数得到两个簇。通过"按名称解除捆绑"函数得到簇中的两个元素，一个是控件名称（标签），另一个是控件数据（变体）。

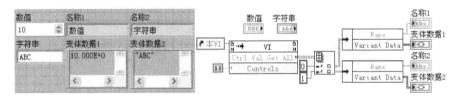

图 5-109　获取前面板所有控件的值

4）设置控件值 该方法可以设置 VI 前面板控件的值，如图 5-110 所示，通过"设置控件值"修改本 VI 前面板中字符串控件的值。

5）前面板打开 通过 VI 类的方法"前面板打开"可以打开 VI 前面板并设置前面板的状态，该方法一般配合"打开 VI 引用"函数动态打开计算机磁盘上的其他 VI。由于该方法可以打开 VI 前面板，所以该方法可以使 VI 加载内存。该方法的"Activate（激活）?"输入端输入为"真"时，可以将打开的前面板置于计算机屏幕的顶层。与"前面板打开"类似的还有 VI 类的方法"前面板关闭"、"前面板居中"，分别实现 VI 前面板关闭和居中的功能。

6）运行 VI 该方法可以使 VI 运行，类似工具栏上的 VI 运行按钮。其中"Wait Until

Done（结束前等待）"用于设置是否允许主 VI 与被调用 VI 同时运行。"结束前等待"输入为"假"，表示主 VI 可以和被调用 VI 同时执行；"结束前等待"输入为"真"，表示主 VI 只有等到被调用 VI 执行完毕后才能继续执行。

7）终止 VI　该方法可以使运行的 VI 停止，类似工具栏上的 VI 的终止按钮。如果使用"终止 VI"终止前面板打开的 VI，那么该 VI 终止后并不退出内存，因为它的前面板还是打开的。如图 5–111 所示，While 循环的条件端子输入"假"常量，这个程序能退出吗？实际上该循环并不是无限循环，通过 VI 类的方法"中止 VI"可以无条件地停止正在运行的 VI。由于前面板没有关闭，所以该 VI 并没有退出内存。

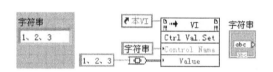
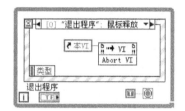

图 5–110　通过方法"设置控件值"修改控件值　　　图 5–111　通过 VI 类的方法"中止 VI"停止 VI

如果使用"终止 VI"终止前面板没有打开的后台 VI，那么该 VI 终止后将退出内存。关于通过 VI 类的方法"终止 VI"停止后台 VI 的应用，读者可以参考图 9–18 所示程序。

5.5　属性和方法的多线程

LabVIEW 中的属性节点和方法是支持多线程的，在同一个 VI 的不同循环或在不用的 VI 中可以使用属性节点和方法。通过 LabVIEW 的"打开 VI 引用"函数（"VI 程序框图—函数选板—编程—应用程序控制—打开 VI 引用"），可以使属性节点和方法的应用范围扩展到计算机磁盘上的任何 VI，大大拓展了 LabVIEW 属性节点和方法的使用范围。关于 VI 服务器与 LabVIEW 属性节点和方法的多线程应用，将在第 9 章中详细讲解。

1. 并行循环中的属性节点和方法

如图 5–112 所示，控件的"值"属性可以在多线程间传递数据。在"线程 1"中，将滑动杆控件的值赋给数值输入控件的"值"属性节点。在"线程 2"中，将数值输入控件的"值"属性节点的值赋给数值显示控件"滑动杆的值"。这样，滑动杆的输出值就可以由"线程 1"传递到"线程 2"了。程序的停止也是用属性节点控制的，"线程 1"中的"停止"按钮的值通过布尔控件的"值"属性节点传递到"线程 2"，这样用一个停止按钮可以控制两个线程的停止。

> **【注意】** 控件的"值"属性节点虽然支持多线程，但是一般不用"值"属性节点进行大数据量的多线程通信。控件的属性节点在进行数据更新的同时，还要进行 VI 前面板控件的刷新，这导致了属性节点的读/写效率很低。

在同一 VI 的多个循环或在不同 VI 之间进行通信的途径有全局变量、队列函数、LV2 型全局变量等。第 7 章将详细讲解多线程通信的相关知识，这里读者只需要知道属性节点支持多线程就可以了。

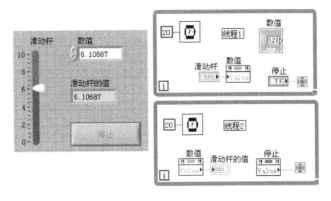

图 5-112 控件的"值"属性在并行循环间传递数据

2. 不同 VI 中的属性节点和方法

在 LabVIEW 中可以通过一个 VI 修改另一个 VI 中控件的属性,通过"打开 VI 引用"函数可以建立不同 VI 之间的关联。

【例 5-11】编程实现在一个 VI 中修改另一个 VI 中的控件颜色。

本例用到了两个 VI:主 VI 和子 VI,在子 VI 中创建一个布尔灯控件,在主 VI 中编程修改布尔灯控件的颜色。本例的关键是通过"打开 VI 引用"函数("VI 程序框图—函数选板—编程—应用程序控制—打开 VI 引用")得到子 VI 的引用句柄,配合属性节点"控件[]"得到子 VI 前面板控件的引用句柄,配合属性节点或者调用节点(方法)修改子 VI 前面板控件的属性。

(1)按图 5-113 所示构建子 VI 的前面板和程序框图。

图 5-113 子 VI 的前面板和程序框图

(2)按图 5-114 所示构建主 VI 的前面板和程序框图。"打开 VI 引用"函数("VI 程序框图—函数选板—编程—应用程序控制—打开 VI 引用")的路径输入端输入"子 VI"在计算机硬盘上的路径,建立"主 VI"和"子 VI"之间的联系。通过前面板类的属性"控件[]"只能得到具体到控件类的引用句柄,要想得到布尔类的引用句柄,就需要使用"转换为特定的类"函数("VI 程序框图—函数选板—编程—应用程序控制—转换为特定的类")将控件类的引用句柄向下转换为布尔类的引用句柄。修改布尔灯颜色使用布尔类的"颜色[4]"属性,该数据类型是数组类型,数组中的元素是簇,簇中两元素为无符号 32 位整型。

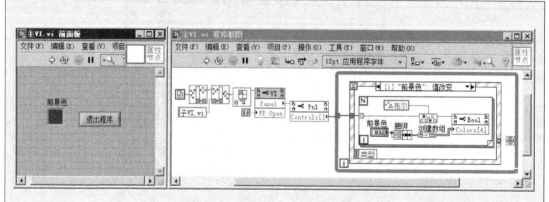

图 5-114　主 VI 的前面板和程序框图

在构建子 VI 路径时用到了三个路径函数：当前 VI 路径（"VI 程序框图—函数选板—编程—文件 I/O—文件常量"）、拆分路径（"VI 程序框图—函数选板—编程—文件 I/O"）、创建路径（"VI 程序框图—函数选板—编程—文件 I/O"）。获取子 VI 路径的思路是：通过"当前 VI 路径"函数和"拆分路径"函数获取主 VI 所在文件夹的路径，再通过"创建路径"函数加入子 VI 的文件名，获取子 VI 的完整路径。只要子 VI 和主 VI 在同一个文件夹中，就可以获取子 VI 的路径，不用考虑 VI 所在计算机磁盘的根目录。

【注意】调试程序时，可以只运行"主 VI"而不运行"子 VI"（只打开"子 VI"的前面板），"主 VI"可以在"子 VI"不运行的情况下修改其前面板中控件的属性。

第6章 子VI与内存管理

在 LabVIEW 编程应用中，往往将一个大的 LabVIEW 程序分解为若干个不同的模块，每个模块完成各自的功能，进而组成一个完整的 LabVIEW 程序。一般而言，一个大型的 Lab-VIEW 程序由一个顶层 VI（主 VI）层层调用不同的功能模块实现整个程序的功能，功能模块可以是一个子 VI，也可以是由几个子 VI 组成的次顶层的程序模块。LabVIEW 中子 VI 和主 VI 没有本质的区别，被其他 VI 调用的 VI 称为子 VI，调用其他 VI 的 VI 称为主 VI。通过"VI 程序框图—函数选板—选择 VI"，可以将计算机磁盘任意 VI 当作子 VI 调用。主 VI 和子 VI 是一个相对的概念，一个 VI 相对于它调用的 VI 而言是主 VI，相对于调用它的 VI 而言是子 VI。子 VI 的使用在 LabVIEW 的程序设计中是很普遍的，读者应熟练掌握子 VI 加载内存的形式、可重入性以及生存周期，这在构建大型 LabVIEW 程序中是很重要的。

LabVIEW 中的子 VI 类似于 C 语言中的函数，一个 LabVIEW 顶层程序由一个主 VI（顶层 VI）和若干多个子 VI 构成。主 VI 可以调用子 VI，子 VI 中还可以调用子 VI。同一个子 VI 可以被一个或多个 VI 调用任意次，但 VI 不能调用自身。

LabVIEW 程序设计时，充分合理地使用子 VI 可以减少重复编写相同代码的工作量。LabVIEW 中 VI 加载内存的形式有两种：动态加载和静态加载，VI 的执行方式也有两种：可重入和不可重入。VI 加载内存的形式和执行方式直接关系到内存的使用，是 LabVIEW 编程中的重要内容。

6.1 子 VI 的创建

大型 LabVIEW 程序制作或系统级程序开发时，经常要用到相同的功能模块或算法。将重复调用的程序代码做成子 VI，可以实现相同代码的复用，提高编程效率和程序的阅读性。

LabVIEW 中子 VI 有两种创建方式，一种是在普通 VI 中直接编写程序代码并定义连线板，另一种是通过程序框图代码段自动创建子 VI。

6.1.1 从普通 VI 创建子 VI

先创建一个新 VI，在程序框图中编程实现一定功能程序代码。如图 6-1 所示，在新建 VI 中编程实现一个计算加、减、乘、除的计算器。该程序有两个输入：X 和 Y，一个输出：运算值，通过条件结构可以选择计算模式"加"、"减"、"乘"、"除"。

1. 子 VI 的图标

编辑好程序代码后，最好修改 VI 右上角的图标，这是在 VI 图标编辑器中进行的。有两种方法

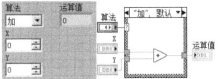

图 6-1 实现计算器功能的程序代码

打开 VI 图标编辑器：第一种是双击 VI 前面板或程序框图右上角的图标；第二种是在 VI 图标上右击，在弹出的快捷菜单中选择"编辑图标"。

如图 6-2 所示，图标编辑器的功能很强大，诸多细节请读者自己试验，这里只介绍几种常用的操作。切换到"图标文本"选项页，可以编辑 VI 图标的文本，设置文本的颜色、字体、大小、英文的大小写、对齐方式。

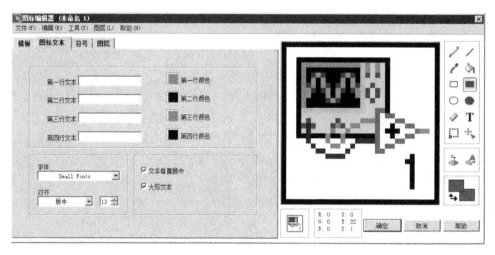

图 6-2　VI 图标编辑器"图标文本"选项页

在"图层"选项页中，单击用户图层中某项右边的按钮可以屏蔽该图层。如图 6-3 所示，用户图层中只有 LabVIEW 默认图标，单击该行右侧的按钮可以将 LabVIEW 默认图层屏蔽。"图层"选项页右边的区域是自定义图标编辑区域，通过工具栏可以绘制自定义图标。

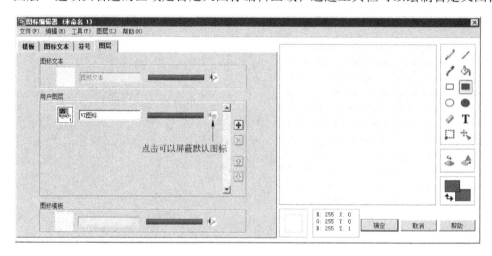

图 6-3　VI 图标编辑器"图层"选项页

2. 子 VI 的接口

子 VI 一般要与调用 VI 进行数据通信，还要为子 VI 制作数据的输入/输出接口。右击 VI 前面板右上角的 VI 图标，在弹出的快捷菜单中选择"显示连线板"，可以将图标模式切换到连线板模式。LabVIEW 默认的 VI 连线板的接口比较复杂，一般的子 VI 用不到这么多接口。在连线板上右击，在弹出的快捷菜单项"模式"中选择想要的接口样式。如图 6-4 所示，选择"3 个输入，1 个输出"的接口样式。当配置好接口后，还可以通过 VI 图标的快捷菜单项"添加接线端"或"删除接线端"添加或删除连线板接口。

设置了连线板的样式后，还要将接口关联到控件，这样外界的数据可以通过子 VI 连线板绑定的"接口控件"进出子 VI。将子 VI 连线板绑定到接口控件的步骤是：将鼠标移动到连线板的某个接口上，当接口变为黑色时说明接口已经被选中，此时单击该接口，然后单击 VI 前面板对应的控件，可以将子 VI 连线板某个接口和子 VI 前面板某个控件绑定在一起，被绑定的控件称为"接口控件"。

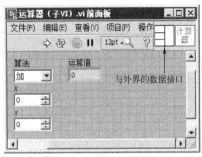

图 6-4　VI 连线板

当连线板的某个接口与子 VI 中某个控件绑定后，接口的颜色变成与其绑定的控件数据类型的颜色。如图 6-5 中，枚举控件"算法"是无符号 16 位整型，数据类型对应的颜色为蓝色。"X"、"Y"、"运算值"都是双精度浮点数，数据类型对应的颜色为橘红色。在编辑好程序和接线板的子 VI 中，连线板接口颜色与控件的数据类型颜色是相同的。

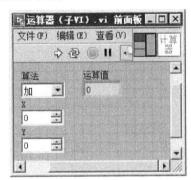

图 6-5　定义了连线板的 VI

> **【注意】**输入控件只能定义为连线板的输入接口，显示控件只能定义为连线板的输出接口。

定义了 VI 连线板和接口控件后，就可以在其他 VI 中调用该 VI，并与之进行数据通信。通过"VI 程序框图—函数选板—选择 VI（函数选板最下边的选项）"，可以调用计算机磁盘上的子 VI，也可以直接从计算机硬盘上将子 VI 拖入到主 VI 的程序框图中，形成一个调用的实例。

通过函数选板中的"选择 VI"选项或直接从计算机磁盘将子 VI 拖入主 VI 中的调用形式是静态调用，这是在实际编程中应用最广泛的调用形式。静态调用的子 VI 是常驻内存的，其生命周期和主 VI 的生命周期一样。当主 VI 打开时，静态调用的子 VI 随主 VI 一起加载内存。当子 VI 的所有调用方退出内存时，该子 VI 退出内存。如图 6-6 所示，在主 VI 中静态调用子 VI "计算器"，双击子 VI 图标可以调出子 VI 的前面板。如果按住"Ctrl"键的同时双击子 VI 图标，不仅可以调出子 VI 的前面板，还可以调出子 VI 的程序框图。

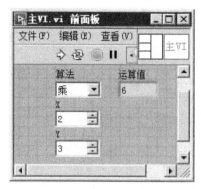

图 6-6   静态调用子 VI

6.1.2   从程序框图创建子 VI

有一种便捷的自动创建子 VI 的方法是：在 VI 程序框图中选中需要创建为子 VI 的程序代码，在 VI 菜单项"编辑"中选择"创建子 VI"，LabVIEW 会自动将选中的程序代码创建为子 VI，并自动为子 VI 配置连线板接口。选中程序代码的方法是：在 VI 程序框图中单击并拖动，让拖出的虚线框包含需要选中的程序代码。

新建一个 VI 并命名为"主 VI"，在主 VI 中编辑如图 6-7 所示程序，功能是实现加、减、乘、除计算器。

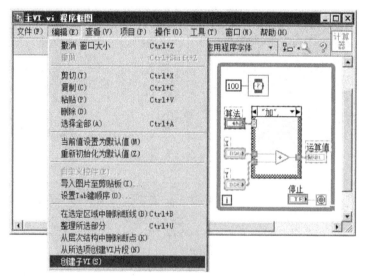

图 6-7   选中一段程序代码

选中目标程序代码（被选中的程序代码将被虚线框包围），然后选择 VI 菜单项"编辑—创建子 VI"，LabVIEW 自动将选中的程序代码创建为子 VI，如图 6-8 所示。

双击子 VI 图标，可以打开 LabVIEW 自动创建的子 VI。如图 6-9 所示，LabVIEW 已经为新创建的子 VI 分配好了连线板接口，只要将新建子 VI 保存在计算机磁盘上即可。

在调用子 VI 时，LabVIEW 默认是不显示子 VI 前面板的，一般的应用中也只是使用子 VI 中的程序代码和数据，不需要调出子 VI 前面板实现人机交互。如果想要在调用子 VI 的同时调出子 VI 的前面板，实现对话框的效果，可以设置 VI 前面板为对话框样式。在 VI 前面板右上角的 VI 图标上右击，在弹出的快捷菜单中选择"VI 属性"，在"VI 属性"对话框中通过"类别"下拉列表切换到"窗口外观"选项页并勾选"对话框"选项，这样就将 VI 前面板设置为 Windows 操作系统下普通对话框的样式了。当主 VI 运行到该子 VI 时，子 VI 前面板将以对话框的形式弹出。

图 6-8　LabVIEW 将程序代码
自动创建为子 VI

图 6-9　LabVIEW 自动创建的子 VI

【**例 6-1**】计算 e 的近似值：$e \approx 1 + \dfrac{1}{1!} + \dfrac{1}{2!} + \dfrac{1}{3!} + \cdots + \dfrac{1}{n!}\left(\text{精确到}\dfrac{1}{n!} < 1 \times 10^{-6}\right)$。

本例演示了子 VI 的应用，n! 是运算过程中重复使用的模块，可以考虑将其制作为子 VI，这将大大简化主 VI 程序。n! 的算法在例 4-5 中已经实现，只要将其制作为子 VI 的形式即可。

(1) 子 VI 实现阶乘运算，如图 6-10 所示，连线板有两个接口：输入"n"和输出"n!"。

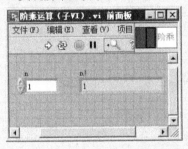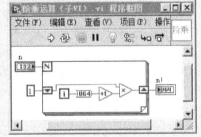

图 6-10　阶乘算法模块

【**注意**】由于阶乘的计算结果很大，容易发生溢出。要设置移位寄存器的数据类型为 64 位无符号整型，这样可以尽量计算到较大数的阶乘。

(2) 编写主 VI 中的程序代码，如图 6-11 所示。当 $\dfrac{1}{n!} < 1 \times 10^{-6}$ 时退出循环，移位寄存器输出运算结果到数值显示控件"e"中。

图 6-11　主 VI 调用"阶乘"模块

6.2 VI 的四个内存单元

内存的管理与程序性能有很大的关系，现代计算机的主要性能参数有两项：CPU 和内存。内存使用是否得当直接影响到程序的稳定性，内存使用不当可能造成程序的卡顿，甚至导致应用程序的崩溃。在 LabVIEW 的编程应用中，内存的使用是一个重要的环节。

LabVIEW 的编程基础是 VI，VI 也是 LabVIEW 的一个基本运行单元，LabVIEW 中的一个普通 VI 包含前面板和程序框图两部分。一个 VI 程序在打开时，有四部分内容需要加载到内存：前面板对象、程序框图对象、程序代码、数据，但是这四部分内容并不是在任何情况下都被 LabVIEW 调入内存的。当打开一个主 VI 时，主 VI 连同它的所有静态调用子 VI 的代码和数据都会被调入内存。由于此时子 VI 的前面板和程序框图没有显示，所以子 VI 的前面板和程序框图没有载入内存。只有主动查看子 VI 的前面板和程序框图时，LabVIEW 才开辟内存空间构建这两部分内容。默认的情况下，主 VI 的前面板是打开的，它的前面板也就同时被调入内存。由于主 VI 的程序框图在默认的情况下没有打开，所以主 VI 的程序框图不加载到内存。只有当主动查看主 VI 的程序框图时，主 VI 程序框图才载入内存。

基于 LabVIEW 的这种内存管理的特性，可以通过以下方法来优化 LabVIEW 程序的内存使用。

（1）把一个复杂的 VI 模块化为多个子 VI，可以为重复的程序代码节约内存。

（2）在没有必要时不要设置子 VI 的重入属性，重入的 VI 在必要的时候可能生成多个副本，这会增加内存开销。

6.3 多态 VI

多态是在面向对象的编程思想中出现的概念，表示接口的多种不同实现形式。在 LabVIEW 中存在多态函数的概念，LabVIEW 中的多态函数可以自适应不同的数据类型。

多态函数的实质是调用编辑好的不同 VI，每个 VI 的功能相同，但是每个 VI 的接口对应一种不同的数据类型。当不同的数据类型连接到多态 VI 时，多态 VI 自动匹配并调用与其匹配数据类型的 VI。

在 VI 前面板或程序框图中的菜单项"文件"中选择"新建"，在弹出的新建窗口中双击"VI"文件夹下的"多态 VI"，可以创建一个多态 VI。多态 VI 没有普通 VI 的前面板和程序框图，多态 VI 的作用是根据不同的接口类型调用其他 VI。多态 VI 的程序功能不是在多态 VI 自身中实现的，而是在多态 VI 关联的多个子 VI 中实现的。如图 6-12 所示，将新创建的多态 VI 命名为"加法器"，并保存在计算机硬盘上。

为多态 VI 配置两个子 VI，功能是实现两个数的加法运算，一个 VI 的接口适应字符串类型，另一个 VI 的接口适应数值类型。

如图 6-13 所示，将适应数值类型输入的子 VI 命名为"加法器_数值"。多态 VI（函数）被调用的时候都是以子 VI 的形式出现的，要为其分配输入/输出接口才能和调用 VI 实现数据通信。右击 VI 前面板的 VI 图标，选择连线板并将连线板的端口与前面板控件绑定。

如图 6-14 所示，将适应字符串类型输入的子 VI 命名为"加法器_字符串"。"分数/指数字符串至数值转换"函数用于将字符串转换为数值，"数值至小数字符串转换"函数用于将数值转换为字符串，通过"VI 程序框图—函数选板—编程—字符串—字符串/数值转换"，可以获取这两个函数。

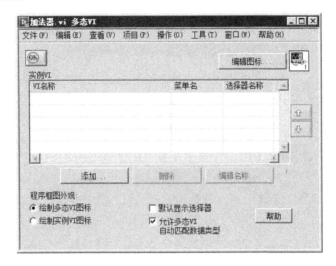

图 6-12　多态 VI

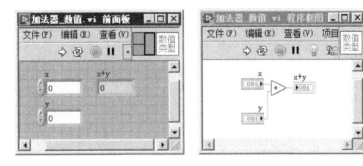

图 6-13　实现数值类型加法运算的子 VI

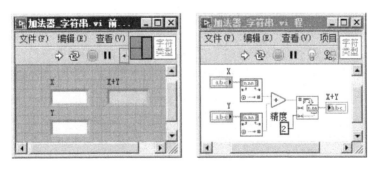

图 6-14　实现字符串加法运算的子 VI

如图 6-15 所示，编辑好两个适应不同数据类型的子 VI 后，通过"多态 VI"中的"添加"按钮将这两个子 VI 添加到多态 VI 中。最上边的 VI 是多态 VI 默认的调用 VI，也就是说在默认的情况下，多态 VI"加法器"调用硬盘上的"加法器_数值"这个 VI。当有字符串类型的连线连接到多态 VI"加法器"的接口时，多态 VI"加法器"才调用硬盘上的"加法器_字符串"，以适应字符串类型数据。

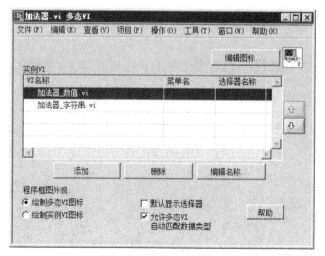

图 6-15　在多态 VI 中添加子 VI

【注意】在调用多态 VI 时，应将多态 VI "加法器" 放置在调用 VI 的程序框图中，而不是将 "加法器_数值" 或 "加法器_字符串" 这两者中的任一个放置在调用 VI 的程序框图中。当不同类型的数据连线连接到多态 VI "加法器" 的接口时，多态 VI "加法器" 根据数据类型自动调用计算机磁盘上的 "加法器_数值" 或 "加法器_字符串" 实现加法运算的功能。

6.4　子 VI 中的程序结构

LabVIEW 中，子 VI 就是一个普通 VI，普通 VI 中使用的程序结构在子 VI 中同样可用。LabVIEW 的子 VI 可以包含 While 循环、For 循环、事件结构、Case 结构等复杂的程序结构。

子 VI 中可以包含任何复杂的程序结构和机制，编程时要保证子 VI 中的结构在合适的时候能正常退出。如果一个 While 循环中的子 VI 没有执行完毕，那么这个 While 循环中的其他程序代码都将停滞。

如图 6-6 所示的子 VI 是比较简单的子程序，子 VI 程序框图中没有任何程序结构，程序只运行一次就退出。如图 6-16 所示，程序实现从 0 开始的前 N 个自然数的累加和，程序的主要功能是在子 VI "累加和" 中完成的，主程序只负责用户事件响应。

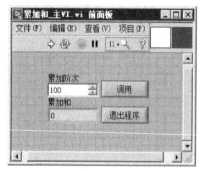
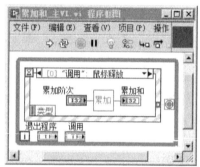

图 6-16　子 VI 实现累加

如图6-17所示，"累加和_子VI"子VI比图6-6所示的子VI复杂一点，子VI程序中有一个While循环结构。当用户单击主VI前面板"调用"按钮时，事件分支执行子VI"累加"中的程序。如果进行 $1+2+\cdots+100$ 的累加运算，则子VI中的While循环将执行100次，然后退出。只有子VI正常退出循环后，主VI才能继续执行，否则数据流将停滞在子VI的循环结构中。

 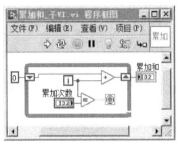

图6-17 "累加"子VI的前面板和程序框图

下面看一个更复杂的子VI程序，该子VI中包含While循环和事件结构，并将子VI前面板设置为一个模态对话框形式的窗口。如图6-18所示，子VI是一个包含事件结构的人机交互机制。子VI的前面板以对话框的形式弹出后，可以实现人机交互，滑动杆的数据通过连线板的接口控件输出到子VI外部。当接口控件仅用于数据的输入/输出而不需要显示数据时，可以将接口控件隐藏。在控件上右击，在弹出的快捷菜单中选择"隐藏显示控件"，可以将控件隐藏。

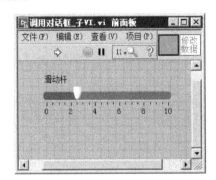 

图6-18 子VI实现人机交互

如图6-19所示，子VI中有两个事件分支，如果将子VI的前面板设置为对话框样式，一般要构建"前面板关闭"事件，用于响应前面板窗口关闭按钮的动作。

当子VI保持默认的前面板样式时，主VI只执行子VI的程序代码不调用子VI的前面板。通过VI属性对话框修改VI前面板的窗口外观，可以使子VI的前面板以对话框的形式弹出。在子VI前面板右上角的VI图标上右击，在弹出

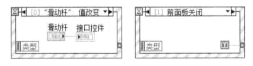

图6-19 图6-18中的事件分支

的快捷菜单中选择"VI属性"或通过VI菜单项"文件—VI属性"，都可以调出VI的属性对话框。如图6-20所示，在VI属性对话框的"窗口外观"选项页中可以设置VI前面板窗

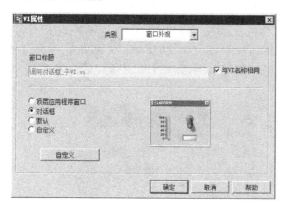

图 6-20 设置 VI 前面板为对话框样式

口样式。将子 VI 前面板设置为对话框样式后，当该子 VI 被主 VI 调用时，子 VI 前面板将以对话框的形式弹出。

如图 6-21 所示，在主 VI 中，用数值显示控件显示子 VI 传递的数据。由于子 VI 与主 VI 运行在同一线程，所以当子 VI 的前面板以对话框的形式调出后，主 VI 将停滞在该子 VI 处。直到该子 VI 执行完毕（子 VI 被关闭）后，主 VI 才能继续运行，主 VI 中的数据才能被更新。如果要实现主 VI 与子 VI 实时的数据通信，则需要主 VI 与子 VI 运行在各自独立的线程。

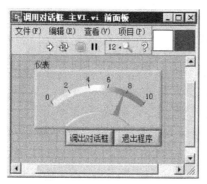

图 6-21 调出并响应对话框

6.5 子 VI 的执行模式

LabVIEW 的子 VI 有两种执行模式：可重入性和不可重入性，通过 VI 属性对话框（VI 菜单项 "文件—VI 属性"）中的 "执行" 选项页可以设置子 VI 的执行模式。如图 6-22 所示，默认的情况下 VI 是不可重入的，这也是实际编程中最常用的执行模式。

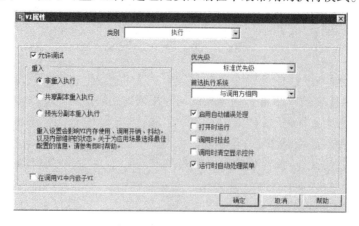

图 6-22 设置 VI 执行模式

VI 的重入属性涉及 "VI 实例" 这一概念，简单地理解，一个 VI 的一处调用称为该 VI 的一处实例。同一 VI 的多个实例是指同一 VI 的多处调用，每处 VI 实例都调用了相同的程序代码，唯一不同的是数据存储空间中的数据不同，这也可以描述为 VI 的状态不同。说得再详细一点，同一 VI 的每处调用（实例）代码都是相同的，每处 VI 实例中流动的数据是不一样的，这使得 VI 具有不同的状态。

6.5.1　不可重入 VI

VI 的 "不可重入性" 是指同一时刻内存中只有同一 VI 的一个实例存在，当程序调用该 VI 的多处实例时，该 VI 的一处实例执行完毕后，下一处实例才能执行。对于不可重入的 VI 而言，无论顶层 VI 中包含多少个该 VI 的实例，LabVIEW 在内存中都只为该 VI 开辟一块内存空间，每处实例都使用这一块内存空间。基于 LabVIEW 的自动多线程特性，每处调用（实例）执行的顺序是随机的。但是在不可重入的执行模式下，无论实例的执行顺序如何，都可以保证一个实例运行完毕后，下一个随机的实例才能运行。不可重入 VI 虽然保证了实例运行时的唯一性，但是容易产生线程等待时间，降低了程序的执行效率。

如图 6-23 所示，程序中调用了四处不可重入的子 VI 实例，子 VI 是一个延时 100ms 的程序。一处实例执行完毕后，下一处实例才能执行。一处实例的执行时间是 100ms，四处实例总的运行时间是 400ms。

如图 6-24 所示是图 6-23 程序中子 VI 的前面板和程序框图，子 VI 中只有 100ms 的延时程序，该子 VI 保持默认的 "不可重入" 执行模式。

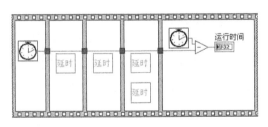

图 6-23　子 VI 的不可重入特性　　　　　图 6-24　延时子 VI 的前面板和程序框图

6.5.2　可重入 VI

VI 的 "可重入性" 是指同一个 VI 的不同实例可以同时运行，这意味着在必要的时候，LabVIEW 将为可重入 VI 开辟多个副本以保证数据安全。在前面的章节中已经介绍了一个 VI 的内存构成：前面板对象、程序框图对象、程序代码、数据。一个子 VI 编辑好后，它的前面板和程序框图是不变的，程序框图中的代码决定了程序的功能。在整个子 VI 被调用的过程中，只有数据是变化的，也可以说 VI 的状态是变化的。一个 VI 的实例没有结束而另一个实例已经启动并运行，这种情况就称为同时运行，LabVIEW 一定会为同时运行的每个实例创建一块单独的内存空间（副本），以保证多线程的数据安全。可重入 VI 可以保证子 VI 实例同时执行，进而保证多线程高效的执行效率，但是额外开辟的副本增加了内存消耗。

VI 的可重入性与 LabVIEW 多线程的 CPU 使用权（CPU 时间片）密切相关，CPU 一段极其短暂的使用时间称为时间片。CPU 时间片是一个非常短的概念，造成的假象是所有的线程同时运行。CPU 时间片的使用规则是：操作系统根据线程优先级为一个应用程序（进程）中的多个线程分配 CPU 使用权（CPU 时间片），如果一个线程（一条程序执行路径）在规定的 CPU 使用时间内没有执行完该线程（该条程序执行路径）的程序代码，那么该线程上的程序将暂停。该线程上的子 VI 实例将保持当前状态，CPU 的使用权将转移到下一个线程。

对于可重入 VI 而言，内存的使用形式分为两种情况：在实例间共享副本和为每个实例预分配副本。

1. 在实例间共享副本

如果将子 VI 设置为"共享副本重入执行"，那么当主 VI 中有多处该子 VI 的实例时，主 VI 是按如下方式调用子 VI 实例的。

主 VI 程序启动，LabVIEW 将为第一个运行的实例开辟一块内存空间（副本 1）用于运行第一个实例。如果第二个随机的实例运行时第一个实例执行完毕，那么第二个实例继续使用这块内存空间（副本 1），这块内存空间（副本 1）中的数据将被第二个实例修改；如果第二个实例运行时第一个实例没有执行完毕，那么 LabVIEW 将创建一块新的内存空间（副本 2）用于运行第二个实例。这样，两块内存空间完全独立，第二个实例无法修改第一个实例使用过的内存空间（副本 1）中的数据。以此类推，如果一个随机的实例运行时内存中有空闲的副本，那么该实例将继续使用这个空闲的副本。如果一个随机的实例运行时内存中没有空闲的副本，那么 LabVIEW 将创建新的副本。对于"共享副本重入执行"的 VI 而言，所有该 VI 的实例共享内存中的同一个或几个副本，这一个或几个副本中的数据很可能被多个实例所修改，最终得到的数据是不确定的。

LabVIEW 一定创建与同时运行的子 VI 实例数目相同的副本，以确保每个实例的数据安全。例如，一个主 VI 中有 10 处子 VI 的实例，主 VI 运行的过程中，有 3 处子 VI 的实例需要同时执行，那么 LabVIEW 将创建 3 个副本，这 10 处实例将共享内存中的这 3 个副本。如果 10 处实例都同时运行，则 LabVIEW 将创建 10 个副本。这 10 处实例将共享内存中的这 10 个副本，但这 10 处实例与这 10 个副本并不是一一对应的关系，每处实例并不一定使用某个固定的副本。

上面提到的情况只涉及一个主 VI（调用方），如果同一个子 VI 被多个 VI 调用，则该子 VI 的多处实例分布在不同的调用 VI 中的情况与一个调用方的情况相同。不变的规则是：只要子 VI（在实例间共享副本）的实例需要同时运行，LabVIEW 创建的副本个数就一定与同时运行的实例数目相同。

如图 6-25 所示，将图 6-24 所示的延时子 VI 的执行模式修改为"共享副本重入执行"。在需要的时候，LabVIEW 将在内存中开辟与同时运行的实例数目相同个数的副本，而不是为每个实例都开辟副本，这样可以节省一部分内存的开销。图 6-23 所示程序中有 4 处实例，但是同时运行的有 2 处（顺序结构第 3 帧中的 2 处实例），所以内存中最多有 2 处子 VI "延时"的副本。第 3 帧中的情况与前两帧的情况不同，前两帧由于受顺序结构的影响，前两个子 VI "延时"的实例需要顺序执行，总共耗费 200ms。第 3 帧中 2 个子 VI 的实例是并行的多线程关系，可以并行地多线程执行，执行顺序是随机的。CPU 时间片远远小于 100ms，在规定的 CPU 时间片内，第 3 帧中的某个随机的实例不可能执行完延时程序。根据 CPU 时间片的使用规则，第 3 帧中的 2 个实例要同时运行，第 3 帧占用 100ms。加上前面两帧各 100ms 的用时，程序的运行总时间是 300ms。

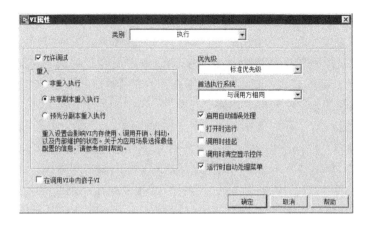

图 6-25 可重入且在实例间共享副本

2. 为每个实例预分配副本

如果设置 VI 可重入的内存使用形式为"预分配副本重入执行",那么无论多个实例是否同时运行,LabVIEW 将为每个被调用的实例都创建副本。每处实例使用自己独立的内存空间,这很好地保证了数据的安全性,但是加大了内存的消耗。

这两种可重入 VI 的内存使用形式该如何选择呢?"预分配副本重入执行"保证了实例和副本之间一一对应的关系,子 VI 每处实例运行后能保持自身的状态(子 VI 实例中的数据)。在"共享副本重入执行"模式下,实例和副本之间在大多数情况下不是一一对应的关系,所有实例随机地使用共享的一个或多个副本。子 VI 每处实例运行后,副本中存储的数据都可能发生无法预知的修改,每个实例运行后的状态是无法保持的。对只使用子 VI 中的程序代码功能,在对每处实例运行后的状态要求不严格的情况下,可以设置 VI 的执行模式为"共享副本重入执行"以节省内存。如果对每处实例运行后的状态有严格要求,并需要保持每处实例每次调用后的状态,那么应设置 VI 的执行模式为"预分配副本重入执行"。

6.6 共享副本与数据窜改

编辑一个子 VI,如图 6-26 所示,程序实现加 10 功能。运行一次程序,移位寄存器中的值加 10 并输出累加和。子 VI 中的移位寄存器没有在循环外部初始化,只要不关闭 VI(不退出内存),移位寄存器中的数据就一直累加下去。每运行一次 VI,数值显示控件"累加和"中的值增加 10。

 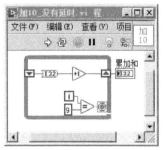

图 6-26 没有初始化移位寄存器的累加程序

如图 6-27 所示，创建一个主 VI 静态调用子 VI "加 10"，将子 VI 设置为 "可重入且在实例间共享副本" 模式。在顺序结构的第一帧中，子 VI 的 4 个实例优先级相同，先运行哪个实例是不确定的。LabVIEW 通过操作系统随机地为四条并行的数据流连线路径中的一条分配 CPU 使用时间（时间片）。如果一条数据连线在规定的 CPU 使用时间内没有完成本路径的程序，则本路径的程序将暂停，本路径上的子 VI 实例处于等待状态，CPU 的使用权将转移到下一个随机的线程。在本例中，由于程序代码简单，运行一次子 VI 实例的时间非常短，所以在规定的 CPU 时间片内可以完成一条数据流路径上的程序代码。下一条数据流路径上的实例运行时，LabVIEW 检测到没有其他实例运行，该实例重用上一处实例创建并使用过的内存空间（副本）。如图 6-26 所示，由于子 VI 中的移位寄存器没有初始化，所以该副本的移位寄存器中保留了上一个实例运算的结果 "10"。在 10 的基础上再累加 10，该副本的移位寄存器中数据被修改为 "20"，使用该副本的实例得到的输出为 "20"。

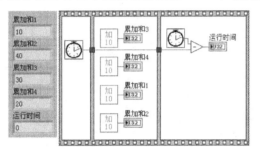

图 6-27　4 处实例顺序执行

以此类推，4 个实例都使用这一个副本，每个实例使用该副本后，都对移位寄存器中的数据进行累加，该副本的移位寄存器中保留了每次累加后的结果。最后一处实例运行后，该副本的移位寄存器中的数据是 4 次的累加和 "40"。图 6-27 中，顺序结构第 1 帧中的 4 个实例分布在四条并行的程序执行路径上，它们的执行顺序是随机的，但是可以通过运算结果得知四条执行路径的执行顺序："累加和 1" 所在线程、"累加和 4" 所在线程、"累加和 3" 所在线程、"累加和 2" 所在线程。

【**注意**】运行时间显示 "0"，是因为执行 4 处实例使用的总时间很短，不在时间函数的显示范围内。时间函数只能精确到 1ms，也就是说，4 处实例总运行时间不到 1ms。

修改子 VI 程序，如图 6-28 所示，程序中加入 100ms 的延时，这样执行一次子 VI 的时间大约是 100ms。

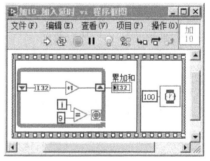

图 6-28　增加子 VI "加 10" 的运行时间

主 VI 的运行情况如图 6-29 所示，程序的运行时间是大约 100ms，可见 4 个实例是同时运行的。如果是依次执行，则使用的总时间应是 400ms。再观察输出的数据，可以发现 4 个实例输出的数据相同，都是 "10"。为什么在子 VI 中加入 100ms 延时后，情况不同了呢？

子 VI 中添加了 100ms 的延时，执行完子 VI 所需要的时间大于 100ms。在图 6-29 中，顺序结构的第 1 帧中有四个子 VI 的实例，单条数据流执行路径上的实例运行时间大于 100ms，操作系统为每条数据流执行路径分配的 CPU 时间片远远小于 100ms。一个实例在给定的 CPU 使用时间内无法完成程序内容，CPU 的使用权将转移到其他数据流执行路径。操作系统分配的四次 CPU 时间片的时间总和还是远远小于 100ms，第 4 个实例运行时，第 1 个实例还没有执行完毕，四个实例需要同时运

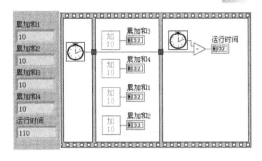

图 6-29　四个实例同时运行

行。基于数据安全性的考虑，LabVIEW 将开辟 4 个副本，以确保四个实例同时运行时的数据安全。所以四个实例使用各自的副本，每个实例保持着运行后的状态。

6.7　子 VI 加载内存的形式

1. 子 VI 的静态调用

将子 VI 直接由硬盘拖入主 VI 程序框图或通过"VI 程序框图—函数选板—选择 VI"调用子 VI 的方式称为静态调用，静态调用子 VI 是最常用的调用方式。当一个 VI 打开时，无论该 VI 是否运行，它所包含的静态调用的子 VI 全部进入内存。如果被调用的子 VI 中又包含静态调用的 VI，那么子 VI 中的静态调用 VI 也进入内存。也就是说，无论有多少级调用，当顶层 VI 进入内存时，与顶层 VI 关联的静态调用 VI 全部进入内存。当一个子 VI 的所有静态调用方退出内存时，该子 VI 退出内存。

当打开主 VI 时，LabVIEW 为主 VI 中静态调用的子 VI 创建一块内存空间，用于构建子 VI 的程序代码和数据。在默认的情况下，子 VI 的前面板和程序框图是不显示的，只有主动查看前面板和程序框图时，LabVIEW 才开辟内存空间构建这两部分内容。

2. 子 VI 的动态调用

大部分情况下，主 VI 进入内存时并不需要它包含的所有子 VI 都进入内存，只是希望用到某个功能模块时才加载该子 VI。只有调用时才装入内存的加载方式叫作动态调用，子 VI 的动态调用要用到 VI Server 技术。动态加载 VI 时，LabVIEW 首先要从硬盘上将子 VI 装载到内存，然后才能执行子 VI 中的程序，所以执行速度较慢。静态调用的子 VI 在主程序启动时就装载到内存，当执行到子 VI 的实例时，LabVIEW 直接运行该子 VI，所以静态调用的执行速度很快。在 LabVIEW 中实现动态调用要用到三个函数：打开 VI 引用、通过引用节点调用、关闭引用。

动态调用和静态调用各有利弊，选择哪种调用模式，要看子 VI 所完成的任务。需要持续运行的子 VI 应该采用静态调用，如数据采集子 VI。在主程序运行的个别时刻需要调用的子 VI，采用动态调用以节省内存。

【例 6-2】编程实现子 VI 的动态调用。

动态调用子 VI 需要用到"打开 VI 引用"函数、"通过引用节点调用"函数、"关闭引用"函数。通过"打开 VI 引用"函数找到磁盘上的子 VI，通过"引用节点调用"函数实现接口匹配和数据交换，通过"关闭引用"函数注销子 VI 的引用句柄。

（1）按照图 6-5 所示编写子 VI 并配置连线板。

（2）新创建一个 VI。

（3）通过"VI 前面板—控件选板—系统—数值—系统步进数值控件"，在程序框图中创建两个系统步进数值控件并修改标签分别为"X"、"Y"。

（4）通过"VI 前面板—控件选板—系统—下拉列表与枚举—系统枚举"，在程序框图中创建一个系统枚举控件并修改其标签为"算法"。在系统枚举控件上右击，在弹出的对话框中选择"编辑项"，在弹出的枚举选项编辑对话框中添加四个枚举选项：加、减、乘、除。

（5）通过"VI 程序框图—函数选板—编程—应用程序控制"，在程序框图中创建"打开 VI 引用"函数、"通过引用节点调用"函数、"关闭引用"函数。

（6）在"打开 VI 引用"函数的"类型说明符 VI 引用句柄（仅用于类型）"输入端上右击，在弹出的快捷菜单中选择"创建常量"，为该输入端子创建一个常量输入。在该常量上右击，在弹出的快捷菜单中选择"VI 服务器类—浏览"，在弹出的文件选择对话框中双击要动态调用的子 VI。选中动态调用的子 VI 后，常量的图标将显示子 VI 连线板配置。

（7）按图 6-30 所示编程。对于动态调用而言，一个关键的问题就是调用的路径。一般情况下，要在"打开 VI 引用"函数的路径输入端输入完整正确的调用路径。但是，如果被调用的 VI 与主 VI 在同一个文件夹中，那么在"打开 VI 引用"函数的路径输入端只需要输入被调用 VI 的名称即可，LabVIEW 可以自动识别到同一个文件夹中的 VI。

图 6-30　例 6-2 前面板与程序框图

怎样才能知道动态调用的子 VI 是否在内存中呢？可以通过应用程序类的属性"内存中导出的 VI"查看装载到内存的 VI。

【例 6-3】编程查看内存中的 VI

（1）通过"VI 前面板—控件选板—新式—数组、矩阵与簇—数组"，在 VI 前面板创建一个数组控件。

（2）通过"VI 前面板—控件选板—新式—字符串与路径—字符串显示控件"，将字符串显示控件拖入到数组控件中形成一个字符串数组并修改字符串数组标签为"内存中导出的 VI"。

（3）通过"VI 前面板—控件选板—新式—数值—数值显示控件"，在 VI 前面板创建一个数值显示控件并修改控件标签为"内存中 VI 数目"。

（4）通过"VI 程序框图—函数选板—编程—结构—While 循环"，在程序框图中创建一个 While 循环。

（5）通过"VI 程序框图—函数选板—编程—定时—等待"，在程序框图中创建一个等待函数。

（6）通过"VI 程序框图—函数选板—编程—应用程序控制—打开应用程序引用"，在程序框图中创建一个"打开应用程序引用"函数。在"打开应用程序引用"函数上右击，在弹出的快捷菜单中选择"创建—应用程序类的属性—应用程序—内存中导出的 VI"。

（7）按图 6-31 所示编程。

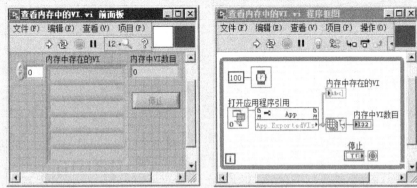

图 6-31　查看内存中的 VI

6.8　子 VI 与属性节点

主 VI 和子 VI 之间不仅可以实现数据的交换，通过子 VI 还可以修改主 VI 或主 VI 中对象的属性。"VI 服务器引用"（"VI 程序框图—函数选板—编程—应用程序控制—VI 服务器引用"）是一个功能强大的函数，通过它可以获取主 VI 中任何对象的引用句柄，再配合属性节点可以修改 VI 及 VI 对象的属性。引用句柄可以通过子 VI 连线板接口传递到子 VI 中，在子 VI 中将输入的引用句柄连接到属性节点，就可以建立该属性和主 VI 或者主 VI 中对象的关联。

有以下两种方法获取控件的引用。

（1）通过"VI 程序框图—函数选板—编程—应用程序控制—VI 服务器引用"，在程序框图中创建一个"VI 服务器引用"函数，在"VI 服务器引用"函数上单击，在弹出的快捷菜单中选择窗格中某个控件的引用。

（2）在控件上右击，在弹出的快捷菜单中选择"创建—引用"，可以创建控件的引用。

如图 6-32 所示，程序的主要功能是实现在

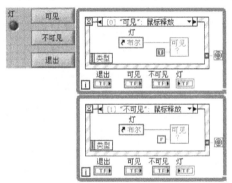

图 6-32　通过子 VI 修改主 VI 控件的属性

子 VI 中控制主 VI 中布尔灯的可视状态。子 VI 通过布尔控件的引用句柄与主 VI 中的布尔灯控件取得联系，通过布尔类的属性节点"可见"修改主 VI 中布尔灯的可视状态。

如图 6-33 所示是子 VI 的前面板和程序框图，子 VI 的连线板有两个接口控件：布尔类引用句柄控件和布尔控件。子 VI 的连线板中，布尔类引用句柄用于连接主 VI 中布尔灯的引用句柄，取得与主 VI 中的布尔灯控件的联系；布尔控件获取主 VI 中输入的布尔常量数据并连接至子 VI 中布尔类的"可见"属性，进而控制主 VI 中布尔灯的可视状态。

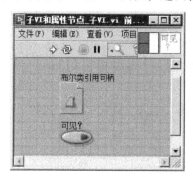

图 6-33   句柄控件作为连线板接口数据类型

有以下两种方法获取布尔类的句柄控件。

（1）通过"VI 菜单项"编辑—创建子 VI"自动创建子 VI"，LabVIEW 可以在自动创建的子 VI 中产生布尔类的句柄控件并为其分配连线板接口。

（2）通过"VI 前面板—控件选板—新式（经典）—引用句柄—控件引用句柄"，可以获得控件类的句柄控件，如图 6-34 所示。

然后通过"VI 前面板—控件选板—新式—布尔"，将布尔类控件拖曳到控件类句柄控件中，可以得到布尔类句柄控件，如图 6-35 所示。

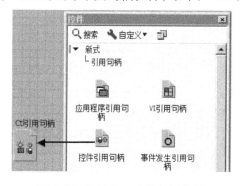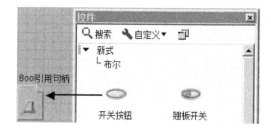

图 6-34   LabVIEW 中的句柄控件   图 6-35   布尔类句柄控件

既然可以在子 VI 中通过绑定到连线板的句柄控件获取与主 VI 属性的联系，那么就可以在子 VI 中通过控件类的"值"属性节点向主 VI 中传递数据。

如图 6-36 所示，主 VI 中的循环结构和子 VI 并行执行，事件结构只有一个分支用于实现程序的退出机制。通过波形图表的引用句柄实现子 VI 与主 VI 中波形图表控件的关联。

【注意】不能将子 VI 置于 While 循环内部，这相当于循环嵌套结构，在子 VI 中的循环结构没有退出之前，主 VI 的 While 循环中的其他并行的程序执行路径处于停滞状态。

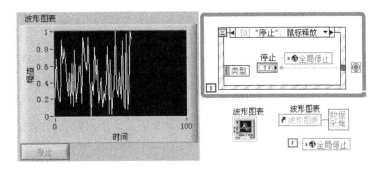

图 6-36　通过控件类的"值"属性实现主 VI 和子 VI 通信

　　如图 6-37 所示是子 VI 的程序框图，将波形图表类句柄控件输出的引用句柄连接到波形图表类的"值"属性，可以使"值"属性和主 VI 的波形图表控件建立关联，使子 VI 中随机数函数产生的数据传递到主 VI 的波形图表控件中。

图 6-37　通过波形图表类的"值"属性传递数据到主 VI 的波形图表控件

6.9　子 VI 的生命周期

　　对于静态调用的子 VI，它的生命周期和调用 VI 是一样的。当子 VI 的一个调用方加载内存时，该子 VI 加载内存；当子 VI 的所有调用方退出内存时，该子 VI 才退出内存。

　　对于动态调用的 VI，它的生命周期由编程决定。当数据流流过"打开 VI"函数时，动态调用的子 VI 加载内存；当数据流流过"关闭引用"函数时，该子 VI 退出内存。

6.10　LabVIEW 的内存再分配

　　Windows 32 位操作系统是动态分配内存的，当一个应用程序运行时，操作系统为其分配一定的内存空间；当程序结束时，操作系统收回内存。一般而言，凡是数据长度拓展的函数都需要内存再分配，如"创建数组"函数、"连接字符串"函数等。当改变数组长度时，该数组附近的内存空间可能已经分配给其他应用程序。操作系统要在新位置为数组重新分配内存，将原先内存空间的数据复制并写入新位置。加上分配内存空间本身的消耗，内存的再分配将耗费大量的计算机资源，使程序的执行效率大大降低。所以，进行大型数组操作时，一定要注意避免内存再分配。在进行大数据块的操作时，理想的模式是通过"初始化数组"函数在内存中预先开辟一块空间，数据的读/写只在这块内存空间里进行，这样就没有内存的注销和重新分配，程序的执行效率是很高的。

如图 6-38 所示是一个进行百万次浮点数操作的程序，这个程序通过"创建数组"函数在数组的前面插入元素，这是一种很不合理的编程。该程序有以下两点不合理之处。

（1）数组在不断扩充，每次循环都要调用一次内存管理器进行内存再分配，将原先物理内存地址处的数据复制到新的物理内存地址。

（2）由于数组的首元素是不断变动的，所以数组中的数据要时时变动移位，这更延长了内存操作时间。

由于这两点原因，程序执行效率极其低下，在实际应用中应该尽量避免在数组首位置持续插入元素。从程序运行的结果看，该程序进行百万次浮点数操作用时 2354s，约为 40min。测试使用的计算机 CPU 为奔腾双核 T4200，主频为 2.0GHz，内存为 2GB 的 DDR3 内存。在数组中插入元素的位置越靠前，原数组中需要移动的元素越多，程序的执行效率越低。

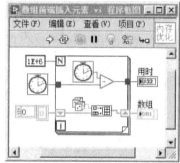

图 6-38　在数组首位置添加元素

如图 6-39 所示程序比图 6-38 所示程序略微合理一些，在 For 循环中通过"创建数组"函数向数组末尾插入元素。每次 For 循环，LabVIEW 调用一次内存管理器重新注销和分配一次内存空间。但是，由于是在数组末尾插入元素，原数组中的元素不用移动位置，这样程序的执行效率得到了提高。从运行结果看，进行百万次浮点数操作用时约为 0.35s，比图 6-38 所示程序的执行效率提高了近 7000 倍。

图 6-39　在数组末尾插入元素

如图 6-40 所示程序使用循环索引向数组中添加元素，使程序效率进一步提高，这是一种合理的创建数组的形式。从运行结果看，百万次浮点数操作时间约为 0.19s。

如图 6-41 所示程序也是一种比较合理的创建数组的形式。先用"初始化"数组函数开辟能容纳一百万个浮点数的内存空间，然后通过"替换数组子集"函数在预先开辟的内存空间中替换数据。每次循环时，无须调用内存管理器注销和重新分配内存地址。从运行结果看，百万次浮点数操作时间约为 0.16s。

 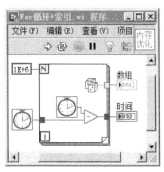

图 6-40　通过循环索引向数组中添加元素

 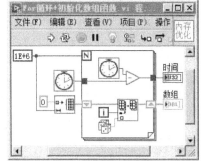

图 6-41　向预先开辟的内存空间中添加数组元素

另外，"一维数组移位"函数也是一个相当耗费内存的操作函数，图 6-42 所示程序的执行效率比图 6-38 所示程序还低。虽然使用了"初始化数组"函数初始化了内存空间，在循环的过程中没有内存的注销和再分配问题，但是每次循环都要重写数组中的所有数据，导致效率低下。虽然图 6-42

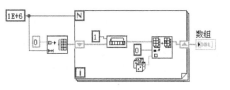

图 6-42　数据的移位存储模式

所示程序效率低下，但是在 LV2 型全局变量存储数据时，经常采用"初始化数组"函数 + "一维数组移位"函数 + "替换数组子集"函数实现数据队列的移位存储。这种数据存储模式是有实际应用价值的，读者应该掌握。

6.11　LabVIEW 中的缓存重用

1. LabVIEW 数据的缓存

LabVIEW 是数据流驱动的编程语言，数据传递到不同节点时可能需要复制一个副本，这是 LabVIEW 为了防止数据被节点改变引起错误所采取的一种数据保护措施。LabVIEW 的这种数据保护策略虽然确保了数据的安全，但是有些不必要的数据保护措施增加了额外的内存消耗，降低了 LabVIEW 程序的性能。

通过 VI 菜单项"工具—性能分析—显示缓冲区分配"，可以调出"显示缓冲区分配"对话框，查看程序框图中的缓存分布。如图 6-43 所示，单击"刷新"按钮就可刷新并显示程序框图中缓冲区的分配情况。在程序框图中，黑色实心小方块表示 LabVIEW 在此开辟了一块内存缓冲区，存储该节点处的数据。默认的情况下，"显示缓冲区分配"对话框中只勾选了其中的几项，这样只能查看程序框图中的部分缓存分布；如果勾选所有选项，则可以查看程序框图中所有缓存分布，如图 6-43 所示。

看一下图 6-44 所示程序，这个程序用 For 循环产生了一个 6 元素的数组，数组元素是双精度浮点数。For 循环结束后再用"索引数组"函数将这个 6 元素数组中的第 3 个元素取出，并用数值显示控件显示。LabVIEW 为图 6-44 所示程序在计算机内存中开辟了 6 块缓存用于存储数据，分别是缓存 1、缓存 2、缓存 3、缓存 4、缓存 5、缓存 6，每处缓存都对应计算机中的一块物理内存单元。缓存 1 用于存储总循环次数，缓存 2 用于存储循环变量，缓存 3 用于存储随机数，缓存 4 用于存储产生的数组，缓存 5 用于存储常量"2"，缓存 6 用于存储索引获取的数组元素标量。

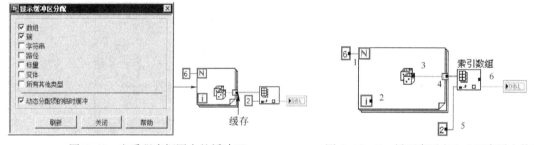

图 6-43　查看程序框图中的缓冲区　　　图 6-44　For 循环索引产生 6 元素浮点数组

下面分析 LabVIEW 什么时候为节点做数据备份，什么时候不为节点做数据备份。

1）节点只涉及读操作　如果目标节点只涉及读操作，不可能对节点数据作任何更改，那么 LabVIEW 不在该节点处做数据备份。如图 6-45 所示，缓存 3 只涉及"索引数组"函数的读数据操作，所以 LabVIEW 没有为缓存 3 中的数据做备份。缓存 5 和缓存 7 是为保存"输出 1"和"输出 2"而开辟的缓存，而不是缓存 3 的数据备份。

2）节点只涉及一处写操作　如果只有一条数据流连线使用某个节点的数据，该节点的数据即使被修改也不会影响程序的其他部分，那么 LabVIEW 不在该节点处做数据备份。如图 6-46 所示程序，这个程序先用 For 循环产生了一个 6 元素的数组，然后用"替换数组子集"函数将这个 6 元素数组中的第 1 个元素替换为"100"。可以看到，LabVIEW 并没有为"替换数组子集"函数的输出开辟缓存。实际上，输出的数组数据重新使用了缓存 3。由于 LabVIEW 检测到缓存 3 中的数据没有再被其他数据流连线使用，缓存 3 是可以被重新利用的，所以将"替换数组子集"函数的输出数据保存在了缓存 3 中。程序执行完毕，缓存 3 中的数据已经不是 For 循环索引产生的 6 元素数组 {0、1、2、3、4、5}，而是经过"替换数组子集"函数修改后的数组 {0、100、2、3、4、5}。

3）节点涉及多处写操作　如果节点涉及多处写操作，那么 LabVIEW 一定在该节点创建数据备份以确保数据操作的安全。如图 6-47 所示，缓存 3 中的数据涉及"替换数组子集"函数的两处写操作，缓存 3 只能被重用一次。所以 LabVIEW 开辟了缓存 6，用于存储"输出 2"的数据。程序执行完毕后，缓存 3 中的数据为 {0、100、2、3、4、5}，缓存 6 中的数据为 {0、1、200、3、4、5}。

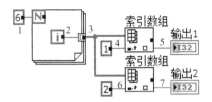
　　　　图 6-45　节点只涉及读操作

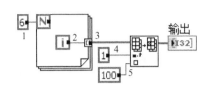
　　　　图 6-46　节点只涉及一处写操作

4）节点涉及读/写操作　如果节点涉及读/写操作，那么 LabVIEW 一定在该节点创建数据备份以确保数据操作的安全。如图 6-48 所示，在 For 循环索引输出节点处，既有通过"索引数组"函数对缓存 3 的读操作，又有通过"替换数组子集"函数对缓存 3 的写操作。这时 LabVIEW 出于对数据安全的考虑，不可能进行缓存 3 的重用，而是再开辟一块缓存 5 用于保存"替换数组子集"函数的输出数据。程序执行完毕后，缓存 3 中的数据是 {0、1、2、3、4、5}，缓存 5 中的数据是 {0、100、2、3、4、5}。

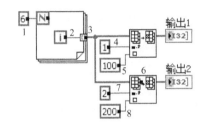
　　　图 6-47　节点涉及多处写操作

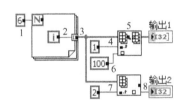
　　　图 6-48　节点涉及读/写操作

2. LabVIEW 缓存重用

　　在大多数情况下，LabVIEW 的数据保护措施是实用的，也是必要的。但是有时 LabVIEW 的这种数据保护措施造成了内存浪费，降低了程序的性能。通过编程合理地实现缓存重用，可以提高程序的性能，优化内存使用。

　　如图 6-49 所示程序实现简单的四则运算。LabVIEW 在内存中为其开辟了五处缓存，分别用于存储数组 A、数组 B、A + B、数组 C、（A + B）* C。程序只需要得到运算结果，中间的计算值是不需要的。可以考虑将缓存 3 和缓存 5 去掉，重用数组 A 的缓存 1 或数组 B 的缓存 2。也就是说，可以将 A + B 的值和（A + B）* C 的值存到缓存区 1 或缓存区 2 中，这样就达到了缓存重用的目的。

　　怎样通过编程实现缓存重用呢？LabVIEW 中提供了元素同址操作结构，通过该结构可以使输入输出强制使用同一缓存区。通过"VI 程序框图—函数选板—编程—应用程序控制—内存控制—元素同址操作结构"，可以获得元素同址操作结构。在"元素同址操作结构"上右击，在弹出的快捷菜单中可以选择要实现的同址运算操作。如图 6-50 所示，在"元素同址操作结构"的快捷菜单中选择"添加输入/输出元素同址操作"，为"元素同址操作结构"添加

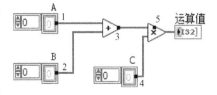
图 6-49　LabVIEW 自动
创建的五处缓存

同址操作的输入输出端子。与输入/输出在同一条数据流连线的数据被强制使用同一块内存空间，A + B 的值和(A + B) * C 的值重用了缓存 1。

如图 6-51 所示，通过"元素同址操作结构"，使 A + B 的值和(A + B) * C 的值重用了缓存 2。

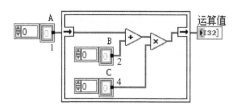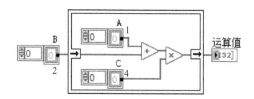

图 6-50　重用数组 A 的缓存 1　　　　图 6-51　重用数组 B 的缓存 2

6.12　数据类型的转换

如果在程序运行的过程中出现数据类型不匹配的计算，LabVIEW 将强制进行数据转换。转换时要先保存原始数据，这样要多消耗内存。在程序框图中，有红点标记处，就有强制类型转换发生。如图 6-52 所示，输入常量"Y"的数据类型为整型数据，与双精度浮点数类型不匹配，所以在"加"函数的输入端有一个红点。这就意味着要在内存中创建新的存储区域保存输入值"Y"，以确保在强制转换过程中原数据的安全。

进行不同数据类型的运算时，应使用数据类型转换函数进行数据类型的转换。通过"VI 程序框图—函数选板—数值—转换"，可以找到所有数据类型的转换函数。如图 6-53 所示为使用"转换为双精度浮点数"函数进行数据类型转换是合理的编程。

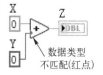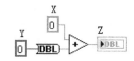

图 6-52　数据类型不匹配　　　　图 6-53　转换为匹配数据类型

6.13　合理的编程习惯

在编程时，一般遵循的原则是：将不必要的控件和代码置于循环结构的外部。有些指示器只需要显示计算结果，不需要显示计算中间值。在这种情况下，将指示器置于循环外部，可以节省额外刷新控件而耗费的计算机资源，提高程序执行效率。如图 6-54 所示，将数值显示控件"累加和"置于 For 循环外部是合理的编程。

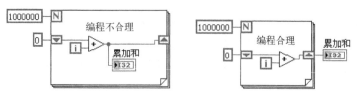

图 6-54　减少不必要的控件刷新

在可以使用局部变量和全局变量时，一定不要使用"值"属性节点传递数据。属性节点在更新数据的同时要刷新控件，刷新控件很费资源，将导致程序效率低下。如图 6-55 所示，在 While 循环中使用"值"属性节点传递数据效率很低，采用局部变量可以提高程序效率。

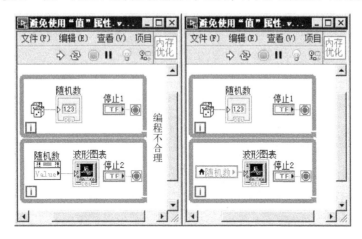

图 6-55　避免使用"值"属性节点传递数据

6.14　应用程序的内存管理

使用虚拟仪器技术构建测试系统时，内存的加载形式是非常重要的。动态加载的形式可以节省内存，但是调用速度太慢。静态加载执行速度快，但是要常驻内存，加重了内存的负担。编写大型程序时，一般遵循的原则是：对实时性要求较高的环节，如数据采集环节，要采用静态调用的方式。当采集模块启动时就要常驻内存，采集任务完成时才能退出内存。如果动态调用实时运行的模块，应用程序相当于读/写硬盘，效率极低。对程序中参数的设置或人机交互界面等对实时性要求不高的环节，采用动态加载方式是合理的，有助于节省内存开销。例如，主程序调用一个对话框去设置程序中用到的参数，这个过程只是通过对话框设置参数，这些模块的调用不需要持续读/写数据，所以采用动态调用即可。

第7章 多 线 程

一个正在运行的应用程序称为一个进程，一个进程由若干个线程组成。线程是程序（进程）执行的最小单元，是一条单独的程序执行路径。一个标准的线程由线程 ID、当前指令指针、寄存器集合和堆栈组成。在一个应用程序中同时运行多个线程完成不同的工作，称为多线程。

7.1 LabVIEW 的执行系统与多线程机制

LabVIEW 中把 VI 代码调度、运行起来的机制叫做执行系统。LabVIEW 有六大执行系统，分别是用户界面执行系统、标准执行系统、仪器 I/O 执行系统、数据采集执行系统，以及其他 1、其他 2 执行系统。

LabVIEW 是自动多线程的编程语言，LabVIEW 的执行系统在必要时为 LabVIEW 的程序代码开辟一个线程。虽然线程是自动管理的，但用户还是可以通过编程人为地介入线程。在 LabVIEW 中可以按以下大致划分线程。

（1）在 LabVIEW 程序中，从数据流的起始节点到结束节点的流程称为执行路径，每条并行的执行路径可以看作一个线程。如图 7-1 所示是两条并行的执行路径，两条执行路径是并行的多线程关系。

（2）LabVIEW 执行系统为独立的循环结构开辟独立的线程，在同一个程序框图中，摆放两个独立的循环，那么这两个循环就运行在两个不同的线程下。

（3）LabVIEW 编程环境下的不同 VI 之间是多线程的关系，如果将 VI 制作为扩展名为 .exe 的可执行文件，那么 VI 之间就变成了进程的关系。

LabVIEW 的基本程序代码是自动多线程执行的，这是 LabVIEW 优化执行机制的结果，人为编程介入的意义不大。本书所涉及的多线程，如果没有特殊说明都是指多循环的多线程或 LabVIEW 编程环境下不同 VI 间的多线程。

是否开辟线程是由 LabVIEW 自己决定的，必要时它就为代码开辟一个线程。在默认设置的情况下，LabVIEW 最多为程序开辟五条线程：一条用户界面线程和四条标准执行系统标准优先级下的线程。五条线程不会引起明显的效率损失，但并不是开辟越多的线程，程序的执行效率越高，线程的开辟、销毁、切换也是有消耗的，线程太多可能效率反而更低。

7.2 多线程的执行机制——时间片

一个应用程序中，一个线程运行时要与计算机的资源实现交互。只有当线程需要的资源得到满足时，当前线程才能继续执行。一个线程访问计算机资源（硬盘、内存、光驱等）是需要耗费时间的，在线程访问计算机资源的这段时间里，CPU 处于等待状态。

CPU 是计算机的核心硬件资源，如何才能提高 CPU 的利用率呢？在一个单线程的应用程序中，每个线程只能按顺序依次执行。当一个线程执行路径访问计算机资源时，程序将停滞在这个线程处并引起 CPU 的等待时间。如果将这些等待时间充分利用，将极大地提高 CPU 的使用效率。现在的应用程序大多采用多线程的设计理念：将 CPU 的使用权划分为时间片，一个时间片就是一次 CPU 的使用权。

在多线程中，操作系统根据线程的优先级为每个线程安排时间片。一个线程拥有时间片的多少由线程的优先级决定，优先级高的线程使用 CPU 时间片的频率高，优先级低的线程使用 CPU 时间片的频率低。每个线程在使用完时间片后交出 CPU 的使用权，操作系统将 CUP 的使用权（时间片）交给下一线程。由于一个时间片是非常短的，这样给用户造成的感觉就是所有线程在同时运行。如果某个线程在规定的时间片内没有完成操作，CPU 的使用权也不停留在该线程而是转移到其他线程。当一个线程等待计算机资源时，其他线程可以使用 CPU 时间片继续工作，使 CPU 的等待时间大大减少，从而更充分地利用了 CPU 资源。

7.3 LabVIEW 多线程分类

在 LabVIEW 中，多条并行的数据连线之间、并行的程序代码之间、并行的循环之间、多个 VI 之间都是多线程的关系。

1. 程序框图中的代码并行

如图 7-1 所示，程序框图中两条并行的数据流连线是两条并行的执行路径，它们之间是多线程的关系。由于没有任何结构，代码只运行一次，每条数据流连线上的程序代码都是按照从左到右的顺序执行的。

如图 7-2 所示，While 循环、For 循环、"加 1" 函数是三条并行的程序执行路径。VI 启动后，三条执行路径并行执行，交替使用 CPU 时间片。"加 1" 函数所在的执行路径没有循环结构，只执行一次，数据流由数值输入控件经 "加 1" 函数流入数值显示控件后，该条执行路径结束。For 循环所在的执行路径执行完 10 次循环迭代后，该条执行路径结束。最终，程序在 While 循环内持续运行，直到 While 循环的条件端满足退出条件为止。

图 7-1 程序框图中的并行代码   图 7-2 程序框图中循环与代码的并行

2. 同一循环内的代码并行

1）程序代码的并行执行   如图 7-3 所示，循环结构中两条并行的执行路径是多线程的关系，使用 CPU 时间片交替运行，直到循环退出为止。当一条数据连线等待计算机资源交互时，另一条并行的连线可以运行。

2）代码与循环结构 当程序中有基本代码和循环结构时，它们之间也是多线程执行的。如图 7-4 所示，线程 1 和线程 2 是并行执行的多线程关系。每次 While 循环迭代，"加 1"函数所在线程只执行 1 次加 1 运算，而 For 循环结构所在线程需要执行 20 次循环迭代。当"加 1"函数所在线程执行完 1 次加 1 运算后，该线程将处于等待状态，直到 For 循环执行完 20 次 For 循环迭代后，While 循环才能进入下一次循环迭代。这里值得注意的是，如果将 For 循环所在的线程模块化为子 VI，那么运行效果也是一样的。

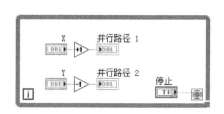

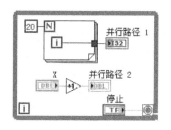

图 7-3　循环内的代码并行　　　　　　图 7-4　代码与循环结构并行

3）循环内的并行循环 如图 7-5 所示是循环内的并行循环结构，这也是并行执行的多线程。两个内循环中的任意一个没有退出前，外循环不执行。两个内循环优先级相同，交替使用 CPU 时间片。

4）循环结构内的子 VI 循环结构内的子 VI 与循环结构内其他并行的数据流执行路径也是并行的多线程关系。图 7-6 所示，外层的 While 循环内部有三个独立并行的线程，分别是子 VI 所在的线程 1、内层的 While 循环所在的线程 2、For 循环所在的线程 3。

每次循环迭代开始，线程 1、线程 2、线程 3 独立并行地执行，各自运行在自己的线程。先执行完的线程将等待，直到最后执行完的线程为止。这三个线程中的任何一个没有结束之前，最外层的 While 循环是不会进入下一次循环迭代的。当最后一个线程执行完毕后，最外层的 While 循环才能进入下一次循环迭代。如果子 VI 中有持续运行的循环结构，那么子 VI 所在的线程将影响外层 While 循环内部的程序代码的执行。当子 VI 需要与循环结构内部的代码同时执行时，一般将子 VI 置于循环结构的外部。

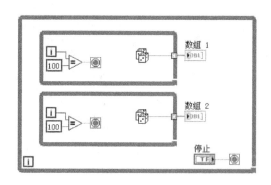

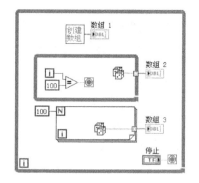

图 7-5　循环内的并行循环　　　　　　图 7-6　循环结构与子 VI 的并行

3. 程序框图中循环结构与子 VI 并行

如图 7-7 所示，并行在程序框图中的循环结构与子 VI 之间是并行的多线程关系，它们优先级相同，可以同时执行，交替使用 CPU 时间片工作。这种并行的多线程模式是编程中常用的设计模式，如果子 VI 中有循环结构，While 循环可以与子 VI 进行实时的数据通信。

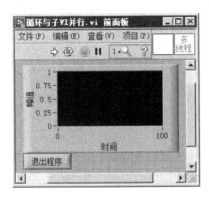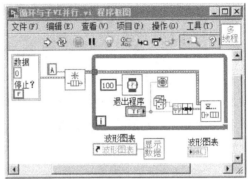

图 7-7　循环结构与子 VI 并行在程序框图

图 7-7 中子 VI "显示数据" 的程序代码如图 7-8 所示，子 VI 的功能是持续向波形图表控件中写入数据。

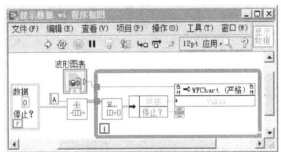

图 7-8　通过队列函数与主 VI 通信

4. 多循环结构的多线程模式

1）并行的多循环　LabVIEW 基本代码的多线程执行是很难通过编程控制的，可操作性不强。在 LabVIEW 编程应用中所说的多线程，一般指的是两个或多个并行的循环结构。如图 7-9 所示，这两个并行的 While 循环构成了两个独立并行的线程。在循环内部通过 "等待" 函数设置循环的优先级：延时时间长的循环优先级低，延时时间短的循环优先级高。图 7-9 中的 "线程一" 延时时间比 "线程二" 短，所以 "线程一" 的优先级高。

2）生产消费模式　如图 7-10 所示，生产消费模式的多循环程序一般包含两个 While 循环结构，一个用于产生数据，另一个用于消费数据。一般将采集数据的线程称为生产者线程，将使用数据的线程称为消费者线程，通过队列函数传递生产者线程的数据到消费者的线程。

生产消费模式能保证数据的严格同步，即采集一个数据显示一个数据，但是生产消费模式有以下两个缺点。

（1）生产者线程控制了消费者线程的运行速度，LabVIEW 是数据流驱动的编程语言，只有当 "元素出队列" 函数的输出端有数据流出时，消费者所在的 While 循环才能运行。

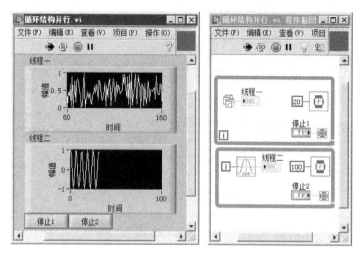

图 7-9　并行的多线程

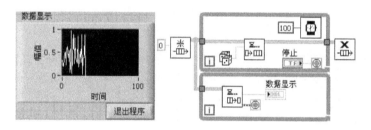

图 7-10　生产消费模式

（2）生产消费模式不能支持一个生产者对应多个消费者模式。队列缓存中只有一份数据，当一个线程将某个数据取出后，队列将删除该数据，其他线程无法再读取该数据。可以通过如图 7-11 所示程序实现一个生产者对应多个消费者的设计模式，在生产者循环中一次生产多份数据。

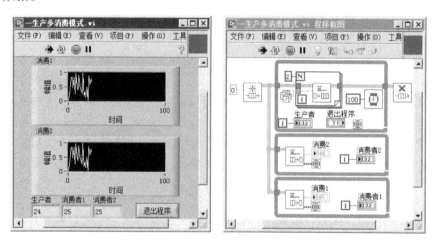

图 7-11　一个生产者对应多个消费者模式

3）定时循环的采集模式　除了用等待函数设置多个循环线程的优先级外，还可以用定时循环控制每个线程的运行速度。如图 7-12 所示，程序中的"LV2 数据"子 VI 是一个

"输入标量，输出数组"的 LV2 型全局变量（程序代码可以参见图 7-35）。

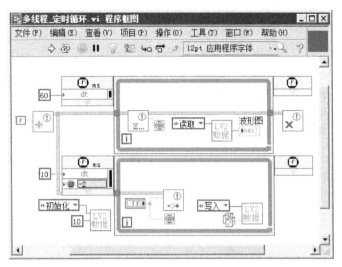

图 7-12　定时循环的多线程模式

5. 不同 VI 之间的多线程

两个不同的 VI 之间当然也是多线程的关系。打开 LabVIEW 运行环境，在 LabVIEW 运行环境下，无论有多少个 VI，它们的关系都是多线程的关系。

7.4　多线程通信

LabVIEW 中有多种方式实现多线程间的通信：局部变量、全局变量、LV2 型全局变量、队列函数、值属性节点、共享变量。其中全局变量、队列函数、LV2 型全局变量、共享变量、"值"属性节点可以实现不同 VI 之间的多线程通信，局部变量只能实现同一 VI 中的多线程（多个循环间）通信。

7.4.1　局部变量

LabVIEW 的局部变量可以在同一 VI 的不同节点、不同线程之间传递数据。局部变量在程序框图中被创建，随 VI 一起保存。局部变量不能单独存在，它依赖于前面板的某个控件而存在。一个控件可以在同一 VI 的程序框图中生成多个局部变量，可以将局部变量理解为控件的替身。

1. 局部变量的创建

创建 LabVIEW 局部变量有两种方法，一种是通过控件创建，另一种是通过程序框图中的函数选板创建。

1）通过函数选板创建局部变量　通过"VI 程序框图—函数选板—编程—结构—局部变量"，可以创建一个 LabVIEW 局部变量，如图 7-13 所示。

LabVIEW 中的局部变量必须绑定前面板某一控件才能使用，它依赖于绑定的控件而存在，是某一控件的替身，类似于实例化到具体控件的"值"属性节点。通过局部变量可以读取与其绑定控件的值，或写入数据到与其绑定的控件。如果与局部变量绑定的控件被删除，那么该局部变量也将消失。

新创建的局部变量没有绑定任何前面板控件，无法使用，必须为其绑定相应的控件才能使用。在新创建的局部变量上单击，将弹出前面板中所有控件的标签，选择其中的某个控件就可以将该局部变量绑定到该控件。如果 VI 前面板中没有任何控件，则鼠标在局部变量上单击时没有任何选项。如图 7-14 所示为局部变量与前面板数值输入控件"速度"绑定。也可以在已经绑定了控件的局部变量上单击，更改与局部变量绑定的控件。

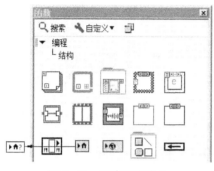

图 7-13　创建局部变量

图 7-14　局部变量绑定前面板控件

局部变量有两种状态：读状态和写状态。局部变量读/写状态的转换是通过快捷菜单实现的：在局部变量上右击，在弹出的快捷菜单中选择"转换为读取（转换为写入）"，可以实现局部变量读/写状态的转换。通过局部变量的读状态，可以获取局部变量所绑定控件的值；通过局部变量的写状态，可以向局部变量所绑定的控件中写入数据。

2）通过控件的快捷菜单创建局部变量　　通过控件快捷菜单创建局部变量是一种简便的形式，也是编程中常用的做法。在 VI 前面板或程序框图中的某个控件上右击，在弹出的快捷菜单中选择"创建—局部变量"，可以创建一个与该控件绑定的局部变量。

【例 7-1】编程从指示器中获取数据并赋值给控制器。

在 LabVIEW 中，输入控件又称控制器，显示控件又称指示器。局部变量不仅可以用于传递数据，而且打破了控制器和指示器的界限，通过局部变量可以从显示控件中获取值，通过局部变量可以用数据流向输入控件赋值。如图 7-15 所示为将指示器"X"的值"加 1"后输入到控制器"运算结果"。

图 7-15　局部变量的应用

（1）通过"VI 前面板—控件选板—新式—数值—数值输入控件"，在 VI 前面板创建一个数值输入控件并将其标签修改为"运算结果"。在数值输入控件"运算结果"上右击，在弹出的快捷菜单中选择"创建—局部变量"，为控件"运算结果"创建局部变量。

（2）通过"VI 前面板—控件选板—新式—数值显示控件"，在 VI 前面板创建一个数值显示控件并将其标签修改为"X"。在控件"X"上右击，在弹出的快捷菜单中选择"创建—局部变量"，为控件"X"创建局部变量。在控件"X"的局部变量上右击，在弹出的快捷菜单中选择"转换为读取"，将控件"X"的局部变量切换到读状态。

（3）按图 7-15 所示编程。

【例 7-2】编程用局部变量实现例 4-4 中的累加 1 + 2 + 3 + … + 100。

本例演示了局部变量的用法，使用局部变量代替移位寄存器，实现过程值的存储。

方法 1：

（1）通过"VI 程序框图—函数选板—编程—结构—平铺式顺序结构"，在程序框图中创建一个顺序结构。通过顺序结构的快捷菜单项"在后面添加帧"，为顺序结构创建两个分支。

（2）通过"VI 程序框图—函数选板—编程—结构—For 循环"，在程序框图中创建一个 For 循环。

（3）通过"VI 前面板—控件选板—新式—数值—数值输入控件"，在 VI 前面板创建一个数值输入控件。修改控件的标签为"X"，在数值输入控件"X"上右击，在弹出的快捷菜单中选择"创建—局部变量"，在程序框图中创建两个输入控件"X"的局部变量。

（4）按图 7-16 所示编程。在顺序结构的第一帧中，通过局部变量初始化数值输入控件"X"的值。每次累加后的结果输入局部变量，然后局部变量的值传递到控件"X"，控件"X"中的值再与循环变量做加法运算。

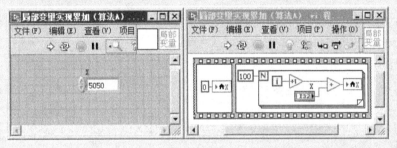

图 7-16　局部变量实现累加（算法 A）

方法 2：也可以通过图 7-17 所示程序实现累加和，输入控件"X"不参与数据连线，数据传递和赋值全部由局部变量实现。

这里需要一个读状态的局部变量，在"X"的局部变量上右击，在弹出的快捷菜单中选择"转换为读取"，可以得到读状态的局部变量。

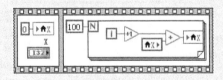

图 7-17　局部变量实现累加（算法 B）

2. 局部变量的通信范围

局部变量是作用于局部的变量，这里的局部是指同一个 VI 内部。局部变量只能在同一个 VI 中使用，可以在同一个 VI 的不同节点和并行循环（多线程）之间传递数据。

如图 7-18 所示，局部变量在循环内部传递数据，随机数乘以 10 后输入滑动杆控件，与滑动杆绑定的局部变量获得数据后将数据又赋给波形图表控件。这里值得注意的是，图 7-18 中使用的是滑动杆显示控件，通过 VI 前面板的控件选板无法直接创建一个滑动杆显示控件。可以先创建一个滑动杆输入控件，在控件上右击，在弹出的快捷菜单中选择"转换为显示控件"，即得到一个滑动杆显示控件。

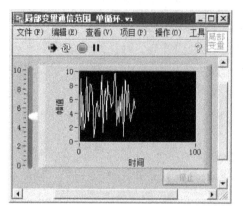

图 7-18 局部变量在同一循环内传递数据

如图 7-19 所示，局部变量在两个并行的 While 循环间传递数据，实现的功能与图 7-18 所示程序是一样的。通过滑动杆控件的局部变量将数据传递到并行的其他循环中，并将值赋给波形图表控件。使用停止按钮的局部变量同步两个循环停止，当单击前面板"停止"按钮时，两个循环同时退出。

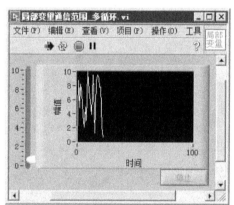

图 7-19 局部变量在不同循环间传递数据

【注意】要设置停止按钮的机械动作为"保持转换直到释放"。

3. 局部变量的生命周期

局部变量的生存周期与载有该局部变量的 VI 的生存周期相同。当一个 VI 被打开时，VI 中的所有局部变量加载到内存；当 VI 关闭（退出内存）时，VI 中的局部变量全部退出内存。这里所说的 VI 退出内存是指关闭 VI，而不是指停止 VI 运行。

7.4.2 全局变量

LabVIEW 中的全局变量可以在同一个 VI 的不同节点、不同线程以及不同 VI 之间传递数据。全局变量是一种简便有效地实现多线程通信的手段，全局变量中的数据被保存在某一固定的内存空间里。在需要读/写数据的节点处，通过连线从该内存空间获取或写入数据到该内存空间。LabVIEW 中的全局变量需要单独保存在计算机磁盘上，其扩展名为".VI"，与普通 VI 的扩展名相同。但是全局变量与普通的 VI 是不一样的，全局变量只有前面板而没有程序框图。

全局变量只用于存储数据，不需要编程，所以它没有程序框图。全局变量与局部变量完全不同，全局变量被调用时拥有自己的内存空间，它不依赖于某个控件，可以独立存在。

1. 全局变量的创建

LabVIEW 的全局变量是保存在全局变量文件中的，载有全局变量的文件必须单独保存在计算机磁盘上。通过 "VI 程序框图—函数选板—编程—结构—全局变量"，将全局变量的图标拖入程序框图中，可以创建一个未定义数据类型的全局变量文件，如图 7-20 所示。

在新创建的全局变量图标上双击或右击，并在弹出的快捷菜单中选择 "打开前面板"，可以打开全局变量文件的前面板，如图 7-21 所示。全局变量文件只有一个前面板没有程序框图，是不支持编程的。一个全局变量文件中可以定义多个任意类型的全局变量，在全局变量文件的前面板中放置一个某种数据类型的控件，就是定义了一个该数据类型的全局变量。如图 7-21 所示，在全局变量文件的前面板中创建了一个数值控件和一个字符串控件。这样就在一个全局变量文件中定义了一个双精度浮点数类型的全局变量和一个字符串类型的全局变量。

  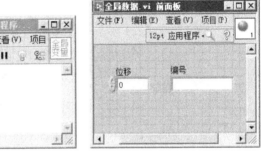

图 7-20　没有定义数据类型的全局变量文件　　　　图 7-21　一个全局变量文件中

定义多种数据类型的变量

使用输入控件或者显示控件定义全局变量的数据类型都是可以的，与全局变量的读/写状态没有关系。全局变量的读/写状态的转换与局部变量类似，也是通过快捷菜单项 "转换为写入/读取" 实现的。

在定义了数据类型的全局变量上单击，可以看到有两个选项："编号" 和 "位移"，这就是在全局变量文件中创建的两个全局变量 "编号" 和 "位移"。全局变量的名称就是全局变量文件中定义数据类型的控件标签名称。如图 7-22 所示为选择全局变量文件中的字符串型全局变量 "编号"。

图 7-22　调用定义了数据类型的全局变量

2. 全局变量初始化

全局变量的初始化或者说默认值的设置有以下两种方法。

（1）在全局变量文件中为某个控件赋初始化值，在控件上右击并在弹出的快捷菜单中选择"数据操作—当前值设置为默认值"。保存全局变量文件，完成对全局变量文件中单个全局变量的初始化。

（2）在全局变量文件中为每个控件赋初始化值，选择 VI 菜单项"编辑—当前值设置为默认值"，保存全局变量文件，完成对全局变量文件中所有全局变量的初始化。

3. 全局变量的调用

通过"VI 程序框图—函数选板—选择 VI"，可以调用计算机任何磁盘目录下的全局变量。也可以通过复制全局变量，在程序框图中创建多个全局变量。具体的做法是：按住"Ctrl"键的同时拖动要复制的全局变量，在程序框图的合适位置松开鼠标左键即可实现复制。进行复制操作时应注意，进行拖动并放置时，一定要先松开鼠标左键，再松开"Ctrl"键，否则只能实现对象的移动而不是复制。

图 7-23　调用全局变量

4. 全局变量的通信范围

如图 7-24 所示为全局变量在循环内部实现数据传递。通过快捷菜单可以实现全局变量读/写状态的转换。

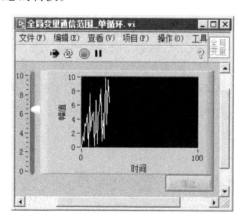

图 7-24　全局变量在循环内部传递数据

如图 7-25 所示为全局变量实现两个并行循环之间传递数据，请读者对照局部变量深入理解。

LabVIEW 全局变量可以在多个不同 VI 之间通信、两个不同 VI 间的数据传递属于线程间的数据交换。

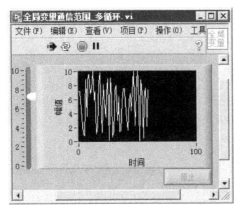

图 7-25　全局变量实现并行循环间的通信

【注意】这里所说的不同 VI 是指在 LabVIEW 编程环境下的不同 VI。也就是说，此时的两个或多个 VI 没有制作成应用程序。如果多个 VI 分别制作为应用程序，那么这多个 VI 间的通信就变成进程间的通信。全局变量不支持进程通信，至于这种情况下如何进行通信，将在以后的章节中详细讲解。

如图 7-26 所示，创建两个 VI，一个用于向全局变量写入数据，另一个从全局变量接收数据。用全局变量"停止?"传递停止指令，实际上是通过全局变量传递一个布尔量，可以将全局变量"数据"和"停止?"定义在同一个全局变量文件中。

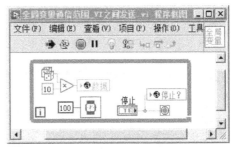

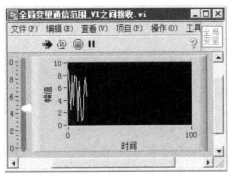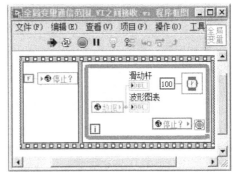

图 7-26　全局变量实现 VI 间通信

5. 全局变量的生命周期

全局变量的生存周期与载有该全局变量的 VI 的生存周期相同。当有一个全局变量的调用方加载内存时，该全局变量加载内存；当全局变量所有的调用方退出内存时，该全局变量才退出内存，且该全局变量中的数据全部丢失并恢复为默认值。

7.4.3 队列

队列是一队有序的数据，是 LabVIEW 主推的数据传递机制。LabVIEW 中的队列采用"先入先出"的堆栈式存储模式，可以保存和传递任何类型的数据。

1. 队列函数

LabVIEW 中的队列操作是通过队列函数实现的。通过"VI 程序框图—函数选板—数据通信—队列操作"，可以获取 LabVIEW 中的队列函数。

1）获取队列引用 该函数用于创建一个新队列或获取已有队列的引用，通过该函数可以为新队列命名、确定队列的数据类型、设置队列元素的数目。该函数的端口介绍如下。

（1）队列最大值：队列最大值是队列容纳元素的最大数目，默认值为"–1"，表示队列的元素数量没有限制。如果队列已满，则"元素入队列"函数和"队列最前端插入元素"函数在没有设置超时的情况下将持续等待。当队列中有空间时，"元素入队列"函数或"队列最前端插入元素"函数才能继续执行。

（2）名称：名称是队列的身份标识，默认值为空字符串。在不同 VI、不线程中可用通过队列名称获取同一个队列的引用句柄，进而实现对同一个队列中数据的操作。这里值得注意的是，只有当队列名称和数据类型都相同时才能识别为同一队列。

（3）元素数据类型：通过该端口设置队列的数据类型，队列可以存储和传递任意类型数据。如果"获取队列引用"函数创建的新队列名称和元素数据类型与已有队列的名称和数据类型相同，那么通过"获取队列引用"函数的输出端子可以获得已有队列的引用。配合其他的队列函数，可以实现向该队列中添加元素或者获取该队列元素等操作。

（4）如未找到是否创建？：当指定名称队列不存在时，是否创建新的队列。如该输入端子输入为"真"（默认值），那么当指定名称的队列不存在时，"获取队列引用"函数将创建新队列。

（5）错误输入：错误簇的输入端。

（6）队列输出：新建队列或者获取的已有队列的引用句柄。

（7）新建？：当"获取队列引用"函数创建新的队列时，该输出端子返回"真"。

（8）错误输出：错误信息的输出端。

2）元素入队列 通过"元素入队列"函数可以将新数据写入队列末尾，该函数的端口介绍如下。

（1）队列：要进行操作的目标队列的引用句柄。

（2）元素：通过该输入端子可以向队列末尾添加新元素。

（3）超时毫秒：当队列满时，"元素入队列"函数将等待，直到队列的内存缓冲区有空间时，"元素入队列"函数才能将新数据写入队列。该输入端子用于设置等待队列可用空间的超时时间，以毫秒为单位。该输入端子为空时，默认值为"–1"，表示永不超时。在"永不超时"模式下，当队列已满时，"元素入队列"函数将一直等待，"元素入队列"函数所在的线程将停滞在该函数处。该输入端子输入大于等于 0 的整数时，表示为该函数设置了超时时间。在"超时"模式下，当队列已满时，"元素入队列"函数将等待，当等待时间大于超时时间时，该函数所在的线程可以继续运行，但是无法向队列中写入元素。当超时发生时，"超时？"输出端子将返回"真"，表示等待超时。

（4）队列输出：该输出端子返回"元素入队列"函数所操作的目标队列的引用句柄。

（5）超时？：如果"元素入队列"函数设置了超时时间，且队列满时函数的等待时间大于超时时间，则该输出端子将输出"真"，表示等待超时。

3）元素出队列　通过"元素出队列"函数可以将队列最前端的元素取出，"元素出队列"函数在读取队列最前端元素的同时将该元素移出队列（该元素被删除）。该函数的端口介绍如下。

（1）队列：要进行操作的目标队列的引用句柄。

（2）超时毫秒：通过该输入端子可以设置"元素出队列"函数等待队列中有可用元素的时间，以毫秒为单位。如函数的等待时间超过了设置的"超时毫秒"时间，"超时？"端子将返回"真"，同时"元素出队列"函数将获取默认数据。该输入端子输入为空时，默认值为"−1"，表示永不超时。在"永不超时"模式下，当队列为空时，"元素出队列"函数将一直等待，"元素出队列"函数所在的线程将停滞在该函数处。如果为该函数设置了超时时间，则当等待时间大于超时时间且队列还为空时，"元素出队列"函数将输出默认元素。

（3）队列输出：该输出端子返回"元素出队列"函数所操作的目标队列的引用句柄。

（4）元素：该输出端子返回读取的目标队列的首元素。

（5）超时？：如果"元素出队列"函数设置了超时时间，且"元素出队列"函数的等待时间大于超时时间，则该输出端子将返回"真"，表示等待超时。

4）释放队列引用　该函数用于释放队列引用句柄并注销队列缓冲区所占用的计算机内存空间。该函数的端口介绍如下。

（1）队列：要进行操作的目标队列的引用句柄。

（2）强制销毁？：表明是否需要销毁队列。如输入值为"假（默认）"，则需要多次调用"释放队列引用"函数，调用次数与获取队列引用句柄的次数相等；如输入值为"真"，则将由该函数销毁所有该队列的引用，用户无须多次调用"释放队列引用"函数。

（3）队列名称：该输出端子返回注销的目标队列的名称。

（4）剩余元素：该输出端子返回一个字符串数组，该数组包含了注销目标队列时该队列所剩余的元素。数组中的第一个元素是队列首元素，最后一个元素是队列尾元素。

5）队列最前端插入元素　通过"队列最前端插入元素"函数，可以向队列的最前端插入元素。该函数的端口介绍如下。

（1）队列：要进行操作的目标队列的引用句柄。

（2）元素：要插入到队列最前端的新元素。

（3）超时毫秒：该输入端子用于设置等待队列可用空间的超时时间，以毫秒为单位。该函数的超时情形与"元素入队列"函数类似，不同的是该函数向队列首位置插入元素，"元素入队列"函数向队列的末尾插入元素。

（4）超时？：如果"队列最前端插入元素"函数设置了超时时间，且函数等待队列可用空间的时间大于超时时间，则该输出端子将输出"真"，表示等待超时。

6）预览队列元素　通过"预览队列元素"函数可以获取目标队列最前端的元素，但是并不删除该元素。该函数的端口介绍如下。

（1）队列：要进行操作的目标队列的引用句柄。

（2）超时毫秒：该输入端子用于设置"预览队列元素"函数等待队列中有可用元素的超时时间，以毫秒为单位。该输入端子输入为空时，默认值为"－1"，表示永不超时。在"永不超时"模式下，如果目标队列一直为空，"预览队列元素"函数将一直等待，"预览队列元素"函数所在的线程将停滞在该函数处。在"超时"模式下，当队列为空时，"预览队列元素"函数将等待，该函数所在的线程将停滞。如果等待时间大于超时时间，则"超时？"输出端子将返回"真"，同时"预览队列元素"函数将获取默认数据，该函数所在的线程将继续运行。

（3）队列输出：该输出端子返回"预览队列元素"函数所操作的目标队列的引用句柄。

（4）元素：该输出端子返回目标队列最前部的元素。

（5）超时？：如果"预览队列元素"函数设置了超时时间，且等待时间大于超时时间，则该输出端子将返回"真"，表示等待超时。

7）获取队列状态　通过"获取队列状态"函数可以获取目标队列当前状态信息，也可使用该函数检查目标队列是否为有效队列，如果目标队列的引用句柄无效，则函数将返回错误代码"1"。该函数的端口介绍如下。

（1）队列：要进行操作的目标队列的引用句柄。

（2）返回元素？：该输入端输入值为"假"（默认值）时，函数将不返回队列中的元素；该输入端输入值为"真"时，函数的"元素"输出端子将返回包含所有队列元素的数组。

（3）队列最大值：获取目标队列元素数目最大值，如目标队列最大值为"－1"，说明目标队列可包含无限数量的元素。

（4）队列名称：该输出端返回目标队列的名称。

（5）队列输出：该输出端返回"获取队列状态"函数所操作的目标队列的引用句柄。

（6）待处理删除数量：该输出端子返回"元素出队列"函数或"预览队列元素"函数当前等待从目标队列中获取的元素数目。

（7）待处理插入数量：该输出端子返回"元素入队列"函数或"队列最前端插入元素"函数当前等待将元素插入目标队列的元素数目。

（8）队列中元素数量：该输出端子返回当前队列中元素的数目。

（9）元素：如"返回元素？"输入为"真"，则该输出端子返回当前队列中的所有元素，但并不从队列中删除所有元素；如"返回元素？"输入为"假"，则该输出端子返回空数组。

8）清空队列　通过"清空队列"函数可以清除目标队列中的所有元素并通过数组返回队列中的剩余元素。该函数的端口介绍如下。

（1）队列：要执行操作的目标队列的引用句柄。

（2）队列输出：该输出端子返回函数所操作的目标队列的引用句柄。

（3）剩余元素：该输出端子返回队列中的剩余元素。数组中的第一个元素是队列首元素，最后一个元素是队列尾元素。

9）有损耗元素入队列　通过"有损耗元素入队列"函数可以向目标队列末尾添加元素。如队列已满，则函数将通过删除队列前端的元素使新元素入队。该函数的端口介绍如下。

（1）队列：要执行操作的目标队列的引用句柄。

（2）队列输出：该输出端子输出函数所操作的目标队列的引用句柄。

（3）元素：向队列中添加的新元素。

（4）溢出元素：在队列已满的情况下，通过"有损耗元素入队列"函数向队列插入元素时，队列将溢出。当队列溢出时，该输出端子返回目标队列的溢出元素（队列最前端的元素）。

（5）溢出？：该输出端子返回队列的溢出状态，当目标队列发生溢出时，"溢出？"端返回"真"，表示队列中有元素溢出。

2. 队列的通信范围

队列函数可以在同一 VI 的不同节点、不同线程（多循环）以及不同 VI 之间传递数据。如图 7-27 所示为队列函数在同一 VI 的同一个循环中进行通信。随机数函数产生的数据通过"元素入队列"函数进入队列，然后通过"元素出队列"函数出队列并进入波形图表控件中显示。

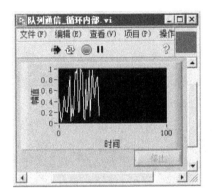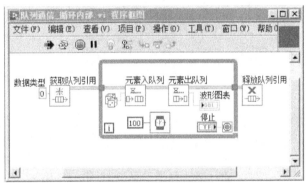

图 7-27　队列函数在同一循环中通信

如图 7-28 所示，队列函数在同一 VI 的并行循环间进行通信。在一个循环中，通过"元素入队列"函数将数据写入队列；在另一个循环中，通过"元素出队列"函数将数据取出并赋值给波形图表控件。

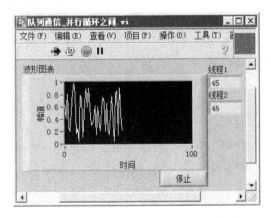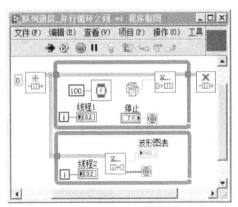

图 7-28　队列函数在同一 VI 的并行循环之间通信

如图 7-29 所示，队列函数在不同 VI 间进行通信。队列"A"定义的数据类型是簇，簇中两元素分别为双精度浮点数和布尔类型。浮点数类型用于数据传递，布尔类型用于传递停止消息。队列"A"既保证了数据在不同 VI 之间传递，又保证了不同 VI 之间的停止机制。

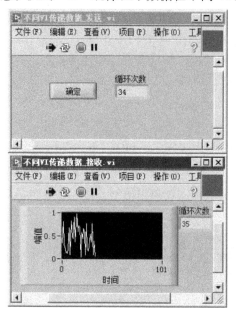
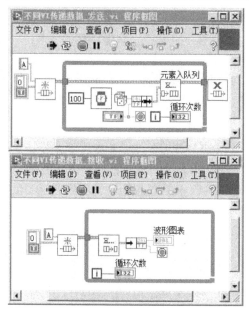

图 7-29　队列函数在不同 VI 之间通信

【例 7-3】 编程实现事件驱动的队列数据传输机制。

在一般的编程应用中，经常需要实现这样的功能：当控件值改变时，才进行一次数据传递。本例通过事件驱动的队列传输机制实现了这种数据同步传递的模式。

当滑动杆控件值改变时，在事件结构分支中通过"元素入队列"函数将一个数据写入队列。由于队列中有了元素，所以"循环二"中的"元素出队列"函数将数据取出，同时"循环二"执行一次。

（1）按图 7-30 所示构建程序界面。

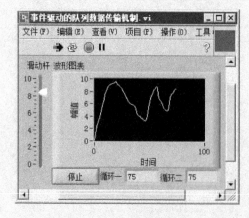

（2）在程序框图中构建两个并行的 While 循环，并通过"VI 程序框图—函数选板—数据通信—队列操作"，在程序框图中创建"获取队列引用"函数、"元素出队列"函数、"元素入队列"函数、"释放队列引用"函数。

（3）按图 7-31 所示连线编程。"元素出队列"函数没有设置超时时间，默认为"永不超时"。当滑动杆滑动时，有数据进入队列，"循环二"中的"元素出队列"函数才动作，否则"循环二"将停滞在"元素出队列"函数处。所以程序的执行效率为 100%，并实现了数据输入与输出的同步。

图 7-30　例 7-3 的程序界面

（4）如图 7-32 所示构建程序的退出机制。在"停止"按钮的"值改变"事件分支中将队列注销时，"循环二"中的"元素出队列"函数将有错误输出到 While 循环的条件端子，触发"循环二"退出。

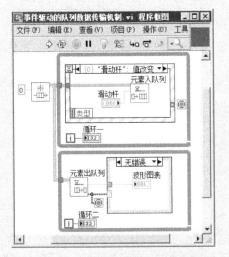
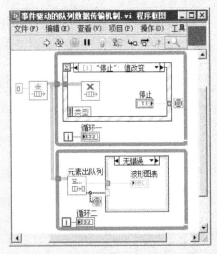

图 7-31　事件驱动的数据传递机制　　　　　　图 7-32　并行循环的退出机制

实际上，完全可以把循环二放在其他 VI 中，将事件结构驱动的数据同步机制拓展到不同的 VI 之间。创建两个 VI，分别用于数据的产生和接收。将产生数据的 VI 称为"生产者 VI"，将接收数据的 VI 称为"消费者 VI"。如图 7-33 所示，在生产者 VI 中将滑动杆的值与程序的停止指令写入队列"A"。

图 7-33　生产者 VI

如图 7-34 所示，在消费者 VI 中接收数据，在不同 VI 之间通过队列名称和队列的数据类型识别同一个队列。

图 7-34　消费者 VI

3. 队列的生命周期

队列的生命周期与两方面的因素有关：编程因素和调用方的运行情况。对于编程因素而言，程序运行过程中，通过"释放队列引用"函数可以使目标队列退出内存。对于调用方的运行情况，队列的生命周期与移位寄存器是不同的，当载有该队列的所有 VI 都停止运行时，队列中的数据丢失，只要载有该队列的一个 VI 还在运行，队列中的数据就被保持。

7.4.4　LV2 型全局变量

LV2 型全局变量又称功能型全局变量，是 LabVIEW 编程中极为重要的应用。LabVIEW 中的 LV2 型全局变量实际就是一个普通的 VI，它把需要在全局使用的数据保存在一个没有初始化的移位寄存器中，并实现读/写这些数据的方法。

LV2 型全局变量的执行模式一般保持默认的"不可重入"模式，LV2 型全局变量的内存加载形式一般采用静态调用的形式。LV2 型全局变量在不可重入模式且静态调用的情况下可以实现如下目的：有一个 LV2 的静态调用方加载内存时，该 LV2 就加载内存并开始工作，当 LV2 所有的静态调用方退出内存时，该 LV2 才退出内存结束工作；只要有静态调用方，LV2 就处于工作状态，它的移位寄存器中的数据就一直保持。

LV2 型全局变量支持多线程通信，LV2 型全局变量可以在同一 VI 的不同节点、不同线程以及不同 VI 之间传递数据。

1. 基于移位寄存器

LV2 型全局变量的基本构架是枚举控件（方法）＋只执行一次的 While 循环（For 循环）＋移位寄存器＋条件结构，其中的编程核心是一个没有在循环结构外部进行初始化的移位寄存器。如果在循环外部进行移位寄存器的初始化工作，则每次运行该 LV2 时，都将对移位寄存器进行初始化，每次读出的数据都是初始化值。虽然 LV2 型全局变量在循环外部是不能进行初始化的，但是这并不意味着 LV2 型全局变量不能进行初始化操作。可以为 LV2 构建"初始化"分支，在"初始化"分支内进行初始化工作，这样只有通过特定的方法才能获取初始化移位寄存器的操作权限。

LV2 型全局变量把需要在全局使用的数据保存在一个没有初始化的移位寄存器中，并通过"枚举控件＋条件结构"实现读/写这些数据的操作权限。如图 7-35 所示是一个存储标量数据的 LV2 型全局变量，通过枚举指令"初始化"、"写"、"读"、"清零"分别实现 LV2 的初始化、写入数据、读取数据、清零数据的功能。

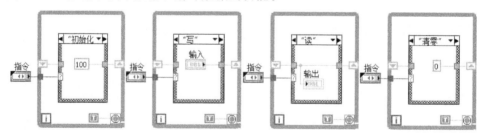

图 7-35　LV2 型全局变量（输入标量，输出数组）

LV2 型全局变量作为子 VI 被调用，所以要为 LV2 型全局变量配置连线板接口，如图 7-36 所示。

LV2 型全局变量有以下优点。

1）高效的存储效率　由于采用了 LabVIEW 主推的数据存储方式—移位寄存器，所以存储效率很高。

2）安全的多线程操作　LV2 型全局变量默认是不可重入的（VI 的默认执行模式为不可重入），在内存中只有一份，程序中的多处实例只能顺序执行，不可能出现两个实例同时运行的情况，保证了多线程数据的安全。

3）控制操作权限 LV2 型全局变量可以封装内部数据，控制对数据的访问权限。只能使用给定的方法（枚举选项）操作 LV2 型全局变量，这样全局数据就被很好地隔离开来，避免了编程不当而被改动的风险。

LV2 的调用与普通的子 VI 相同，通过"VI 程序框图—函数选板—选择 VI"，可以调用计算机磁盘上编写好的 LV2 型全局变量。如图 7-37 所示，调用图 7-35 所示的 LV2 型全局变量，通过三个方法分别实现初始化 LV2 型全局变量、向 LV2 型全局变量写入数据、读取 LV2 型全局变量中的数据。

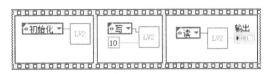

图 7-36　LV2 型全局变量前面板及连线板　　　图 7-37　LV2 型全局变量的使用

【例 7-4】 编程实现基于移位寄存器的"输入标量，输出数组"的 LV2 型全局变量。

在一般的编程应用中，经常要实现如下的数据保存功能：在数组中保存固定数目的数据，当数组满时，让最先进入数组的数据溢出数组。

本例实现了"先入先出"的全局数据保存功能，通过"初始化"分支设置缓存大小。

（1）新建一个 VI，按图 7-38 所示布局前面板并配置一个"三输入一输出"的连线板。其中，输入控件"指令"、"数据个数"、"输入数据"配置为输入端子，显示控件"输出数据"配置为输出端子。

（2）通过"VI 程序框图—函数选板—编程—结构—While 循环"，在程序框图中创建一个 While 循环结构。在 While 循环框体上右击，在弹出的快捷菜单中选择"添加移位寄存器"，为 While 循环创建移位寄存器。一般情况下，LV2

图 7-38　例 7-4 的程序界面

一次只执行一种操作（方法），所以为 While 循环的循环条件端子赋"真"值。保证每次调用 LV2 时，While 循环只执行一次并正确退出。

（3）通过"VI 程序框图—函数选板—编程—结构—条件结构"，在程序框图中创建一个条件结构。

（4）通过"VI 前面板—控件选板—系统—下拉列表与枚举—系统枚举"，在 VI 前面板创建一个枚举控件。在枚举控件上右击，在弹出的快捷菜单上选择"编辑项"，为枚举控件编辑四项"初始化"、"写入"、"读取"、"清零"。

（5）按图 7-39 所示构建"输入标量，输出数组"的 LV2 型全局变量各分支程序。

图 7-39　"输入标量，输出数组"的 LV2 型全局变量各分支程序

（6）在"初始化"分支中，通过"初始化数组"函数初始化 LV2 的数据类型和保存的数据个数。

（7）在"写入"条件分支中，首先通过"一维数组移位"函数，使原数组中的所有元素整体由首位置向末尾移动一位，然后通过"替换数组子集"函数将新数据写入数组首位置，实现一个"先入先出"的堆栈式数据保存模式。

如图 7-40 所示，如果想实现数组元素由末尾向首位置移动，可以为"一维数组移位"函数的输入端赋"-1"。通过将移位寄存器中存储的"数据个数"减 1 输入"替换数组子集"函数的索引输入端，每次新数据替换数组末尾的元素。这样也实现了"先入先出"的堆栈式数据保存模式，但是数据是由末尾向首位置移动。

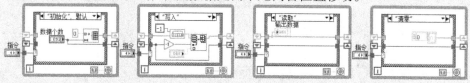

图 7-40　缓存数据由末尾向首位置移动

（8）在"读取"分支中，获取移位寄存器中的数据。

（9）在"清零"分支中，将移位寄存器中的数据清零。

【例 7-5】 编程实现基于移位寄存器的"输入数组，输出数组"的 LV2 型全局变量。

本例实现任意数目元素的数组输入和固定元素个数的数组输出。在 LV2 型全局变量的"写入"分支中通过 For 循环将元素个数不确定的输入数组中的元素依次写入 LV2 的移位寄存器中。在写入的过程中，通过为"一维数组移位函数"的输入端赋"1"或"-1"，可以实现数据由数组首位置向数组末尾移动或由数组末尾向数组首位置移动。

图 7-41　外部数组数据依次写入 LV2

"输入数组，输出数组"的 LV2 型全局变量在编程上与"输入标量，输出数组"的 LV2 型全局变量类似，只是写入"分支"中的编程不同。如图 7-41 所示，通过 For 循环将输入数组中的数据依次写入移位寄存器中，由于"一维数组移位函数"的输入端为"1"，所以缓存数据由首位置向末尾移动。

2. 基于队列函数

LabVIEW 程序设计中，移位寄存器和队列函数有很多的相似之处，LV2 型全局变量也可以通过队列函数实现。

【例 7-6】 编程用队列函数实现"输入标量，输出标量"的 LV2 型全局变量。

本例通过队列函数实现"输入标量，输出标量"的 LV2 型全局变量，本例为 LV2 型全局变量构建了五个功能分支（方法）：初始化、写入、读取、清零、退出。

（1）按图 7-42 所示构建前面板并配置一个"两输入、一输出"的连线板接口。

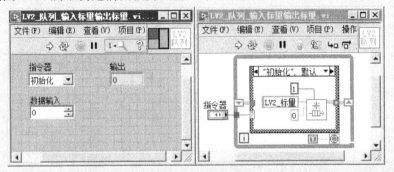

图 7-42　"输入标量，输出标量" LV2（基于队列）

（2）按图 7-43 所示构建"初始化"、"写入"、"读取"、"清零"、"退出"五个分支中的程序代码。

图 7-43　例 7-6 的分支程序

（3）在"初始化"分支中，通过"获取队列引用"函数创建一个新队列，队列名称为"LV2_标量"。设置新队列数据类型为双精度浮点数，队列的最大元素个数为 1，队列中只能存储一个双精度浮点数。

（4）在"写入"分支中，通过"有损耗元素入队列"函数向队列中写入元素。由于在"初始化"分支中设置了队列所能容纳的最大元素个数为 1，所以队列仅能容纳一个元素，当向队列中写入一个新元素，原先的元素将溢出。

（5）在"读取"分支中，通过"预览队列元素"函数读取队列最前端的元素。"预览队列元素"函数在查看队列元素的同时并不删除查看的元素，队列中的数据保持不变。

【注意】 使用"预览队列元素"函数时，一般要设置超时时间，否则当队列中没有元素时，"预览队列元素"函数将一直等待，导致程序停滞在该处。

"读取"分支也可以使用"元素出队列"函数和"元素入队列"函数的组合实现，如图 7-44 所示。

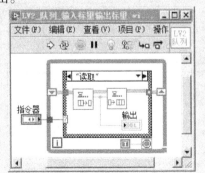

图 7-44　将数据重新写入队列

（6）在"清零"分支中，通过"清空队列"函数将队列中的元素清空。

（7）在"退出"分支中，通过"释放队列引用"函数注销队列。

【例 7-7】 编程用队列函数实现"输入标量，输出数组"的 LV2 型全局变量。

如图 7-45 所示，基于队列函数的"输入标量，输出数组"的 LV2 型全局变量需要多添加一个移位寄存器，用于存储数据个数。

【注意】 这里一定不能使用数值控件"数据个数"的局部变量代替用于存储数据个数的移位寄存器。在调用 LV2 时，一般只在初始化时为"数据个数"接线端赋值，在进行其他操作（如写入、读取）时，一般不为"数据个数"接线端赋值。这样，默认数据"0"通过 LV2 的连线板接口进入 LV2 中的数值控件"数据个数"，通过该控件的局部变量获取的数据个数为"0"。

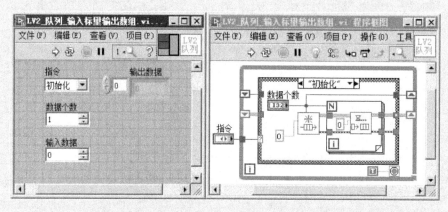

图 7-45　"输入标量，输出数组"LV2（基于队列）

如图 7-46 所示，基于队列函数的"输入标量，输出数组"的 LV2 型全局变量有五个分支程序，分别实现"初始化"、"写入数据"、"读取指定数目数据"、"清零队列缓存"、"注销队列引用"功能。在每个条件分支中，将队列函数的错误输出端连接到条件结构的边框，可以提高程序的纠错能力，去掉一些不必要的错误报警。

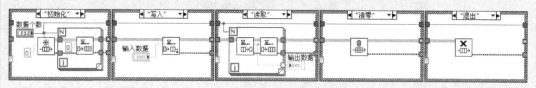

图 7-46　"输入标量，输出数组"（基于队列）LV2 的分支程序

在初始化分支中，通过"获取队列引用"函数初始化队列数据类型和队列元素数目。

在"读取"分支中，通过移位寄存器获取"初始化"分支中设置的队列元素数目，配合 For 循环可以得到指定元素数目的数组。使用"元素出队列"函数将数据移出队列的同时，用"元素入队列"函数将移出元素重新写入队列，确保队列元素保持不变。

【例 7-8】编程用队列函数实现"输入数组，输出数组"的 LV2 型全局变量。

基于队列函数的"输入数组，输出数组"LV2 全局变量与基于队列函数的"输入标量，输出数组"LV2 全局变量在编程上是类似的，除了写入数据的环节不同，其他分支中的程序与例 7-7 中的分支是一样的。如图 7-47 所示，在"写入"分支中通过 For 循环和"有损元素入队列"函数将输入数组中的元素依次写入队列。

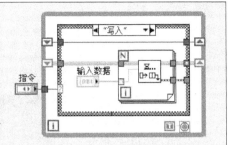

图 7-47　"输入数组，输出数组"
（基于队列）LV2 的"写入"分支程序

3. 改进型 LV2

如图 7-48 所示，将 LV2 型全局变量的指令类型由枚举类型修改为枚举数组类型，通过 For 循环的索引机制可以一次执行一条或多条指令。

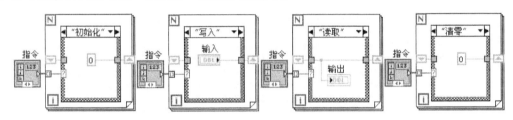

图 7-48　多指令 LV2 型全局变量

4. LV2 通信范围

LV2 型全局变量作为一种特殊的全局变量，与全局变量具有相同的通信范围，但是它的灵活性和数据存储效率要远远高于全局变量。LV2 型全局变量实际上是一个可以移动的移位寄存器，在同一 VI 的任何节点、任何线程以及不同 VI 中都可以读/写 LV2 的移位寄存器。

5. LV2 型全局变量的生存周期

在一般的应用中，LV2 型全局变量采用静态调用，在静态调用模式下 LV2 型全局变量的生存周期与 LabVIEW 全局变量的生存周期一样。当有一个 LV2 型全局变量的调用方加载内存时，该 LV2 型全局变量加载内存。当 LV2 型全局变量所有的调用方退出内存时（所有调用 LV2 的 VI 被关闭），该 LV2 型全局变量才退出内存。

7.4.5　共享变量

共享变量与局部变量以及全局变量有本质的区别，共享变量可以实现进程间的通信，也就是应用程序之间的通信。LabVIEW 编程环境下的两个 VI 之间的通信是多线程通信，如果将这两个 VI 分别制作为应用程序，则这两个 VI 间的关系将变为进程间的关系，需要使用进程通信手段进行通信。共享变量创建之初的目的是用于网络共享数据，实际上也可以通过共享变量实现多进程通信。

LabVIEW 中的共享变量依附项目而存在，创建 LabVIEW 共享变量前首先要创建一个项目。在项目中的"我的电脑"上右击，在弹出的快捷菜单中选择"新建—变量"，将弹出共享变量配置对话框，如图 7-49 所示。在"变量"选项页中可以设置共享变量的名称和变量类型，在"变量类型"中选择默认的"网络发布"，单击"确定"按钮即可。配置好共享变量后，Lab-VIEW 自动为共享变量创建一个库，共享变量必须存在于库中。将新创建的共享变量直接拖曳到同一个项目中的 VI 的程序框图中，就可以在该 VI 的程序框图中生成一个共享变量。

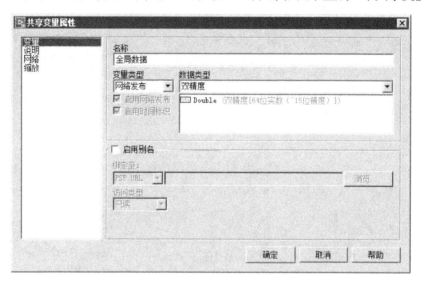

图 7-49　共享变量属性配置对话框

7.4.6　数据传递机制读/写速度

下面通过一个实验测试 LV2 型全局变量、全局变量、局部变量、"值"属性节点这些数据传递机制的性能。如图 7-50 所示编程，程序的功能是测试 1 万次浮点数写入的时间。

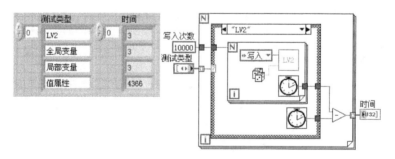

图 7-50　测试 1 万次浮点数写入的时间

如图 7-50 所示，对于 1 万次浮点写入，四种数据传递机制的写入时间分别是 3ms、3ms、3ms、4366ms。由此可见，LV2 型全局变量、全局变量、局部变量的效率较高，而"值"属性的效率非常低。为什么"值"属性的写入速度这么慢呢？原因是这样的："值"属性每读/写一次数据就要更新一次前面板控件值，这耗费了大量时间。鉴于"值"属性的这一特性，在进行大数据的读/写时，不宜用"值"属性传递数据，否则将使程序的运行效率大大降低，这是在实际编程中应该注意的。

如图 7-51 所示是图 7-50 中的分支程序，其中 LV2 型全局变量的编程可以参考图 7-35。

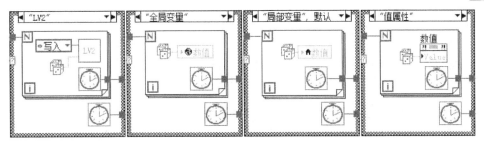

图 7-51 LV2、全局变量、局部变量、"值"属性节点的性能测试

7.4.7 LabVIEW 变量的深入分析

LabVIEW 中的变量与控件是什么关系？LabVIEW 中的控件是不是变量呢？

当用户在前面板创建一个控件时，LabVIEW 一定通过操作系统为该控件动态分配一块内存空间，用于控件值的读/写。但是这块内存空间的物理地址是操作系统随机分配的，用户是无法得知的。当通过程序框图中控件的接线端子向控件写入数据或读取控件的数据时，实际是对控件所指向的物理内存的读/写操作。在其他文本编程语言中，必须绑定一个变量到控件才能支持控件值的读/写，这个变量实际就是内存中的一块区域。而在 LabVIEW 中，创建一个控件的同时，LabVIEW 的编译系统自动在内存中开辟一块数据存储区域并绑定到控件，以支持控件值的读/写。在 LabVIEW 编程环境中，控件与变量绑定的过程是隐藏的，会导致对于控件和变量关系的混淆。严格地说，LabVIEW 中的控件不是变量。

从物理内存的角度分析，局部变量实际上是打开了控件所指向的物理内存单元的出入口。虽然操作系统动态分配的物理内存地址无法得知，但是可以通过局部变量对控件所指向的物理内存区域进行读/写操作，这也解释了为什么局部变量必须依赖控件才能存在。可以将局部变量理解为控件所指向物理内存的操作权限，局部变量自身在内存中没有存储区域，局部变量不是真正意义上的变量。

全局变量是真正意义上的变量，全局变量可以定义数据类型，在内存中有实际的物理内存空间，对全局变量的读/写是真正意义上读/写与其对应的物理内存。

LV2 型全局变量当然也是真正意义上的变量，LV2 型全局变量与全局变量又是不一样的，LV2 型全局变量的存储机制是移位寄存器，数据被保存在移位寄存器所指向的物理内存中，对 LV2 型全局变量的读/写实际上是对移位寄存器所指向的物理内存的读/写。

由于在同一 VI 的程序框图中可以创建多处局部变量或全局变量，开辟多个数据流进入同一块内存区域的入口和出口。这样大大降低了数据的安全性，数据流很容易通过任意一个入口流入这块物理内存，对这块物理内存中的数据进行更改。LabVIEW 处于对数据安全性的考虑，在进行局部变量和全局变量的操作时，对局部变量或者全局变量指向的物理内存中的数据进行了备份，这显然是要增加内存消耗。而 LV2 型全局变量的存储机制与局部变量和全局变量是不同的，在 LV2 设置为不可重入的情况下，内存中只有一个 LV2 型全局变量的实例存在。这可以保证数据的安全性，不需要数据副本。而且 LV2 为移位寄存器设置了读/写权限，读/写数据的端口有效地得到保护。

7.4.8 子 VI 与主 VI 的实时通信

前面讲到了通过子 VI 连线板的接口与主 VI 通信，当子 VI 执行完毕后，数据由子 VI 的数据输出端口输出到子 VI 的外部。这不是时时通信，也无法在多线程中使用。主 VI 和子 VI 如何实现数据的实时通信呢？要实现主 VI 和子 VI 的实时通信，首先要了解主 VI 和子 VI 的关系。主 VI 和子 VI 是两个不同的 VI，两个不同的 VI 之间的关系是多线程的关系。既然是多线程的关系，就可以使用多线程通信机制实现主 VI 和子 VI 之间的实时通信。不同 VI 间的多线程通信机制有队列函数、全局变量、LV2 型全面变量。

【例 7-9】 编程实现主 VI 与子 VI 间的实时通信。

本例通过静态调用子 VI 和 VI 服务器动态调用子 VI 两种形式，实现主 VI 和子 VI 之间的时时通信，使用全局变量作为全局的停止机制。

方法 1：对于静态调用的子 VI，如果子 VI 中有循环结构，则一般不将子 VI 放置在 While 循环内部。子 VI 中循环结构的优先级大于基本程序代码，子 VI 中的循环结构没有执行完毕之前，子 VI 所在的循环结构将停滞在该子 VI 处。如图 7-52 所示，在主 VI 的程序框图中，将子 VI "数据采集" 与 While 循环结构并行地排列在程序框图中构成两个并行的线程，实现主 VI 和子 VI 之间的实时通信。

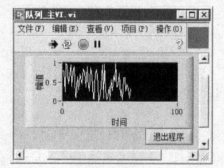 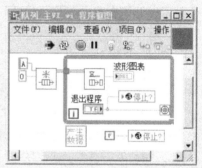

图 7-52　子 VI 与 While 循环并排在程序框图中

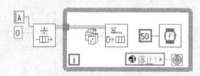

图 7-53　子 VI "采集数据"

如图 7-53 所示，在子 VI 中定义了数据类型为双精度浮点数的队列 "A"，通过 "元素入队列" 函数将数据写入队列。

方法 2：如图 7-54 所示，通过 VI 服务器调用计算机磁盘上的子 VI，通过 VI 类的属性节点 "运行 VI" 使子 VI 运行，由于没有打开子 VI 的前面板，所以子 VI 实现了后台程序的效果。

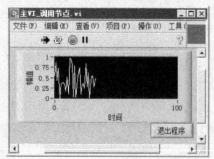 

图 7-54　通过 VI 服务器调用子 VI

7.5 多线程同步

对于多线程通信，一般分为两大类，第一类是没有同步性和数据严格性要求的多线程通信，第二类是有同步性和数据严格性要求的多线程通信。前者是比较简单的多线程通信，只要能实现多线程的通信就可以了，它对数据没有严格的要求，也不需要多个线程同步。例如，图 7-19 和图 7-25 所示都是没有同步性要求的多线程通信。后者的要求比较苛刻，需要解决两个问题：数据的严格性和同步性。所谓通信的同步是指多个线程同时进行或者严格按照顺序执行，数据的严格性是指发送多少数据接收多少数据，不能出现数据丢失或者重复接收的现象。要实现多线程数据的同步性和严格性，可以通过 LabVIEW 的同步机制实现，LabVIEW 中的同步机制有事件发生、集合点、信号量。通过 "VI 程序框图—函数选板—编程—同步"，可以获取多线程同步函数。

1. 事件发生

在 LabVIEW 的编程中，通过 "事件发生" 函数（"VI 程序框图—函数选板—编程—同步—事件发生"）可以实现多线程的同步。通过 LabVIEW "事件发生" 函数可以设置并产生一次事件，一般在一个循环中用 "设置事件发生" 函数设置事件发生，在另一个循环中用 "等待事件发生" 函数等待一次事件的发生。只要通过 "事件发生" 函数设置一次事件发生，"等待事件发生" 函数就可以接收到一个事件，"等待事件发生" 函数所在的线程就可以运行了。"事件发生" 函数可以实现一对多的模式，可以在一个线程中同步多个其他的线程（并行循环）。设置一次事件发生，可以在多个线程（并行循环）用 "等待事件发生" 函数获取这一事件。"事件发生" 函数所创建的事件在同一 VI 的不同节点、多个循环之间以及不同 VI 之间都是有效的。

如图 7-55 所示为通过 "事件发生" 函数同步多个线程。启动 VI，"等待事件发生" 函数没有接收到事件，它所在循环处于停滞状态。"触发" 开关拨到右边时，条件结构进入 "真" 分支执行，"设置事件发生" 函数产生一次事件。其他线程中的 "等待事件发生" 函数接受到事件后，不再处于等待状态，其所在的循环（线程）可以运行。

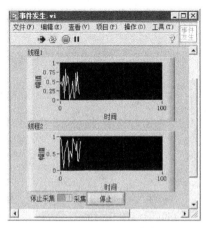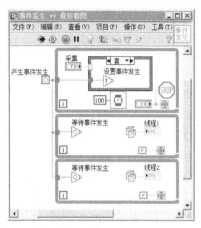

图 7-55 "事件发生" 函数同步多个循环（线程）

值得注意的是程序的退出机制，在 "设置事件发生" 函数所在的 While 循环中用到了 "STOP" 函数，只要将 "真" 赋给该函数，VI 将无条件退出。

【例7-10】编程通过"事件发生"函数同步数据传输。

本例通过"事件发生"函数同步循环间数据传递。本例与例7-3类似，请读者对比学习。

（1）如图7-56所示构建程序界面。

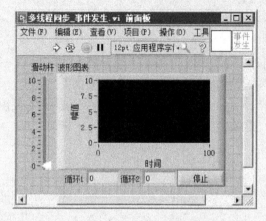

图7-56　例7-10的程序界面

（2）如图7-57所示编辑程序。滑动杆的值改变一次，就产生一个事件。"等待事件发生"函数接收到事件后，不再等待，"循环2"循环一次。

（3）如图7-58所示构建程序的退出机制，通过"STOP"函数停止VI。在第4章中已经讲过，只有正常退出循环，才能将循环内的数据输出到循环外。通过"STOP"函数强行停止VI不属于正常退出循环结构，数据无法输出循环。但是，本例的程序不牵扯到数据输出循环，可以使用"STOP"函数停止VI。

图7-57　滑动杆滑动时产生事件并触发"循环2"

图7-58　事件函数的退出机制

【例7-11】编程用事件发生函数实现VI之间同步。

本例演示了VI之间的数据同步，本例与9.5节中的内容类似（9.5节通过多线程传递事件实现VI之间的数据同步）。

LV2型全局变量不仅可以存储数据，而且可以存储句柄，将事件发生函数的句柄存储在LV2的移位寄存器中，就可以在多个VI间同步事件发生。如图7-59所示，在装载事件句柄的LV2型全局变量中构建"初始化句柄"分支和"句柄输出"分支，分别用于产生句柄和输出句柄。

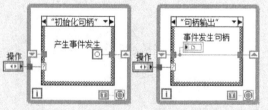

图7-59　将句柄装载到移位寄存器中

如图 7-60 所示，在主 VI 启动时调用子 VI，当主 VI 中的滑动杆滑动时产生事件，并将数据写入全局变量。

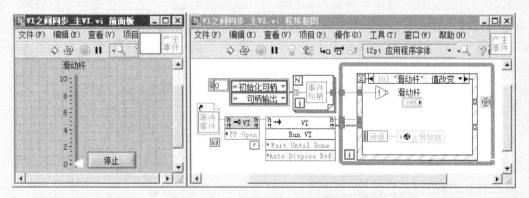

图 7-60 主 VI 用于产生事件

如图 7-61 所示，在主 VI 的退出机制中关闭子 VI。

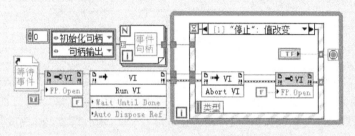

图 7-61 关闭主 VI 和子 VI

如图 7-62，在子 VI 中等待事件发生，当主 VI 中的滑动杆滑动时产生一次事件，子 VI 收到事件执行一次 While 循环。

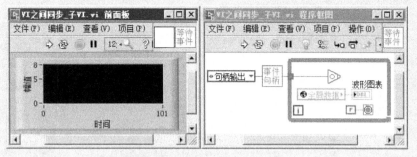

图 7-62 子 VI 中等待事件发生

2. 集合点

集合点也是一种 LabVIEW 数据同步的机制，"等待集合点"函数所在的线程等到预先设置数量的任务都到达集合点时，数据流才能继续流动。如图 7-63 所示，设置了三个任务，当"句柄数据流"同时到达三个"等待集合点"函数时，这三个"等待集合点"函数才能同时执行；否则"等待集合点"函数将处于等待状态，它所在的循环也将停滞。

VI 启动后，随机数所在线程和正弦波所在的线程总共只有两个任务，没有达到三个任务。随机数和正弦波所在的 While 循环将停滞在各自的"等待集合点"函数处，直到第三个任务到达。当前面板"触发"开关拨到右边时，条件结构进入"真"分支中执行程序。在"真"分支中触发第三个任务，这样三个任务同时存在，随机数和正弦波所在的 While 循环继续执行。将"触发"开关再次拨到左边时，任务数不满足要求，随机数和正弦波所在的 While 循环将再次停滞在各自的"等待集合点"函数处。

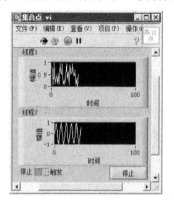 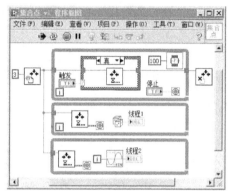

图 7-63   集合点同步多个循环（线程）

【例 7-12】编程当滑动杆移动时，同步其他线程的数据接收。

本例通过集合点同步循环间数据传递。本例与例 7-10 实现的功能相同，请读者对比学习。本例既保证了程序的同步性，又保证了数据的严格性，接收端没有数据遗漏或数据重复。

（1）如图 7-56 所示构建程序界面。

（2）如图 7-64 所示编程。当滑动杆值改变时，事件结构进入滑动杆的"值改变"事件分支。在"值改变"事件分支中添加一个集合点任务，使任务达到两个，"循环 2"中的"等待集合点"函数不再等待，"循环 2"运行。

（3）如图 7-65 所示编辑程序的退出机制，通过"销毁集合点"函数注销集合点句柄。"循环 2"中的"等待集合点"函数检测到引用句柄被注销，通过错误端子输出错误簇到 While 循环的循环条件端子，触发 While 循环退出。

 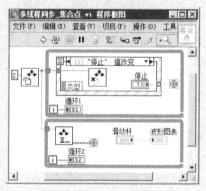

图 7-64   滑动杆滑动时满足   图 7-65   集合点函数的
任务数目并触发"循环 2"   退出机制

3. 信号量

信号量是 LabVIEW 中另一种同步机制，它通过设定被同时调用的信号量达到设置线程执行顺序的目的。信号量函数实际上是封装了 LabVIEW 的队列函数，NI 并没有对信号量函数进行保护和加密，可以在程序框图中双击信号量函数将其打开查看其程序代码。

如图 7-66 所示是一个信号量的简单应用，通过"获取信号量引用"函数设置信号量大小为"1"，每次只能使用一个"获取信号量"函数，其他"获取信号量"函数只能等待，其所在的线程也将停滞。如图 7-66 所示的程序中，两个 For 循环都连线一个"获取信号量引用"函数，由于设置了信号量总大小为"1"，所以每次只能有一个 For 循环执行。For 循环执行完毕后，通过"释放信号量"函数解锁信号，下一个随机线程中的"获取信号量"函数就可以使用了。如果将信号量大小设置为"2"，则允许同时调用两个信号量，两个 For 循环可以同时执行。

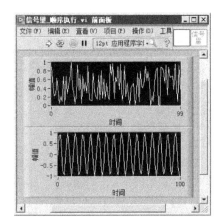

图 7-66　信号量同步多个循环（线程）

4. 通知器

通知器是与队列类似的结构，可以在同一 VI 的多个线程以及多个 VI 之间传递通知消息。队列可以保存若干元素，而通知器只能保存一个数据，如果新数据进入通知器而上一个通知数据没有被读取，那么新元素将覆盖旧元素。通知器也是一对多的模式，它的数据可以发送给多个循环或 VI。当通知器没有新的元素输入时，所有线程可以通过"获取通知器状态"函数获取通知器最近一次的通知，所以还是可以保证该线程的运行。

如图 7-67 所示是通知器在两个循环间传递数据的程序。首先通过"获取通知器引用"函数创建一个通知器并命名为"通知器 A"，为通知器设置数据类型为簇，簇中的两个元素分别是双精度浮点数和布尔量。用双精度浮点数传递数据，用布尔量传递停止消息。

通知器不是严格的堆栈式结构，在传递数据的过程中可能丢失数据或通过"获取通知器状态"函数可能读取到重复的数据。在实际的编程应用中，一般不用通知器传递数据，而用通知器向多个线程广播通知消息，以便使各个线程可以同步。

如图 7-68 所示是通知器同步多个线程的例子。VI 启动，两个采集线程所在循环的"获取通知器状态"函数输出默认"假"，两个循环都进入"假"分支进行空循环。在 While 循环外部初始化水平摇杆开关的值为"假"，单击水平摇杆开关，使其输出为"真"。事件结构进入

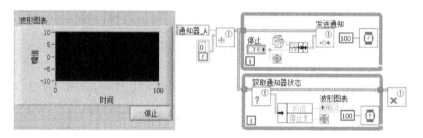

图 7-67　通知器在循环间传递数据

"值改变"事件分支执行程序，通过"发送通知"函数将"真"传递给通知器。"采集 1"、"采集 2"所在的循环收到通知数据"真"，进入到条件结构的"真"分支执行程序，开始采集任务。再次单击水平摇杆开关，将"假"传递给通知器，"采集 1"、"采集 2"所在的循环收到通知数据"假"，条件结构再次进入到"假"分支执行程序，停止采集任务。

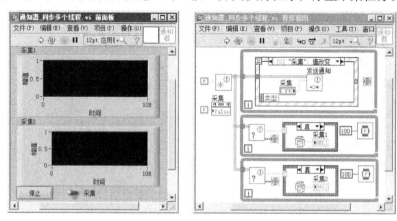

图 7-68　通知器同步多个循环（线程）

通知器可以在同一 VI 的不同节点、不同线程以及不同 VI 之间广播通知消息。如图 7-69 所示为通知器在不同 VI 之间传递通知消息。

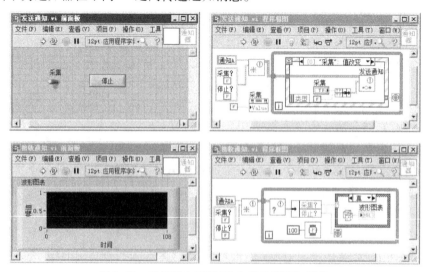

图 7-69　通知器在不同 VI 之间传递通知消息

程序的停止机制在"发送通知.VI"中，程序如图 7-70 所示。

图 7-70 通知器的多 VI 停止机制

7.6 并行循环的停止机制

1. 停止同一 VI 中的并行循环

先看一下如图 7-71 所示程序，这个程序能实现两个 While 循环同步停止吗？答案是否定的，其实这两个循环结构根本不是并行的循环结构。VI 程序框图中，只有完全独立的循

图 7-71 连线改变并行结构

环结构之间才是并行的多线程关系，如图 7-9 所示的两个 While 循环就是并行的多线程关系。LabVIEW 是数据流驱动的编程语言，数据流在程序框图的连线中流动，连线所连接的任何对象（函数、控件的接线端、结构等）都运行在同一线程下，同一线程中所有的程序代码都沿着连线从左到右顺序执行。由于图 7-71 中两个循环之间用连线连接，所以这两个循环被 LabVIEW 执行系统划分在同一线程，执行的顺序为从左到右。VI 启动后，左边的"循环 1"首先连续运行，单击"停止"按钮后"循环 1"停止，数据流进入"循环 2"，"循环 2"运行一次后停止。

在 LabVIEW 程序设计中，经常需要同时停止多个并行循环或多个 VI，同步停止并行的多线程有以下多种策略。

1）使用局部变量 如图 7-72 所示为使用局部变量实现三个并行 While 循环的同步停止。可以将停止机制放置在任意一个任务线程中，不用单独开辟停止机制的查询线程。对于停止按钮最合适的机械动作是"释放时触发"，这种机械动作可以使按钮被单击后自动弹起，而且 LabVIEW 将一直保持这种状态转换直到按钮所在的循环结构检测到按钮的状态变化。所以无论循环速度如何，只要将停止按钮的机械动作设置为"释放时触发"并将停止按钮置于循环结构内部，循环结构就不会遗漏按钮机械动作的改变。

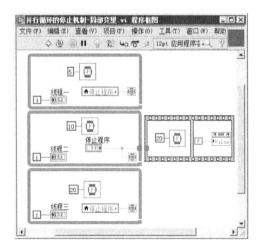

图 7-72 局部变量同步多个循环停止

但是，局部变量与按钮的"释放时触发"机械动作不兼容，所以使用按钮的局部变量时，按钮的机械动作不能选择"释放时触发"。在这种情况下，按钮的机械动作可以选择"单击时转换"或"释放时转换"。这两种机械触发模式也可以保证前面板按钮的机械动作不被遗漏，当然按钮必须置于 While 循环内部。在"单击时转换"或"释放时转换"两种机械触发模式下，按钮按下后无法自动弹起。为了保证停止按钮被单击后可以自动弹起，可以在退出 While 循环后，通过按钮的属性节点为按钮赋值"假"，使按钮恢复到弹起状态。如何保证循环结束后再给按钮的属性节点赋值呢？这很简单，也不用复杂的编程。根据 LabVIEW 数据流自左向右流动的原理，将停止按钮的输出连线到顺序结构的框体上，这样就将两个结构连接到了同一条执行路径上，可以实现先执行 While 循环再执行顺序结构。

其实，只要将 While 循环内部的任一个节点连线到顺序结构框体，就可以实现程序从左向右顺序执行。如图 7-73 所示是将循环端子输出连线到顺序结构，这样就将 While 循环和平铺式顺序结构连线到了一个线程，使程序从左向右顺序执行。

如图 7-74 所示是将数值常量连线到顺序结构，将 While 循环和平铺式顺序结构统一到一个线程，使程序从左向右顺序执行。

　　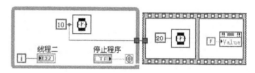

图 7-73　循环端子连线顺序结构到同一线程　　　　图 7-74　数值常量连线顺序结构到同一线程

2）使用全局变量　图 7-75 所示是用全局变量同步停止多个并行的循环结构。全局变量与按钮的"释放时触发"机械动作完全兼容，将停止按钮的机械动作设置为"释放时触发"并向全局变量写入按钮的状态进而控制其他线程的同步停止是一种实现多循环同步停止的好办法。但是如果多线程停止时写入全局变量的值是"真"，只要全局变量不退出内存，那么在下次使用该全局变量时输出的是"真"，所以程序启动时要在循环外部将全局变量初始化为"假"。

也可以在循环结束后给全局变量赋假值，如图 7-76 所示。

　　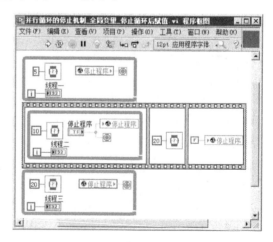

图 7-75　启动 VI 时初始化　　　　　图 7-76　停止循环后为全局
全局变量的值为"假"　　　　　　　变量赋值"假"

【注意】顺序结构中的延时要大于多个循环结构中的最大延时，否则可能使最慢的循环错过按钮的"真"状态，使其无法停止。

3）单独开辟停止按钮的查询线程 如图 7-77 所示，"线程三"是单独开辟的停止按钮状态查询线程。该线程的作用是通过 While 循环查询前面板停止按钮的状态，并通过局部变量或者全局变量将停止按钮的状态传递到其他线程。按钮的机械动作可以选择"释放时触发"，保证 While 循环不遗漏按钮的任何动作。

图 7-77 单独开辟停止机制的线程

为停止按钮单独开辟线程时，线程的运行速度是要考虑的首要问题。如果速度太快，则浪费了计算机的资源；如果速度太慢，则当停止按钮状态改变时，前面板按钮的动作反应迟缓。一般的编程应用中，停止按钮的查询线程设置几百毫秒的延时即可，200ms 执行一次循环去查询停止按钮的状态对计算机资源的消耗几乎可以忽略。由于单独开辟的停止按钮状态查询线程运行速度很慢，其他线程不可能错过按钮状态的改变，所以在为全局变量赋值"假"前不用延时。

4）使用通知器

（1）使用通知消息：如图 7-78 所示是使用通知器实现多线程的同步停止，通知器在没有接收到新的通知时将输出上一通知。通知器是一个生产者对应多个消费者的模式，消息进入"发送通知"函数后可以被多个"等待通知"函数取用。按钮的机械动作选择"释放时触发"，可以在任何线程速度下保证不遗漏按钮的状态。

【注意】要等到最慢的线程接收到本次的通知消息后再注销通知器，否则 LabVIEW 将报错。为了确保这点，可以将注销函数连线到最慢线程的"等待通知"函数，必要时还可以在注销前添加延时。

（2）使用错误簇：如图 7-79 所示是使用通知器的错误簇同步并行循环的停止机制，停止按钮的机械动作选择"释放时触发"。当"线程一"停止后，通知器被注销，错误簇将输出错误信息。将错误簇连线到 While 循环的条件循环端子，当有错误输出时将停止 While 循环。错误簇是个比较特殊的数据结构，其实停止循环的是错误簇中的布尔元素输出的"真"。While 循环的条件循环端子正是由于接收到了这个"真"，才使 While 循环停止的。

【注意】由于在"线程一"中没有加入"发送通知"函数，所以其他线程总处于等待停滞状态。必须设置"等待通知"函数有一定超时时间，等待超时发生时"等待通知"函数将输出超时数据，这样"等待通知"函数所在的线程才能运行。

使用通知器函数实现多线程停止同步时，运行了额外的程序——通知器函数，占用了部分计算机资源，CPU 要为额外连线的数据流动提供时间片，使程序的效率略有降低。

图 7-78　使用通知消息同步　　　　　图 7-79　使用通知器的错误簇
　　　　多循环停止　　　　　　　　　　　　同步多循环停止

5）使用队列函数

（1）使用队列消息：如图 7-80 所示是使用队列消息同步多循环停止的程序。将停止按钮的状态存储在队列中，作为多个线程的停止消息。

（2）使用错误簇：如图 7-81 所示是使用队列消息的错误簇同步多循环停止的程序。

图 7-80　使用队列消息同步多循环停止　　　图 7-81　使用队列的错误簇同步多循环停止

2. 停止不同 VI 中的并行循环

1）使用全局变量　全局变量既然可以在多个 VI 中传递数据，当然也可以在多个 VI 中传递停止消息。如图 7-82 所示，全局变量同步停止本 VI 的多循环和其他 VI 中的多循环，"停止程序"按钮的机械动作保持默认的"释放时触发"。

2）使用队列消息　如图 7-83 所示为使用队列同步多 VI 停止。

3）使用通知器消息　如图 7-84 所示为使用通知器同步多 VI 停止。

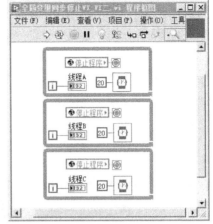

图 7-82　全局变量同步多 VI 停止

图 7-83　队列同步多 VI 停止

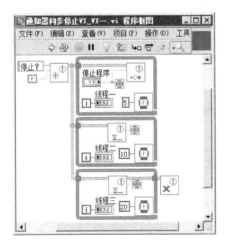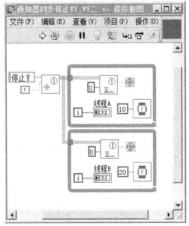

图 7-84　通知器同步多 VI 停止

7.7　多线程的优势

如图 7-85 所示，是一个集数据采集、实时显示、数据分析、数据保存为一体的单循环程序。用随机数函数模拟从计算机外部采集的数据，用 LV2 保存采集的 10 个数据。"数据分析"子 VI 用于实时分析数据，是一个高强度的计算模块。

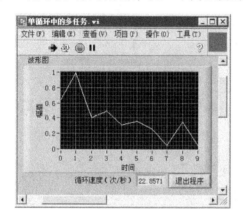 

图 7-85　单循环数据采集程序

程序中的"LV2 数据"子 VI 是一个"输入标量，输出数组"的 LV2 型全局变量，程序代码可以参见例 7-4。

图 7-86　测量循环速度

如图 7-86 所示是子 VI"线程速度"的程序代码，"线程速度"子 VI 可以测量循环速度，循环速度的单位是"次/秒"。它的原理是用循环次数除以 VI 运行的时间，VI 启动时"已用时间"函数（"VI 程序框图—函数选板—编程—定时—已用时间"）便开始计时。

如图 7-87 所示，"数据分析"子 VI 是一个高强度的运算模块。由于 LV2 型全局变量"LV2 数据"中保存了 10 个浮点数，所以输入到"数据分析"子 VI 中 10 个浮点数，运行一次"数据分析"模块可以实现 600 万次浮点运算。"数据分析"子 VI 与 While 循环中的其他代码是并行的多线程关系，但是由于子 VI 比普通的代码有更高的优先级，所以只有子 VI"数据分析"中的 For 循环结束后，While 循环中的其他程序代码才能执行。

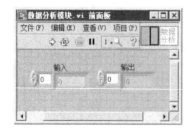 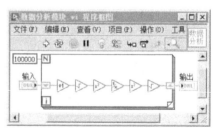

图 7-87　数据分析模块实现 600 万次浮点运算

由于受"数据分析"子 VI 的影响，程序执行效率低下，每秒运行约22 次。在"数据分析"模块运行的过程中其他的执行路径只能等待，这导致整个 While 循环的执行效率极低。分析上面的单循环，可以发现它的弊端如下。

（1）高强度计算模块"数据分析"的存在，使得整个程序的效率无法提升。

（2）所有的任务——采集、显示、分析都是以 22 次/秒的速度运行。一般的编程应用中，要求各个任务根据优先级的不同运行在不同的速率下。数据采集和显示环节要运行得快些，而高强度的运算模块可以运行得慢些。显然，单循环的程序很难做到。

鉴于以上情况，建议在编写大型程序时采用多循环的多线程结构，以确保整个程序充分合理地利用计算机 CPU 资源，能让现代计算机强大的性能在多循环的 LabVIEW 程序中得以体现。

在程序框图中并行地放置多个 While 循环时，LabVIEW 执行系统将为每个并行的 While 循环开辟单独的线程。如图 7-88 所示是一个多循环结构的多线程程序，实现与图 7-85 所示同样的功能。将程序划分为三个任务，每个任务开辟一个线程。"任务 1"用于采集数据，"任务 2"用于显示波形，"任务 3"用于分析数据。按照优先级的高低分别设置 0ms、60ms、200ms 的延时。

如图 7-89 所示是程序的运行效果，实验所用计算机的 CPU 为奔腾双核 2.0GHz，内存为 2GB 三代内存。可见，"任务 1"的数据采集速度达到了 36186 次/秒，"任务 2"的速度为 16 次/秒，"任务 3"的速度为 5 次/秒。这满足了各个任务按照重要等级在不同速率下执行的要求，而且程序效率得到了大幅提升。在实际的应用中，采集数据的循环速率为几百次/秒就可以满足要求了，可以在图 7-88 所示的"任务 1"中加入"等待"函数（延时函数）控制采集速率。

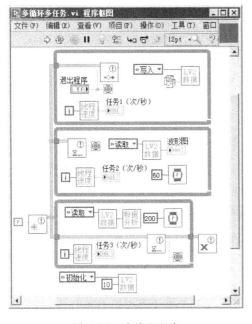

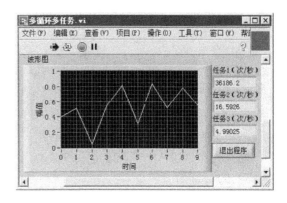

图 7-88　多线程程序　　　　　　　　　图 7-89　不同优先级的任务在不同速率下执行

多线程程序性能的大幅提升主要有以下两点原因。

（1）实时分析线程（高强度计算模块）运行速率的降低带来了 CPU 资源的节省，节省的 CPU 资源可以用在其他线程上，进而使程序整体运行效率提高。

（2）多线程更充分合理地利用了 CPU 资源。当单个线程需要等待访问资源时，CPU 可以执行其他线程的任务。这大大提高了 CPU 的利用率和程序的运行效率，这是多线程程序性能大幅提升的主要原因。

7.8　多线程优先级

如果采用多线程的编程模式，就需要考虑设置各个线程的优先级。划分优先级的标准是：重要的任务优先级高，不重要的任务优先级低。在实际的编程应用中，一般使用"等待"函数（"VI 程序框图—函数选板—编程—定时—等待"）设置线程的优先级，通过 VI 属性选项卡更改 VI 优先级的做法很少用。"等待"函数就是延时函数，优先级高的线程可以设置延时时间少一点，优先级低的线程可以设置延时时间多一点。通过"等待"函数设置线程运行速度遵循的原则是均衡与合理，如果优先级设置不恰当可能造成某个线程的停滞。

如图 7-88 所示程序展示了多个独立的线程，实现的功能分别是数据采集、波形显示、数据分析。通过延时函数的延时时间控制每个线程使用 CPU 频率的高低，进而达到设置各个线程优先级的目的。数据采集是测试测量程序中最重要的环节，要首先确保数据采集的数量满足后续的分析需求，所以优先级最高。采集环节延时的多少应根据实际情况调整，既要保证数据的采集量，又要保证采集线程对 CPU 资源的合理利用。CPU 满负荷工作容易造成死机，使得测试系统不稳定。

界面刷新的优先级应低于数据采集的优先级，否则将刷新重复的数据，界面刷新的速率一般保持在 20 次/秒就可以保证很好的视觉流畅度。

测试测量系统中最重要的环节是数据采集，数据采集是后续处理数据的基础。鉴于数据采集的重要性，一般在构建虚拟测试系统时要为数据采集开辟单独的线程，并设置最高优先级。在数据采集线程中，一般将负责数据采集的程序代码模块化为子 VI 并静态调用这个子 VI，使负责数据采集的模块常驻内存。

7.9　多线程应用

在多线程程序设计中，一般将主线程用作人机交互，通过队列函数传递多线程的指令。如果多个线程间需要共享数据，可以采用全局变量或 LV2 型全局变量。如图 7-90 所示，VI 启动后主线程停滞在事件结构，等待用户的前面板操作。由于"元素出队列"函数中没有元素，辅助的采集线程停滞在该函数处。单击"采集数据"按钮，主线程进入事件分支为辅助线程加载指令"采集数据"。辅助线程的"元素出队列"函数将输出指令"采集数据"，使条件结构进入"采集数据"分支执行，在该分支中不断向队列中加载指令"采集数据"维持该线程的运行。

如图 7-91 所示，单击"停止采集"按钮，主线程进入该按钮的"鼠标释放"事件分支清除队列中的所有指令。由于队列中没有元素，辅助线程停止在"元素出队列"函数处，

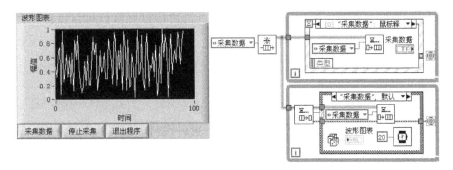

图 7-90　多线程程序设计

采集任务停止。

如图 7-92 所示，单击"退出程序"按钮，主线程注销队列，辅助线程的"元素出队列"函数输出错误簇使辅助线程退出。

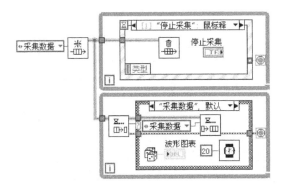 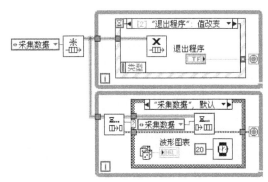

图 7-91　清空队列中的指令　　　　　　　图 7-92　注销队列并退出 VI

第8章 LabVIEW 的设计模式

LabVIEW 程序的设计理念与其他编程语言不同，LabVIEW 的程序基于框架构建，LabVIEW 的程序框架又称设计模式。LabVIEW 的设计模式保证了顺畅的数据流动性并且具有强大的程序跳转能力，在实际编程中意义巨大。建立在合理设计模式基础上的 LabVIEW 程序，可以保证程序的可靠性、稳定性、较强的纠错能力。

LabVIEW 程序框图的可视面积是有限的，怎样在有限的计算机屏幕区域内编写简洁明了、可读性强、数据流动顺畅的程序代码呢？LabVIEW 设计模式不仅保证了程序有一个可靠的框架，而且保证了程序较强的可读性。

本章将详细讲解 LabVIEW 的设计模式，通过本章的学习，读者可以进一步了解 LabVIEW 程序的设计思想。

8.1 连续循环模式

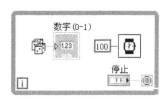

图 8-1 连续循环模式

如图 8-1 所示，连续循环设计模式一般包含一个 While 循环和一个延时函数，它是 LabVIEW 中最基本也是最常用的设计模式。While 循环用于保证程序持续运行，延时函数用于控制 While 循环对 CPU 的占用量。While 循环是一个全速运行的循环迭代结构，在它运行期间将占据大量的 CPU 使用时间。占用过度的 CPU 资源将导致计算机响应迟缓甚至死机，最终的表现是程序的不可靠和不稳定。在 While 循环中添加延时函数是控制 While 循环过度占用 CPU 资源的有效手段，也是编程中的常用做法。连续循环设计模式采用查询方式工作，程序执行效率较低，它能实现连续的数据采集，适合用作简单的数据采集程序。

8.2 事件处理器

如图 8-2 所示是事件处理器的设计程序，事件处理器又称事件机。事件机设计模式由一个 While 循环和一个事件结构组成，在没有超时分支的情况下，程序的执行效率为 100%。事件机设计模式可以在不增加程序框图尺寸的情况下，通过增加事件结构分支数目达到扩展程序功能的目的。事件机设计模式实际是一个中断响应程序，当有事件发生时 CPU 响应事件中断并触发事件结构执行。当无事件发生时，While 循环处于休眠状态，不占用 CPU 资源，事件处理器设计模

图 8-2 事件机设计模式

式适合用作人机交互。

8.3　状态机

状态机用于实现程序状态的转换，使程序由一个状态跳转到另一个状态，或者由一个程序分支跳转到另一个程序分支。

8.3.1　顺序状态机

如图 8-3 所示，While 循环结构顺序状态机由 While 循环内套一个条件结构组成，通过 While 循环的循环计数端子控制程序分支按顺序跳转。

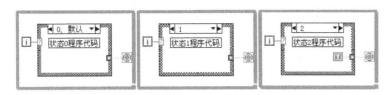

图 8-3　While 循环顺序状态机

这种程序设计模式与顺序结构很类似，但是相对于平铺式顺序结构而言，While 循环顺序状态机有更紧凑的程序结构，在不增加程序框图尺寸的条件下可以添加条件结构的分支数目达到扩展程序功能的目的。相对于层叠式顺序结构而言，While 循环顺序状态机中移位寄存器的读/写效率比顺序局部变量更高。顺序状态机设计模式常用于实现某个算法，一般不作为顶层程序。

如图 8-4 所示，将 While 循环替换为 For 循环就得到 For 循环顺序状态机，For 循环顺序状态机由 For 循环结构＋条件结构＋指令数组组成。

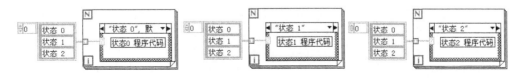

图 8-4　For 循环顺序状态机

8.3.2　改进型状态机

改进型状态机是在顺序状态机的基础上得到的，改进型状态机可以在任何一个状态中控制下一步将要跳转的状态。改进型状态机由循环结构＋条件结构＋移位寄存器组成，在当前执行的程序分支中将下一步跳转的状态变量保存到移位寄存器中。如图 8-5 所示，VI 运行后首先跳转到"状态 0"，然后跳转到"状态 2"，最后跳转到"状态 1"。在"状态 1"中，为 While 循环的条件端子赋值"真"，退出 While 循环。

在实际的编程应用中，考虑到状态机指令系统的扩展，常用自定义类型的枚举控件作为状态机的指令系统，关于自定义控件的制作可以参考 3.9 节的内容。如果程序中有一处自定义的枚举指令被修改，则所有该控件的实例将自动更新，这样有利于状态机指令系统的统一管理和维护。如图 8-6 所示，在 While 循环的移位寄存器中初始化了"状态 0"，通过"状

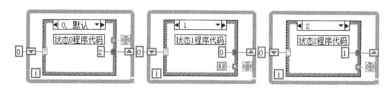

图 8-5 改进型状态机

态 0"跳转到"状态 2",通过"状态 2"再跳转到"状态 1",在"状态 1"中为 While 循环条件端子赋"真"值,使 While 循环退出。

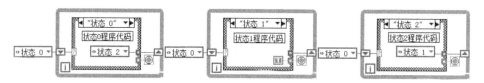

图 8-6 指令为枚举常量的改进型状态机

8.3.3 标准状态机

标准状态机由 While 循环+条件结构+移位寄存器(队列函数)组成,标准状态机指令的数据类型可以是枚举常量或者字符串。实际上,还可以使用变体与自定义枚举常量打包成的簇作为消息指令的数据类型,自定义枚举常量用于传递指令,变体用于传递数据。在标准状态机中,除了包含定义程序功能的分支程序一、分支程序二……,还包含一个实现人机交互的分支和一个程序退出分支。标准状态机的所有程序代码重叠在一个条件结构中,使得程序代码的尺寸大大减小,程序变得非常紧凑。通过增加条件结构分支数目,可以达到扩展程序的目的。标准状态机是功能强大的设计模式,它可以作为 LabVIEW 程序的顶层设计框架,用户可以在标准状态机框架的基础上拓展、完善和丰富 LabVIEW 程序。标准状态机有两种实现形式:经典状态机和队列状态机,它们的区别在于指令的存储机制,经典状态机的指令存储在移位寄存器中,队列状态机的指令存储在队列中。

1. 经典状态机

如图 8-7 所示,经典状态机由 While 循环+条件结构+移位寄存器构成,指令的保存和传递是在移位寄存器中进行的。在 VI 的前面板中创建了三个按钮:"执行分支 0"、"执行分支 1"、"退出程序",单击这三个按钮分别实现执行分支程序 0、执行分支程序 1、退出程序的功能。

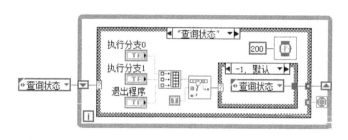

图 8-7 经典状态机

VI 启动后，在 While 循环外部为移位寄存器初始化指令"查询状态"，进入 While 循环后程序跳转到"查询状态"分支执行。在经典状态机的"查询分支"中编辑查询按钮状态的程序代码，当有某个按钮动作时加载相应的指令，让程序跳转到相应的程序分支。

如图 8-8 所示是图 8-7 中"查询状态"分支中的指令分支，当用户单击不同的按钮时，在指令分支中加载下一步要执行的状态跳转指令。通过"创建数组"函数和"搜索一维数组"函数实现按钮的识别机制，当有按钮被按下时，"搜索一维数组"函数将搜索到输出值为"真"的按钮索引。"搜索一维数组"函数输出为"-1"时，表示没有按钮按下。

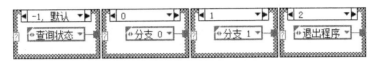

图 8-8　经典状态机的指令分支

如图 8-9 所示，为经典状态机构建四个程序分支。"查询状态"分支实现人机交互，"分支 0"和"分支 1"实现扩展的分支程序，在"退出程序"分支中为 While 循环条件端子赋值"真"使循环退出。除了"退出程序"分支外，其他程序分支都通过移位寄存器加载指令"查询状态"，每个程序分支执行完毕后都跳转到"查询状态"分支等待人机交互。在不同的程序分支中编辑不同功能的程序代码实现分支程序的功能，条件分支越多，状态机的功能越强大。

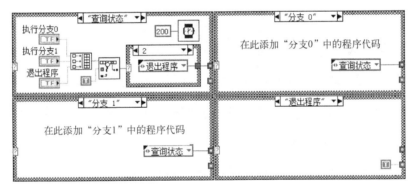

图 8-9　经典状态机的分支程序

> **【注意】** 某些程序分支中没有为条件结构隧道赋值，程序是无法编译通过的。在条件结构没有赋值的隧道上右击，在弹出的快捷菜单中选择"未连线时使用默认"，可以为条件结构的隧道赋默认值。

由于经典状态机采用查询的工作模式，所以执行效率不高，为了控制查询时 While 循环对 CPU 资源的占用量，在"查询状态"分支中加入了延时。循环中加入延时虽然减少了查询程序对 CPU 的使用量，但是带来了程序对前面板操作的延时响应问题，这有可能遗漏循环结构对按钮状态改变的检测。也就是说，有可能按钮被按下到抬起的这段时间里 While 循环还在延时，无法检测到按钮的状态改变。对于这类问题，一般保持按钮默认的机械动作"释放时触发"即可。这种机械触发模式下，按钮可以保持被按下的状态，直到该按钮的状态被响应。

2. 队列状态机

如图 8-7 所示，队列状态机由 While 循环 + 条件结构 + 队列函数构成，指令的保存和传递在队列函数中进行。队列状态机通过"元素入队列"函数将指令写入队列缓存中，通过"元素出队列"函数将指令取出。经典状态机与队列状态机的原理是完全相同的，只是指令的保存和传递机制不用而已。

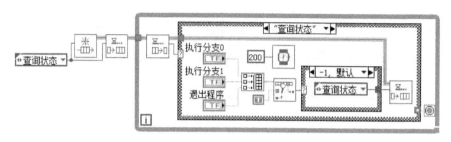

图 8-10　队列状态机

如图 8-11 所示，在每个程序分支中添加分支程序代码，除了"退出程序"分支，其他程序分支执行完毕后回到"查询状态"分支等待人机交互。在"退出程序"分支中通过"释放队列引用"函数注销队列，并为 While 循环条件端子赋值"真"，退出 While 循环。

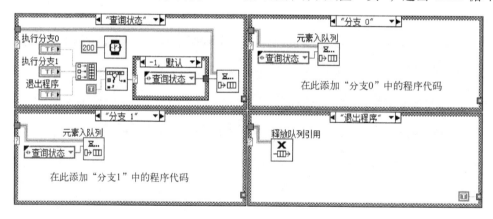

图 8-11　队列状态机的分支程序

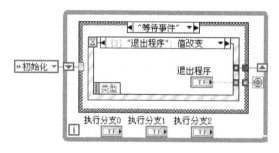

图 8-12　事件状态机

8.3.4　事件状态机

如图 8-12 所示，事件状态机将查询机制改为事件响应的中断机制，使状态机的执行效率提高到 100%。

如图 8-13 所示，事件状态机的四个分支分别实现初始化程序、响应用户事件、构建分支程序 0、构建分支程序 1 功能。

如图 8-14 所示，在状态机的"等待事件"分支中添加事件结构，构建事件响应机制。

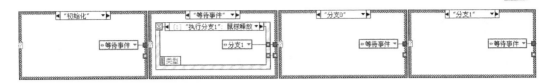

图 8-13　事件状态机的分支程序

图 8-14　事件状态机的事件机制

【例 8-1】用事件状态机实现例 4-29 的分段函数 $y = \begin{cases} x & (x \geq 0) \\ x^2 + 1 & (x < 0) \end{cases}$。

本例使用事件状态机实现分段函数，事件状态机以事件消息为驱动机制，没有事件发生时状态机处于休眠状态，不占用计算机资源。如图 8-15 所示，当 "X" 的值改变时，触发状态机运行，实现分段函数的运算。

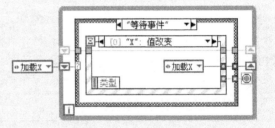

图 8-15　事件状态机

如图 8-16 所示，本例中的事件状态机有六个分支，分别实现如下功能：加载 X 值、判断 X 的定义域、实现算法 "F(X) = X"、实现算法 "F(X) = X * X + 1"、响应用户事件。

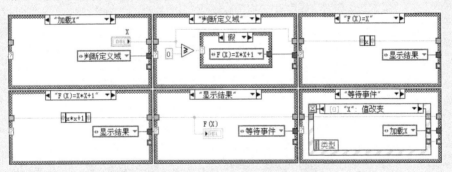

图 8-16　例 8-1 的状态分支

如图 8-17 所示，在状态分支 "等待事件" 中构建事件响应机制。当 "X" 的值改变时，触发事件并加载状态指令。下一次循环迭代时，状态机进入状态分支 "加载 X"。

图 8-17　例 8-1 的事件分支

8.3.5 超时状态机

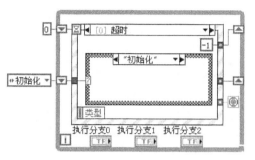

图 8-18 超时状态机

如图 8-18 所示，超时状态机是在事件结构的超时分支中构建的状态机，它比事件状态机更有优势。超时状态机可以在状态机执行的过程中响应事件，这是事件状态机无法实现的。在实际编程中，超时状态机的一个重要的应用是它可以实现连续循环时的事件响应，而且程序的实现很简单。

如图 8-19 所示，超时状态机架构在事件结构上，在事件结构中响应用户事件。在超时分支中通过条件结构构建状态机的分支程序：初始化、分支 0、分支 1……通过增加条件结构的分支数目可以达到扩展程序的目的。

图 8-19 超时状态机的事件分支

【例 8-2】用超时状态机实现鼠标重复事件。

在 LabVIEW 的事件源中，有"本 VI"的"键重复"事件。所谓"键重复"事件是指长按键盘某个按键时触发的事件，关于"键重复"事件的应用可以参考例 4-39 的程序。在关于鼠标的操作中，LabVIEW 只有"鼠标按下"事件，没有对长按鼠标按键的事件响应，本例使用超时状态机编程实现鼠标左键的长按事件（鼠标左键的重复事件）及响应。

本例实现的功能是：当鼠标左键在"采集"按钮上长按时，实现连续的循环采集功能；当鼠标左键在"采集"按钮上释放时，停止循环采集。如图 8-20 所示，在超时状态机的"采集"分支中，实现连续的循环采集，采集的时间间隔为 20ms。

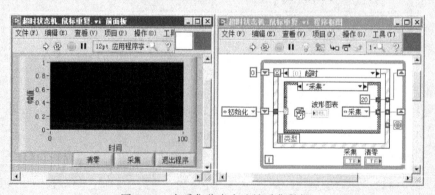

图 8-20 在采集分支中连续采集数据

　　如图 8-21 所示为超时状态机构建三个状态分支，分别实现以下功能：设置波形图表控件标尺范围、连续采集数据、清零波形图表历史数据。

图 8-21　例 8-2 的状态分支

　　如图 8-22 所示，为程序构建五个事件分支，分别实现以下功能：构建超时状态机、响应"采集"按钮的"鼠标按下"事件、响应"采集"按钮的"鼠标释放"事件、响应"清零"按钮的"鼠标释放"事件、退出程序。

图 8-22　例 8-2 的事件响应机制

　　【例 8-3】用超时状态机实现例 4-29 的分段函数 $y = \begin{cases} x & (x \geq 0) \\ x^2 + 1 & (x < 0) \end{cases}$。

　　如图 8-23 所示，在事件结构的超时分支中构建超时状态机，在超时状态机的分支中实现函数运算。

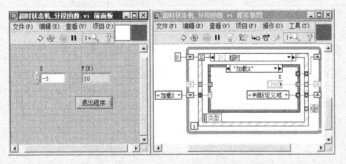

图 8-23　例 8-3 前面板和程序框图

　　如图 8-24 所示，为程序构建三个事件分支，分别实现以下功能：构建超时状态机、响应控件"X"的值改变事件、退出程序。

图 8-24　例 8-3 的事件分支

如图 8-25 所示，在超时状态机各分支中分别实现如下功能：加载 X 值、根据定义域加载下一跳转状态、实现算法"F(X) = X"、实现算法"F(X) = X * X + 1"、加载运算结果并禁用超时分支。

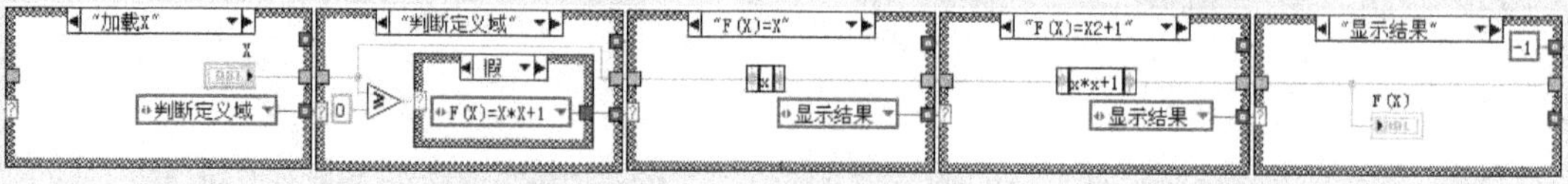

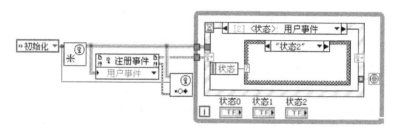

图 8-25 超时状态机实现分段函数

8.3.6 自定义事件状态机

如图 8-26 所示，基于自定义事件的状态机以自定义事件驱动状态机运行。在自定义事件中通过条件结构构建状态机的状态分支，增加条件分支的数目可以达到扩展状态机功能的目的。

图 8-26 基于自定义事件的状态机

如图 8-27 所示，在自定义事件分支中构建状态机，在其他事件分支中实现事件机制的响应。通过"产生用户事件"函数产生事件并加载状态指令，推动状态机运行。

图 8-27 图 8-26 的事件分支

8.4 队列消息处理器

队列消息处理器是比状态机功能更强大的程序设计模式，队列消息处理器的消息指令机制为指令数组。队列消息处理器一次可以加载多条指令，使程序连续执行几个分支程序。通过数组函数或队列函数可以在每个分支程序中添加、删除、修改多条指令，使队列消息处理器的灵活性大大增强。

根据消息指令的存储和获取机制，可以构建基于数组函数的队列消息处理器和基于队列函数的队列消息处理器。指令的数据类型可以是自定义的枚举常量数组或字符串数组，在一般的编程应用中使用枚举数组的情况居多。

8.4.1　查询模式的队列消息处理器

查询模式的队列消息处理器采用查询的工作模式实现人机交互，需要构建一个"查询状态"不停地查询是否有用户操作。当有用户操作时，响应用户操作并根据用户指令进入相应的分支程序，分支程序执行完毕后返回查询状态，继续查询用户操作。

1. 基于数组函数的队列消息处理器

如图 8-28 所示，基于数组函数的队列消息处理器由 While 循环 + 条件结构 + 移位寄存器 + 数组函数组成。基于数组函数的队列消息处理器一般采用自定义枚举常量数组作为消息指令，将自定义枚举常量拖曳到数组常量控件中可以产生一个自定义枚举常量数组。构建队列消息处理器的关键环节是"移位寄存器"和"删除数组元素"函数。数组函数贯穿 Lab-VIEW 编程的始终，在 LabVIEW 程序设计中具有举足轻重的地位，希望读者熟练掌握数组函数的用法。基于数组函数的队列消息处理器通过移位寄存器存储指令数组，通过"删除数组元素"函数的输出端"已删除的部分"获取指令。将"删除数组元素"函数的输出端"已删除的部分"连接到条件结构分支选择器，可以使条件结构跳转到相应的程序分支。

> 【注意】当"删除数组元素"函数的"索引"输入端输入为"0"时，"删除数组元素"函数将从指令数组的第 0 个元素开始取出并删除指令。当"删除数组元素"函数的"索引"输入端输入为空时，"删除数组元素"函数将从指令数组的最后一个元素开始取出并删除指令。

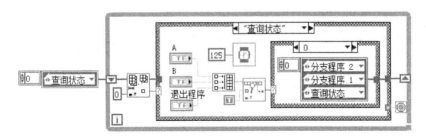

图 8-28　基于数组函数的队列消息处理器

图 8-28 所示程序中定义了一个人机交换分支"查询状态"以及三个程序功能分支"分支程序 1"、"分支程序 2"、"分支程序 3"。"查询状态"分支用于检测和识别前面板三个按钮"A"、"B"、"退出程序"的动作，程序功能分支用于实现分支程序。

VI 启动后，在 While 循环外部为移位寄存器初始化程序指令"查询状态"，指令进入移位寄存器后通过"删除数组元素"函数的输出端"已删除的部分"输入到条件结构分支选择器，使条件结构进入"查询状态"分支执行程序代码。

在"查询状态"分支中识别前面板三个按钮（"A"、"B"、"退出程序"）的动作，并通过图 8-29 所示的指令响应程序加载程序指令。当前面板没有按钮被按下时，"搜索一维数组"函数返回"-1"，条件结构进入"-1"分支执行程序，在该指令分支中为队列消息处理器加载一条指令"查询状态"。下一次循环迭代程序将再次跳转到"查询状态"分支，如果一直没有按钮被按下，则程序持续跳转到"查询状态"分支。如果按钮"A"被按下，则加载三条指令："分支程序 2"、"分支程序 1"、"查询状态"，队列消息处理器依次跳转到

"分支程序 2"、"分支程序 1"、"查询状态"。队列消息处理器执行完"分支程序 2"和"分支程序 1"后，跳转到"查询状态"分支继续等待人机交互。如果按钮"B"被按下，则加载两条指令："分支程序 1"、"查询状态"，队列消息处理器依次跳转到"分支程序 1"、"查询状态"。队列消息处理器执行完"分支程序 1"后，跳转到"查询状态"分支继续等待人机交互。

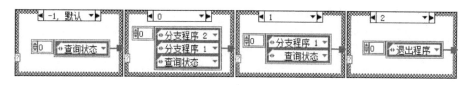

图 8-29　图 8-28 的指令响应程序

如图 8-30 所示，图 8-28 中的队列消息处理器有四个程序分支，每个分支中编写相应的程序代码实现相应的分支功能。其实可以在每个程序分支中使用数组函数修改指令，这也正是队列消息处理器强大功能的体现。通过"数组插入"函数可以向指令数组中的任意位置插入指令，通过"删除数组元素"函数可以删除指令数组任意位置的指令，也可以直接将新的指令数组连接到移位寄存器右侧端子，进而加载一组新的指令。

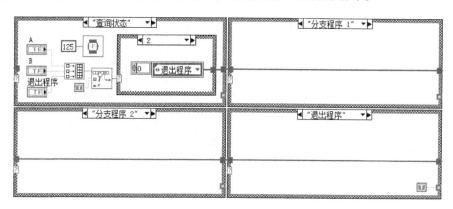

图 8-30　基于数组函数的队列消息处理器的分支程序

读者可以自己编程实现指令类型为字符串数组的队列消息处理器，因为消息元素是字符串类型，所以条件结构"分支选择器"的标签名称需要键盘录入，这样很容易录入错误字符，使条件结构"分支选择器"的输入与条件结构分支名称不符。当这种情况发生时，条件结构进入默认分支。这样就产生了不可预知的错误，这是采用字符串数组作为指令的主要缺点。

2. 基于队列标量的队列消息处理器

如图 8-31 所示，基于队列标量的队列消息处理器由 While 循环 + 条件结构 + 队列函数组成，消息指令为自定义枚举标量。在"查询状态"分支中，三个按钮（"A"、"B"、"退出程序"）的响应程序如图 8-29 所示。

如图 8-32 所示，在每个分支程序中添加程序代码实现分支功能，每个分支中都可以通过队列函数添加、修改或删除指令。

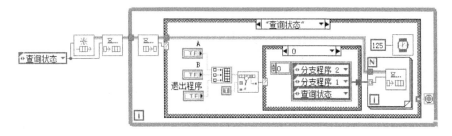

图 8-31　基于队列标量的队列消息处理器

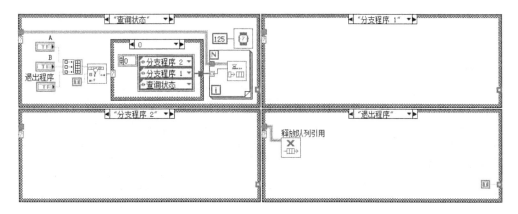

图 8-32　基于队列标量的队列消息处理器的分支程序

3. 基于队列数组的队列消息处理器

基于指令数组的队列消息处理器由双层循环结构＋条件结构＋队列函数组成，队列消息为自定义枚举数组，可以通过 For 循环或 While 循环＋数组函数解析指令数组。

1）For 循环解析指令　如图 8-33 所示，基于队列数组的队列消息处理器通过 For 循环索引＋条件结构解析指令。在"查询状态"分支中，三个按钮（"A"、"B"、"退出程序"）的响应程序如图 8-29 所示。

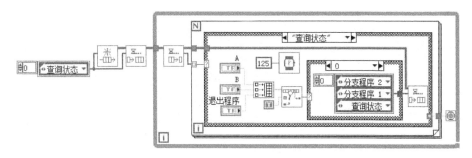

图 8-33　For 循环索引＋条件结构解析指令

如图 8-34 所示，在每个分支程序中添加程序代码实现分支功能。

2）While 循环＋数组函数解析指令　如图 8-35 所示，通过 While 循环＋移位寄存器＋"删除数组元素"函数的策略去解析指令数组中的指令。在"查询状态"分支中，三个按钮（"A"、"B"、"退出程序"）的响应程序如图 8-29 所示。

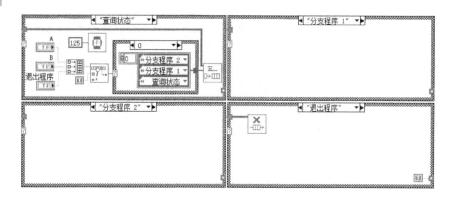

图 8-34　For 循环解析的分支程序（基于队列数组）

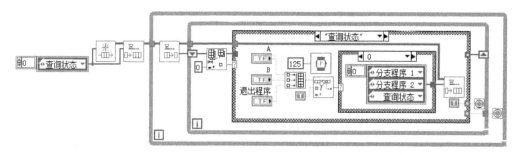

图 8-35　While 循环 + 移位寄存器 + 数组函数解析指令

　　如图 8-36 所示，在每个分支中可以通过数组函数修改移位寄存器中的指令。如果不需要修改指令，那么必须将移位寄存器的左右端子连接，以保持其中的指令。

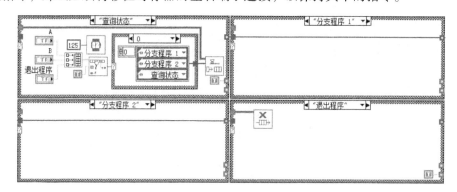

图 8-36　While 循环解析的分支程序（基于队列数组）

8.4.2　事件驱动的队列消息处理器

　　队列消息处理器的功能非常强大，几乎将单循环设计模式发挥到了极致，但由于采用查询工作模式，所以程序的执行效率不高。将查询模式的队列消息处理器改进为中断模式的队列消息处理器就是事件驱动的队列消息处理器。事件结构实际上就是一个中断结构，它是前面板用户事件的中断响应。

　　事件驱动的队列消息处理器是目前为止功能最强大的单循环设计模式，它将查询的工作机制改为事件中断的工作机制，使得队列消息处理器的工作效率大大提高，程序的执行效率为 100%。程序初始化之后进入"等待用户事件分支"，此时程序处于休眠状态，CPU 资源的占用率为零。当事件触发时，程序从休眠唤醒并跳转到相应的条件分支执行程序。按消息存储和传递机制的不同，可以分为基于数组函数的事件驱动队列消息处理器和基于队列函数的事件驱动队列消息处理器。

1. 基于数组函数

如图 8-37 所示，基于数组函数的事件驱动队列消息处理器由 While 循环 + 移位寄存器 + 数组函数 + 条件结构 + 事件结构组成。While 循环保证程序的持续运行，条件结构用于构建分支程序，事件结构用于构建中断工作模式。

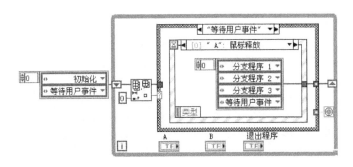

图 8-37 事件驱动的队列消息处理器（基于数组函数）

为队列消息处理器构建六个分支："初始化"、"等待用户事件"、"分支程序 1"、"分支程序 2"、"分支程序 3"、"退出程序"。"等待用户事件"分支用于响应前面板用户事件，相当于图 8-28 中的"查询状态"分支。在"等待用户事件"分支中创建一个事件结构，事件结构中有三个事件分支：按钮"A"的"鼠标释放"事件、按钮"B"的"鼠标释放"事件、按钮"退出程序"的"鼠标释放"事件。当用户单击前面板按钮时，事件结构监测到这一事件，进入相应的事件分支中加载指令，然后程序依次跳转到相应分支执行程序功能。执行完分支程序后，程序又跳转到"等待用户事件"分支进入休眠，等待下一次事件中断响应。VI 启动后，程序首先进入初始化分支完成初始化工作，然后停滞在"等待用户事件"分支中的事件结构处，进入休眠状态。

如图 8-38 所示，在三个按钮（"A"、"B"、"退出程序"）的事件响应分支中分别加载不同的程序指令，使队列消息处理器跳转到不同的程序分支。

图 8-38 事件驱动机制（基于数组函数）

如图 8-39 所示，可以在队列消息处理器的分支程序中添加程序代码，实现每个分支程序的功能。

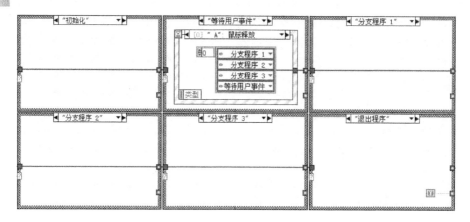

图 8-39 图 8-37 的分支程序

【例 8-4】试求分段函数 $f(x) = \begin{cases} \cos(x) & (x < 0) \\ \sin[\cos(\sin x)] & (x = 0) \\ \cos(\sin x) & (x = 1) \\ \cos[\sin(\cos x)] & (x = \text{其他}) \end{cases}$ 的值。

本例为队列消息处理器构建了六个分支："等待用户事件"、"加载 X"、"判断定义域"、"cos(x)"、"sin(x)"、"显示运算结果"。在"判断定义域"分支中，通过数组函数实现指令的修改。

（1）按图 8-40 所示构建程序界面。

（2）如图 8-41 所示，在"等待用户事件"分支中通过事件结构响应前面板按钮的动作，实现事件驱动的人机交互。

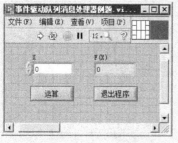

图 8-40 例 8-4 的程序界面

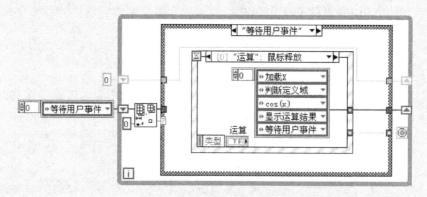

图 8-41 用户响应程序

（3）如图 8-42 所示，事件结构的分支程序："运算"按钮的"鼠标释放"事件、"退出程序"按钮的"值改变"事件，分别实现加载程序指令和程序退出的功能。

（4）如图 8-43 所示，构建队列消息处理器的六个分支程序。"判断定义域"分支是修改指令的分支，根据输入值定义域的不同重新修改运算指令。在"运算"按钮的"鼠

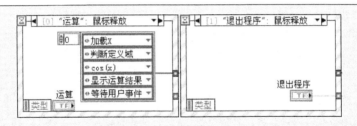

图 8-42　"等待用户事件"分支中的事件结构

标释放"事件分支中加载了默认 x < 0 时的 cos(x)运算，当 x 的定义域在不同的区间时，要修改运算指令。

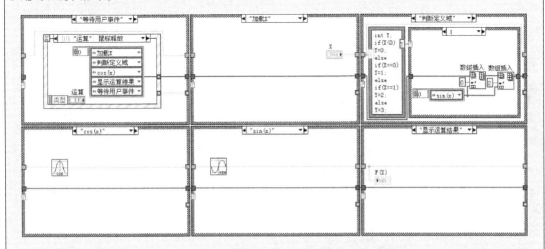

图 8-43　图 8-41 的分支程序

如图 8-44 所示，在"判断定义域"分支中通过数组函数重新修改不同定义域区间的运算指令。

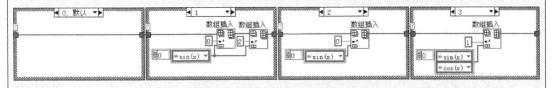

图 8-44　根据定义域修改运算指令

如图 8-45 所示，也可以用新指令覆盖移位寄存器中的旧指令，下一循环迭代时，队列消息处理器将使用新指令。

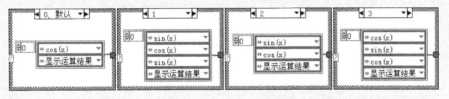

图 8-45　用新指令覆盖旧指令

2. 基于队列函数

如图 8-46 所示，基于队列函数的事件驱动队列消息处理器由 While 循环 + 队列函数 + 条件结构 + 事件结构组成。

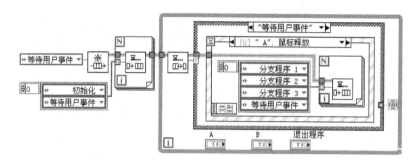

图 8-46　基于队列函数的事件驱动队列消息处理器

如图 8-47 所示，在等待用户事件分支中的事件结构中加载程序的跳转指令。

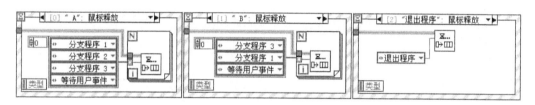

图 8-47　事件驱动机制（基于队列函数）

如图 8-48 所示，在基于队列函数的事件驱动队列消息处理器的分支中添加相应的程序代码，实现不同的功能。

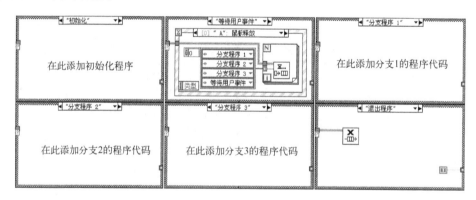

图 8-48　基于队列函数的事件驱动队列消息处理器分支程序

8.4.3　基于超时事件的队列消息处理器

通过超时事件可以构建基于超时事件的队列消息处理器，利用事件结构的超时端子控制超时分支的执行，达到启停队列消息处理器的目的。

1）基于状态机　如图 8-49 所示，基于超时事件的队列消息处理器架构在事件结构

上，超时事件分支中的核心代码是一个
For 循环状态机。通过指令数组使状态机
一次执行多个分支，实现队列消息处理器
的功能。

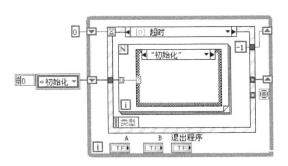

图 8-49　基于超时事件的队列
消息处理器（基于状态机）

　　如图 8-50 所示，事件结构的四个分支
分别实现以下功能：处理队列消息、加载
指令 A、加载指令 B、退出程序。在超时
事件分支中通过条件结构构建队列消息处
理器的分支程序，增加条件分支的数目可
以达到扩展程序的目的。

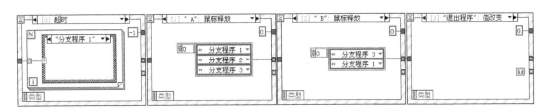

图 8-50　图 8-49 的事件分支

　　2）基于数组函数　如图 8-51 所示，如果要在队列消息处理器的分支中修改指令，可
以采用 While 循环 + 移位寄存器 + 数组函数的形式构建指令系统。

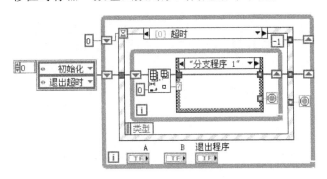

图 8-51　基于超时事件的队列消息处理器（基于数组函数）

　　如图 8-52 所示，由于使用了 While 循环，在队列消息处理器中要构建一个退出 While
循环的分支。

图 8-52　图 8-51 中队列消息处理器的分支程序

　　如图 8-53 所示，事件结构的四个分支程序分别实现以下功能：处理队列消息、加载指
令 A、加载指令 B、退出程序。

图 8-53 图 8-51 的事件分支

3）基于队列函数 如图 8-54 所示，使用队列函数作为指令系统使得程序更具优势，队列消息处理器在执行的过程中（多个分支之间连续切换时）可以进行事件结构的响应。

图 8-54 基于超时事件的队列消息处理器（基于队列函数）

如图 8-55 所示，事件结构的四个分支程序实现以下功能：构建基于超时事件的队列消息处理器、加载程序序列 A、加载程序序列 B、退出程序。

图 8-55 图 8-54 的事件分支

如图 8-56 所示，为队列消息处理器构建五个分支，在各分支中编写程序代码实现分支功能。由于需要在队列消息处理器分支切换的过程中响应事件，所以需要在某些分支程序中为事件结构的超时端子赋默认值"0"，这样可以在分支切换的过程中启用事件结构的超时响应机制。

图 8-56 图 8-54 中队列消息处理器的分支程序

当然也可以使用枚举数组作为队列函数的数据类型，这样需要在超时分支中通过 For 循环解析队列中的数组指令，具体的编程请读者自己完成。

【例 8-5】 使用基于超时事件的队列消息处理器实现例 8-4 中的多段函数。

如图 8-57 所示，本例使用基于超时事件的队列消息处理器实现例 8-4 中的分段函数。

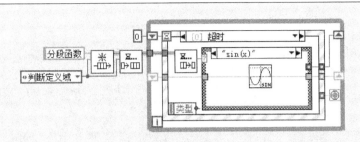

图 8-57　基于超时事件的队列消息处理器实现分段函数

如图 8-58 所示，为队列消息处理器构建四个分支程序，分别实现以下功能：根据 X 的定义域加载指令、实现算法 sin(x)、实现算法 cos(x)、显示运算结果。

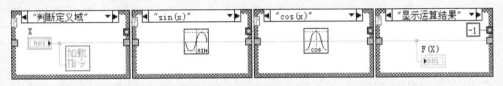

图 8-58　例 8-5 的分支程序

如图 8-59 所示，在子 VI "加载指令"中，根据 X 定义域加载运算指令。关于各指令分支中的指令，可以参考图 8-45。

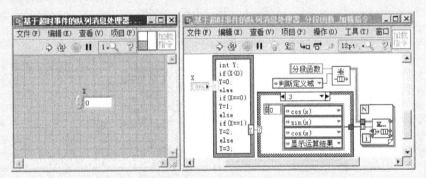

图 8-59　图 8-58 中子 VI "加载指令"的程序代码

如图 8-60 所示，构建三个事件分支，分别实现如下功能：构建超时事件的队列消息处理器、响应 X 的"值改变"事件、退出程序。

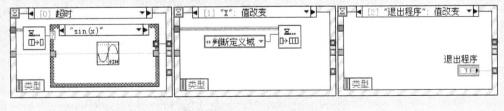

图 8-60　例 8-5 的事件分支

8.4.4　基于自定义事件的队列消息处理器

基于自定义事件的队列消息处理器以自定义事件为队列消息处理器的驱动机制，在自定义事件中处理队列消息。根据队列消息数据类型的不同又可以将基于自定义事件的队列消息处理器分为两类：以枚举标量为自定义事件数据的队列消息处理器和以枚举数组为自定义事件数据的队列消息处理器。

1. 队列消息为枚举标量

如图 8-61 所示，基于自定义事件的队列消息处理器借助事件结构实现人机交换，在自定义用户事件分支"队列消息"中构建队列消息处理器的分支程序，自定义事件的数据即是队列消息处理器的指令。图 8-61 所示程序中使用自定义枚举标量作为自定义事件的数据类型，传递队列消息处理器的指令，程序启动时通过"产生用户事件"函数产生一个自定义用户事件，用于初始化程序。

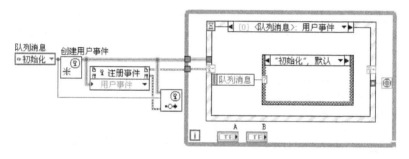

图 8-61　基于自定义事件的队列消息处理器（指令为枚举标量）

如图 8-62 所示，队列消息处理器一般包含一个初始化分支和若干个程序功能分支，增加程序分支的数目可以达到扩展程序的目的。

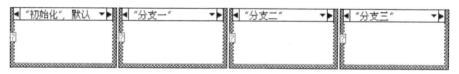

图 8-62　基于自定义事件的队列消息处理器的分支程序

如图 8-63 所示，当按钮"A"被按下时，产生三个自定义事件，程序依次跳转到自定义事件中条件结构的"分支一"、"分支二"、"分支三"，然后停滞在事件结构处等待下一次事件响应。

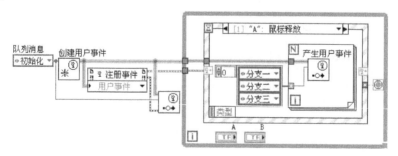

图 8-63　加载程序序列"A"的指令

如图 8-64 所示，当按钮"B"被按下时，产生两个自定义事件，程序依次跳转到自定义事件中条件结构的"分支三"、"分支一"，然后停滞在事件结构处等待下一次事件响应。

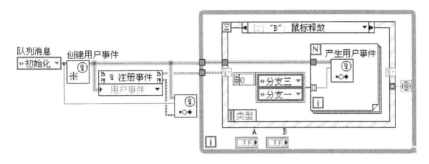

图 8-64　加载程序序列"B"的指令

如图 8-65 所示，退出程序时注销事件句柄并销毁用户事件。

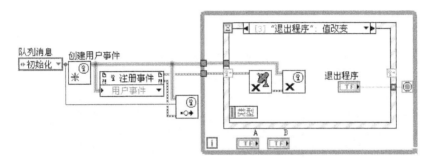

图 8-65　基于自定义事件的队列消息处理器的退出机制

2. 队列消息为枚举数组

如图 8-66 所示，自定义事件的数据类型为枚举数组时，使用 For 循环索引解析指令。

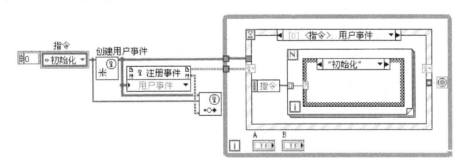

图 8-66　基于自定义事件的队列消息处理器（指令为枚举数组）

如图 8-67 所示，在按钮"A"、"B"的事件响应分支中分别加载不同的程序指令，使队列消息处理器跳转到不同的程序分支。

如图 8-68 所示，在自定义事件分支中，通过 While 循环 + 移位寄存器 + 数组函数实现对指令数组的修改。在"分支一"、"分支二"、"分支三"中可以通过"删除数组元素"函数、"添加数组元素"函数、"插入数组元素"函数分别实现删除指令、添加指令、插入指令的操作。

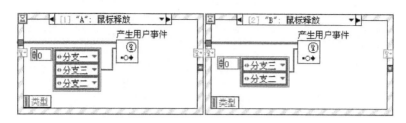

图 8-67 按钮 A、B 的响应程序

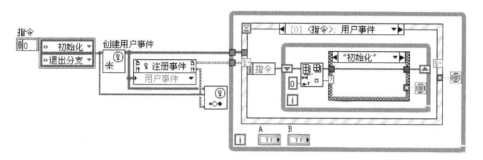

图 8-68 修改指令数组

如图 8-69 所示，在分支程序中构建一个"退出分支"，用于退出 While 循环。

图 8-69 每个分支程序中可以修改指令

如图 8-70 所示，在按钮"A"、"B"的响应程序中加入"退出分支"指令，执行完自定义用户事件分支中的分支程序后可以退出 While 循环，继续响应事件结构。

图 8-70 添加"退出分支"指令

【例 8-6】 编程用基于自定义事件的队列消息处理器实现例 8-4 中的多段函数。

方法 1： 如图 8-71 所示为使用自定义事件为驱动机制的队列消息处理器实现例 8-4 中多段函数的例子，自定义事件的数据类型（指令）为枚举标量。

（1）如图 8-72 所示，为程序构建三个事件分支，分别实现响应"运算"按钮的值改变、响应自定义事件、退出程序的功能。当"运算"按钮的值改变时，产生一个自定义事件并向自定义事件输入指令"判断定义域"，程序跳转到自定义事件中的"判断定义域"分支。在"判断定义域"分支中根据"X"的定义域区间加载运算指令。

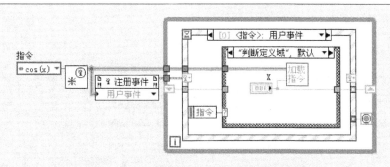

图 8-71 例 8-6 的程序架构（指令为枚举标量）

【注意】"运算"按钮的机械动作为"释放时触发"，必须将"运算"按钮置于事件分支内，否则按钮无法正常弹起。

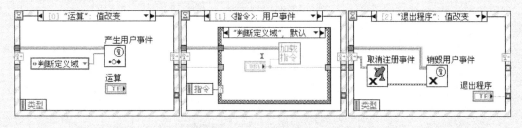

图 8-72 图 8-71 的事件响应程序

（2）如图 8-73 所示，在自定义事件分支中为队列消息处理器构建四个分支，分别实现"判断定义域"、"cos(x)"、"sin(x)"、"显示运算结果"的功能。

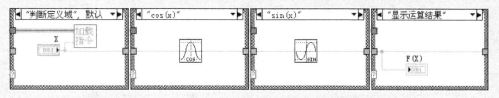

图 8-73 队列消息处理器的分支程序（枚举标量）

如图 8-74 所示，在子 VI "加载指令" 中产生自定义事件，并根据 X 的定义域加载不同指令到自定义事件中。

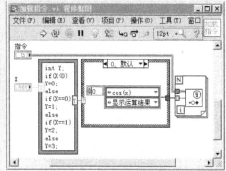

图 8-74 图 8-73 中子 VI "加载指令" 的前面板和程序框图

（3）如图 8-75 所示，在条件分支中根据 "X" 不同定义域加载不同的程序指令。

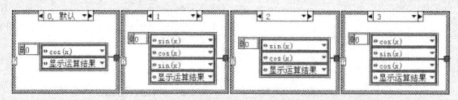

图 8-75　图 8-74 中的指令分支

方法 2：如图 8-76 所示为使用自定义事件为驱动机制的队列消息处理器实现例 8-4 中多段函数的例子，自定义事件的数据类型（指令）为枚举数组。

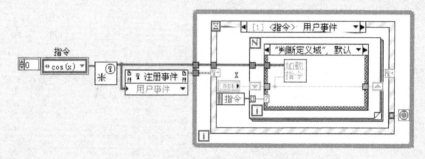

图 8-76　例 8-6 的程序架构（枚举数组 + For 循环）

如图 8-77 所示，为程序构建三个事件分支，分别实现响应 "运算" 按钮的值改变、响应自定义事件、退出程序的功能。

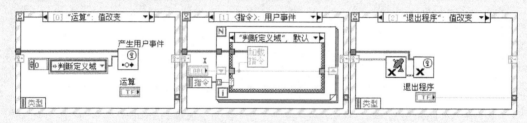

图 8-77　图 8-76 的事件响应程序

如图 8-78 所示，在自定义事件分支中为队列消息处理器构建四个分支，分别实现 "判断定义域"、"cos(x)"、"sin(x)"、"显示运算结果" 的功能。

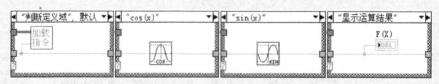

图 8-78　队列消息处理器的分支程序（枚举数组 + For 循环）

如图 8-79 所示，在子 VI "加载指令" 中产生自定义事件，并根据 "X" 的定义域加载不同指令到自定义事件中。

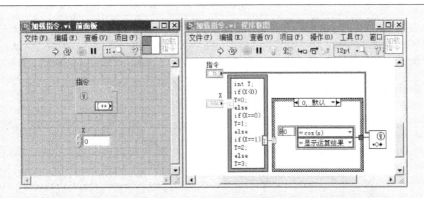

图 8-79　图 8-78 中子 VI "加载指令" 的前面板和程序框图

如图 8-80 所示，在条件分支中根据 "X" 不同定义域加载不同的程序指令。

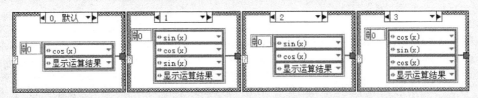

图 8-80　图 8-79 中的指令分支

使用 While 循环 + 移位寄存器 + 数组函数构建队列消息处理器，可以在队列消息处理器的每个分支中修改指令。

如图 8-81 所示，通过在 "判断定义域" 分支中修改指令数组，实现多段函数的运算。

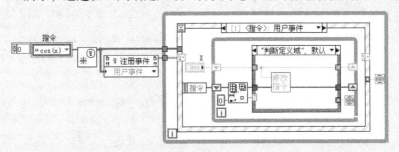

图 8-81　例 8-6 的程序架构（枚举数组 + While 循环 + 数组函数）

如图 8-82 所示，为程序构建三个事件分支，分别实现加载 X < 0 时的默认程序指令、构建队列消息处理器、退出程序的功能。

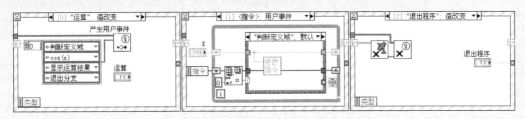

图 8-82　图 8-81 的事件响应程序

在"运算"按钮的"值改变"事件分支中，加载默认 X < 0 时的程序运行指令。

在自定义用户事件分支"指令"中，构建一个 While 循环的队列消息处理器。为队列消息处理器构建五个分支，如图 8-83 所示，分别实现：根据函数定义域重新修改程序运行指令、进行 cos(x) 运算、进行 sin(x) 运算、显示运算结果、退出队列消息处理器的功能。

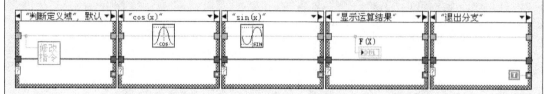

图 8-83　队列消息处理器的分支程序（指令为枚举数组）

如图 8-84 所示，在子 VI "修改指令"中，根据"X"的定义域重新修改默认（X < 0）程序指令。

 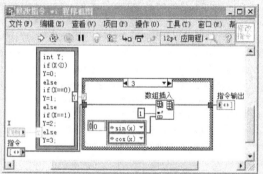

图 8-84　图 8-83 中子 VI "修改指令"的前面板和程序框图

如图 8-85 所示，在条件分支中使用数组函数修改程序指令。

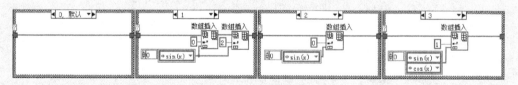

图 8-85　图 8-84 的指令分支

8.4.5　基于回调机制的队列消息处理器

如图 8-86 所示，基于回调机制的队列消息处理器在回调 VI 中实现事件响应机制，在主循环中构建队列消息处理器。

如图 8-87 所示，主循环中构建队列消息处理器的分支程序，增加分支的数目可以达到扩展程序的目的。

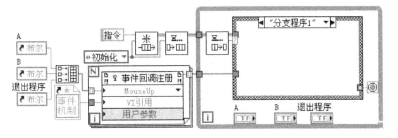

图 8-86　基于回调机制的队列消息处理器

图 8-87　基于回调机制的队列消息处理器的分支程序

如图 8-88 所示，在回调 VI 中通过队列函数加载程序运行的指令。

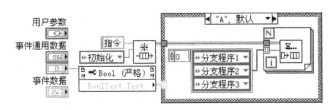

图 8-88　回调 VI 中加载队列消息

【例 8-7】用基于回调机制的队列消息处理器实现例 8-4 中的分段函数。

如图 8-89 所示，本例程序架构在由 While 循环构建的队列消息处理器上，使用回调机制实现事件响应机制。

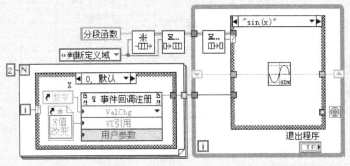

图 8-89　基于回调机制的队列消息处理器实现分段函数

如图 8-90 所示，当控件 "X" 的 "值改变" 时，调用回调 VI "X 值改变"。在回调 VI 中通过队列函数加载指令 "判断定义域"，使队列消息处理器跳转到分支程序 "判断定义域"。当鼠标在 "退出程序" 按钮上释放时，调用回调 VI "X 值改变" 并在该回调 VI 中加载指令 "退出程序"。

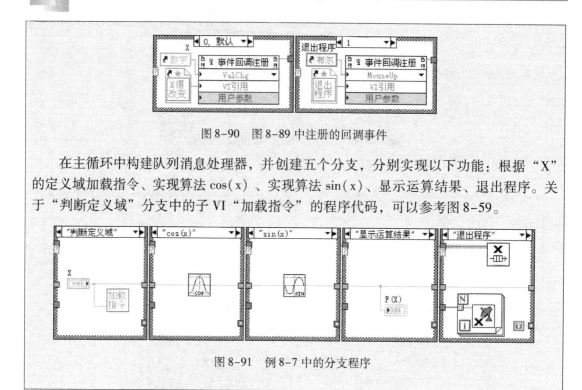

图 8-90   图 8-89 中注册的回调事件

在主循环中构建队列消息处理器，并创建五个分支，分别实现以下功能：根据"X"的定义域加载指令、实现算法 cos(x)、实现算法 sin(x)、显示运算结果、退出程序。关于"判断定义域"分支中的子 VI"加载指令"的程序代码，可以参考图 8-59。

图 8-91   例 8-7 中的分支程序

8.4.6   多重嵌套的队列消息处理器

在实际的编程应用中经常遇到复杂的任务分类，为了提高程序的阅读性就得对任务分类处理，利用多重嵌套的设计模式可以有效地分类管理程序任务。

如图 8-92 所示，多层嵌套的队列消息处理器由 2 层循环结构 + 2 层条件分支组成。用内层的循环结构 + 条件结构组成一个内层的队列消息处理器，实现程序分支的细分。

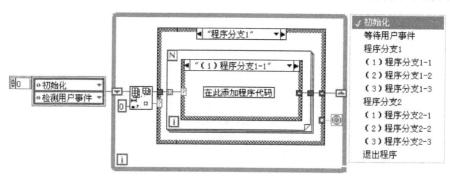

图 8-92   多层嵌套的队列消息处理器

为外层的队列消息处理器构建五个程序分支："初始化"、"等待用户事件"、"程序分支1"、"程序分支2"、"退出程序"。将"程序分支1"细分为三个分支："程序分支1-1"、"程序分支1-2"、"程序分支1-3"，将"程序分支2"细分为三个分支："程序分支2-1"、"程序分支2-2"、"程序分支2-3"。

如图 8-93 所示，为多层嵌套的队列消息处理器构建五个外层的程序分支，其功能分别是：初始化程序、响应用户事件（加载指令）、运行分支程序 1、运行分支程序 2、退出程序。

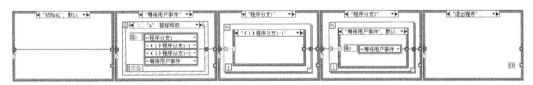

图 8-93　多层嵌套设计模式外层的程序分支

如图 8-94 所示，在等待用户事件分支的事件结构中加载程序的跳转指令。

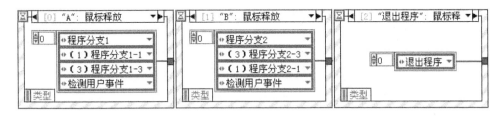

图 8-94　事件响应机制（多层嵌套设计模式）

如图 8-95 所示是"程序分支 1"中嵌套的队列消息处理器。在默认的"等待用户事件"分支中加载指令"等待用户事件"是为了让程序跳转到外层队列消息处理器的"等待用户事件"分支。"程序分支 2"中嵌套的队列消息处理器与"程序分支 1"类似，读者可以自己完成程序编写。

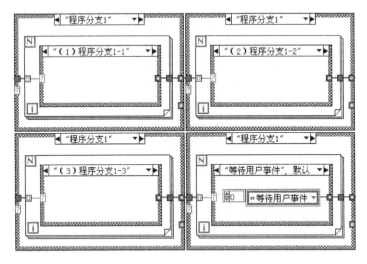

图 8-95　"程序分支 1"中嵌套的队列消息处理器

图 8-92 所示的多次嵌套的队列消息处理器无法在嵌套的队列消息处理器中实现指令的修改，通过数组函数和移位寄存器可以实现在第二层程序分支中指令的修改。这里再次用到了数组函数和循环结构以及移位寄存器的组合，可见这些编程元素的重要性。它们是构建 LabVIEW 程序的基础，读者应熟练掌握这些内容。将图 8-92 所示程序修改为图 8-96 所示程序，可以实现在嵌套的队列消息处理器中修改指令。

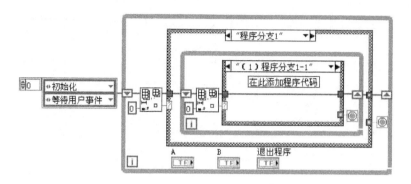

图 8-96　在第 2 层程序分支中修改指令

多层嵌套的队列消息处理器的指令传递机制也可以改为队列函数，读者可以自己完成这些应用。

"多层嵌套的设计模式"可以保证清晰的程序层次，增加程序代码的条理性，使编写的程序更加规范。不过，"多层嵌套的设计模式"使得程序过于复杂，维护比较困难，所以在应用中应视具体情况而决定是否使用。

8.5　顶层程序设计模式

事件驱动的队列消息处理器已经是非常强大的单循环设计模式了，可以满足大多数的 LabVIEW 程序设计需要，但由于单循环的局限性，队列消息处理器的所有程序分支在一个 While 循环中顺序执行。如果执行一串较长的指令或某个分支程序中有计算强度较大的模块，那么要花费很长的时间才能执行到其他程序分支，在此期间程序的任何操作都得不到响应。作为顶层的程序框架，其功能是实现人机交互与其他功能模块的调度。在很多情况下，要求人机交互和其他的任务可以同时进行。事件驱动的队列消息处理器的单循环和顺序执行的特点使得人机交互和其他任务同时执行是比较困难的。

大型测试程序的开发中，程序的规模比较大，需要一个更为高效的设计模式作为顶层程序的框架。在 LabVIEW 程序设计中，一般采用多线程的设计模式作为顶层的程序框架。主线程一般采用"事件驱动的队列消息处理器"，用于实现人机交互，辅助线程用于实现程序的多个任务，在必要的时候可以增加辅助线程的数目达到扩展程序的目的。在多线程设计模式中，使用队列函数作为指令的存储和传递机制，通过"元素入队列"函数和"元素出队列"函数加载和输出指令。由于队列函数适用于多线程，所以消息指令可以在多个线程间传递，进而主线程可以通过消息指令控制其他线程的运行。

1.　基于数组消息指令

如图 8-97 所示，将程序划分为三个线程：主线程、"任务 1"线程、"任务 2"线程。三个线程可以同时独立地工作，主线程用于响应用户事件，任务 1 线程和任务 2 线程完成指定分支线程任务。当程序需要扩展任务时，可以再添加任务 3、任务 4、任务 5 等新任务。

程序启动时，主线程先进行程序初始化工作，然后进入"等待用户事件"分支并进入休眠状态。辅助线程进入 While 循环的"元素出队列"函数处停滞，等待线程指令。当按钮

"A"或按钮"B"动作时，在主线程"等待用户事件"分支中为辅助线程加载指令，进而推动辅助线程运行。在一个任务线程中还可以将该任务再细分为若干分支，如"任务 1 – 1"、"任务 1 – 2"、"任务 1 – 3"等。通过增加条件结构的分支数目可以达到扩展任务线程子分支的目的，如可以再添加"任务 1 – 4"、"任务 1 – 5"、"任务 1 – 6"等。

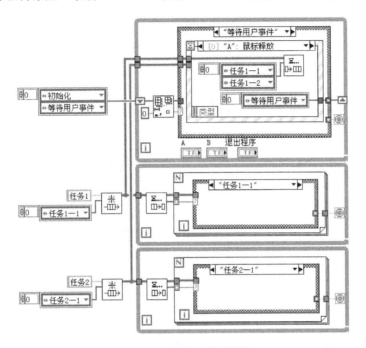

图 8-97　多线程设计模式

如图 8-98 所示，在主线程的事件结构中响应用户事件（加载指令）。

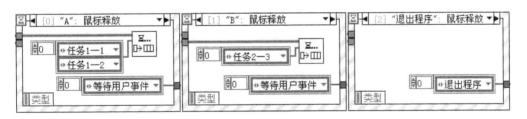

图 8-98　在事件结构中加载指令

如图 8-99 所示，多线程设计模式的退出机制包括主线程的退出和辅助线程的退出，所有线程（循环）都退出时，才能保证多线程程序正确退出。

2. 基于标量消息指令

如图 8-100 所示，采用标量作为消息指令时，可以直接从"元素出队列"函数获取指令并连接到条件结构的分支选择器进而构建任务分支，这省去了辅助线程中第二层循环结构。但是写入多条指令时，要使用 For 循环的索引功能，这增加了程序代码的复杂性。在一般的编程应用中，将写入多条指令的 For 循环机制模块化为子 VI，是一种不错的解决方案。

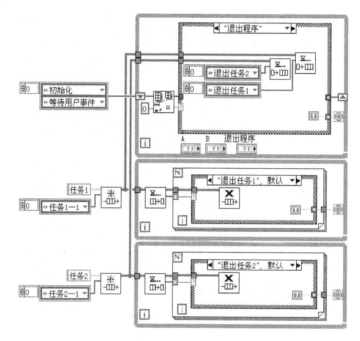

图 8-99　多线程设计模式的退出机制

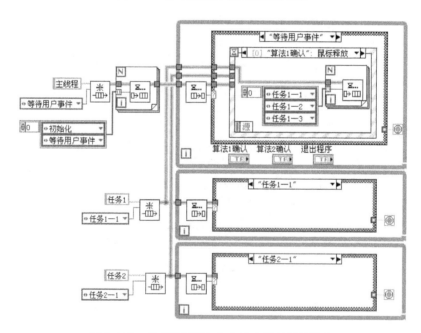

图 8-100　基于标量消息指令的多线程设计模式

如图 8-101 所示，在退出机制中要保证所有线程正确退出，且要注销队列函数。

实际上，并不只是在主线程的事件结构中可以加载指令，通过队列函数可以在任何一个线程中加载指令控制其他线程的运行。在辅助线程中也可以为主线程加载指令，进而控制主线程运行。

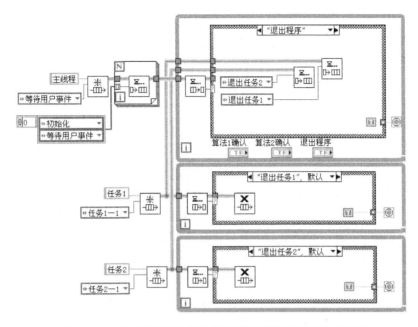

图 8-101　基于标量消息指令的多线程设计模式的退出机制

8.6　多线程的模块化

作为顶层程序的 VI，一般都是框架级的程序架构。顶层程序所要做的主要工作是保证整个程序数据的流畅运行以及各个模块间的协调工作。在一般的编程应用中，如果顶层 VI 中线程较多，可以考虑将辅助线程模块化为子 VI 的形式。

如图 8-102 所示，将图 8-99 中的辅助线程模块化为子 VI，可以简化程序框图，增加程序框图的可读性。当编辑好多线程的程序后，可以选中整个辅助线程的循环结构，然后选择 VI 菜单项"编辑—创建子 VI"，LabVIEW 自动将选中的线程模块化为子 VI。

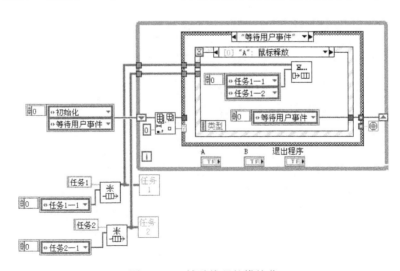

图 8-102　辅助线程的模块化

　　将辅助线程模块化为子 VI 后，辅助线程与主线程就变成了 VI 之间的关系。模块化后指令系统不受影响，通过队列传递指令的机制还是有效的。局部变量是无法在 VI 之间传递数据的，如果在辅助线程中使用了局部变量，要将局部变量替换为全局变量。在实际的编程应用中，多线程的全局数据一般保存在 LV2 型全局变量的移位寄存器中，这样可以在不同线程、不同 VI 之间进行读/写操作。

8.7　LabVIEW 程序的构建策略

　　在 LabVIEW 程序设计中，顶层 VI 调用的是各个模块，而不是调用的底层代码。顶层 VI 需要一个正确的程序框架，在该程序框架内保证程序数据的流畅运行以及各个模块间的协调工作。

　　编写一个集数据采集、数据显示、数据保存、数据加载功能为一体的程序，要求各项任务可以同时独立运行。

　　1）任务的划分　对于一个比较复杂的程序，在编程之前需要规划任务。数据采集和显示是要同时进行的，一般不将这样的任务开辟在主线程，而是单独开辟线程执行这样的任务。数据采集是程序中最重要的部分，应该保证独立的线程和最高的优先级。波形显示线程可以使用较慢的线程循环速度，太快的线程循环速度人眼分辨不了，或者说视觉效果都差不多，只是在浪费 CPU 的时间片和计算机资源，只要有流畅的波形显示就可以了。在负责人机交互的主线程中，响应界面操作，如菜单及工具栏的响应、对话框的调用、数据的存盘等。主线程一般采用事件驱动的队列消息处理器，这是单循环中功能非常强大的设计模式。

　　如图 8-103 所示，将整个程序划分为三个线程：主线程、"任务 1"线程、"任务 2"线程。主线程用于人机交互，"任务 1"线程用于数据采集，"任务 2"线程用于波形显示。

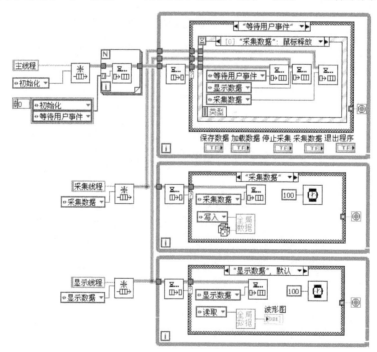

图 8-103　多线程设计模式

2）全局数据规划 多线程的数据传递机制在前面的章节中已经详细讲解过，如果对数据有严格性要求，多采用队列函数在多线程中传递数据。一般的采集程序对数据没有严格的要求，只要采集的数据可以流畅显示，能完成数据分析的需要就可以了。在多线程的 LabVIEW 程序设计中，一般采用 LV2 型全局变量存储多线程的全局数据。LV2 型全局变量具有多线程的特性，可以在同一个 VI 的多个线程或不同 VI 之间传递数据。

3）构建程序界面 如图 8-104 所示构建程序的界面，其中的波形图控件用于实时显示采集的数据，按钮用于实现人机交互。

4）主线程 如图 8-105 所示，主线程用于实现人机交互，包含六个分支程序："初始化"、"等待用户事件"、"保存数据"、"加载数据"、"清零数据"、"退出程序"，分别实现程序的初始化、响应前面板事件、保存数据、加载计算机硬盘文件、清空波形图、退出程序的功能。

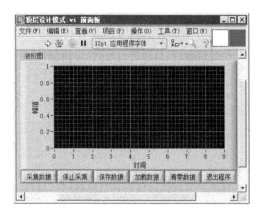

图 8-104 人机交互的程序界面

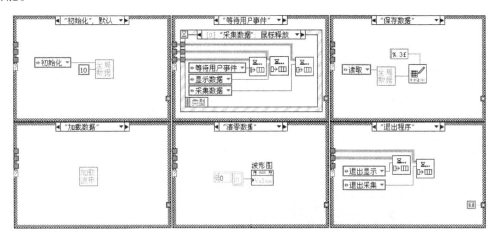

图 8-105 主线程中的分支程序

（1）初始化分支：在初始化分支中为全局数据存储机制的 LV2 型全局变量进行初始化，在 LV2 型全局变量中只保存 10 个最新的数据，数据的存储形式为先入先出的堆栈式存储模式。如图 8-106 所示，在 LV2 型全局变量中有四个功能分支，分别实现移位寄存器的初始化、数据写入、数据读取、数据清零的功能。

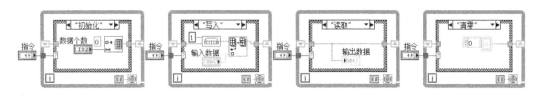

图 8-106 多线程全局数据存储机制

（2）等待用户事件："等待用户事件"分支中实现人机交换，该分支中的事件结构是整个程序运行的推动力。如图 8-107 所示，在事件结构的分支中响应前面板按钮的动作并加载相应的指令。

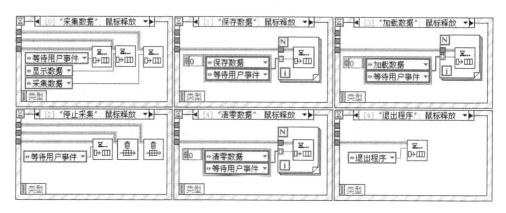

图 8-107　人机交互机制

（3）保存数据：在该分支中通过"写入电子表格文件"函数将 LV2 中实时保存的 10 个数据写入文件并保存在计算机磁盘中，"写入电子表格文件"函数支持记事本（.txt）和 Excel（.xls）两种格式文件的写入。

（4）加载数据：该分支的功能是调用一个模态对话框"加载波形"，实现磁盘文件的读取和波形的加载功能。由于程序采用多线程的设计模式，所以在采集数据的同时可以调出对话框加载计算机硬盘文件。

如图 8-108 所示，子 VI"加载波形"中是一个事件机的设计模式。通过"读取电子表格文件"函数加载计算机硬盘上的文件。对话框的退出机制是右上角的关闭按钮，窗口的关闭按钮通过"前面板关闭"事件响应。

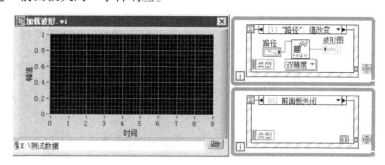

图 8-108　数据加载对话框及其编程

（5）清零数据：该分支的功能是通过波形图控件的"值"属性节点清零波形图中的波形。

（6）退出程序：如图 8-109 所示，在"退出程序"分支中为辅助线程加载退出指令，使主线程和辅助线程都可以正确退出。

5）辅助线程

（1）采集线程：如图 8-110 所示，采集线程有两个程序分支："采集数据"和"退出采

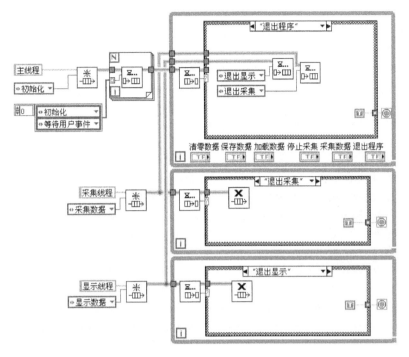

图 8-109　退出机制

集"。在"采集数据"分支中通过向队列中添加指令"采集数据",维持采集线程的运行,通过"等待"函数控制采集线程的运行速度。在"退出采集"分支中注销队列函数并退出循环。

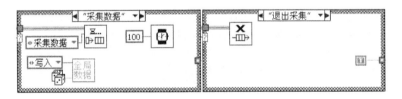

图 8-110　采集线程中的分支程序

（2）显示线程：如图 8-111 所示,显示线程有两个程序分支："显示数据"和"退出显示"。在"显示数据"分支中,通过向队列中添加指令"显示数据"维持显示线程的运行；在"退出显示"分支中注销队列并退出循环。

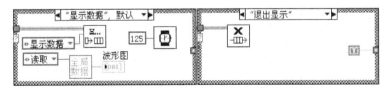

图 8-111　显示线程中的分支程序

8.8 连续循环时的事件响应

在 LabVIEW 的编程应用中存在这样的事实：在连续执行循环迭代的同时响应事件，这就是"连续循环时的事件响应问题"。这类问题在 LabVIEW 程序设计中比较常见，本书提

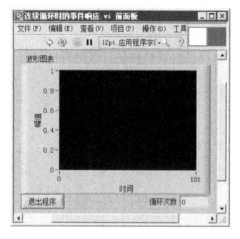

图 8-112　波形显示界面

供了五种解决方案，下面通过一个具体程序介绍。程序要实现的功能是：当鼠标不在波形图表控件内时，程序进行连续的数据采集；当鼠标进入波形图表时，程序停止数据采集。如图 8-112 所示，程序界面中包含一个波形图表控件和退出按钮，分别用于显示采集的数据波形和退出程序。

1. 超时事件

事件结构本身就是一个中断响应机制，超时事件分支可以作为一个连续的采集分支，如果有其他的中断响应（用户事件）操作，则可以在超时的等待时间内得到响应。

如图 8-113 所示，为程序构建四个事件分支。程序一启动，先在 While 循环外部向移位寄存器中初始化数据"20"作为超时时间。这样，在程序启动时就启用了事件结构的超时分支，并设置了超时等待时间 20ms。如果 20ms 的超时等待时间内没有事件发生，则事件结构进入超时分支执行程序。也就是说，在没有其他事件发生时，超时事件分支每 20ms 执行一次。

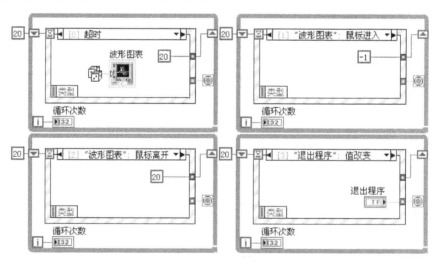

图 8-113　超时分支实现连续循环时的事件响应

1）超时分支　在该事件分支中，通过随机数函数向波形图表控件中输入数据，模拟连续运行的数据采集程序。在该分支中通过移位寄存器向超时端输入"20"，其目的是保证下一次循环时超时事件分支是可用的，并且设置超时时间为 20ms。

2）波形图表控件的"鼠标进入"事件分支　在该事件分支中，通过移位寄存器向超时

端输入"–1"（永不超时），关闭超时分支。下一次循环时超时分支被关闭，事件结构进入休眠的等待状态，连续的数据采集就停止了。这里值得注意的是，如果超时时间设置为"0"，则表示超时事件分支全速执行，相当于一个没有延时的 While 循环。

3）波形图表控件的"鼠标离开"事件分支　在该事件分支中，通过移位寄存器向超时端输入"20"，再次启动超时事件分支并设置超时等待时间为 20ms。超时事件分支每 20ms 循环一次，再次实现连续的数据采集。

2. 自定义用户事件

如果将超时事件分支用自定义用户事件分支代替，则可以实现相同的程序功能。如图 8-114 所示，注册并创建一个用户自定义事件分支"连续采集"。为保证自定义用户事件分支自身的持续运行，每运行一次自定义事件分支，就要调用"产生用户事件"函数产生一个自定义事件。程序一启动，在 While 循环外产生一个自定义用户事件，使程序启动后就能进入自定义事件分支"连续采集"。为了不让自定义事件分支过度占用计算机的 CPU 资源，在自定义事件分支中加入了 10ms 的延时。

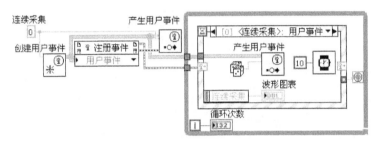

图 8-114　自定义事件实现连续循环时的事件响应

如图 8-115 所示，当鼠标进入波形图表控件时，通过"非法引用句柄常量"将自定义的"连续采集"事件注销，连续的数据采集就停止了。

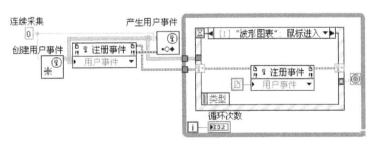

图 8-115　注销"连续采集"事件

如图 8-116 所示，当鼠标离开波形图表控件时，重新注册并产生一个自定义的"连续采集"事件，再次实现连续的数据采集。

如图 8-117 所示为在程序的退出机制中注销自定义事件的引用句柄。

3. 回调函数

回调函数的思路是将事件响应的机制置于另一个线程，与连续采集的线程分开。连续的数据采集和事件的响应运行在两个独立的线程，相互独立互不影响。回调函数与主程序之间

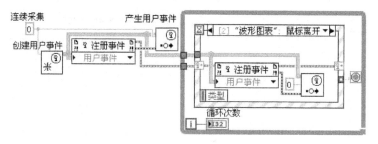

图 8-116 注册"连续采集"事件

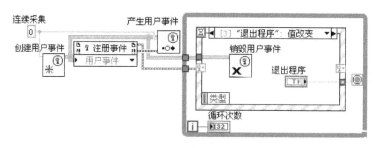

图 8-117 注销自定义事件

指令和数据的交互要用到多线程的通信手段，回调 VI 的连线板无法与外界进行连线式的输入输出交互，只能采用无连线的多线程通信手段。队列函数、全局变量、LV2 型全局变量、通知器等都是可行的，一般可以满足回调 VI 与主 VI 的多线程通信。

如图 8-118 所示，在 While 循环外部注册两个回调函数"鼠标进入"和"程序退出"，分别实现鼠标进入波形图表控件时的响应和程序的退出机制。这样，将需要连续循环时响应的事件在回调 VI 中实现，就解决了单线程连续采集与事件响应的矛盾。VI 启动后，先在 While 循环外部为队列消息处理器加载指令，连续采集，进入 While 循环后程序跳转到"连续采集"分支。在"连续采集"分支中，通过"元素入队列"函数向队列中加入指令"连续采集"，维持"连续采集"分支的持续运行，实现连续的数据采集任务。

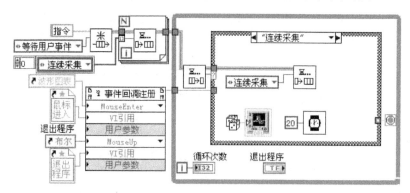

图 8-118 在其他线程（回调 VI）响应事件

如图 8-119 所示，主线程中有三个分支："等待用户事件"、"连续采集"、"退出程序"，实现的功能分别是：响应"鼠标离开波形图表控件"这一事件、连续采集数据、退出程序。

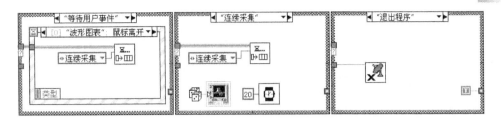

图 8-119　图 8-118 的分支程序

当鼠标进入波形图表控件时，波形图表控件的回调事件"MouseEnter"被触发，Lab-VIEW 调用该回调事件的回调 VI"鼠标进入"。如图 8-120 所示，在回调 VI"鼠标进入"中，首先通过"清空队列"函数将队列中的指令删除，再向队列中加载"等待用户事件"指令。主线程将从"连续采集"分支中退出，进入"等待用户事件"分支，连续的数据采集就停止了。

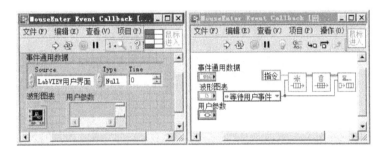

图 8-120　回调 VI"鼠标进入"

如图 8-121 所示，当鼠标离开波形图表控件时，波形图表的"鼠标离开"事件被触发，在该事件分支中加载指令"连续采集"。主线程中的队列消息处理器进入"连续采集"程序分支，再次实现连续的数据采集。

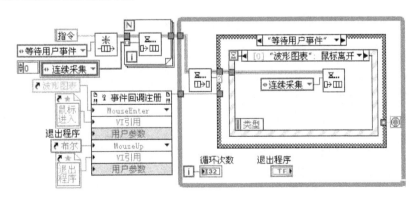

图 8-121　鼠标离开波形图表控件时加载"连续采集"指令

当"退出程序"按钮动作时，"退出程序"按钮的回调事件"MouseUp"被触发，Lab-VIEW 调用并执行回调 VI"退出程序"。如图 8-122 所示，首先通过"清空队列"函数先将队列中的指令全部清空，然后通过"元素入队列"函数向队列中添加新的指令"退出程

图 8-122　回调 VI "退出程序"

序"。在新指令"退出程序"的推动下，主线程中的队列消息处理器进入"退出程序"分支执行程序的退出功能。

实际上，也可以将整个事件交互机制用回调机制实现。如图 8-123 所示，用回调事件替代事件结构，这是一个基于回调机制的状态机。由于要注册多个回调事件，所以使用 For 循环在重叠的条件结构中依次注册多个事件。这样不仅可以使程序框图变得更紧凑，而且便于回调事件的扩展。

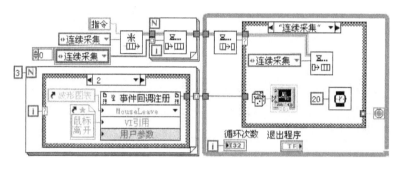

图 8-123　用回调事件实现事件交互

如图 8-124 所示，在 For 循环中依次注册三个回调事件："退出程序"按钮的"鼠标释放"事件、波形图表的"鼠标进入"事件、波形图表的"鼠标离开"事件。

图 8-124　注册回调事件

如图 8-125 所示，在主程序的状态机中构建两个分支，分别实现连续循环采集和程序退出机制功能。

4. 多线程

对于连续采集时的事件响应问题，最容易想到的思路是多线程。如图 8-126 所示，将连续的数据采集环节与事件响应分开在不

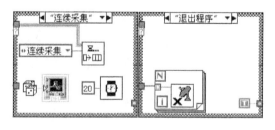

图 8-125　状态机的分支程序

同的线程中，这类似于回调函数的解决方案。在事件结构中创建三个事件分支：波形图表的"鼠标进入"事件、波形图表的"鼠标离开"事件、退出程序按钮的"值改变"事件，在三个事件分支中分别加载不同的指令控制另一线程中的数据采集行为。

程序一启动，在 While 循环外通过"元素入队列"函数向采集线程加载"采集数据"指令，采集线程进入"采集数据"分支执行程序。每次执行"采集数据"分支都通过

"元素入队列"函数向采集线程加载"采集数据"指令，维持"采集数据"线程的持续运行。

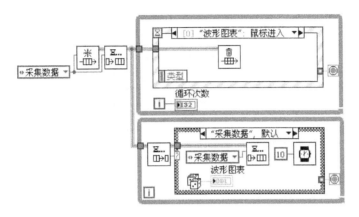

图 8-126　停止数据采集任务

当鼠标进入波形图表控件时，触发波形图表的"鼠标进入"事件。在波形图表的"鼠标进入"事件分支中，通过"清空队列"函数将队列中的指令全部清除，连续的数据采集就停止了。

如图 8-127 所示，当鼠标离开波形图表控件时，触发波形图表的"鼠标离开"事件。在波形图表的"鼠标离开"事件分支中，通过"元素入队列"函数向队列中加载指令"采集数据"，再次实现连续的数据采集。

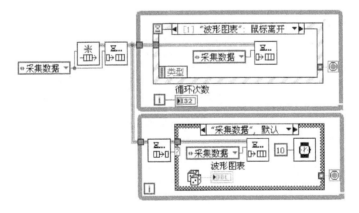

图 8-127　重启数据采集任务

5. 调用后台程序

LabVIEW 的 VI 服务器具有强大的功能，通过 VI 服务器及其属性节点和方法可以实现不同 VI 之间的相互控制。对于"连续循环时的事件响应问题"而言，可以考虑将连续运行的部分置于另一个 VI 中。将这个 VI 作为子 VI 并让其在后台执行，主 VI 响应用户的操作。

如图 8-128 所示，主程序采用事件驱动的队列消息处理器，在初始化程序分支中将数据采集的后台 VI 载入内存。要为"Wait Unit Done"输入端赋值"假"，否则程序将停滞在初始化程序分支中。

在"初始化"程序分支中，通过"打开 VI 引用"函数和 VI 类的方法"运行 VI"将后

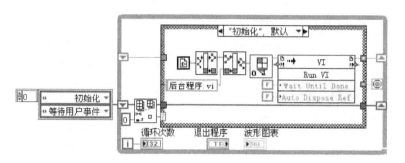

图 8-128　载入后台 VI

台程序加载内存。使用"当前 VI 路径"函数（"VI 程序框图—函数选板—编程—文件
I/O—文件常量—当前 VI 路径"）和"拆分路径"函数（"VI 程序框图—函数选板—编程—
文件 I/O—拆分路径"）获取当前 VI 所在的文件夹路径，再通过"创建路径"函数（"VI 程
序框图—函数选板—编程—文件 I/O—创建路径"）重新构建后台程序所在的磁盘路径
（"后台 VI 与主 VI 在同一个文件夹中"）。

　　如图 8-129 所示，后台 VI 通过 VI 服务器和属性节点，将"随机数"函数的输出值传
递到主 VI 的波形图表中。由于主程序中有多个控件，通过波形图表的类 ID(23)识别波形图
表控件。这里值得注意的是，While 循环的条件输入端子输入"假"，表示无限循环。这里
的编程并没有错误，如果单独运行该后台 VI，这个 VI 没有停止机制。但是该后台 VI 是被
主 VI 调用的，在主 VI 中通过 VI 类的方法"Abort VI"可以将后台 VI 停止。

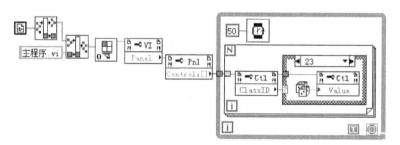

图 8-129　实现连续采集功能的后台 VI

　　如图 8-130 所示，当鼠标进入波形图表时，通过 VI 类的方法"Abort VI"停止后台程
序的运行，连续的数据采集就停止了。

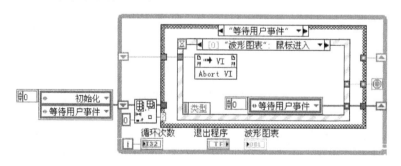

图 8-130　停止后台 VI

如图 8-131 所示，当鼠标离开波形图表控件时，重新通过初始化分支启动后台 VI。

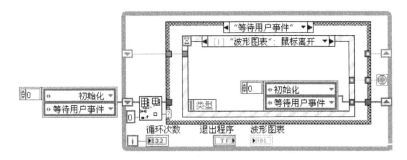

图 8-131　重新启动后台 VI

如图 8-132 所示，在主 VI 的退出机制中先将后台 VI 关闭，再将主 VI 退出循环。

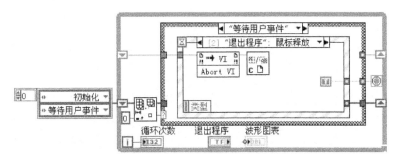

图 8-132　关闭后台 VI 并退出主程序

第**9**章 动态调用技术

动态调用技术是 LabVIEW 编程设计中重要的编程技巧，通过动态调用技术可以实现动态控制 VI、构建动态事件、注销动态事件、构建回调机制，甚至可以通过动态技术在多个线程之间传递事件。

动态调用是基于对象的引用实现的，LabVIEW 中的控件、VI 的前面板、VI 本身都具有引用，通过这些引用可以将程序的功能作用到这些对象上。

9.1 VI 服务器与引用

LabVIEW 中的 VI 服务器是用于实现动态控制 VI（包括 VI 中的控件、函数、子 VI 等）的一整套机制。通过 LabVIEW 的 VI 服务器可以实现 VI 的动态调用、远程 VI 的调用、读/写其他 VI 中控件的属性等高级功能。

LabVIEW 中的动态调用是基于"引用（参考）"实现的，引用是对象的类指针。Lab-VIEW 引用句柄的种类很多，如 VI 引用、控件引用、菜单引用等。通过"VI 前面板—控件选板—新式—引用句柄"，可以获取 LabVIEW 中的引用句柄控件，如图 9-1 所示。

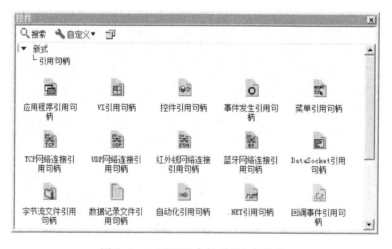

图 9-1 LabVIEW 中的引用句柄控件

在 VI 前面板新创建的句柄控件，并没有实例化到具体对象，通过这类句柄控件只能得到某一类对象的引用句柄。引用句柄控件一般用作子 VI 连线板输入/输出的接口，通过句柄控件可以建立子 VI 和主 VI 对象的关联。如图 9-2 所示是控件类的句柄控件和数值类的句柄控件，将一个数值控件拖入控件类的句柄控件中就可以得到数值类的句柄控件。

如图 9-3 所示为通过子 VI 将数值控件中的值加 1 后输出。

图9-2　控件类句柄控件与
数值类句柄控件

图9-3　将数值控件的引用
传递到子 VI 中

如图9-4所示是子 VI 中的程序代码，通过连线板和数值类的句柄控件建立子 VI 中属性节点和主 VI 中数值控件的关联。

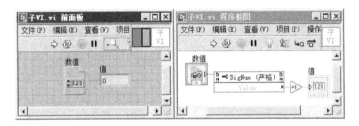

图9-4　通过连线板和"值"属性修改主 VI 控件值

实际上，可以将图9-4中连线板的输入接口配置数据类型为双精度浮点数，直接将主 VI 中数值控件的输出连接到连线板端口上。但是这样在子 VI 中只能获取主 VI 控件的值，无法实现主 VI 中控件的其他属性和方法的获取。通过引用句柄可以建立子 VI 与主 VI 对象的关联，可以在子 VI 中实现几乎所有对主 VI 以及主 VI 中对象的属性操作。

【例9-1】编程通过子 VI 动态修改主 VI 对象的属性。

波形图控件的引用通过子 VI 中波形图类的句柄控件传递到子 VI 中，连接子 VI 中波形图类的属性节点，可以操作主 VI 中波形图的属性。

（1）如图9-5所示构建程序界面。

（2）如图9-6编程所示，在程序框图中构建多事件分支，响应"隐藏"按钮和"显示"按钮。

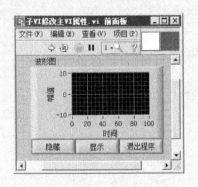

图9-5　例9-1的程序界面

图9-6　将"隐藏"按钮和"显示"
按钮的句柄传递到子 VI

事件结构数据端子"控件引用"输出的是布尔控件的引用句柄，需要在子 VI 中用布尔类的句柄控件与其匹配。将布尔控件直接拖入控件类的句柄控件中（"VI 前面板—控件选板—新式—引用句柄—控件引用句柄"），即可以得到布尔类的句柄控件。如图 9-7 所示是子 VI "可见?"的前面板和程序框图，将事件结构中的布尔控件引用通过与子 VI 连线板接口绑定的布尔类句柄控件传递到子 VI 中。连接布尔类的属性节点"布尔文本"，可以识别出"隐藏"按钮或"显示"按钮。通过条件结构赋值"真"和"假"到波形图类的"可见"属性，控制主 VI 中波形图控件的可视性。

图 9-7　图 9-6 中子 VI 的前面板和程序框图

9.2　动态控制 VI

LabVIEW 中的"打开 VI 引用"函数（"VI 程序框图—函数选板—编程—应用程序控制—打开 VI 引用"）配合属性节点和调用节点可以实现非常强大的功能。通过"打开 VI 引用"函数可以获取计算机磁盘上某个 VI 的引用句柄，将该 VI 的引用句柄连接到属性节点，可以实现对该 VI 及该 VI 中对象进行操作，如设置 VI 前面板是否显示、在 VI 前面板不显示的情况下运行 VI（后台运行 VI）、在 VI 不运行的情况下修改 VI 控件的值。

1. 使用服务器打开 VI

使用 VI 服务器打开一个本地磁盘上的 VI 是在编程中经常用到的调用形式，读者应该熟练掌握。VI 服务器编程中关于动态打开和关闭 VI 的属性节点和方法有打开前面板、关闭前面板、运行 VI、中止 VI 等。这些属性节点和方法的用法在 5.4.2 节中已经讲过，读者可以复习一下。

如图 9-8 所示，通过 VI 服务器打开 VI 的完整过程如下。

（1）通过"打开 VI 引用"函数将受控 VI 加载内存。

（2）通过属性节点"打开前面板"将受控 VI 前面板打开。

（3）通过方法"运行 VI"使受控 VI 运行。"运行 VI"的输入端"结束前等待"输入为"假"，表示主 VI 可以和调用 VI 同时执行。"结束前等待"输入为真，表示主 VI 只有等到调用 VI 执行完毕后才能继续执行。

（4）当主 VI 中的"退出程序"按钮被单击时，进入事件响应分支执行程序。在事件响应分支中，首先为"打开前面板"函数赋"假"值，将受控 VI 关闭并退出内存，然后通过"关闭引用"函数注销 VI 服务器的引用句柄。

【注意】当给属性节点"打开前面板"赋值"假"时，意味着不仅关闭受控 VI 的前面板而且受控 VI 退出内存，即使受控 VI 中有无限循环，也可以关闭受控 VI 并使其退出内存。如果将图 9-8 所示的程序中省略属性节点"打开前面板"，直接执行 VI 类的方法"运行 VI"，那么受控 VI 将在前面板不打开的情况下运行，这就是所谓的后台程序。

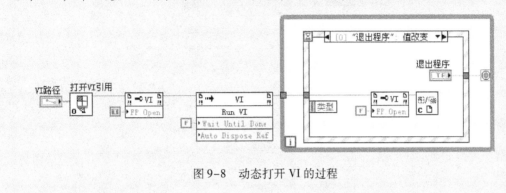

图 9-8　动态打开 VI 的过程

2. 动态刷新 VI 控件值

可以通过"打开 VI 引用"函数（"VI 程序框图—函数选板—编程—应用程序控制—打开 VI 引用"）配合属性节点和调用节点在另一个 VI 不运行的情况下，动态地修改另一个 VI 中前面板控件的值。

如图 9-9 所示，通过编程动态地修改 E 盘中"动态刷新_子 VI.vi"的前面板控件"波形图表"的值，程序的运行步骤如下。

（1）通过"打开 VI 引用"函数打开要修改的 VI。

（2）通过 VI 类的方法"打开前面板"将目标 VI 的前面板打开，VI 类的方法"打开前面板"只能将前面板打开，不能运行 VI。VI 类的方法"打开前面板"的输入端"Activate"输入为"真"时，表示打开的 VI 前面板作为顶层窗口（处于计算机屏幕的顶层）。

（3）通过 VI 类的方法"设置控件值"设置被控 VI 控件值。

（4）程序结束时通过 VI 类的方法"关闭前面板"将被控 VI 的前面板关闭。

（5）通过"关闭引用"函数关闭引用句柄。

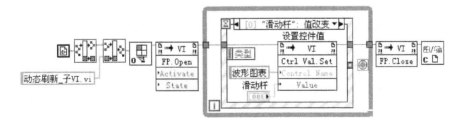

图 9-9　在不打开 VI 的情况下动态修改 VI 控件值

如图 9-10 所示，"动态刷新_子 VI.vi"的程序框图中没有任何程序代码，只有一个波形图表控件。

其实，还可以使用后台代理的模式修改受控 VI 前面板控件值，也就是说，可以在受控 VI 不运行且前面板不显示的情况下修改受控 VI 前面板的值。

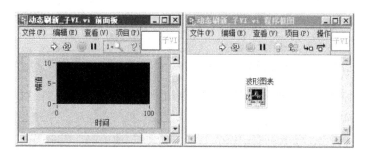

图 9-10　被调用 VI 的前面板和程序框图

如图 9-11 所示，将 VI 类的方法"打开前面板"和"前面板关闭"去掉，主控 VI 可以在受控 VI 的前面板不显示的情况下在后台修改波形图表的值。

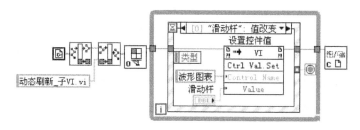

图 9-11　后台修改 VI 控件值

3. 动态控制远程 VI

所谓远程 VI，是指在另一台计算机上的 VI，连接其他计算机上的 VI 需要使用"打开应用程序引用"函数。通过"打开应用程序引用"函数的输入端子"机器名"输入目标计算机的 IP 地址，"打开 VI 引用"函数的路径输入端输入目标 VI 在目标计算机磁盘上的路径。如图 9-12 所示，打开 IP 地址为"192.168.35.161"的计算机磁盘目录上的 VI。

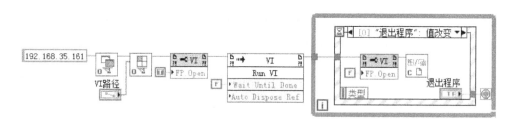

图 9-12　打开另一台计算机上的 VI

【例 9-2】 编程实现在一个 VI 中控制另一个 VI 前面板的移动。

例 5-9 中实现了控制本 VI 前面板在计算机屏幕上移动，本例实现控制其他 VI 前面板在计算机屏幕上移动。除此之外，本例还涉及一个重要的应用：连续循环迭代时的事件响应问题。本例实现的功能是在一个 VI 中移动另一个 VI 前面板，当鼠标左键在主 VI 前面板的"上移"、"下移"、"左移"、"右移"按钮上长按时，分别实现子 VI 前面板持续上、下、左、右移动的功能。

（1）如例 5-9 所示构建程序界面。

（2）新建一个 VI 并保存，VI 中不需要编辑任何程序代码，该 VI 作为子 VI 动态调用。

（3）如图 9-13 所示，在主 VI 程序框图中创建事件处理器，注册按钮"上移"、"下移"、"左移"、"右移"的鼠标按下事件。当有其中一个按钮按下时，重新注册（按钮的"鼠标释放"事件中已经将用户事件注销）并产生一个用户事件。通过"VI 程序框图—函数选板—编程—应用程序控制—打开 VI 引用"，在程序框图中创建一个"打开 VI 引用"函数。连接 VI 类的属性节点"前面板打开"，可以将子 VI 加载内存并将其前面板打开。通过事件数据端子"控件引用"将被按下按钮的标签文本写入自定义事件中，在自定义事件分支中通过标签文本识别被按下的按钮并响应。

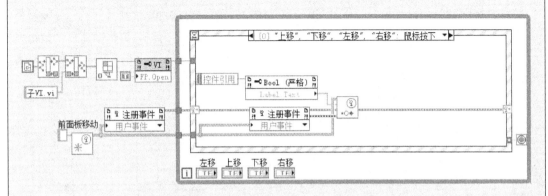

图 9-13　传递被按下按钮的标签到自定义事件

（4）如图 9-14 所示，在自定义用户事件中编写控制子 VI 前面板移动的程序代码。通过事件数据端子取出被按下按钮的标签，进入相应的条件结构分支响应。为保证鼠标按住按钮时，子 VI 实现连续的移动，在自定义事件分支中要通过"产生用户事件"函数产生自定义事件。

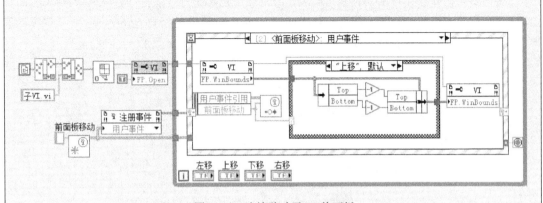

图 9-14　连续移动子 VI 前面板

（5）当鼠标抬起时将用户事件注销，使子 VI 的前面板不再移动，程序如图 9-15 所示。

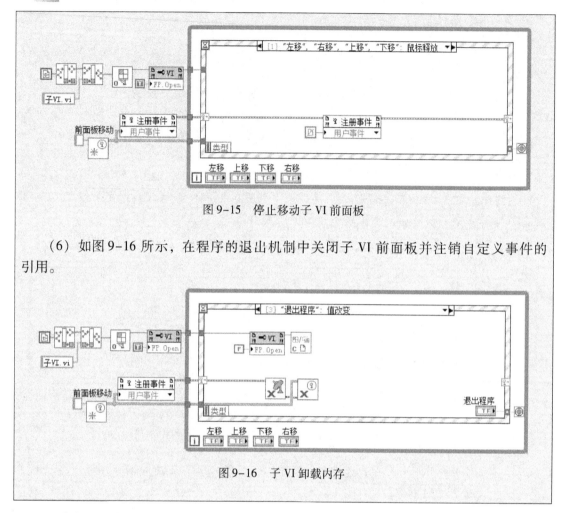

图 9-15　停止移动子 VI 前面板

（6）如图 9-16 所示，在程序的退出机制中关闭子 VI 前面板并注销自定义事件的引用。

图 9-16　子 VI 卸载内存

4. 动态改变窗口外观

LabVIEW 中的"打开 VI 引用"函数配合属性节点和调用节点可以动态改变 VI 前面板窗口外观，如系统菜单是否可视、工具栏是否可视、标题栏是否可视等。通过一个 VI 动态地设置另一个 VI 的前面板样式的程序代码如图 9-17 所示，程序的执行步骤如下。

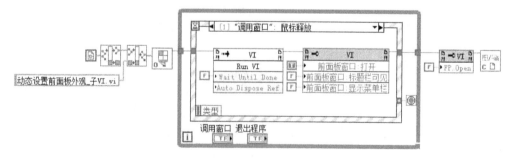

图 9-17　动态改变子 VI 窗口外观

（1）通过"打开 VI 引用"函数动态加载子 VI。

（2）通过 VI 类的方法"运行 VI"，使子 VI 运行。

（3）通过 VI 类的属性"打开前面板"，打开子 VI 的前面板。

（4）通过 VI 类的属性"标题栏可见"和"显示菜单栏"设置标题栏和菜单栏是否可见。

（5）当单击"退出程序"按钮时，通过为 VI 类的属性"前面板窗口打开"赋值"假"将子 VI 前面板关闭，同时子 VI 退出内存。

（6）使用"关闭引用"函数关闭子 VI 引用。

5. 后台代理程序

后台程序是指不显示程序界面的运行程序，在 LabVIEW 中使用 VI 服务器和 VI 类的属性及方法，可以在不打开 VI 前面板的情况下运行 VI，达到后台运行的目的。

如图 9-18 所示，后台程序调用的过程与图 9-8 所示程序类似，只是没有打开子 VI 的前面板。

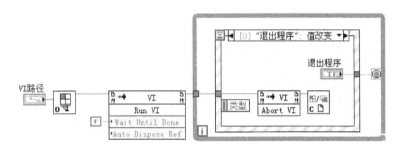

图 9-18　后台运行 VI

实现后台程序调用的步骤如下。

（1）通过"打开 VI 引用"函数将后台 VI 载入内存，当数据流流出"打开 VI 引用"函数时，后台 VI 就载入了内存。

（2）调用 VI 类的方法"运行 VI"启动内存中的后台 VI。"Wait Until Done"为"真"时，表示主 VI 将在此等待，直到被调用的子 VI 执行完毕后主程序继续运行；"Wait Until Done"为"假"时，表示被调用的子 VI 和主 VI 同时运行。

（3）调用 VI 类的方法"中止 VI"和"关闭引用"函数停止后台运行程序并关闭引用。

后台 VI 和主 VI 之间的关系是多线程的关系，使用多线程的通信机制（队列函数、全局变量、LV2 型全局变量）都可以实现后台 VI 与主 VI 之间的通信。除此之外，还可以使用 VI 类的方法"设置控件值"和"获取控件值"实现主 VI 与后台 VI 之间的多线程通信。

【例 9-3】 编程实现后台程序的调用。

本例介绍了"静态 VI 引用"函数，与"打开 VI 引用"函数不同，"静态 VI 引用"函数调用后台程序的内存加载方式是常驻内存。当载有"静态 VI 引用"函数的主 VI 打开时，后台 VI 随着主 VI 一起加载内存。"打开 VI 引用"函数调用后台 VI 的方式是动态调用，当数据流流到"打开 VI 引用"函数时，被调用的后台 VI 才加载内存。

结束后台运行 VI 的方式有两种：一种是通过 VI 类的方法"中止 VI"使后台运行的 VI 停止，由于后台 VI 的前面板没有打开，所以中止后台 VI 运行的同时后台 VI 退出内存；另一种是在后台 VI 中编写停止机制，主 VI 中通过 VI 类的方法"设置控件值"为后台 VI 中的"停止"按钮赋"真"值，触发后台 VI 停止。

（1）如图 9-19 所示构建主 VI 程序界面。

（2）在主 VI 程序框图中构建事件处理器，并编程如图 9-20 所示。通过"VI 程序框图—函数选板—编程—应用程序控制—静态 VI 引用"，在程序框图中创建"静态 VI 引用"函数。在"静态 VI 引用"函数上右击，在弹出的快捷菜单中选择"浏览路径"，找到并关联目标后台 VI。从"静态 VI 引用"函数获取 VI 类的引用句柄，连接到 VI 类的方法"运行 VI"，可以启动后台 VI。

【注意】要将方法"运行 VI"的输入端"Wait Until Done"赋值"假"，否则主 VI 将停滞在此处，直到后台 VI 结束为止。

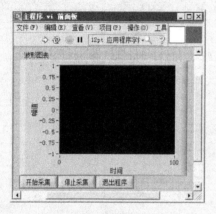

图 9-19　例 9-3 的程序界面

图 9-20　通过静态 VI 引用调用后台 VI

（3）需要停止后台 VI 时，使用 VI 类的方法"Abort VI"终止后台 VI 运行，如图 9-21 所示。

（4）如图 9-22 所示构建主 VI 的停止机制。重复终止 VI，LabVIEW 将报错，需要使用 VI 类的属性节点"Exec. State"检测程序的运行状态。属性节点"Exec. State"输出四个值：Bad、Idle、Run top level、Running，分别表示 VI 包含错误并且无法执行、VI 在内存中但没有运行、VI 属于活动层次结构中的顶层 VI、VI 已由一个或多个处于活动状态的顶层 VI 调用并执行。如果输出为"Run top level"则表示后台 VI 在运行，要先通过 VI 类的方法"Abort VI"停止后台 VI，然后通过"关闭引用"函数注销 VI 服务器引用。如果不将后台程序关闭，虽然主 VI 停止了，但是后台程序还在运行，则主 VI 中"波形图表"控件还在接收后台 VI 发送的数据并且持续更新波形。如果属性节点"Exec. State"输出其他状态，则只需要使用"关闭引用"函数注销 VI 服务器引用。

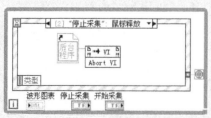

图 9-21　通过 VI 类的方法"Abort VI"
　　　　　终止后台 VI 运行

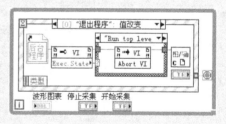

图 9-22　终止后台 VI 并退出主 VI

如图 9-23 所示，也可以在主 VI 中使用 VI 类的方法"设置控件值"为后台 VI 中的"停止按钮"赋"真"值，触发后台 VI 的停止机制。将调用节点的错误输出端连接到事件结构的边框上，可以消除多次使用调用节点"Abort VI"而产生的 LabVIEW 报错。

【注意】本例与图 9-18 所示是有区别的，图 9-18 中采用动态调用子 VI（后台 VI），使用 VI 类的方法"Abort VI"终止 VI 运行的同时可以使子 VI 退出内存。

本例中子 VI 采用的是静态调用方式，所以后台 VI 的生命周期和主 VI 是一样的。以上两种方法只能使后台 VI 停止运行，并没有使后台 VI 退出内存。在静态调用的情况下，只有当主 VI 关闭时，后台 VI 才随着主 VI 一起退出内存。

（5）后台 VI 程序如图 9-24 所示，使用主 VI 的静态引用获取主 VI 的引用句柄，连接 VI 类的方法"设置控件值"，在多线程中传递数据给主 VI 中的波形图表控件。

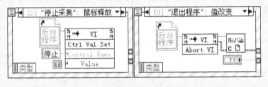

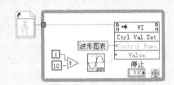

图 9-23　通过后台 VI 的停止按钮停止后台 VI　　　　　图 9-24　后台 VI 程序

6. 密码登录程序

使用动态 VI 调用技术还可以实现登录对话框的设计。当启动应用程序时，弹出一个对话框提示输入用户名和密码，只有用户名和密码正确时才能进入应用程序。

【例 9-4】编写一个密码登录程序，密码正确时打开主 VI。

（1）如图 9-25 所示构建登录界面。通过 VI 属性对话框中的"窗口外观"选项页修改 VI 前面板样式为对话框样式。通过 VI 菜单项"文件—VI 属性"或在 VI 前面板右上角的 VI 图标上右击并选择"VI 属性"，都可以调出 VI 属性对话框。

（2）本例采用的设计模式是事件驱动的队列消息处理器。关于事件驱动的队列消息处理器的编程可以参考 8.4.2 节的内容。如图 9-26 所示，在"确定"按钮的"鼠标释放"事件分支中构建登录响应程序。

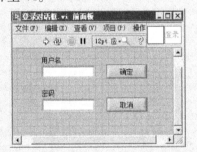

图 9-25　程序登录界面

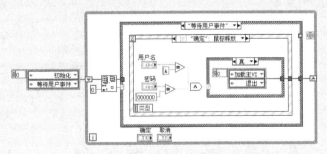

图 9-26　登录响应程序

如图 9-27 所示，通过条件结构建立密码响应程序；当密码正确时加载主 VI 并退出登录程序；当密码错误时，进入"错误密码"处理分支。

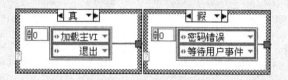

图 9-27　密码响应程序

（3）如图 9-28 所示，如果密码正确，程序跳转到"加载主 VI"分支，通过 VI 服务器调用并运行主 VI。

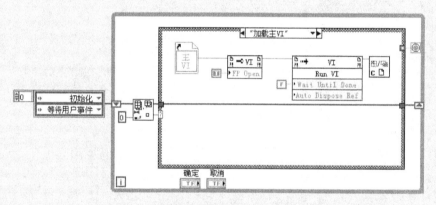

图 9-28　静态调用主 VI

如图 9-29 所示，当密码错误时程序跳转到该分支，在"密码错误"分支中创建一个对话框函数，弹出单按钮对话框提示登录错误。

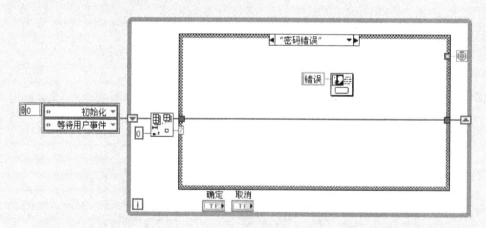

图 9-29　弹出密码错误对话框

（4）如图 9-30 所示编辑登录程序的退出机制，通过为前面板窗口的属性节点"FP. Open"赋"假"值将登录程序的前面板关闭，同时登录程序退出内存。

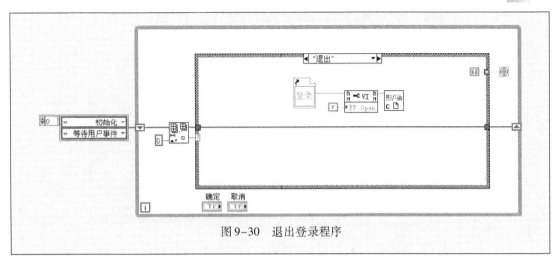

图 9-30　退出登录程序

7. 制作软封面

在应用程序启动时，经常需要一个启动界面，启动界面又称软封面。首先编辑一个启动界面，如图 9-31 所示，启动界面也是一个普通的 VI。

启动 VI 的程序框图中需要简单编程，如图 9-32 所示，编程的目的是保证界面能持续运行。不用担心 While 循环的循环条件端子输入为"真"而无法退出内存，通过为属性节点"前面板打开"赋值"假"可以使启动 VI 退出内存。

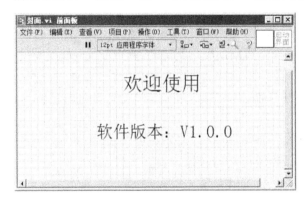

图 9-31　程序启动界面

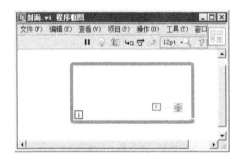

图 9-32　启动 VI 的程序框图

将需要作为启动界面的 VI 属性按照图 9-33 所示窗口外观设置。要使启动界面有淡入淡出的效果就需要启动 VI 时使窗口透明度不断变化。在 VI 属性窗口中选中"运行时透明显示窗口"并赋予窗口透明度默认值"100%"，表示完全透明。

制作好启动界面后，还需要制作调用 VI，调用 VI 的程序框图如图 9-34 所示。

调用的过程如下。

（1）首先将"打开 VI 引用"函数的句柄输出连接到调用节点"运行 VI"的句柄输入端，打开启动界面 VI。

（2）使用 VI 类的属性"打开前面板窗口"将启动 VI 的前面板打开，由于启动 VI 在 VI 属性中设置了透明度的默认值为"100%"，也就是完全透明，所以在打开前面板时前面板不可见。

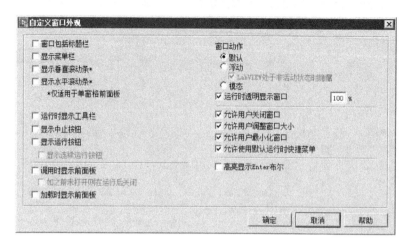

图 9-33   设置启动 VI 的外观

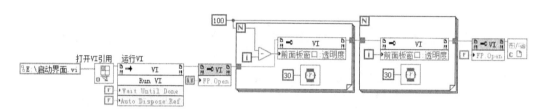

图 9-34   调用软封面

（3）使用 VI 类的属性"透明度"并配合 For 循环结构缓慢调整启动 VI 的透明度由 100%到 0%，实现淡入的效果，再缓慢调整启动 VI 的透明度由 0%到 100%，实现淡出的效果。

（4）为 VI 类的属性"打开前面板窗口"赋值"假"，使启动 VI 关闭前面板并退出内存。

也可以不用手动通过 VI 属性对话框设置启动界面的窗口外观，可以通过 VI 类关于窗口外观的属性编程动态设置启动界面的窗口外观。

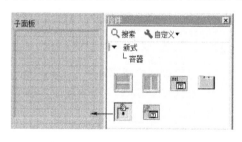

图 9-35   LabVIEW 的子面板

8. 调用子面板

利用 LabVIEW 前面板容器中的"子面板"可以将一个 VI 的前面板加载到另一个 VI 前面板的容器"子面板"中，实现不同 VI 间的界面切换和数据交换。如图 9-35 所示，通过"VI 前面板—控件选板—新式（系统或者经典）—容器—子面板"，可以在前面板创建一个子面板，从其他 VI 加载的前面板界面将在子面板中显示。调用子面板的关键编程元素是子面板的调用节点"Insert VI（插入 VI）"，在子面板上右击，通过快捷菜单项"创建—调用节点—插入 VI"可以获取子面板的调用节点"插入 VI"。

动态调用子面板的步骤一般是：用"打开 VI 引用"函数将目标 VI 加载到内存，然后将句柄连接到 VI 类的方法"运行 VI"，再将"运行 VI"的输出句柄连接到子面板的调用节

点 "插入 VI"。当程序退出时，需要使用 "关闭引用" 函数关闭子 VI 的引用。

　　如图 9-36 所示，将 VI 类的引用句柄连接到子面板的方法 "插入 VI"，可以将计算机磁盘上 VI 的前面板加载到子面板。此时，该 VI 就加载到内存中了，该 VI 中的所有静态调用的对象都进入内存并占据一定的内存空间。

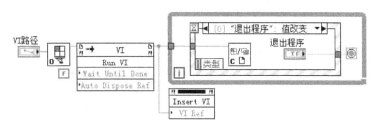

图 9-36　加载子面板的程序代码

　　【注意】 子面板的调用节点 "插入 VI" 只能将子 VI 的前面板插入到主 VI 的子面板中，并不能运行子 VI。如果单独将 "打开 VI 引用" 函数返回的 VI 类的句柄连接到子面板的调用节点 "插入 VI"，LabVIEW 也是可以编译通过的。但是，这样只是将子 VI 加载到了内存，单击子面板中的控件和按钮是没有响应的，因为子 VI 根本没有运行。

　　如图 9-37 所示，在子面板中加载了 8.7 节中例题的前面板，单击子面板中的按钮可以实现子 VI 的功能。

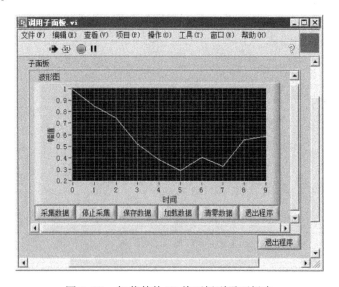

图 9-37　加载其他 VI 前面板到子面板中

　　【例 9-5】 编程构建动态界面。

　　利用 LabVIEW 的子面板技术可以在主 VI 中加载多个子 VI 的前面板，实现动态改变主 VI 界面的效果，这提高了界面交互的效率。

　　如图 9-38 所示构建动态界面，当单击不同按钮时加载不同的子 VI 前面板到主 VI 的子面板容器中。

图 9-38　动态界面

方法 1： 如图 9-39 所示，主程序中通过不同的路径加载计算机硬盘上的子 VI，通过子面板类的调用节点"插入 VI"将子 VI 的前面板插入主 VI 的子面板容器中。当主 VI 中要调用多个子面板时，可以使用枚举控件或下拉菜单代替按钮，这样可以节省程序框图的空间，在不增加按钮控件的情况下扩展子面板的数目。

由于没有加入关闭子 VI 的机制，图 9-39 中的子面板被调用后就常驻内存。因为不需要重新加载内存，所以当再次调用子 VI 时，可以快速地将 VI 前面板加载到主 VI 的子面板中。但是，由于子 VI 被调用后没有被终止，所以当下一次调用该子 VI 时，LabVIEW 将报错并弹出错误对话框。实际上，通过设置 VI 属性可以让 LabVIEW 忽略这种不重要的错误。调出 VI 属性对话框（通过 VI 菜单"文件—VI 属性"），在"执行"属性页中将"启用自动错误处理"前的勾选去掉。这样可以取消 LabVIEW 的自动错误处理机制，当 VI 运行的过程中有错误发生时，LabVIEW 将不再弹出错误提示对话框。

方法 2： 如果想让不被调用的子 VI 退出内存，可以按图 9-40 所示编程。在每次加载子面板前将上次调用的子 VI 关闭，通过"关闭引用"函数（"VI 程序框图—函数选板—编程—应用程序控制—关闭引用"）使其退出内存。可以打开例 6-3 中的程序，查看内存中的 VI。多个子面板之间的关系是 VI 之间的多线程关系，子面板之间可以使用多线程间的通信机制（全局变量、LV2 型全局、队列函数等）实现通信。

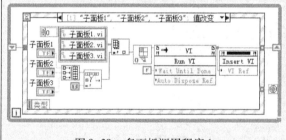

图 9-39　多面板调用程序 1

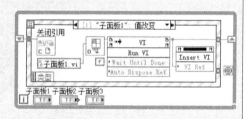

图 9-40　多面板调用程序 2

9.3　动态事件

LabVIEW 的静态事件只涉及事件机制的一部分内容，LabVIEW 的动态事件可以实现更加强大的功能。

4.3 节中提到的用户界面事件，无论是通知事件还是过滤事件都是静态事件。静态事件不需要通过"注册事件"函数进行注册，直接通过事件结构的事件编辑对话框配置事件并创建事件分支。动态事件需要通过"注册事件"函数注册后才能通过事件编辑对话框配置事件，动态事件可以通过编程在 VI 运行过程中创建或销毁。动态事件大大提高了 LabVIEW 事件机制的灵活性，配合"打开 VI 引用"函数还可以实现多线程以及不同 VI 间的事件机制，大大拓展了 LabVIEW 事件机制的应用范围。

1. 用户自定义事件

在 LabVIEW 中用户可以通过编程创建和命名自定义事件，响应用户自定义的事件和传递自定义数据。创建自定义用户事件机制需要用到以下函数："创建用户事件"函数、"注册事件"函数、"产生用户事件"函数、"取消注册事件"函数、"销毁用户事件"函数。通过"VI 程序框图—函数选板—编程—对话框与用户界面—事件"，可以获得动态事件的操作函数。

创建一个完整的用户自定义事件机制的过程如下。

（1）通过"创建用户事件"函数定义用户自定义事件的数据类型并产生用户自定义事件的引用句柄。连接一个输入控件或者常量到"创建用户事件"函数的数据输入端子"用户事件数据类型"，为自定义事件初始化数据类型，这个输入控件或常量的标签就是自定义用户事件的名称。

（2）将"创建用户事件"函数返回的事件句柄连接到"注册事件"函数的输入端子"事件源"。

（3）在事件结构的边框上右击，在弹出的快捷菜单中选择"显示动态事件接线端"，为 LabVIEW 事件结构添加动态事件响应机制，并将"注册事件"函数的输出端子连接到动态事件接线端子上。这样就注册了一个合法的 LabVIEW 自定义用户事件，可以被 LabVIEW 事件结构监听。编程到这步，只是创建了一个用户事件并添加了动态响应机制，要想实现完整的用户事件机制，还需要事件结构的响应。

（4）打开事件编辑对话框，创建自定义事件分支，这与静态创建事件分支相同。

（5）程序退出时，通过"取消注册事件"函数和"销毁用户事件"函数注销自定义的用户事件，释放自定义用户事件的句柄。

【例 9–6】 创建自定义用户事件并响应。

本例演示了自定义用户事件的产生和数据在用户事件中的传递，使用"产生用户事件"函数产生一个用户事件，并将数据输入自定义事件中。

自定义事件的核心是"产生用户事件"函数，运行一次"产生用户事件"函数，就可以产生一个自定义用户事件。

（1）如图 9–41 所示构建程序界面。

（2）通过"VI 程序框图—函数选板—编程—对话框与用户界面—事件"，在程序框图中创建自定义事件的操作函数："创建用户事件"函数、"注册事件"函数、"产生用户事件"函数、"取消注册事件"函数、"销毁用户事件"函数。

图 9–41　例 9–6 的程序界面

（3）如图 9–42 所示，程序的架构是一个事件处理器。程序启动后，通过"产生用户事件"函数产生一个用户事件，用于初始化显示控件"输出"的值。进入 While 循环后，事件结构将执行一次"事件 A"并将"20"初始化到显示控件中。如果不需要在 While 循环外部初始化自定义事件数据，可以将 While 循环外部的"产生用户事件"函数去掉。

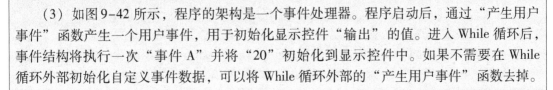

在事件结构的边框上右击，在弹出的快捷菜单中选择"显示动态事件接线端"，可以为 LabVIEW 事件结构添加动态事件接线端。

【**注意**】自定义用户事件遵循"先注册再产生"的原则，一定要保证数据流先经过"注册事件"函数，再经过"产生用户事件"函数。在实际编程中的处理技巧是：将"注册事件"函数的错误输出端连接到"产生用户事件"函数的错误输入端，通过连线确定执行顺序，保证程序先执行"注册事件"函数再执行"产生用户事件"函数。Lab-VIEW 是数据流驱动的编程语言，数据流在连线中从左到右流动，可以在某些编程应用中使用错误簇的连线替代顺序结构，达到简化编程的目的。

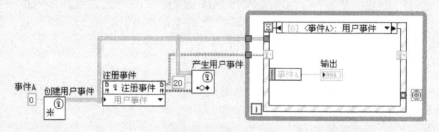

图 9-42　从自定义事件中获取数据

如图 9-43 所示是用户自定义事件的配置界面，只有将"注册事件"函数的输出句柄正确地连接到事件结构动态接线端后，动态事件中才有事件源。用户自定义事件的名称"事件 A"是定义事件数据类型的常量的标签。

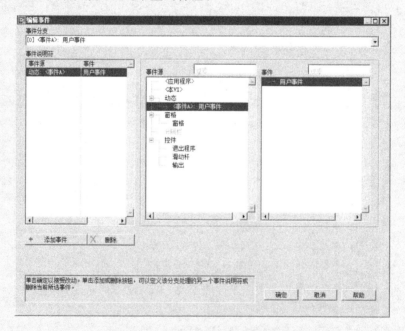

图 9-43　配置自定义的"事件 A"

（4）如图 9-44 所示，当滑动杆的值改变时，在滑动杆的"值改变"事件分支中运行一次"产生用户事件"函数，产生一个用户自定义事件，并将滑动杆的值输入到自定义事件中。

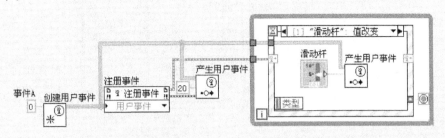

图 9-44　产生自定义事件

（5）如图 9-45 所示是程序的退出机制，"退出程序"分支中用"取消注册事件"函数和"注销用户事件"函数注销自定义事件并释放句柄。

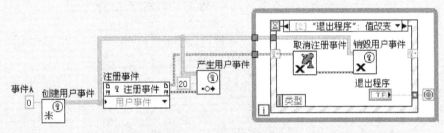

图 9-45　注销自定义事件

【例 9-7】试求分段函数 $f(x) = \begin{cases} \cos(x) & (x < 0) \\ \sin(x) & (x \geqslant 0) \end{cases}$ 的值。

本例演示了多个自定义事件的使用，鼠标左键按住"注册事件"函数的底部向下拖动，可以产生多个事件源输入端。

（1）在程序框图中创建事件处理器，注册两个自定义事件：正弦运算、余弦运算。在输入控件"X"的"值改变"事件中判断定义域，当 X < 0 时，产生一个自定义事件"余弦运算"，并将"X"的值传入自定义事件，如图 9-46 所示。

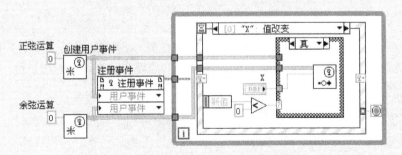

图 9-46　产生自定义事件"余弦运算"

如图 9-47 所示，当 X ≥ 0 时，产生一个自定义事件"正弦运算"，并将"X"的值传入自定义事件。

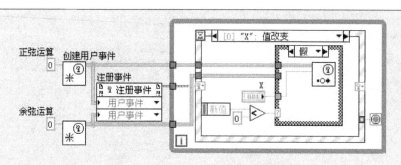

图 9-47 产生自定义事件"正弦运算"

（2）如图 9-48 所示，在自定义事件"正弦运算"和自定义事件"余弦运算"中，分别计算"X"的正弦值和余弦值。

图 9-48 "正弦运算"和"余弦运算"事件

（3）如图 9-49 所示，利用"创建数组"函数和 For 循环注销多个自定义事件。

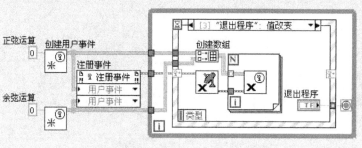

图 9-49 注销多个自定义事件

在静态事件的应用中有过滤事件这一功能，但是静态过滤事件只能过滤 LabVIEW 定义好的事件，无法自定义过滤事件，通过动态事件可以编程实现自定义过滤事件。

【例 9-8】通过自定义用户事件实现过滤事件的功能。

本例实现的功能是：在程序的运行过程中动态地决定某个事件分支是否执行。如图 9-50 所示是本例构建的程序界面，当"过滤事件？"按钮处于弹起状态时，上下移动滑动杆的指针时，波形图表显示滑动杆的值改变。当"过滤事件？"按钮处于按下状态时，滑动杆控件的"值改变"事件被过滤，上下移动滑动杆的指针时，波形图表不显示滑动杆的值改变。

（1）通过"VI 前面板—控件选板—新式—数值—垂直指针滑动杆"，在前面板创建一个滑动杆控件。

（2）通过"VI 前面板—控件选板—新式—图形—波形图表"，在前面板创建一个波形图表控件。

（3）通过"VI 前面板—控件选板—新式—布尔—确定按钮"，在前面板创建三个按钮，修改三个按钮的标签和布尔文本分别为"过滤事件？"、"清零"、"退出程序"。在按钮"过滤事件？"上右击，在弹出的快捷菜单中选择"机械动作—单击时转换"使"过滤事件？"按钮可以保持按下或者弹起的状态。在按钮"清零"和"退出程序"上右击，在弹出的快捷菜单中选择"机械动作—保持转换直到释放"使"清零"和"退出程序"按钮被按下后可以自动弹起。

（4）通过"VI 程序框图—函数选板—编程—对话框和用户事件—事件"，在程序框图中创建"创建用户事件"函数、"注册事件"函数、"产生用户事件"函数、"取消注册事件"函数、"销毁用户事件"函数。

（5）在 VI 程序框图中创建一个事件处理器。在事件结构框体上右击，在弹出的对话框中选择"显示动态事件接线端"，调出动态事件接线端。将"注册事件"函数的输出连接到动态事件接线端，这样才能产生动态事件源。

在事件结构框体上右击，在弹出的快捷菜单中选择"编辑本分支所处理的事件"，调出编辑事件对话框。如图 9-51 所示，在编辑事件对话框中重新配置事件，自定义用户事件"过滤？"。

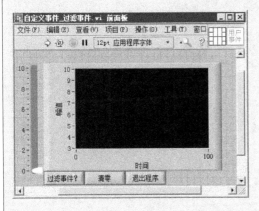

图 9-50　例 9-8 的程序界面

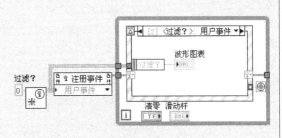

图 9-51　获取自定义事件数据

（6）在事件结构框体上右击，在弹出的快捷菜单中选择"添加事件分支"，在编辑事件对话框中配置事件：在事件源中选择控件中的"滑动杆"，在事件中选择"值改变"。配置好滑动杆的"值改变"事件后，按照图 9-52 所示连线，编程滑动杆"值改变"事件中程序代码。滑动杆的值每改变一次，事件结构就触发一次并进入滑动杆的"值改变"事件执行程序代码。当按钮"过滤事件？"没有按下时，滑动杆的"值改变"事件分支中事件数据端子"新值"将滑动杆的当前值赋给"产生用户事件"函数。这样，滑动杆的值传递到自定义事件中，"产生用户事件"函数每接收到一次数据就触发一次用户自定义事件。在用户自定义事件分支中将自定义事件中来自滑动杆的数据通过事件数据端子"过滤？"输出到波形图表中。

如图 9-53 所示，当按钮"过滤事件?"处于按下状态时进入"真"分支，"真"分支中没有任何程序代码。由于没有执行"产生用户事件"函数，所以没有自定义事件产生。滑动杆值的改变无法通过自定义事件传递到波形图表中，从而实现了滑动杆"值改变"的过滤。

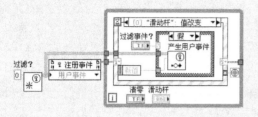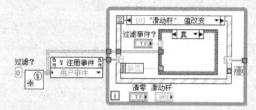

图 9-52 "过滤事件?"按钮弹起时不过滤事件　　图 9-53 "过滤事件?"按钮按下时过滤事件

（7）在波形图表控件上右击，在弹出的快捷菜单中选择"创建—属性节点—历史数据"，通过该属性节点可以清零波形图表控件中的历史数据。在属性节点上右击，在弹出的快捷菜单中选择"转换为写入"将属性切换到写状态。在事件结构框体上右击，在弹出的快捷菜单中选择"添加事件分支"，在编辑事件对话框中配置事件：在事件源中选择控件中的"清零"按钮，在事件中选择"鼠标释放"。按照图 9-54 所示连线，编程"清零"按钮的"鼠标释放"事件分支中的程序代码。

（8）在事件结构框体上右击，在弹出的快捷菜单中选择"添加事件分支"，在编辑事件对话框中配置事件：在事件源中选择控件中的"退出程序"，在事件中选择"鼠标释放"。按照图 9-55 所示连线，编写"退出程序"按钮的"鼠标释放"事件分支中的程序代码。

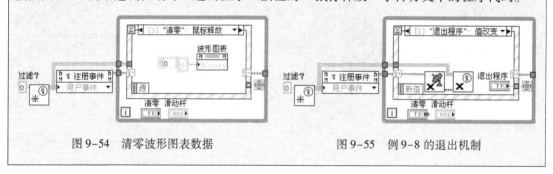

图 9-54 清零波形图表数据　　　　　　　图 9-55 例 9-8 的退出机制

2. 动态注册事件源

4.3.4 节中介绍的事件源中的事件是直接通过事件编辑对话框静态注册配置的，实际上，事件源中的事件也可以通过动态注册产生。通过动态注册事件源可以更加灵活地实现事件编程，动态地创建和注销事件。注册事件函数只接受事件源的引用句柄，所以要使用"VI 服务器引用"函数获取事件源的引用句柄。通过"VI 程序框图—函数选板—应用程序控制—VI 服务器引用"，可以获取"VI 服务器引用"函数。

在"VI 服务器引用"函数上单击，可以看到"本应用程序"、"本 VI"、"窗格"等选项，展开窗格中的选项可以看到前面板窗格中的控件。将本应用程序、本 VI、窗格、控件的引用句柄连接到"注册事件"函数的"事件源"输入端，可以实现事件源的动态注册。如果事件源是控件，可以在控件上右击，并在弹出的快捷菜单中选择"创建—引用"，为控件创建引用。

【例 9-9】编程实现动态注册事件源。

本例通过"注册事件"函数动态地注册滑动杆控件的"值改变"事件，程序的功能与例 9-6 类似，读者可以对照学习。

（1）如图 9-56 所示构建程序界面。

（2）通过"VI 程序框图—函数选板—编程—结构—While 循环"，在程序框图中创建一个 While 循环。通过"VI 程序框图—函数选板—编程—结构—事件结构"，在程序框图中创建一个事件结构。在事件结构框体上右击，在弹出的对话框中选择"显示动态事件接线端"，调出动态事件接线端。

（3）通过"VI 程序框图—函数选板—编程—对话框和用户事件—事件"，在程序框图中创建"注册事件"函数和"取消注册事件"函数。通过"VI 程序框图—函数

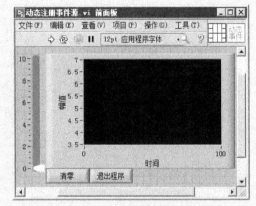

图 9-56　例 9-9 的程序界面

选板—编程—应用程序控制—VI 服务器引用"，在程序框图中创建一个"VI 服务器引用"函数。在"VI 服务器引用"函数上单击，选择"窗格—滑动杆"，创建滑动杆控件的引用句柄（或者在滑动杆控件上右击，选择"创建—引用"）。将滑动杆的引用句柄连接到"注册事件"函数的事件源输入端，将"注册事件"函数的输出句柄连接到事件结构边框上的动态事件端子。

（4）在事件结构框体上右击，在弹出的快捷菜单中选择"编辑本分支所处理的事件"，调出编辑事件对话框，在对话框中重新配置事件：在事件源中选择动态中的"<滑动杆>：值改变"，如图 9-57 所示。

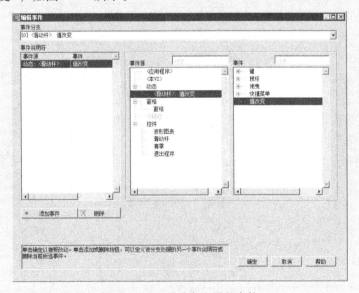

图 9-57　配置动态注册的事件

【注意】只有当"注册事件"函数有事件源输入且该函数的句柄输出端连接到事件结构的动态输入端子后，"编辑事件"对话框中的动态事件选项才可用。

图 9-58　动态注册的事件分支

配置好动态注册的事件后，按照图 9-58 所示编程，当滑动杆的值改变时触发动态注册的事件：滑动杆控件的"值改变"事件。

（5）在波形图表控件上右击，在弹出的快捷菜单中选择"创建—属性节点—历史数据"，通过该属性节点可以清零波形图表中的历史数据。在属性节点上右击，在弹出的对话框中选择"转换为写入"，将属性切换到写状态。在事件结构框体上右击，在弹出的快捷菜单中选择"添加事件分支"，在"编辑事件"对话框中配置事件：在事件源中选择控件中的"清零"按钮，在事件中选择"鼠标释放"。按照图 9-59 所示连线，编写"清零"按钮的"鼠标释放"事件分支中的程序代码。

（6）在事件结构框体上右击，在弹出的快捷菜单中选择"添加事件分支"，在编辑事件对话框中配置事件：在事件源中选择控件中的"退出程序"按钮，在事件中选择"鼠标释放"。按照图 9-60 所示连线，编写"退出程序"按钮的"鼠标释放"事件分支中的程序代码。

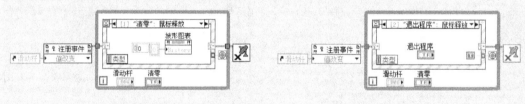

图 9-59　清零波形图表中的历史数据　　　　图 9-60　例 9-9 的退出机制

【例 9-10】通过注册动态事件源过滤控件的值改变事件。

例 9-8 中通过用户自定义事件过滤控件的"值改变"事件，本例通过动态注册和注销事件源过滤控件的值改变事件。读者仔细体会就会发现本例具有例 9-8 无可比拟的优势，本例是真正通过创建和注销事件实现对控件"值改变"事件的过滤，而例 9-8 中是通过条件结构判断是否产生一个用户事件来过滤控件"值改变"事件。在例 9-8 中，无论是否过滤控件值，控件的"值改变"事件分支都要运行一次，这样 While 循环必须执行一次。在本例中只要将控件的"值改变"事件动态注销，事件结构就无法检测控件"值改变"这一事件，While 循环不用执行，程序不占用任何 CPU 资源。

（1）按照例 9-8 所示构建程序界面。

（2）通过"VI 程序框图—函数选板—编程—结构—While 循环"，在程序框图中创建一个 While 循环。通过"VI 程序框图—函数选板—编程—结构—事件结构"，在程序框图中创建一个事件结构。在事件结构框体上右击，在弹出的对话框中选择"显示动态事件接线端"，调出动态事件接线端。通过"VI 程序框图—函数选板—编程—对话框和用户事件—事件",在程序框图中创建"注册事件"函数和"取消注册事件"函数。

(3)如图 9-61 所示,动态注册并构建滑动杆的动态事件分支"值改变"。

(4)在事件结构框体上右击,在弹出的快捷菜单中选择"添加事件分支",在"编辑事件"对话框中配置事件:在事件源中选择控件中的按钮"过滤事件?",在事件中选择"值改变"。在按钮"过滤事件?"的通知事件"值改变"中实现滑动杆"值改变"事件的注册和注销。

如图 9-62 所示,当按钮"过滤事件?"被按下时,事件数据端子"新值"输出"真",使条件结构进入"真"分支执行程序。在"真"分支中,通过滑动杆的类说明符常量(在"注册事件"函数的"值改变"选项上右击,在弹出的快捷菜单中选择"创建—常量")将事件源(滑动杆)的"值改变"事件注销。

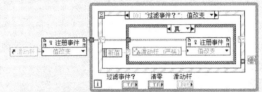

图 9-61 控件动态事件分支"值改变"　　　　图 9-62 通过类说明符常量注销动态事件

如图 9-63 所示,也可以通过"非法引用句柄常量"("VI 程序框图—函数选板—编程—文件 I/O—文件常量—非法引用句柄常量")注销事件源(滑动杆)的"值改变"事件。

如图 9-64 所示,当按钮"过滤事件?"弹起时,事件数据端子"新值"输出"假",使条件结构进入"假"分支执行程序。在"假"分支中,通过滑动杆的引用句柄(在滑动杆上右击,选择"创建—引用")重新注册事件源(滑动杆)的"值改变"事件。

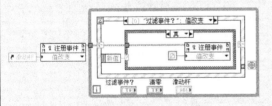

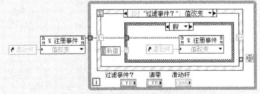

图 9-63 通过"非法引用句柄常量"　　　　图 9-64 通过引用句柄重新
　　　　注销动态事件　　　　　　　　　　　　注册动态事件

(5)如图 9-65 所示,通过波形图表的属性节点"历史数据"清除波形图表中的历史数据。

(6)如图 9-66 所示,退出程序时注销动态事件。

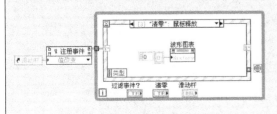

图 9-65 清除波形图表历史数据　　　　图 9-66 注销动态事件句柄

【例 9-11】 编程实现鼠标拖动前面板控件移动。

本例实现动态拖动 VI 前面板控件，编程的思路是：在前面板控件的动态事件"鼠标按下"事件中注册 VI 前面板窗格的动态事件"鼠标移动"；在前面板控件的动态事件"鼠标释放"事件中注销 VI 前面板窗格的动态事件"鼠标移动"。

（1）按图 9-67 所示构建程序界面。

（2）如图 9-68 所示，在 While 循环外注册窗格的"鼠标移动"事件、前面板控件"仪表"的"鼠标按下"事件、前面板控件"仪表"的"鼠标释放"事件。窗格的"鼠标移动"事件是通过类说明符常量注册的，所以当程序启动时该事件并没有被激活，是不可用的；前面板控件"仪表"的"鼠标按下"事件和"鼠标释放"事件是通过控件的引用句柄注册的，所以程序启动时这两个事件是可用的。当鼠标在前面板控件"仪表"上按下时，程序进入前面板控件"仪表"的动态事件分支"鼠标按下"。在该分支中使用窗格的引用句柄重新注册了 VI 前面板窗格的动态事件"鼠标移动"，此时前面板窗格的动态事件"鼠标移动"被激活。也就是说，当鼠标在前面板控件"仪表"上按下时，"鼠标在前面板窗格中移动"这一事件被激活。

图 9-67   例 9-11 的程序界面

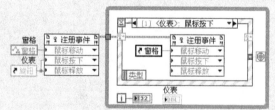

图 9-68   通过窗格的引用重新注册窗格的
动态事件"鼠标移动"

（3）如图 9-69 所示，VI 前面板窗格的动态事件"鼠标移动"被激活后，将鼠标的坐标值赋给前面板控件"仪表"的属性节点"位置"。这样，当鼠标按住控件移动时，控件将随鼠标一起移动，实现拖动的效果。

（4）如图 9-70 所示，鼠标释放时通过"非法引用句柄常量"（"VI 程序框图—函数选板—编程—文件 I/O—文件常量—非法引用句柄常量"）注销 VI 前面板窗格的动态事件"鼠标移动"，控件将不再随鼠标移动。

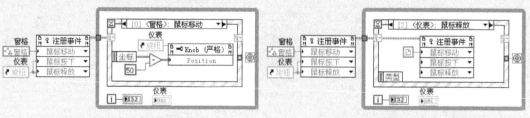

图 9-69   实现鼠标的拖动   图 9-70   注销窗格的动态事件"鼠标移动"

3. 自定义拖曳事件

在 LabVIEW 的程序设计中，可以通过控件的拖曳事件或控件的调用节点（方法）"拖曳开始"，实现拖曳操作。关于控件的拖曳事件，在 4.3 节中有详细介绍，本节主要介绍自定义的拖曳事件。

对于自定义的拖曳事件，主要是识别"拖曳"这一动作，鼠标在控件上按下、移动、离开，这一连贯的动作就是一个拖曳的动作。

【**例 9-12**】编程实现将数组中的数据拖曳到波形图中并产生数据波形。

方法 1：通过动态注册事件源实现鼠标"拖曳"动作的检测并响应，在数组控件的"鼠标按下"事件中注册动态事件"鼠标离开"，如果连续触发数组控件的"鼠标按下"事件和"鼠标离开"事件，说明这是一个拖曳动作。另外，如果鼠标在控件中释放，说明这不是一个"拖曳"操作，应该注销动态事件"鼠标离开"，以便下次重新拖曳。程序界面如图 9-71 所示。

（1）如图 9-72 所示，当鼠标在数组控件上按下时，通过"注册事件"函数（"VI 程序框图—函数选板—编程—对话框与用户界面—事件—注册事件"）动态注册数组的"鼠标离开"事件。

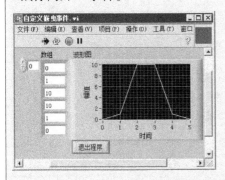

图 9-71　例 9-12 的程序界面

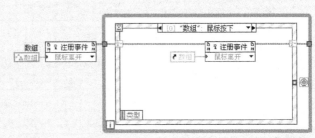

图 9-72　动态注册"鼠标离开"事件

【**注意**】在 While 循环外部通过类说明符常量（"VI 程序框图—函数选板—编程—应用程序控制—类说明符常量"）注册的动态事件并没有激活，通过控件的引用注册的动态事件才是激活事件。通过"VI 程序框图—函数选板—编程—应用程序控制—VI 服务器引用"获取"VI 服务器引用"函数，在"VI 服务器引用"函数上单击，选择"窗格—数组—数组"可以创建数组控件的引用。或者在数组控件上右击，在弹出的快捷菜单中选择"创建—引用"，为数组控件创建引用句柄。

（2）如图 9-73 所示，在数组控件的"鼠标离开"事件分支中实现数组数据的拖曳操作。当鼠标在数组控件上按下并离开数组控件时，说明这是一个拖曳动作。同时，在该分支中通过"非法引用句柄常量"（"VI 程序框图—函数选板—编程—文件 I/O—文件常量—非法引用句柄常量"）注销数组控件的"鼠标离开"事件。

（3）如图 9-74 所示，在波形图控件的"放置"事件中通过"获取拖放数据"函数（"VI 程序框图—函数选板—编程—应用程序控制—获取拖放数据"）获取拖曳数据，并赋给波形图控件。

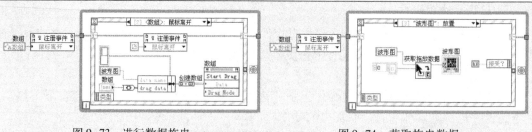

图 9-73　进行数据拖曳　　　　　　　　图 9-74　获取拖曳数据

（4）如图 9-75 所示，如果鼠标在数组控件上释放，说明不是一个完整的拖曳动作，通过数组控件的类说明符常量注销数组控件的"鼠标离开"事件。

（5）如图 9-76 所示，程序退出时通过"取消注册事件"函数注销动态事件的引用句柄。

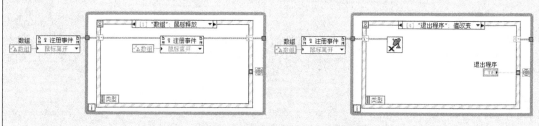

图 9-75　注销动态事件"鼠标离开"　　　　图 9-76　例 9-12 的退出机制

方法 2：通过事件数据"按钮"配合控件的"鼠标离开"事件也可以识别拖曳动作，通过事件数据"按钮"可以识别鼠标的动作：左键按下（1）、右键按下（2）、滚轮按下（3），进而可以分别实现左键、右键、鼠标滚轮的拖曳操作。

如图 9-77 所示，一个完整的拖曳动作是这样编程实现的：当鼠标在控件上按下时，将鼠标按钮值存入移位寄存器。当鼠标离开数组控件时，如果移位寄存器中存储的按钮值

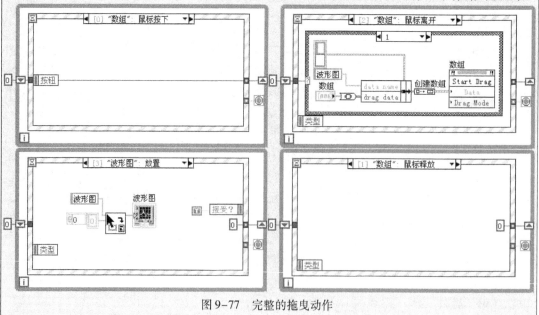

图 9-77　完整的拖曳动作

为"1"，则说明这是一个完整的拖曳动作，将数据输入数组控件的方法"开始拖曳"。在波形图控件的"放置"事件分支中，通过"获取拖放数据"函数（"VI 程序框图—函数选板—编程—应用程序控制—获取拖放数据"）将拖曳数据输入波形图控件。

除了响应拖曳操作外，还要过滤掉数组控件的"鼠标释放"事件。如果鼠标在数组控件上释放，表示这不是一个完整的拖曳动作，需要重新初始化移位寄存器的值为"0"，等待下一次拖曳操作。

如图 9-78 所示，在数组控件的"鼠标离开"事件中构建两个条件分支："0"（鼠标无操作）和"1"（单击）。当鼠标离开时，如果通过移位寄存器获取的按钮值为"1"，则表示鼠标左键在数组控件上按下并离开了数组控件，这就是一个完整的拖曳动作。如果通过移位寄存器获取的按钮值为"0"，表示只有一个鼠标离开动作，这不是一个拖曳动作。

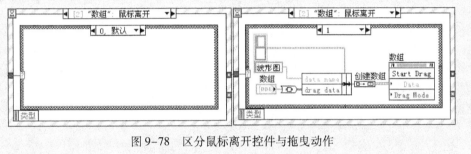

图 9-78　区分鼠标离开控件与拖曳动作

9.4　LabVIEW 的回调机制

在 LabVIEW 程序设计中，存在这样的编程应用：将程序封装在一个 VI 中，当一个回调事件发生时，LabVIEW 调用该 VI 实现其中的程序功能。这种调用机制称为 LabVIEW 的回调机制，这个预先编辑了特定功能的 VI 称为回调 VI 或者回调函数。LabVIEW 中的回调机制包括"事件回调注册"和"回调 VI"，通过"事件回调注册"函数注册回调事件，当回调事件发生时，"回调 VI"被调用。LabVIEW 的回调机制起初是为 ActiveX 和 .NET 组件的事件响应而创建的，但是 LabVIEW 的回调机制并不局限在外部组件的应用中，通过"事件回调注册"函数可以为 LabVIEW 普通控件注册事件。实际上，LabVIEW 的回调机制是在新线程中创建了事件响应机制，或者说是多线程的事件响应机制。

> 【注意】回调 VI 无法实现调试时的单步执行，即使使用单步执行，也无法达到单步执行的效果。

1. 回调机制的创建

通过"VI 程序框图—函数选板—互连接口—ActiveX（.NET）"，可以获取回调机制常用的函数："事件回调注册"函数、"静态 VI 引用"函数、"取消注册事件"函数。由于通过静态引用获取回调 VI 的引用句柄，所以回调 VI 的生命周期和主 VI 的生命周期是一样的。当回调 VI 的一个调用方加载内存时，回调 VI 加载内存。当回调 VI 的所有调用方退出内存时，回调 VI 也随着退出内存。当一个回调 VI 加载内存时，回调 VI 与主程序中的代码不在同一线程，回调 VI 运行在自己单独的线程，与主 VI 中的各个线程互不干扰。

一次完整的事件回调需要用到三个接口参数：事件源、VI 引用、用户参数，按住“事件回调注册”函数底部并向下拖动可以创建多个回调事件。图 9-79 所示是用 LabVIEW 回调机制实现例 4-30 的程序功能，即实现“X”的平方运算并显示在数值显示控件“Z”中。

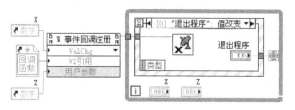

图 9-79　通过回调函数实现平方运算

如图 9-80 所示是图 9-79 所示程序中回调 VI 的前面板和程序框图，当控件“X”的“值改变”事件发生时，回调 VI 被调用并执行。回调 VI 通过连线板和引用句柄实现与主 VI 的关联，配合属性节点实现与主 VI 或主 VI 中对象的交互。

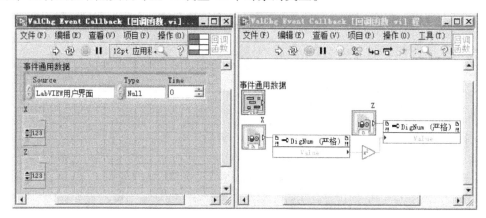

图 9-80　图 9-79 所示程序的回调 VI

下面详细解释“事件回调注册”函数的三个接口参数。

1）事件源　事件源是触发回调事件的对象，“事件回调注册”函数的事件源可以是控件、VI、应用程序、窗格、ActiveX 对象等。例如，在图 9-79 所示的程序中，通过回调机制响应数值输入控件“X”的“值改变”这一事件。那么事件源就是数值输入控件“X”，回调事件是控件“X”的“值改变”这一事件。在 LabVIEW 的回调机制中，“事件回调注册”函数需要输入的是事件源的引用句柄，通过控件的快捷菜单项“创建—引用”可以快速创建控件的引用句柄。对于其他 VI 对象的引用句柄（本 VI、窗格等），可以通过“VI 服务器引用”函数（“VI 程序框图—函数选板—编程—应用程序控制—VI 服务器引用”）获取这些对象的引用句柄。

> **【注意】**事件源是在主 VI 中的，而不是在回调 VI 中的，回调 VI 是对事件源所触发的回调事件的响应。

2）VI 引用　VI 引用是指回调 VI 的引用句柄，当回调事件发生时，“事件回调注册”函数通过回调 VI 的引用句柄关联到回调 VI 并调用回调 VI，执行回调 VI 中的程序功能。一一般情况下，"事件回调注册"函数的 VI 引用输入端输入一个静态的 VI 引用，静态的调用肯定都是常驻内存的，其生命周期和主 VI 是一样的。当回调 VI 的一个调用方加载内存时，回调 VI 就载入了内存。当回调 VI 的所有调用方都退出内存时，回调 VI 才退出内存。在实际的编程应用中，一般通过"事件回调注册"函数的"VI 引用"端子自动创建回调 VI，具体的操作是：在"事件回调注册"函数的"VI 引用"输入端上右击，在弹出的快捷菜单中选择"创建回调 VI"，LabVIEW 将自动创建一个连线板端口与"事件回调注册"函数各参数类型匹配的回调 VI。

3）用户参数　用户参数是指当事件发生时，传递到回调 VI 中的数据，该输入端可以输入任何类型的数据。一般而言，回调 VI 的作用是：当回调事件发生时，实现回调 VI 与主 VI 或者主 VI 中对象相关联的操作。所以一般将主 VI 或者主 VI 中对象的引用通过用户参数端口传递到回调 VI 中以建立主 VI 或主 VI 中对象与回调 VI 的关联，进而可以通过回调 VI 实现对主 VI 或主 VI 中对象的操作。如果需要修改主 VI 中多个对象的值，则可以将多个对象的引用句柄通过"捆绑"函数捆绑为簇，在回调 VI 中用"按名称解除捆绑"函数取出每个对象的引用句柄。

【例 9-13】编程用回调机制实现一个控制布尔灯开关的程序。

本例演示了 LabVIEW 回调机制的基本工作原理，通过本例可以更加深入地理解 LabVIEW 的回调机制：LabVIEW 监听到有回调事件发生时，在另一个线程（回调 VI）中实现回调事件的响应机制。

（1）如图 9-81 所示构建程序界面。

（2）通过"VI 程序框图—函数选板—互连接口—ActiveX（.NET）—事件回调注册"，在程序框图中创建一个"事件回调注册"函数。在"开/关"按钮和"布尔灯"显示控件上右击，在弹出的对话框中选择"创建—引用"，为两个控件创建实例化到对象的引用句柄。将"开/关"按钮的引用连接到事件源，产生回调事件。将"布尔灯"控件的引用连接到用户参数，实现回调 VI 与布尔灯的数据交换。当事件源端子上有输入时，"事件回调注册"函数的"事件"选项被激活，单击"事件"选项可以看到布尔按钮的所有回调事件，选中"鼠标释放"作为回调事件。在"事件回调注册"函数的"VI 引用"端子上右击，在弹出的快捷菜单中选择"创建回调 VI"，为回调事件自动创建回调 VI。

（3）如图 9-82 所示编辑程序框图。主 VI 的事件结构中只有主 VI 程序的退出机制，控制布尔灯的程序在回调 VI 中实现。程序退出时要通过"取消注册事件"函数（"程序框图—函数选板—互连接口—.NET—取消注册事件"）注销回调机制的引用句柄。

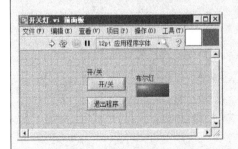

图 9-81　例 9-13 的程序界面

图 9-82　回调 VI 与事件结构分别运行在不同的线程

（4）如图 9-83 所示，回调 VI 中的输入、输出端子以及连线板都是 LabVIEW 自动创建的，LabVIEW 根据回调事件的种类和性质自动为回调 VI 创建不同的事件数据。一般而言，回调 VI 的连线板中有"事件通用数据"和"事件数据"两个端子，这两个连线板端子在主 VI 中没有实际的输入端，这两个接线端是提供事件数据的，通过簇函数可以获取其中的回调事件数据。"用户参数"是连线板中一定有的输入端子，其数据类型根据主 VI 中"事件回调注册"函数"用户参数"输入端子的数据类型而定。在本例中输入"用户参数"输入端子的数据类型为"布尔灯"控件的引用句柄，所以连线板的接口控件是一个布尔类的通用句柄控件。如果主 VI 中"用户参数"输入端子输入为空，则 LabVIEW 将在回调 VI 中创建变体类型作为用户参数的接口数据类型。

回调 VI 中，在用户参数（布尔类的通用句柄控件）上右击，在弹出的快捷菜单中选择"布尔（严格）类的属性—值"，通过"值"属性关联到主 VI 的显示控件"布尔灯"。将属性节点"值"取反连接，单击一次"开/关"按钮使布尔灯点亮，再单击一次"开/关"按钮使布尔灯熄灭。

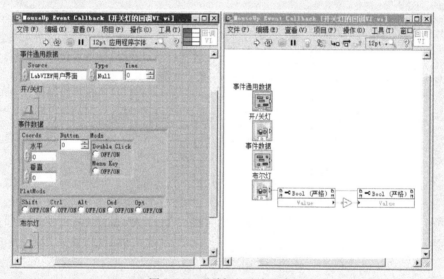

图 9-83　开关灯的响应程序

【例 9-14】用回调 VI 实现例 4-37 中的键盘计算器。

本例演示了如何使用回调 VI 中回调事件的数据，回调 VI 中的"事件数据"和"事件通用数据"包含了回调事件中用到的事件数据。回调 VI 中的"事件通用数据"和"事件数据"相当于事件结构的事件数据端子，如图 9-84 所示，通过"按名称解除捆绑"函数可以获取这些事件数据。

（1）按照图 9-85 所示编辑主 VI 程序。键盘上某键按下的回调事件"键按下"的事件源是本 VI，事件源的输入端要求输入引用句柄。可以通过 VI 服务器引用（"VI 程序框图—函数选板—编程—应用程序控制—VI 服务器引用"）获取本 VI 的引用句柄，也可以通过"静态 VI 引用"函数或"打开 VI 引用"函数获取本 VI 的引用句柄。如图 9-85 所示，通过 VI 服务器引用获取本 VI 的引用句柄。

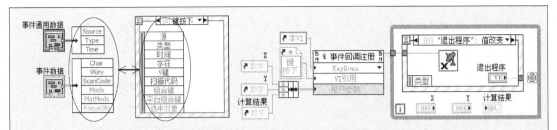

图 9-84   回调数据端子与事件数据端子   图 9-85   在回调 VI 中响应键事件

如图 9-86 所示是通过"静态 VI 引用"函数获取本 VI 句柄，当然通过"静态 VI 引用"函数和"打开 VI 引用"函数不仅可以获取本 VI 的引用，而且可以获取计算机磁盘上其他 VI 的引用。那么就可以把磁盘上其他 VI 作为事件源，为其注册回调事件，这样回调机制的应用范围可以扩展到磁盘上的 VI。

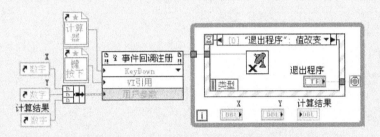

图 9-86   通过静态引用获取本 VI 引用句柄

（2）编辑回调 VI 中的程序，如图 9-87 所示。通过事件数据"Char（字符）"获取键盘上键的 ASCII 码，大写字母"A"、"B"、"C"、"D"、"E"的 ASCII 码分别为"65"、"66"、"67"、"68"、"69"，在对应的分支中进行运算并将计算结果输入属性节点"值（信号）"。

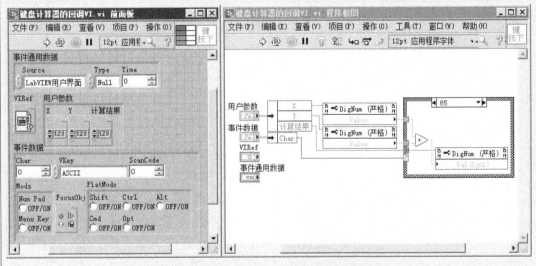

图 9-87   图 9-85 程序中响应键事件的回调 VI

【注意】属性节点"值（信号）"是可以在多线程（不同 VI 之间）触发"值改变"事件的，通过回调 VI 连线板接口"用户参数"中的引用句柄建立与主 VI 的控件"计算结果"的关联，可以将"值改变"这一事件传递到主 VI 中。如图 9-88 所示，在主 VI 中，显示控件"计算结果"的"值改变"事件分支中可以编辑其他程序代码（如对数据进行二次处理），扩展程序功能。

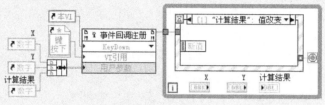

图 9-88　通过控件的"值（信号）"属性传递事件

【例 9-15】编程实现多个回调事件的注册。

本例演示了在主 VI 中定义多个回调事件并响应，按住"事件回调注册"函数的底部向下拖动可以产生多个回调事件注册端。多个回调 VI 之间、回调 VI 与主 VI 之间都是多线程的关系，各自运行在自己的线程，相互没有干扰。

本例实现以下功能：当鼠标在波形图表控件中移动时进行数据采集，当在前面板窗格中单击时显示当前鼠标光标的坐标。

方法 1：

（1）按图 9-89 所示构建程序界面。

（2）如图 9-90 所示编程，注册两个回调事件："波形图表"的"鼠标移动"（Mouse-Move）事件和"窗格"的"鼠标按下"（MouseDown）事件。当鼠标光标在波形图表中移动时实现数据采集，当鼠标在前面板窗格中按下时将光标的坐标显示到簇控件"坐标"中。

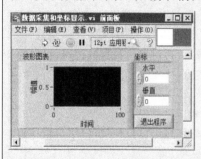

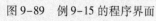

图 9-89　例 9-15 的程序界面

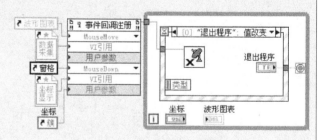

图 9-90　注册多个回调事件（方法 1）

（3）如图 9-91 所示，在回调 VI"数据采集"与回调 VI"显示坐标"中分别实现数据采集和坐标显示的功能。

方法 2：如图 9-92 所示，在实际的编程应用中，如果有多个回调事件，可以使用 For 循环 + 条件结构的形式在重叠的结构中依次注册多个回调事件。这样不仅可以使程序框图紧凑易读，而且可以在重叠的结构中进一步扩展回调事件，在不增加程序框图尺寸的情况下增加回调事件的数目。

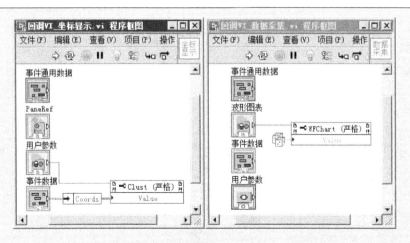

图 9-91 回调 VI "显示坐标" 与回调 VI "数据采集"

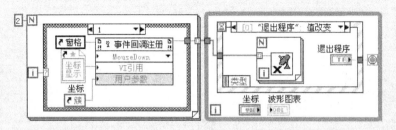

图 9-92 注册多个回调事件（方法 2）

如图 9-93 所示，在重叠的结构中注册波形图表的"鼠标移动"（MouseMove）事件和窗格的"鼠标按下"（MouseDown）事件。

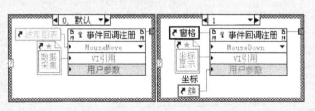

图 9-93 图 9-92 中注册的回调事件

2. 回调 VI 与主 VI 的通信

回调 VI 与主 VI 运行在不同的线程，一般情况下，可以通过引用句柄并配合回调 VI 的连线板实现数据通信。在无法使用连线连接到回调 VI 的连线板时，可以使用其他多线程的通信手段，如属性节点、队列函数、全局变量、LV2 型全局变量、通知器。

由于事件是支持多线程的，LabVIEW 支持在不同的 VI 之间传递事件，所以通过自定义事件也可以实现回调 VI 与主 VI 的通信。

【例 9-16】编程实现回调 VI 与主 VI 通信。

本例意在演示回调 VI 和主 VI 间的数据传递，将滑动杆的值传递到回调 VI 中，再将数据从回调 VI 返回到主 VI 的波形图表控件中。

通过"事件回调注册"函数的"用户参数"接口实现回调 VI 和主 VI 数据传递是最常用的,而且编程简单。通过队列函数也是实现回调 VI 和主 VI 数据传递的一种方法,但是需要编程响应。通过自定义事件实现回调 VI 和主 VI 间的数据传递并实现主 VI 的事件响应是一种很巧妙的编程应用,它在传递数据的同时还实现了事件的传递机制,大大提高了程序的执行效率。

"事件回调注册"函数注册的是事件,只有当回调事件发生时,LabVIEW 才在独立的线程中运行回调 VI。回调机制实际上也是事件响应机制的一种,它有 100% 的程序执行效率。没有回调事件时,回调 VI 处于等待状态,不占用任何 CPU 资源。通过本例,读者可以了解回调 VI 的多线程运行机制,回调 VI 是靠消息机制触发运行的。回调 VI 随着主 VI 加载内存后处于等待状态,当回调事件发生时,才能触发回调 VI 运行。回调 VI 被触发后是连续运行还是只运行一次,由回调 VI 中的程序代码决定。如果回调 VI 中有循环结构,那么回调 VI 的执行次数由循环结构的循环次数决定。

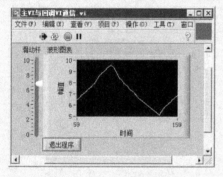

图 9-94 例 9-16 的程序界面

方法 1:

(1)按图 9-94 所示构建程序界面。

(2)在程序框图中构建一个事件处理器。

(3)通过"VI 程序框图—函数选板—编程—互联接口—ActiveX(.NET)",在程序框图中创建"事件回调注册"函数和"取消注册事件"函数。

(4)在滑动杆控件和波形图表控件上分别右击,在弹出的快捷菜单中选择"创建—引用",在程序框图中创建滑动杆控件和波形图表控件的引用。将滑动杆控件的引用和波形图表控件的引用分别连接到"事件回调注册"函数的"事件源"和"用户参数"输入端子。在"事件源"选项上单击,为滑动杆控件设置回调事件"值改变",当滑动杆控件的值改变时,触发回调 VI 执行。实际上,通过"事件回调注册"函数为控件注册的事件源与事件编辑对话框中的事件源是一样的。

(5)在"事件回调注册"函数的"VI 引用"输入端子上右击,在弹出的快捷菜单中选择"创建回调 VI",为回调机制创建回调函数。这时 LabVIEW 将自动创建一个编辑了连线板的回调 VI,该回调 VI 中有滑动杆控件和波形图表控件匹配的引用句柄,通过这两个句柄建立主 VI 中滑动杆控件和波形图表控件与回调 VI 的联系。"事件通用数据"相当于事件结构中的事件数据端子,不同的回调事件,事件数据是不同的,"事件通用数据"簇中的数据类型和数量也是不一样的。

(6)如图 9-95 所示,回调 VI 和主 VI 中的事件结构运行在两个独立的线程,互不影响,程序的主要功能在回调 VI 中实现,事件结构中只有一个用于实现程序退出的分支。运行程序,当滑动杆的值改变时触发回调 VI,在回调 VI 中将滑动杆的值赋给波形图表控件。

如图 9-96 所示是回调 VI 的前面板和程序框图。通过滑动杆类句柄控件与滑动杆类的"值"属性节点将主 VI 中滑动杆的值传递到回调 VI 中波形图表类的"值"属性节点中,配合波形图表类的句柄控件将该值返回到主 VI 的波形图表控件中。

图 9-95　例 9-16 的程序框图

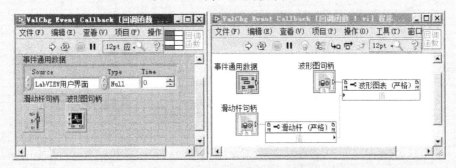

图 9-96　图 9-95 所示程序的回调 VI

方法 2：主 VI 与回调 VI 属于 VI 之间的多线程关系，可以采用全局变量、LV2 型全局变量、队列函数、通知器实现主 VI 与回调 VI 之间的通信。如图 9-97 所示，采用队列函数实现回调 VI 和主 VI 的多线程通信。设置"元素出队列"函数超时时间 100ms 是为了避免 While 循环因队列中没有元素而停滞。当超时发生时，"元素出队列"函数将输出默认数据，此时通过"元素出队列"函数的超时端返回"真"，条件结构进入"真"分支将默认数据过滤掉。

图 9-97　通过队列函数实现回调 VI 与主 VI 通信

如图 9-98 所示，在回调 VI 中通过"元素入队列"函数将滑动杆的值写入队列，在主 VI 中通过"元素出队列"函数将元素取出。

图 9-98　图 9-97 程序中的回调 VI

方法 3：事实上，可以不用将队列句柄传递到回调 VI 中，直接通过队列名称在多线程中识别同一队列，并实现数据传递，如图 9-99 所示。

图 9-99　省略队列句柄输入

如图 9-100 所示，在回调 VI 中通过队列名称"A"在多线程识别同一队列。

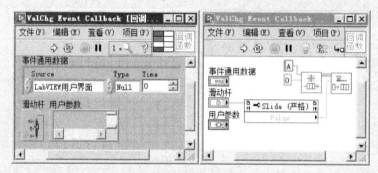

图 9-100　通过队列名称识别同一队列

方法 4：主 VI 中可以通过自定义事件响应回调 VI 的数据输入。如图 9-101 所示，创建自定义事件，将自定义事件句柄通过用户参数传入回调 VI 中。

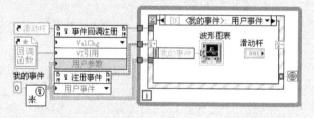

图 9-101　通过自定义事件获取回调 VI 数据

如图 9-102 所示，在回调 VI 中通过"产生用户事件"函数产生一个自定义事件，并将滑动杆的值传递到自定义用户事件中。

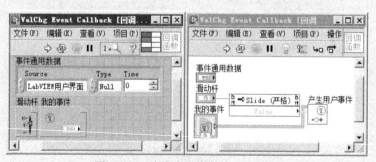

图 9-102　向自定义事件中写入数据

如图 9-103 所示是主 VI 的退出机制。

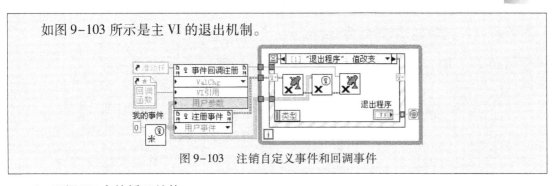

图 9-103　注销自定义事件和回调事件

3. 回调 VI 中的循环结构

回调 VI 中可以编辑复杂的程序代码，如加入循环和移位寄存器，甚至还可以在回调 VI 中调用子 VI。

> **【注意】**回调 VI 只支持具有自身停止机制的循环结构，在主 VI 中无法触发回调 VI 中的循环停止。回调 VI 中如果有循环结构，那么循环结构的停止机制必须设置在回调 VI 中，在其他线程中无法停止回调 VI 中的循环。如果回调 VI 调用了包含循环结构的子 VI，那么该子 VI 中的循环结构一般也应该是"具有自身停止机制的循环结构"。

当主 VI 中有循环在持续运行时，不影响回调 VI 的执行。但是当回调 VI 中有循环在持续运行时，主 VI 中所有线程将停滞，直到回调 VI 中的循环结构退出为止。回调 VI 的这种多线程特性可以说是单向的，或者说回调 VI 具有单向的多线程特性。在回调 VI 中可以进行短暂的循环迭代，在短暂的循环过程中，主 VI 的各线程暂时停滞。由于线程的停滞时间很短（可能几毫秒或几十毫秒），对主 VI 程序的运行不会产生明显的影响。

> **【例 9-17】**编程在回调 VI 中实现 $S_n = 1! + 2! + \cdots + n!$。
>
> 回调 VI 只支持具有自身停止机制的循环结构，本例的回调 VI 中有 For 循环结构，For 循环达到循环迭代次数时退出循环，这就是所谓的"具有自身停止机制的循环结构"。本例的回调 VI 中还调用了子 VI，子 VI 中也有一个具有自身停止机制的 For 循环。
>
> （1）在程序框图中构建一个事件处理器，如图 9-104 所示，主 VI 中创建自定义事件分支"计算结果"响应回调 VI 中产生的自定义事件。

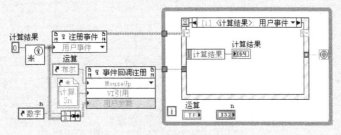

图 9-104　例 9-17 的主程序

（2）如图 9-105 所示，在回调 VI 中计算 S_n，通过"产生用户事件"函数产生一个事件并将 S_n 的计算结果传递到主 VI 的自定义事件分支"计算结果"中。在计算 S_n 的过程中，调用了子 VI "n!"，关于子 VI "n!"中的算法可以参考例 4-5。

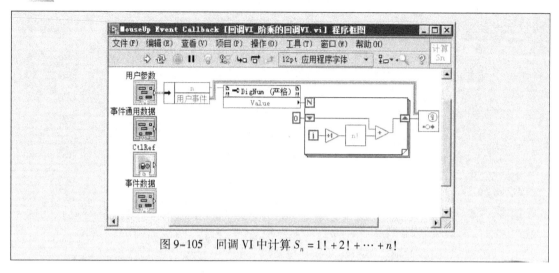

图 9-105　回调 VI 中计算 $S_n = 1! + 2! + \cdots + n!$

4. 同一回调 VI 注册多个事件

　　LabVIEW 的事件结构支持在同一事件分支中注册多个事件，当多个事件中的一个发生时，该事件分支中的程序代码被执行。那么是否可以为同一个回调 VI 注册多个回调事件呢？当多个回调事件中的一个发生时，回调 VI 被调用并执行。

　　如图 9-106 所示程序实现例 4-45 的功能，通过 For 循环索引依次注册五个按钮（"加"、"减"、"乘"、"除"、"清零"）的"鼠标释放"事件。

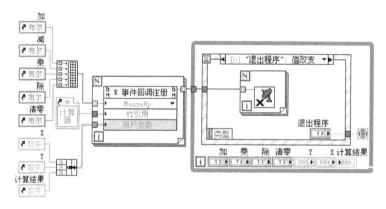

图 9-106　同一回调 VI 注册多个回调事件

　　如图 9-107 所示，在实际的编程应用中，通常使用 For 循环在重叠的条件结构中依次注册多个事件。这样不仅可以使程序框图变得更紧凑，而且便于回调事件的扩展。

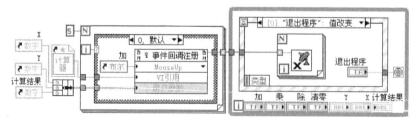

图 9-107　同一回调 VI 注册多个回调事件（重叠结构）

如图 9-108 所示，在条件结构的五个分支中分别注册五个按钮（"加"、"减"、"乘"、"除"、"清零"）的"鼠标释放"事件。

图 9-108 图 9-107 中注册的回调事件

如图 9-109 所示，在回调 VI 计算器中实现计算器的程序代码。

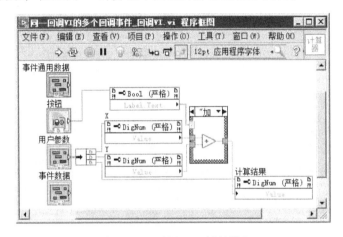

图 9-109 回调 VI "计算器"

5. 注销回调事件

在某些编程应用中，需要动态地注册和注销回调事件，达到回调事件的可用和禁用的目的。本书提供以下两种实现回调函数的动态加载和注销的方法。

1) 使用"取消注册事件"函数 使用"取消注册事件"函数可以注销"事件回调注册"函数注册的事件，使回调 VI 失效。

2) 使用动态调用技术 一般情况下，回调函数都是静态常驻内存的，使用动态调用子 VI 技术封装回调机制，可以实现回调 VI 的动态调用，进而实现回调 VI 的加载和注销。该种解决方案是将整个回调机制放在一个子 VI 中，动态调用该子 VI，使该子 VI 加载或者卸载内存，达到回调机制的注册和注销的目的。

【例 9-18】 编程实现回调机制的使能与禁用。

本例通过回调 VI 实现的功能是：当鼠标在波形图控件中移动时，显示鼠标的坐标。注册波形图控件的"鼠标移动"事件后，可以正常使用该功能。注销波形图控件的"鼠标移动"事件后，该功能被禁用。

方法 1： 本方法通过"取消注册事件"函数实现回调事件的注销。

（1）按图 9-110 所示构建程序，当用户勾选"注册"复选框时，程序实现对波形图"鼠标移动"事件的注册。注册波形图的"鼠标移动"事件后，当鼠标在波形图中移动时，前面板的簇控件"坐标"中将显示鼠标光标的坐标。

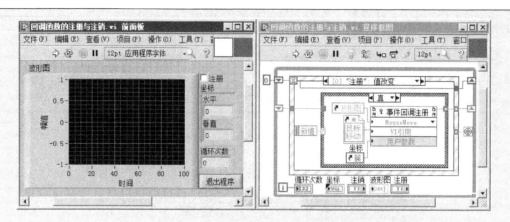

图 9-110 例 9-18 的前面板与程序框图

（2）如图 9-111 所示，在程序框图中构建一个事件处理器，为事件结构创建三个事件分支，分别实现初始化复选框控件的状态、动态注册或注销波形图控件的"鼠标移动"事件、程序的退出机制。

图 9-111 例 9-18 的事件响应程序

（3）在超时分支中实现复选框控件的初始化，初始化工作完成后要向事件结构的超时端子输入"-1"，关闭超时事件分支。

（4）如图 9-112 所示，在复选框控件"注册"的"值改变"事件中实现波形图控件"鼠标移动"这一回调事件的注册与注销。

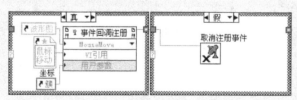

图 9-112 注册与注销回调事件

（5）编辑回调 VI，如图 9-113 所示，通过事件数据"Coords"获取鼠标光标移动时的坐标值。

（6）如图 9-114 所示是程序的退出机制。如果复选框控件"注册"被勾选，说明波形图控件"鼠标移动"这一回调事件当前处于注册激活状态，要将其注销后退出程序；如果复选框控件"注册"没被勾选，说明波形图控件"鼠标移动"这一回调事件当前处于未注册状态，无须注销该回调事件。

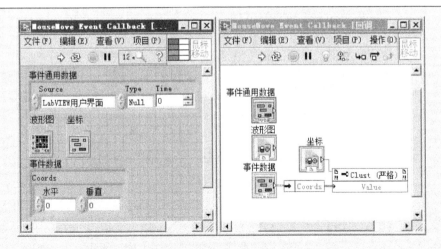

图 9-113　回调 VI "鼠标移动" 的前面板和程序框图

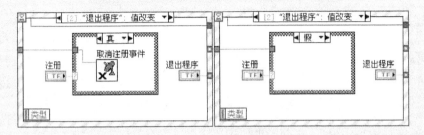

图 9-114　退出程序时注销回调事件

方法 2：如图 9-115 所示，将回调 VI 封装在子 VI 中，通过动态调用和注销该子 VI 达到注册和注销回调机制的目的。

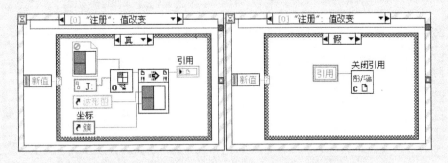

图 9-115　通过子 VI 的动态调用和注销实现回调机制的注册和注销

【注意】在 "通过引用节点调用" 函数的输出端创建了一个显示控件 "引用"，这里只是为了使用该显示控件的局部变量传递子 VI 的引用句柄，一般情况下将该显示控件隐藏（在显示控件上右击，在弹出的快捷菜单中选择 "隐藏显示控件"）。

如图 9-116 所示，子 VI 程序框图中只有回调机制的代码。当子 VI 加载内存时注册回调事件，当子 VI 退出内存时注销回调事件。

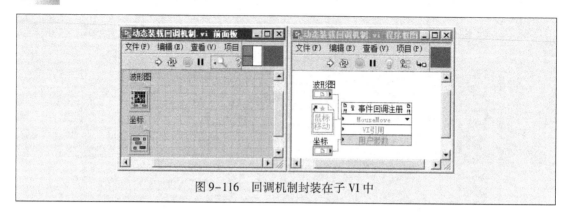

图 9-116   回调机制封装在子 VI 中

9.5   多线程传递事件

1. 通过 VI 引用传递事件

通过 LabVIEW 的动态注册事件机制不仅可以控制本 VI 中的事件，还可以控制其他 VI 中的事件，实现多线程（主要指 VI 之间）传递事件。"注册事件"函数是通过事件源的引用句柄注册动态事件的，这为多线程的事件操作提供了支持。通过 VI 引用可以获取计算机磁盘上任何 VI 的引用，进而获取该 VI 以及该 VI 中所有对象的引用句柄，对可用事件源的引用句柄进行动态注册，就可以建立多线程（VI 之间）的事件传递机制。

【例 9-19】编程实现 VI 之间的事件传递。

（1）按图 9-117 所示构建主 VI 程序界面。

（2）如图 9-118 所示，主 VI 的程序功能是调用子 VI 并实现主 VI 和子 VI 的退出机制。通过子 VI 的静态 VI 引用（"VI 程序框图—函数选板—编程—应用程序控制—静态 VI 引用"）获取子 VI 的引用句柄，配合 VI 类的属性实现子 VI 的静态调用。

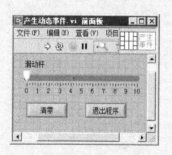
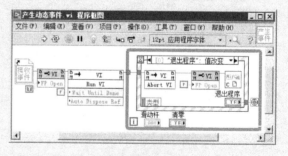

图 9-117   例 9-19 主 VI 的程序界面   图 9-118   通过静态调用打开子 VI "接收事件"

（3）按图 9-119 所示构建子 VI 的程序界面。

（4）如图 9-120 所示，在子 VI 的程序框图中，通过主 VI 的静态引用句柄和前面板类的属性"控件[]（Controls[]）"获取主 VI 前面板滑动杆控件和"清零"按钮的引用句柄。将这两个控件的引用句柄连接到"注册事件"函数的事件源输入端，分别注册"值改变"事件和"鼠标释放"事件，这样就在子 VI 中为主 VI 中的控件动态注册了事件。通过前面板类的属性"控件[]"返回的主 VI 所有控件的句柄数组中，各元素的索引顺序与主 VI 中控件的"Tab"键选中顺序是一致的。在主 VI 中通过 VI 菜单项"编辑—设置 Tab 键顺序",进入"Tab"键顺序设置界面,在该界面中设置"滑动杆"控件的顺序为"0",则在子 VI 中"控件[]"属性返回的句柄数组的第 0 个元素即是主 VI 中滑动杆控件的引用句柄。

　　如图 9-120 所示,在子 VI 中为主 VI 中的滑动杆控件创建动态事件分支"值改变"。

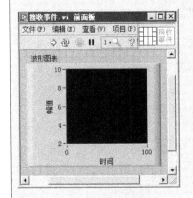

图 9-119　子 VI 的程序界面

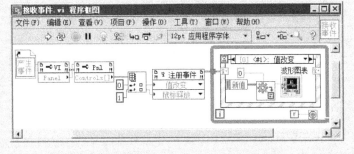

图 9-120　子 VI 中构建主 VI 滑动杆控件的动态事件分支"值改变"

　　(5)如图 9-121 所示,在子 VI 中为主 VI 控件"清零"按钮创建动态事件分支"鼠标释放"。

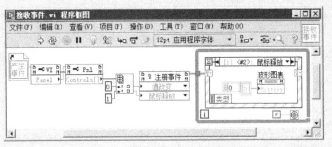

图 9-121　子 VI 中构建主 VI"清零"按钮的动态事件分支"鼠标释放"

2. 通过 LV2 传递事件

　　LV2 型全局变量是一个移动的移位寄存器,如果将自定义事件的句柄存储在 LV2 的移位寄存器中,可以实现在多线程(多 VI)间传递事件。

　　【例 9-20】 编程通过 LV2 实现多线程的事件传递。

　　本例在主 VI 中注册了自定义事件,将子 VI 中滑动杆的值通过自定义事件传递到主 VI 的自定义事件分支"事件传递"中。

　　如图 9-122 所示,在主 VI 的自定义事件中接收子 VI 中滑动杆的值改变。

　　如图 9-123 所示,在主 VI 中的事件分支中分别实现响应自定义事件、动态调用子 VI 和退出程序的功能。

　　如图 9-124 所示,在子 VI"LV2 事件"中存储自定义事件的引用句柄。

　　如图 9-125 所示,在子 VI"LV2 事件"的分支程序中分别实现注册自定义事件、产生事件、注销事件的功能。

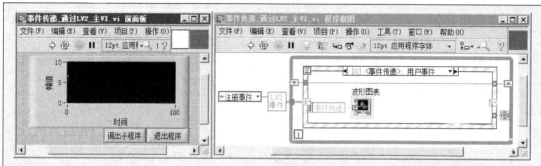

图 9-122　例 9-20 中的主 VI

图 9-123　例 9-20 的事件响应分支

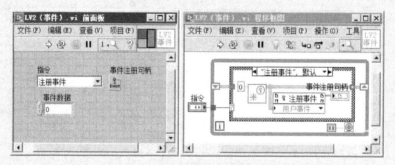

图 9-124　子 VI "LV2 事件" 的前面板和程序框图

图 9-125　子 VI "LV2 事件" 的分支程序

如图 9-126 所示，在子 VI 中产生事件，并将数据输入到自定义事件中。

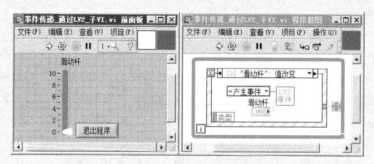

图 9-126　例 9-20 中的子 VI

3. 通过回调 VI 传递事件

在回调 VI 中可以通过控件的"值（信号）"属性将控件的"值改变"事件传递到主 VI 中，如图 9-88 所示。"值改变"事件在回调 VI 中产生，通过回调 VI 连线板接口控件建立与主 VI 中控件的关联，并将"值改变"事件传递到主 VI 中。在主 VI 中建立事件结构，响应控件的"值改变"事件。在传递事件的同时，数据已经通过"值（信号）"属性传递到主 VI 控件中。

在回调 VI 中还可以通过"产生用户事件"函数将自定义事件传递到主 VI 中，如图 9-101 和图 9-102 所示。这种多线程的事件传递机制将数据保存在自定义事件中，需要在主 VI 的事件结构中将数据取出。

4. 通过同步机制传递事件

"事件发生"函数（"VI 程序框图—函数选板—编程—同步—事件发生"）在同步多线程（多 VI）的同时传递事件，关于"事件发生"函数多线程传递事件的应用可以参考例 7-11。

第10章　常用控件的编程

　　LabVIEW 作为虚拟仪器的编程环境，主要实现两方面的内容：构建仪器界面和实现仪器功能。在构建仪器界面的过程中需要用到基本的控件，LabVIEW 编程环境为程序界面的构建提供了丰富的控件，大多数 LabVIEW 控件都有新式、系统、经典三种风格，使用这些控件可以构建内容丰富的应用程序界面。本章主要讲述 LabVIEW 常用控件的编程应用。

10.1　列表框

　　列表框控件是 LabVIEW 编程常用的控件，列表框控件用于分类显示信息。LabVIEW 中有三种风格的列表框控件，分别是新式、系统、经典，通过"VI 前面板—控件选板—新式（系统或者经典）—列表、表格和树—列表框"，可以获取列表框控件。如图 10-1 所示，是"新式"风格的列表框控件。

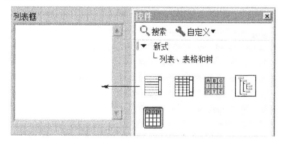

图 10-1　列表框控件

　　列表框控件的数据类型为 32 位整型或 32 位整型数组，列表框控件的快捷菜单项"选择模式"属性决定了列表框控件的数据类型。如果选择"0 或 1 项"或"1 项"时，列表框控件的数据类型为标量。如果选择"0 或多项"或"1 或多项"时，列表框控件的数据类型为数组。

　　在编程应用中，一般都是通过编程实现对列表框控件的操作，编程操作列表框控件主要是通过列表框控件的属性节点实现的，下面将着重讲解列表框控件的属性节点。

10.1.1　列表框的属性

　　列表框控件具有非常丰富的属性，常用的属性操作可以通过列表框控件的快捷菜单实现，更高级的属性操作需要通过列表框控件的属性节点实现。列表框控件快捷菜单中的属性都可以在属性节点中找到，读者可以参考列表框控件的属性节点理解列表框控件快捷菜单的功能。

　　列表框类继承于控件类，除了具有控件类的所有属性外，还具有列表框类的私有属性。

　　1）项名　读/写属性，数据类型为字符串数组，通过该属性节点可以获取或者设置列表框控件的文本内容。如图 10-2 所示为通过"项名"属性为列表框添加六个条目信息。

　　2）值　读/写属性，数据类型为有符号 32 位整型或 32 位整型数组（该属性节点的数据类型由属性节点"选择模式"决定），通过该属性节点可以获取或者设置列表框控件中被选中项的行号。如图 10-3 所示，通过列表框类的"值"属性节点上下移动列表框控件中的高亮选中条。默认的情况下，LabVIEW 只高亮显示列表框控件中被选中行的文本。通过列表框控件的快捷菜单项"选择模式—高亮显示整行"，可以实现高亮显示被选中的整行。

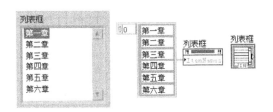

图 10-2　通过"项名"设置列表框控件中的
文本选项

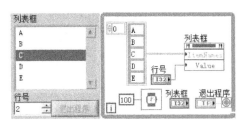

图 10-3　通过列表框的"值"属性设置
高亮条的位置

3）列首字符串　读/写属性，数据类型为字符串，通过该属性节点可以获取或者设置列表框控件的列首文本，如图 10-4 所示。默认情况下，列表框控件的列首是隐藏的，通过写入"真"到"显示列首"属性或勾选列表框控件的快捷菜单项"显示项—列首"均可以达到显示列首的目的。

图 10-4　设置列表框控件的列首文本

4）内容区域边界　只读属性，数据类型为 LabVIEW 自定义簇，通过该属性节点可以获取列表框控件内容区域的大小（以像素为单位），列表框的"内容区域"是指列表框控件中的文本编辑区域，如图 10-5 所示。

5）内容区域位置　只读属性，数据类型为 LabVIEW 自定义簇，通过该属性节点可以获取列表框控件内容区域在 VI 前面板窗格中的位置坐标（以像素为单位，以窗格原点为坐标原点），如图 10-6 所示。关于窗格原点的定义，可以参考 2.1 节中的内容。

图 10-5　列表框的内容区域

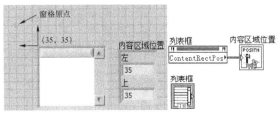

图 10-6　列表框内容区域的窗格坐标

6）拖曳/放置　列表框拖曳操作的属性有拖曳模式、允许放置、允许拖曳、允许拖曳和放置外部控件。

（1）拖曳模式：读/写属性，数据类型为枚举类型，通过该属性节点可以获取或设置列表框控件进行拖放操作时的数据操作行为。有效值包括：0（copy only），表示拖曳过程中仅允许复制数据源的数据；1（move only），表示拖曳过程中仅允许移动数据源的数据；2（copy or move），表示拖曳过程中可以复制或者移动数据源的数据。在"copy or move"模式下，拖动数据源的数据可以达到移动数据的目的，按住"Ctrl"键的同时拖动数据源的数据可以达到复制数据的目的。

（2）允许放置：读/写属性，数据类型为布尔类型。如该属性节点输入为"真"，则

LabVIEW 允许拖曳数据的放置操作。

（3）允许拖曳：读/写属性，数据类型为布尔类型。如该属性节点输入为"真"，则 LabVIEW 允许数据的拖曳操作。

（4）允许拖曳和放置外部控件：读/写属性，数据类型为布尔类型。如该属性节点输入为"真"，则可在该控件和其他控件之间拖曳数据。

【例 10-1】 编程实现列表框数据的拖曳。

（1）按图 10-7 所示构建程序界面。

（2）构建一个事件处理器，在"超时"分支中实现初始化工作，如图 10-8 所示。

图 10-7　例 10-1 的程序界面

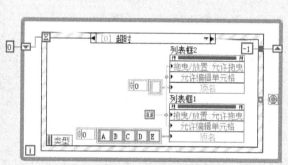

图 10-8　初始化列表框

（3）如图 10-9 所示是"列表框 1"的拖曳响应程序，程序的功能是从"列表框 1"中将数据取出。

（4）如图 10-10 所示是"列表框 2"的放置响应程序，程序的功能是通过"获取拖放数据"函数（"VI 程序框图—函数选板—编程—应用程序控制—获取拖放数据"）将"列表框 1"的拖曳数据放置到"列表框 2"中。

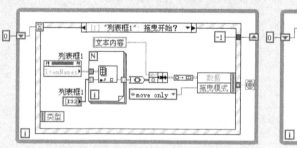

图 10-9　从"列表框 1"中取出数据

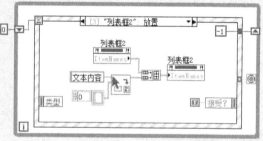

图 10-10　将"列表框 1"的拖曳数据放置到"列表框 2"中

（5）如图 10-11 所示是"列表框 2"的拖曳响应程序，程序的功能是从"列表框 2"中将数据取出。

（6）如图 10-12 所示是"列表框 1"的放置响应程序，程序的功能是将从"列表框 2"拖曳的数据放置到"列表框 1"中。

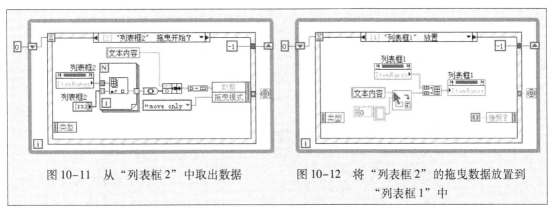

图 10-11　从"列表框 2"中取出数据　　　图 10-12　将"列表框 2"的拖曳数据放置到
　　　　　　　　　　　　　　　　　　　　　　　　　　　　　"列表框 1"中

7）顶行　读/写属性，数据类型为 32 位整型。通过该属性节点可以获取或设置列表框控件顶行的行号。如图 10-13 所示，列表框中共有 5 行，设置第 2 行为顶行。连续改变列表框控件的顶行，可以实现垂直滚动条上下滚动的效果。

8）多行输入　读/写属性，数据类型为布尔类型，通过该属性节点可以获取或者设置列表框控件的输入模式。如将值"真"写入该属性节点，则在 VI 运行模式下可以通过"Enter"键实现换行的功能（向列表框单元格中输入多行文本）；如将值"假"写入该属性节点，则在 VI 运行模式下可以通过"Enter"键确认当前单元格的输入。

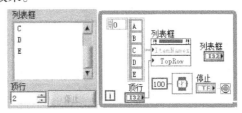

图 10-13　设置列表框控件的顶行

9）活动行　活动行是指列表框控件当前处于可操作状态的行，活动行有以下几个属性。

（1）活动行数：读/写属性，数据类型为 32 位长整型，通过该属性节点可以获取或设置列表框控件当前处于可操作状态的行所在的行号。如果要获取或者修改列表框中某行文本的属性（颜色、对齐方式、字体样式），首先需要设置要进行操作的目标行，通过"活动行数"属性的写状态可以设置当前处于活动状态的行（单元格）。

（2）单元格背景色：读/写属性，数据类型为 32 位长整型，通过该属性节点可以获取或者设置列表框单元格的背景颜色。所谓的"单元格"，简单地理解就是列表框中的某行（项）。

（3）单元格对齐：读/写属性，数据类型为枚举类型，通过该属性节点可以获取或设置列表框单元格的对齐方式。

（4）单元格高度：读/写属性，数据类型为 32 位长整型，通过该属性节点可以获取或设置列表框单元格的高度。

（5）单元格字体：读/写属性，数据类型为簇，通过该属性节点可以获取或设置列表框单元格的字体格式。

（6）活动行位置：只读属性，数据类型为 LabVIEW 自定义簇，通过该属性节点可以获取或设置列表框控件的活动行在 VI 前面板窗格中的坐标。活动行位置坐标的原点为所属窗格的原点，以像素为单位。

【注意】新创建 VI 的窗格原点与左上角的坐标点重合，但是当水平滚动条或者垂直滚动条移动后，窗格原点就不在窗格左上角了。关于窗格原点的详细解释，读者可以参考 2.1 节中的内容。

如图 10-14 所示，列表框控件中的第 2 行距离窗格原点的位置坐标为(52,62)。

图 10-14　活动行在 VI 前面板中的位置

10）禁用项　读/写属性，数据类型为 32 位整型数组，通过该属性节点可以获取或设置列表框控件禁用项的行号。当列表框的某项被禁用时，该项将显示灰色未激活状态，如图 10-15 所示，列表框控件的第 0 行和第 3 行被禁用。

11）显示项

（1）显示垂直滚动条：读/写属性，数据类型为布尔类型，通过该属性节点可以获取或设置列表框控件垂直滚动条的可视状态。

（2）显示符号：读/写属性，数据类型为布尔类型，通过该属性节点可以获取或设置列表框控件项符号的可视状态。"显示符号"属性节点的作用类似于列表框快捷菜单中的"显示项—符号项"以及属性对话框中"外观"选项页中的"显示符号"选项。LabVIEW 中有40 个项符号，默认的情况下列表框中各项的项符号为"0"（空白）（关于项符号的使用可以参照图 10-17 所示程序）。

（3）显示列首：读/写属性，数据类型为布尔类型，通过该属性节点可以获取或设置列表框控件列首的可视状态。

（4）显示水平线：读/写属性，数据类型为布尔类型，通过该属性节点可以获取或设置列表框控件水平分隔线的可视状态。如图 10-16 所示，写入值"真"到属性节点"显示水平线"，使列表框的水平分隔线可见。

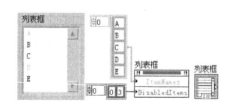

图 10-15　禁用列表框控件中的项

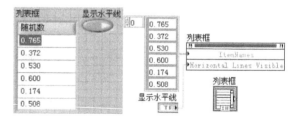

图 10-16　显示列表框控件的水平分隔线

12）项符号　读/写属性，数据类型为 32 位整型数组，通过该属性节点可以获取或设置列表框控件的项符号样式。表 10-1 列出了列表框控件项符号的样式，列表框的项符号总共有 40 种，用 1 ~ 40 的整数表示，"0"表示没有项符号。

表 10-1　项符号

序号	项符号	序号	项符号	序号	项符号	序号	项符号
1	✓	11	▨	21	⊞	31	♟
2	✗	12	■	22	⊡	32	♟
3	∅	13	▯	23	⊡	33	⊡
4	◆	14	▭	24	⊡	34	⊡
5	◇	15	▱	25	⊡	35	⊡
6	⬤	16	▩	26	⊡	36	⊡
7	○	17	⊡	27	⊡	37	☐
8	✛	18	⊟	28	⊡	38	☑
9	▭	19	⊡	29	⊞	39	☐
10	▢	20	⊡	30	🗑	40	☑

如图 10-17 所示，为列表框中的文本项"A"、"B"、"C"、"D"、"E"、"F"设置不同的项符号。

13）行数　读/写属性，数据类型为 32 位整型数组，通过该属性节点可以获取或设置列表框控件可见项的数目。如图 10-18 所示，通过"项名"属性为列表框控件写入 5 行文本。由于使用属性节点"行数"设置列表框控件只显示 3 行，所以列表框控件自动调整"内容区域"的大小为只显示 3 行。

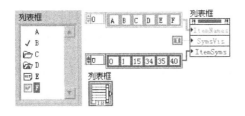

图 10-17　为列表框中的项添加符号

图 10-18　设置列表框显示的行数

14）选择模式　读/写属性，数据类型为 32 位整型，通过该属性节点可以获取或设置列表框控件被选中行的数目。列表框中被选中的行是高亮显示的，默认的高亮颜色是深蓝色。当列表框控件中的某行被选中时，列表框控件或其"值"属性节点将输出该行对应的行号，列表框控件可以输出 32 位整型标量数据或 32 位整型数组。当列表框控件中有一行被选中时，列表框控件输出 32 位整型标量；当列表框中有多行被选中时，列表框控件输出 32 位整型数组，数组中的元素是被选中多行的行号。"选择模式"属性的有效值包括 0、1、2、3，分别对应列表框控件的四种可选模式："0 或 1 项"、"1 项"、"0 或多项"、"1 或多项"。可以通过列表框控件的快捷菜单项"选择模式"或列表框控件的属性节点"选择模式"切换四种模式。

（1）0 或 1 项：在该模式下，LabVIEW 允许用户选中列表框控件中的 0 行（不选中任何行）或 1 行，不允许用户选中列表框控件中的多行。列表框控件及其"值"属性节点的数据类型为 32 位整型标量，输出的标量数据表示被选中行的行号。

在该模式下，按住"Ctrl"键的同时单击列表框控件中已经被选中的行，可以取消该行的选中状态。如果列表框中没有一行被选中，则列表框控件及其"值"属性节点返回"–1"。

（2）1 项：在该模式下，LabVIEW 只允许用户选中列表框控件中的 1 行，不允许用户选中列表框控件中的 0 行（不选中任何行）和多行。列表框控件及其"值"属性节点的数据类型为 32 位整型标量，输出的标量数据表示被选中行的行号。

（3）0 或多项：在该模式下，LabVIEW 允许用户选中列表框控件中的 0 行、1 行或多行。列表框控件及其"值"属性节点的数据类型为 32 位整型数组，数组中的元素表示被选中项的行号。

在该模式下，按住"Ctrl"键的同时单击列表框控件中未被选中的行，可以达到选中多行的目的；按住"Ctrl"键的同时单击列表框控件中已被选中的行，可以取消该行的选中状态。

（4）1 或多项：在该模式下，LabVIEW 允许用户选中列表框控件中的 1 行或多行，不允许用户选中列表框控件中的 0 行（不选中任何行）。列表框控件及其"值"属性节点的数据类型为 32 位整型数组，数组中的元素表示被选中行的行号。在该模式下，多选和取消多选也是通过"Ctrl"键实现的。

属性节点"选择模式"牵扯到数据类型的变更，LabVIEW 无法在运行时将标量数据类型更改为数组。在进行该属性节点操作前，应先手动在编辑模式下通过列表框控件快捷菜单将"选择模式"设置为"1 项或多项"，这时列表框的输出变为 32 位整型数组。此时才能对"选择模式"属性进行操作，否则只能对该属性节点进行"0 或 1 项"和"1 项"的操作。如图 10–19 所示，在"0 或多项"选择模式下选中列表框控件中的多项（VI 运行模式下配合"Ctrl"键实现多选）。

15）选择颜色　读/写属性，数据类型为 32 位整型，通过该属性节点可以获取或设置列表框控件某行被选中且高亮显示时的背景色。如图 10–20 所示，通过"选择颜色"属性修改列表框的高亮背景色。在 VI 运行模式下，单击列表框中的项，背景色将变为设置的颜色。

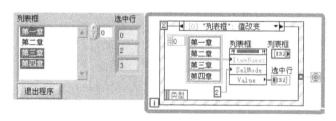

图 10–19　选择列表框中的多行　　　　　　　　图 10–20　设置列表框控件的高亮背景色

16）允许编辑单元格　读/写属性，数据类型为布尔类型，通过该属性节点可以获取或设置列表框控件单元格（行）在 VI 运行状态下的编辑状态。如该属性节点输入为"真"，则可以在 VI 运行模式下编辑列表框控件单元格；如该属性节点输入为"假"，则在 VI 运行模式下无法编辑列表框控件单元格。

10.1.2 列表框的方法

列表框类继承于控件类，除了具有控件类的方法外，列表框类还有自己的方法。

1）点到行 列表框控件的方法"点到行"可以实现鼠标在 VI 前面板窗格中坐标到列表框控件行号的转换。

该方法有一个数据输入端子，用于输入鼠标在前面板窗格中的坐标。该方法有三个数据输出端子，分别返回鼠标当前坐标是否在列表框控件内、鼠标当前坐标对应列表框控件的行号、鼠标当前坐标是否在项符号内。

如图 10-21 所示，通过列表框控件的方法"点到行"检测到当前鼠标光标在列表框控件第 2 行的项符号内。程序在 While 循环外部用项符号常量数组为列表框初始化项符号，项符号常量数组中的元素为项符号常量（"VI 程序框图—函数选板—编程—对话框与用户界面—列表框符号下拉列表控件常量"）。

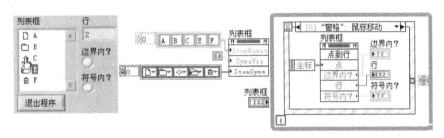

图 10-21 检测光标在列表框中的位置

2）获取被双击的行 通过该方法可以获取列表框控件中被双击行的行号，当列表框控件中没有被双击的行时，该方法返回"－2"。如图 10-22 所示，通过事件数据"Double Click"和调用节点"获取被双击的行"，检测列表框中被双击的项。

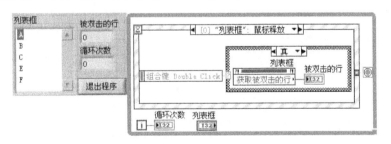

图 10-22 检测列表框中被双击的项

10.1.3 列表框的应用

【例 10-2】 编程将字符串中的文本信息添加到列表框控件中，并实现插入、上移、下移、修改、删除列表框控件中某项的功能。

本例构建的程序界面如图 10-23 所示，本例实现的主要操作是将字符串插入到列表框的某行、列表框中某项的上移和下移、修改和删除列表框项。在字符串输入控件中输入字符串文本，然后单击"插入"按钮，可以将其插入到列表框控件。第一次插入到列表框的第 0 行，如果列表框控件中已经有多行，单击选中某行，单击"插入"按钮，可将字符串插入到选中行的下一行。选中某行，单击"上移"按钮或"下移"按钮，该行将向上或向下移动。选择列表框的某行时，将在输入字符串栏显示该行内容，若在输入字符串中修改了文本内容，则单击"修改"按钮可将修改应用到列表框对应的项。选择列表框的某项，单击"删除"按钮可删除列表框中对应的项。

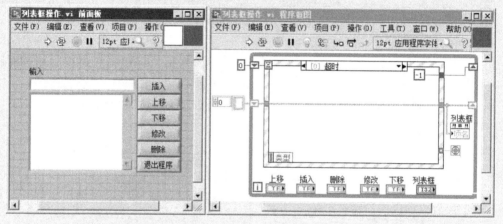

图 10-23   例 10-2 的前面板与程序框图

（1）通过"VI 前面板—控件选板—新式—字符串与路径—字符串输入控件"，在前面板创建一个字符串输入控件并将其标签修改为"输入"。通过"VI 前面板—控件选板—新式—列表、表格和树—列表框"，在前面板创建一个列表框控件。

（2）通过"VI 前面板—控件选板—新式—布尔—确定按钮"，在前面板创建六个按钮，并将按钮的标签和布尔文本分别修改为"插入"、"上移"、"下移"、"修改"、"删除"、"退出程序"。保持"退出程序"按钮默认的机械动作为"释放时触发"，其他按钮的机械动作设置为"保持转换直到触发"。

（3）按照图 10-23 所示构建程序界面。

（4）通过"VI 程序框图—函数选板—编程—结构—While 循环"，在程序框图中创建一个 While 循环。通过"VI 程序框图—函数选板—编程—结构—事件结构"，在程序框图中创建一个事件结构。

（5）如图 10-24 所示，为事件结构添加八个事件分支：超时事件、"插入"按钮的"鼠标释放"事件、"上移"按钮的"鼠标释放"事件、"下移"按钮的"鼠标释放"事件、"修改"按钮的"鼠标释放"事件、"删除"按钮的"鼠标释放"事件、列表框控件的"值改变"事件、"退出程序"按钮的"值改变"事件。

（6）按图 10-23 所示，编辑超时事件分支中的程序，该分支的功能是：通过"项名"将列表框清零，同时列表框的值被初始化为"－1"。

（7）按图 10-24 所示，编辑"插入"按钮的"鼠标释放"事件分支中的程序，该分支的功能是：将输入字符串中的文本插入到列表框控件选中行的下一行，并将列表框的值加 1，使列表框的高亮显示条下移。

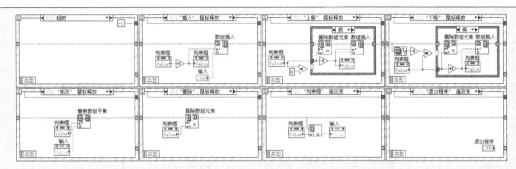

图 10-24　例 10-2 的事件响应程序

（8）按图 10-25 所示，编辑"上移"按钮的"鼠标释放"事件分支中的程序，该分支的功能是上移列表框中的项。

通过"删除数组元素"函数先将需要上移的项删除，然后再通过"数组插入"函数将其插入到选中行的上一行。同时通过列表框的"值"属性将列表框的值减 1，达到高亮条上移的目的。

当列表框的值为 0 时，列表框的高亮显示条停留在第 0 行，说明该项已经是列表框的顶行，此时无须再向上移动。

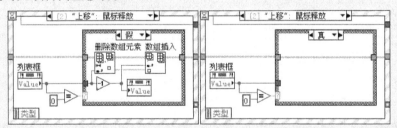

图 10-25　上移列表框项并限制顶行上移

（9）按图 10-26 所示编辑"下移"按钮的"鼠标释放"事件分支中的程序，该分支的功能是下移列表框中的项。

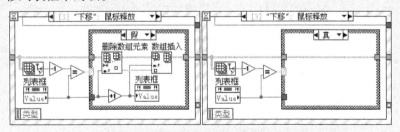

图 10-26　下移列表框项并限制尾行下移

通过"删除数组元素"函数先将需要上移的项删除，然后再通过"数组插入"函数将其插入到选中行的下一行。同时通过列表框的"值"属性将列表框的值加 1，达到高亮条下移的目的。

当列表框的值与列表框的项数相等时，说明该项已经移动到了列表框控件的尾行，此时无须再向下移动。

（10）按图 10-24 所示，编辑列表框控件的"值改变"事件分支中的程序，该分支的功能是：当用户单击列表框某项时，将列表框该项的文本赋给字符串输入控件。

（11）按图 10-24 所示，编辑"修改"按钮的"鼠标释放"事件分支中的程序，该分支的功能是修改列表框某项的数据。

（12）按图 10-24 所示，编辑"删除"按钮的"鼠标释放"事件分支中的程序，该分支的功能是删除列表框某项。

【例 10-3】将字符串中被选中的字符拖曳到列表框控件。

本例实现的功能是：从字符串输入控件中拖出高亮选中的文本内容到列表框控件中、列表框中的数据在列表框内部拖曳移动、将数据拖曳出列表框达到删除数据的目的。

（1）通过"VI 前面板—控件选板—新式—字符串与路径—字符串输入控件"，在前面板创建一个字符串输入控件。在字符串控件上右击，在弹出的快捷菜单中选择"键入时刷新"，这样可以保证通过键盘向字符串控件输入数据时即时更新。通过"VI 前面板—控件选板—新式—列表、表格和树—列表框"，在前面板创建一个列表框控件。在列表框控件上右击，在弹出的快捷菜单项"拖放"中勾选三个选项："允许拖曳"、"允许放置"、"允许拖放至控件外"。勾选列表框控件的快捷菜单项"选择模式—高亮显示整行"。通过"VI 前面板—控件选板—新式—布尔—确定按钮"，在程序框图中创建一个布尔按钮并将按钮的布尔文本和标签修改为"退出程序"。

图 10-27　例 10-3 的程序界面

（2）按照图 10-27 所示构建程序界面。

（3）本例采用的设计模式是事件驱动的队列消息处理器。队列消息的传递用数组函数 + 移位寄存器实现，消息指令为自定义枚举类型。为枚举消息构建三条指令：初始化列表框、检测用户事件、刷新列表框。按照图 10-28 所示构建分支"初始化列表框"，在该分支中将列表框控件清零（列表框控件的值被置为"−1"）。

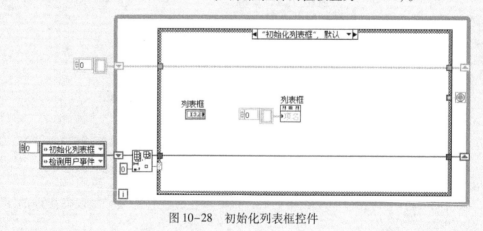

图 10-28　初始化列表框控件

【注意】如果不清零列表框中的数据，列表框默认的输出值为"0"，在后续的编程中需要用到列表框的输出值"-1"。

（4）根据图 10-29 所示，编写字符串输入控件的拖曳响应程序。用文本类的属性节点"文本选择区域_起始"和"文本选择区域_末尾"将字符串中被高亮选中的字符段输入到拖曳数据中。

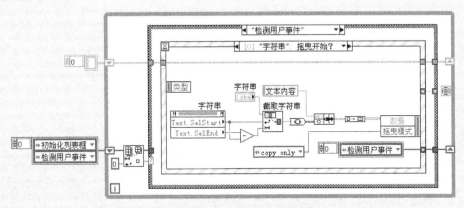

图 10-29　将选中文本内容作为拖曳数据

（5）如图 10-30 所示编写列表框控件的放置响应程序，用移位寄存器存储列表框控件的"项名"数组。通过列表框控件的方法"点到行"获取鼠标在列表框控件中放置数据时所在的行号，通过"数组插入"函数将拖曳数据插入到鼠标放置数据时所在的行。

如果原先列表框控件中的行数小于要插入的行号，例如列表框控件中原先有 2 行数据，现在将字符串控件中的文本数据拖曳到列表框控件的第 5 行，则"数组插入"函数无法将数据插入到数组的第 5 行。"数组插入"函数只能将数据插入到创建的数组元素中，列表框控件"项名"数组只有第 0 个元素和第 1 个元素，第 2~4 个元素没有创建，所以"数组插入"函数无法将拖曳数据插入到第 4 个元素（第 5 行）的位置。通过 For 循环与空字符串补齐没有创建的元素，这样拖曳数据就可以插入到列表框控件的任意行。

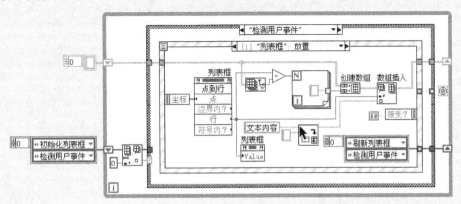

图 10-30　列表框控件的放置响应程序

如图 10-31 所示是"刷新列表框"分支中的程序代码，通过列表框控件的属性节点"项名"实现列表框控件的更新显示。

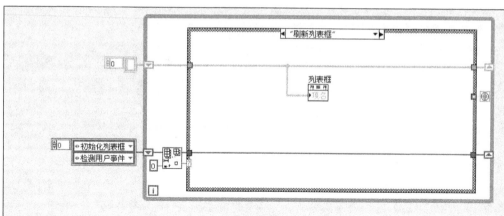

图 10-31　刷新列表框数据

（6）根据图 10-32 所示，编写列表框控件的拖曳响应程序。该程序分支主要实现列表框控件中各项在列表框内部的拖曳操作。用列表框控件的方法"点到行"获取开始拖动时的行号，通过"删除数组元素"函数将该行数据输入到拖曳数据中并删除该行数据。

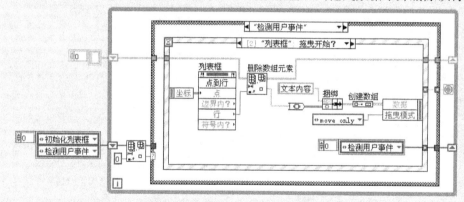

图 10-32　列表框内部的拖曳操作

（7）如图 10-33 所示，在"退出程序"按钮的"值改变"事件中实现程序的退出功能，"退出程序"按钮的机械动作应保持默认的"释放时触发"。

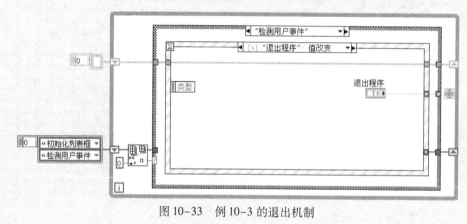

图 10-33　例 10-3 的退出机制

10.2 多列列表框

如图 10-34 所示，多列列表框控件较列表框控件可以显示更多的信息，是显示二维数组常用的控件。在 LabVIEW 中，多列列表框控件也有三种风格：新式、系统、经典，可以根据实际需要调用不同风格的多列列表框控件。

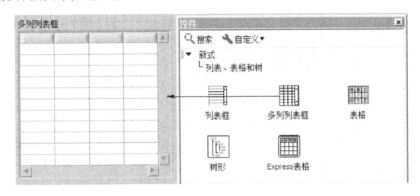

图 10-34 多列列表框控件

在实际的编程应用中，一般都是动态操作多列列表框控件，所谓动态操作多列列表框控件是指在 VI 运行的过程中编程操作多列列表框控件。要动态操作多列列表框控件，需要使用多列列表框的属性节点和方法。

10.2.1 多列列表框的属性

多列列表框类继承于控件类，除了具有控件类的所有属性外，还具有多列列表框类的特有属性。

1）项名 读/写属性，数据类型为二维字符串数组，通过该属性节点可以写入或读取多列列表框控件中的数据。如图 10-35 所示，用随机数产生一个二维数组并通过"数值至小数字符串转换"函数（"VI 程序框图—函数选板—编程—字符串—字符串/数值转换—数值至小数字符串转换"）写入多列列表框。

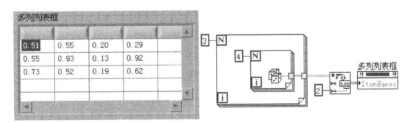

图 10-35 向多列列表框中写入数据

2）列首字符串 读/写属性，数据类型为一维字符串数组，通过该属性节点可以获取或设置多列列表框控件列首的字符串文本，如图 10-36 所示。

3）行首字符串 读/写属性，数据类型为一维字符串数组，通过该属性节点可以获取或设置多列列表框控件行首的字符串文本，如图 10-37 所示。

图 10-36   设置多列列表框列首

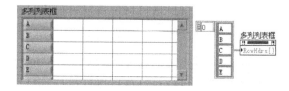

图 10-37   设置多列列表框行首

4）编辑位置 读/写属性，数据类型为 LabVIEW 自定义簇，通过该属性节点可以获取或设置多列列表框控件当前的编辑位置（处于编辑状态的单元格所在的行索引和列索引）。在 VI 运行模式且该属性节点处于读状态时，当用户在多列列表框的某个单元格中编辑时，该属性节点将返回用户所编辑单元格的位置索引。在 VI 运行模式下且该属性节点处于读状态时，如果用户在前面板多列列表框控件中无操作，该属性节点将返回（-2，-2）；在 VI 运行模式下且该属性节点处于写状态时，可以设置允许用户编辑的单元格。如图 10-38 所示，设置用户可以编辑的单元格是第 3 行第 2 列所在的单元格，那么在 VI 运行模式下，只有该单元格可以编辑，其他单元格是无法编辑的。

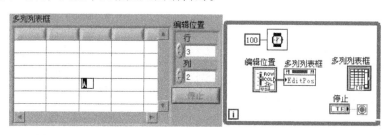

图 10-38   设置 VI 运行模式下多列列表框中允许编辑的单元格

5）大小 读/写属性，数据类型为 LabVIEW 自定义簇，通过该属性节点可以获取或设置多列列表框控件的大小。

6）多行输入 读/写属性，数据类型为布尔类型，通过该属性节点可以获取或设置多列列表框单元格的输入模式（单行输入或多行输入）。该属性节点输入为"真"时，通过"Enter"键可以切换到单元格下一行。

7）活动单元格 活动单元格是指多列列表框控件当前处于可操作状态的单元格，活动单元格有以下几个属性。

（1）活动单元格：读/写属性，数据类型为 LabVIEW 自定义簇，通过该属性节点可以获取或设置当前处于可操作状态的单元格的位置索引。当要通过编程修改多列列表框中某个单元格的属性（如字体颜色、大小、对齐方式等）时，首先要通过"活动单元格"属性设置要进行操作的目标单元格的位置。

（2）单元格背景色：读/写属性，数据类型为无符号 32 位整型，通过该属性节点可以获取或设置单元格颜色。如图 10-39 所示，通过属性节点"活动单元格"设置第 2 行第 3 列所在的单元格为当前处于活动状态单元格，那么属性节点"单元格背景色"进行的颜色修改将应用在该单元格。

（3）单元格大小：读/写属性，数据类型为 LabVIEW 自定义簇，通过该属性节点可以获取或设置单元格大小。如图 10-40 所示，通过属性节点"单元格大小"获取第 2 行第 2 列所在的单元格大小：宽度为 50 个像素点，高度为 18 个像素点。

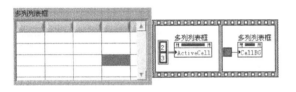
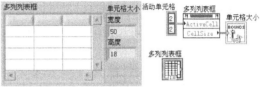

图 10-39　设置多列列表框中单元格背景颜色　　　图 10-40　获取多列列表框中单元格大小

（4）单元格对齐：读/写属性，数据类型为枚举类型，通过该属性节点可以获取或设置多列列表框单元格文本的对齐方式：左对齐、中间对齐、右对齐。如图 10-41 所示，设置第 2 行第 1 列所在的单元格文本采用右对齐方式。

（5）单元格字体：读/写属性，数据类型为 LabVIEW 自定义簇，通过该属性节点可以获取或设置单元格文本字体的样式，如图 10-42 所示。

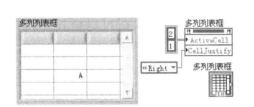
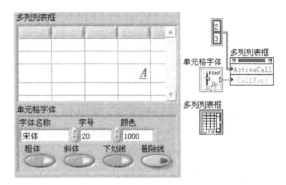

图 10-41　设置多列列表框单元格文本为右对齐方式　　　图 10-42　设置多列列表框单元格字体样式

（6）单元格位置：只读属性，数据类型为 LabVIEW 自定义簇，通过该属性节点可以获取活动单元格左上角在 VI 前面板窗格中的坐标。坐标原点为窗格的原点，以像素为单位。如图 10-43 所示，多列列表框第 3 行第 3 列所在的单元格在 VI 前面板窗格中的坐标为（193，116）。

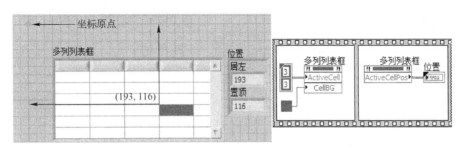

图 10-43　获取多列列表框某个单元格在窗格中的位置

【注意】"所属窗格原点"并不一定是窗格左上角，新建 VI 窗格左上角的坐标和窗格原点是重合的。当水平滚动条或垂直滚动条滚动时，窗格左上角的坐标和窗格原点坐标脱离，关于窗格坐标原点的详细内容可以参考 2.1 节中的内容。

8）键盘模式 读/写属性，数据类型为32位整型，通过该属性节点可以获取或设置多列列表框处理大小写字母的方式。有效值包括0（系统默认）、1（区分大小写）、2（不区分大小写）。

9）禁用项 读/写属性，数据类型为无符号32位整型数组，通过该属性节点可以获取或设置多列列表框被禁用行的行号。多列列表框中禁用的行显示灰色，如图10-44所示，多列列表框的第0行和第2行被禁用。

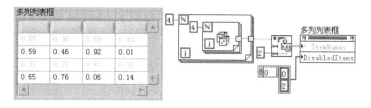

图10-44　设置多列列表框的禁用行

10）列数 读/写属性，数据类型为无符号32位整型，通过该属性节点可以获取或设置多列列表框中可见列的数目。如图10-45所示，写入"3"到多列列表框的属性节点"列数"，多列列表框将调整自身大小使多列列表框的内容区域可以显示3列。

图10-45　设置多列列表框可以显示的列数

11）内容区域边界 只读属性，数据类型为LabVIEW自定义簇，通过该属性节点可以获取多列列表框内容区域的大小（以像素为单位）。如图10-46所示，多列列表框内容区域大小为宽度153个像素点、高度95个像素点。

12）内容区域位置 只读属性，数据类型为LabVIEW自定义簇，通过该属性节点可以获取多列列表框内容区域在窗格中的坐标（以像素为单位）。如图10-47所示，多列列表框的内容区域相对于前面板窗格原点的坐标为(40,40)。

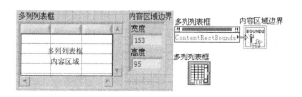 

图10-46　获取多列列表框内容区域大小　　　图10-47　获取多列列表框内容区域位置

13）平滑水平滚动 读/写属性，数据类型为布尔类型，通过该属性节点可以获取或设置多列列表框水平滚动条的滚动模式。当向"平滑水平滚动"属性节点写入"真"时，水平滚动条以像素为单位滚动；当向"平滑水平滚动"属性节点写入"假"时，水平滚动条以列宽为单位滚动。

14）显示项

（1）显示垂直滚动条：读/写属性，数据类型为布尔类型，通过该属性节点可以获取或设置多列列表框垂直滚动条的可视状态。

（2）显示垂直线：读/写属性，数据类型为布尔类型，通过该属性节点可以获取或设置多列列表框垂直分隔线的可视状态。

（3）显示符号：读/写属性，数据类型为布尔类型，通过该属性节点可以获取或设置多列列表框项符号的可视状态。

（4）显示列首：读/写属性，数据类型为布尔类型，通过该属性节点可以获取或设置多列列表框列首的可视状态。

（5）显示水平滚动条：读/写属性，数据类型为布尔类型，通过该属性节点可以获取或设置多列列表框水平滚动条的可视状态。

（6）显示水平线：读/写属性，数据类型为布尔类型，通过该属性节点可以获取或设置多列列表框水平分隔线的可视状态。如图 10-48 所示，写入"假"到属性节点"显示水平线"，多列列表框水平线将不可见。

（7）显示行首：读/写属性，数据类型为布尔类型，通过该属性节点可以获取或设置多列列表框行首的可视状态。如图 10-49 所示，写入"真"到属性节点"显示行首"，可以使多列列表框行首可见。

图 10-48　隐藏多列列表框的水平分隔线

图 10-49　显示多列列表框行首

15）项符号　读/写属性，数据类型为整型数组，通过该属性节点可以获取或设置多列列表框项符号的样式。该属性的有效值包括 1~40 的整数，表示 40 个图案，见表 10-1。默认情况下，多列列表框控件的项符号为"0（没有项符号）"且处于不可视状态。如图 10-50 所示，为多列列表框控件中的项设置项符号"1"、"4"、"16"，分别对应的图形为对钩、实心菱形、矩形。

> **【注意】** 在设置项符号前，应该首先为"显示符号"属性赋"真"值，使项符号处于可视状态。

16）行数　读/写属性，数据类型为无符号 32 位整型，通过该属性节点可以获取或设置多列列表框中可见行的数目。多列列表框可以调整自身高度，显示指定数目的行数。如图 10-51 所示，多列列表框控件有 5 行数据，设置行数为 4 行，则在 VI 运行模式下，多列列表框内容区域只显示 4 行数据。无论在编辑模式下调整多列列表框控件的高度为多少，在 VI 运行模式下多列列表框控件将根据"行数"调整自身高度，达到显示 4 行的目的。

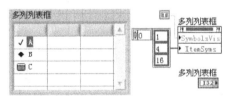

图 10-50　为多列列表框设置项符号

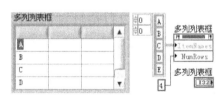

图 10-51　设置多列列表框可视的行数

17）选择模式 该属性与列表框的"选择模式"属性类似，读者可以参考列表框控件"选择模式"属性的用法。

18）选择颜色 读/写属性，数据类型为32位整型，通过该属性节点可以获取或设置多列列表框某行被高亮显示时的高亮底色。

19）允许编辑单元格 读/写属性，数据类型为布尔类型，通过该属性节点可以获取或设置多列列表框单元格在VI运行模式下的编辑状态。写入"真"到属性节点"允许编辑单元格"，在VI运行模式下用户可以编辑多列列表框控件的单元格；写入"假"到属性节点"允许编辑单元格"，在VI运行模式下用户无法编辑多列列表框控件的单元格。

20）自动调整行高 读/写属性，数据类型为布尔类型，通过该属性节点可以获取或设置单元格高度的调整模式。如写入"真"到该属性节点，当用户向多列列表框中输入文本时，多列列表框控件可以根据文本的行数和字体大小自动调整单元格的高度以达到显示所有文本内容的目的。

21）左上角可见单元格 读/写属性，数据类型为LabVIEW自定义簇，通过该属性节点可以获取或者设置左上角单元格的位置索引。当该属性节点处于读状态时，可以读取多列列表框左上角单元格所在的位置（行索引和列索引）。如图10-52所示，字母"G"所在的单元格是多列列表框左上角单元格，其位置索引为第1行第1列。

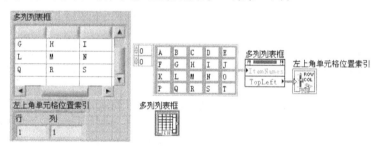

图 10-52 获取多列列表框左上角单元格的位置索引

当该属性节点处于写状态时，可以将某个索引位置处的单元格设置为多列列表框左上角单元格。如图10-53所示，设置第3行第3列所在的单元格为左上角单元格。

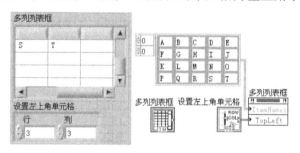

图 10-53 设置某单元格为多列列表框左上角的单元格

【例10-4】编程实现多列列表框水平滚动条和垂直滚动条的滚动效果。
    本例主要让读者加深对多列列表框属性节点"左上角可见单元格"的理解。当用户单击程序界面中的滚动按钮时，实现垂直滚动条的上下滚动和水平滚动条的左右滚动。

（1）按照图 10-54 所示构建程序界面，通过按钮控件的快捷菜单将"向上滚动"按钮、"向下滚动"按钮、"向左滚动"按钮、"向右滚动"按钮的机械动作设置为"保持转换直到释放"。

（2）构建事件结构设计模式，如图 10-55 所示。在事件结构中创建自定义事件分支"初始化事件"，在"初始化事件"分支中标记 100 行和 100 列。

如图 10-56 所示，本例使用自定义事件实现初始化，为了增加程序框图的可读性，将用户事件的程序代码封装在子 VI "用户事件"中。

图 10-54　例 10-4 的程序界面

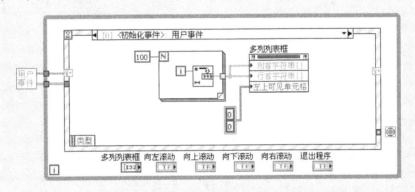

图 10-55　自定义事件中初始化多列列表框

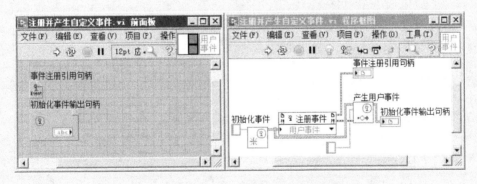

图 10-56　封装在子 VI 中的自定义事件机制

（3）创建"向上滚动"、"向下滚动"、"向左滚动"、"向右滚动"按钮的"鼠标释放"事件分支，如图 10-57 所示。通过"左上角可见单元格"属性改变左上角单元格的位置进而实现滚动条的滚动效果。通过按钮的布尔文本可以区分四个按钮，使用条件结构响应不同的按钮操作。

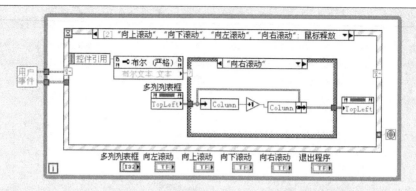

图 10-57 通过"布尔文本"属性识别按钮

如图 10-58 所示是四个按钮的程序响应分支。当单击"向右滚动"按钮时，条件结构进入"向右滚动"条件分支执行程序。在"向右滚动"条件分支中将原先左上角单元格的列号加 1，行号不变，并将新位置对应的单元格设置为左上角单元格。这样多列列表框的内容区域向左移动了一个单元格的位置，实现了水平滚动条的向右滚动效果。当第 0 行或第 0 列的单元格作为左上角单元格时，如果再进行向左或向上滚动，属性节点"左上角可见单元格"将报错，所以用"选择"函数将行号和列号锁定在最小为 0。

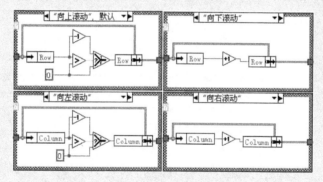

图 10-58 滚动按钮的响应程序

（4）按照图 10-59 所示构建退出程序的响应代码，在响应程序中注销自定义事件并为 While 循环的循环条件端子赋值"真"，使循环退出。

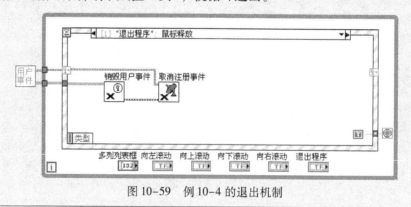

图 10-59 例 10-4 的退出机制

10.2.2　多列列表框的应用

【**例 10-5**】编程实现多列列表框的数据写入、报警、排序、数据保存的功能。

本列实现的功能是在 VI 运行模式下向多列列表框控件写入数据、对数据排序、根据范围为数据赋背景色、保存数据的功能。

在进行 LabVIEW 程序设计时，不仅要使程序代码精益求精，而且要在程序流畅运行的前提下考虑程序框图的可读性和简洁性，要考虑提高程序的模块化程度。

（1）通过"VI 前面板—控件选板—系统—数值—系统步进数值控件"，在 VI 前面板创建两个数值输入控件，并修改控件标签分别为"行数"和"列数"。通过"VI 前面板—控件选板—新式—列表、表格和树—多列列表框"，在 VI 前面板创建一个多列列表框控件。通过"VI 前面板—控件选板—新式—布尔—确定按钮"，在前面板创建六个确定按钮，修改确定按钮的布尔文本和标签分别为"写入数据"、"行排序"、"列排序"、"全文排序"、"取消排序"、"退出程序"，通过按钮的快捷菜单项"机械动作"修改按钮的机械动作为"保持转换直到释放"。

（2）按照图 10-60 所示构建程序界面。

（3）本例采用的设计模式为"事件驱动的队列消息处理器"，采用移位寄存器＋数组函数的机制保存和传递自定义枚举类型的消息指令。本例中共自定义了十条消息指令："初始化"、"等待用户事件"、"写入全局数据"、"刷新数据显示"、"赋值数据颜色"、"数据行排序"、"数据列排序"、"数据全文排序"、"保存程序数

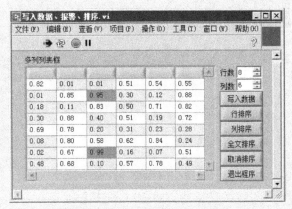

图 10-60　例 10-5 的程序界面

据"、"退出程序"。如图 10-61 所示是"初始化"程序分支，在该分支中清除单元格背景色和多列列表框控件中的数据。

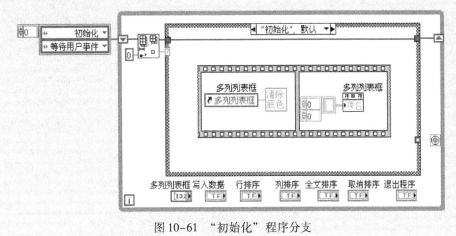

图 10-61　"初始化"程序分支

清除数据背景色是通过子 VI 实现的，图 10-62 所示是子 VI"清除底色"的程序代码。子 VI 的接口控件只有一个，即多列列表框类的句柄控件，连接到主 VI 的多列列表框的引用句柄，可以实现子 VI 中多列列表框的属性节点和主 VI 中多列列表框控件的关联。

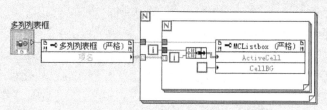

图 10-62　子 VI"清除底色"的程序代码

（4）如图 10-63 所示是"等待用户事件"分支中的程序代码，在"等待用户事件"分支中创建一个事件结构用于响应前面板用户的操作。为事件结构构建六个事件分支分别对应于 VI 前面板控件中六个按钮的事件响应："写入数据"按钮的"鼠标释放"事件、"行排序"按钮的"鼠标释放"事件、"列排序"按钮的"鼠标释放"事件、"全文排序"按钮的"鼠标释放"事件、"取消排序"按钮的"鼠标释放"事件、"退出程序"按钮的"鼠标释放"事件。图 10-63 所示是"写入数据"按钮的"鼠标释放"事件分支中的程序代码。在事件结构中只加载指令，在条件分支中编写实现程序功能的代码。

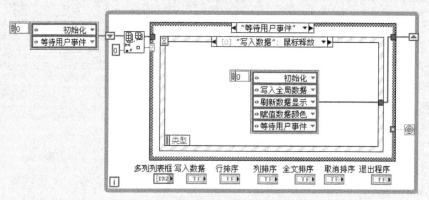

图 10-63　在"等待用户事件"分支中实现人机交互

图 10-64 所示是六个按钮的事件响应程序，单击不同的按钮时加载相应的指令。

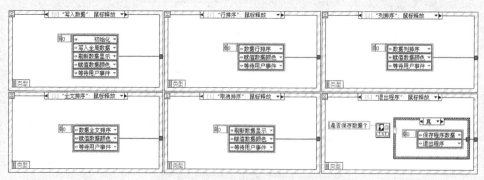

图 10-64　六个按钮的事件响应程序

如图 10-65 所示，在程序的退出机制中添加了提示保存程序数据的功能。

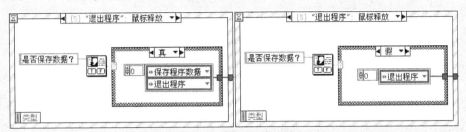

图 10-65　退出程序时提示保存

（5）按照图 10-66 所示构建"写入全局数据"程序分支，该分支中随机数函数产生的二维数组数据写入"全局数据"子 VI。实际上，"全局数据"子 VI 是一个 LV2 型的全局变量，将数据保存在"全局数据"的移位寄存器中，"全局数据"子 VI 中的移位寄存器就是一个可以移动的移位寄存器。在任何需要写入数据的节点使用自定义的方法通过移位寄存器向计算机物理内存写入数据，在任何需要读取数据的节点使用自定义的方法通过移位寄存器从同一块计算机物理内存读取数据。一定要保持 LV2 型的全局变量"全局数据"为默认的不可重入模式，否则在全局程序的多处实例中得到的可能不是同一份数据。

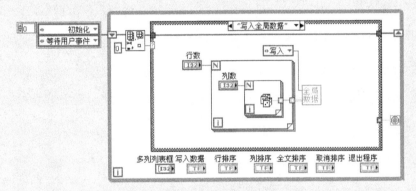

图 10-66　向全局变量中写入数据

如图 10-67 所示是子 VI "全局数据"中的程序代码，程序中定义了三个方法："写入"、"读取"、"清零"，实现对访问权限的控制。值得注意的是，While 循环的移位寄存器一定不能在 While 循环外部进行初始化，否则只能读取到初始化数据。

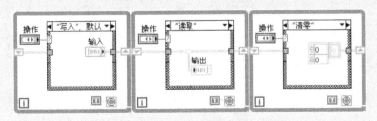

图 10-67　子 VI "全局数据"中的程序代码

（6）按照图 10-68 所示构建"刷新数据显示"程序分支，该程序分支的功能是用"全局数据"移位寄存器中的数据刷新多列列表框控件中的数据。

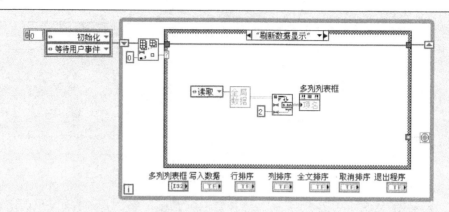

图 10-68　刷新多列列表框控件中的数据

（7）按照图 10-69 所示构建"数据行排序"程序分支，该程序分支的功能是对全局数据进行行排序并刷新多列列表框。

如图 10-70 所示，在子 VI"行排序"中使用"一维数组排序"函数对每行进行排序。

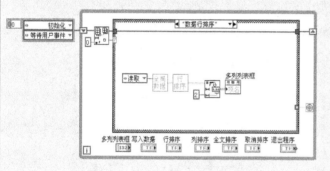

图 10-69　实现行排序　　　　　　　　　图 10-70　子 VI"行排序"的程序代码

（8）按照图 10-71 所示构建"数据列排序"程序分支，该程序分支的功能是对全局数据进行列排序并刷新多列列表框。

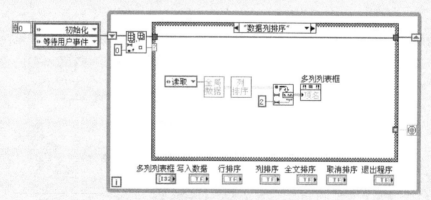

图 10-71　实现列排序

如图 10-72 所示是子 VI"列排序"中的程序代码。

图 10-72　子 VI"列排序"中的程序代码

（9）按照图 10-73 所示构建"数据全文排序"程序分支，该程序分支的功能是对多列列表框中的全部数据进行由大到小排序并刷新多列列表框。

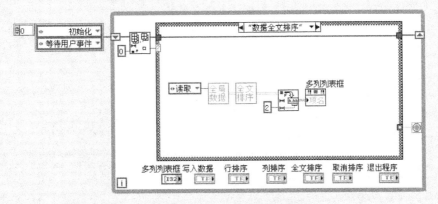

图 10-73　实现全文排序

如图 10-74 所示是子 VI"全文排序"中的程序代码。

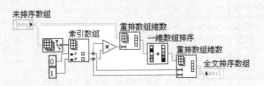

图 10-74　子 VI"全文排序"中的程序代码

（10）按照图 10-75 所示构建"赋值数据颜色"程序分支，该程序分支的功能是根据数据大小赋予多列列表框控件中单元格不同背景色。

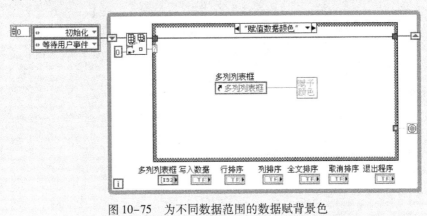

图 10-75　为不同数据范围的数据赋背景色

如图 10-76 所示是子 VI "赋予颜色" 中的程序代码, 如果单元格中的数据小于等于 0.5, 则将单元格的背景色设置为绿色; 如果单元格中的数据在 0.5 ~ 0.9 之间, 则将单元格的背景色设置为黄色; 如果单元格中的数据大于等于 0.9, 则将单元格的背景色设置为红色。

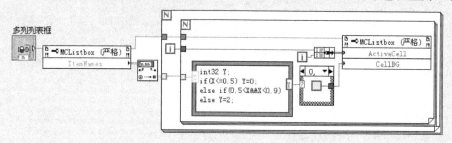

图 10-76　子 VI "赋予颜色" 中的程序代码

(11) 按照图 10-77 所示构建 "保存程序数据" 程序分支, 该程序分支的功能是利用 "写入电子表格文件" 函数 ("VI 程序框图—函数选板—编程—文件 I/O") 将全局数据以记事本的形式保存在计算机硬盘上。

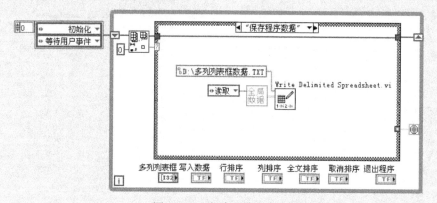

图 10-77　保存程序数据

本例中, 在程序框图中用到 "全局数据" 的多处实例 (图标), 但是无论用到几处实例, 只要将 LV2 型全局变量保持默认的 "不可重入" 设置, LabVIEW 就只为功能全局变量的移位寄存器在内存中开辟一块物理内存地址。初学 LabVIEW 的读者可能会认为程序框图中用到几处实例 (图标), 就是在内存中开辟几块内存地址, 这会大大增加内存占用量。其实不然, 多增加了几处实例 (图标) 必然是要增加程序框图的字节数 (操作系统要在计算机屏幕上多显示一些图形), 但是这几个图标增加的字节数几乎可以忽略。

【例 10-6】从多列列表框中拖曳数据到波形图控件。

本例可以实现从多列列表框中拖曳一行或者多行数据到波形图控件中形成图形曲线。通过多列列表框的快捷菜单设置多列列表框的 "选择模式" 为 "0 或多项", 按住 "Ctrl" 键的同时可以单击选中多列列表框中的多行。

在多列列表框的快捷菜单中选择 "高亮显示整行", 可以使选中的整行数据高亮显示, 效果如图 10-78 所示。

（1）按照如图 10-78 所示构建程序界面。勾选多列列表框的快捷菜单项"选择模式—0 或多项"及"选择模式—高亮显示整行"。

（2）构建一个事件处理器，在"写入数据"按钮的"鼠标释放"事件分支中编写代码，如图 10-79 所示，创建一个二维数组并通过多列列表框的"项名"属性将二维数组数据写入多列列表框控件。

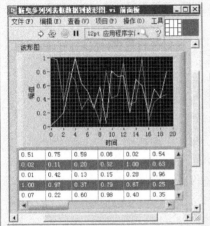

图 10-78　例 10-6 的程序界面

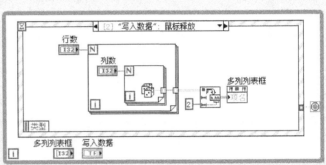

图 10-79　写入二维数组到多列列表框

（3）在多列列表框的"拖曳开始?"事件分支中编写程序代码，如图 10-80 所示。多列列表框控件默认的"选择模式"为"1"项，此时多列列表框在程序框图中的接线端子以及"值"属性节点的返回值为标量，表示多列列表框的行号。当设置多列列表框的"选择模式"为"0 或多项"时，多列列表框在程序框图中的接线端子以及"值"属性的数据类型就变为一维数组，数组元素为多列列表框控件中被选中的多行的行号。图 10-80 所示程序代码的功能是将所有选中行的数据取出并输入到拖曳数据中。具体的操作步骤是：首先通过 For 循环索引将多列列表框控件所有被选中的行号输入到"索引数组"函数的索引端，然后通过"索引数组"函数将对应行的数据从"项名"中取出，并用 For 循环索引组织成二维数组数据赋给拖曳数据。

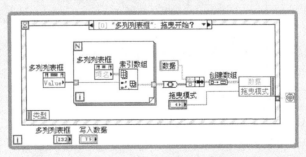

图 10-80　获取多列列表框中选中的行数据作为拖曳数据

（4）如图 10-81 所示是波形图控件的"放置"事件分支，在该事件分支中将拖曳数据中的二维数组数据输入到波形图控件中，形成一条或多条曲线。关于将波形图中的曲线拖曳到多列列表中的操作，请读者参考例 10-10 完成编程。

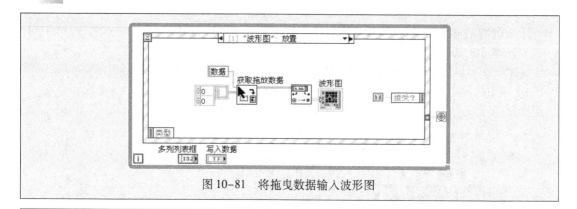

图 10-81　　将拖曳数据输入波形图

【例 10-7】编程实现：双击使多列列表框切换到编辑状态且根据输入文本长度自动调整单元格大小。

通过多列列表框的方法"点到行列"将双击单元格的位置赋给多列列表框的属性"活动单元格"和"编辑位置"，这样就将当前双击的单元格设置为可以编辑的单元格。

程序的框架是一个事件处理器，通过超时分支实现程序的初始化。本例在超时事件分支中构建了两个条件分支，用于初始化程序和调整列宽，通过在超时分支中添加条件结构可以扩展超时分支的功能。

（1）按图 10-82 所示，构建程序的前面板和程序框图。在多列列表框的"双击"事件分支中用多列列表框控件的方法"点到行列"获取被双击的单元格的位置，并赋给多列列表框的属性节点"活动单元格"和"编辑位置"，将当前双击的单元格设置为可以编辑的单元格。然后让程序进入超时事件分支中的"检测编辑状态"条件分支，响应用户在多列列表框中的编辑操作。

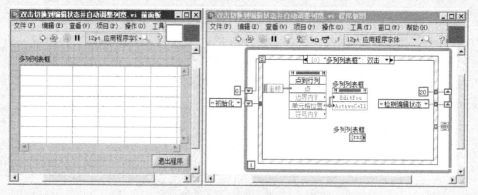

图 10-82　　例 10-7 的前面板和程序框图

（2）如图 10-83 所示，为事件结构创建三个事件分支：超时事件、多列列表框的双击事件、退出程序的"值改变"事件。

（3）如图 10-84 所示，在超时事件分支中构建两个条件分支，分别用于初始化程序和调整列宽。

如图 10-85 所示，子 VI "初始化单元格"的功能是初始化单元格的列宽并将多列列表框的数据清零。

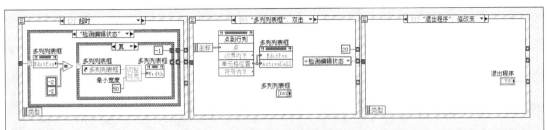

图 10-83　例 10-7 的事件响应程序

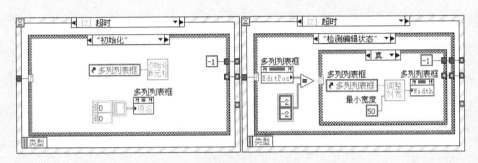

图 10-84　超时事件中的条件分支

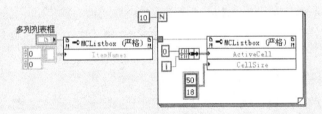

图 10-85　子 VI "初始化单元格" 的程序代码

（4）如图 10-86 所示，在 "检测编辑状态" 条件分支中根据多列列表框属性节点 "编辑位置" 的输出值进行不同的程序响应。

如果多列列表框的属性节点 "编辑位置" 不等于（-2，-2），说明用户正在双击的单元格内编辑，此时应该让程序回到 "检测编辑状态" 条件分支，继续检测文本是否输入完毕。

如果多列列表框的属性节点 "编辑位置" 等于（-2，-2），说明多列列表框当前没有编辑操作，文本输入完毕，此时应该调整刚才输入文本的列宽。

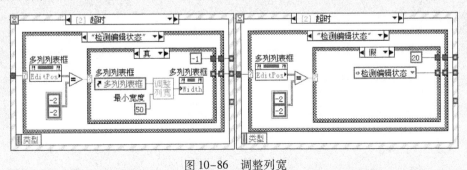

图 10-86　调整列宽

如图 10-87 所示，子 VI "调整列宽" 的功能是根据多列列表框单元格文本宽度自动调整单元格大小。在调整列宽的程序中主要用到了 "Get Text Rect" 函数（子 VI），它的中文译名为 "获取文本矩形区域"，通过该函数可以获取文本左右边界的长度。程序中使用 "选择" 函数（"VI 程序框图—函数选板—编程—比较—选择"）定义了最小列宽，如果输入文本的列宽小于最小列宽，则将单元格的列宽调整为设置的最小列宽。

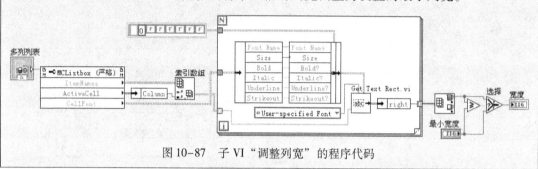

图 10-87　子 VI "调整列宽" 的程序代码

10.3　选项卡

如图 10-88 所示，选项卡可以将前面板控件重叠放置，使前面板界面变得更紧凑。Lab-VIEW 中有三种风格的选项卡控件：新式、系统、经典，通过 "VI 前面板—控件选板—新式（系统/经典）—容器—选项卡控件" 可以获取选项卡控件。

1. 选项卡的外观

如图 10-89 所示为选项卡的外观，默认情况下选项卡控件的 "页选择器" 和 "标签" 是可见的。选项卡的 "页选择器" 用于切换选项卡控件的选项页，选项卡中被选中的选项页才能显示。与其他控件不同的是，选项卡控件的标签和标题不在控件顶部，而是在选项卡控件下部。新创建的选项卡控件默认只有两个选项页，通过选项卡控件的快捷菜单项 "在前面添加选项卡" 或 "在后面添加选项卡" 可以为选项卡添加选项。通过快捷菜单 "显示项—选项卡标签显示" 可以调出选项卡控件的 "标签显示"，查看当前显示的选项页名称。

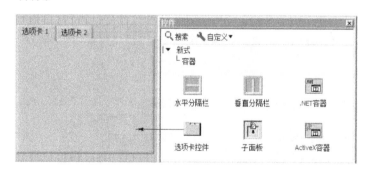

图 10-88　LabVIEW 的选项卡控件

图 10-89　选项卡的外观

2. 选项卡的属性

选项卡类继承于控件类，除了具有控件类的所有属性外，还具有选项卡类的特有属性。

1）选项卡　只读属性，数据类型为引用句柄数组，通过该属性节点可以获取选项卡控件所有选项页的引用句柄，实现对选项页及选项页中对象的操作。

2）页选择器可见　读/写属性，数据类型为布尔类型，通过该属性节点可以获取或设置选项卡控件页选择器的可视状态。如图 10-90 所示，为属性节点"页选择器可见"赋值"假"，使选项卡控件的页选择器不可见。

3）按 Tab 键时选中　读/写属性，数据类型为布尔类型，通过该属性节点可以获取或者设置选项卡控件对"Tab"键的选择模式。如果该属性节点输入为"真"，则在 VI 运行模式下用户按"Tab"键时，可以选中选项卡控件中的对象；如果该属性节点输入为"假"，则在 VI 运行模式下用户按"Tab"键时，只能选中选项卡控件本身，而无法选中选项卡控件中的对象。

4）调整选项卡　读/写属性，数据类型为布尔类型，通过该属性节点可以获取或者设置选项卡控件页选择器的调整模式。写入"真"到该属性节点，选项卡控件将自动调整页选择器的宽度以保持与选项卡控件的宽度相同。

5）选项卡标签显示可见？　读/写属性，数据类型为布尔类型，通过该属性节点可以获取或者设置选项卡控件"标签显示"的可视状态。选项卡控件的"标签显示"是选项卡控件的一个组成部分，在默认的情况下是不显示的。如图 10-91 所示，通过为"选项卡标签显示可见？"属性赋值"真"，或者勾选选项卡控件的快捷菜单项"显示项—选项卡标签显示"，均可以使其显示。

图 10-90　页选择器不可见

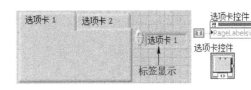

图 10-91　显示"选项卡标签显示"

6）选项卡布局　读/写属性，数据类型为枚举类型，通过该属性节点可以获取或者设置选项卡控件的布局。有效值包括：0（Text Only），表示选项卡的"页选择器"中只能包含文本；1（Image Only），表示选项卡的"页选择器"中只能包含图片；2（Text－Image），表示选项卡的"页选择器"内容的布局是文本在前图片在后；3（Image－Text），表示选项卡的"页选择器"内容的布局是图片在前文本在后。

7）选项卡大小　读/写属性，数据类型为枚举类型，通过该属性节点可以获取或设置选项卡控件页选择器大小的调整方式。准确地说，该属性节点应该翻译为"选项卡页选择器大小"。该属性节点包含三个有效值：Size Tabs To Contents、Size All Tabs to Largest Tab、Fixed Tab Size。

（1）Size Tabs To Contents：该模式下，选项卡控件根据每个选项页标题文本的长度自动调整每个页选择器的大小，如图 10-92 所示。

（2）Size All Tabs to Largest Tab：在该模式下，LabVIEW 将每个选项页的页选择器大小调整为最大页选择器的大小。如图 10-93 所示，页选择器 2 没有根据其标题文本长度调整大小，而是将其大小调整为页选择器 1 的大小。

图 10-92　根据选项页标题文本长度自动调整每个页选择器大小

图 10-93　调整所有页选择器大小与最大页选择器大小相同

（3）Fixed Tab Size：在该模式下，可以通过属性节点"选项卡固定规格"自定义选项卡控件中每个选项页的页选择器大小。如图 10-94 所示，将选项卡的页选择器大小设置为：宽度"190"、高度"22"。

图 10-94　自定义选项卡页选择器大小

8）选项卡固定规格　读/写属性，数据类型为 LabVIEW 自定义簇，通过该属性节点可以获取或设置选项卡控件的页选择器的大小。通过"选项卡固定规格"设置选项卡页选择器大小前，必须先设置"选项卡大小"属性为"固定选项卡规格"，否则通过"选项卡固定规格"无法修改页选择器的大小。也可以通过选项卡控件的快捷菜单项"属性"调出选项卡控件的属性对话框，在"外观"选项页中设置"选项卡大小"属性为"固定选项卡规格"。关于该属性节点的应用，可以参见图 10-94。

9）选项卡可见？　读/写属性，数据类型为布尔类型，通过该属性节点可以获取或者设置选项卡页选择器的可视状态。

如果将"假"赋给该属性节点，则选项卡控件所有的页选择器都不可视，如图 10-95 所示。该属性节点的功能与属性节点"页选择器可见"类似（见图 10-90）。

10）选项卡控件面板规格　读/写属性，数据类型为 LabVIEW 自定义簇，通过该属性节点可以获取或设置选项卡控件面板（可视区域）的大小。如图 10-96 所示，选项卡控件面板大小为：宽度"182"、高度"115"。

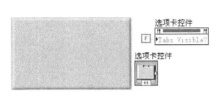

图 10-95　隐藏所有页选择器

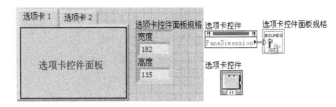

图 10-96　获取选项卡控件面板大小

11）选项卡位置　读/写属性，数据类型为枚举类型，通过该属性节点可以获取或设置选项卡控件页选择器的位置。如图 10-97 所示，通过"选项卡位置"属性将选项卡的页选择器置于底部。

12）颜色　读/写属性，数据类型为 LabVIEW 自定义簇，通过该属性节点可以获取或设置选项卡控件的颜色。

> 【注意】通过该属性节点只能修改选项卡控件整体的颜色，如图 10-98 所示，修改选项卡控件所有选项页背景颜色为黄色。如果要修改每个选项页的颜色，则可以使用页类的属性"颜色"。

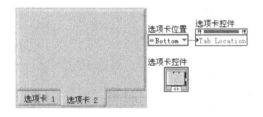

图 10-97　将页选择器置于选项卡底部

图 10-98　修改选项卡所有选项页背景颜色

13）允许多行　读/写属性，数据类型为布尔类型，通过该属性节点可以获取或设置选项卡控件页选择器文本的显示模式。写入"真"到该属性节点，当页选择器文本的宽度大于选项卡控件的宽度时，页选择器将分行显示。写入"假"到该属性节点，当页选择器文本的宽度大于选项卡控件的宽度时，LabVIEW 将通过右侧的滚动按钮显示页选择器中的文本。

14）允许多种颜色　读/写属性，数据类型为布尔类型，通过该属性节点可以获取或设置选项卡控件背景颜色的设置模式。该属性节点是针对页类属性"颜色"而言的，写入"真"到"允许多种颜色"属性后，就可以通过页类的"颜色"属性设置选项卡控件中每个选项页的背景色。

15）自动扩展?　读/写属性，数据类型为布尔类型，通过该属性节点可以获取或设置选项卡控件扩展模式。写入"真"到"自动扩展?"，当向选项卡控件添加比选项卡控件大的对象时，选项卡控件将自动扩展以适应对象大小。

3. 页类的属性

如果要对选项卡控件中的某个选项页进行操作，要用到页类的属性节点。通过选项卡控件的属性节点"选项卡"可以获取每个选项页的引用句柄，连接页类的属性可以实现对选项卡控件中选项页的操作。

1）独立标签 读/写属性，数据类型为布尔类型，通过该属性可以将标题的修改指向选项卡控件中的选项页。为该属性赋"真"值，就可以通过"选项卡标题"这个属性修改选项卡控件中每个选项页的标题。

2）选项卡标题 读/写属性，数据类型为字符串类型，通过该属性节点可以获取或设置选项卡控件选项页的标题（页选择器中的文本）。如需修改选项页的标题，必须首先设置"独立标签"属性为"真"，否则该属性无效。如图 10-99 所示，通过属性节点"选项卡标题"将选型卡控件中三个选项页的标题分别修改为"选项 A"、"选项 B"、"选项 C"。

3）选项卡标签 只读属性，数据类型为字符串类型，通过该属性节点可以获取选项卡控件选项项的标签。

4）选项卡可见 读/写属性，数据类型为布尔类型，通过该属性节点可以获取或设置选项卡控件某个选项的可视状态。如图 10-100 所示，使选项卡控件第 0 个选型页不可见。

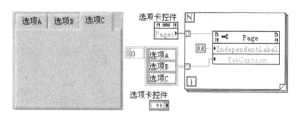

图 10-99　更改选项卡控件选项页标题

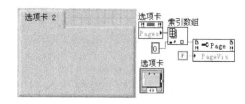

图 10-100　隐藏某个选项页

5）选项卡上对象[ ] 只读属性，数据类型为句柄数组，通过该属性节点可以获取选项卡某个选项页中所有对象（控件、修饰、ActiveX 容器等）具体到图形对象类的引用句柄。如图 10-101 所示，获取选项卡控件"选项页 1"中所有对象的类名。

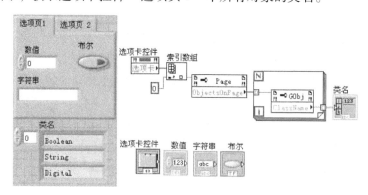

图 10-101　获取选项卡中对象的类名

6）选项卡页控件[ ] 只读属性，数据类型为句柄数组，通过该属性节点可以获取选项卡某个选项页中所有控件具体到控件类的引用句柄。如图 10-102 所示，通过"选项卡页控件[ ]"获取第一个选项页中波形图的引用句柄，通过"转换为特定的类"函数向下转换控件类的引用句柄得到波形图类的引用句柄。配合波形图类的属性节点，设置波形图曲线的样式为"样式 2"（虚线）。

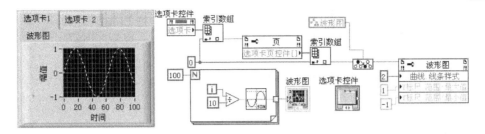

图 10-102　实现对选项页中控件的操作

7）选项卡页启用状态　读/写属性，数据类型为枚举类型，通过该属性节点可以获取或者设置选项卡控件中某个选项页的禁用状态。如图 10-103 所示，设置选项卡控件第 1 个选项页为禁用且变灰。

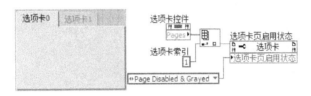

图 10-103　禁用选项卡某个选项页

8）颜色　读/写属性，数据类型为 LabVIEW 自定义簇，通过该属性节点可以修改选项卡控件选项页的前景色和背景色。应用该属性节点时必须在 VI 编辑模式下勾选选项卡控件的快捷菜单项"高级—允许多种颜色"，或者为属性节点"允许多种颜色"赋"真"值，否则该属性节点无效。如图 10-104 所示，分别修改两个选项页为不同的颜色。

【注意】该属性对于系统风格的选项卡无效。

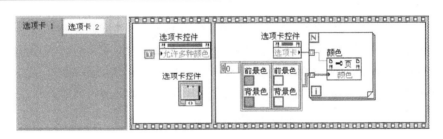

图 10-104　修改选项页颜色

9）选项卡页上修饰[ ]　只读属性，数据类型为句柄数组，通过该属性节点可以获取选项卡控件某个选项页中所有修饰的引用句柄。通过选项页中修饰的引用句柄，可以实现对选项卡中修饰的属性操作。如图 10-105 所示，修饰对象"加粗下凹盒"（"VI 前面板—控件选板—新式—修饰—加粗下凹盒"）在选项页 2 中。通过"索引数组"函数获取选项页 2 的引用句柄，连接选项页 2 的引用句柄到页类的属性"选项卡页上修饰[ ]"，获取选项页 2 中所有修饰对象的引用句柄，再通过"索引数组"函数获取其中第 0 个修改对象"加粗下凹盒"的引用句柄。连接"加粗下凹盒"的引用句柄到修饰类的"大小"属性，修改"加粗下凹盒"的尺寸。

图 10-105　设置"加粗下凹盒"的大小

10.4　树形控件

树形控件是开发 Windows 桌面程序常用的控件，使用树形控件可以更加条理地显示信息。通过"VI 前面板—控件选板—新式—列表框、表格和树"，可以获取树形控件。

在新创建的树形控件上单击，可以将光标定位到想要编辑的单元格并进行文本编辑。通过树形控件的快捷菜单可以实现一些基本的操作，如编辑项、删除项、缩进项等操作。在 VI 编辑状态下对树形控件的编辑操作比较简单，也不是编程的重点，树形控件的应用重点是通过属性节点和方法实现动态的读/写操作。

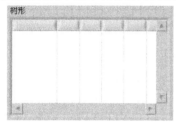

图 10-106　树形控件外观

1. 树形控件的属性

树形控件是由控件类继承得到的，它除了具有控件类的属性外，还具有树形控件的私有属性，控件的外观如图 10-106 所示。列表框、多列列表框控件、树形控件有许多属性是类似的，读者可以将它们对比学习，举一反三，以达到更好的学习效果。

1）编辑位置　读/写属性，数据类型为 LabVIEW 自定义簇，通过该属性节点可以获取或设置 VI 运行模式下树形控件当前的编辑位置（处于编辑状态的单元格所在的行索引和列索引）。在 VI 运行模式下且该属性节点处于读状态时，如果用户在前面板树形控件中无操作，则该属性节点将返回(-2，-2)。在 VI 运行模式下且该属性节点处于写状态时，可以设置允许用户编辑的单元格。在默认情况下，树形控件不允许在 VI 运行模式下编辑单元格。如图 10-107 所示，通过为树形控件的"允许编辑单元格"属性赋值"真"，可以使树形控件在 VI 运行模式下可编辑。在 VI 运行模式下编辑单元格的操作步骤是：首先单击要编辑的单元格，间隔一定的时间后再次单击该单元格，该单元格将变为高亮黑色的可编辑状态。

2）大小　读/写属性，数据类型为 LabVIEW 自定义簇，通过该属性节点可以获取或设置树形控件的大小，如图 10-108 所示。

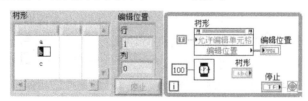

图 10-107　获取当前处于编辑状态单元格位置

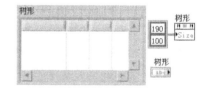

图 10-108　设置树形控件的大小

3）多行输入　读/写属性，数据类型为布尔类型，通过该属性节点可以获取或设置树形控件的输入模式。如该属性节点输入为"真"，则"Enter"键可以实现本单元格的换行操作；如该属性节点输入为"假"，则"Enter"键可以将光标移至下一个单元格。该属性的作用类似于树形控件的快捷菜单项"多行输入"。

4）活动单元格　活动单元格是指树形控件当前处于可操作状态的单元格（项），所有关于单元格的属性操作都是针对活动单元格而言的，树形控件的活动单元格的属性包括背景色、单元格大小、单元格对齐、单元格字体、活动列数、位置、字符串。在进行活动单元格的属性操作前，要设置当前处于活动状态的单元格。树形控件的活动单元格属性中并没有关于设置某项为当前活动单元格的属性，通过"活动项"属性中的"标识符"可以设置树形控件中的某项为当前的活动单元格，这样所有关于单元格的属性操作都指向该单元格。

（1）背景色：读/写属性，数据类型为 32 位无符号整型，通过该属性节点可以获取或设置树形控件单元格的背景色。

（2）单元格大小：读/写属性，数据类型为 32 位无符号整型，通过该属性节点可以获取或设置树形控件单元格大小。

（3）单元格对齐：读/写属性，数据类型为枚举类型，通过该属性节点可以获取或设置树形控件单元格中文本的对齐方式：左对齐、中间对齐、右对齐。

（4）单元格字体：读/写属性，数据类型为 LabVIEW 自定义簇，通过该属性节点可以获取或设置树形控件单元格中文本的字体。

（5）活动列数：读/写属性，数据类型为 32 位无符号整型，通过该属性节点可以获取或设置树形控件活动单元格所在的列索引。特殊值包括："－2"表示选中所有的列，"－1"表示选中所有列首。如图 10-109 所示，首先选中第 1 列为要操作的目标列，然后将单元格字体设置为"楷体_GB2312"。

（6）位置：读/写属性，数据类型为 LabVIEW 自定义簇，通过该属性节点可以获取或设置树形控件中活动单元格左上角的坐标。坐标原点为所属 VI 前面板窗格的原点，以像素为单位。

（7）字符串：读/写属性，数据类型为字符串类型，通过该属性节点可以获取或设置树形控件当前处于活动状态的单元格中的文本内容。

如图 10-110 所示，在进行活动单元格的属性操作前，首先通过"活动项"属性中的"标识符"设置第 2 项（默认的项标识符为"第三章"）为当前处于活动状态的单元格，然后通过活动单元格的属性设置第 2 行的背景色为黄色、文本对齐为"中间对齐"、字号为"16 号"、字体为"楷体_GB2312"，并获取当前活动单元格中的文本内容"第三章"。

图 10-109　树形控件单元格属性

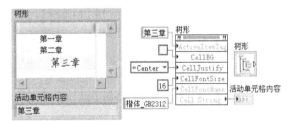

图 10-110　单元格属性

5）活动项

（1）行数：读/写属性，数据类型为无符号 32 位整型，通过该属性节点可获取或设置树形控件当前活动项所在的行号。当进行活动项的属性操作时，首先要设置活动项所在的目标行（位置），该属性节点的作用是将目标行设置为活动项，将后续的属性操作应用于该行。

该属性处于读状态时，返回活动项的行号。该属性处于写状态时，可以设置树形控件某行为活动项。该属性节点输入"–1"表示选定列首为当前的活动行，输入"–2"表示选定所有行为当前的活动行。

（2）标识符：读/写属性，数据类型为字符串类型，通过该属性节点可获取或设置树形控件当前活动项的标识符。树形控件活动项标识符是活动项的身份 ID，用于识别活动项的身份。当没有指定活动项的标识符时，默认该活动项的标识符为该单元格的文本内容。该属性包含特殊值：TREE_COLUMN_HEADERS，表示选中所有列首；TREE_ALL_ROWS，表示选中所有行，当前树形控件中所有项都处于可操作状态，对活动单元格的属性操作将应用于所有项。

> **【注意】** 该属性节点输入"TREE_ALL_ROWS"时，活动单元格的"字符串"属性不可用。将图 10-110 所示程序修改为如图 10-111 所示，为单元格属性"标识符"赋值"TREE_COLUMN_HEADERS"，使树形控件中的所有项都为当前处于活动状态的单元格，对活动单元格属性的设置将应用于所有项。

（3）打开?：读/写属性，数据类型为布尔型，通过该属性节点可以获取或设置树形控件活动项的展开或者缩进状态。如果该属性节点输入为"真"，则当前树形控件的活动项将处于展开状态，其缩进项将全部显示。如图 10-112 所示，将第 0 项下的缩进项展开。

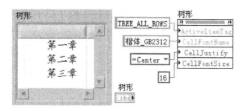
图 10-111　修改树形控件中所有项的属性

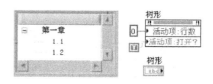
图 10-112　展开当前活动项的缩进项

如果该属性节点输入为"假"，则当前树形控件的活动项将处于缩进状态，其缩进项将全部收起。如图 10-113 所示，将第 0 项下的缩进项收起。

（4）符号索引：读/写属性，数据类型为 32 位整型，通过该属性节点可获取或设置树形控件活动项的符号。有效值为 0～40 的整数，代表 40 种不同的符号。如图 10-114 所示，通过符号常量（"VI 程序框图—函数选板—编程—对话框与用户界面—列表框符号下拉列表控件常量"）为第 0 列第 0 行添加文件夹图案的项符号。

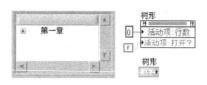
图 10-113　收起活动项的缩进项

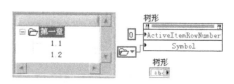
图 10-114　为树形控件设置项符号

（5）仅作为子项？：读/写属性，数据类型为布尔型，通过该属性节点可以获取或设置树形控件的活动项是否允许缩进项。如果该属性节点输入为"真"，则活动项不能包含其他缩进项。

（6）禁用？：读/写属性，数据类型为布尔型，通过该属性节点可以获取或设置树形控件活动项的禁用状态。如果该属性节点输入为"真"，则树形控件当前的活动项将处于禁用状态并显示灰色。如图 10-115 所示，禁用树形控件第 1 行。

（7）缩进层次：读/写属性，数据类型为布尔型，通过该属性节点可以获取或设置树形控件当前活动项的缩进层次。如图 10-116 所示，将当前活动项（第 2 项）的缩进层次设置为 2。

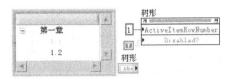
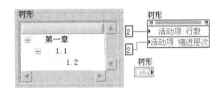

图 10-115　设置树形控件禁用项　　　　图 10-116　设置树形控件活动项的缩进层次

6）键盘模式　读/写属性，数据类型为 32 位整型，通过该属性节点可以获取或设置树形控件活动项在运行模式下处理大小写英文字符的方式。有效值包括 0（系统默认）、1（区分大小写）、2（不区分大小写），该属性的作用类似于树形控件的快捷菜单项"键盘模式"。

7）列首字符串　读/写属性，数据类型为字符串数组，通过该属性节点可以获取或设置树形控件的列首字符串。如图 10-117 所示，为树形控件添加列首"A"、"B"、"C"。

8）列数　读/写属性，数据类型为无符号 32 位整型，通过该属性节点可以获取或设置树形控件中可见列的数目。

该属性节点处于读状态时，可以获取树形控件内容区域内的列数。如图 10-118 所示，树形控件的内容区域中显示了"A"、"B"、"C"三列。

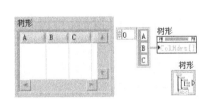
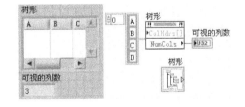

图 10-117　设置树形控件列首字符串　　　图 10-118　获取树形控件内容区域中的列数

该属性节点处于写状态时，可以设置树形控件内容区域内的列数。如图 10-119 所示，树形控件通过"列数"属性自动调整内容区域大小使树形控件只显示 3 列内容，未在树形控件内容区域中显示的列可以通过水平滚动条查看。

9）内容区域边界　只读属性，数据类型为 LabVIEW 自定义簇，通过该属性节点可以获取树形控件内容区域的大小（以像素为单位）。如图 10-120 所示，树形控件的内容区域是指文本编辑区域。

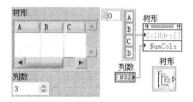

图 10-119　设置树形控件可视列的数目　　　　图 10-120　树形控件的内容区域

10）内容区域位置　只读属性，数据类型为 LabVIEW 自定义簇，通过该属性节点可以获取树形控件左上角顶点到窗格原点的坐标。如图 10-121 所示，窗格原点到树形控件左上角的坐标为(61,52)。

11）缩进/移出符号

（1）符号类型：读/写属性，数据类型为枚举类型，通过该属性节点可以获取或者设置树形控件缩进符号的样式。有效值包括：0，表示无符号；1，表示 LabVIEW 样式的符号；2，表示 Mac OS 系统样式符号；3，表示 Windows 操作系统样式的符号；4，表示默认符号，默认符号使用 Windows 操作系统样式的符号。该属性的作用类似于树形控件的快捷菜单项"扩展折/叠符号类型"。如图 10-122 所示，将树形控件缩进项的符号设置为 LabVIEW 样式的符号。

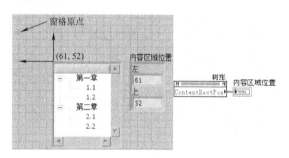

图 10-121　树形控件左上角顶点坐标

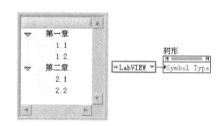

图 10-122　更改树形控件的缩进符号

图 10-123　隐藏树形控件的缩进符号

（2）显示根符号：读/写属性，数据类型为布尔型，通过该属性节点可获取或设置树形控件缩进符号的可视状态。当该属性节点输入为"真"（默认值）时，树形控件显示缩进符号。当该属性节点输入为"假"时，树形控件的缩进符号不可视，如图 10-123 所示。

12）所有标识符　只读属性，数据类型为一维字符串数组，通过该属性节点可以获取树形控件所有项的标识符。

13）同辈多选　读/写属性，数据类型为布尔型，通过该属性节点可以获取或设置树形控件同辈项的选中模式。该属性节点输入为"真"且树形控件的选择模式为"0 或多项"或"1 或多项"时，按住"Ctrl"键的同时可以通过单击选中树形控件中多个相同缩进层次的项。通过树形控件快捷菜单项"选择模式"可以设置以下选择模式："0 或 1 项"、"1 项"、"0 或多项"、"1 或多项"。

14）拖曳/放置　树形控件关于拖曳的所有属性，用于树形控件的拖曳操作，读者可以参考列表框控件关于拖曳/放置的属性。

15）显示的项　只读属性，数据类型为一维字符串数组，通过该属性节点可以获取或设置树形控件所有可视项的内容。当树形控件中有缩进项处于收起状态时，通过该属性返回的字符串数组不显示收起的缩进项。如图 10-124 所示，"第一章"下的缩进项处于收起状态，在返回的字符串数组中没有"第一章"下的缩进项。

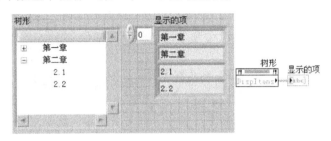

图 10-124　显示树形控件当前可视的项

16）显示项　显示项的各个属性与多列列表框控件的"显示项"类似，读者可参照学习，唯一不同的是树形控件有"显示层次结构线"属性。"显示层次结构线"属性为只读属性，数据类型为枚举类型，通过该属性节点可以获取或者设置树形控件层次结构线的可视状态。如果该属性设置为"Visible"，树形控件显示层次结构线。如果该属性设置为"Invisible"，树形控件不显示层次结构线。如果该属性设置为"OS Default"，则 LabVIEW 依据操作系统的相关设置选择是否显示树形控件的层次结构线。如图 10-125 所示，"显示层次结构线"属性输入为"Invisible"，则树形控件中不显示层次结构线。

17）行首字符串　读/写属性，数据类型为一维字符串数组，通过该属性节点可以获取或设置树形控件的行首文本内容。如图 10-126 所示，首先通过"显示行首"属性使树形控件的行首可视，然后通过"行首字符串"属性设置树形控件的行首。

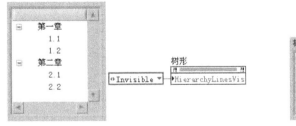

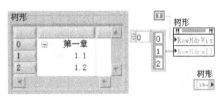

图 10-125　隐藏树形控件的层次结构线　　　图 10-126　设置树形控件行首

18）行数　读/写属性，数据类型为无符号 32 位整型，通过该属性节点可以获取或设置树形控件中可见行的数目。该属性节点处于读状态时，可以获取树形控件内容区域内的列数。该属性节点处于写状态时，树形控件将自动调整高度使内容区域内只显示设定数目的行数，未在树形控件内容区域中显示的行可以通过垂直滚动条查看。该属性节点类似于树形控件的"列数"属性，读者可以参照学习。

19）选择模式　该属性与列表框的"选择模式"属性类似，读者可以参考列表框控件

"选择模式"属性的用法。

20）选择颜色   读/写属性，数据类型为无符号 32 位长整型，通过该属性节点可以获取或者设置树形控件被选中项的背景色。

21）允许编辑单元格   读/写属性，数据类型为布尔类型，通过该属性节点可以获取或设置树形控件单元格的编辑状态。该属性输入为"真"时，LabVIEW 允许在 VI 运行时编辑树形控件；该属性输入为"假"时，LabVIEW 不允许在 VI 运行时编辑树形控件。

22）允许选择父项   读/写属性，数据类型为布尔类型，通过该属性节点可以获取或设置树形控件父项的可选性。该属性输入为"真"时，在 VI 运行模式下 LabVIEW 允许用户选中树形控件中的父项（缩进层次为 0 的项）。

23）自动调整行高   读/写属性，数据类型为布尔类型，通过该属性节点可以获取或设置树形控件单元格高度的调整模式。若写入"真"到该属性节点，则当用户向树形控件中输入文本时，树形控件可以根据文本的行数和字号大小自动调整单元格的高度以达到显示所有文本内容的目的。

24）左上可见单元格   读/写属性，数据类型为 LabVIEW 自定义簇，通过该属性节点可以获取或设置树形控件左上角单元格的位置索引。

当该属性节点处于读状态时，可以获取树形控件左上角单元格的索引位置，如图 10-127 所示。

当该属性节点处于写状态时，可以将某行所在的单元格设置为树形控件左上角的单元格，如图 10-128 所示。

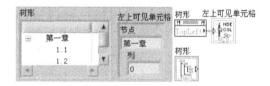   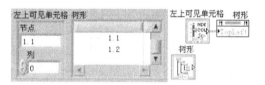

图 10-127　获取树形控件左上角单元格位置　　　图 10-128　设置树形控件某行为左上角单元格

2. 树形控件的方法

树形控件常用的方法有删除项、添加项、在末尾添加项，通过这些方法可以编程动态地实现树形控件项的编辑。

1）删除项   用于删除树形控件中的所有项。

2）添加项   用于向树形控件中添加新项，如图 10-129 所示。

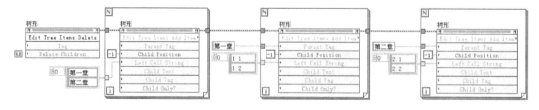

图 10-129　树形控件中添加项

3）在末尾添加项   可以实现向树形控件现有项后添加新项，如图 10-130 所示。

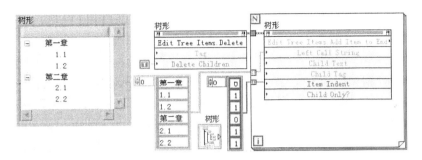

图 10-130　向树形控件末尾添加项

10.5　波形图表

10.5.1　波形图表的外观

如图 10-131 所示，是 LabVIEW 的波形图表控件。波形图表控件内部有一个先入先出的缓存区，默认的情况下该缓存区可以存储 1024 个数据。当在 VI 前面板创建一个波形图表控件时，LabVIEW 将同步编译程序并为其在内存中开辟能存储 1024 个数据的缓存区。

波形图表控件由图例、绘图区域、数字显示、标尺图例、X 轴滚动条、图形工具选板组成。

1）图例　通过图例可以概括地显示曲线的属性，如曲线名称、曲线颜色等。在波形图表的图例上单击或右击，可以调出图例菜单，如图 10-132 所示。通过图例菜单可以设置曲线的详细属性信息，如曲线名称、曲线样式、曲线颜色、点样式、线条宽度等。当波形图表中有多条曲线时，向上拖动图例可以产生多条曲线的图例。

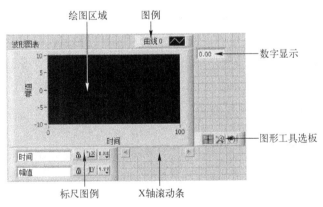

图 10-131　波形图表外观

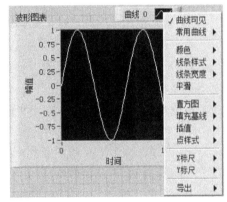

图 10-132　波形图表的图例菜单

波形图表的图例菜单主要包括以下项。

（1）常用曲线：LabVIEW 为用户配置好了六种可选曲线，用户可以选用其中一种样式作为曲线的显示样式。

（2）颜色：通过该选项可以设置曲线颜色。

（3）线条样式：该选项用于设置曲线线条样式，有实线、虚线、点画线等可选。

（4）线条宽度：该选项用于设置曲线线条的宽度。

（5）平滑：如果勾选"平滑"选项，可以使曲线进行平滑处理，如图 10-133 所示。

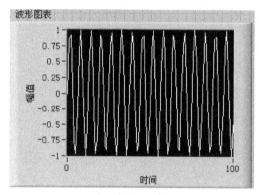

（a）未平滑曲线

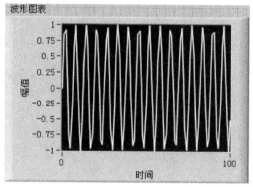

（b）平滑曲线

图 10-133　曲线的平滑处理

（6）直方图：该选项可以使波形图以直方图的形式显示，该菜单选项中提供了十种直方图样式可选。

（7）填充基线：对波形进行填充时的基线。

（8）插值：该选项用于曲线的插值操作。

（9）点样式：该选项用于设置数据点的样式。

（10）X 标尺和 Y 标尺：当波形图表上有多个坐标时，用户可以通过 X 标尺和 Y 标尺选项选择波形图表的坐标系。

2）绘图区域　是波形图表控件绘制图形的区域，输入到波形图表控件的数据将以图形的形式显示在该区域。

3）数字显示　当前数据点用数字显示。

4）标尺图例　通过标尺图例可以修改波形图表的标尺属性。

5）X 轴滚动条　通过拖动 X 轴滚动条可以查看所有的历史曲线，默认的情况下 X 滚动条是不显示的。在波形图表上右击，在弹出的快捷菜单中选择"显示项—X 滚动条"可以使波形图表的 X 轴滚动条可见。通过波形图表的快捷菜单项"图表历史长度"可以调出"图表历史长度"对话框，在该对话框中可以修改历史曲线长度（默认为 1024 个数据点）。

6）图形工具选板　图形工具选板用于波形图表中图形的缩放及移动操作。最左端的"十字"按钮是正常操作模式按钮，中间的放大镜按钮是图形的缩放按钮，最右边的手形按钮是对波形图中的图形进行拖曳移动操作的按钮。单击手形按钮时切换到图形的拖曳模式，在该模式下可以实现对波形图表中图形的拖曳操作。单击最左端的"十字"按钮可以将拖曳模式切换到正常操作模式。

点开缩放按钮有以下六个选项：

（1）选定放大区域：该选项可以实现图形全坐标放大（在 X 轴、Y 轴两个方向的放大），通过鼠标左键拖动可以选中要实现缩放的区域。选中的区域越大放大的倍数越小，选中的区域越小放大的倍数越大。

（2）横坐标放大：该选项可以实现图形在横坐标方向的放大，通过鼠标左键拖动可以选中要实现缩放的区域。选中的区域越大，放大的倍数越小；选中的区域越小，放大的倍数越大。

（3）纵坐标放大：该选项可以实现图形在纵坐标方向的放大，通过鼠标左键拖动可以选中要实现缩放的区域。选中的区域越大，放大的倍数越小；选中的区域越小，放大的倍数越大。

（4）自动调整大小：该选项可以自动调整图形大小，恢复图形的初始大小。

（5）持续放大：选中该选项并在波形图表控件的图形显示区域中按住鼠标左键将实现持续的全坐标放大，直到鼠标释放为止。

（6）持续缩小：选中该选项并在波形图表控件的图形显示区域中按住鼠标左键将实现持续的全坐标缩小，直到鼠标释放为止。

7）曲线的刷新模式　波形图表控件有三种数据刷新模式：带状图表、示波器图、扫描图。通过波形图表控件的快捷菜单项"属性"，可以调出波形图表控件的属性设置对话框，在属性对话框的"外观"属性页中的"刷新模式"选项中可以修改波形图表控件的刷新模式。

8）曲线显示模式　波形图表控件有两种显示多条曲线的模式：分隔显示曲线和层叠显示曲线，如图 10-134 所示。

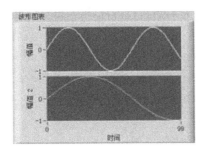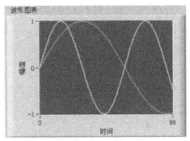

图 10-134　波形图表的分隔显示和层叠显示

9）游标　游标用于标记曲线上的数据点，使单个数据更加清晰。如图 10-135 所示，是波形图控件的游标。

【注意】LabVIEW 中的波形图控件有游标，而波形图表控件没有游标。

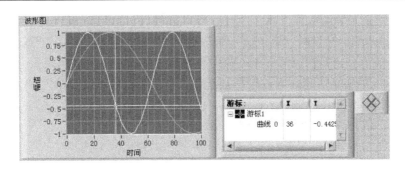

图 10-135　波形图控件的游标

可以通过波形图控件的游标图例实现对游标的操作，也可以通过波形图的属性节点实现对游标的操作。默认的情况下波形图是不显示游标图例的，可以通过波形图控件的快捷菜单项"显示项—游标图例"使游标图例显示。在对游标进行操作前要先创建游标，在游标图例上右击，通过"创建游标"选项可以创建三种类型的游标：自由、单曲线、多曲线。

（1）自由：通过"自由"选项创建的游标不关联波形图中的任何曲线，当拖动该游标时该游标可以在波形图控件的整个图形显示区域移动，游标图例中显示游标在波形图中的坐标。

（2）单曲线：通过"单曲线"选项创建的游标可以与波形图中的任何一条曲线关联或全部曲线关联，游标只能在曲线上移动。当波形图控件中有多条曲线时，新创建的单曲线类型的游标默认关联所有的曲线。可以通过游标的快捷菜单项"关联至"，将单曲线类型的游标关联到某一条曲线上。

（3）多曲线：在混合信号图形控件中该模式有效，可以使游标在数字波形和模拟波形间游动。

在游标图例中已经创建的游标上右击，在弹出的快捷菜单中可以对已经创建的游标进行设置。

（1）显示项：显示项中有三个选项：水平滚动条、垂直滚动条、列首，这三个选项是针对游标图例本身而言的。勾选这些选项，可以分别达到显示水平滚动条、垂直滚动条、列首的目的。默认情况下，游标图例的水平滚动条、垂直滚动条、列首是可见的。

（2）关联至：通过该选项可以使游标关联至某条曲线或所有曲线。如果选择波形图中的某条曲线，则游标只在该曲线上移动。如果选择"全部曲线"，游标可以与波形图中所有的曲线关联，当用户拖动游标移动到某条曲线附近时，游标自动识别并跳到最近的曲线上。

（3）属性：游标的快捷菜单中有两个"属性"选项。通过第一个"属性"选项可以设置游标的样式、颜色以及是否允许用户拖曳游标移动等属性。通过第二个"属性"选项可以调出波形图控件属性对话框的"游标"选项页。

（4）置于中间：该选项可以使游标置于波形图的中间。

（5）创建游标：通过该选项可以创建新的游标。

（6）删除游标：通过该选项可以删除游标。

10）历史曲线长度　当有数据加载到波形图表控件时，LabVIEW 为波形图表控件在内存中开辟一块先入先出（FIFO）的数据缓冲区，用于保存所有加载到波形图表中的数据，所有数据画出的曲线称为历史曲线。在波形图表控件上右击，在弹出的快捷菜单中选择"图表历史长度"，可以调出"图表历史长度"设置对话框。通过该对话框设置的是数据点个数，而不是占用计算机物理内存的大小。默认情况下，LabVIEW 为波形图表控件开辟 1024 个数据点的物理内存空间。由于波形图表的默认数据类型是双精度浮点数，所以一个数据点占用 8B 的内存空间。当波形图表中只有一条曲线时，LabVIEW 需要为波形图表控件开辟 $1 \times 1024 \times 8B$ 的内存空间。当波形图表控件中有 N 条曲线时，LabVIEW 需要为波形图表控件开辟 $N \times 1024 \times 8B$ 的内存空间。

清除波形图表历史数据的方法有以下三种。

（1）通过在 VI 右上角的 VI 图标上右击，在弹出的对话框中选择"VI 属性"或通过 VI 前面板系统菜单项"文件—VI 属性"调出 VI 属性窗口。在 VI 属性对话框中选择"执行"选项页，并勾选"调用时清空显示控件"选项。这样在每次运行 VI 时，LabVIEW 将自动清空显示控件中的数据。

（2）在波形图表控件上右击，在弹出的快捷菜单中选择"数据操作—清除图表"，将波形图表中的历史数据清除。

（3）通过向波形图表的属性节点"历史数据"中写入空数组，将波形图表中的历史数据清除。

如果不进行手动的历史数据清除，那么波形图表控件中的历史数据的生存周期和载有该波形图表控件的 VI 的生存周期是相同的。当 VI 被关闭（退出内存）时，波形图表控件中的历史数据丢失。波形图表控件中的历史数据的生命周期和循环结构的移位寄存器的生命周期是很类似的。

11）属性对话框　波形图表的属性可以在属性对话框中修改，属性对话框包含了所有波形图表的属性。在波形图表控件上右击，在弹出的快捷菜单中选择"属性"，可以调出波形图表的属性对话框。

在属性对话框中有外观属性页、显示格式属性页、曲线属性页、标尺属性页、说明信息属性页、数据绑定属性页，在这些属性页中可以设置波形图表的相关属性。

10.5.2　波形图表的数据输入形式

波形图表控件可以接受五种类型的数据输入：标量数据、数组、簇、簇数组、波形数据。

1）标量数据　波形图表可以将输入的标量数据依次连接形成连续的曲线图形。默认的情况下，波形图表控件的横坐标为整数 1、2、3、4……纵坐标为数组元素。如图 10–136 所示，波形图表控件绘制 $y = 3x + 1$ 的图形。在图 10–136 所示的波形图表控件中，曲线使用的点样式为实心点，通过波形图表控件图例（在波形图表控件上右击，选择快捷菜单项"显示项—图例"）中的"点样式"可以设置数据点的样式。

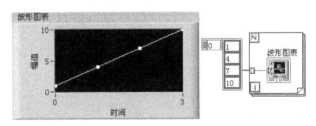

图 10–136　波形图表控件使用标量数据绘图

使用波形图表控件绘制标量数据的图形时，每有一个标量数据写入波形图表控件，波形图表控件就重绘图形一次，将数据加入到历史数据中。由于要实时重绘图形，所以程序的执行效率很低。由于使用标量数据持续输入的绘图形式可以实时反映数据的变化趋势，所以在编程中得到广泛应用。

如图 10–137 所示，波形图表控件使用标量数据点持续绘制正弦波图形。横坐标显示的是数据点的个数，纵坐标显示的是数据值。可以调用图形图表类的属性节点"X 标尺（Y 标尺）范围"中的"最大值"和"最小值"属性或者通过波形图表属性对话框的"标尺"选项页调整标尺范围。图 10–137 中设置了 X 标尺的标尺最小值为"0"、最大值为"100"，波形图表的可视区域内只能显示 100 个数据点，如果数据超过 100 个，则波形图表控件只显示最新的 100 个数据点。图 10–137 中波形图表控件实际输入的数据有 220 个，由于设置标

尺范围为 "100"，所以只能显示第 120～220 个数据点之间的数据。要想查看不在波形图表显示区域中的图形，可以通过波形图表的快捷菜单选项 "X 滚动条" 调出 X 滚动条，拖动 X 滚动条可以查看所有历史数据。波形图表历史数据的多少可以通过波形图表的 "历史图表长度" 设置，历史图表长度对话框中的数值表示的是数据点的个数，LabVIEW 默认波形图表控件可以保存 1024 个数据点。

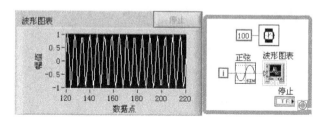

图 10—137　波形图表控件绘制正弦波形

2）数组　当波形图表控件输入为数组类型时，波形图表控件将数组中的元素作为数据点绘图，如图 10-138 所示。用数组数据绘图时，波形图表控件只进行一次图形重绘，这样可以大大提高程序的执行效率。

如果使用 "创建数组" 函数的 "连接输入" 模式（勾选 "创建数组" 函数的快捷菜单项 "连接输入"），还可以实现曲线的连接。如图 10-139 所示，将两个数组中的元素绘制为一条曲线。

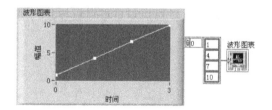

图 10-138　波形图表控件使用数组数据画图

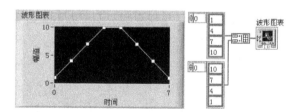

图 10-139　多个数组绘制为一条曲线

3）簇　当需要在一个波形图表控件中显示多条曲线时，可以通过 "捆绑" 函数实现多条曲线的显示。如图 10-140 所示，每个循环周期内波形图表控件都重绘一次图形。程序的执行效率较低，但是可以逐点显示数据的变化。

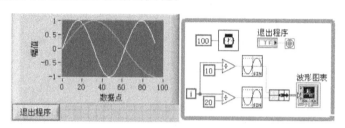

图 10-140　波形图表控件绘制多条曲线

如果输入的多条曲线数据个数不同，则波形图表将按最少数据点绘制图形。如图 10-141 所示，一组数据有 5 个数据元素，另一组有 3 个数据元素，波形图表绘制的两条曲线均为 3 个数据点。

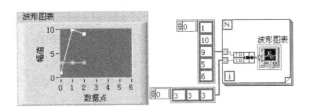

图 10-141　数据个数不同的两条曲线

4）簇数组　当需要在一个波形图表控件中绘制多条曲线时，也可以使用簇数组。簇与簇数组的不同之处是：当波形图表控件输入数据类型为簇时，波形图表控件一次更新每条曲线上的一个数据点；当波形图表控件输入数据类型为簇数组时，每条曲线一次更新多个数据点，更新数据点的个数是簇数组中数组元素的个数。如图 10-142 所示，当有 100 个新数据加到历史数据中时，波形图表控件重绘图形一次。波形图表控件中共容纳了 700 个数据，波形图表控件重绘了 7 次图形。

产生 100 个数据点的图形，图 10-140 与图 10-142 所示的两种编程模式有较大区别。采用图 10-140 所示的编程模式，可以逐点显示图形变化，波形图表要绘制 100 次。采用图 10-142 所示编程模式，一次更新 100 个数据点，波形图表只要绘制 1 次即可。

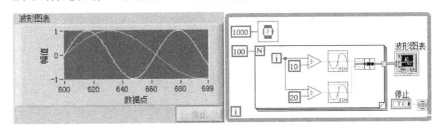

图 10-142　波形图表控件使用簇数组画图

采用簇数组的阶段式绘图编程模式，只能逐段地显示图形变化，无法逐点显示图形变化。对于实时性要求高的场合，可以采用图 10-140 所示的逐点绘图编程模式；对于实时性要求不高的场合，可以采用图 10-142 所示的阶段式绘图编程模式。

5）波形数据　如图 10-143 所示，波形图表控件也可以接受波形数据。

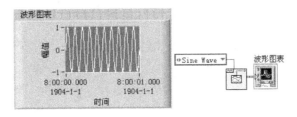

图 10-143　波形图表控件使用波形数据画图

10.5.3　图形图表类属性

图形图表类是由"通用类—图形对象类—控件类"继承而来的，具有其祖先类的所有属性。波形图、波形图表、XY 图都属于图形图表类控件，都具有图形图表类的属性。图形图表类的特有属性如下。

1）标尺图例可见 读/写属性，数据类型为布尔类型，通过该属性节点可以获取或设置图形图表类控件标尺图例的可视状态。也可以在图形图表类控件上右击，在弹出的快捷菜单中选择"显示项—标尺图例"，使标尺图例可见。

2）绘图区域边界 读/写属性，数据类型为 LabVIEW 自定义簇，通过该属性节点可以获取或设置图形图表类控件绘图区域在 VI 前面板窗格中的位置（以像素为单位）。如图 10–144 所示，图形图表类控件波形图表绘图区域的左边界距窗格左边界 98 个像素点，右边界距窗格左边界 295 个像素点，上边界距窗格上边界 34 个像素点，下边界距窗格上边界 143 个像素点。

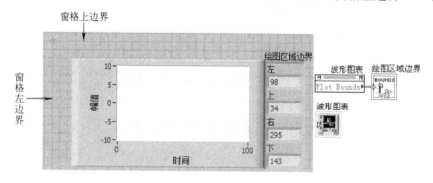

图 10–144 获取波形图表绘图区域的位置

3）绘图区域大小 读/写属性，数据类型为 LabVIEW 自定义簇，通过该属性节点可以获取或设置图形图表类控件绘图区域大小。

4）绘图区域颜色 读/写属性，数据类型为 LabVIEW 自定义的簇，通过该属性节点可以获取或设置图形图表类控件绘图区域颜色。

5）活动 X 标尺 读/写属性，数据类型为有符号 32 位整型，通过该属性节点可以获取或设置图形图表类控件当前处于活动状态的 X 标尺。

6）活动 Y 标尺 读/写属性，数据类型为有符号 32 位整型，通过该属性节点可以获取或设置图形图表类控件当前处于活动状态的 Y 标尺。

7）选板

（1）活动工具：读/写属性，数据类型为有符号 32 位整型，通过该属性节点可以获取或设置图形图表类控件图形工具选板的操作模式。有效值的范围为 0 ~ 7，对应图形工具选板的八种操作模式：0 表示标准模式；1 表示是手形工具；2 表示选定区域全坐标放大；3 表示选定区域横坐标放大；4 表示选定区域纵坐标放大；5 表示自动调整图形大小达到原始尺寸；6 表示在绘图区域某点全坐标持续放大；7 表示在绘图区域某点全坐标持续缩小。

（2）选板可见：读/写属性，数据类型为布尔类型，通过该属性节点可以获取或设置图形图表类控件图形工具选板的可视状态。

8）转置数组 读/写属性，数据类型为布尔类型，通过该属性节点可以获取或设置图形图表类控件绘制图形前数据的转置状态。则图形图表类控件默认绘制图形前不转置，如果写入"真"到属性节点"转置数组"，则图形图表类控件先将数据转置（X 轴 Y 轴数据交换）再画图形。

9）自动调整标尺延时 读/写属性，数据类型为双精度浮点数，通过该属性节点可以获取或设置两次自动调整标尺之间的延时时间。当设置图形图表类控件自动调整标尺（X 坐标和 Y 坐标）时，图形图表类控件要根据数据的变化自动调整标尺，通过"自动调整标尺延时"属性可以获取或设置两次自动调整标尺之间的时间间隔。

10.5.4 标尺类属性

标尺类用于获取或设置图形图表类标尺的相关属性,标尺类从图形对象类继承而来,具有图形对象类的所有属性。标尺类除了具有从图形对象类继承得到的属性外,还有以下特有属性。

1) 反转 读/写属性,数据类型为布尔类型,通过该属性节点可以获取或设置标尺类的反转状态。默认标尺刻度从左向右递增,如果写入"真"到标尺类的属性节点"反转",则反转后的标尺刻度从右向左递增,标尺刻度的最大值和最小值位置互换。

2) 范围

(1) 次增量:读/写属性,数据类型为双精度浮点数,通过该属性节点可以获取或设置标尺的次增量。

(2) 起始值:读/写属性,数据类型为双精度浮点数,通过该属性节点可以获取或设置标尺的起始值。

(3) 增量:读/写属性,数据类型为双精度浮点数,通过该属性节点可以获取或设置标尺的增量(刻度间隔)。

(4) 最大值:读/写属性,数据类型为双精度浮点数,通过该属性节点可以获取或设置标尺的最大值。

(5) 最小值:读/写属性,数据类型为双精度浮点数,通过该属性节点可以获取或设置标尺的最小值。

3) 格式字符串 读/写属性,数据类型为字符串类型,通过该属性节点可以获取或设置标尺数据的显示格式。

4) 均匀刻度间隔? 读/写属性,数据类型为布尔类型,通过该属性节点可以获取或设置标尺刻度间隔的显示模式。如写入"真"到属性节点"均匀刻度间隔?",则可以使刻度均匀显示。

5) 可编辑 读/写属性,数据类型为布尔类型,通过该属性节点可以获取或设置标尺在 VI 运行模式下的编辑状态。写入"真"到属性节点"可编辑",可以在 VI 运行模式下编辑标尺刻度;写入"假"到属性节点"可编辑",在 VI 运行模式下无法编辑标尺刻度。

6) 可见 读/写属性,数据类型为布尔类型,通过该属性节点可以获取或设置标尺的可视状态。

7) 刻度 标尺刻度调用了文本类的属性,文本类由"通用类—图形对象类—修饰类"继承而来。读者可以参考 5.3.4 节中的文本类属性学习标尺刻度类属性,在此不再累述。

8) 刻度颜色 读/写属性,数据类型为 LabVIEW 自定义簇,通过该属性节点可以获取或设置标尺刻度的颜色。

9) 显示格式 读/写属性,数据类型为 LabVIEW 自定义簇,通过该属性节点可以获取或设置标尺刻度的格式。0 表示十进制,1 表示科学计数法,2 表示工程,3 表示二进制,4 表示八进制,5 表示十六进制,6 表示相对时间,7 表示时间和日期,8 表示 SI,9 表示自定义(只读)。精度是指小数点的位数。

10) 样式 读/写属性,数据类型为无符号 8 位整型,通过该属性节点可以获取或者设置标尺刻度的样式。有效值为 0 ~ 8，分别对应图形图表类控件快捷菜单项"X 标尺（Y 标尺）—样式"中的九种刻度样式。

11）映射模式 读/写属性，数据类型为无符号 8 位整型，通过该属性节点可以获取或设置标尺的坐标系类型。0 表示普通笛卡儿坐标系，1 表示对数坐标系。

12）标尺调节 读/写属性，数据类型为无符号 8 位整型，通过该属性节点可以获取或设置标尺的调节模式。有效值包括：0，表示不自动调整标尺；1，表示自动调整标尺一次；2，表示当 VI 运行时持续自动调整标尺，调整的时间间隔可以通过"自动调整标尺延时"属性设置。

13）单位标签 单位标签调用了文本类的属性，通过将文本类属性实例化到图形图表类控件的单位标签，可以获取或设置图形图表类控件单位标签的属性。

14）近似调整上下限 读/写属性，数据类型为布尔类型，通过该属性节点可以获取或设置标尺结束刻度的调节模式。写入"真"到"近似调整上下限"，可以使标尺的结束刻度调整为标尺增量的整数倍。

15）刻度值[ ] 读/写属性，数据类型为双精度浮点数组，通过该属性节点可以获取或设置自定义的标尺刻度。如图 10-145 所示，设置波形图表控件 X 标尺刻度为"10"、"30"、"60"，重复的刻度将被忽略。由于标尺的中间刻度在某些样式下是不可见的，所以要设置合适的标尺样式使自定义刻度可见。

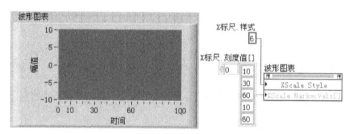

图 10-145 自定义波形图表的标尺刻度

16）扩展数字总线 读/写属性，数据类型为布尔类型，通过该属性节点可以获取或设置总线的扩展模式。该属性节点仅适用于数字波形图，如输入"真"到"扩展数字总线"，则可用独立的数据线显示数字波形数据；如输入"假"到"扩展数字总线"，则可用总线形式显示数据。

17）名称标签 名称标签调用了文本类的属性，通过将文本类实例化到图形图表类控件的名称标签，可以获取或设置名称标签的属性。

18）偏移量 读/写属性，数据类型为双精度浮点数，通过该属性节点可以获取或设置标尺的偏移量，如图 10-146 所示。

19）缩放系数 读/写属性，数据类型为双精度浮点数，通过该属性节点可以获取或设置标尺的缩放系数。

20）网格颜色 读/写属性，数据类型为 LabVIEW 自定义簇，通过该属性节点可以获取或设置图形图表类控件主网格和辅助网格的颜色。

21）X 滚动条可见 读/写属性，数据类型为布尔类型，通过该属性节点可以获取或设置 X 滚动条的可视状态。通过拖动 X 滚动条可以查看所有的历史数据。

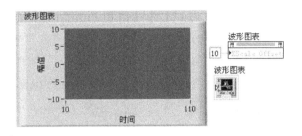

图 10-146 设置图形图表类控件标尺偏移量

10.5.5 波形图表类属性

LabVIEW 的波形图表属于波形图表类控件，它是由"通用类—图形对象类—控件类—图形图表类"继承而来的，除了具有从图形图表类继承得到的属性外，还有以下特有属性。

1）忽略属性 读/写属性，数据类型为布尔类型，通过该属性节点可以获取或设置混合信号图曲线名和标尺名的自动匹配状态。如写入"真"到"忽略属性"，则混合信号图上的曲线名可自动匹配波形数据属性中的标尺名。

2）活动曲线 读/写属性，数据类型为 32 位无符号整型，通过该属性节点可以获取或设置当前选中的曲线。"活动曲线"的作用是将某条曲线设置为当前处于活动状态的曲线，所有关于曲线属性的操作都针对当前处于活动状态的曲线。波形图表控件中如果有多条曲线时，波形图表控件自动为多条曲线从 0 开始编号。如果要通过编程获取或者修改波形图表控件中某条曲线的属性，应该首先调用"活动曲线"属性设置该条曲线为当前处于活动状态的曲线。

3）曲线 "曲线"中包含了所有关于波形图表控件中曲线的属性（包括曲线颜色、曲线名、线条样式等），通过曲线的属性可以实现对波形图表中一条或多条曲线属性的操作。在进行曲线属性获取或设置前，必须通过"活动曲线"属性设置当前处于活动状态的曲线，或者说选中要进行操作的目标曲线。如图 10-147 所示，设置当前处于活动状态的曲线号为"1"，那么通过属性节点"线条宽度"可以将波形图表控件中曲线 1 的线条样式设置为样式"5"。

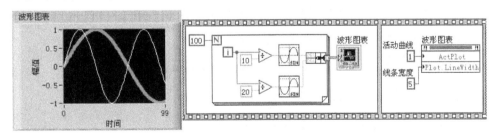

图 10-147 修改波形图表的曲线样式

4）数字显示可见 读/写属性，数据类型为布尔类型，通过该属性节点可以获取或设置波形图表控件"数字显示"的可视状态。在默认的情况下，波形图表控件的"数字显示"是不可见的。通过为属性"数字显示"赋值"真"或勾选波形图表控件的快捷菜单项"显示项—数字显示"，均可以使波形图表的"数字显示"可见。

5）数字显示[ ] 只读属性，数据类型为句柄数组，通过该属性节点可以获取或设置波形图表控件"数字显示"的引用句柄。波形图表控件的"数字显示"是两个数值显示控件，通过"数字显示"的引用句柄可以连接到数字类的属性节点，实现对这两个数值控件属性的操作。如图 10-148 所示，通过属性节点"数字显示[ ]"获取"数字显示"的引用句柄，连接到"值"属性得到当前"数字显示"的值。

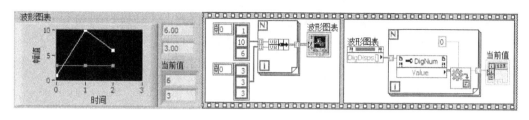

图 10-148　获取"数字显示"的值

6）刷新模式　读/写属性，数据类型为无符号 8 位整型，通过该属性节点可以获取或设置波形图表控件图形的刷新模式。属性节点"刷新模式"的有效值包括：0，表示带状模式，数据从左到右连续滚动地显示；1，表示示波器显示模式，曲线到达绘图区域的右侧边界时，LabVIEW 将擦除整条曲线并从左侧边界重新开始绘制图形；2，表示扫描模式，扫描图表中旧数据在右新数据在左，有一条垂直线将这两部分数据隔开，曲线到达绘图区域的右侧边界时，LabVIEW 并不擦除扫描图表中的曲线。

7）图例

（1）大小：读/写属性，数据类型为 LabVIEW 自定义簇，通过该属性节点可以获取或设置波形图表控件图例的大小。

（2）滚动条可见：读/写属性，数据类型为布尔类型，通过该属性节点可以获取或设置波形图表控件图例滚动条的可视状态。

（3）禁用：读/写属性，数据类型为枚举类型，通过该属性节点可以获取或设置波形图表控件图例的禁用状态。

（4）可见：读/写属性，数据类型为布尔类型，通过该属性节点可以获取或设置波形图表控件图例的可视状态。

（5）位置：读/写属性，数据类型为 LabVIEW 自定义簇，通过该属性节点可以获取或设置波形图表控件图例的位置。

（6）行数：读/写属性，数据类型为无符号 32 位整型，通过该属性节点可以获取或设置波形图表控件图例的行数。如图 10-149 所示，将波形图表图例设置为两行，分别显示曲线 0 和曲线 1。

（7）自动调整大小：读/写属性，数据类型为布尔类型，通过该属性节点可以获取或设置波形图表控件图例中曲线名称大小的调整模式。写入"真"到该属性节点，图例可以根据波形图表控件中曲线名称长度自动调整大小以显示完整的曲线名。

（8）最少曲线：读/写属性，数据类型为无符号 32 位整型，通过该属性节点可以获取或设置波形图表控件图例中显示的最少曲线数目。

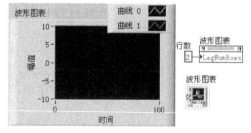

图 10-149　设置图例行数

8）**历史数据**　读/写属性，数据类型为双精度浮点数组，通过该属性节点可以获取或设置波形图表控件的历史数据。通常向属性节点"历史数据"中写入空数组用以清除波形图表中的图形。

10.6　波形图

波形图是 LabVIEW 中常用的波形显示控件，波形图更适用于将已经采集的数据重新组织显示。波形图控件默认的横坐标名称是"时间"，纵坐标是"幅值"。实际上，在大多数情况下横坐标并不是时间，而是数据点的个数。

1. 波形图的数据输入形式

1）输入为一维数组，显示单条曲线　当波形图控件的输入数据为一维数组时，波形图控件以一维数组中的元素和元素个数分别作为纵坐标和横坐标绘制图形。如图 10-150 所示，波形图控件用一维数组数据绘制单曲线。输入一维数组为 3、60、1、100、21、99，那么波形图控件中的 6 个坐标点分别是 (0,3)、(1,60)、(2,1)、(3,100)、(4,21)、(5,99)。

【**例 10-8**】试绘出 $y = -x^2 + 1$ 的曲线（定义域区间为 $x \geq 0$）。

本例使用公式节点、For 循环、波形图控件绘制 $Y = -X * X + 1$ 的曲线，如图 10-151 所示。

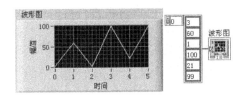
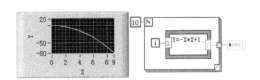

图 10-150　波形图控件使用一维数组绘制单曲线　　　图 10-151　波形图绘制抛物线

2）输入为多维数组，显示多条曲线　当波形图控件的输入数据类型为多维数组时，波形图控件显示多条曲线，如图 10-152 所示。当波形图控件显示多条曲线时，波形图控件自动为多条曲线分配不同的颜色以示区分。

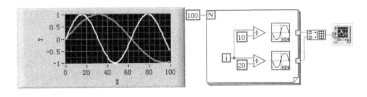

图 10-152　波形图控件使用二维数组绘制多条曲线

【**注意**】如果多个一维数组的元素个数不同，经过"创建数组"函数运算后，元素个数少的将用 0 补齐。如图 10-153 所示，"数组 2"比"数组 1"少两个元素，"创建数组"函数自动为其用 0 补齐缺少的元素，这就使"数组 2"的曲线比实际数据多出两个点 (4,0)、(5,0)。

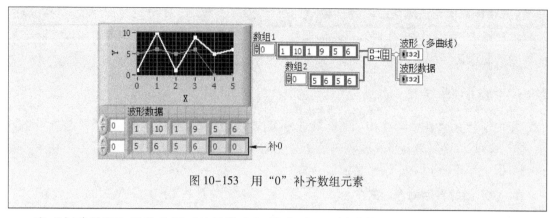

图 10-153　用 "0" 补齐数组元素

当 "创建数组" 函数启用 "连接输入" 模式时，"创建数组" 函数将连接两个一维数组，同时波形图控件也实现了曲线连接的功能。如图 10-154 所示，"创建数组" 函数连接两条曲线，波形图控件将 200 个数据点绘制在一条曲线中。

3）输入簇　波形图控件显示的曲线是可以有偏移量和间隔的，将簇数据作为波形图控件的输入数据类型时，可以调节曲线的起始时间和时间间隔。如图 10-155 所示，波形图绘制的图形偏移量为 "10"，数据间距为 "5"。

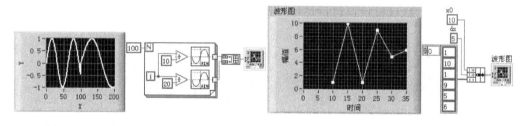

图 10-154　波形图控件连接两条曲线　　　　图 10-155　波形图控件使用簇
　　　　　　　　　　　　　　　　　　　　　绘制带偏移量和间隔的曲线

4）簇数组

（1）单曲线：当波形图控件的输入数据为簇数组且簇中含有单个数组时，波形图可以绘制一条曲线，如图 10-156 所示。

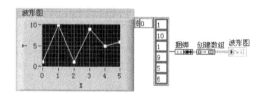

图 10-156　波形图控件使用簇数组绘制单曲线

（2）多条曲线：当波形图控件的输入数据为簇数组且簇数组中有多个元素时，波形图控件可以绘制多条曲线。簇数组是先将数组用簇包装，再将多个簇生成数组，这样每个数组长度是可以不同的。通过比较图 10-157 与图 10-153，可以发现，波形图控件利用簇数组显示多条曲线，允许多条曲线的数据点个数不同，同时不引入多余的数据点，这是一种显示多条不同数据点个数曲线的理想模式。

（3）偏移曲线：如图 10-158 所示，波形图控件利用带偏移的簇数组绘制有偏移量的曲线。

（4）多条偏移曲线：如图 10-159 所示，波形图控件利用多个带偏移量的簇生成的数组绘制多条带偏移和间隔的曲线。

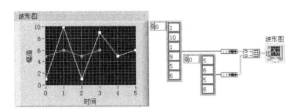 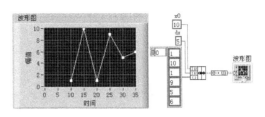

图 10-157　波形图控件使用簇数组　　　　图 10-158　　波形图控件使用簇数组
　　绘制多条数据点个数不同的曲线　　　　　　　绘制单条带偏移和间隔的曲线

5）波形数据　如图 10-160 所示，波形图控件还可以接受波形数据。通过"创建波形"函数可以创建动态的波形数据，图 10-160 中在创建的动态波形数据中设置了数据点的间隔为"5"。另外，通过"合并信号"函数可以将多个波形信号显示在同一个波形图控件中，见图 3-200。

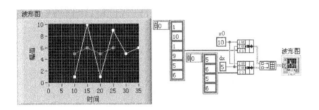 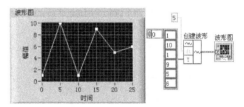

图 10-159　波形图控件使用簇数组绘制　　　　图 10-160　　波形图控件
　　多条带偏移和间隔的曲线　　　　　　　　　　使用波形数据绘图

2. 波形图类属性节点

LabVIEW 的波形图属于波形图类控件，它是由"通用类—图形对象类—控件类—图形图表类"继承而来的，除了具有从图形图表类继承得到的属性外，还有以下特有属性。

1）忽略时间标识　读/写属性，数据类型为布尔类型，通过该属性节点可以获取或设置波形图控件时间标识的可视状态。

当波形图控件输入的是波形数据时，如果写入"假"到"忽略时间标识"属性，则波形图控件将以时间标识作为横坐标，如图 10-161 所示。

当波形图控件输入的是波形数据时，如果写入"真"到"忽略时间标识"，则波形图控件将以波形数据的时间间隔（dt）作为横坐标，如图 10-162 所示。基本函数发生器输出的波形数据的时间间隔为 0.001s，图 10-162 中显示的数据是 1s 产生的 1000 个数据。

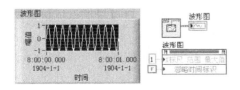 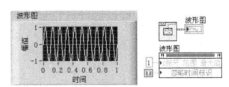

图 10-161　波形图显示时间标识　　　　图 10-162　波形图控件忽略时间标识

2）活动游标　读/写属性，数据类型为无符号 32 位整型，通过该属性节点可以获取或设置当前处于活动状态的游标。如果要通过编程获取或修改波形图控件中某个游标的属性，则应该首先调用该属性节点设置当前处于活动状态的游标。

3）平滑更新　读/写属性，数据类型为布尔类型，通过该属性节点可以获取或设置波形图控件图形的更新模式。平滑更新模式的显示效果见图 10-133。

4）曲线图像　曲线图像有三个属性节点：前景、中景、背景，通过这三个属性节点可以在波形图绘图区域中插入图片。前景图在曲线上面，可以遮住曲线。中景图与曲线处于同一层面上。背景图在曲线下面，被曲线遮住。

5）游标列表　读/写属性，数据类型为 LabVIEW 自定义簇，通过该属性节点可以获取或设置当前选中游标的所有信息。

6）游标图例可见　读/写属性，数据类型为布尔类型，通过该属性节点可以获取或设置波形图控件游标图例的可视状态。

7）注释列表　读/写属性，数据类型为 LabVIEW 自定义簇，通过该属性节点可以获取或设置波形图控件注释的所有信息。

10.7　XY 图

波形图表控件和波形图控件只能将输入数据显示在 Y 轴，XY 图控件允许两组数据分别输入到 X 轴和 Y 轴。通过输入 X 轴和 Y 轴的数据，XY 图控件可以绘制 X 轴与 Y 轴的函数关系图。

1. XY 图的数据输入形式

1）簇　如图 10-163 所示，通过"捆绑"函数可以将两组数据分别输入到 XY 图控件的 X 轴和 Y 轴。将两个数组捆绑为簇输入到 XY 图控件中，可以使 XY 图控件显示两组数据的函数关系图。按从上到下的顺序，"捆绑"函数的第一个输入端子输入的是 X 轴数据，第二个输入端子输入的是 Y 轴数据。

如图 10-164 所示，使用 XY 图控件绘制圆，函数关系为 $x^2 + y^2 = 1$。

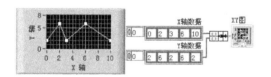

图 10-163　通过"捆绑"函数向 XY 图中输入数据

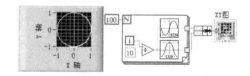

图 10-164　使用 XY 图绘制圆

2）簇数组

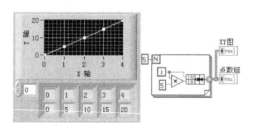

图 10-165　使用 XY 图控件绘制单曲线

（1）单曲线：如图 10-165 所示，使用 XY 图绘制 $y = 5x$ 的函数图形。生成的"点数组"的数据结构是这样的：点数组（簇数组）中的元素为簇，簇中有两个元素表示 X 轴坐标值和 Y 轴坐标值，XY 图控件将簇数组中的单个簇作为一个点绘制图形。图 10-165 中的簇数组实际上是一个点数组，点数组中有五个点的坐标：（0，0）、（1，5）、（2，10）、（3，15）、（4，20）。

（2）多条曲线：图 10-166 所示，在 XY 图控件中画多条曲线。首先通过"捆绑"函数将"曲线 0"和"曲线 1"对应的两个坐标轴的数组数据分别捆绑为两个簇，每个簇中的两个数组分别对应一条曲线的 X 轴和 Y 轴数据。然后再通过"创建数组"函数将两个簇创建为簇数组，在 XY 图上绘制两条曲线。

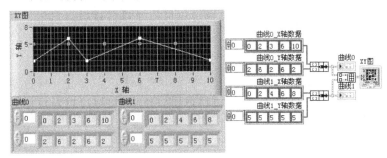

图 10-166　XY 图控件绘制多条曲线

2. XY 图的属性节点

XY 图继承于图形图表类，除了具有图形图表类的属性外，还具有 XY 图的特有属性。XY 图的特有属性与波形图表和波形图类似，读者可以参考波形图表和波形图的属性学习 XY 图的特有属性。

【例 10-9】 游标捕捉曲线数据点。

本例主要利用游标实现曲线上数据点的捕捉功能。当鼠标在前面板波形图控件中移动时，游标跟随鼠标在曲线上移动，同时鼠标旁边有一个字符串显示控件显示游标所在的曲线数据。

（1）通过"VI 前面板—控件选板—新式—图形—波形图"，在前面板创建一个波形图控件。通过"VI 前面板—控件选板—新式—布尔—确定按钮"，在前面板创建一个确定按钮，修改确定按钮的布尔文本和标签为"退出程序"。通过"VI 前面板—控件选板—经典—经典字符串及路径—简易字符串"，在前面板创建一个经典风格的简易字符串。

（2）按照图 10-167 所示构建程序界面。

（3）通过"VI 程序框图—函数选板—编程—结构—While 循环"，在程序框图中创建一个 While 循环。通过"VI 程序框图—函数选板—编程—结构—事件结构"，在程序框图中创建一个事件结构。

（4）通过"VI 程序框图—函数选板—编程—对话框与用户界面—事件"，在程序框图中创建自定义事件所需要的函数："注册事件"函数、"创建用户事件"函数、"产生用户事件"函数、"取消注册事件"函数、"销毁用户事件"函数。为事件结构创建三个分支：波形图控件的"鼠标移动"事件、自定义的"初始化"事件、"退出按钮"的"值改变"事件。

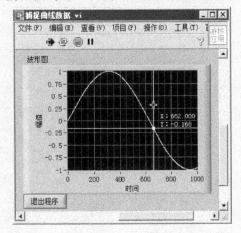

图 10-167　利用游标捕捉波形图中的数据点

（5）在自定义的初始化事件中，如图 10-168 所示编程。在初始化程序中设置字符串（显示鼠标移动时的坐标）的文本颜色为黄色，字符串文本的背景色和字符串控件边框的颜色为透明。本例中的游标是在前面板波形图控件上创建的，在波形图控件上右击，在弹出的快捷菜单中勾选"显示项—游标图例"可以调出游标图例。在游标图例中右击，选择"创建游标—单曲线"，这样就创建了与曲线关联的游标。通过在游标图例中的快捷菜单选项"关联至"，可以设置游标与全部曲线关联或与某一条曲线关联。

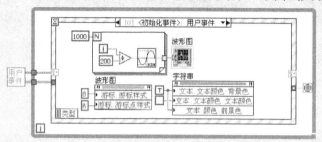

图 10-168   加载曲线并初始化游标属性

如图 10-169 所示，在子 VI "用户事件"中创建自定义事件机制。

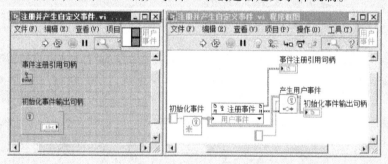

图 10-169   子 VI "用户事件"的前面板和程序框图

（6）在波形图控件的"鼠标移动"事件中，如图 10-170 所示编程。通过波形图控件的方法"坐标到 XY 映射"将鼠标相对于窗格原点的坐标转换为波形图中的 XY 坐标，然后赋给游标。当鼠标移动时，游标将跟随鼠标光标在曲线上移动。通过"格式化写入字符串"函数将游标的位置写入字符串控件，游标的位置就是曲线上数据点的坐标，这样

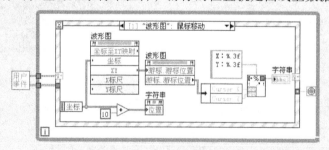

图 10-170   将数据点坐标和鼠标的窗格坐标赋给字符串控件

就将数据点的坐标值写入了字符串控件。将鼠标移动时的窗格坐标赋给字符串控件的
"位置"属性，这样字符串控件就可以随鼠标一起移动了。将鼠标坐标值加"10"再赋
给字符串控件的"位置"属性，可以使字符串控件与鼠标光标错开一定的距离，避免字
符串控件与鼠标光标重合。

（7）如图 10-171 所示，在程序的退出机制中注销自定义事件机制。

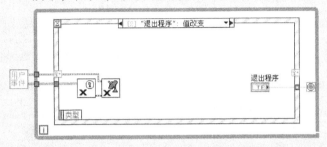

图 10-171　例 10-9 的退出机制

3. XY 图的属性节点

XY 图继承于图形图表类，除了具有图形图表类的属性外，还具有 XY 图的特有属性。
XY 图的特有属性与波形图表和波形图类似，读者可以参考波形图表和波形图的属性学习
XY 图的特有属性。

【例 10-10】 从波形图控件中拖曳波形到另一个波形图控件中。

本例通过动态事件自定义拖曳事件，实现将波形数据从一个波形图控件拖曳到另一
个波形图控件中。

（1）通过"VI 前面板—控件选板—新式—图形—波形图"，在前面板创建两个波
形图控件，修改标签分别为：数据源和目标。通过"VI 前面板—控件选板—新式—布
尔—确定按钮"，在前面板创建一个确定按钮，修改确定按钮的布尔文本和标签为"退
出程序"。

（2）按照图 10-172 所示构建程序界面。

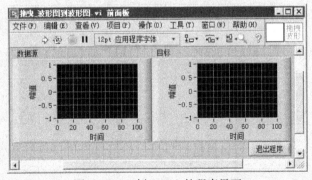

图 10-172　例 10-10 的程序界面

（3）构建一个事件机，按图 10-173 所示编程"初始化"分支中的程序。

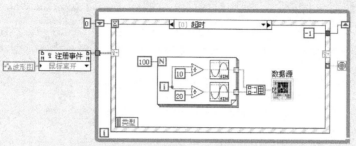

图 10-173　为波形图控件初始化两条曲线

（4）按照图 10-174 所示构建鼠标在波形图控件"数据源"中的"鼠标按下"事件。在 While 循环外部通过波形图控件的"类说明符常量"注册的动态事件"鼠标离开"并没有生效，当用户选中某条曲线时，通过波形图控件的引用重新注册一下动态事件"鼠标离开"才能使该事件生效。如果用户在前面板波形图控件"数据源"中的某条曲线上按下鼠标左键，则通过波形图控件的方法"根据位置获取曲线"将输出"0"、"1"、"2"等曲线号；如果用户在前面板波形图控件"数据源"中非曲线处按下鼠标左键，则通过波形图控件的方法"根据位置获取曲线"将输出" − 1"。为了确认鼠标选中了某条曲线，使用"设置光标"函数将鼠标选中某条曲线时的光标样式设置为样式 7（斜箭头形状）。当用户按下鼠标左键而没有选中某条曲线时，鼠标光标将保持手形不变；当用户按下鼠标左键并选中某条曲线时，鼠标光标将变为斜箭头状。

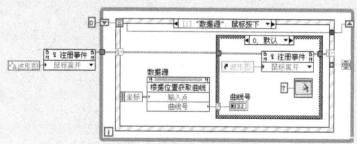

图 10-174　选中曲线时注册波形图的"鼠标移动"事件

当用户按下鼠标左键但没有选中波形图控件中的任何曲线时，不进行波形图控件动态事件"鼠标离开"的注册，如图 10-175 所示。这样，当鼠标在波形图控件"数据源"中移动时并不触发波形图控件的"鼠标离开"事件。

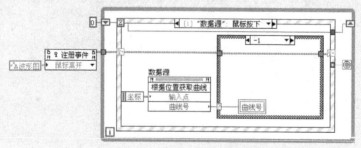

图 10-175　没有选中曲线时不进行任何操作

（5）如图 10-176 所示，在波形图控件的"鼠标离开"事件分支中实现如下功能：数据拖曳操作、注销"鼠标离开"事件、还原鼠标光标样式为默认样式 0。

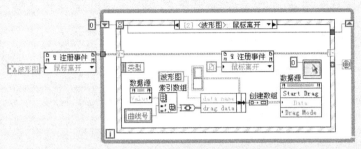

图 10-176　将选中的曲线作为拖曳数据

（6）如果用户在波形图控件上按下鼠标并抬起（鼠标释放），说明没有进行拖曳操作，那么按图 10-177 所示将"鼠标离开"事件注销并还原鼠标光标样式。

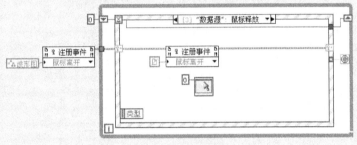

图 10-177　误操作的纠正程序

（7）如图 10-178 所示，将拖曳数据输入到目标波形图控件中。

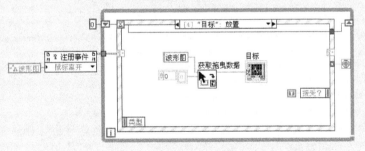

图 10-178　拖曳数据的放置响应程序

【**例 10-11**】编程实现在波形图中显示多列列表中选中的行数据。

本例实现多列列表框中某行数据与波形图中波形的对应，当用户选中多列列表框控件中的某行或多行时，波形图可以显示对应行数据的波形。

（1）如图 10-179 所示构建程序界面。

【**注意**】要勾选多列列表框的快捷菜单项"选择模式"中的"0 或多项"及"高亮显示整行"，这样才能实现多列列表框的多项选中功能。

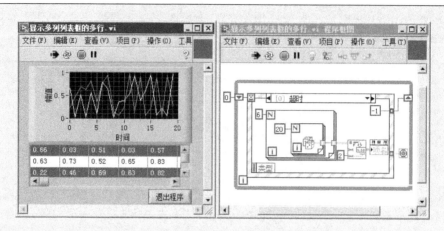

图 10-179　例 10-11 的前面板和程序框图

（2）如图 10-180 所示，构建三个事件分支，分别实现如下功能：初始化、显示多列列表框中选中的曲线、退出机制。当勾选多列列表框"选择模式"中的"0 或多项"后，多列列表框的数据类型变为数组类型，数组元素为用户选择的行号（可以是 0 行、1 行、多行）。通过"多列列表框"的"值改变"事件数据"新值"，获取多列列表框中被选中的行号数组。通过 For 循环将行号数组中的元素取出并连接到"索引数组"函数的索引端，获取被选中行的数据。

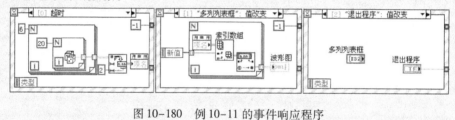

图 10-180　例 10-11 的事件响应程序

10.8　XControl 控件

在 LabVIEW 的程序设计中，可以创建自定义的控件，但是自定义控件只能更改控件的外观，无法修改控件的功能。

LabVIEW 中的 XControl 控件不仅可以修改控件的外观，而且可以修改控件的功能，甚至可以将多个 LabVIEW 基本控件组合为一个控件，实现非常强大的功能。XControl 控件与自定义类型的控件有着本质的区别，XControl 控件支持编程，通过编程可以扩展 XControl 控件的功能。

1. 创建 XControl 控件

通过 VI 菜单项"文件—新建"，可以打开新建对话框，双击"其他文件"选项下的"XControl"选项，LabVIEW 将创建一个 XControl 控件的库。新创建的 XControl 库中有四个必不可少的组件：数据 . ctl、状态 . ctl、外观 . vi、初始化 . vi。这四个组件分别实现如下功能：数据 . ctl 定义了 XControl 控件的数据类型，默认的数据类型为双精度浮点数；状态 . ctl

定义了 XControl 控件的内部状态，默认的数据类型为簇；外观 . vi 是 XControl 控件的主体，外观 . vi 的前面板用于构建 XControl 控件的外观，外观 . vi 的程序框图用于编程实现 XControl 控件的功能；初始化 . vi 用于 XControl 控件的初始化工作，包括处理版本信息和 XControl 控件的资源分配。当 XControl 控件加载内存或被创建（包括将 XControl 控件拖放或复制到调用 VI 的前面板）时，LabVIEW 将调用初始化 . vi 完成 XControl 控件的初始化工作。

本节将制作一个波形图和按钮组合的 XControl 图形控件。

如图 10-181 所示，首先打开"外观 . vi"，构建 XControl 控件的外观如图 10-182 所示。在外观 VI 中将波形图控件、两个按钮控件、两个字符串显示控件组合为一个完整的 XControl 控件。该 XControl 控件的功能为：当鼠标光标在波形图控件中移动时，两个字符串显示控件分别显示鼠标的 X 坐标和 Y 坐标；当单击"保存图形"按钮时，弹出对话框并提示用户将波形图控件中的图形保存为图片格式的文件；当单击"保存数据"按钮时，弹出对话框并提示用户将波形图控件中的图形数据保存为记事本文件。

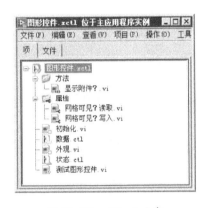

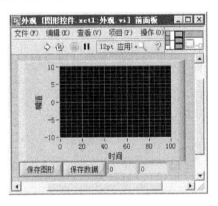

图 10-181　XControl 库　　　　图 10-182　自定义 XControl 控件的外观

XControl 控件的功能是在"外观 . vi"的程序框图中编程实现的。"外观 . vi"的程序架构是一个事件处理器，XControl 控件中的事件结构与普通 VI 中构建的事件结构并不完全相同。"外观 . vi"的事件分支中有五个默认的事件分支，它们的触发条件分别如下。

（1）超时分支：由于超时端子值为"0"，所以当 XControl 控件没有任何事件发生时，立即触发超时事件。在超时事件分支中将"真"常量赋给 While 循环的条件端子，超时发生时立即退出循环。

（2）数据更改：当 XControl 控件的值改变时触发"数据更改"事件。

（3）方向改变：当 XControl 控件由输入状态切换到显示状态或由显示状态切换到输入状态时，触发该事件。

（4）显示状态更改：XControl 控件内部状态改变、创建 XControl 控件实例、XControl 控件的实例发生复制或撤销操作、应用自定义的属性及方法时触发该事件。

（5）执行状态更改：当 XControl 控件由编辑状态切换到运行状态或由运行状态切换到编辑状态时触发该事件。

XControl 控件与调用 VI 运行在不同的线程中，这种编程构思类似于回调 VI，XControl 中的事件分支相当于回调事件。当有 XControl 事件发生时，执行相应事件分支中的程序代码，这相当于触发回调事件并调用回调 VI；当没有 XControl 事件发生时，立即进入超时分支并退出循环，等待下一次的 XControl 事件。

如图 10-183 所示，在事件分支"数据更改"中将外界输入到 XControl 控件的数据输入波形图控件，这样波形图控件可以显示外界输入到 XControl 控件的数据。

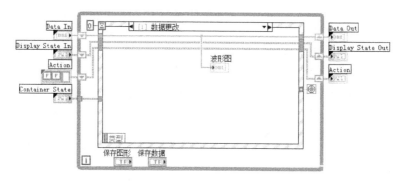

图 10-183　显示外界输入 XControl 控件的数据

如图 10-184 所示，创建波形图的"鼠标移动"事件分支，当鼠标光标在 XControl 控件的波形图上移动时，触发该事件并将鼠标光标的坐标赋给显示控件。

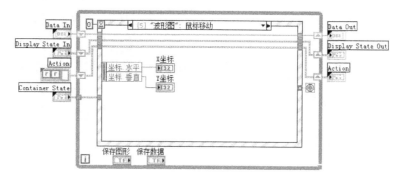

图 10-184　显示鼠标坐标

如图 10-185 所示，为"保存图形"按钮创建"鼠标释放"事件分支，该分支中通过波形图的调用节点"导出图像"将波形图控件中的波形保存为 BMP 格式的图片。

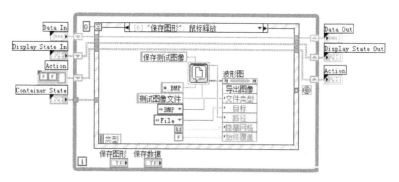

图 10-185　保存波形图

如图 10-186 所示，为"保存数据"按钮创建"鼠标释放"事件分支，该分支中将波形图控件中的波形数据保存为 txt 格式。

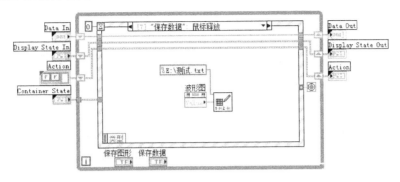

图 10-186　保存波形数据

2. 创建 XControl 控件的属性节点

为图 10-182 所示的 XControl 控件添加一个显示波形图
网格线的读/写属性，该属性的数据类型为布尔类型。当该
属性输入为"真"时，显示 XControl 控件中波形图的网格
线；当该属性输入为"假"时，隐藏 XControl 控件中波形
图的网格线。在创建属性前，先在"状态.ctl"文件中定义
一个布尔类型的属性数据"显示网格?"，如图 10-187
所示。

图 10-187　定义属性数据

在 XControl 库上右击，在弹出的快捷菜单中选择"新
建—属性"，可以调出 XControl 控件的属性配置对话框，在属性配置对话框中可以配置属性
名称和属性的读/写权限。如图 10-188 所示，构建两个属性 VI，分别用于"显示网格?"属
性的读和写。

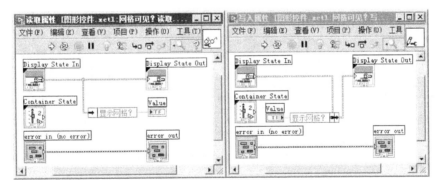

图 10-188　XControl 控件的属性

　　【注意】 XControl 控件的属性节点是通过连线板与外界交互的，在创建 XControl 控件
的属性 VI 时，LabVIEW 自动分配了连线板。如果修改了默认的接口控件，则要重新为接
口控件分配连线板接口。

当 XControl 控件的属性（内部状态）改变时，将触发"外观.vi"中的"显示状态更

改"事件，所以属性操作的响应程序可以在该事件分支中实现。如图 10-189 所示，通过为 XControl 控件中波形图 X 坐标、Y 坐标的属性节点"主网格颜色"和"辅网格颜色"赋不同的颜色值，达到隐藏/显示波形图网格的目的。

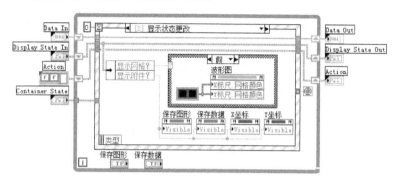

图 10-189　在"显示状态更改"分支中响应 XControl 控件的属性操作

3. 创建 XControl 控件的调用节点

为图 10-182 所示的 XControl 控件添加一个控制附件（附件是指两个按钮控件和两个数值显示控件）可视性的调用节点（方法），该调用节点的数据类型为布尔类型。当该调用节点输入为"真"时，显示 XControl 控件中的附件；当该调用节点输入为"假"时，隐藏 XControl 控件中的附件。如图 10-187 所示，在创建属性前，先在"状态.ctl"中定义一个布尔类型的数据"显示附件？"。由于需要在调用该 XControl 控件时附件处于可视状态，所以要将"显示附件？"的默认值设置为"真"。先将"显示附件？"的值设置为"真"，然后选择 VI 菜单项"编辑—当前值设置为默认值"，或者在该布尔控件上右击并选择快捷菜单项"数据操作—当前值设置为默认值"，均可将"显示附件？"的当前值设置为默认值。

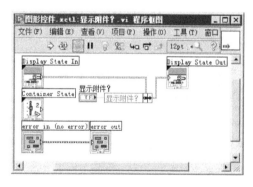

图 10-190　Xcontrol 的方法

在 XControl 上右击，在弹出的快捷菜单中选择"新建—方法"，可以为 XControl 控件创建方法。如图 10-190 所示，为 XControl 控件构建方法"显示附件？"，该方法的功能是控制图 10-182 中 XControl 控件的按钮和数值显示控件的可视状态。程序框图中添加一个布尔控件，该布尔控件用于实现与外界的交互，外界的输入值通过该控件写入 XControl 控件的状态数据"显示附件？"，达到控制按钮和显示控件的可视状态的目的。一定要在 VI 前面板中为这个布尔控件配置连线板接口，否则该方法无法正常运行。

编辑好 XControl 控件的方法 VI 后，还要为 XControl 控件配置方法。在 XControl 库上右击，在弹出的快捷菜单中选择"属性"，调出 XControl 库的属性对话框，切换到"项设置"属性页，选中要配置的方法 VI，并单击按钮"配置参数"，如图 10-191 所示。

如图 10-192 所示，单击"配置参数"按钮后，将弹出配置方法对话框，单击右侧的"＋"按钮，可以添加要配置的方法 VI。

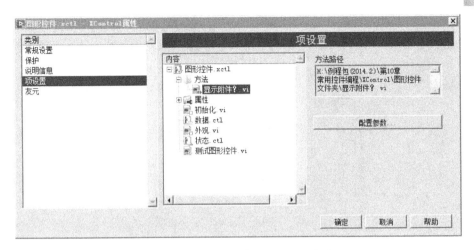

图 10-191　为 XControl 控件配置方法

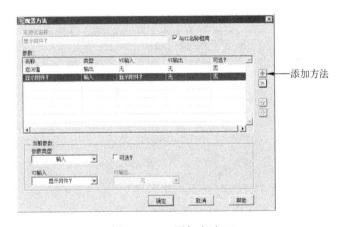

图 10-192　添加方法 VI

在调用 XControl 控件的 VI 中进行 XControl 控件调用节点操作时，将触发"外观.vi"的"显示状态更改"事件，所以 XControl 控件的调用节点的响应也是在"外观.vi"的"显示状态更改"事件分支中进行的。如图 10-189 所示，通过为 XControl 控件四个附件的属性节点"可见?"赋值"真"或"假"，可达到显示/隐藏附件的目的。

> 【注意】当一个 VI 调用 XControl 控件时，XControl 控件的属性节点和调用节点只有在调用 VI 运行时才有效，而 XControl 控件的其他功能在调用 VI 的编辑模式下就可以实现。

4. 创建 XControl 控件的快捷菜单

XControl 控件快捷菜单的创建与普通控件的快捷菜单类似，读者可以参考 12.2 节中的相关内容。控件的快捷菜单需要用到两个事件分支："快捷菜单激活?"事件和"快捷菜单选择（用户）"事件，在"快捷菜单激活?"事件分支中编辑控件的快捷菜单，在"快捷菜单选择（用户）"事件分支中响应控件的快捷菜单。如图 10-193 所示，通过菜单函数（"VI程序框图—函数选板—编程—对话框与用户界面—菜单"）为图 10-182 所示的 XControl 控件添加一个一级快捷菜单"点样式"和五个二级菜单："点样式 0"、"点样式 1"、"点样式

2"、"点样式 3"、"点样式 4"。

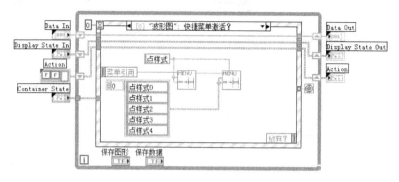

图 10-193　为 XControl 控件创建快捷菜单

如图 10-194 所示，在快捷菜单的响应程序中，通过波形图控件的"点样式"属性设置曲线点的样式。

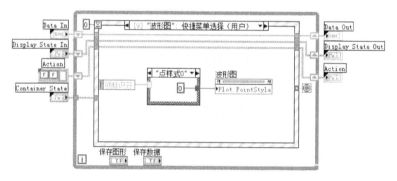

图 10-194　响应 XControl 控件的快捷菜单

第11章 文件 I/O 操作

文件的读/写是编程语言的基本功能，LabVIEW 也不例外。在 LabVIEW 程序设计中，常常需要将程序运行的结果保存在硬盘上或获取磁盘文件中的数据到程序中，这些都与文件 I/O 操作有关。

11.1 常用的文件类型

LabVIEW 所支持的文件类型有文本文件、电子表格文件、二进制文件、数据记录文件、波形文件等文件类型，经常用到的文件类型如下。

1）文本文件 文本文件是一种顺序文件，应用极为广泛。计算机只能进行二进制的读/写操作，文本字符都是以 ASCII 码的形式存储的。文本文件在存储时首先要将文本字符转换为二进制的 ASCII 码（一般为无符号 8 位整型数），然后存储转换得到的整型数据。由于存储时存在转换，所以需要较长的存储时间，存储效率不高。

2）电子表格文件 电子表格文件是一种特殊的文本文件，电子表格文件数据与数据之间有分隔符，LabVIEW 必须严格匹配电子表格文件的分隔符，否则可能出现数据丢失或错误。一般电子表格文件的扩展名为 .xls，在 Windows 操作系统下可以用 Excel 软件打开电子表格文件。

3）二进制文件 二进制文件的特点是占用的计算机硬盘空间小，存储效率高。二进制文件可以存储复杂的数据结构，如数组、簇、簇数组等。

4）数据记录文件 数据记录文件是二进制文件的一种，它以特定的格式存储数据，一个数据存储单元中可以存储复杂的数据结构。数据记录文件的存储格式简单，读/写速度快，适合存储随机访问的数据。

5）波形文件 波形文件通常用于保存波形数据，波形文件记录了波形的属性信息：起始采样时间、采样的时间间隔、采样数据等。

11.2 常用的文件操作函数

如图 11-1 所示，LabVIEW 提供了一套关于操作磁盘文件的函数，通过"VI 程序框图—函数选板—编程—文件 I/O"，可以获取这些函数。

1）拆分路径 "拆分路径"函数可以将文件在计算机硬盘上的目录与文件名分开，返回某个文件的磁盘目录和文件名。如图 11-2 所示，通过"拆分路径"函数将完整的文件路径分解为文件所在的文件夹名称和文件名。

2）创建路径 "创建路径"函数用于将路径和文件名合并为一个完整的磁盘路径。如图 11-3 所示，在 F 盘的"资料"文件夹中写入一个记事本文件"测试数据 .TXT"。

图 11-1   LabVIEW 中的文件操作函数

图 11-2   从路径中拆分文件名   图 11-3   创建新的磁盘目录

3）打开/创建/替换文件 "打开/创建/替换文件"函数可以调出 Windows 操作系统的文件对话框，实现打开、创建或者替换现有文件的功能，该函数接口含义如下。

（1）提示：如果"打开/创建/替换文件"函数的"文件路径"输入端为空，则当运行该函数时将自动弹出 Windows 操作系统的"保存"对话框，该接口用于设置"保存"对话框标题栏文本内容。

（2）文件路径：要进行操作的目标文件的磁盘路径，如果该接口输入为空，则当运行该函数时将弹出 Windows 操作系统的"保存"对话框。

（3）操作：要对目标文件进行的操作类别，有效值包括 0、1、2、3、4、5。0 表示打开已经存在的文件，如果找不到文件，LabVIEW 将返回错误代码；1 表示替换现有文件；2 表示创建新文件，如果文件已经存在，LabVIEW 将返回错误代码；3 表示打开已有文件，如文件不存在则创建新文件；4 表示创建或替换文件；5 表示创建或替换拥有权限的文件。

（4）权限：访问文件的形式，有效值包括：0，读/写权限；1，只读权限；2，只写权限。

（5）取消：如果用户单击了"保存"对话框中的"取消"按钮，则该输出端返回"真"，同时 LabVIEW 将弹出错误对话框，提示用户取消了操作。

4）写入文本文件 "写入文本文件"函数用于向磁盘中写入文本文件，该函数接口含义如下。

（1）提示：如果"写入文本文件"函数的"文件"输入端为空，则当运行该函数时将自动弹出 Windows 操作系统的"保存"对话框，该接口用于设置"保存"对话框标题栏文本内容。

（2）文件：该接口用于设置文本文件的保存路径，如果该接口输入为空，则当运行该函数时将自动弹出 Windows 操作系统的"保存"对话框。在"保存"对话框中输入完整的文件全名（文件名和扩展名）即可将文本文件保存在指定的磁盘路径下。

（3）文本：通过该接口可以向"写入文本文件"函数输入文本数据，也就是文件的正文。

（4）错误输入：该接口为错误簇的输入端。

（5）引用句柄输出：该接口为文件的引用输出端。

（6）取消：如果用户单击了"保存"对话框中的"取消"按钮，则该输出端返回"真"，同时 LabVIEW 将弹出错误对话框提示用户取消了操作。

（7）错误输出：该接口为错误簇的输出端。

如图 11-4 所示，通过"写入文本文件"函数创建一个文本文件并向该文件中写入一行文本数据。

如图 11-5 所示，"写入文本文件"函数的路径输入端是一个多态的接口，可以连接"打开/创建/替换文件"函数的句柄输出。

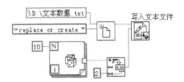

图 11-4　创建文本文件（直接获取文件路径）　　图 11-5　创建文本文件（通过引用获取文件路径）

5）读取文本文件　"读取文本文件"函数用于读取文本文件中的数据，默认的情况下，"读取文本文件"函数读取文本文件中的所有内容。在"读取文本文件"函数上右击，在弹出的快捷菜单中选择"读取行"可以将"读取文本文件"函数设置为"行读取"模式。在"行读取"模式下，通过"读取文本文件"函数的"计数"输入端可以设置读取文本的行数：计数端输入为"－1"时，该函数的"文本"输出端将返回文本文件中所有行；计数端输入为正整数时，该函数的"文本"输出端将返回文本文件中的一行或多行数据。如图 11-6 所示，通过"读取文本文件"函数读取文本文件中指定行的数据。

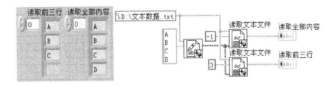

图11-6　通过"读取文本文件"函数读取文件中的某行数据

6）写入电子表格文件　"写入电子表格文件"函数可以将数据以记事本或者 Excel 的形式保存在磁盘上。该函数是一个多态函数，输入端可以适应不同数据类型的数据，默认的输入数据类型为双精度浮点数。该函数接口含义如下。

（1）格式（%.3f）：数值转换为字符串后的显示格式，包括小数位数、精度、进制等，可以在 LabVIEW 帮助中查看格式说明语法。

（2）文件路径（空时为对话框）：进行操作的目标文件的磁盘路径，如果该接口输入为空，则当运行该函数时将弹出 Windows 操作系统的"保存"对话框。

（3）二维数据：输入电子表格文件的二维数据。

（4）一维数据：输入电子表格文件的一维数据。

（5）添加至文件？：默认该接口输入为"假"，表示 VI 将新建或替换磁盘上的已有文件。该接口输入为"真"时，表示 VI 将数据添加到已经创建的文件中，而不是替换文件。

（6）转置？：该接口默认输入为"假"，表示输入数据不做任何处理。该接口输入为"真"时，"写入电子表格文件"函数先将输入数据进行转置操作，再将转置后的数据保存到文件中。

（7）分隔符：电子表格中数据的分隔标识，默认值为"\t"，表示制表符作为分隔符，也可以直接输入标点符号，如逗号、顿号、句号作为分隔符。

（8）新建文件路径：该输出端子输出文件保存的路径。

如图 11-7 所示，将双层 For 循环产生的二维数组保存在 E 盘下的 Excel 文件中。如果在文件路径中输入"E:\随机数.txt"，则 LabVIEW 将把二维数组保存为记事本格式的文件。

7）读取电子表格文件 "读取电子表格文件"函数用于读取记事本和 Excel 文件中的数据，如图 11-8 所示，"读取电子表格文件"函数读取 Excel 文件的前两行数据。

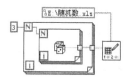

图 11-7 写入数据到电子表格文件　　　　图 11-8 读取 Excel 文件中的前两行数据

8）写入二进制文件 "写入二进制文件"函数用于二进制文件的写入，该函数的接口含义如下。

（1）预置数组或字符串大小：当数据类型为数组或字符串时，该接口用于设置"写入二进制文件"函数的输出句柄中是否包括数据大小信息。该接口默认输入为"真"，表示包含大小信息。

（2）提示：如果"写入二进制文件"函数的"文件"输入端为空，则当运行该函数时将自动弹出 Windows 操作系统的"保存"对话框，该接口用于设置"保存"对话框标题栏文本内容。

（3）文件（使用提示对话框）：要进行操作的目标文件的磁盘路径，如果该接口输入为空，则当运行该函数时将弹出 Windows 操作系统的"保存"对话框。

（4）数据：保存到文件中的数据。

（5）字节顺序：该接口用于设置数据在内存中的表示形式：从高字节到低字节的形式表示或从低字节到高字节的形式表示，函数必须按照数据写入的字节顺序读取数据。该接口的输入有效值包括：0，表示从高字节存储；1，表示使用当前系统的字节顺序格式；2，表示从低字节存储。

（6）引用句柄输出：输出函数的引用句柄。

（7）取消：如果用户单击了"保存"对话框中的"取消"按钮，则该输出端返回"真"，同时 LabVIEW 将弹出错误对话框提示用户取消了操作。

9）写入波形至文件　"写入波形至文件"函数用于将波形写入文件，通过"VI 程序框图—函数选板—编程—波形—波形文件 I/O"，可以获取"写入波形至文件"函数。该函数的接口含义如下。

（1）文件路径：要进行操作的目标文件的磁盘路径，如果该接口输入为空，则当运行该函数时将弹出 Windows 操作系统的"保存"对话框。

（2）波形：写入到文件的波形数据，该接口是多态输入端，可以输入波形数据、一维波形数组、二维波形数组。

（3）添加至文件?：如果该接口输入值为"真"，则函数将把数据添加至已有文件；如果该输入端子输入值为"假"，则函数将替换磁盘中的已有文件，如果不存在已有文件，函数将创建新文件。

（4）新文件路径：输出文件保存路径。

（5）如图 11-9 所示，将 200 个波形数据保存到计算机磁盘上，由于"文件对话框"函数（"VI 程序框图—函数选板—编程—文件 I/O—高级文件函数—文件对话框"）没有输入路径，所以程序运行时将弹出 Windows 操作系统的文件对话框，提示用户保存数据的路径。

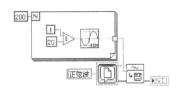

图 11-9　波形数据写入波形文件

10）复制、移动、删除函数　复制、移动、删除三个函数可以实现指定路径下文件或文件夹的复制、移动、删除操作。

11）文件对话框　"文件对话框"函数用于调出 Windows 操作系统下的文件对话框，通过文件对话框可以实现文件的打开和保存操作。当在 VI 程序框图中新创建一个"文件对话框"函数时，LabVIEW 将弹出配置对话框提示用户配置文件对话框的模式。当选择文件或文件夹时，文件对话框可以对文件或文件夹进行操作。当通过文件对话框实现保存文件操作时，勾选"新建或现有"选项表示可以新建文件或替换现有文件。

12）文件目录信息　"文件目录信息"函数用于获取给定路径下文件或文件夹的信息，包括大小、修改时间、是否为文件夹、是否为快捷方式。如果为快捷方式，则通过"文件目录信息"函数"源路径"返回端可以获取快捷方式的源路径。

11.3　报表

在 LabVIEW 实际应用中，数据的记录是一个关键的环节。目前，Word 文档和 Excel 文档是常用报表格式，LabVIEW 对这两种格式的文档提供了很好的支持。

11.3.1　LabVIEW 工具包

LabVIEW 提供了制作报表的各种函数，LabVIEW 报表函数的路径是"VI 程序框图—函数—编程—报表生成"。在使用 LabVIEW 报表函数前，首先要安装 LabVIEW 的报表工具包，否则报表函数是不完整的，无法提供对 Word 报表和 Excel 报表的支持。

LabVIEW 以子 VI 的形式提供各种报表函数，报表函数采用的是面向对象的编程思想。LabVIEW 没有对报表函数完全设置保护，用户可以像查看其他子 VI 一样，在报表函数上双击，打开前面板和程序框图查看其中的程序代码。

1）新建报表 "新建报表"函数如图 11-10 所示，用于创建一个新报表，并返回一个新建报表的类实例。通过这个返回的实例，可以获取该类型报表的私有数据。

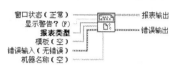

图 11-10 "新建报表"函数

（1）窗口状态："窗口状态"输入端子用于设置生成的报表文档（Word 文档或 Excel 文档）窗口的弹出样式：正常显示、最小化、最大化。对于 HTML 类型和标准类型的报表，"新建报表"函数将忽略该输入端子的输入参数。该输入端子的数据类型为枚举类型，在该输入端子上右击，在弹出的快捷菜单中选择"创建—输入控件/常量"，可以为该输入端子自动创建一个包含所有窗口样式的枚举类型。

（2）显示警告?：该输入端子用于设置是否在新建的报表中显示提示或警报。默认值为"假"，表示禁用警报。对于 HTML 报表和标准报表，"新建报表"函数将忽略该输入端子的输入参数。

（3）报表类型：该输入端子用于设置新建报表的类型，通过"新建报表"函数可以创建的报表类型有 HTML 类型、标准类型、Word 类型、Excel 类型。

> **【注意】**只有安装了 LabVIEW 报表工具包，在报表类型的选项中才有 Word 类型和 Excel 类型，否则只有 HTML 类型和标准类型。

（4）模板："新建报表"函数支持在已有模板的基础上继续构建报表，通过该输入端子可以将计算机磁盘上的模板加入到新建报表中。当该输入端子输入为空时，表示不添加模板。

（5）机器名称：该输入端子用于远程控制，设置运行报表的远程计算机名称。

（6）报表输出：LabVIEW 报表函数底层采用了面向对象的"类"的编程思想，该输出端子输出新创建报表的类实例。例如，新创建一个 Word 类型的报表，则该输出端子输出一个 Word 类的实例。这个实例中包含了 Word 类报表的相关初始参数（Word 类成员变量的初始化值），连接其他的报表函数可以对类实例中的数据进行修改，达到丰富报表功能的目的。

2）保存报表至文件 "保存报表"函数如图 11-11 所示，用于将报表保存到计算机磁盘。

（1）报表输入：该输入端子输入一个已经创建的某类型报表的类实例。

（2）报表文件路径：该输入端子用于指定计算机磁盘路径，如路径为空或无效，LabVIEW 将返回错误。

（3）提示替换?：当保存路径下存在重名文件时，LabVIEW 将提示对重名文件的操作模式，默认值为"假"，表示在没有提示的情况下覆盖原有文件。

（4）密码：通过该输入端子可以设置密码限制用户修改报表。

（5）报表输出：该输出端子返回报表的类实例。

3）添加表格至报表 "添加表格至报表"函数如图 11-12 所示，可以将二维数据以表格的形式添加至报表。

（1）MS Office 参数：该输入端子用于设置 Word 或 Excel 报表中要进行表格操作的插入位置。对于 HTML 报表和标准报表，VI 将忽略该输入参数。该输入端子可以输入 Word 中的书签或 Excel 中的单元格坐标，如果将报表类型设置为 Word 但并未指定书签，则插入位置为文档末尾。

图 11-11 "保存报表"函数

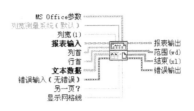

图 11-12 "添加表格至报表"函数

该输入端子的数据类型为簇，簇中三元素：位置、名称（Excel）、书签（Word）。位置也是一个簇数据类型，表示 Excel 工作表中插入点的行坐标和列坐标，行和列的值都从 0 开始，单元格 A1 的坐标为（0，0）。名称表示 Excel 工作表中插入点的单元格名称。书签表示 Word 文档中插入点的书签名称。

（2）列宽测量系统：该输入端子用于设置计量列宽的单位，数据类型为枚举常量，有效值包括三个：US、公制、默认。US 表示列宽以英寸为单位，公制表示列宽以厘米为单位，默认情况下使用计算机上的度量单位。

（3）列宽：设置报表表格中每列的宽度，单位由输入端子"列宽测量系统"设置。

（4）报表输入：输入一个已经创建的某类型报表的类实例。

（5）列首：该输入端子用于设置表格中列的标题文本。

（6）行首：该输入端子用于设置表格中行的标题文本。

（7）文本数据：通过该输入端子输入新建表格的数据。"添加表格至报表"函数是多态 VI，该输入端子可以输入字符串类型或数值类型的二维数组。

（8）另一页？：设置是否在下一页创建报表，默认值为"假"。

（9）显示网格线：设置是否在表格中显示网格线，默认值为"真"，表示显示网格线。

（10）报表输出：该端子返回报表的类实例。

（11）范围（wd）：该输出端子返回插入表格的位置。数据类型为簇，簇中有两个元素："开始（wd）—行（xl）"和"结束（wd）—列（xl）"，分别表示表格的起始点和表格的结束点。

（12）结束（xl）：表示 Excel 工作表最后一个单元格的位置。该输出端子数据类型为簇，簇中两元素：行（xl）和列（xl），分别表示表格结束的行和表格结束的列。

4）添加图像至报表 "添加图像至报表"函数如图 11-13 所示用于向报表中添加图形。

（1）MS Office 参数：设置 Word 或 Excel 报表中要进行图形操作的插入位置，用法与"添加表格至报表"函数的"MS Office 参数"输入端子类似。

（2）对齐：设置报表中图像的对齐方式，数据类型为枚举常量。

（3）图像的路径或 URL：设置插入图像在计算机磁盘上的路径或网址。

5）添加报表文本 "添加报表文本"函数如图 11-14 所示，功能是向报表中添加文本。

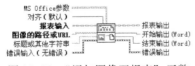

图 11-13 "添加图像至报表"函数

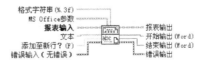

图 11-14 "添加报表文本"函数

（1）格式字符串："添加报表文本"函数是多态 VI，当"文本"输入端子输入为数值类型时，可以通过"格式字符串"输入端子设置数值的格式。

（2）MS Office 参数：设置 Word 或 Excel 报表中要进行文本操作的插入位置，用法与"添加表格至报表"函数的"MS Office 参数"输入端子类似。

（3）文本：通过该输入端子设置插入报表中的文本，该输入端子可以输入数值类型和字符串类型的数据。

（4）添加至新行？：设置是否将文本插入到报表的新行，该输入端子输入为"真"时，将在报表中添加新的行。

（5）开始输出：该输出端子返回 Word 文档中插入文本的起始字符索引，对于 HTML 报表和标准报表，VI 将忽略该参数。

（6）结束输出：该输出端子返回在 Word 文档中插入文本的末尾字符索引。对于 HTML 报表和标准报表，VI 将忽略该参数。

6）添加前面板图像至报表 "添加前面板图像至报表"函数如图 11-15 所示，可以将本 VI 的前面板或者任意磁盘目录下的 VI 前面板以图像的形式插入到报表中。

（1）图像格式：该输入端子用于设置图像的格式。有效值包括：0，表示 PNG 格式；1，表示 JPEG 格式；2，表示 GIF 格式。

（2）对齐：该输入端子用于设置图形的对齐形式，如左对齐、右对齐、中间对齐。

（3）报表输入：输入一个已经创建的某类型报表的类实例。

（4）VI："添加前面板图像至报表"函数是多态 VI，该输入端子可以输入路径或者句柄类型的数据，通过路径或者引用句柄都可以连接到计算机磁盘上的任意 VI。

（5）仅包括可见区域？：如果该输入端输入为"假"，则"添加前面板图像至报表"函数将创建前面板所有可视区域的图形；如果该输入端输入为"真"，则"添加前面板图像至报表"函数将创建只包含所有前面板控件的图像。

如图 11-16 所示为通过 VI 路径将计算机磁盘上 VI 的前面板图像添加到报表中。

图 11-15 "添加前面板图像至报表"函数　　图 11-16 通过 VI 路径关联到 VI 前面板

如图 11-17 所示为通过静态引用（"VI 程序框图—函数选板—编程—应用程序控制—静态 VI 引用"）连接到磁盘上的 VI。

（6）MS Office 参数：设置 Word 或 Excel 报表中要进行文本操作的插入位置，用法与"添加表格至报表"函数的"MS Office 参数"输入端子类似。

（7）报表输出：该端子返回报表的类实例。

（8）VI 路径输出：该输出端子返回前面板图形被添加到报表中的 VI 的路径。

（9）开始输出：返回插入图形的起始位置索引，对于 HTML 报表和标准报表，VI 将忽略该参数。

（10）结束输出：返回插入图形的末尾位置索引，对于 HTML 报表和标准报表，VI 将忽略该参数。

7）添加控件图像至报表 "添加控件图像至报表"函数如图 11-18 所示，用于将控件图像添加到报表。

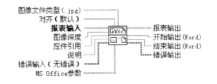

图11-17　通过静态 VI 引用关联到 VI 前面板　　图 11-18　"添加控件图像至报表"函数

（1）图像文件类型：设置图像的类型。有效值包括：0，表示 JPG 类型；1，表示 PNG 类型。

（2）对齐：设置图像的对齐形式，例如，左对齐、右对齐、中间对齐。

（3）报表输入：输入一个已经创建的某类型报表的类实例。

（4）图像深度：图像深度指图像的颜色深度，即存储图像中每个像素点所需的位数。有效值包括 1 位、4 位、8 位和 24 位（默认），位数越高，存储的图形信息越多。

（5）控件引用：要操作的目标控件的引用句柄。

（6）MS Office 参数：设置 Word 或 Excel 报表中要进行文本操作的插入位置，用法与"添加表格至报表"函数的"MS Office 参数"输入端子类似。

（7）报表输出：该端子返回报表的类实例。

（8）开始输出：返回插入图形的起始位置索引，对于 HTML 报表和标准报表，VI 将忽略该参数。

（9）结束输出：返回插入图形的末尾位置索引，对于 HTML 报表和标准报表，VI 将忽略该参数。

如图 11-19 所示，程序将前面板波形图控件添加到 Word 文档中，设置图像深度 1 位。用一位二进制数 0 或 1 描述图像，表示某个像素点全黑色或全白色。

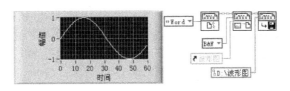

图 11-19　将波形图控件的图形添加到报表中

【例 11-1】编程创建一个报表并添加表格和日期。

本例实现 Excel 报表和 Word 报表的创建和存盘功能，在 Excel 文件中添加一个 4 行 4 列的表格和计算机当前时间。使用 LabVIEW 的报表函数前，应该安装 LabVIEW 的报表生成工具包，否则没有 Excel 和 Word 的相关报表函数。

（1）通过"VI 程序框图—函数选板—编程—报表生成"，在程序框图中创建"新建报表"函数、"添加表格至报表"函数、"添加报表文本"函数、"保存报表至文件"函数。

图 11-20　创建一个 Excel 报表

（2）按图 11-20 所示编程。需要注意的是，计算机时间的插入位置和文本的插入位置，可以通过"添加报表文本"函数的"MS Office 参数"输入端子设置插入位置。图 11-20 所示的程序中，设置计算机时间的插入位置为 Excel 文档的第 5 行第 0 列。

（3）运行程序，创建的 Excel 报表如图 11-21 所示。

如果设置"新建报表"函数"报表类型"输入端的枚举常量为"Word"，则可以生成 Word 类型的报表，如图 11-22 所示。

图 11-21　Excel 报表中添加表格

图 11-22　Word 报表中添加表格

11.3.2　自动化函数

在 LabVIEW 程序设计中，也可以通过自动化引用函数创建 Word 报表和 Excel 报表。通过自动化引用句柄可以连接并输出应用程序的引用句柄，配合属性节点或者调用节点就可以获取属性或方法。Word 和 Excel 都是应用程序，通过自动化引用句柄可以关联到 Word 和 Excel 并输出引用句柄，通过属性和方法可以创建或修改 Word 报表和 Excel 报表。但是 Word 和 Excel 的属性节点和方法很多，这里无法对所有的属性和方法一一列举，需要读者在平时的编程中逐渐积累和总结。本节所涉及的报表制作，只提供自动化函数制作报表的思路。

关于 Word 和 Excel 应用程序的属性和方法，可以参考 VBAWD10. CHM 和 VBAXL10. CHM。读者可以到网络上下载这两个帮助文件，复制到 C:\Program Files\Microsoft Office\OFFICE11 目录下，就可以在 VI 的程序框图中通过 Word 类或 Excel 类的属性节点或调用节点的快捷菜单项"帮助"，查看 Word 类或 Excel 类属性节点和方法的帮助信息。

【例 11-2】通过自动化引用句柄制作 Word 报表，在报表中生成一个 6 行 6 列的表格。

本例通过自动化引用句柄和"打开自动化"函数创建一个 Word 文档，并向其中添加一个 6 行 6 列的表格。

（1）通过"VI前面板—控件选板—新式—引用句柄—自动化引用句柄"，获取自动化引用句柄。在自动化引用句柄上右击，在弹出的快捷菜单中选择"选择 ActiveX 类—浏览"。在弹出的对话框中的"类型库"中选择"Microsoft Word 11.0 Object Library Version 8.3"，在"对象"中选择"Application（Word.＿Application.11）"，使自动化引用句柄连接到 Word 应用程序。

（2）通过"VI程序框图—函数选板—互连接口—ActiveX—打开自动化"，在程序框图中创建一个"打开自动化"函数。

（3）连接自动化引用句柄输出到"打开自动化"函数的输入端，在"打开自动化"函数的句柄输出端上右击，在弹出的快捷菜单中选择"创建—Word.＿Application 类的属性—Documents"，在程序框图中创建 Word.＿Application 类的属性"Documents"。向下拖动属性节点，增加属性节点的接线端子。在新产生的端子上单击，选择"Visible"属性并将值"真"赋给该属性，"Visible"属性的作用是使新创建的 Word 文档可见。

（4）在属性节点"Documents"上右击，在程序框图中创建 Word.＿Application 类的方法"Add"。

（5）在方法"Add"上右击，在程序框图中创建 Word.＿Documents 类的属性节点"Content"。编程到这一步就可以产生一个空的 Word 文档了，下面的工作是向空的 Word 文档中添加表格并写入数据。

（6）在属性节点"Content"上右击，创建 Word.＿Range 类的属性"Tables"。在属性"Tables"上右击，创建 Word.＿Tables 类的方法"Add"。该方法用于创建表格，其中输入端子"NumRows"和"NumColumns"表示行数和列数。在 Word.＿Tables 类的方法"Add"上右击，创建 Word.＿Table 类的方法"Cell"。

【注意】Word.＿Tables 类和 Word.＿Table 类容易混淆，Word.＿Table 类的方法"Cell"类似于活动单元格。在 Word.＿Table 类的方法"Cell"上右击，创建 Word.＿Cell 类的属性"Range"。在 Word.＿Cell 类的属性"Range"上右击，创建 Word.＿Range 类的属性"Text"，通过该属性可以向表格中写入数据。

（7）按图 11-23 所示连线编程。

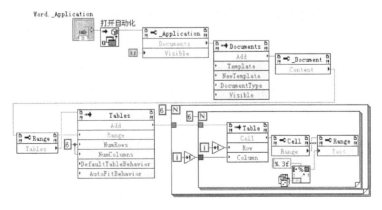

图 11-23　通过自动化引用句柄向 Word 文档中添加表格

第**12**章 程序界面构建

Windows 操作系统是以窗口为基本单位实现人机交互的，构建一个窗口的基本元素包括菜单、工具栏、状态栏。在 Windows 操作系统下，一个窗口就是一个应用程序的界面，在窗口中通过菜单、工具栏、对话框等元素实现人机交互，本章将详细讲解构建窗口的基本元素。

12.1 菜单

菜单是人机交互的重要手段，也是 Windows 操作系统下桌面应用程序的主要组成部分，通过菜单可以实现调出对话框、设定系统参数，修改显示属性等功能。

在 VI 运行状态下，前面板所显示的菜单是 VI 运行时菜单，在默认的情况下运行时菜单是 LabVIEW 的系统菜单。LabVIEW 的系统菜单功能是固定的，不能根据需要编辑里面的选项。一般而言，一个应用程序应该有自己的菜单系统，LabVIEW 提供的自定义用户菜单可以满足这种需要。通过 LabVIEW 用户菜单，程序员可以自定义 LabVIEW 应用程序所需要的菜单系统。在 VI 的编辑模式下，LabVIEW 的自定义菜单是不加载到程序中的。只有 VI 运行时，自定义菜单才加载到 VI 前面板的菜单中并替换 LabVIEW 默认的运行时系统菜单。

LabVIEW 中构建自定义的菜单有两种方式：一种是通过 VI 前面板菜单项"编辑—运行时菜单"，在调出的菜单编辑器中编辑用户自定义菜单；另一种是通过菜单函数（"VI 程序框图—函数选板—编程—对话框与用户界面—菜单"）动态实现自定义用户菜单。

12.1.1 自定义菜单的创建

1. 通过菜单编辑器

在 VI 编辑模式下，通过菜单编辑器编辑的菜单称为静态菜单，这样编辑的自定义菜单在 VI 运行的过程中是固定不变的，除非通过菜单函数修改。在 VI 前面板或者程序框图的菜单中选择"编辑—运行时菜单"，可以调出菜单编辑器。LabVIEW 菜单编辑器在默认的情况下显示的是系统菜单，也就是 VI 在编辑状态下前面板和程序框图中显示的菜单。可以通过下拉菜单选中"自定义"选项，切换到自定义菜单的编辑模式。

如图 12-1 所示，自定义菜单中有两个顶层菜单项："文件"和"编辑"，有三个二级菜单项："文件"、"复制"、"粘贴"。菜单编辑器工具栏的六个按钮从左到右的功能分别是添加菜单、删除菜单、升高菜单级别（如将二级菜单升级为顶层菜单）、降低菜单级别、菜单项上移、菜单项下移。

菜单编辑器中的菜单项属性中有以下几个与菜单相关的概念。

1）菜单项类型 菜单项类型有三个选项：用户菜单、分隔符、应用程序项。选择用户

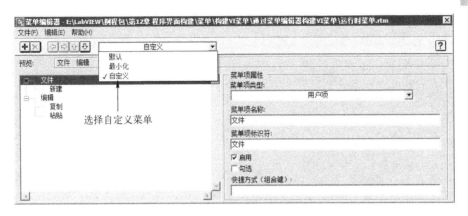

图 12-1 菜单编辑器中的自定义菜单

菜单就进入了用户自定义菜单的编辑模式,选择分隔符就向自定义菜单中插入一行分隔符,选择应用程序中的某个菜单项就可以向自定义菜单中添加 LabVIEW 系统菜单。

2) 菜单项名称 菜单项名称用于指定菜单的名称。

> **【注意】** 菜单项名称可以重名,但是菜单项标识符不能重名。一个程序中可以有重名的菜单,但是重名菜单的菜单项标识符一定不能重名,否则编译无法通过。

3) 菜单项标识符 菜单项标识符是菜单的身份 ID,一个菜单系统中的菜单项标识符不能重名。菜单项标识符的这一特性和控件的标签属性是不同的,控件的标签也是表征控件身份的,但是同一数据类型控件的标签是可以重名的。编程响应 LabVIEW 自定义菜单时,LabVIEW 正是通过菜单项标识符关联到对应的菜单名称。

4) 启用 指某一菜单项是否在运行时启用。如果勾选该项,则在 VI 运行模式下该菜单项可以正常使用;如果不勾选该项,则在 VI 运行模式下该菜单项将变灰并且不可用。

5) 勾选 如果勾选该项,则 VI 运行时该菜单项前面将出现"对勾"符号;如果不勾选该项,则 VI 运行时该菜单项按正常显示。

6) 快捷方式(组合键) 快捷方式是自定义菜单的快捷组合键,在 VI 运行状态下,通过某菜单项的组合键可以达到调用菜单功能的目的。

LabVIEW 自定义的运行时菜单是需要单独存盘的,它的文件扩展名为 .rtm。所以一个包含自定义菜单的完整 VI 在硬盘上的文件组织形式应该是两个文件:一个 .rtm 文件和一个 .vi 文件,如图 12-2 所示。实际上,VI 运行时菜单与子 VI 类似,当 VI 运行时调用自定义菜单替换 VI 的系统菜单。

图 12-2 运行时菜单与调用 VI 在硬盘上的文件组织形式

保存 VI 运行时菜单的同时,VI 已经保存了运行时菜单在硬盘上的位置。当下次打开程序"自定义菜单 .vi"这个 VI 文件时,"运行时菜单 .rtm"文件将自动加载到"自定义菜单 .vi"这个 VI 中并替换 VI 系统菜单。

> **【注意】** 如果改变 VI 运行时菜单在计算机硬盘中的位置,那么运行 VI 时 LabVIEW 将提示修改加载路径。

LabVIEW 的子 VI 也是这样保存的，被静态调用的子 VI 随主 VI 一起保存，主 VI 在保存自身的同时也保存了子 VI 在硬盘上的路径。如果改变子 VI 在硬盘上的路径，那么下次启动主 VI 时 LabVIEW 将提示无法找到子 VI 的加载路径。

【例 12-1】 通过菜单编辑器编辑一个三级菜单。

本例在 VI 编辑模式下，通过 LabVIEW 的菜单编辑器构建一个三级自定义菜单系统。

（1）打开一个新的 VI，在 VI 前面板或程序框图的菜单中选择"编辑—运行时菜单"，调出 LabVIEW 的菜单编辑器。

（2）通过菜单编辑器工具栏中的"加号"和"叉号"按钮分别实现增加和删除新建菜单，通过左、右、上、下按钮调整菜单的级别和位置，编辑好的菜单如图 12-3 所示。

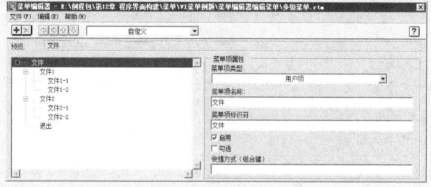

图 12-3　通过菜单编辑器编辑静态菜单

（3）通过 LabVIEW 菜单编辑器编辑好的菜单是一个单独的文件，需要单独存盘，文件的扩展名是 .rtm。存盘的 .rtm 菜单文件可以被任意 VI 调用，在任意一个 VI 中调出菜单编辑器，通过菜单编辑器的菜单项"文件—打开"，可以打开编辑好的自定义菜单文件。打开磁盘上的自定义菜单文件时，LabVIEW 将提示是否将运行时系统菜单替换为打开的扩展名为 .rtm 的自定义菜单，单击"是"按钮即可用磁盘上的菜单文件代替 LabVIEW 默认的运行时菜单。

（4）自定义菜单的调用效果如图 12-4 所示，由于自定义菜单是运行时菜单，只有在 VI 运行模式下才能生效，所以在程序框图中加入了循环机制以保证 VI 连续运行。

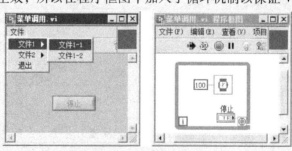

图 12-4　自定义菜单运行时的效果

2. 通过菜单函数

使用菜单函数可以在 VI 运行时动态地改变菜单项内容，使编程的灵活性大大增加。通

过 "VI 程序框图—函数选板—编程—对话框与用户界面—菜单"，可以获取 LabVIEW 的菜单函数。如图 12-5 所示为用菜单函数实现图 12-1 中通过菜单编辑器编辑的自定义菜单。

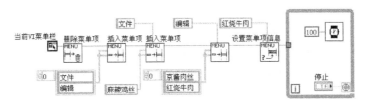

图 12-5　通过菜单函数编辑自定义菜单

【注意】在使用 LabVIEW 的菜单函数构建自定义菜单系统前，应该使用 "删除菜单项" 函数将默认的 VI 运行时菜单删除，否则自定义的菜单系统中将包含默认 VI 运行时菜单。

【例 12-2】通过菜单函数实现菜单的动态删除和添加。

本例演示了菜单的动态删除和加载，即在 VI 运行模式下，动态地删除 VI 默认运行时菜单和加载自定义菜单。例 12-1 是在 VI 编辑模式下通过菜单编辑器构建三级菜单，本例通过 LabVIEW 的菜单函数，编程构建一个三级自定义菜单系统，菜单的运行时效果如图 12-6 所示。

（1）如图 12-6 所示构建程序的界面。

图 12-6　例 12-2 的程序界面

（2）在程序框图中构建一个事件处理器，创建三个事件分支："删除菜单" 按钮的 "鼠标释放" 事件、"加载菜单" 按钮的 "鼠标释放" 事件、"退出程序" 按钮的 "鼠标释放" 事件。

（3）通过 "VI 程序框图—函数选板—编程—对话框与用户界面—菜单"，创建 "当前 VI 菜单栏" 函数、"删除菜单项" 函数、"插入菜单项" 函数。按图 12-7 所示编程，在 "删除菜单" 按钮的 "鼠标释放" 事件分支中删除 LabVIEW 默认的运行时菜单（系统菜单），如果不删除默认菜单，那么新创建的自定义菜单将排在默认菜单后面。在 "加载菜单" 按钮的 "鼠标释放" 事件分支中添加自定义菜单。

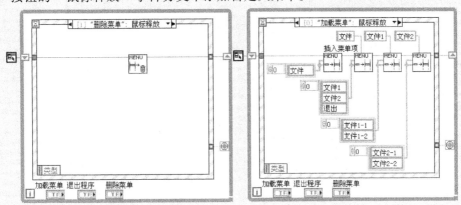

图 12-7　删除默认系统菜单与添加自定义菜单

12.1.2　自定义菜单的响应

LabVIEW 的事件结构中有专门的菜单响应事件，包括应用程序菜单事件和自定义菜单事件。LabVIEW 的系统菜单通过本 VI 的"菜单选择（应用程序）"事件响应，自定义菜单通过本 VI 的"菜单选择（用户）"事件响应。

【例 12-3】编程通过菜单函数创建自定义菜单并响应。

本例通过"菜单选择（用户）"事件分支中的事件数据"项标识符"识别自定义菜单。响应程序的功能为：当用户单击某菜单项时，将弹出一个对话框显示单击的菜单项。

（1）在程序框图中创建一个队列消息处理器，队列消息处理器总共有四条指令：删除系统菜单、加载用户菜单、加载快捷键、等待用户事件，分别对应队列消息处理器的四个分支。

按图 12-8 所示，在"删除系统菜单"分支中，通过"删除菜单项"函数将 Lab-VIEW 默认的 VI 运行时菜单删除。

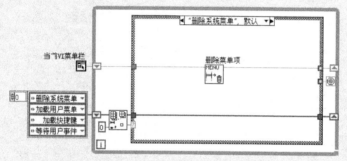

图 12-8　删除默认系统菜单

（2）如图 12-9，在"加载用户菜单"分支中加载自定义菜单。创建一个一级菜单项"文件"，三个二级菜单项："文件 1"、"文件 2"、"退出"。

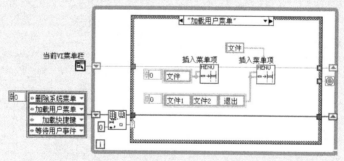

图 12-9　添加自定义菜单

（3）如图 12-10 所示，在"加载快捷键"分支中加载自定义菜单的快捷键。设置快捷键的簇中三个元素分别是：包含 Shift 键？（布尔类型）、包含 Ctrl 键？（布尔类型）、快捷键（字符串类型）。本例中将三个快捷键的"包含 Ctrl 键？"选项都设置为"真"。VI 运行时，同时按住"Ctrl"键和字母键才能使对应的菜单生效。

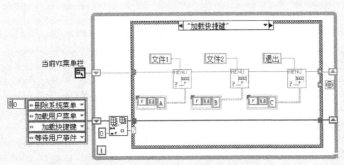

图 12-10　添加自定义菜单的快捷键

（4）如图 12-11 所示，在"等待用户事件"分支的事件结构中响应菜单。通过本 VI 的"菜单选择（用户）"事件，获取菜单项标识符进而实现菜单项的响应。

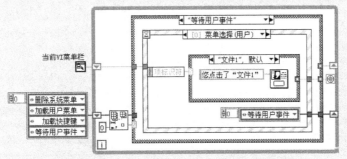

图 12-11　通过菜单的项标识符识别菜单项

如图 12-12 所示，在每个菜单项的响应程序中添加对话框函数，用对话框显示单击的菜单项。当单击"退出"按钮时，弹出一个双按钮对话框提示是否退出，单击"是"按钮退出程序，单击"否"按钮返回程序。

图 12-12　自定义菜单的响应程序

【例 12-4】 编程调用系统菜单功能。

通过系统菜单项标识符可以达到调用系统菜单的目的，将系统菜单加入到自定义菜单系统中可以丰富和完善自定义菜单。调用 LabVIEW 系统菜单的关键是写入正确的系统菜单项标识符，系统菜单的菜单项标识符都是有特殊含义的。例如，菜单项"运行"（在 VI 一级菜单项"操作"中）的项标识符是"APP_RUN_INSTR"，这个项标识符的功能就是使 VI 运行。可以选中菜单编辑器的下拉菜单中的"默认"选项查看系统菜单的项标识符，系统菜单的项标识符、菜单名称、快捷键是不可修改的。

方法 1：通过"VI 程序框图—函数选板—编程—对话框与用户界面—菜单"，在程序框图中添加"当前 VI 菜单栏"函数、"删除菜单项"函数、"插入菜单项"函数，并按

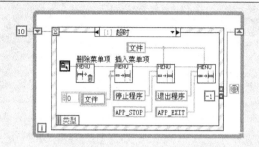

图 12-13　通过菜单函数调用系统菜单

图 12-13 所示编程。程序用到了事件结构的 "超时事件分支"，并将该分支用作了初始化分支。在 While 循环外部为超时端子赋值 "10"，程序进入 While 循环后首先进入 "超时" 分支进行初始化工作。初始化完成后，为超时端子赋值 "-1"（永不超时），使事件结构处于正常的等待状态。调用 VI 系统菜单时，不用编辑菜单的响应程序，LabVIEW 自动响应系统菜单功能。但是在通知事件 "菜单选择（应用程序）" 中可以增加系统菜单的功能，如图 4-171 所示。

方法 2：通过菜单编辑器实现系统菜单的调用。

（1）新建一个 VI，通过 VI 菜单项 "编辑—运行时菜单" 调出菜单编辑器。进入自定义菜单界面，在菜单项类型中选择 "用户项"，创建一个用户自定义一级菜单 "文件"。在菜单项类型中选择 "应用程序项—操作—停止"，为自定义菜单添加系统菜单中的 "停止" 功能。同样地，选择 "应用程序项—文件—退出"，为自定义菜单添加系统菜单的 "退出" 功能。编辑好的菜单如图 12-14 所示。

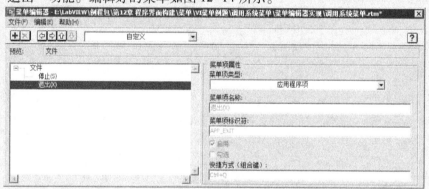

图 12-14　通过菜单编辑器添加系统菜单

（2）在程序框图中编辑能保证 VI 持续运行的机制，程序的运行效果如图 12-15 所示。单击菜单项 "停止" 可以停止 VI 运行，单击菜单项 "退出" 可以退出 LabVIEW 编程环境。

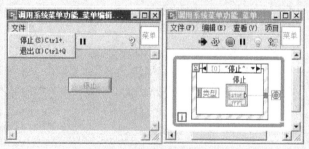

图 12-15　自定义菜单中加入系统菜单

12.2　快捷菜单

　　快捷菜单是右击时弹出的菜单，它可以方便地实现人机交互，是桌面应用程序中常用的交互机制。LabVIEW 中的控件也有快捷菜单，通过控件的快捷菜单可以实现便捷的功能。在 VI 运行模式下，控件的快捷菜单是 LabVIEW 默认的系统快捷菜单。在 LabVIEW 编程环境中，可以为控件创建自定义的快捷菜单，实现自定义的快捷菜单功能，进而完善和丰富应用程序。一个完整的快捷菜单系统同样由两部分组成：创建菜单项和菜单项的响应。

12.2.1　快捷菜单的创建

　　1）通过快捷菜单编辑器　在前面板中创建一个控件，右击并在弹出的快捷菜单中选择"高级—运行时快捷菜单—编辑"，可以调出快捷菜单编辑器。在快捷菜单编辑器的"自定义"编辑模式下，可以编辑控件的自定义快捷菜单。自定义的快捷菜单可以作为控件的一部分保存，也可以作为单独的文件保存在计算机硬盘上。如图 12-16 所示，在快捷菜单编辑器中为前面板控件"退出程序"按钮编辑两个一级快捷菜单、四个二级快捷菜单。

　　2）通过菜单函数　通过菜单函数可以动态地编程快捷菜单，在程序运行的过程中修改控件快捷菜单项内容。通过"VI 程序框图—函数选板—编程—对话框与用户界面—菜单"，可以获取 LabVIEW 的菜单函数。在一般的编程应用中，快捷菜单在控件的"快捷菜单激活？"事件中创建。如图 12-17 所示，通过菜单函数为前面板控件"退出程序"按钮编辑两个一级快捷菜单、四个二级快捷菜单。

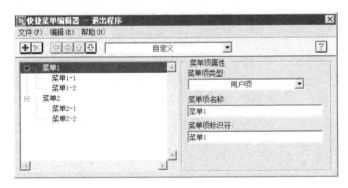

图 12-16　通过快捷菜单编辑器编辑快捷菜单

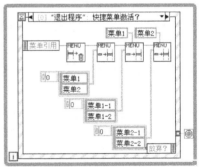

图 12-17　通过菜单函数编辑快捷菜单

12.2.2　快捷菜单的响应

　　LabVIEW 的事件结构中有快捷菜单响应事件，包括应用程序的快捷菜单事件和自定义快捷菜单事件。控件默认的系统快捷菜单通过控件的通知事件"快捷菜单选择（应用程序）"响应，自定义快捷菜单通过控件的通知事件"快捷菜单选择（用户）"响应。如图 12-18 所示是图 12-16 和图 12-17 的快捷菜单响应程序，通过快捷菜单的项标识符可以识别不同的菜单

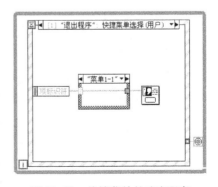

图 12-18　快捷菜单的响应程序

项，在条件结构中实现不同菜单项的功能。

【例 12-5】编程通过菜单函数调用控件系统快捷菜单。

本例通过菜单函数动态地加载波形图控件的自定义快捷菜单，并在自定义菜单中调用波形图控件的系统快捷菜单。

本例为波形图控件创建了三个快捷菜单，实现的功能分别是：显示/隐藏波形图控件的标签、导出简化图、退出程序，其中菜单项"显示标签"有勾选的功能。

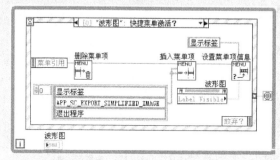

图 12-19　波形图控件自定义快捷菜单

（1）如图 12-19 所示，在波形图的过滤事件"快捷菜单激活？"中加载用户自定义快捷菜单。"APP_SC_EX-PORT_SIMPLIFIED_IMAGE"是波形图控件系统快捷菜单项"导出简化图"的项标识符，通过调用这个菜单项标识符可以实现波形图控件系统快捷菜单"导出简化图"的功能。在快捷菜单编辑器的"默认"选项下，可以查看控件所有系统快捷菜单的项标识符。

通过为"设置菜单项信息"函数的输入端"已勾选"赋值"真"，为自定义菜单项"显示标签"添加勾选功能。当波形图控件的标签处于可视状态时，其属性节点"Label.Visible"输出"真"，菜单项"显示标签"前将出现勾选标识。

【注意】构建自定义的快捷菜单时，一般通过"删除菜单项"函数将控件默认的系统快捷菜单删除，否则自定义的快捷菜单将添加到控件默认的系统快捷菜单后面。

（2）如图 12-20 所示，在波形图控件的快捷菜单项"显示标签"的响应程序中编辑波形图控件标签的可视状态。

（3）如图 12-21 所示，在波形图控件的快捷菜单项"退出程序"的响应程序中实现程序的退出机制。

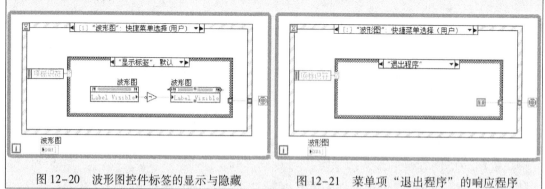

图 12-20　波形图控件标签的显示与隐藏　　　图 12-21　菜单项"退出程序"的响应程序

【例 12-6】编程实现左键快捷菜单。

LabVIEW 没有响应鼠标左键快捷菜单的事件，可以通过将鼠标左键按下转换为鼠标右键按下来实现左键快捷菜单。

鼠标的"按钮"值包括：1，鼠标左键按下；2，鼠标右键按下；3，鼠标滚轮按下。如图 12-22 所示，为例 12-5 添加一个事件分支：波形图控件的过滤事件"鼠标按下？"。当鼠标左键按下时，将"2"赋给过滤端子"按钮"，这样操作系统将认为是鼠标的右键按下。当鼠标的右键真正按下时（事件端子"按钮"输出"2"），放弃通知

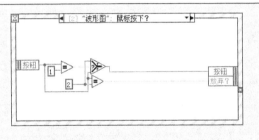

图 12-22　鼠标左键按下转换为右键按下

事件"鼠标按下"的响应，达到禁用快捷菜单的目的。波形图的"快捷菜单选择（用户）"事件是以"鼠标按下"事件为基础的，只有鼠标按下后才能触发"快捷菜单选择（用户）"这一事件。放弃通知事件"鼠标按下"后，波形图控件的"快捷菜单选择（用户）"事件就无法被触发。这样只有鼠标左键按下时，才弹出快捷菜单，而鼠标右键按下时无响应。

【例 12-7】编程实现 VI 前面板窗格的快捷菜单。

默认的情况下 VI 前面板窗格没有快捷菜单，本例为 VI 前面板窗格添加快捷菜单项。程序实现的功能是：在 VI 前面板窗格中右击可以调出快捷菜单项"退出程序"，单击该菜单项实现退出程序的功能。

如图 12-23 所示，创建窗格的快捷菜单并实现程序响应。

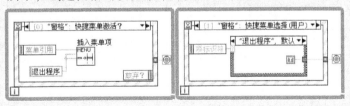

图 12-23　创建并响应窗格的快捷菜单

【例 12-8】通过快捷菜单实现多列列表框的赋值、排序、清零以及程序的退出操作。

本例演示了控件快捷菜单的创建和响应，当用户单击"排序"中的"升幂"或"降幂"时，产生勾选标记。

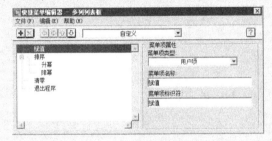

图 12-24　多列列表框的快捷菜单

（1）在程序框图中创建一个多列列表框控件，在多列列表框控件上右击，在弹出的快捷菜单中选择"高级—运行时快捷菜单—编辑"，调出快捷菜单编辑器。按图 12-24 所示编辑多列列表框控件的快捷菜单，其中一级菜单四个：赋值、排序、清零、退出程序，二级菜单两个：升幂排序和降幂排序。

（2）在程序框图中构建一个事件处理器用于响应控件的自定义快捷菜单。自定义快捷菜单在控件的"快捷菜单选择（用户）"事件分支中响应，该分支中有快捷菜单对应的数据端子"项标识符"。如图 12-25 所示，在条件结构分支的选择器标签中输入与快捷菜单项标识符相同文本内容的字符串，当用户单击快捷菜单的某项时，条件结构进入相应的分支响应快捷菜单。图 12-25 所示是"赋值"分支中的程序代码，在赋值分支中用随机数函数产生一个 3 行 4 列的数组。

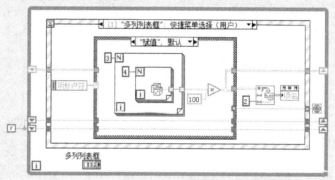

图 12-25　为多列列表框赋值

（3）如图 12-26 所示，在"升幂"分支中为二维数组升幂排序。排序的过程是：首先用"重排数组维数"函数将二维数组转换为一维数组；然后用"一维数组排序"函数升幂排列一维数组；最后再用"重排数组维数"函数将一维数组转换为与原先相同行数和列数的二维数组。

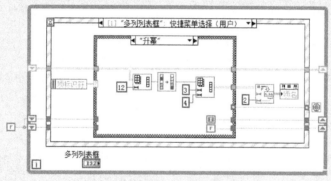

图 12-26　升幂排序

如图 12-27 所示，快捷菜单前的勾选标记一般通过控件的过滤事件"快捷菜单激活？"实现。在多列列表框控件的"快捷菜单激活？"事件分支中有快捷菜单的引用句柄，将多列列表框的快捷菜单引用句柄连接到"设置菜单项信息"函数中，就可以对勾选标记进行编程响应了。

"快捷菜单激活？"是过滤事件，一定是在"快捷菜单选择（用户）"事件前执行。在 VI 运行模式下，当用户在多列列表框控件上右击时，"快捷菜单激活？"事件分支先执行，然后弹出控件的快捷菜单，这时用户再单击某个快捷菜单项时，"快捷菜单选择（用户）"事件分支才执行。

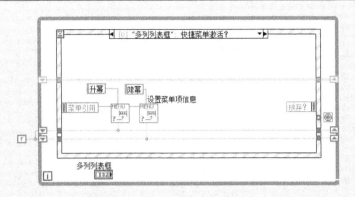

图 12-27　为快捷菜单项"升幂"和"降幂"添加勾选标记

（4）降幂排序分支中的程序代码与升幂排序类似，唯一不同的是要用"反转一维数组"函数实现降幂排序，如图 12-28 所示。

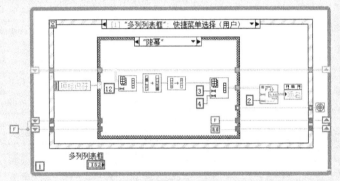

图 12-28　降幂排序

（5）按图 12-29 所示构建清零分支中的程序。

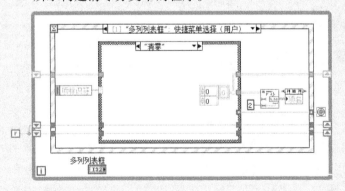

图 12-29　清零多列列表框数据

（6）按图 12-30 所示构建程序的退出机制。

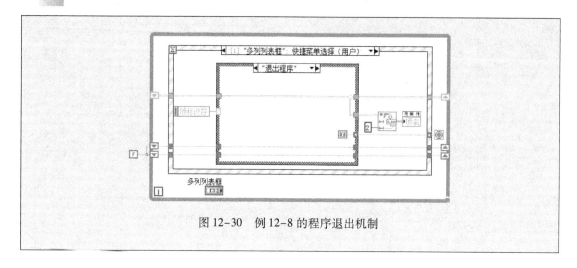

图 12-30　例 12-8 的程序退出机制

12.3　工具栏

工具栏是桌面应用程序中极为常用的组件，几乎在任何一款 Windows 应用程序中都可以看到工具栏，它为人机交互提供了便捷的途径。

12.3.1　工具栏的创建

1. 静态创建工具栏

图 12-31　ActiveX 组件

LabVIEW 中没有提供工具栏控件，但是可以通过调用 ActiveX 组件实现自定义工具栏。LabVIEW 中编写自定义工具栏要用到 ActiveX 容器，在 ActiveX 容器中添加相应的 ActiveX 组件可以实现某些 LabVIEW 难以实现的功能。通过"VI 前面板—控件选板—新式—容器—ActiveX 容器"，可以调出 ActiveX 容器。在 ActiveX 容器上右击，在弹出的快捷菜单中选择"插入 ActiveX 对象"，将弹出 ActiveX 对象的选择对话框。如图 12-31 所示，该对话框中包含了很多 ActiveX 组件，这些组件不仅可以被 LabVIEW 调用，也可以被其他编程语言调用，通过调用这些组件可以丰富应用程序的功能。

在 ActiveX 对象的选项对话框中选择"Microsoft Toolbar Control，version 6.0（SP6）"组件，这是一个 Windows 风格的工具栏组件。单击"确定"按钮，工具栏被添加到 VI 前面板中，此时工具栏中只有一个按钮。在工具栏上右击，在弹出的快捷菜单中选择"Toolbar—Properties"，可以调出工具栏属性对话框，如图 12-32 所示。在工具栏属性对话框中可以实现工具栏的属性设置、为工具栏添加按钮、为工具栏按钮添加图片等操作。如图 12-32 所示，通过"Buttons"属性页中的"Insert Button"按钮可以为工具栏添加按钮。也可以通过"Microsoft Toolbar Control，version 6.0（SP6）"组件的属性和方法编程动态地为工具栏添加按钮。

为工具栏中的按钮添加图片需要用到"Microsoft ImageList Control，version 6.0（SP6）"

组件。在 VI 前面板添加一个 Microsoft ImageList Control 6.0（SP6）组件，通过该组件的快捷菜单项"Imagelistr—Properties"调出属性对话框。如图 12-33 所示，在属性对话框的"General"选项页中定义工具栏图片大小，在"Images"选项页中可以为工具栏按钮添加图片（JPG、BMP 等常用图片格式）。

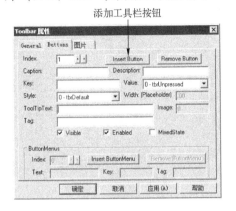

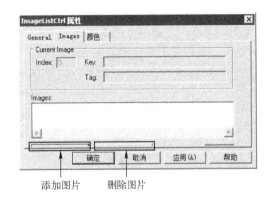

图 12-32　为工具栏添加按钮

图 12-33　通过 Microsoft ImageList Control 6.0（SP6）
组件添加工具栏按钮图片

【注意】"Images"属性页中的"添加"按钮和"删除"按钮并没有完全显示，但可以选中，如图 12-33 所示。

2. 动态创建工具栏

动态创建工具栏是通过 Microsoft Toolbar Control 6.0（SP6）组件的属性和方法实现的，动态创建的工具栏可以在 VI 运行的过程中对工具栏进行修改。

【例 12-9】编程实现动态创建和删除工具栏。

本例通过 Microsoft Toolbar Control 6.0（SP6）组件的方法"Add"动态地添加工具栏按钮，通过方法"Clear"动态地删除工具栏按钮。

（1）按图 12-34 所示构建程序界面。在 VI 属性对话框的"窗口外观"选项页中进入自定义窗口界面，将"运行时显示工具栏"前的勾选去掉，这样 VI 运行时将不显示系统工具栏。

（2）通过"VI 前面板—控件选板—新式—容器—ActiveX 容器"，在程序框图中创建两个 ActiveX 容器，在 ActiveX 中添加 Microsoft Toolbar Control 6.0（SP6）组件和 Microsoft Im-ageList Control 6.0（SP6）组件。通过 Microsoft

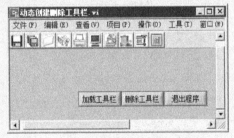

图 12-34　例 12-9 的程序界面

ImageList Control 6.0（SP6）组件的快捷菜单项"Imagelistr—Properties"调出属性对话框，在"Images"选项页（见图 12-33）中添加十张图片。

（3）如图 12-35 所示，为工具栏添加十个按钮，并为按钮添加图片和鼠标提示文本"A"、"B"、…、"K"。

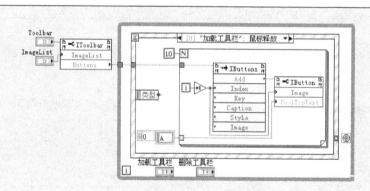

图 12-35　动态添加工具栏按钮

（4）如图 12-36 所示，通过 MSComctlLib.Ibuttons 类的方法"Clear"动态地删除工具栏按钮。

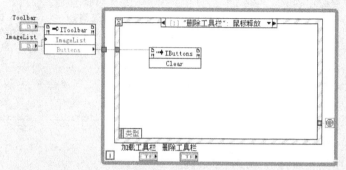

图 12-36　动态删除工具栏按钮

12.3.2　工具栏的响应

所谓工具栏的响应，是指当右击工具栏的某个按钮时实现该按钮预设功能的调用。

【例 12-10】使用 ActiveX 控件构建工具栏并响应。

本例意在详细讲解如何使用 ActiveX 控件构建 Windows 风格的工具栏并实现工具栏的响应。使用 ActiveX 控件构建一个完整的工具栏包括 VI 前面板和程序框图两部分内容，在 VI 前面板进行的工作包括：Microsoft Toolbar Control 6.0（SP6）组件的添加、工具栏按钮的添加、Microsoft ImageList Control 6.0（SP6）组件的添加、工具栏按钮图片的添加；在程序框图中进行的工作包括：工具栏按钮图片的加载、工具栏按钮的识别、工具栏按钮的响应。

如果在程序中构建了自定义的工具栏，一般要隐藏 LabVIEW 的系统工具栏。在 VI 前面板右上角的 VI 图标上右击，调出 VI 属性对话框。在 VI 属性对话框的"窗口外观"选项页中，进入自定义窗口界面，将"运行时显示工具栏"前的勾选去掉，这样就可以在 VI 运行时隐藏 LabVIEW 系统工具栏。

如图 12-37 所示，本例为自定义工具栏创建了 14 个按钮。

（1）通过"VI 前面板—控件选板—新式—容器—ActiveX 容器"，在 VI 前面板添加一个 ActiveX 容器。

图 12-37　例 12-10 的程序界面

（2）在 ActiveX 容器上右击，在弹出的快捷菜单中选择"插入 ActiveX 对象"。在弹出的"选择 ActiveX 对象"对话框中选择"Microsoft Toolbar Control 6.0（SP6）"并单击"确认"按钮，这样就在前面板创建了一个工具栏组件。

（3）在工具栏上右击，在弹出的快捷菜单中选择"Toolbar—Properties"，可以调出工具栏属性对话框。进入对话框的"Buttons"选项页，单击"Insert Button"按钮，为工具栏添加按钮。如图 12-38 所示，为工具栏添加 14 个按钮，并为每个按钮添加鼠标提示文本。所谓鼠标提示文本，是指当鼠标移动到工具栏某个按钮上时，在鼠标光标旁边出现的用于描述该按钮功能的文本。

（4）通过"VI 前面板—控件选板—新式—容器—ActiveX 容器"，在 VI 前面板添加一个 ActiveX 容器。在 ActiveX 容器上右击，在弹出的快捷菜单中选择"插入 ActiveX 对象"。在弹出的"选择 ActiveX 对象"对话框中选择"Microsoft ImageList Control 6.0（SP6）"并单击"确认"按钮，这样就在前面板创建了一个图片加载组件。

（5）在 Microsoft ImageList Control 6.0（SP6）组件上右击，在弹出的快捷菜单中选择"ImageList—Properties"，调出属性设置对话框。如图 12-39 所示，进入"Images"选项页，单击"选择图片"按钮为该组件添加图片。这里值得注意的是，由于分辨率等原因，"选择图片"按钮没有完全显示。

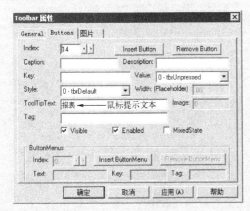

图 12-38　静态添加工具栏按钮

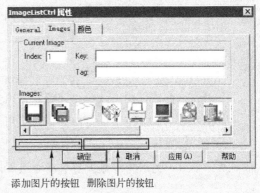

图 12-39　向 Microsoft ImageList Control 6.0（SP6）组件添加图片

编程到这一步，工具栏已经创建好了，接下来需要在程序框图中编程为工具栏按钮加载图片并响应工具栏的动作。

工具栏的响应关键是响应鼠标在工具栏上的动作，可以响应鼠标在工具栏按钮上的"鼠标按下"这一动作，也可以响应鼠标在工具栏按钮上的"鼠标释放"这一动作。

方法1：如图 12-40 所示，在 While 循环外部加载工具栏图片，通 Microsoft Toolbar Control 6.0（SP6）组件 MSComctlLib. Ibuttons 类的属性"Value"获取被单击的按钮。在工具栏的"鼠标按下"事件分支中，For 循环索引输入 14 个按钮的句柄，通过"Value"属性索引输出每个按钮的值。被单击按钮的"Value"属性输出为"1"，否则其"Value"属性输出为"0"。使用"搜索一维数组"函数查找"Value"输出为"1"的按钮，该按钮即为被单击的按钮。

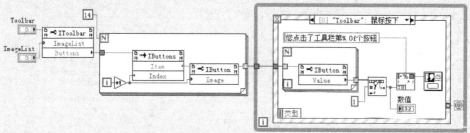

图 12-40　通过 MSComctlLib. Ibuttons 类的"Value"属性识别工具栏中动作的按钮

方法2：LabVIEW 中有专门响应 ActiveX 组件动作的回调事件，通过 Microsoft Toolbar Control 6.0（SP6）组件的回调事件"ButtonClick"可以识别鼠标在工具栏按钮上的"鼠标释放"这一动作。

在回调 VI 中，通过主 VI 数值控件"索引"的"值（信号）"属性，将回调 VI 中的数据以及"值改变"事件传递到主 VI 的事件结构中。

（1）在程序框图中构建一个队列消息处理器，并定义三条指令：加载工具栏图片、注册回调事件、等待用户事件。如图 12-41 所示，在"加载工具栏图片"分支中将 Microsoft ImageList Control 6.0（SP6）组件中的图片加载到工具栏中的 14 个按钮上。

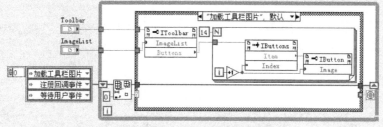

图 12-41　加载工具栏图片

（2）如图 12-42 所示，在"注册回调事件"分支中注册工具栏组件"Microsoft Toolbar Control 6.0（SP6）"的回调事件，回调事件"ButtonClick"可以识别"鼠标释放"事件。

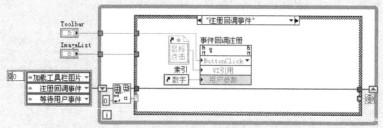

图 12-42　注册工具栏的回调事件"ButtonClick"

　　如图 12-43 所示，在回调 VI 中通过数值类的句柄控件"索引"，建立与主 VI 中数值输入控件"索引"的关联。当 MSComctlLib. Ibuttons 类的"Index"属性有数据流入"Val（Sgnl）"属性节点时，除了更新主 VI 数值控件"索引"的值外，还触发一次主 VI 数值控件"索引"的"值改变"事件。

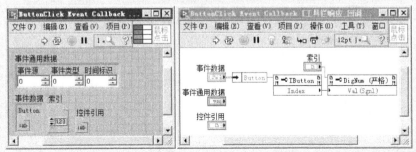

图 12-43　回调事件"ButtonClick"的回调 VI

　　【注意】这里只能使用"Val(Sgnl)"属性节点，它可以在传递数据的同时触发与其绑定控件的"值改变"事件，而"Value"属性节点只能传递数据无法触发事件。

　　（3）在"等待用户事件"分支中为事件结构创建两个事件分支：数值控件"索引"的"值改变"事件、"退出程序"按钮的"值改变"事件。如图 12-44 所示，在数值控件"索引"的"值改变"事件分支中，通过事件数据端子"新值"获取回调函数中"Index"属性的输出值，将该值通过"格式化写入字符串"函数输入到单按钮对话框中。

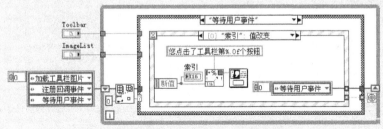

图 12-44　工具栏按钮的响应程序

　　方法 3：可以用事件传递的办法，在回调 VI 中通过"产生用户事件"函数将工具栏按钮值和自定义事件传递到主 VI 的事件结构中。

　　如图 12-45 所示，在 While 循环外部创建用户自定义事件机制，事件名称为"Index（索引）"。将用户自定义事件的句柄传递到回调 VI 中，使回调 VI 中产生的事件能在主 VI 中响应。

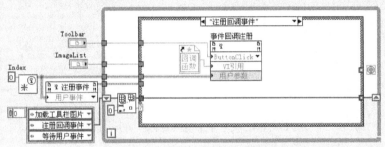

图 12-45　注册与自定义事件关联的回调 VI

当鼠标在工具栏某个按钮上按下并抬起时，触发回调事件"ButtonClick"。如图 12-46 所示，在回调 VI 中将属性节点"Index"返回的被按下按钮的索引序号输入到自定义事件中并产生一个自定义事件。

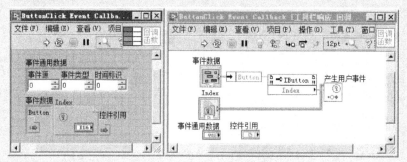

图 12-46　向主 VI 传递事件和数据

如图 12-47 所示，在主 VI 的自定义事件"Index"中，将按钮索引序号取出并通过"格式化写入字符串"函数输入到单按钮对话框中。

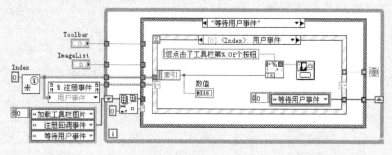

图 12-47　在主 VI 中响应回调 VI 产生的自定义事件

12.4　对话框

对话框是 Windows 桌面程序主要的人机交互手段，LabVIEW 提供了对话框函数，但是 LabVIEW 的对话框函数功能简单，无法实现复杂的功能。Windows 操作系统是以窗口为单位调用应用程序的，VI 前面板就是一个 Windows 窗口，只要改变一下这个窗口的外观就可以将其制作为一个对话框。

1. 函数对话框

LabVIEW 提供了实现对话框弹出功能的对话框函数，通过"VI 程序框图—函数选板—编程—对话框与用户界面"，可以获取对话框函数。

【例 12-11】编程实现对话框函数的调用。

通过"VI 程序框图—函数选板—编程—对话框与用户界面"，在程序框图中创建单按钮对话框、双按钮对话框、三按钮对话框。

（1）按照图 12-48 所示编程。

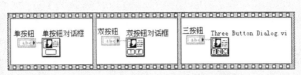

图 12-48　LabVIEW 中对话框函数

（2）运行程序，将连续显示三个对话框。程序采用顺序结构，三帧分支中分别放置了单按钮对话框、双按钮对话框、三按钮对话框。LabVIEW 的对话框函数产生的对话框都是模态对话框，所谓模态对话框，是指当对话框启用时处于计算机屏幕的最顶层，且其他窗口无法操作。

2. 自定义对话框

LabVIEW 的对话框函数功能简单，只能实现简单的布尔量的输入/输出。如果要实现功能更复杂的对话框，可以将 VI 前面板设置为对话框样式。LabVIEW 前面板是很灵活的，前面板是应用程序的界面，通过设置可以使 VI 前面板窗口呈现不同的样式。Windows 操作系统的主要特征是窗口，通过窗口实现人机的交互。Windows 操作系统的窗口也是有不同样式的，对于标准窗口而言一般包含标题栏、菜单、工具栏、状态栏。在标题栏中从左到右依次是：窗口图标、窗口标题、最小化按钮、最大化（还原）按钮、关闭按钮，单击窗口图标可以显示系统菜单，如图 12-49 所示。

对话框当然也是 Windows 窗口的一种形式，只是对话框屏蔽了窗口菜单、工具栏以及最大化、最小化按钮。LabVIEW 的 VI 前面板是一个 Windows 窗口，通过设置可以将其变成对话框样式。在前面板右上角的 VI 图标上右击或通过 VI 菜单项"文件—VI 属性"，均可调出 VI 属性设置对话框。在"VI 属性"对话框中选择"窗口外观"，切换到窗口外观属性页。如图 12-50 所示，LabVIEW 在窗口外观属性页中预先设计好了三种可选的窗口样式："顶层应用程序窗口"、"对话框"、"默认"。如果这三种窗口样式都无法满足设计需要，还可以自定义窗口样式。选择"对话框"样式，可以使 VI 前面板以模态对话框的样式显示。如果想要设置 VI 前面板为非模态的对话框，可以在选择"对话框"选项的基础上单击"自定义"按钮，调出"自定义窗口外观"对话框，在"窗口动作"选项中选择"浮动"。

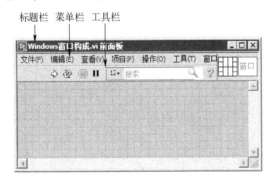

图 12-49　Windows 中的窗口

图 12-50　设置 VI 前面板的样式

3. 对话框的调用

LabVIEW 中的自定义对话框是一个普通的子 VI，它的调用与子 VI 的调用完全相同。普通的子 VI 被调用时不显示前面板，将子 VI 的前面板设置为对话框样式后，子 VI 被调用时其前面板将以对话框的形式弹出。

LabVIEW 的自定义对话框的调用模式有两种：静态调用和动态调用。通过"VI 程序框图—函数选板—选择 VI"或直接将磁盘上的子 VI 拖入主 VI 的程序框图，可以实现对话框的静态调用。使用"通过引用节点调用"函数（"VI 程序框图—函数选板—编程—应用程序控制"），可以实现对话框的动态调用。

【例 12-12】将 8.7 节中的例题以对话框的形式调用。

本例意在演示 LabVIEW 复杂对话框的编辑和调用，通过 VI 属性设置，可以使 VI 前面板呈现对话框的样式，这样实现的对话框可以实现 LabVIEW 普通 VI 所能实现的复杂功能。

本例主 VI 的功能很简单，只有两个按钮："调出对话框"和"退出程序"，实现的功能分别是：调出一个对话框、使主 VI 退出。作为对话框的子 VI 功能却很复杂，是一个多线程的数据采集、显示、保存为一体的程序。

（1）打开 8.7 节中的例题，在子 VI 右上角的 VI 图标上右击，调出 VI 属性设置对话框，在"窗口外观"属性页中勾选"对话框"。也可以通过 VI 菜单项"文件—VI 属性"，调出 VI 属性设置对话框。

（2）构建主 VI 的程序界面如图 12-51 所示。程序框图中是事件机的设计模式，事件结构中有两个事件分支："调出对话框"按钮的"鼠标释放"事件、"退出程序"按钮的"值改变"事件。在"调出对话框"按钮的"鼠标释放"事件分支中采用静态调用对话框的形式，对话框（子 VI）"数据采集"和主 VI 有相同的生命周期。当"调出对话框"按钮的"鼠标释放"事件分支执行时，子 VI 将以对话框的形式弹出。

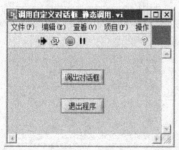 

图 12-51　静态调用对话框

如图 12-52 所示，动态调用对话框时要用到三个函数：打开 VI 引用、通过引用节点调用、关闭引用，通"过 VI 程序框图—函数选板—编程—应用程序控制"，可以获取这三个函数。

运行主 VI，单击"调出对话框"按钮，8.7 节中的例题以对话框的形式运行，如图 12-53 所示。

【注意】将程序作为对话框调用时，要为程序添加本 VI 的"前面板关闭"事件，保证单击 VI 前面板窗口右上角的关闭按钮时程序正常退出。可为本 VI 的"前面板关闭"

事件单独创建一个事件分支，或者与"退出程序"按钮的"鼠标释放"事件构建在同一个事件分支中。

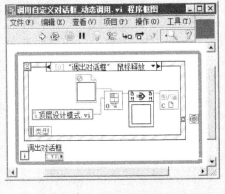
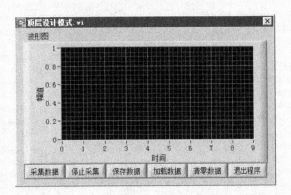

图 12-52　动态调用对话框　　　　　　　　　图 12-53　复杂的对话框程序

4. 对话框与主 VI 的通信

对话框与调用 VI 之间的关系是两个不同 VI 间的关系，也就是多线程的关系，使用多线程的通信手段，如全局变量、队列函数、通知器、LV2 型全局变量等，都可以实现对话框与调用 VI 之间的通信。实际上，对话框就是一个子 VI，对话框的前面板可以以对话框的形式弹出，而普通子 VI 的前面板是不弹出的。

在 LabVIEW 程序设计中，往往需要对话框与主 VI 实时通信。调用子 VI（对话框）的形式分为静态调用和动态调用，这两种调用形式下的编程有较大区别。

【**例 12-13**】编程实现对话框与主 VI 的实时通信。

本例实现的功能是：运行主 VI 时，弹出一个对话框，滑动对话框中的滑动杆控件，主 VI 中控件的值随之改变。如图 12-54 所示是本例中用到的对话框"产生数据"，当滑动杆滑块移动时，将滑动杆的值输入全局变量。一般而言，当子 VI 以对话框的形式弹出后，对话框的标题栏要显示描述性文字简要提示对话框的作用。在子 VI 右上角的 VI 图标上右击，并在弹出的快捷菜单中选择"VI 属性"（或通过 VI 菜单项"文件—VI 属性"），调出 VI 属性设置对话框。切换到"窗口外观"属性页，不再勾选"窗口标题"选项下的"与 VI 名称相同"，并在文本编辑框中输入自定义的窗口标题文本。

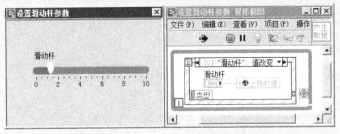

图 12-54　子 VI 的前面板和程序框图

如图 12-55 所示，子 VI 中有两个事件分支，分别用于响应滑动杆的"值改变"事件和 VI 的"前面板关闭"事件。

方法 1：对于静态调用而言，如果要实现对话框与主 VI 的实时通信，则必须让对话框（子 VI）运行在单独的线程。如果子 VI 运行在主线程，则必然导致主线程的停滞，无法实现实时通信。如图 12-56 所示，将子 VI 与主 VI 中的循环结构并行在程序框图中，这样子 VI 与主 VI 运行在两个单独的线程。当主 VI 运行时，子 VI 将以对话框的形式弹出。读者可以与图 6-21 所示程序对比，深入理解子 VI 在主 VI 循环内部和外部时，这两个 VI 的线程是如何运行的。

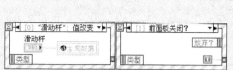

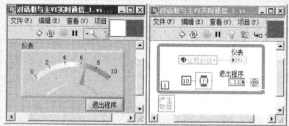

图 12-55　图 12-54 中的事件分支　　图 12-56　主 VI 与子 VI 实时通信（静态调用）

方法 2：如图 12-57 所示，通过"打开 VI 引用"函数和属性节点，可以实现对话框（子 VI）的动态调用。

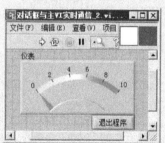

图 12-57　主 VI 与子 VI 实时通信（动态调用）

方法 3：在编程应用中，一般要在主 VI 中加入对话框的弹出机制，多数情况下对话框的弹出机制是一个按钮。当单击该按钮时，弹出对话框，与主 VI 进行实时通信。

对于静态调用的对话框，在主 VI 中添加按钮交互机制，需要解决两个问题：首先，按钮的事件响应与连续的循环机制是矛盾的，这是一个连续循环时的事件响应问题；其次，对话框形式的子 VI 必须运行在自己独立的线程，如果运行在主线程，则必然导致主线程的停滞。如图 12-58 所示，在主 VI 中增加一个用于交互的按钮"调出对话框"，程序复杂了很多。添加了超时分支，以解决连续循环时的按钮响应问题。为对话框形式的子 VI 单独开辟了线程，保证对话框能与主线程同时运行。

如图 12-59 所示，在主线程中构建三个分支，超时分支用于响应对话框中滑动杆值的改变，超时分支中的程序每 10ms 刷新一次前面板控件"仪表"的值。

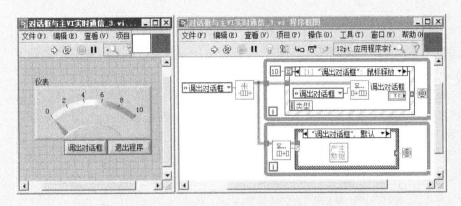

图 12-58　在主 VI 中添加对话框调出机制（静态调用）

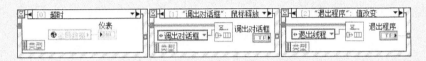

图 12-59　图 12-58 中的事件分支

方法 4：如图 12-60 所示，使用 VI 服务器动态调用子 VI。将对话框的调用机制置于按钮的事件响应分支内部，当单击"调出对话框"按钮时，调出对话框。

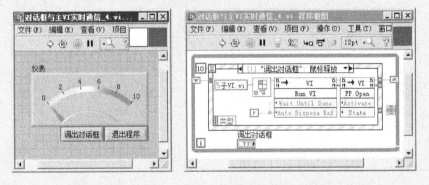

图 12-60　在主 VI 中添加对话框调出机制（动态调用）

如图 12-61 所示，为事件结构构建三个事件分支，分别实现接收对话框数据、动态调用对话框、退出程序的功能。

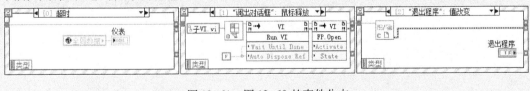

图 12-61　图 12-60 的事件分支

12.5 状态栏编程

状态栏也是构建桌面程序中常用的控件，状态栏一般在 Windows 窗口的最下边，显示应用程序运行过程中的状态信息。

LabVIEW 中没有提供状态栏控件，也需要通过 ActiveX 容器扩展状态栏。通过"VI 前面板—控件选板—新式—容器—ActiveX 容器"，在 VI 前面板添加一个 ActiveX 容器。在 ActiveX 容器中添加状态栏组件"Microsoft StatusBar Control，version 6.0（SP6）"，如图 12-62 所示。

在状态栏上右击并选择"StatusBar—Properties"，调出状态栏的属性对话框，如图 12-63 所示。在状态栏属性对话框的"Panels"属性页中可以进行状态栏的属性设置：在"Text"中添加状态栏文本；在"ToolTip Text"中添加鼠标提示文本（鼠标移动到状态栏某项时出现的描述性文本）；"Insert Panel"和"Remove Panel"按钮分别用于添加和删除状态栏中的项；"Picture"项用于向状态栏添加图片。

图 12-62　状态栏组件"Microsoft StatusBar Control 6.0（SP6)

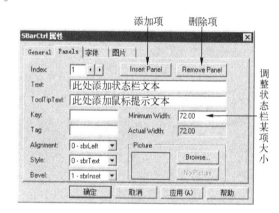

图 12-63　状态栏的"Panels"属性页

如果想在工具栏中显示计算机日期和时间，可以在"Style"下拉菜单中选择第五种类型的"sbrTime"和第六种类型的"sbrDate"。"Alignment"下拉菜单中的选项用于对齐状态栏中的文本，有"左对齐"、"中心对齐"、"右对齐"三种样式。

【例 12-14】编程动态添加和删除状态栏中的状态项

状态栏中的各状态项可以在前面板状态栏控件的属性中手动添加，也可以通过属性和方法编程动态添加。本例通过编程创建状态栏中各项，主要用到了状态栏组件"Microsoft StatusBar Control 6.0（SP6）"关于 MSComctlLib.Ipanels 类的方法"Add"。通过方法"Add"为状态栏添加项，相当于属性对话框中的"Panels"属性页中的"Insert Panel"按钮。

（1）新建一个 VI，通过"VI 前面板—控件选板—新式—容器—ActiveX 容器"，在 VI 前面板添加一个 ActiveX 容器，在 ActiveX 容器中右击，在弹出的快捷菜单中选择"插入 ActiveX"，为 ActiveX 容器添加状态栏组件"Microsoft StatusBar Control 6.0（SP6）"。

（2）通过"VI 前面板—控件选板—新式—容器—水平分隔栏"，在程序框图中创建
一个水平分隔栏控件。在水平分隔栏上右击，在
弹出的快捷菜单中选择"下窗格—水平滚动条
（垂直滚动条）—始终关闭"。在水平分隔栏上右
击，在弹出的快捷菜单中选择"调整分隔栏—分
隔栏保持在底部"。这样当 VI 前面板大小变动时，
下窗格的位置始终保持不变。

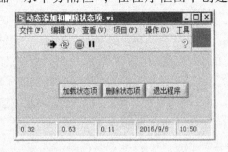

图 12-64　例 12-14 的程序界面

（3）在上窗格中添加三个按钮，并按图 12-64
所示构建程序界面。

（4）如图 12-65 所示，在"加载状态项"按
钮的"鼠标释放"事件分支中通过工具栏方法"Add"为其添加五项内容，通过属性节
点"Width"和"ToolTipText"设置工具栏各项宽度并为各项添加鼠标提示文本。

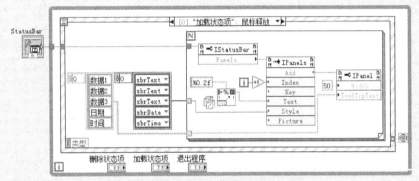

图 12-65　为状态栏添加项

（5）如图 12-66 所示，在"删除状态项"按钮的"鼠标释放"事件分支中通过
"MSComctILib. Ipanels"类的方法"Clear"清除状态栏中的各项。

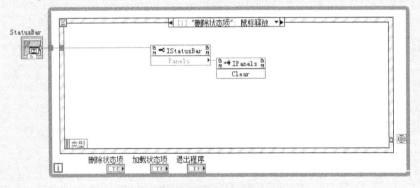

图 12-66　清除状态栏中的项

【例 12-15】编辑一个状态栏，能显示鼠标在前面板移动时的坐标。

本例通过 ActiveX 容器中的"Microsoft StatusBar Control 6. 0（SP6）"组件在 LabVIEW
的 VI 前面板中构建一个状态栏，显示鼠标在窗格中的坐标。

（1）通过 "VI 前面板—控件选板—新式—容器—ActiveX 容器"，在 VI 前面板添加一个 ActiveX 容器。

（2）在 ActiveX 容器上右击，在弹出的快捷菜单中选择 "插入 ActiveX 对象"。在弹出的 "选择 ActiveX 对象" 对话框中选择 "Microsoft StatusBar Control 6.0（SP6）" 并单击 "确定" 按钮，这样就在前面板创建了一个状态栏。

（3）在状态栏上右击，在弹出的快捷菜单中选择 "StatusBar—Properties"，调出状态栏属性对话框并切换到 "Panels" 属性页。在该页中通过单击 "Insert Panels" 按钮为状态栏添加两项，用于显示鼠标在窗格中的 X 坐标和 Y 坐标，如图 12-67 所示。

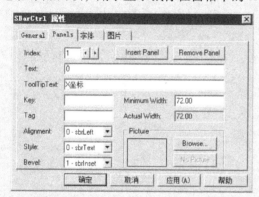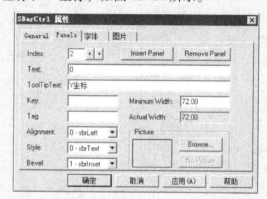

图 12-67　手动为状态栏添加两项

（4）通过 "VI 前面板—控件选板—新式—容器—水平分隔栏"，在 VI 前面板添加一个水平分隔栏。默认的情况下，每个窗格中的水平滚动条和垂直滚动条在 VI 编辑状态下是可见的，在 VI 运行状态下是关闭的。如果想让窗格中的滚动条在编辑状态下不可见，可以在分隔栏上右击，在弹出的快捷菜单中选择 "上窗格（下窗格）—水平滚动条（垂直滚动条）—始终关闭"。

（5）按图 12-68 所示布局前面板。

图 12-68　例 12-15 的程序界面

（6）在程序框图中创建一个事件处理器，并创建窗格的 "鼠标移动" 事件分支。在状态栏的接线端子上右击，选择 "创建—MSComctlLib.IstatusBar 类的属性—Panels"，调出属性节点 "Panels"。在属性节点 "Panels" 上右击，创建 "MSComctlLib.IstatusBar" 类的方法 "Item"，在 "Item" 方法端子上右击，创建 "MSComctlLib.IstatusBar" 类的属性 "ToolTipText（鼠标提示文本）" 和 "Text（状态栏文本）"。按照图 12-69 所示编程，每次执行窗格的 "鼠标移动" 事件，For 循环都运行两次，将鼠标的 X、Y 坐标和鼠标提示文本 "X 坐标"、"Y 坐标" 分别赋给属性节点 "Text（状态栏文本）" 和 "ToolTipText（鼠标提示文本）"。

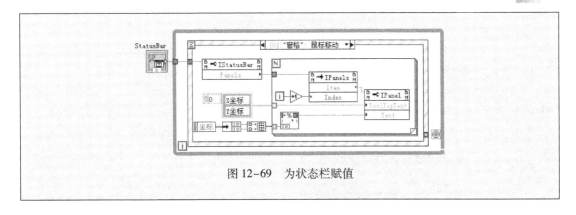

图 12-69　为状态栏赋值

12.6　界面的构建实例

【例 12-16】编辑一个 Windows 风格的应用程序界面，包括菜单栏、工具栏、状态栏，在界面上创建一个波形显示控件，当鼠标在波形上移动时，鼠标的坐标在状态栏中显示。

本例使用了多线程的顶层程序设计模式，主线程为事件驱动的队列消息处理器，另外加上采集线程和显示线程。本例通过菜单和工具栏实现一个人机交互的软件界面，该界面沿用了 Windows 桌面程序的风格和功能模式，如图 12-70 所示。

初始化事件分支中使用了多层嵌套设计模式，由于需要初始化的内容较多，为了增加程序的可读性，使用多层嵌套模式设计初始化程序。

本例还演示了模块化在编程中的应用，模块化的思想是：将各个功能模块制作成子 VI 的形式，在顶层 VI 中调用这些子 VI 实现整个程序的功能。模块化的编程思想在 LabVIEW 程序设计中是很重要的，它提高了代码的复用性和程序的可读性。

（1）参考菜单、工具栏、状态栏例题，按图 12-70 所示构建程序界面。菜单系统有三个一级菜单："文件"、"视图"、"功能"。一级菜单"文件"下有"打开"、"保存"、"退出程序"三个二级菜单，功能分别是打开一个磁盘上的文件、将采集的数据以记事本（或 Excel）的形式保存、退出程序。一级菜单"视图"下有"中文"、"英文"两个二级菜单，功能是实现中英文的切换。一级菜单"功能"下有"设置缓存大小"、"采集数据"、"停止采集"三个二级菜单，功能分别是设置全局寄存器数据个数、启动数据采集、停止数据采集。

【注意】在实际应用中，经常要求控件可以随着前面板窗口的大小变化而变化，在某个部分变化的同时也许要求其他部分保持位置和大小不变，这需要使用分隔栏实现。分隔栏可以将 VI 前面板分隔为多个独立的窗格，每个窗格互不影响。

在工具栏和波形图之间创建一个水平分隔栏（"VI 前面板—控件选板—新式—容器—水平分隔栏"），在分隔栏上右击，在弹出的快捷菜单中选择"调整分隔栏—分隔栏保持在顶部"。这样当界面大小变化时，LabVIEW 将保证顶部的工具栏的位置大小不变。在波形图和状态栏之间也创建一个分隔栏，设置分隔栏保持在底部，这样当界面大小变化时，LabVIEW 将保证底部的状态栏的位置大小不变。在波形图上右击，在弹出的快捷菜单中选择"将控件匹配窗格"，这样波形图将充满其所在的整个窗格（两个分隔栏之间的区域）并随 VI 前面板大小变化而自动调整大小以充满整个窗格。当 VI 前面板大小变化时，波形图将随着变化，而工具栏和状态栏将保持大小和位置不变。

（2）通过波形图控件的快捷菜单项"高级—运行时快捷菜单—编辑"，调出波形图控件的快捷菜单编辑器为波形图控件创建自定义快捷菜单项"导出简化图形"。如图 12-71 所示，在自定义菜单中加入了系统菜单"导出简化图形"，并将自定义菜单随控件一起保存。

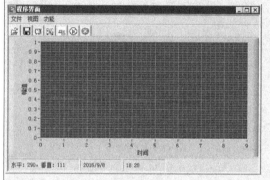

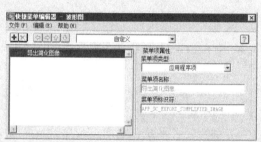

图 12-70　例 12-16 的程序界面　　　　图 12-71　调用波形图快捷菜单项"导出简化图形"

（3）如图 12-72 所示，程序采用了多线程的设计模式，主线程是事件驱动的队列消息处理器，两个辅助线程：采集线程和显示线程。在 While 循环外部创建了自定义用户事件机制，用于传递工具栏按钮的"鼠标释放"事件。

队列消息处理器总共有十个分支："初始化"、"检测用户事件"、"打开"、"保存"、"中文"、"英文"、"响应对话框"、"采集数据"、"停止采集"、"退出程序"。

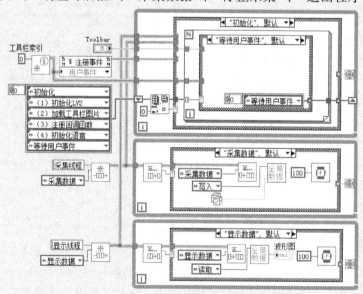

图 12-72　采用多线程的设计模式

如图 12-73 所示，在"初始化"分支中有五个细分的分支："初始化 LV2"、"加载工具栏图片"、"注册回调函数"、"初始化语言"、"等待用户事件"，实现的功能分别是：设置 LV2 型全局变量中数据存储的个数、加载工具栏图片、注册工具栏的回调事件、初始化语言、进入"等待用户事件"分支。

图 12-73　初始化程序

子 VI"全局数据"是一个 LV2 型的全局变量，它的数据输入输出形式为：标量输入、数组输出，读者可以参照例 7-4 编程。

如图 12-74 所示，子 VI"加载图片"是将 Microsoft ImageList Control 6.0（SP6）组件中的图片加载到工具栏中的七个按钮上。采用自动化句柄输入控件作为接口控件建立与主 VI 中 Microsoft Toolbar Control 6.0（SP6）组件和 Microsoft ImageList Control 6.0（SP6）组件的关联。通过"VI 前面板—控件选板—新式—引用句柄—自动化引用句柄"，可以获取自动化句柄控件。在新创建的自动化句柄控件上右击，在"选择 ActiveX 类"菜单项下选择要连接的组件，可以得到实例化到具体 ActiveX 组件的句柄。

图 12-74　在子 VI 中加载主 VI 的工具栏

如图 12-46 所示，工具栏"ButtonClick"事件的回调 VI 中，通过"Index"属性向自定义事件输入数据（被按下按钮的索引序号）并产生一个用户事件。

如图 12-75 所示，子 VI"语言转换"的功能是实现中英文菜单的切换。

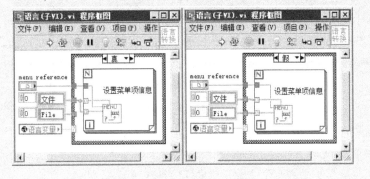

图 12-75　切换中英文菜单

（4）如图 12-76 所示，在"等待用户事件"分支中为事件结构创建三个分支：波形图控件的"鼠标移动"事件、自定义用户事件"工具栏索引"、波形图控件的"菜单选择（用户）"事件。

在波形图的"鼠标移动"事件分支中，通过子 VI"坐标显示"将鼠标的坐标显示的状态栏中。

当工具栏或菜单动作时，在相应的事件分支中加载不同的指令使程序跳转到相应的条件分支执行相应的功能。

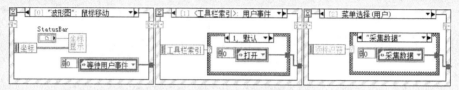

图 12-76   例 12-16 的事件响应机制

如图 12-77 所示，通过实例化到状态栏的自动化句柄控件配合属性节点将鼠标的坐标值传递到状态栏中。

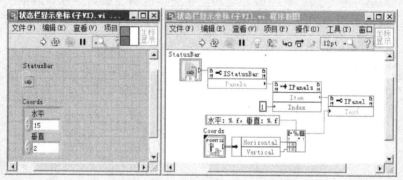

图 12-77   子 VI"坐标显示"的程序代码

如图 12-78 所示，工具栏和菜单的功能在队列消息处理器的"打开"分支、"保存"分支、"中文"分支、"英文"分支、"响应对话框"分支、"采集数据"分支、"停止采集"分支、"退出程序"分支中实现。

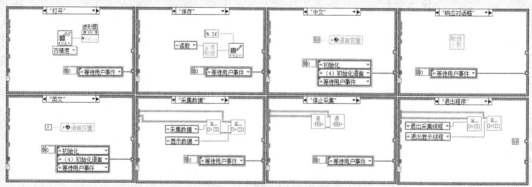

图 12-78   菜单和工具栏的响应程序

（5）响应菜单或者工具栏中的"打开"选项的是队列消息处理器的"打开"分支，在该分支中使用"读取电子表格文件"函数（"VI 程序框图—函数选板—编程—文件 I/O—读取电子表格文件"），获取计算机硬盘上的文件（记事本格式和 Excel 格式）并加载到波形图控件中。

（6）响应菜单或者工具栏中的"保存"选项的是队列消息处理器的"保存"分支，在该分支中使用"写入电子表格文件"函数（"VI 程序框图—函数选板—编程—文件 I/O—写入电子表格文件"），将数据写入文件。如果在保存文件时，输入扩展名".txt"，则"写入电子表格文件"函数将数据保存为文本文件（记事本）；如果在保存文件时，输入扩展名".xls"，则"写入电子表格文件"函数将数据保存为 Excel 格式。

（7）响应菜单或者工具栏中语言转换的是队列消息处理器的"中文"和"英文"分支，在这两个分支中通过为全局变量赋值"真"或"假"实现中英文切换，然后通过"（4）初始化语言"指令重新到初始化分支中切换语言。

（8）响应菜单项"设置缓存大小"的是队列消息处理器的"响应对话框"分支，该分支的功能通过子 VI"数据个数"实现。

如图 12-79 所示，子 VI"数据个数"的前面板采用对话框样式，程序的功能是设置全局保存的数据个数。

如图 12-80 所示，对话框的程序框图中包含三个事件分支。这里需要注意的是，如果设置子 VI

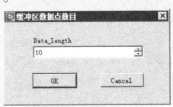

图 12-79　设置 LV2 型
全局变量的数据个数

为对话框形式，则一定要为前面板窗口的关闭按钮创建本 VI 的"前面板关闭"事件，在该事件分支中编写程序的退出机制，确保单击对话框右上角的关闭按钮时程序可以顺利退出。

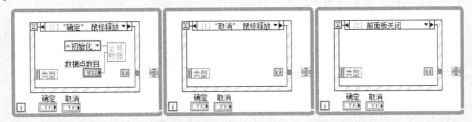

图 12-80　图 12-79 所示对话框中的程序代码

（9）队列消息处理器的"开始采集"分支和"停止采集"分支响应菜单或者工具栏中的"开始采集"和"停止采集"选项，在这两个分支中加载和删除采集指令达到启动和停止辅助线程"采集线程"和"显示线程"的目的。

（10）如图 12-81 所示，在队列处理器的"退出程序"分支中实现多线程的退出机制。在主线程中加载辅助线程的退出指令，在辅助线程中注销队列。

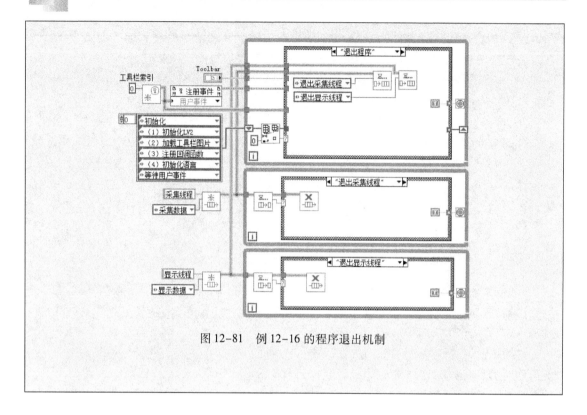

图 12-81　例 12-16 的程序退出机制

第13章 面向对象编程

LabVIEW 是数据流驱动的编程语言，编程的核心是移位寄存器和数据流，但是 LabVIEW 9.0 也是支持面向对象编程的。适当地应用面向对象的编程思想，可以达到特殊的效果，对程序的编写是有帮助的。

13.1 面向对象的编程思想

在面向对象的编程方法诞生之前，最流行的编程思想是面向过程的编程思想。面向过程的编程思想在解决一个工程问题时，按照从上向下逐步求精的思路把程序按照功能划分为一些层次。每个层次按照任务分解为一些模块，这些模块由算法和数据结构组成，然后从最底层的模块开始编写代码，程序按照执行的过程来组织。随着计算机软件的功能日趋复杂，体系越来越庞大，面向过程的编程思想逐渐暴露出一些缺点：模块的复用性差、通用性差、不便于扩展。在这种情况下，诞生了新的面向对象的编程思想（Object Oriented Programming，OOP）。

面向对象的编程思想将问题分解为一系列称为"对象"的实体，以对象为基础组织程序，对象内封装了数据。通过对象的方法，每个对象都能够接收信息、处理数据、向其他对象发送信息。面向对象的编程思想包含封装、继承和多态三要素。

1）封装 所谓封装就是把一个事物包装起来，外界只有通过特殊的途径才能访问对象中的数据，这样可以控制对象内部数据的访问权限。在面向对象的编程中，封装就是把相关的数据和代码封装成一个有机的整体，对外只提供输入输出接口实现内外数据的交换。能进行对象内外数据交换的操作称为方法，能将对象的特征以数据的形式提供给外界的操作称为属性。

2）继承 在面向对象的程序设计中，继承表达的是类之间的关系。这种关系使得一个类可以继承另一个类的属性和方法，从而提供了通过现有的类创建新类的途径，也提高了软件复用的程度。类之间如果有了继承关系，那么子类就可以使用父类的属性和方法。

> **【注意】** LabVIEW 不支持一个子类继承多个父类。

3）多态 多态是面向对象程序设计的重要特性之一，是指不同的对象收到相同的消息时产生不同的操作行为。简单地说，多态就是一种接口的多种适应形式，在 LabVIEW 的面向过程的编程中多态主要用于不同数据类型的识别，读者可以通过 LabVIEW 的多态函数理解面向对象中的多态属性。

相比传统的面向过程的程序设计，面向对象的编程技术使得代码之间的接口更加简洁，更便于程序调试，更适合大规模团队式的程序开发。

13. 2　面向对象的基本概念

面向对象的编程思想与面向过程的编程思想有着本质的区别，在进行面向对象的程序设计时应该摒弃面向过程编程思想的思维模式。在面向对象的程序设计中，经常涉及比较抽象的概念：类、对象、成员变量、构造函数、实例化、析构函数。

1）类　类是具有相似属性事物的集合，它是一个抽象的概念，并不是一个实体。例如，所有的动物可以抽象为"动物"类，所有的车辆可以抽象为"车"类，等等。

2）对象　对象是类中的一个具体个体，又可以称为"类的实例"。例如，定义"鱼"这个类，"鱼"类是个抽象的概念，世界上不存在"鱼"类这个东西，只能找到某条具体的鱼。有一条鲤鱼体重10kg、颜色为红色，那么这条鲤鱼就是"鱼"类中的一个具体的对象，或者说是"鱼类的一个实例"。

3）成员变量　成员变量是类中定义的参数。"鱼"类有很多的属性，这里用两个属性定义"鱼"类：体重和体色。那么"体重"和"体色"两个参数就是"鱼"这个类中的两个成员，由于不同的鱼的体重和体色是不同的，这两个参数是变量，所以更确切地说，"体重"和"体色"是"鱼"类的两个成员变量。

4）构造函数　构造一个类的实例（对象）时，对类中的成员变量进行初始化的函数就称为"构造函数"。构造函数的作用是对成员变量进行初始化，也就是为类中的参数赋值。例如，构造一个鱼类的实例时，要通过构造函数为鱼的"体重"和"体色"赋初始值。

5）析构函数　一个类实例（对象）的生命周期结束后，应该释放这个实例（对象）所占用的内存资源，这个工作用析构函数实现。

6）类的实例化　类是一个抽象的概念，将一个抽象的类构造为一个具体对象的过程称为类的实例化，例如将"鱼"类通过构造函数实例化为一条具体的鱼的过程。

13. 3　LabVIEW 的类

LabVIEW 中的面向对象称为 LVOOP，LabVIEW 虽然支持面向对象的编程，但是 LabVIEW 终究不是面向对象的编程语言。LabVIEW 中并没有构造函数和析构函数，LabVIEW 中构造函数的功能是通过为类中的成员变量赋默认值实现的。LabVIEW 类中的数据是通过簇定义的，如果想保持簇中各个控件中数据的默认值，可以右击，在弹出的对话框中选择"数据操作—当前值设置为默认值"。

13. 3. 1　创建基类

LabVIEW 中的类依靠项目存在，创建 LabVIEW 类之前首先要创建一个项目。如图 13-1 所示，在项目中"我的电脑"上右击，在弹出的快捷菜单中选择"创建—类"，为项目创建一个"动物类"。LabVIEW 中的类被保存在以 .lvclass 为扩展名的文件中，LabVIEW 中的每个类都带有一个扩展名为 .ctl 的文件，这个文件中保存了类的数据。当创建一个新类时，LabVIEW 将在项目中自动生成一个用于保存类中数据的扩展名为 .ctl 的文件。

如图 13-2 所示，.ctl 文件只有一个前面板而没有程序框图，可以在类私有数据的簇中定义类中的成员变量。实际上，在硬盘上是无法找到"动物类 .ctl"这个文件的，这个文件中定

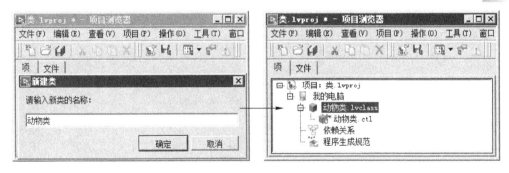

图 13-1　创建类

义的动物类的成员变量（私有数据）被保存在"动物类.lvclass"这个文件中。动物类.ctl 只能包含一个簇数据类型，在簇以外添加类的成员变量是不允许的。

如图 13-2 所示，在动物类私有数据的簇中定义三个字符串类型的成员变量："属性 1"、"属性 2"、"动物的活动属性"。

> 【注意】在私有数据的簇中定义了成员变量后，一定要保存动物类.ctl 文件，否则再次打开类的私有数据时，簇中的数据将丢失。

定义类的成员变量后，还应该为类的成员变量赋默认值。当构造一个类的实例（对象）时，Lab-VIEW 自动将默认值初始化到类的成员变量中，实现类似于 C++中构造函数的功能。LabVIEW 中对类的成员变量赋默认值有以下两种方法。

（1）在成员变量中输入默认值，然后在簇控件的边框上右击，在弹出的快捷菜单中选择"数据操作—当前值为默认值"并保存 VI，如图 13-3 所示。

（2）在成员变量中输入默认值，然后在 VI 菜单项"编辑"中选择"当前值设置为默认值"并保存 VI，如图 13-4 所示。

图 13-2　定义类的成员变量

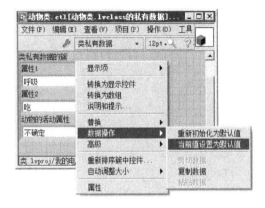

图 13-3　通过控件设置默认值

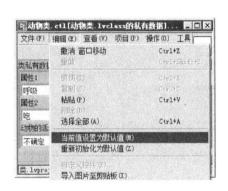

图 13-4　通过菜单设置默认值

为了访问类的成员变量，必须定义访问类成员变量的方法，LabVIEW 中访问类的方法就是一个普通 VI。在"动物类"上右击，在弹出的快捷菜单中选择"新建—基于动态分配模板的 VI"。LabVIEW 将自动生成一个 VI，将该 VI 命名为"获取动物属性 1"并保存，LabVIEW 自动将该 VI 添加到项目中。

如图 13-5 所示，LabVIEW 自动创建的基于动态的模板是一个包含条件结构和错误簇的程序结构，获取动物属性 1.vi 的前面板中的两个立方体表示两个动物类的实例（对象）。当动物类的实例（对象）加载内存时，LabVIEW 自动将"动物类"成员变量的默认值初始化到"动物类"的实例（对象）中。由于 LabVIEW 类的成员变量包含在簇中，所以通过"按名称解除捆绑"函数获取成员变量中的数据并赋值给连线板接口控件"属性 1"。由于创建的是基于动态模板的 VI，所以类实例对应的 VI 连线板类型是"动态分配输入（必须）"。当调用这种类型连线板的子 VI 时，子 VI 的接线端必须有输入，否则编译无法通过。在连线板的某个接线端上右击，可以在弹出的快捷菜单中修改连线板类型："必须"、"推荐"、"可选"、"动态分配输入"。

> 【**注意**】前面板的"动物类"实例（对象）采用的是标题，而程序框图中"动物类"实例的接线端子采用的是标签，所以前面板的实例名称与其接线端子的名称不符。

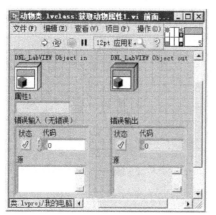 

图 13-5 获取"动物类"的"属性 1"的方法

图 13-6 调用动物类的方法
"获取动物属性 1.vi"

如图 13-6 所示，调用方法"获取动物属性 1.vi"，可以得到"动物类"的"属性 1"中的数据。将某个类由项目中直接拖入 VI 的前面板可以生成该类实例的输入控件，将某个类由项目中直接拖入 VI 的程序框图可以生成该类实例的常量，如图 13-6 所示的立方体即是 VI 程序框图中类实例的常量。

在这里解释一下什么是"基于动态分配模板的 VI"。所谓"基于动态分配模板的 VI"，也可以称为基于动态分配模板的方法。这类 VI 可以自动识别输入类的级别，也就是可以识别出输入的对象是父类还是子类。当输入为父类的实例（对象）时，"基于动态分配模板的 VI"可以返回父类的私有数据（成员变量中的值）；当输入为子类的实例（对象）时，"基于动态分配模板的 VI"可以返回子类的私有数据（成员变量中的值）。正是由于"基于动态分配模板的 VI"存在，才使 LabVIEW 中类的多态性得以体现，静态模板是无法识别类的级别的。从编程角度说，动态模板与静态模板没有本质的区别，静态与动态的主要区别是由连线板的设置产生的，当然也可以通过连线板的设置进行动态分配模板和静态分配模板的切换。

如图 13-7 所示，"基于动态分配模板的 VI"连线板数据输入接线端类型选择的是"动态分配输入（必须）"，数据输出接线端类型选择的是"动态分配输出"。"基于静态分配模板的 VI"连线板数据输入接线端类型选择的是"必须"，数据输出接线端类型选择的是"推荐"。

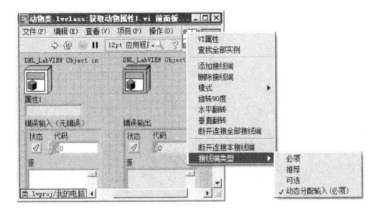

图 13-7　设置连线板类型

其实还有更简单的办法创建类的方法，在"动物类"上右击，在弹出的快捷菜单中选择"用于数据成员访问的 VI"，如图 13-8 所示。

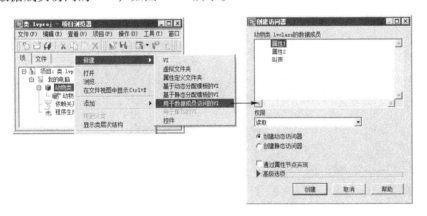

图 13-8　创建访问数据成员的 VI

调出的"创建访问器"中包含了动物类的所有成员变量，所谓的访问器实际就是一个普通的 VI。通过"创建访问器"对话框，可以创建任意权限的静态或动态访问器。

1）权限　通过"创建访问器"对话框可以创建不同权限的访问器："读取"、"写入"、"读/写"，通过这些权限，访问器可以实现对类中成员变量的读/写。如果在"创建访问器"对话框中选择"读取"权限，那么所创建的访问器可以读出类中成员变量的数据；如果在"创建访问器"对话框中选择"写入"权限，那么所创建的访问器可以向类中写入数据；如果在"创建访问器"对话框中选择"读/写"权限，LabVIEW 将创建一个读取访问器和一个写入访问器。

2）创建访问器 创建动态的访问器实际上是创建了"基于动态分配模板的 VI"，也就是创建基于动态分配模板的方法。创建静态的访问器实际上是创建了"基于静态分配模板的 VI"，也就是创建基于静态分配模板的方法。"访问器"与"模板 VI"的不同之处在于，访问器是在模板 VI 的基础上，LabVIEW 自动添加了"按名称解除捆绑"函数或"按名称捆绑"函数以及连线板接口控件用于输入输出。简单地理解，访问器是 LabVIEW 自动编写的一个读/写类中成员变量的 VI。

3）包含错误处理接线端 如果勾选该项，则在自动创建的访问器中包含一个带错误簇的条件结构；如果不勾选该项，则自动创建的访问器中不包含错误处理机制。

13.3.2 类的继承

通过在"我的电脑"上右击，选择"新建类"为项目再添加三个类："鱼类"、"猫类"、"鸟类"，如图 13-9 所示。

图 13-9　在项目中创建三个子类：
"鱼类"、"猫类"、"鸟类"

"鱼类"、"猫类"、"鸟类"都属于"动物类"，都具有"动物类"的属性："呼吸"、"吃"、"活动"。这些属性中有些是相同的，有些是不同的。如果想通过"鱼类"获取"动物类"共有的属性"呼吸"和"吃"，难道要在"鱼类"中重复定义关于"动物类"的成员变量"属性 1"和"属性 2"吗？如果是这样，那么在进行面向对象的编程时，工作量的巨大程度是难以想象的。答案当然是否定的，想通过"鱼类"的方法获取"动物类"成员变量中的数据时，不必重复定义类的成员变量和编写方法，只要将"鱼类"设置为"动物类"的子类，"鱼类"就可以继承"动物类"的所有属性，并且可以使用"动物类"的方法获取"动物类"的所有属性。

在"鱼类"上右击，在弹出的对话框中选择"属性"，可以弹出"鱼类"的属性设置对话框。如图 13-10 所示，在"继承"条目中列出了"鱼类"的继承关系，当一个新创建的类没有设置继承关系时，这个类默认继承于 LabVIEW 对象类。

单击"更改继承"按钮，将弹出如图 13-11 所示的"更改继承"对话框。该对话框中列出了项目中的所有类，默认的情况下所有的类都继承于 LabVIEW 对象类。由于当前调出的是"鱼类"的属性窗口，所以"鱼类"是当前要设置的类，它前面有一个实心菱形的标识。

选中要作为父类的目标类，单击"继承所选类"按钮，就可以设置选中的类作为父类了。用同样的办法设置"猫类"和"鸟类"为"动物类"的子类，如图 13-12 所示。

【注意】LabVIEW 不支持多重继承，所谓多重继承就是一个子类继承多个父类。

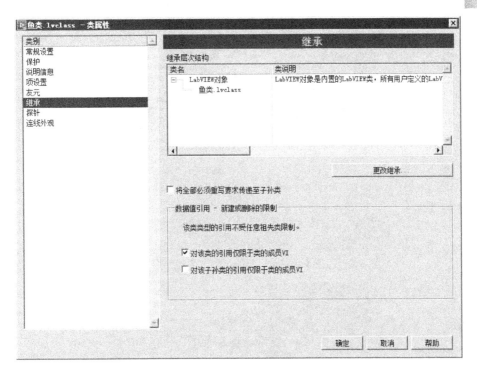

图 13-10　类的继承关系

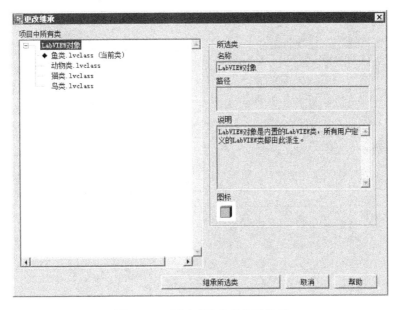

图 13-11　更改当前类的继承关系

　　将"鱼类"、"猫类"、"鸟类"继承于"动物类"后，就可以使用它们的父类（"动物类"）的方法获取父类成员变量中的数据了。如图 13-13 所示，在程序框图中建立"鱼类"、"猫类"、"鸟类"三个类实例的常量（将项目中的类直接拖入 VI 的前面板或程序框图中，可以创建类的实例），用"创建数组"函数将这三个类实例常量创建为一维数组，并通过"动物类"的方法"获取动物属性 1. vi"分别获取动物类的"属性 1"即"呼吸"。

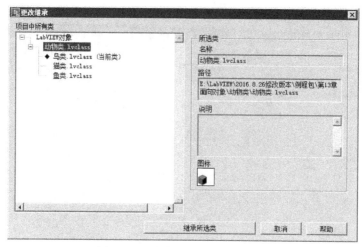

图 13-12 "动物类"的三个子类

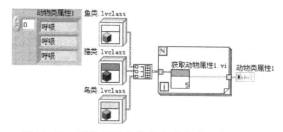

图 13-13 子类通过父类的方法获取父类的属性

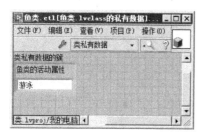

图 13-14 为"鱼类"的成员变量赋默认值

由于"鱼类"、"猫类"、"鸟类"已经具体到了某种动物，所以它们的活动属性也是可以确定的，分别为"游泳"、"行走"、"飞行"，需要为"鱼类"、"猫类"、"鸟类"的私有数据空间重新定义成员变量"活动属性"，并为其赋默认值，如图 13-14 所示。

打开"鱼类.ctl"文件，在簇中添加字符串类型的成员变量，并赋予默认值"游泳"。

【注意】赋予默认值的过程是先将数据输入字符串控件，然后在"类私有数据的簇"边框上右击，通过弹出的快捷菜单项"数据操作—当前值设置为默认值"或通过 VI 菜单项"编辑—当前值设置为默认值"，为"鱼类"的成员变量"鱼类的活动属性"赋默认值"游泳"。

同样地，重新定义猫类和鸟类的活动属性，并分别赋默认值为"行走"、"飞行"。

重新定义了"鱼类"、"猫类"、"鸟类"的活动属性后，还要重写获取"动物类"的"活动属性"的方法（同名 VI）。

【注意】这里的"同名 VI"是非常重要的，定义"鱼类"、"猫类"、"鸟类"的重写方法时，重写的所有 VI 一定是"同名的基于动态分配模板的 VI"，这样才能发挥 LabVIEW 中类的多态性的作用。当不同类的实例（对象）调用同名的方法 VI 时，只要将多个同名 VI 中的任何一个连接到实例上，LabVIEW 就能自动识别是哪个类的实例并连接到对应类的同名方法 VI，进而通过该类的方法 VI 获取该类成员变量中的数据。

在 LabVIEW 中有以下两种办法创建重写 VI。

（1）通过新建一个基于动态分配模板的 VI 或访问器，在其中编写获取成员变量数据的程序。

（2）构建重写 VI：在需要重写的类上右击，在弹出的快捷菜单中选择"用于重写的 VI"，在弹出的重写对话框中选择需要重写的 VI。

如图 13-15 所示，在"鱼类"、"猫类"、"鸟类"关于"获取活动属性"的同名重写 VI 中，分别获取各自私有数据簇中的活动属性。

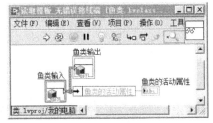

图 13-15　父类与子类的同名重写 VI

这里值得注意的是，多个同名重写 VI 的文件名以及连线板样式必须严格一致，否则无法实现多态的功能，也无法通过编译。由于重名文件无法在同一文件夹中保存，所以要将重写 VI 置于不同的文件夹中，重写 VI 后的整个项目如图 13-16 所示。

虽然重写 VI 是原 VI 的同名 VI，但是重写的 VI 连接到不同的类实例时，调用的是对应类的同名 VI，所以执行的代码功能是不同的，得到的数据也是不同的。如图 13-17 所示，当"动物类"、"鱼类"、"猫类"、"鸟类"的对象连接到同名方法 VI "获取活动属性.vi"时，LabVIEW 分别调用"动物类"、"鱼类"、"猫类"、"鸟类"的同名方法"获取活动属性.vi"，分别得到"鱼类"、"猫类"、"鸟类"的活动属性。"动物类"的活动属性为"不确定"，"鱼类"的活动属性为"游泳"，"猫

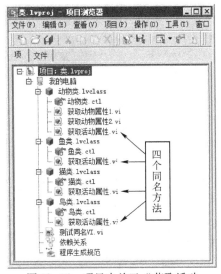

图 13-16　项目中关于"获取活动属性"的四个同名 VI

类"的活动属性为"行走","鸟类"的活动属性为"飞行"。

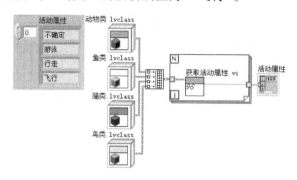

图 13-17   通过同名 VI 获取不同类的属性

13.4   面向对象的编程应用

【例 13-1】编程实现一个面向对象的计算器程序,实现加法、减法、乘法、除法运算。

本例演示了类的三个特性:继承、封装、多态,通过面向对象的编程方法实现加法、减法、乘法、除法的计算器程序。在本例中构建了"运算基类",其子类有"加法类"、"减法类"、"乘法类"、"除法类"。通过同名 VI"运算.vi"实现类的多态调用,不同的类实例("加法类"实例、"减法类"实例、"乘法类"实例、"除法类"实例、)连接到同名 VI,同名 VI 自动识别类的实例并连接到对应类的同名 VI"运算.vi"执行相应的算法。在最后又创建了一个"操作类",其中的私有数据(成员变量)为"加法类"、"减法类"、"乘法类"、"除法类"的实例(对象),通过条件结构可以分别输出"加法类"、"减法类"、"乘法类"、"除法类"的实例,将输出的所有类的实例连接到同名 VI 可以调出对应类的方法"运算.vi",实现不同的算法。本例的类层次结构如图 13-18 所示。

(1)创建一个新项目,将项目保存为"运算器"。

(2)在项目中"我的电脑"上右击,在弹出的快捷菜单中选择"新建—类",创建一个新类并命名为"运算基类"。打开"运算基类"的私有数据文件"运算基类.ctl",在类私有数据的簇中为"运算基类"定义三个成员变量:三个双精度浮点数类型的数值输入控件,并修改标签分别为"X"、"Y"、"Z",如图 13-19 所示。

(3)如图 13-18 所示,为"运算基类"创建五个方法:"写入 XY 值"、"获取 XY 值"、"运算"、"写入运算结果"、"读取运算结果"。

其中,方法"运算.vi"要基于动态的模板创建。"运算.vi"这一方法 VI 是同名 VI 中的一个,在"加法类"、"减法类"、"乘法类"、"除法类"中分别有一个同名的 VI"运算.vi",用"运算.vi"这个同名的方法可以实现类的多态性。一般而言,同名 VI 中编辑的程序的代码是不同的,当不同的类实例连接到同名 VI 时,同名 VI 链接到对应类的同名方法 VI。

如图 13-20 所示为"运算基类"的方法"写入 X、Y 值"、"获取 X、Y 值"、"写入运算结果"、"读取运算结果"。

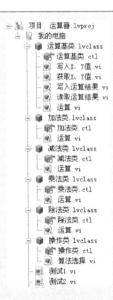

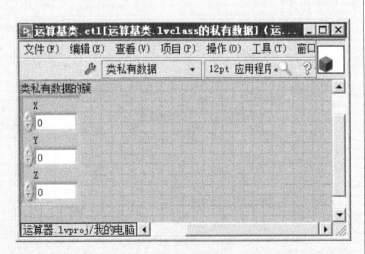

图 13-18　例 13-1 的类层次结构　　　　图 13-19　定义"运算基类"的成员变量

图 13-20　"运算基类"的四个方法

如图 13-21 所示是"运算基类"中的同名方法"运算.vi"。"运算基类"不需要运算，所以同名 VI 中没有编辑程序。

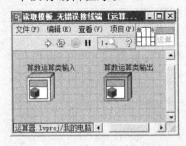

图 13-21　"运算基类"的同名方法"运算.vi"

（4）在项目中创建"加法类"、"减法类"、"乘法类"、"除法类"，无须在这四个类的私有数据簇中定义成员变量。分别在这四个类上右击，在弹出的快捷菜单中选择"属性"，在弹出的类属性设置对话框中选择"继承"。在"继承"选项页中单击"更改继承"按钮，在弹出的"更改继承关系"对话框中选中要继承的父类"运算基类"并单击"继承所选类"按钮，将这四个类都设置为"运算基类"的子类。

（5）分别在这四个类中创建四个基于动态模板的同名方法"运算.vi"，这四个同名 VI 中的程序代码如图 13-22 所示。这四个同名 VI 分别调用"运算基类"的方法"获取 XY 值.vi"获取"运算基类"中的成员变量 X、Y 的值，进行相应的运算后，再通过"运算基类"的方法"写入运算结果.vi"将运算值写入"运算基类"的成员变量 Z 中。这里值得注意的是，只有设置"加法类"、"减法类"、"乘法类"、"除法类"为"运算基类"的子类后，它们才可以使用其父类"运算基类"的方法。

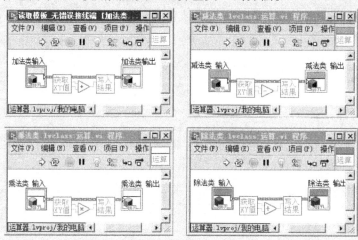

图 13-22　子类的同名方法"运算.vi"

（6）编写测试程序测试类的多态性，如图 13-23 所示，条件结构中分别放置了"加法类"实例、"减法类"实例、"乘法类"实例、"除法类"实例。

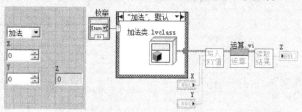

图 13-23　测试类的多态性

（7）实际上，可以将"加法类"实例、"减法类"实例、"乘法类"实例、"除法类"实例再次封装一下，作为某个类的成员变量，这样可以通过某个方法得到四个类的实例输出。在项目中创建一个"操作类"，在"操作类"的私有数据的簇中定义这四个类的实例作为"操作类"的成员变量，如图 13-24 所示。

（8）如图 13-25 所示，为"操作类"创建一个方法"算法选择.vi"用以获取"加法类"、"减法类"、"乘法类"、"除法类"的类实例。通过簇函数中的"按名称解除捆绑"函数可以获取"操作类"的成员变量：加法类实例、减法类实例、乘法类实例、除法类实例。

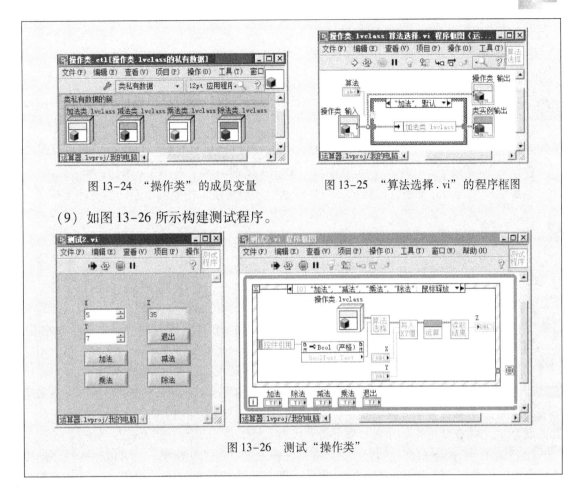

图 13-24　"操作类"的成员变量　　　　图 13-25　"算法选择.vi"的程序框图

（9）如图 13-26 所示构建测试程序。

图 13-26　测试"操作类"

13.5　LabVIEW 面向对象的利弊分析

　　LabVIEW 的核心编程思想是"数据流"，数据流推动程序运行，在程序框图的连线中流动，没有数据流的流动程序将停滞。在 LabVIEW 中构建虚拟测试系统时要深入理解它的核心编程思想——数据流，只要程序可以保证数据流在连线中合理地流动，就是可靠的程序。无论是面向过程还是面向对象，最终的目的都是保证程序的稳定运行。

　　LabVIEW 虽然支持面向对象的编程，但是面向对象并不是 LabVIEW 编程的核心思想，LabVIEW 面向对象编程的最大缺陷是程序加载慢。如果 LabVIEW 程序中创建了较多的类，那么打开该程序是很慢的。试验得出的结论是：当加载面向对象的 LabVIEW 程序时，LabVIEW 将所有类的方法加载到内存。虽然很多类的方法在程序启动时是用不到的，但还是被加载到了内存，这延长了程序加载到内存的时间。鉴于此，在使用 LabVIEW 面向对象编程时要谨慎，毕竟面向对象的思想不是 LabVIEW 的主推编程思想。

　　LabVIEW 程序的主推设计思想是在某种设计模式（框架）基础上对程序的丰富与完善。LabVIEW 面向对象的编程技术可以作为编写 LabVIEW 程序的一个辅助手段，在某些场合可能起到特殊的作用，而这些作用可能是面向过程很难实现的。

第14章 LabVIEW 与外部组件的通信

在 Win 32 系统下，LabVIEW 可以实现与 DLL 动态链接库、Active X 组件、Windows API 函数的通信。通过与外部组件的通信，可以扩展程序的功能，提高测试系统的应用范围。

14.1 DLL

14.1.1 DLL 的概念

DLL 的全称是 Dynamic Link Library，中文叫作"动态链接库"，"DLL"是动态链接库文件在 Win 32 系统下的扩展名。DLL 文件是一个包含代码和数据的库，通常由多个函数组成，每个函数可以实现特定的功能。DLL 文件不是 Windows 操作系统下的可执行文件，虽然 DLL 文件中包含了编译过的代码和数据，但是 DLL 文件无法独立运行，必须由 Win 32 应用程序直接或间接调用。在开发大型应用程序时，一般都将程序划分为若干个功能模块，再将每个模块制作为 DLL 动态链接库的形式，顶层应用程序通过调用不同的 DLL 文件实现程序的功能。以 DLL 文件在 Windows 操作系统下得到极为广泛的应用，因为 DLL 文件具有以下优点。

1）有助于程序模块化 通过使用 DLL 库文件封装程序的功能模块，可以提高程序的模块化程度。每个用 DLL 库文件封装的模块称为组件，主应用程序由若干相对独立的组件组成。这样可以更容易地将更新应用于各个组件，而不会影响该程序的其他部分，是维护和升级应用程序的常用做法。

2）有助于节省内存 只有当相应的 DLL 文件被请求时才被装载到内存，使用结束后，该 DLL 文件退出内存，这大大减少了内存的消耗。

3）拓展了程序的开发环境 DLL 文件可以被不同的编程语言调用，只要 DLL 文件的接口兼容，就可以在不同的编程语言中调用同一个 DLL 文件，减少了重复性编程工作。

4）增强了程序的安全性 DLL 文件对源程序进行了封装，使程序源代码更加安全。

14.1.2 DLL 文件的制作

1. LabVIEW 环境下制作 DLL 文件

下面通过一个例子讲解在 LabVIEW 中制作 DLL 文件的过程，该 DLL 文件实现计算器的功能。在 LabVIEW 中制作和生成 DLL 文件需要通过项目实现，首先创建一个 LabVIEW 项目，命名为"计算器"。

一般而言，一个 DLL 文件中含有多个函数，DLL 文件的功能也是通过这些函数实现的，在 LabVIEW 编程环境下如何构建 DLL 文件的函数呢？其实很简单，每个添加到 DLL 文件中的 VI 就是一个函数。可以在"我的电脑"上右击，在弹出的快捷菜单中选择"新建—VI"，为项目创建一个新 VI。也可以将磁盘上已经保存的 VI 添加到项目中，在"我的电脑"上右击，在弹出的快捷菜单中选择"添加—文件"，加入目标文件即可。

为项目新建一个 VI 并命名为"Add. vi"，该 VI 的功能是实现加法运算，为"Add. vi"编辑程序代码并配置连线板，如图 14-1 所示。

图 14-1　加法运算程序

同样地，在项目中创建"Subtraction. vi"、"Multiplication. vi"、"Division. vi"三个 VI，如图 14-2 所示。这样就编辑了四个 VI，分别实现两个双精度浮点数的加、减、乘、除运算的功能。

在"程序生成规范"上右击，在弹出的快捷菜单中选择"新建—共享库 DLL"，调出 DLL 文件属性设置对话框。在"信息"选项页中可以修改 DLL 文件的名称、生成路径，并可为 DLL 文件添加备注。进入"源文件"选项页，在"项目文件"中可以看到已经编辑好的四个 VI："Add. vi"、"Subtraction. vi"、"Multiplication. vi"、"Division. vi"，这也就是 DLL 文件中的四个运算函数。

选中"Add. vi"并单击向右的箭头，此时将弹出"定义 VI 原型"对话框，在其中配置函数，如图 14-3 所示。函数名即为导入的 VI 名称，如果 VI 名称为英文，则 LabVIEW 可以自动将其识别为函数名；如果 VI 名称为中文，则 LabVIEW 无法识别 VI 名称，需要手动输入函数名。在"定义 VI 原型"对话框中，DLL 文件的参数名是 VI 连线板接口控件的标签名。只有连线板接口控件的标签名为英文时，LabVIEW 才能自动将接口控件的标签名识别为

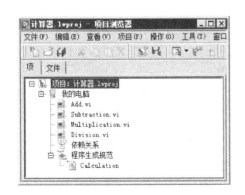

图 14-2　"计算器"项目的文件组织形式　　　　　图 14-3　定义函数原型

参数名。如图 14-1 所示，"Add.vi"的连线板定义了两个输入接口和一个输出接口，并绑定了两个数值输入控件"X"、"Y"以及一个数值显示控件"Z"，LabVIEW 自动将两个数值输入控件的标签名"X"、"Y"识别为参数名。

定义好函数原型后，单击"确定"按钮，"Add.vi"将添加到"导出 VI"中，添加到"导出 VI"中的 VI 也就是 DLL 中的函数。同样地，定义其他 VI 的函数原型并添加到"导出 VI"中，如图 14-4 所示。

图 14-4　DLL 文件中的四个函数

单击属性设置对话框中的"生成"按钮，LabVIEW 将在预先指定的路径下（"信息"选项页中指定的路径）生成五个文件，如图 14-5 所示。

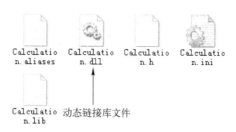

图 14-5　磁盘上生成的 DLL 文件及其附属文件

2. C++ 环境下制作 DLL 文件

在 C++ 编译环境下创建一个 DLL 文件的步骤如下。

（1）在 C++ 中新建一个工程，选择"Win32 Dynamic ~ Link Library"，工程名设置为"Calculation"，如图 14-6 所示。

单击"确定"按钮，出现如图 14-7 所示对话框，选择"一个空的 DLL 工程"并单击"确定"按钮，就建立了一个空的 DLL 工程。

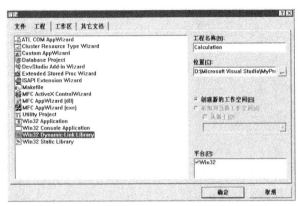

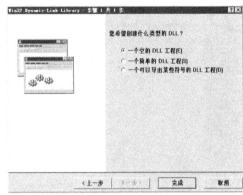

图 14-6　在 C++ 中创建一个工程　　　　图 14-7　选择一个空的 DLL 工程

在新建的"Calculation"工程中通过菜单项"File —New"，得到如图 14-8 所示对话框。DLL 文件是通过 C++ 源文件编辑的，所以选择"C++ Source File"，创建一个新的 C++ 源文件并在其中编辑 DLL 的程序代码。

在 C++ 源文件中输入如下程序代码：

```
_declspec(dllexport) double add(double X, double Y)
{
    return X + Y;
}

_declspec(dllexport) double subtract(double X, double Y)
{
    return X - Y;
}

_declspec(dllexport) double Multiplication(double X, double Y)
{
    return X * Y;
}

_declspec(dllexport) double Division(double X, double Y)
{
    return X/Y;
}
```

程序中定义了四个函数，分别实现两个实数的加、减、乘、除运算，参数类型和函数返回类型均为双精度浮点数。与一般函数不同的是，每个函数前都有关键字"_declspec（dllexport）"，这串字符是标识符。要想使编辑的 DLL 文件能被其他程序调用，需要将定义的函数导出，要在每个函数前加上标识符"_declspec（dllexport）"。只有加上该标识符，才能在编译时产生扩展名为".lib"的输入库文件（静态连接库文件）。在 LabVIEW 中调用动态链接库文件时不需要扩展名为".lib"的输入库文件，但在 C++ 中调用动态链接库时要用

到扩展名为 ".lib" 的输入库文件。

编译文件，在 "Calculation" 工程目录下的 "Debug" 文件夹下就生成了输入库文件
（静态链接库）Calculation. lib 和动态链接库文件 Calculation. dll，如图 14-9 所示。

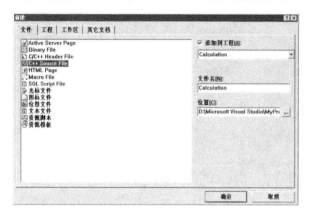

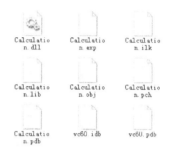

图 14-8　创建 C++源文件　　　　　　图 14-9　C++编译环境生成的 DLL 文件群

14.1.3　DLL 文件的调用

1. LabVIEW 环境下调用 DLL 文件

LabVIEW 中动态链接库的调用是通过 "调用库函数节点" 实现的，通过 "VI 程序框
图—函数选板—互联接口—库与可执行程序"，可以获取 "调用库函数节点"。在程序框图
中新创建一个 "调用库函数节点"，双击打开进入库函数的设置界面，如图 14-10 所示。

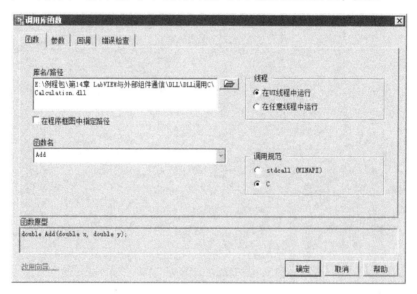

图 14-10　调用库函数节点

"库名/路径" 是指调用的目标 DLL 文件的磁盘路径，LabVIEW 通过给出的磁盘路径调
用 DLL 文件。"函数名" 是需要调用的函数的名称，LabVIEW 会把 DLL 中所有函数都列出，

只要在下拉列表中选取即可。"线程"栏用于设定是否多线程运行。"调用规范"用于指明被调用函数的调用约定，如果选择"stdcall（WINAPI)"，则由被调用者负责清理堆栈；如果选择"C"，则由调用者清理堆栈。这个设置错误时，可能会引起内存的混乱进而导致 LabVIEW 程序的崩溃。

在 LabVIEW 中调用 DLL 文件时，有两种不同的内存加载形式：静态调用和动态调用。

1）静态调用　静态调用是 LabVIEW 程序设计中较为常用的调用方式，如果在"函数"选项页的"库名/路径"中输入 DLL 文件路径（不勾选"在程序框图中指定路径"选项），该动态链接库文件将采用静态调用的形式常驻内存，如图 14-10 所示即为静态调用。只要载有该 DLL 文件的 VI 打开，该 DLL 文件就加载内存。当该 DLL 文件的所有调用方退出内存时，该 DLL 文件才退出内存。

2）动态调用　当在 VI 程序框图中指定路径时（勾选"函数"选项页中"在程序框图中指定路径"选项，库函数将多出一个文件路径输入端子），该 DLL 文件将被动态调用。如图 14-11 所示，当数据流流动到该 DLL 文件时，该 DLL 文件加载内存。

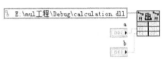

图 14-11　动态调用 DLL 文件

"参数"选项页用于配置 DLL 文件中函数的参数，如图 14-12 所示，在该选项页中可以配置参数的数量及数据类型。

"回调"选项页为 DLL 设置一些回调函数，如图 14-13 所示。可以使用这些回调函数在特定的情形下完成初始化、清理资源等工作。

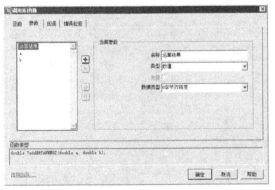

图 14-12　配置参数的数据类型

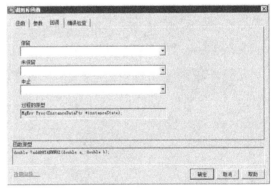

图 14-13　配置回调函数

【例 14-1】编程实现 DLL 文件调用。

本例演示了在 LabVIEW 编程环境下调用图 14-2 所示项目中生成的动态链接库文件"calculation. dll"，该文件中包含四个函数：Add、Subtraction、Multiplication、Division。

为条件结构创建四个分支："加"、"减"、"乘"、"除"，分别调用动态链接库文件"Calculation. dll"中的四个函数，实现算数运算的功能。

（1）如图 14-14 所示构建程序界面。

（2）在程序框图中构建一个事件处理器，通过"VI 程序框图—函数选板—互联接口—库与可执行程序—调用库函数节点"，在程序框图中创建一个"调用库函数节点"。在库函数节点上双击，打开配置对话框并进入"函数"选项页，加载磁盘上的 DLL 文件并选择 DLL 文件中的函数，如图 14-15 所示。

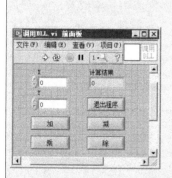

图14-14　例14-1的程序界面

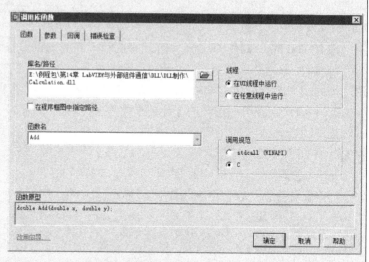

图 14-15　静态加载 DLL 文件并配置函数

如图 14-16 所示，在"参数"选项页中创建两个参数"X"、"Y"和返回值"运算结果"，数据类型设置为 8 字节双精度数值型。在设置 X、Y 的参数时，应该将 X、Y 设置为传值，而不是传地址。传值是直接获取内存中的数据，传地址是通过地址指针获取内存中的数据。

（3）如图 14-17 所示，在一个事件分支中定义了"加"、"减"、"乘"、"除"四个按钮的鼠标抬起事件，并通过布尔类的"标签"属性配合条件结构实现四个按钮的程序响应。

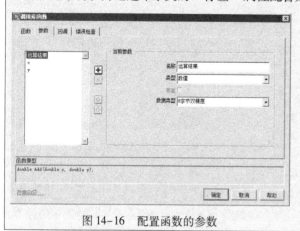

图 14-16　配置函数的参数

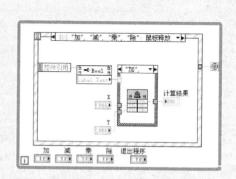

图 14-17　实现加、减、乘、除运算的程序

2. C++ 环境下调用 DLL 文件

在 C++ 中调用 DLL 文件，除了需要 DLL 主文件，还需要配置扩展名为".lib"的"输入库文件"。另外，需要特别注意的是，如果在 C++ 环境中调用 LabVIEW 环境下生成的 DLL 文件，则必须将 LabVIEW 安装目录下"cintools"文件夹中的三个头文件 platdefines.h、extcode.h、fundtypes.h 复制到 C++ 工程目录下。以 14.1.2 节中制作的"Calculation.dll"

为例，在 C ++ 环境里调用 LabVIEW 编译环境下制作的 DLL 的步骤如下。

（1）在 C ++ 编辑环境下建立一个工程，将工程命名为"调用 LabVIEW 环境下编辑的 DLL"。构建一个基于对话框的应用程序，如图 14-18 所示。给编辑框控件添加相应的变量 m_X、m_Y、m_Z、m_Index、Value，并进行相关代码的编辑。

（2）将在 LabVIEW 中制作好的 DLL 文件及其所有和 DLL 相关的文件都复制到 C ++ 工程目录下。一共有五个文件，见图 14-5。

（3）将 LabVIEW 安装目录下"cintools"文件夹中的三个头文件 platdefines. h、extcode. h、fundtypes. h 复制到 C ++ 工程目录下。如果 LabVIEW 软件安装在 D 盘，那么这三个头文件所在的路径是"D:\LabVIEW 9.0\cintools"。

（4）如图 14-19 所示，在文件"计算器（DLL）Dlg. cpp"中添加图 14-5 中的头文件 Calculation. h，该头文件是 LabVIEW 环境下制作 DLL 时生成的五个库文件中的一个。

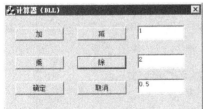

图 14-18　在 C ++ 中调用 DLL 文件　　　　　　图 14-19　添加头文件

（5）双击各个按钮进入按钮响应代码的编辑区域，编写"加"、"减"、"乘"、"除"四个按钮的响应代码如下：

```
extern double Add( double X, double Y) ;
extern double Subtraction( double X, double Y) ;
extern double Multiplication( double X, double Y) ;
extern double Division( double X, double Y) ;
extern void CDLLDlg::OnJia( )
{
    UpdateData( ) ;
    m_Z = Add(m_X,m_Y) ;
    UpdateData( false) ;
}


void CDLLDlg::OnJian( )
{
```

```
        UpdateData( );
        m_Z = Subtraction(m_X,m_Y);
        UpdateData(false);


    void CDLLDlg::OnCheng( )
    {
        UpdateData( );
        m_Z = Multiplication(m_X,m_Y);
        UpdateData(false);


    void CDLLDlg::OnChu( )
    {
        UpdateData( );
        m_Z = Division(m_X,m_Y);
        UpdateData(false);

```

【注意】在调用 Calculation. dll 中的函数时，应该在函数前加关键字"extern"，表示调用的是外部代码，否则程序无法识别 DLL 中的函数。

（6）在 LabVIEW 中调用 DLL 文件时，只需要主 DLL 文件即可，不需要相应的静态链接库文件。在 C ++ 编程环境下调用 DLL 文件，必须配置静态链接库文件，否则程序代码无法识别外部函数。通过菜单项"工程—设置"，调出工程设置对话框，切换到"连接"选项页，在"对象/库模块"文本框中输入静态链接库文件名，如图 14-20 所示。

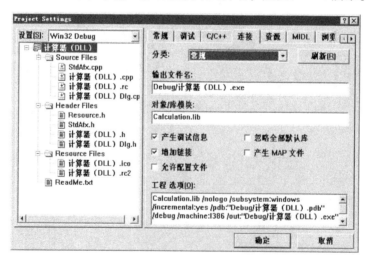

图 14-20　配置静态链接库文件

（7）如果希望生成的 C ++ 应用程序可以调用 DLL，则应将 DLL 文件复制到 C ++ 应用程序同一目录下或 Windows 操作系统的"system32"（C:\WINDOWS\system32）或"system"文件夹（C:\WINDOWS\system）中。一般而言，C ++ 工程将扩展名为".exe"的可执行文件置于"Debug"文件夹中,只需将"Calculation. dll"文件复制到 C++工程下的"Debug"文件夹中即可。当然也可以将 DLL 文件复制到 Windows 操作系统下的"system32"或"system"文件夹中,这样使可执行文件的安装位置更加灵活,可以在磁盘的任何分区使用可执行文件。其实,当一个 C++应用程序调用 DLL 文件时,检测 DLL 文件路径的顺序是这样的:首先是可执行文件所在目录,一般而言 C++工程的可执行文件都是在"Debug"目录下;然后是 C++工程目录,也就是"Debug"目录的上一级子目录;再次是操作系统目录下的"system32"文件夹;最后是操作系统目录下的"system"文件夹。一般而言,外部设备或者仪器与 LabVIEW 通信时,都提供一个计算机应用层的 DLL 文件用于实现对仪器的读/写操作,最好将该 DLL 文件复制到 Windows 操作系统安装目录下的"system32"文件夹中,这样可以避免一些不可预知的错误。

14.2 Windows API

Win32 是多任务操作系统,除了协调应用程序的执行、分配内存、管理资源之外,同时也是一个很大的应用程序函数库。调用这个函数库中的各种函数,可以达到开启窗口、描绘图形、使用周边设备等目的。Windows API 是一套用来实现 Windows 系统功能的函数,这些函数是以 DLL 文件的形式存在的,通过这些函数可以实现操作系统的功能。调用这些函数的对象是应用程序,所以称之为 Application Programming Interface,简称 API 函数。

常用的 API 函数有 Kernel32. dll、Gdi32. dll、User32. dll、Comdlg32. dll、Gdi32. dll、Winmm. dll。Kernel32. dll 是 Windows 操作系统的核心库文件,可执行内存和文件管理。Gdi32. dll 是图形设备接口库,执行图形显示和打印等相关的功能。User32. dll 是用户接口例程库,控制键盘、鼠标等的操作。Comdlg32. dll 是通用对话框 API 库,实现 Windows 对话框的操作。Gdi32. dll 是图形设备接口 API 库。Winmm. dll 是 Windows 多媒体库。

无论应用程序的功能多复杂,都是架构在 Win32 之上的,由 Win32 操作系统管理和调度。在 Win32 操作系统下,通过 Win32 的 API 函数可以实现几乎所有桌面程序的功能,这为我们提供了一条解决问题的途径。LabVIEW 支持 Windows API 函数的调用,在 LabVIEW 中可以调用 Win32 API 实现 LabVIEW 编程语言难以实现的功能。

【例 14-2】利用 user32. dll 动态库文件中的 API 函数 FindWindowA、SetWindowTextA 改变窗口标题。

本例通过 API 函数达到修改窗口标题的目的。在 Windows 操作系统中,句柄是一个系统内部数据结构的引用,通常是一个 I32 数据类型的编号。当进行一个窗口操作时,系统会为该窗口分配一个句柄,通过这个句柄编号,Windows 操作系统得知当前正在操作的窗口。

user32. dll 是与 Windows 用户界面相关的函数库,用于处理 Windows 基本用户界面事件,如创建窗口和发送消息。user32. dll 链接库中的函数 FindWindowA、SetWindowTextA 分别用于查找一个 Windows 窗口的句柄和修改窗口的标题。VI 前面板是 Windows 操作系统下的一个窗口,本例程序首先通过 FindWindowA 函数获取要进行操作的目标窗口的句柄,然后调用 SetWindowTextA 函数通过该句柄找到目标窗口并修改该窗口的标题。

(1) 按图 14-21 所示构建程序界面。

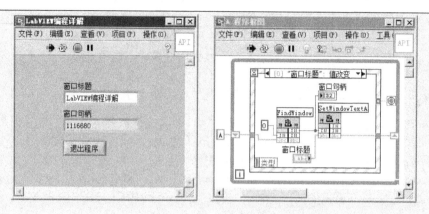

图 14-21　例 14-2 的程序界面

（2）在 VI 前面板右上角的 VI 图标上右击，在弹出的快捷菜单中选择"VI 属性"，可以调出"VI 属性"对话框。如图 14-22 所示，在"VI 属性"对话框的"窗口外观"选项页中不勾选"与 VI 名称相同"，并将窗口标题修改为"A"。

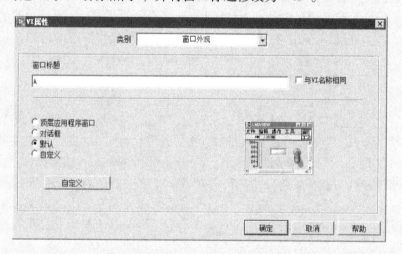

图 14-22　设置 VI 前面板窗口标题

（3）通过"VI 程序框图—函数选板—互联接口—库与可执行程序—调用库函数节点"，在程序框图中创建两个库函数节点。User32. DLL 库文件中的 FindWindowA 函数配置参数如图 14-23 所示。由于调用的是系统目录下的 User32. DLL 库文件，所以可以只输入库文件的名称。

FindWindowA 函数原型为"int32 _ t FindWindowA（int32 _ t lpszClassName，CStr lpszWindowName）"。该函数有两个输入参数：lpszClassName、lpszWindowName，分别输入类名和窗口标题；一个返回参数：hWnd，返回窗口句柄。将 lpszClassName 配置为有符号 32 位整型，数据传递形式为"传值"。将 lpszWindowName 配置为字符串类型，数据传递形式为"C 字符串指针"。将 hWnd 配置为有符号 32 位整型。

（4）如图 14-24 所示，在另一个调用库函数节点中配置 User32. DLL 库文件的 SetWindowTextA 函数。函数原型为"BOOL SetWindowText（HWND hwnd，LPCTSTR lpString）"。

图 14-23　配置 user32.dll 中的 FindWindowA 函数

hWnd：要进行操作的窗口或控件的句柄。lpString：指向字符串的指针，该字符串将作为窗口标题文本。返回值：如果函数成功，则返回值为非零；如果函数失败，则返回值为零。

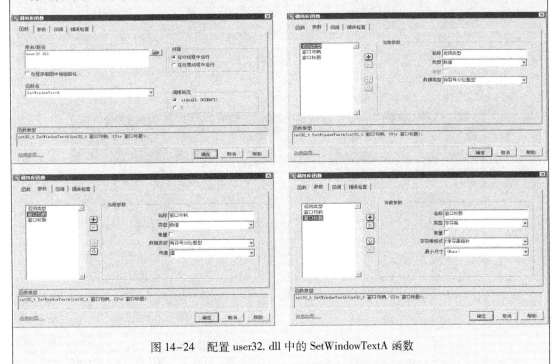

图 14-24　配置 user32.dll 中的 SetWindowTextA 函数

（5）在程序框图中创建一个事件处理器，并按图 14-25 所示编程。

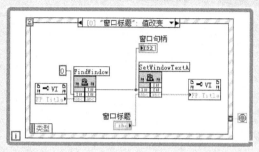

图 14-25　修改窗口标题

14.3　Active X

Active X 是一个开放的集成控件平台，是可以被高级编程语言调用的可重用控件，Active X控件是一个独立的对象。Active X 组件可以触发和响应事件、处理消息，并具有多线程能力。LabVIEW 与外部组件通信的重要手段之一就是 Active X 技术，通过使用 Active X 技术可以丰富编程内容，在 LabVIEW 中应用 Active X 技术使得 LabVIEW 的功能得到了极大地扩展。通过 "VI 前面板—控件选板—新式—容器—Active X 容器"，可以获取 Active X 容器，在 Active X 容器中可以添加 Active X 组件。

【例 14-3】利用 Active X 对象中的 "Microsoft Web 浏览器" 组件实现网页的浏览。

本例利用 Active X 对象中的 "Microsoft Web 浏览器" 组件实现网页浏览器的制作，通过 "Microsoft Web 浏览器" 组件 "SHDoc. IwebBrowser2" 类的方法 "Navigate" 实现网页的打开，通过 "Microsoft Web 浏览器" 组件 "SHDoc. IwebBrowser2" 类的方法 "GoBack" 实现网页的后退。

（1）如图 14-26 所示构建程序界面。

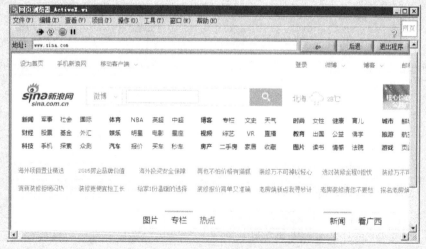

图 14-26　通过 "Microsoft Web 浏览器" 组件打开网页

（2）通过"VI 前面板—控件选板—新式—容器—Active X 容器"，在 VI 前面板添加一个 Active X 容器。

（3）在 Active X 容器上右击，在弹出的快捷菜单中选择"插入 Active X 对象"。在弹出的"选择 Active X 对象"对话框中选择"Microsoft Web 浏览器"组件并确认，这样就在前面板创建了一个网页浏览器。

（4）在程序框图中构建一个事件处理器，在"Microsoft Web 浏览器"组件的接线端子上右击，创建"Microsoft Web 浏览器"组件"SHDoc. IwebBrowser2"类的方法"Navigate"。在按钮"go"的"鼠标释放"事件分支中编程，如图 14-27 所示。该分支实现的功能是将网址输入"URL"中，即可打开相应的网页。

（5）在"Microsoft Web 浏览器"组件的接线端子上右击，创建"Microsoft Web 浏览器"组件"SHDoc. IwebBrowser2"类的方法"GoBack"。在"后退"按钮的"鼠标释放"事件分支中编程，如图 14-28 所示，实现网页页面的后退。

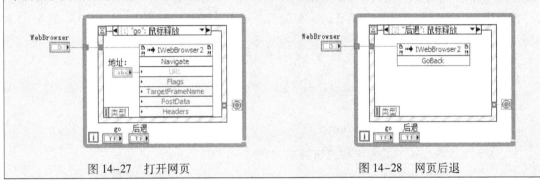

图 14-27　打开网页　　　图 14-28　网页后退

14.4　多进程通信

1. 进程简介

进程是操作系统的基础，是正在运行的应用程序。一个应用程序被运行时，就启动了一个进程，这个进程拥有运行时所需的常量数据，变量数据、需要引用的 DLL 文件等一些资源。两个不同的应用程序是两个不同的进程，同一个应用程序的不同实例也是两个不同的进程，如两个 Word 文档就是两个进程。正在运行的 LabVIEW 编程环境就是一个进程，在这个进程中的多个 VI 之间的关系是多线程的关系。如果将 VI 制作为扩展名为". exe"的可执行文件，那么 VI 之间的关系就变成进程的关系。

进程表示程序对计算机各种资源的调度权，进程拥有内存、CPU 使用时间等一系列资源，进程为线程提供一个运行的环境。进程的最小单元是线程，一个进程是由若干个线程组成的。每个进程都有一个主线程维持程序的执行，在必要的时候可以开辟其他线程，实现多线程操作，提高 CPU 的使用效率。

LabVIEW 中提供的队列函数、全局变量、局部变量等都只能实现线程间的通信，无法实现进程间的通信。LabVIEW 中可以实现进程通信的方法大致有以下两种。

（1）使用共享变量，将共享变量配置为网络型，可以实现进程间通信。但是，它存在以下两个缺点。

☺共享变量不能独立存在，必须依附于库的形式存在。

☺每次程序启动时，都要弹出网络部署对话框，降低了实际应用性。

（2）Data Socket 技术，使用 Data Socket 技术时，后台要运行相应的服务器，增加了计算机资源的消耗。

以上两种进程间通信的形式是 LabVIEW 为网络通信而设置的，并不是专门针对进程通信而创建的。在 LabVIEW 程序设计中，一般不使用共享变量和 Data Socket 技术进行进程通信。

2. 基于剪贴板的进程通信

Win32 操作系统的剪贴板是支持多进程操作的，任何应用程序的数据都可以保存在剪贴板中。LabVIEW 也支持对剪贴板的读/写操作，通过应用程序类的方法"从剪贴板读取"和"写入至剪贴板"可以实现对剪贴板的读/写操作。

如图 14-29 所示，通过 LabVIEW 应用程序类的方法"从剪贴板读取"获取 Windows 操作系统剪贴板中的数据。通过"VI 程序框图—函数选板—编程—应用程序控制—调用节点"，在程序框图中创建一个调用节点。在调用节点上单击，在弹出的快捷菜单中选择"剪贴板—从剪贴板读取（写入至剪贴板）"可以得到关于剪贴板的读/写方法。

如图 14-30 所示，通过 LabVIEW 应用程序类的方法"写入至剪贴板"向剪贴板写入数据。

图 14-29　读取剪贴板数据　　　　　　图 14-30　向剪贴板写入数据

3. 基于共享内存技术的多进程通信解决方案

共享内存是指在内存中动态开辟一块区域，在这块区域中保存需要共享的数据，供各个进程调用，这块区域称为共享数据段。本节通过在 DLL 文件中定义共享数据段，实现 LabVIEW 多进程的实时数据通信。

每个 Win32 操作系统的可执行文件（应用程序）以及 DLL 文件都是由许多个节组成的，可以通过让编译器创建一个共享数据的共享节，用于存放共享的数据，这样多个进程可以共享里面的数据。下面的指令告诉编译器在编译时创建一个节，里面包含了一个双精度浮点数，其初始值为 0：

```
#pragma data_seg("SHARED");
double    n = 0;
#pragma data_seg();
```

创建一个共享节还无法实现在 LabVIEW 中的调用，还要创建 DLL 文件的输入输出函数用以读/写数据。关于如何在 VC++6.0 的环境下编写 DLL 文件可以参考 14.1.2 节的相关内容，在 VC++6.0 环境下编写用以共享数据的 DLL 动态链接库程序代码如下：

```
#pragma data_seg("SHARED")
double n = 0;
#pragma data_seg()
#pragma comment(linker,"/SECTION:SHARED,RWS")
```

```
_declspec(dllexport) double Get(void)
{
    return n;
}


_declspec(dllexport) double Set(double a)
{
    n = a;
    return n;
}
```

这是用于进程通信的核心代码，程序定义了一个数据共享节"SHARED"，在这个节中存储了一个双精度浮点数类型的变量 n，初始值为 0。创建了两个函数 Set 和 Get，分别用于向共享节写入数据和读取共享节中的数据，调用这个 DLL 库文件即可实现进程间的数据通信。

在 LabVIEW 中编写两个程序，调用动态链接库文件 Shared.dll，分别向共享数据段写入和读取数据，如图 14-31 和图 14-32 所示。

 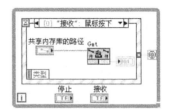

图 14-31　写入数据到共享段　　　　图 14-32　从共享段获取数据

将这两个程序制作成扩展名为".exe"的应用程序，运行这两个应用程序，就是运行两个不同的进程，分别如图 14-33 和图 14-34 所示。关于如何将 LabVIEW 中的 VI 制作为可执行文件，可以参考第 16 章中的相关内容。

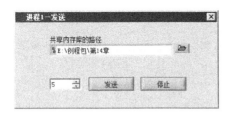 

图 14-33　进程通信——发送　　　　图 14-34　进程通信——接收

读者可以思考一下，如果将一个 LV2 型全局变量制作为 DLL 文件，两个应用程序调用该 DLL 文件在计算机磁盘上的同一个实例，可以实现进程通信吗？实际上，这是无法实现的。当一个应用程序运行时，它拥有自己独立的进程资源。当两个不同的应用程序调用同一磁盘目录下的 DLL 文件时，这两个应用程序将该 DLL 文件分别封装在各自的进程中，在各自的进程中得到一个该 DLL 文件的副本，在内存中读/写的是两个 DLL 副本，不是同一份数据。

第15章 接口通信和驱动程序开发

LabVIEW 中提供了丰富的硬件通信函数，通过这些函数可以方便地实现计算机总线通信。在 LabVIEW 中主要通过两种途径实现与外部设备的通信：VISA 函数和 DLL 动态链接库。VISA 函数是 LabVIEW 提供的通用接口通信函数库，通过 LabVIEW 提供的 VISA 函数可以实现并口、串口、USB 等常用接口的通信。对于第三方提供的设备，一般设备的提供方将提供关于通信的相关文件用于设备识别和对设备的读/写操作，用于对设备的读/写操作的文件一般是 DLL 动态链接库。

15.1 串口通信

串口通信是计算机上常用的一种通信形式，大多数的台式计算机都有 RS 232 串行通信接口。串行通信是指通过一条数据线分时传送一个字节中的各位数据，每次只传送一位数据。通过两条数据线，一条公共信号地线和若干条控制信号线就可以构成串行通信总线。一般的串口通信不一定用到所有的控制线，如图 15-1 所示，最简单的串口通信只需要数据发送端 TXD、数据接收端 RXD、公共地 GND。

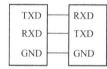

图 15-1　串行通信总线

15.1.1　串口通信的硬件介绍

1. 串行通信方式

如图 15-2 所示，串行通信有三种方式：单工通信、半双工通信和全双工通信。

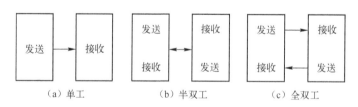

（a）单工　　　　　　　　（b）半双工　　　　　　　　（c）全双工

图 15-2　串口通信方式

1）单工通信　单工通信通过一条数据线实现，数据只能按单向传输。两台设备，一台只能接收，而另一台只能发送。

2）半双工通信　半双工通信是指一条通信线上分时进行数据的双向传输。虽然可以实现数据的双向传输，但是半双工通信数据的发送和接收不能同时进行，因为只有一条数据线。

3）全双工通信　全双工通信具有两条独立的数据线，可以同时在两条数据线上发送或接收数据。51 单片机和计算机之间通过 RXD 与 TXD 两条信号线可以实现全双工的串行通信。

2. 同步通信与异步通信

1）同步通信　同步通信以一帧数据为一个传送单位进行数据传输，通信双方须严格同步时钟。同步通信在建立通信的初始阶段使用同步字符使收发双方建立同步通信，建立通信后便在同步时钟的控制下持续发送/接收数据。同步通信的时序图如图 15-3 所示。

图 15-3　同步通信的时序图

2）异步通信　异步通信是以一个数据位，也就是"0"或"1"为传送单位，用起始位和停止位标识一帧数据的开始和结束。异步通信的数据长度不固定，不要求严格的时钟同步，只要双方在传送数据时同步即可。异步通信一帧数据一般由四部分组成：起始位、数据位、奇偶校验位和停止位，其中，起始位、数据位、停止位是构成一帧数据所必需的。在默认的情况下，起始位一般为"0"，停止位一般为"1"。如图 15-4 所示这帧数据中有 9 位二进制数，首位和末尾的两位分别是起始位和停止位，中间 8 位是有用的数据，这是一个由 8 位二进制数构成的一个字节。

图 15-4　异步通信的一帧数据

波特率是异步通信中的一个重要概念，是指每秒传输的二进制代码个数。每秒传输一个二进制数"0"或"1"，就称为传输速率为 1 波特，传输一位数据所用的时间就是波特率的倒数。串行通信的波特率越高，通信的速度越快；波特率越低，通信速度越慢。串口通信一般使用标准的波特率：300 波特、600 波特、1200 波特、2400 波特、4800 波特、9600 波特、19200 波特、14400 波特、12800 波特、115200 波特。

3. 串口通信的电气特性

串口总线有 9 针接头和 25 针接头两种，一般台式计算机的是 9 针接口，旁边有一个 25 针的并口，用于打印设备的连接，不要与 25 针串口混淆。如图 15-5 所示是 9 针串口引脚图。

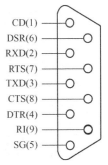

9 针串口各引脚含义是：CD，载波检测；RXD，接收数据；TXD，发送数据；DTR，数据终端准备好；SG，信号地；DSR，数据准备好；RTS，请求发送；CTS，清除发送；RI，振铃提示。

4. 单片机串口介绍

51 单片机有一个全双工的串行接口，可以同时收发数据。一般而言，单片机的 P3.0 和 P3.1 引脚除了可以作为普通 I/O 口外，还可以

图 15-5　9 针的
串口引脚图

作为全双工的串行通信接口。P3.1（TXD）是单片机发送数据的引脚，P3.0（RXD）是单片机接收数据的引脚。如图 15-6 所示，由于计算机串口的电平不是标准电平，所以要实现单片机与计算机的串口通信需要使用 MAX 232 芯片进行电平的匹配。

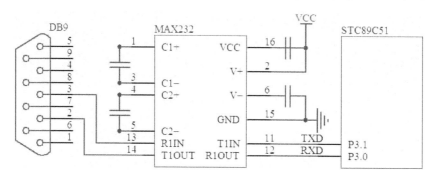

图 15-6　PC 串口与单片机的接口电路

51 单片机中有完善的串行通信机制，包括数据缓冲寄存器 SBUF、串行口控制寄存器 SCON、电源控制寄存器 PCON。

1）数据缓冲寄存器 SBUF　51 单片机有两个在物理结构上完全独立的串行口数据缓冲寄存器 SBUF，一个用于缓存要发送的数据，另一个用于缓存接收到的数据。它们都是字节寻址的寄存器，地址均为"99H"，这个重叠的地址靠读/写指令区分。识别这个重叠的地址完全是单片机自动完成的，无须编程实现。当用户将一个 8 字节的数据赋给 SBUF 时，单片机自动将该数据赋给发送缓存寄存器，"99H"指向发送缓存寄存器 SBUF。当有外部数据进入单片机时，单片机自动将该数据赋给接收缓存寄存器，"99H"指向接收缓存寄存器 SBUF。

接收缓存寄存器具有双缓冲结构，即在从接收缓存寄存器中读出前一个已收到的字节之前，该寄存器便能接收第二个字节。如果第二个字节已经接收完毕，第一个字节还没有读出，则将丢失第一个字节。对于发送缓存寄存器，因为数据是由 CPU 控制和发送的，所以不需要考虑。

2）串行口控制寄存器 SCON　MCS-51 的串行口控制寄存器 SCON 决定串行口通信工作方式，控制数据的接收和发送，并标识串行口的工作状态。SCON 是一个特殊功能寄存器（SFR），地址为"98H"，可位寻址，SCON 中的各位在系统复位时均被清零。

3）电源控制寄存器 PCON　电源控制寄存器 PCON 主要是为 CMOS 单片机 80C51 的电源控制而设置的专用寄存器。PCON 不可位寻址，字节地址为"87H"，各位的含义见表 15-1。

表 15-1　电源控制寄存器 PCON

位序	D7	D6	D5	D4	D3	D2	D1	D0
位符号	SMOD	—	—	—	GF1	GF2	PD	IDL

PCON 中只有 D7 位 SMOD 与串行口工作有关，SMOD 是波特率倍增位。串行口工作在方式 1、方式 2、方式 3 时，若 SMOD = 1，则波特率提高一倍；若 SMOD = 0，则串行口波特率为设定值。单片机复位时，SMOD = 0。

上面讲到的串口通信知识在单片机接口技术相关的书籍中可以找到，如果读者想了解关于单片机串口通信的更详细的内容可以参考相关书籍，本书只涉及关于串口通信最基本的知识。

15.1.2 基于 LabVIEW 的串口通信

在 LabVIEW 中，串口通信可以通过三种方法实现：I/O 端口函数、Active X 组件、VISA 函数。使用 LabVIEW 的 VISA 函数进行串口通信时，VISA 软件包需要单独安装。VISA 软件可以到 NI 公司的官网下载，一般安装在 LabVIEW 的安装目录下。如果没有安装 VISA 软件，计算机在 LabVIEW 环境下将识别不到串口的存在。可以通过 VI 菜单项 "开始—程序—National Instruments—Measurememt Automation"，调出测量自动化设备浏览器，在浏览器中查看 LabVIEW 可以识别的计算机硬件设备。在进行串行口通信前，首先要检查计算机是否有串行口，并不是所有的计算机都配备有串行口。

1. 基于 I/O 端口的串口通信

计算机的端口都对应自己的端口地址，LabVIEW 的 I/O 端口函数可以对计算机的硬件端口缓存地址直接进行读/写，达到接口通信的目的。每个 COM 端口地址对应若干个 8 位寄存器，用于串口数据缓存。当计算机中有多个串口时，这多个串口自动被 Windows 操作系统标号为 COM1、COM2、…，串口 COM1 在计算机上的物理地址为 "3F8"。对于计算机而言，每个 COM 串口对应 12 个寄存器，部分寄存器共用一个地址，通过 8 个地址去寻址这 12 个寄存器。"3F8" 是串口 COM1 的基地址，其对应的 12 个寄存器可以通过在基地址的基础上加偏移量寻址。表 15-2 列出了计算机的串口寄存器，串口 COM1 的数据接收和数据发送寄存器的偏移地址为 "0"，也就是 "3F8"。地址 3F8 中对应的 8 位数据就是串口的缓存数据。值得注意的是，虽然串口的发送和接收寄存器共用一个地址，但这是两个在物理结构上完全独立的寄存器。

表 15-2 计算机串口寄存器

基 地 址	读/写操作权限	寄存器缩写	寄存器名称
0	写	—	发送保持寄存器
0	读	—	接收数据寄存器
0	读/写	—	波特率低 8 位
1	读/写	IER	中断允许寄存器
1	读/写	—	波特率高 8 位
2	读	IIR	中断标识寄存器
2	写	FCR	FIFO 寄存器
3	读/写	LCR	线路控制寄存器
4	读/写	MCR	MODEM 控制寄存器
5	读	LSR	线路状态寄存器
6	读	MSR	MODEM 状态寄存器
7	读/写	—	Scratch Register

如图 15-7 所示，LabVIEW 通过端口函数（"VI 程序框图—互联接口—I/O 端口"）可以直接读/写地址"3F8"中的数据。由于串口发送和接收寄存器为 8 位寄存器，所以设置"读端口"函数的数据读取模式为"读端口 8"，表示读取 8 位有符号数。串口 COM1 的接收和发送缓冲寄存器地址偏移量均为"0"，也就是"3F8"，所以计算机端口地址为"3F8"的寄存器存储串口 COM1 的通信缓存数据。

图 15-7　通过端口函数实现串口通信

2. 基于 Active X 的串口通信

LabVIEW 的串行通信也可以使用 Active X 组件实现，通过 Active X 容器中的 MCCOM 组件的属性可以实现串行通信。通过"VI 前面板—控件选板—新式—容器—Active X 容器"，在 VI 前面板添加一个 Active X 容器。在 Active X 容器上右击并在弹出的快捷菜单中选择"插入 Active X 对象"，在弹出的对话框中选择"Microsoft Communications Control，version 6.0"组件。"Microsoft Communications Control，version 6.0"是一个串口通信组件，简称 MC-COM 组件，该组件常用的属性如下。

1）PortOpen　读/写属性，数据类型为布尔型，通过该属性节点可以获取或设置串口的工作状态。向该属性节点写入"真"可以打开串口，向该属性节点写入"假"可以关闭串口。

2）CommPort　读/写属性，数据类型为有符号 16 位整型，通过该属性节点可以获取或者设置串口号，有效值的范围为 1 ～ 16，默认值为"1"，也就是计算机的串口 1（COM1）。在进行串口操作前，应该通过该属性设置当前处于可操作状态的串口。在进行串口设置前必须保证操作的串口处于关闭状态，否则 LabVIEW 将报错。通过向"PortOpen"属性赋值"假"，可以关闭串口。

3）InBufferSize　读/写属性，数据类型为有符号 16 位整型，通过该属性节点可以获取或设置串口接收缓存区大小，默认值为"1024"字节。

4）InputLen　读/写属性，数据类型为有符号 16 位整型，通过该属性节点可以获取或设置从串口接收缓存区读取的字节数。该属性的默认值为"0"，表示读取串口接收缓存区所有的字节。

5）InBufferCount　读/写属性，数据类型为有符号 16 位整型，通过该属性节点可以获取串口接收缓存区中实际存在的字节数。输入"0"时，可以将串口接收缓存区清零。

6）OutBufferSize　读/写属性，数据类型为有符号 16 位整型，通过该属性节点可以获取或设置串口发送缓存区大小，默认值为"512"字节。

7）OutBufferCount　读/写属性，数据类型为有符号 16 位整型，通过该属性节点可以获取串口发送缓存区中等待发送的字节个数。向该属性节点输入"0"时，可以清空串口发送缓存区。

8）Settings　读/写属性，数据类型为字符串类型，通过该属性节点可以获取或者设置串口通信参数：波特率、奇偶校验、数据位、停止位。该属性的设置字符串格式为"B，P，D，S"。其中，B 为波特率，P 为奇偶校验，D 为数据位数，S 为停止位数。该属性的默认值是"9600，N，8，1"，表示串口通信的波特率为 9600，无奇偶校验位，一帧数据为 8 位，停止位为 1 位。

9）CommEvent　只读属性，该属性节点返回串口通信事件或错误。

如图 15-8 所示，使用串口组件 MCCOM 向计算机串口发送缓存区写入 1 字节数据。首先，通过属性节点"ComPort"和"Setting"设置串口号和串口参数：波特率为 9600，无奇偶校验位，一帧数据为 8 位，停止位为 1 位。然后，打开串口 1 并写入数据。最后，关闭串口并注销串口组件 MCCOM 的引用句柄。

> 【注意】串口号的设置是必须进行的，串口参数的设置是可以省略的。默认的串口参数为：波特率 9600，无奇偶校验位，一帧数据为 8 位，停止位为 1 位。

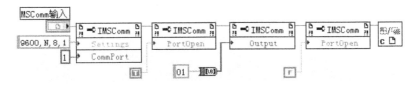

图 15-8　通过 MCCOM 组件进行串口数据写入的过程

如图 15-9 所示，使用串口组件 MCCOM 读取计算机串口接收缓冲区的数据。

> 【注意】一定要确保在串口关闭的条件下设置串口参数，否则 LabVIEW 将报错。

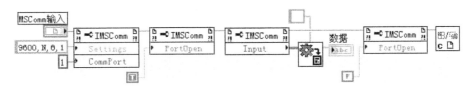

图 15-9　通过 MCCOM 组件读取串口数据的过程

> **【例 15-1】** 编程实现计算机与单片机的串口通信。
>
> 本例演示了通过 LabVIEW 实现计算机与单片机的串口通信。在单片机端向计算机串口接收缓冲区连续发送十进制数据"10"，并将从计算机串口发送缓存区中接收的数据送到单片机 P0 口。在 LabVIEW 程序中通过 Active X 容器的 MCCOM 组件向计算机串口发送缓存区写入数据并从计算机接收缓存区读取单片机上传的数据。
>
> 本例中使用的单片机采用 12MHz 的晶振，1 个时钟周期为 $(1/12)\times10^{-6}$s。一般而言，51 单片机 1 个机器周期等于 12 个时钟周期，所以 1 个机器周期为 10^{-6}s。51 单片机执行一条 For 语句使用 8 个机器周期，所以一条 For 语句用时 10^{-6}s $\times 8 = 0.000008$s。
>
> （1）编写单片机程序如下：

```
#include < reg51. h >
typedef unsigned char uint8;
typedef unsigned int uint16;
uint8 Data = 0;
void UART_initialize(void)            //"初始化串口"函数
{
    SCON = 0X50;                      //设置串口工作在模式0
    TMOD = 0X20;
    TH1 = 0XFD;
    TL1 = 0X FD;
    TR1 = 1;
    ES = 1;
    EA = 1;
}


void UART_send_pc(uint8 Data)
{
    SBUF = Data;
}


void delay()                         //设置延时 100000 × 8s/1000000 = 0.8s
{
    int i;
    int k;
    for(i = 0;i < 1000;i ++)
    for(k = 1;k < 100;k ++);         //内循环延时 10^{-6} × 8 × 100 = 0.0008s
}


main()                               //主函数连续发送数据
{
    UART_initialize();               //通过函数初始化串口
    while(1)                         //设置无限循环连续发送十进制数"10"
    {
        UART_send_pc(10);            //将数据"10"送入寄存器 SBUF
        delay();
    }
}


void interrupt_uart() interrupt 4    //串口中断服务程序
{
    if(TI)
    {
        TI = 0;                      //软件清零,发送中断标识位
    }
    if(RI)
    {
        RI = 0;                      //软件清零接收中断标识位
        Data = SBUF;                 //将接收寄存器中的数据赋给变量"Data"
        P0 = Data;                   //将变量"Data"中的数据送入单片机 P0 口
    }

}
```

　　单片机上电后首先执行串口初始化函数 "UART_initialize（void）"，通过单片机串行口控制寄存器 SCON 设置单片机工作在方式 0，然后程序进入无限 While 循环，连续向单片机串口发送寄存器 SBUF 写入数据。

　　发送一帧数据的步骤是：上传的目标数据是十进制数 "10"，也就是二进制数 "0000 1010"。在 While 循环中通过 "UART_send_pc（uint8 Data）" 函数将 "0000 1010" 写入单片机串口发送寄存器 SBUF 中；单片机自动为这 8 位数据加上起始位与结束位构成一帧完整的数据并自动发送到计算机的串口接收寄存器；单片机的串行口控制寄存器 SCON 中的发送中断标志位 "TI" 由硬件自动置位；由于串口初始化函数 "UART_initialize（void）" 中设置了串口开中断，所以当串口发送中断标识位 "TI" 为 "1" 时，单片机自动进入中断服务程序；串口中断服务程序将发送中断标志位软件清零。

　　值得注意的是，如果不清零发送中断标识位 "TI"，则单片机认为上一次操作没有完成，将无法写入下一帧数据到串口发送寄存器 SBUF 中。单片机将数据写入串口发送寄存器 SBUF 后，SBUF 中的数据将被单片机自动发送到计算机的串口接收缓冲区。

　　这里再重申一下：51 单片机串口数据发送缓冲寄存器和串口数据接收缓冲寄存器的名字虽然都是 "SBUF"，但这是两个在物理结构上完全独立的串行口数据缓冲寄存器。单片机与 PC 进行串行口的全双工通信时，这两个缓冲寄存器是互不影响的。

　　（2）如图 15-10 所示构建 LabVIEW 程序界面。

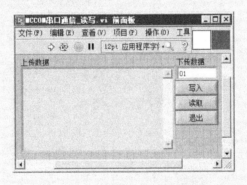

图 15-10　例 15-1 的程序界面

　　（3）如图 15-11 所示，在程序框图中构建一个事件驱动的队列消息处理器，在初始化分支中初始化串口参数：设置当前通信的串口为 COM1、串口接收寄存器大小为 10 字节。

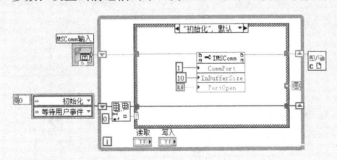

图 15-11　初始化串口参数

【注意】串口参数设置必须在打开串口前完成，否则 LabVIEW 将报错。

（4）如图 15-12 所示，通过 MCCOM 控件的"Output"属性向计算机串口发送缓冲区写入数据，写入计算机串口发送缓冲区的数据将自动发送到单片机的串口数据接收寄存器 SBUF 中。当单片机的接收寄存器 SBUF 中有数据时，单片机的串行口控制寄存器 SCON 中的串口接收中断标识位"RI"由硬件自动置位。单片机进入串口中断服务程序，先将串口接收中断标识位"RI"软件清零，然后将接收寄存器"SBUF"中的数据赋给变量"Data"。

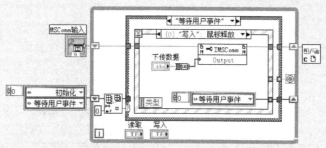

图 15-12　向计算机串口发送缓存区写入数据

（5）MCCOM 控件的"Intput"属性可以读取计算机串口接收缓存区中的所有数据，如图 15-13 所示，通过该属性读取缓存中所有的 10 个数据（在"初始化"分支中已经设置串口缓存区大小为 10 字节）。

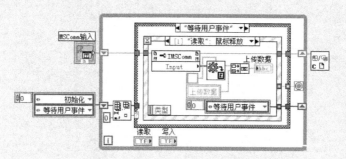

图 15-13　读取计算机串口接收缓存区中的所有数据

（6）如图 15-14 所示，在程序的退出机制中关闭串口并在 While 循环外部注销 MCCOM 组件的引用句柄。

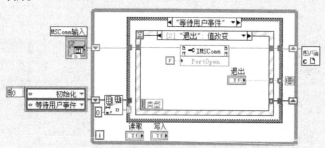

图 15-14　例 15-1 的程序退出机制

【例 15-2】采用事件驱动机制实现串口数据接收。

串口的事件驱动机制要通过回调函数实现，串口回调事件是"OnComm"事件。如果通过"事件回调注册"函数为 MCCOM 控件注册了"OnComm"事件，则只要单片机的发送寄存器 SBUF 向计算机的串口缓存发送数据，LabVIEW 就能检测到这一事件并调用回调 VI 实现预设功能。使用本例配合例 15-1 中单片机的程序，可以实现事件驱动的串口数据读取。

（1）如图 15-15 所示构建程序界面。

图 15-15　例 15-2 的程序界面

（2）在程序框图中构建一个事件驱动的队列消息处理器，在"初始化"分支中初始化串口，如图 15-16 所示。

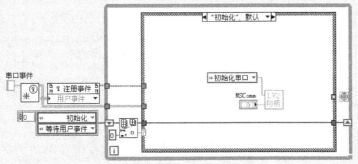

图 15-16　初始化串口参数

"初始化"分支中的子 VI "LV2 句柄"是一个 LV2 型全局变量，在其中保存串口句柄，可以在同一个 VI 的多个线程或者不同 VI 之间使用该句柄。如图 15-17 所示，在子 VI "LV2 句柄"的"初始化串口"分支中设置串口号为 COM1，串口接收和发送缓存区大小均为 64 个字节。子 VI "LV2 句柄"中连线板的接口控件用到了自动化句柄控件（"VI 前面板—控件选板—新式—引用句柄—自动化引用句柄"），新创建的自动化句柄控件并没有关联 Active X 组件。在自动化句柄控件上右击，通过快捷菜单项"选择 Active X 类—浏览"在调出的类型库中选择"Active X 组件"，可以将自动化句柄控件实例化到具体的 Active X 组件。

如图 15-18 所示是子 VI "LV2 句柄"中的程序分支，实现如下功能：初始化串口、获取 MCCOM 串口组件的句柄、关闭串口并注销 MCCOM 串口组件的引用句柄。

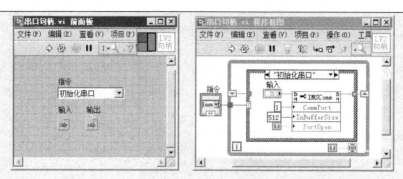

图 15-17　子 VI "LV2 句柄" 的前面板和程序框图

图 15-18　子 VI "LV2 句柄" 的分支程序

（3）在"采集数据"的鼠标释放事件中注册 MCCOM 控件的"OnComm"事件，如图 15-19 所示。

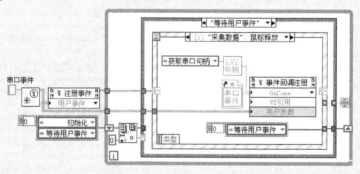

图 15-19　注册串口回调事件

当单片机的发送寄存器"SBUF"向计算机的串口接收缓存发送数据时，触发 MC-COM 控件的"OnComm"事件。如图 15-20 所示，在"OnComm"事件的回调 VI 中，产生一个自定义事件并向自定义事件写入串口接收缓存区中的数据，这是本例的核心代码。

图 15-20　产生一个自定义事件并将串口数据写入事件

如果需要单次采集多个数据，可以将图 15-20 所示程序修改为图 15-21 所示程序。通过属性节点"InBufferCount"可以获取计算机串口缓存中的字节数目，图 15-21 程序实现的功能是当计算机串口缓存中有 3 字节数据时，一次获取这 3 字节并产生事件。在实际的应用中往往遇到数值很大的数据，例如单片机读取 24 位 A/D 转换器的数据并传递到计算机。单片机 8 字节的 SBUF 寄存器无法一次容纳 24 位数据，只有分开传送。这时计算机层要一次读取 3 字节，然后将 3 字节重新还原为 24 位数据。

图 15-21　读取串口接收缓存区中的 3 字节数据

（4）如图 15-22 所示，在用户自定义事件分支"串口事件"中读取串口数据。"On-Comm"事件的回调 VI 每调用一次，就通过"产生用户事件"函数产生一个用户自定义事件并将串口数据写入用户自定义事件中，触发主 VI 中的用户事件"串口事件"分支执行一次。

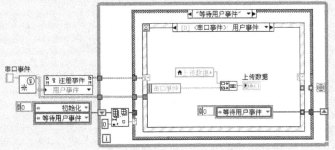

图 15-22　在自定义事件分支中获取串口数据

（5）图 15-23 所示是程序的退出机制。

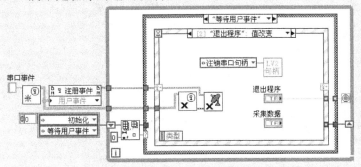

图 15-23　例 15-2 的程序退出机制

【**例 15-3**】 编程使计算机显示单片机发送的锯齿波的同时向单片机发送走马灯数据。

串口的读和写是两个独立的过程，在编写程序时应将这两个过程分开，构建两个独立的线程（任务）。但是这在程序代码的编写上是有困难的，难点在于如何在两个循环中使用 MCCOM 控件的句柄连线。如果在一个循环线程中使用移位寄存器传递 MCCOM 控件的句柄，那么在另一个线程中将无法使用该 MCCOM 控件的句柄。

LV2 型全局变量可以很好地解决这类问题，LV2 型全局变量实际上是移动的移位寄存器，在程序框图的任何位置都可以实现 LV2 中移位寄存器的读/写操作。如图 15-17 所示，句柄也是一种数据类型，当然也就可以将 MCCOM 串口控件的句柄存储在 LV2 的移位寄存器中，在程序框图的任何线程甚至在不同的 VI 中都可以获取同一个 MCCOM 控件的句柄。

本例包含了三个重要的知识点：第一，验证了单片机的 SBUF 是两个在物理结构上完全独立的串行口数据缓冲寄存器，在计算机层面使用多线程同时对这两个 SBUF 操作时，它们互不干扰；第二，读者可以更加深入地了解 LV2 在 LabVIEW 编程中的重要作用，它可以在无法实现连线的场合，向节点写入数据或从节点读取数据；第三，为了使程序框图简洁易读，将辅助的三个线程：采集、显示、数据写入，模块化为子 VI。

（1）单片机连续发送 0 ～ 20 的十进制数，在计算机中显示为锯齿波，编写单片机程序如下：

```c
#include < reg51. h >
typedef unsigned char uint8;
typedef unsigned int uint16;
uint8 DATA = 0;
void UART_initialize( void)
{
        SCON = 0X50;
        TMOD = 0X20;
        TH1 = 0XFD;
        TL1 = 0xFD;
        TR1 = 1;
        ES = 1;
        EA = 1;
}

void delay( )
{
        int i;
        int k;
        for( i = 0; i < 1000; i ++ )
        for( k = 1; k < 100; k ++ );
}

void UART_send_pc( uint8 DATA)
{
        SBUF = DATA;
}

main( )
{
```

```
        int j;
        UART_initialize( );
        while(1)
        {
            for(j = 1;j < = 20;j + + )
            {
                UART_send_pc(j);
                j + + ;
                delay( );
            }
        }
    }

void interrupt_uart( ) interrupt 4
{
    if(TI)
    {
        TI = 0;
    }
    if(RI)
    {
        RI = 0;
        DATA = SBUF;
        P0 = DATA;
    }
}
```

（2）如图 15-24 所示构建程序界面。

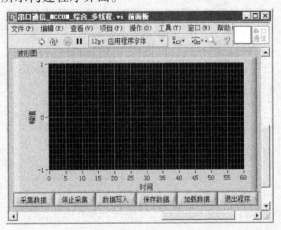

图 15-24　例 15-3 的程序界面

（3）如图 15-25 所示，程序采用多线程设计模式，共有四个线程：主线程、串口采集线程、串口写入线程、显示线程。由于程序的线程较多，为使程序框图简洁可读，将线程模块化为子 VI。如图 15-25 所示，主线程采用事件驱动的队列消息处理器，在主线程的"初始化"分支中初始化全局数据寄存器（存储 60 个数据）并初始化串口参数。

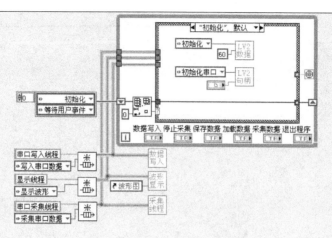

图 15-25   多线程串口读/写程序

（4）如图 15-26 所示，为主线程的队列消息处理器构建五个分支，分别实现如下功能：初始化串口参数和全局存储器大小、响应用户事件、将全局存储器中的串口数据以 TXT 或 Excel 格式存储到计算机磁盘上、读取计算机磁盘上的文件（TXT 或 Excel 文件）、注销句柄并退出程序。

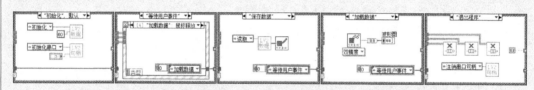

图 15-26   主线程的五个程序分支

（5）在初始化分支中通过子 VI "LV2 句柄" 初始化串口参数并将初始化后的句柄保存在移位寄存器中供所有线程使用，如图 15-17 所示。

如图 15-27 所示，子 VI "LV2 数据" 中的程序代码包含四个分支："初始化"、"写入"、"读取"、"清零"，详细的编程读者可以参考例 7-8。

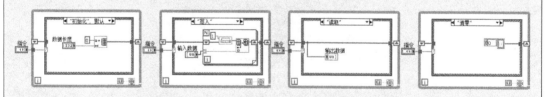

图 15-27   子 VI "LV2 数据" 中的程序代码

（6）在 "等待用户事件" 分支中创建事件响应机制，如图 15-28 所示，构建六个事件分支响应前面板按钮的动作。

（7）在 "保存数据" 分支与 "加载数据" 分支中通过 "写入电子表格文件" 与 "读取电子表格文件" 实现文件的读/写。在 "退出程序" 分支中注销辅助线程的队列句柄，退出程序的所有线程。

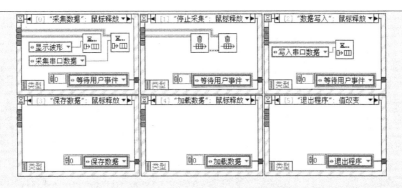

图 15-28　例 15-3 的事件响应机制

（8）如图 15-29 所示是串口采集线程中的程序代码，程序的功能是从计算机的串口接收缓存中读取数据。

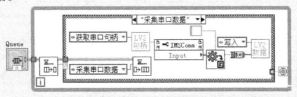

图 15-29　串口采集线程

（9）如图 15-30 所示是串口写入线程中的程序代码，程序的功能是每隔 100ms 向计算机串口发送缓存区写入数据。写入到计算机串口发送缓存区中的数据自动发送到单片机的串口接收寄存器 SBUF 中，SBUF 中的数据被赋给 P0 口。十进制数 1、2、4、8、16、32、64、128 分别对应二进制数 0000 0001、0000 0010、0000 0100、0000 1000、0001 0000、0010 0000、0100 0000、1000 0000。如果单片机的 P0 口接 8 个共阴极的发光二极管，则可以实现走马灯效果。

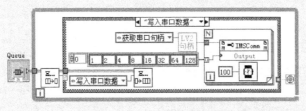

图 15-30　串口写入线程

（10）如图 15-31 所示是"波形显示"线程中的程序代码，功能是显示采集的波形数据。

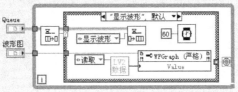

图 15-31　显示串口数据

3. 基于 VISA 的串口通信

使用 LabVIEW 的 VISA 函数进行串口通信前必须安装 LabVIEW 的接口驱动程序 VISA，驱动程序可以从 NI 公司官网下载。在 LabVIEW 的串口通信中，主要用到的 VISA 函数有"VISA 打开"函数、"VISA 关闭"函数、"VISA 配置串口"函数、"VISA 读取"函数、"VISA 写入"函数、"VISA 设置 I/O 缓冲区大小"函数。表 15-3 列出了这些常用函数。

> 【注意】通过"VISA 设置 I/O 缓冲区大小"函数的"屏蔽"输入端子可以设置串口缓存区的大小，该输入端数据类型为 LabVIEW 自定义枚举类型，有效值包括：16，表示设置串口接收缓存区；32，表示设置串口发送缓冲区；48，表示将计算机串口接收缓冲区和发送缓冲区设置为相同大小。

表 15-3   常用的 VISA 串口通信函数

函 数 图 标	函 数 名 称	函 数 功 能
	VISA 打开	打开 VISA 设备并返回该设备的资源句柄
	VISA 关闭	关闭 VISA 设备并注销设备的资源句柄
	VISA 配置串口	配置串口通信参数
	VISA 读取	读取计算机串口接收缓存区中的数据
	VISA 写入	向计算机串口发送缓冲区写入数据
	VISA 设置 I/O 缓冲区大小	设置计算机串口缓存区大小

如图 15-32 所示，利用 VISA 函数实现串口数据读取的步骤如下。

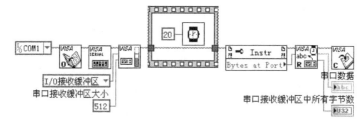

图 15-32   使用 VISA 函数读取串口数据

（1）使用"VISA 打开"函数将串口打开。

（2）通过"VISA 配置串口"函数配置串口通信参数：波特率、一帧数据的位数、奇偶校验、停止位。

（3）通过"VISA 设置 I/O 缓冲区大小"函数设置计算机串口接收缓存区大小。

（4）设置延时，串口参数传输到串口设备需要时间，仪器对设置的参数作出响应也需要时间，所以要加延时。

（5）通过属性节点"Bytes at Port"获取计算机串口接收缓存区中的字节个数。"Bytes at Port"是 Instr 类的属性，在 VISA 资源句柄上右击，在弹出的快捷菜单中选择"创建—Instr 类的属性—Serial Settings—Number of Bytes at Serial Port"，可以获取属性节点"Bytes at Port"。

（6）通过"VISA 读取"函数读取计算机串口接收缓冲区中的数据，将属性节点"Bytes at Port"的返回值输入到"VISA 读取"的"字节总数"输入端，这样计算机串口接收缓存区中有多少字节就读取多少字节数。

（7）通过"VISA 关闭"函数注销串口资源句柄。

这里值得注意的是，"VISA 读取"函数的"读取字节数"这个输入端子。在串口通信中，如果指定读取串口缓存中的 10 字节，那么只有当串口缓存中达到 10 字节时，"VISA 读取"函数才执行一次读操作。当前缓冲区的数据量不足 10 字节时，程序会停滞在"VISA 读取"函数这个节点上，直到串口缓存中有 10 字节数据时，"VISA 读取"函数才能将这 10 个数据读出，程序才能继续执行。如果对于一次读取的字节个数没有要求，则可以使用"Bytes at Port"属性获取串口缓存中的字节个数，输入到"VISA READ"函数的"字节总数"端子，这样当前计算机串口缓存区中有多少个字节就读取多少个字节，不会产生等待时间。

如图 15-33 所示，通过"VISA 写入"函数将数据写入计算机串口发送缓冲区。

图 15-33　使用 VISA 函数实现对串口的写操作

【例 15-4】使用 LabVIEW 的 VISA 函数编程实现串口读/写。

本例通过 LabVIEW 的 VISA 函数实现串口通信，程序的架构是事件驱动的队列消息处理器。

（1）按图 15-34 所示构建程序界面。

图 15-34　例 15-4 的程序界面

（2）如图 15-35 所示，在程序框图中构建事件驱动的队列消息处理器，在"初始化"分支中对串口进行初始化操作。

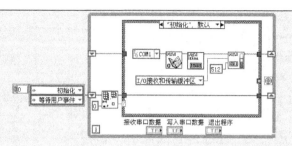

图 15-35　初始化串口参数

（3）按图 15-36 所示编写串口数据采集程序，通过"Bytes at Port"可以获取串口接收缓冲区中的所有字节数。

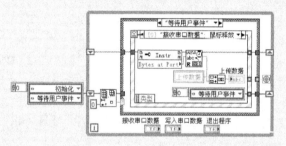

图 15-36　通过"VISA 读取"函数读取串口数据

（4）如图 15-37 所示，向计算机串口发送缓存区写入数据，写入计算机串口发送缓存区中的数据将被自动发送到单片机的串口接收寄存器 SBUF。

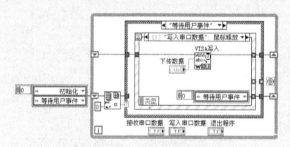

图 15-37　通过"VISA 写入"函数向串口写入数据

（5）如图 15-38 所示，在程序的退出机制中关闭串口引用。

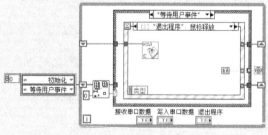

图 15-38　注销串口资源

15.2　USB 总线通信

USB 是通用串行总线 Universal Serial BUS 的缩写，是连接计算机系统与外部设备的一个串口总线标准，也是一种输入/输出接口的技术规范。USB 接口支持设备的即插即用和热插拔功能。USB 接口支持三种数据传输速率：低速（1.5Mbit/s）、全速（12Mbit/s）、高速（480Mbit/s）。

USB 接口有传输速率高、体积小、可供电等特点，使得计算机和外部硬件设备之间的连接和使用都十分方便。计算机上的 USB 接口最大可以输出 500mA 的电流，输出电压为 5V，能为大多数芯片及微处理器供电。而且 USB 协议中制定了完备的电源管理方式，可以大大减小计算机和外部设备的功耗。鉴于 USB 总线的诸多优点，计算机的外围设备，如鼠标、键盘、移动硬盘、打印机等都开始采用 USB 总线来实现。在测试测量系统中，也越来越多地采用高速 USB 数据采集设备了。

在 LabVIEW 的 USB 总线通信中，大多数情况下是通过通用的 USB 接口芯片实现的。这些通用的 USB 接口芯片完成了很多底层的功能，用户只要按照正确的时序和命令读/写 USB 接口芯片就可以实现通信了。

15.2.1　CH372 概述

CH372 是南京沁恒公司生产的一款 USB 总线通用接口芯片，如图 15-39 所示是 CH372 的引脚图。

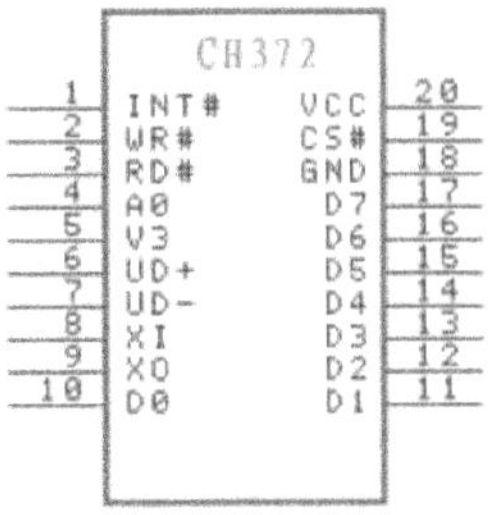

图 15-39　CH372 引脚图

CH372 具有 8 位数据总线和读、写、片选控制线以及中断输出。表 15-4 列出了 CH372 的引脚说明。

表 15-4　CH372 的引脚说明

引　脚　号	引 脚 名 称	类　　型	引 脚 说 明
1	INT#	输出	中断输出，低电平有效
2	WR#	输入	写使能输入，低电平有效
3	RD#	输入	读使能输入，低电平有效
4	A0	输入	A0 = 1 时，可以通过 8 位总线向 CH372 写入命令；A0 = 0 时，可以通过 8 位总线向 CH372 写入数据
5	V3	电源	3.3V 电源电压时连接 VCC 输入外部电源，5V 电源电压时外接容量为 0.01μF 退耦电容
6	UD +	USB 信号	USB 总线的 D + 数据线
7	UD −	USB 信号	USB 总线的 D − 数据线
8	X1	输入	晶体振荡的输入端，需要外接晶体及振荡电容
9	X0	输出	晶体振荡的反相输出端，需要外接晶体及振荡电容
10～17	D7～D0	双向三态	8 位双向数据总线，内置弱上拉电阻
18	GND	电源	公共接地端，需要连接 USB 总线的地线
19	CS#	输入	片选控制输入，低电平有效，内置弱上拉电阻
20	VCC	电源	正电源输入端，需要外接 0.1μF 电源退耦电容

另外，还有一款与 CH372 类似的芯片 CH375，它是 CH372 的升级版，兼容所有 CH372 的功能，完全可以替代 CH372 实现与计算机的 USB 总线通信。CH372 与计算机应用层实现 USB 总线的通信，主要是通过"端点"实现的，可以将"端点"理解为有地址编号的寄存器。计算机下传到 USB 器件的数据首先进入这些端点寄存器，然后单片机再通过 CH372 的指令将数据取出。CH372 芯片内部具有五个物理端点：端点 0，默认端点，支持上传和下传，上传和下传缓冲区都是 8 字节；端点 1，包括上传端点（81H）和下传端点（01H），上传和下传缓冲区都是 8 字节；端点 2，包括上传端点（82H）和下传端点（02H），上传和下传缓冲区都是 64 字节。

在 USB 设备模式下，端点 1 的上传端点作为中断端点，端点 1 的下传端点作为辅助端点。端点 2 的上传端点作为批量数据发送端点，端点 2 的下传端点作为批量数据接收端点。

LabVIEW 与 USB 设备的通信主要就是对这些端点寄存器的读/写操作，对于这些端点的读/写，CII372 设置了一系列命令。下面是 CH372 的常用命令。

1）命令 SET_USB_MODE 该命令用于设置 USB 工作模式。该命令需要向 CH372 输入 1 个数据，该数据就是 CH372 的模式代码。CH372 有以下模式代码。

（1）00H：模式代码为 00H 时，CH372 切换到未启用的 USB 设备方式，该模式代码所设置的工作模式是上电或复位后的默认方式。

（2）01H：模式代码为 01H 时，CH372 切换到已启用的 USB 设备方式，即外部固件模式。

（3）02H：模式代码为 02H 时，CH372 切换到已启用的 USB 设备方式，也就是 USB 芯片与 PC 通信的模式。

在 USB 设备方式下，未启用是指 USB 总线 D + 的上拉电阻被禁止，相当于断开 USB 设备。启用是指 USB 总线 D + 的上拉电阻有效，相当于连接 USB 设备。通过设置是否启用，可以模拟 USB 设备的插拔事件。

通常情况下，设置 USB 工作模式在 $20\mu s$ 内完成，完成后 CH372 输出操作状态。

2）命令 RD_USB_DATA0 该命令从当前 USB 中断的端点缓冲区中读取数据块。首先读取的是数据块长度，也就是后续数据的字节数。数据块长度的有效值是 0 ～ 64，如果长度不为 0，说明中断缓冲区中有数据，则单片机必须将后续数据从 CH372 逐个读取完。该命令与 RD_USB_DATA 命令的唯一区别是：后者在读取完成后自动释放当前 USB 缓冲区（相当于再加上 UNLOCK_USB 命令）。当计算机有数据写入 CH372 的中断端点缓冲区时，CH372 的中断引脚 INT#输出低电平，单片机检测到这一低电平后得知有数据写入了 CH372 中断端点缓冲区。单片机先向 CH372 中写入命令代码 27H（RD_USB_DATA0），表示开始读取中断端点缓冲区的数据。首先读取的是数据的长度，单片机可以根据缓存区中的字节数决定执行读操作的次数。

3）命令 RD_USB_DATA 该命令从当前 USB 中断的端点缓冲区中读取数据块并释放当前缓冲区。首先读取的是数据块长度，也就是后续数据的字节数。数据块长度的有效值是 0 ～ 64，如果长度不为 0，则单片机必须将后续数据从 CH372 逐个读取完。读取数据后，CH372 自动释放 USB 当前缓冲区，从而可以继续接收计算机发来的数据。

4）命令 WR_USB_DATA5 该命令向 USB 端点 1 的上传缓冲区写入数据块，在内置固件模式下，USB 端点 1 就是中断端点。首先写入的是数据块长度，也就是后续数据流的字节数。数据块长度的有效值是 0 ～ 8，单片机必须将后续数据逐个写入 CH372。

5）命令 **WR_USB_DATA7**　该命令向 USB 端点 2 的上传缓冲区写入数据块，在内置固件模式下，USB 端点 2 就是批量端点。首先写入的数据是数据块长度，也就是后续数据流的字节数。数据块长度的有效值是 0 ～ 64，单片机必须将后续数据逐个写入 CH372。

6）命令 **UNLOCK_USB**　该命令释放当前 USB 缓冲区。为了防止缓冲区覆盖，CH372 向单片机请求中断前首先锁定当前缓冲区，暂停所有的 USB 通信。直到单片机通过 UN-LOCK_USB 命令释放当前缓冲区，或者通过 RD_USB_DATA 命令读取数据后才会释放当前缓冲区。该命令不能多执行，也不能少执行。

7）命令 **GET_ STATUS**　该命令获取 CH372 的中断状态并通知 CH372 取消中断请求。当 CH372 向单片机请求中断后，单片机通过该命令获取中断状态，分析中断原因并处理。表 15-5 列出了 CH375 常用的中断指令，单片机根据这些指令可以获取当前的通信状态。

表 15-5　CH375 常用的断指令

中 断 代 码	中 断 指 令	说　　　明
01H	USB_INT_EP1_OUT	辅助端点/端点 1 接收数据成功
09H	USB_INT_EP1_IN	辅助端点/端点 1 发送数据成功
02H	USB_INT_EP2_OUT	辅助端点/端点 2 接收数据成功
0AH	USB_INT_ EP2_IN	辅助端点/端点 2 发送数据成功
05H	USB_INT_USB_SUSPEND	USB 总线挂起事件
06H	USB_INT_WAKE_UP	睡眠唤醒事件

关于 CH372 更详细的资料，读者可以参考文件"CH372DS1. PDF"，该文件可以通过南京沁恒公司的网站下载。

15.2.2　单片机与 CH372 的接口电路

如图 15-40 所示的接口电路适应单片机的外部中断 0 编程模式，单片机的 P1 口作为 8 位双向数据总线与 CH372 的双向数据总线（D0…D7）连接。当 CH372 的 A0 引脚输入为高电平时，CH372 通过 8 位双向数据总线（D0…D7）向单片机传递指令。当 CH372 的 A0 引脚输入为低电平时，CH372 通过 8 位双向数据总线（D0…D7）与单片机交换数据。CH372

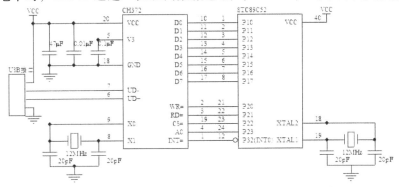

图 15-40　单片机与 CH372 的接口电路

的中断引脚 INT#连接到单片机的外部中断 0（P3.2）。当 CH372 某个端点有数据操作时，CH372 的 INT#引脚输出中断请求到单片机的外部中断 0（P3.2），单片机进入中断服务程序处理中断。

15.2.3 单片机 USB 通信程序

配合图 15-40 所示接口电路，编辑单片机与 CH372 芯片的端点 2 实现 USB 总线的双向数据通信程序如下：

```
#include < reg51. h >              /* 加入 51 单片机头文件 */
#include < CH375INC. h >          /* 加入 CH375 头文件,与 CH372 芯片通用 */
#include < stdio. h >
#define DATA_PORT P1              /* 将 CH372 的数据端口 D7～D0 连接单片机的 P1 口 */
sbit CH372_WR = P2^0;            /* 将 CH372 的 WR 引脚接单片机 P2.0 引脚 */
sbit CH372_RD = P2^1;            /* 将 CH372 的 RD 引脚接单片机 P2.1 引脚 */
sbit CH372_CS = P2^2;            /* 将 CH372 的 CS 引脚接单片机 P2.2 引脚 */
sbit CH372_A0 = P2^3;            /* 将 CH372 的 A0 引脚接单片机 P2.3 引脚 */
unsigned char Data_Length = 0;   /* 定义全局变量存储数据长度 */
unsigned INTStatus = 0;          /* 定义全局变量存储 CH372 返回的中断状态 */

/* 初始化外部中断 0,要连接 CH372 的"INT#"引脚到单片机的 P3.2 */
void Outside_interrupt0_initialize( )
{
    EA = 1;
    EX0 = 1;
    IT0 = 0;
}

/* 延时函数,CH372 读/写时序需要 */
void delay( )
{
    unsigned char i;
    for( i = 0; i < 4; i ++ );
}

/* 写命令函数 */
void CH372_Write_Cmd( unsigned char cmd)
{
    delay( );
    CH372_CS = 0;
    CH372_A0 = 1;
    DATA_PORT = cmd;
    CH372_WR = 0;
    delay( );
    CH372_WR = 1;
    CH372_A0 = 1;
    CH372_CS = 1;
    delay( );
}
```

```
/* 写数据函数 */
void CH372_Write_Data(unsigned char dat)
{
    delay();
    CH372_CS = 0;
    CH372_A0 = 0;
    DATA_PORT = dat;
    CH372_WR = 0;
    delay();
    CH372_WR = 1;
    CH372_A0 = 1;
    CH372_CS = 1;
    delay();
}

/* 读数据函数 */
unsigned char CH372_Read_Data()
{
    unsigned char Data;
    delay();
    CH372_CS = 0;
    CH372_A0 = 0;
    CH372_RD = 0;
    delay();
    Data = DATA_PORT;
    CH372_RD = 1;
    CH372_A0 = 1;
    CH372_CS = 1;
    delay();
    return Data;
}

/* 设置 CH372 工作模式函数 */
void Initialize_CH372()
{
    CH372_Write_Cmd(CMD_SET_USB_MODE);
    CH372_Write_Data(2);
}

/* 向 CH372 端点 2 的上传缓冲区连续写入 64 字节数据 */
CH372_Write_64Byte()
{
    int j;
    CH372_Write_Cmd(CMD_WR_USB_DATA7);
    CH372_Write_Data(64);            /* 首先写入后续数据长度 */
    for(j = 0;j < 64;j + +)
    CH372_Write_Data(j);             /* 写入数据到 CH372 */
}

/* 主函数 */
void main()
{
```

```
        Initialize_CH372();
        Outside_interrupt0_initialize();
        CH372_Write_64Byte();
        while(1);
}


/* 外部中断 0 的中断服务程序 */
void Outside_interrupt0() interrupt 0
{
CH372_Write_Cmd(CMD_GET_STATUS);                    /* 获取中断状态并取消中断请求 */
INTStatus = CH372_Read_Data();                      /* 中断状态代码置于变量"NTStatus"中 */
        switch(INTStatus)
        {
            case USB_INT_EP2_IN:
            {
                CH372_Write_Cmd(CMD_UNLOCK_USB);    /* 释放当前缓存 */
                CH372_Write_64Byte();               /* 向端点 2 写入 64 字节数据 */
                break;
            }
            case USB_INT_EP2_OUT:                   /* 端点 2 下传成功,接收到数据 */
            {
                CH372_Write_Cmd(CMD_RD_USB_DATA);   /* 释放当前缓存 */
                Data_Length = CH372_Read_Data();    /* 读取后续数据长度 */
                if (Data_Length)                    /* 如果数据长度不为 0,则取出数据 */
                {
                    do
                    {
                        P0 = CH372_Read_Data();     /* 接收数据包的数据 */
                        Data_Length --;             /* 长度值减 1,循环继续 */
                    }
                    while (Data_Length > 0);
                }
                break;
            }
            default: break;
        }
}
```

该程序在 Keil 环境下编写，程序的开头必须加上单片机的头文件"reg51. h"，单片机之所以能识别"P2. 0"、"EA"、"EX0"等这些特殊功能符号，是因为单片机头文件中对其进行了定义。如果程序开头没有包含"reg51. h"这个头文件，那么程序在 Keil 环境下编译将无法识别类似这样的特殊符号。同样地，要加上 CH372 的头文件"CH375INC. h"，否则编译器无法识别"CMD_SET_USB_MODE"、"CMD_WR_USB_DATA7"等类型定义的命令。打开头文件"CH375INC. h"可以看到 CMD_WR_USB_DATA7 对应的十六进制代码为"2BH"，实际应用中单片机识别的是十六进制数"2BH"，单片机将"2BH"通过双向数据端口 D0 ～ D7 发送到 CH372，CH372 才能执行相应的操作。将"2BH"这个代码定义为"CMD_WR_USB_DATA7"是为了便于程序的编写和阅读。

在 Keil 环境下编写程序时只要在程序的开头加上"reg51. h"，编译器自动将"reg51. h"这个文件添加到 Keil 工程中。但是需要手动将 CH372 的头文件"CH375INC. h"复制到 Keil 工程所在的目录下，否则编译提示找不到该文件。读者可以到南京沁恒公司官方网站下载 CH372 的头文件"CH375INC. h"。

对程序的说明如下。

1）初始化外部中断函数。

```
void Outside_interrupt0_initialize( )
{
    EA = 1;
    EX0 = 1;
    IT0 = 0;
}
```

该函数的输入参数和返回值均为空，该函数的作用是初始化单片机的外部中断。

EA = 1 表示 CPU 允许中断，EA = 0 表示 CPU 屏蔽所有的中断请求，这是单片机系统中断的总开关。

EX0 = 1 表示使能允许外部中断 0，单片机的外部中 0 对应 P3.2 引脚。如果单片机程序采用了中断编程模式，在 CH372 与单片机的接口电路中应将 CH372 的中断引脚"INT#"与单片机的外部中断 0 的引脚"P3.2"连接。

IT0 = 0 表示设置外部中断的触发方式为电平触发方式，当单片机的外部中断 0 输入为低电平时，CPU 便可以接收到外部中断 0 的中断请求，单片机程序自动跳转到相应的中断服务程序。

2）延时函数。

```
void delay( )
{
    unsigned char i;
    for( i = 0;i < 4;i + + );
}
```

该函数的输入参数和返回值均为空，作用是产生一段时间的延时，主要为适应 CH372 的时序读/写。

本例中使用的单片机采用 12MHz 的晶振，所以一个时钟周期为 $(1/12) \times 10^{-6}$ s。一般而言，51 单片机一个机器周期等于 12 个时钟周期，所以一个机器周期为 1×10^{-6} s。单片机执行一条 For 语句一般使用 8 个机器周期，所以执行一次 for(i = 0;i < 4;i + +)语句可以得到 $4 \times 8 \times 1\mu s = 32\mu s$ 的延时，这样的延时对于 CH372 的读/写时序是匹配的。延时的长短是很关键的，不正确的延时将导致读/写不符合 CH372 的时序，从而使单片机无法和 CH372 通信。

3）写命令函数。

```
void CH372_Write_Cmd( unsigned char cmd)
{
    delay( );
```

```
            CH372_CS = 0;
            CH372_A0 = 1;
            DATA_PORT = cmd;
            CH372_WR = 0;
            delay( );
            CH372_WR = 1;
            CH372_A0 = 1;
            CH372_CS = 1;
            delay( );
        }
```

该函数需要输入一个无符号 8 位整型的参数，表示写入 CH372 的命令，无返回值，函数的作用是向 CH372 写入命令。通过 CH372 的双向数据总线不仅可以读/写数据，还可以向 CH372 写命令。CH372 的外部引脚 "A0" 输入高电平且满足写入时序时，可以向 CH372 写入命令。函数的执行过程如下。

（1）延时一段时间。

（2）将 CH372 的 "CS" 引脚拉低，使能 CH372 芯片。

（3）将 CH372 的 "A0" 引脚拉高，表示写入的是命令。

（4）通过 CH372 的双向数据端口向 CH372 中写入命令。对于大多数 51 单片机而言，赋值语句的执行时间为 1 个机器周期，对于 12MHz 的单片机而言，一条赋值语句用时 1×10^{-6}s。CH372_CS = 0、CH372_A0 = 1、DATA_PORT = cmd 这三条语句依次执行，得到一个准备写入的时序。

（5）延时一段时间，写入数据，确保数据有一段写入时间。

（6）数据写入完毕后，将 CH372 的 WR、A0、CS 引脚拉高。

（7）这样就得到一个完整的写入命令的时序。

4）写数据函数。

```
    void CH372_Write_Data( unsigned char dat )
    {
        delay( );
        CH372_CS = 0;
        CH372_A0 = 0;
        DATA_PORT = dat;
        CH372_WR = 0;
        delay( );
        CH372_WR = 1;
        CH372_A0 = 1;
        CH372_CS = 1;
        delay( );
    }
```

该函数需要输入一个无符号 8 位整型的参数，表示写入 CH372 的数据，无返回值，函数的作用是向 CH372 写入数据。CH372 的外部引脚 "A0" 输入低电平且满足读/写时序时，可以通过 CH372 的 8 位通信总线读/写数据。

5）读数据函数。

```
unsigned char CH372_Read_Data( )
{
    unsigned char Data;
    delay( ) ;
    CH372_CS = 0 ;
    CH372_A0 = 0 ;
    CH372_RD = 0 ;
    delay( ) ;
    Data = DATA_PORT ;
    CH372_RD = 1 ;
    CH372_A0 = 1 ;
    CH372_CS = 1 ;
    delay( ) ;
    return Data ;
}
```

该函数无输入参数,返回值为从 CH372 读回的数据,函数的作用是构建一个完整的读时序并从 CH372 读回数据。"unsigned char Data"语句的作用是在函数内部定义一个无符号类型的变量"Data",该变量用于向函数外传递数据。

6) void Initialize_ CH372 ( ) 该函数无输入参数和返回值,函数的作用是初始化 CH372 芯片,将 CH372 设置为设备工作模式,也就是将 CH372 设置为下位机。

```
void Initialize_CH372( )
{
    CH372_Write_Cmd( CMD_SET_USB_MODE) ;
    CH372_Write_Data(2) ;
}
```

首先通过 CH372_Write_Cmd(CMD_SET_USB_MODE)语句将 CH372 设置为命令写入模式,执行完该语句后,通过 CH372 的 8 位双向通信总线向 CH372 写入的是命令而不是数据。然后通过 CH372_Write_Data(2)语句向单片机写入命令代码"2",将 CH372 设置为设备工作模式。其中,CMD_SET_USB_MODE 是一个类型定义,表示十六进制数"15",在头文件"CH375INC. h"中可以找到该类型定义。

7) 主函数。

```
void main( )
{
    Initialize_CH372( ) ;
    Outside_interrupt0_initialize( ) ;
    CH372_Write_64Byte( ) ;
    while(1) ;
}
```

主函数主要完成工作。

(1) 初始化 CH372 芯片,设置 CH372 芯片为设备工作模式。

(2) 初始化单片机外部中断 0,允许单片机开外部中断 0。

(3) 向 CH372 端点 2 的发送缓冲区写入 64 字节数据。

(4) 通过 while(1)创建一个无限循环,使程序停在该处,这是启用外部中断时的编程规范。当单片机有中断请求时，执行相应的中断服务程序，中断完成后返回无限循环。

8）中断服务程序 CH372 的端点数据缓冲区有操作时，CH372 首先锁定当前 USB 缓冲区，然后将 INT#引脚的电平拉低。CH372 中断引脚 INT#接单片机的外部中断 0（P3.2），触发单片机外部中断 0 并跳到中断服务程序处。在中断服务程序中，首先通过 "CH372_Write_Cmd（CMD_GET_STATUS）" 语句向 CH372 写入获取中断状态指令，然后 CH372 输出中断状态代码并取消中断。中断服务程序将 CH372 返回的中断状态代码保存在全局变量 "INTStatus" 中。

单片机程序通过 switch（INTStatus）语句分析中断代码，通过表 15-5 可以查看 CH372 中断代码的含义。当 CH372 返回的中断数据为十六进制数 "0A"（类型定义为 "USB_INT_EP2_IN"）时，说明计算机取走了端点 2 上传缓存区中的数据，中断服务程序执行下面的代码：

```
case USB_INT_EP2_IN:
        {
            CH372_Write_Cmd(CMD_UNLOCK_USB);
            CH372_Write_64Byte();
            break;
        }
```

由于 CH372 在输出中断前已经将数据缓冲区锁定，所以要通过 "CH372_Write_Cmd（CMD_UNLOCK_USB）" 语句解锁 CH372 当前锁定的缓冲区。然后通过 "CH372_Write_64Byte()" 函数向 CH372 端点 2 的上传缓存区写入数据供计算机层使用，这样只要计算机取走了 CH372 端点 2 上传缓存区中的数据，单片机就通过中断服务程序再向 CH372 端点 2 的上传缓存区写入 64 字节数据，实现数据的连续写入。在头文件 "CH375INC.h" 中定义了释放当前 USB 缓冲区的命令代码 "23H（CMD_UNLOCK_USB）"，执行 "CH372_Write_Cmd（CMD_UNLOCK_USB）" 语句，可以释放当前被锁定的 USB 缓冲区。

当 CH372 返回的中断代码为十六进制数 "02"（USB_INT_EP2_OUT）时，说明有数据从计算机下传到 CH372 端点 2 的下传缓冲区中，中断服务程序执行下面的代码：

```
case USB_INT_EP2_OUT:
        {
            CH372_Write_Cmd(CMD_RD_USB_DATA);
            Data_Length = CH372_Read_Data();
            if (Data_Length)
            {
                do
                {
                    P0 = CH372_Read_Data();
                    Data_Length -- ;
                }
                while (Data_Length > 0);
            }
            break;
        }
    default: break;
        }
    }
```

程序实现的功能如下。

（1）向 CH372 写入读数据指令：执行"CH372_Write_Cmd（CMD_RD_USB_DATA）"语句向 CH372 写入读数据的指令并释放当前 USB 的中断缓冲区（计算机层向 CH372 哪个端点的下传缓冲区写入数据，哪个端点的下传缓冲区即为当前的 USB 中断缓冲区），为即将进行的数据读取做准备。指令"CMD_RD_USB_DATA"对应的命令代码为"28H"，单片机实际是将 16 进制数"28"通过 CH372 的 8 位双向数据总线（D0…D7）写入 CH372。头文件 CH375INC.h 中定义了从当前 USB 的中断端点缓冲区读取数据块并释放缓冲区的命令代码"28H"（CMD_RD_USB_DATA），

（2）解析计算机层下传的数据包：通过"CH372_Read_Data()"函数获取从 CH372 当前中断缓冲区读取的数据块（计算机应用层发送到 CH372 的数据严格遵循格式要求，数据块的第 1 个字节表示数据长度，后面的字节表示实际的数据）：首先调用"CH372_Read_Data()"函数获取后续数据流的字节长度，然后根据数据流的长度通过 While 循环依次读取数据块中的每个字节，并将这"1 个字节 8 位"的数据赋给单片机 P0 口。

15.2.4　基于 DLL 的 USB 通信

1. CH372 计算机应用层文件

只有硬件与计算机应用层协调工作才能保证数据的流畅通信，如何实现 USB 总线与计算机应用层的联系呢？

CH372 与 CH375 芯片在计算机应用层是兼容的，在计算机应用层实现对 CH372（CH375）的操作可以使用两个文件：CH375WDM.SYS 和 CH375DLL.DLL。CH375WDM.SYS 中记录了 USB 设备的配置信息，通过 CH375WDM.SYS 可以使 Windows 操作系统识别 CH372 芯片，CH375WDM.SYS 也就是通常所说的驱动程序。CH375DLL.DLL 是一个动态链接库文件，里面包含了关于计算机应用层操作 CH372 芯片的所有函数。可以通过"CH375DLL.H"文件查看 CH375DLL.DLL 文件中的函数原型。CH372 芯片的驱动程序可以通过南京沁恒公司的官方网站下载。

使用动态链接库文件实现计算机与外部设备的通信时，一般情况下将动态链接库文件复制到 Windows 操作系统文件夹目录下的"system32"文件夹（C:\WINDOWS\system）或 system 文件夹（C:\WINDOWS\system32）中。有些仪器的 DLL 应用文件只有放在这两文件夹中才可以使用，否则将出现不可预知的错误或根本无法使用。CH375DLL.DLL 中的主要函数的用法如下。

1）CH375OpenDevice　函数原型为"Handle CH375OpenDevice（unsigned int iIndex）"，该函数用于使能 CH372 芯片。函数有一个参数输入，输入参数类型为无符号 32 位整型，表示 CH372 的设备索引号。0 表示第一个设备，−1 表示自动搜索。该函数的返回值为"−1"时，表示没有正确使能 CH372/CH375 设备。如果 CH372/CH375 设备正常使能，则该函数返回设备的句柄号。

2）CH375CloseDevice　函数原型为"Void CH375CloseDevice（unsigned int iIndex）"，该函数用于关闭 CH372 设备。函数有一个参数输入，输入参数类型为无符号 32 位整型，表示 CH372 的设备索引号。该函数无返回值。

3）CH375ReadInter　函数原型为"Bool CH375ReadInter（unsigned long iIndex, void * oBuffer，unsigned long * ioLength）"，该函数用于读取中断端点的数据块。CH372 的中断端点是端点 1，该函数可以从 CH372 端点 1 的上传缓存区读取数据。

4）CH375ReadData 函数原型为"Bool CH375ReadData（unsigned long iIndex，void * oBuffer，unsigned long * ioLength）"，该函数用于读取批量端点的数据块。CH372 的批量端点是端点 2，该函数可以从 CH372 端点 2 的上传缓存区读取数据。

该函数有三个输入参数：第一个参数的数据类型是无符号 64 位整型，表示设备号，一般设备号为"0"；第二个参数的数据类型是无类型的指针，该指针可以指向一个足够大的缓冲区，用于保存从 CH372 端点 2 的上传缓存区读取的数据；第三个参数的数据类型是无符号 16 位整型指针，指向一个内存单元，该单元中存储了要读取数据的长度。

函数返回数据类型为布尔型，LabVIEW 在掉用 DLL 配置的返回数据类型中没有布尔型，可以用 8 位无符号数代替。通信成功返回"0"，否则返回"1"。

5）CII375WriteData 函数原型为"Bool CH375ReadData（unsigned long iIndex，void * iBuffer，unsigned long * ioLength）"，该函数用于向批量端点写入数据块。CH372 的批量端点是端点 2，该函数可以向 CH372 端点 2 的下传缓存区写入数据，参数的配置情况可以参考 CH375ReadData。

6）CH375WriteRead 函数原型为"Bool CH375WriteRead（unsigned long iIndex，void * oBuffer，void * iBuffer，unsigned long * ioLength）"，该函数可以实现请求加应答的通信方式。计算机先向 CH372 发送数据，CH372 接收到数据后向计算机发送应答数据。该函数有以下四个输入参数。

（1）unsigned long iIndex：该参数的数据类型是无符号 64 位整型，表示设备号，一般设备号为"0"。

（2）void * oBuffer：该参数的数据类型是无类型的指针，该指针可以指向一个足够大的缓冲区，放置准备写入 CH372 端点 2 下传缓存区的数据。

（3）void * iBuffer：该参数的数据类型是无类型的指针，该指针可以指向一个足够大的缓冲区，用于保存从 CH372 端点 2 的上传缓存区读取的数据。

（4）unsigned long * ioLength：该参数的数据类型是无符号 64 位整型指针，该参数表示准备写入的数据长度，该参数作为返回数据时表示实际读取的字节长度。

2. LabVIEW 调用 CH375DLL. DLL 实现 USB 通信

如图 15-41 所示，通过"CH375DLL. DLL"文件实现 LabVIEW 读取 CH372 批量端点（端点 2）的数据块。在调用"CH375DLL. DLL"文件进行 USB 通信时，关键的环节是正确地配置函数，严格按照"CH375DLL. DLL"文件中每个函数的函数原型配置 LabVIEW 的调用库函数节点（"VI 程序框图—函数选板—互联接口—库与可执行程序—调用库函数节点"）。

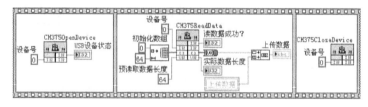

图 15-41 调用 CH375DLL. DLL 读取 USB 总线数据

图 15-41 所示 LabVIEW 程序可以作为 USB 通信的上位机程序，配合 15.2.3 节中的下位机程序可以实现 USB 总线通信。通过 CH375DLL. DLL 实现上位机读取 USB 设备数据的步骤如下。

1）初始化 USB 设备 调用"CH375DLL. DLL"文件中的"CH375OpenDevice"函数打开目标设备 CH372。如图 15-42 所示，将"CH375OpenDevice"函数的返回值命名为"USB 设备状态"，配置返回值的数据类型为"有符号 32 位整型"。如果 CH375 芯片初始化打开成功，则返回设备句柄。

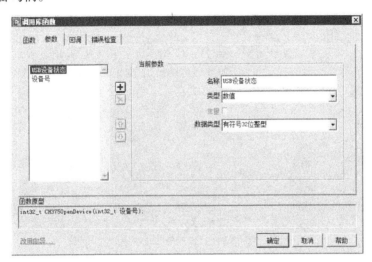

图 15-42 配置"CH375OpenDevice"函数返回值

如图 15-43 所示，将"CH375OpenDevice"函数第一个参数命名为"设备号"，配置该参数的数据类型为"有符号 32 位整型"，数据传递形式为"传值"。

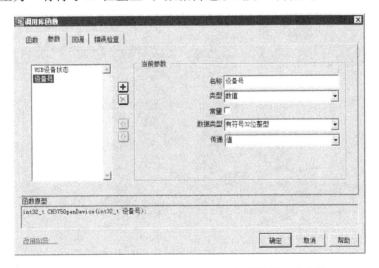

图 15-43 配置"CH375OpenDevice"函数第一个参数

2）开辟内存空间存储读取的数据 CH372 初始化打开成功后，就可以对设备进行操作了，调用"CH375ReadData"函数读取批量端点 2 上传缓冲区中的数据块。该函数需要输入三个参数，并返回一个值（指示通信是否成功）。

如图 15-44 所示，将 "CH375ReadData" 函数的返回值命名为 "读数据成功?"，配置 "CH375ReadData" 函数返回值的数据类型为 "有符号 32 位整型"。如果读取 CH372 端点 2 上传缓冲区数据成功，函数返回 "1"，否则返回 "0"。

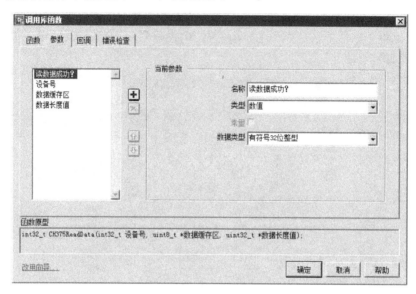

图 15-44   配置 "CH375ReadData" 函数返回值

如图 15-45 所示，将 "CH375ReadData" 函数第一个参数命名为 "设备号"，配置该参数的数据类型为 "有符号 32 位整型"，数据传递形式为 "值"。

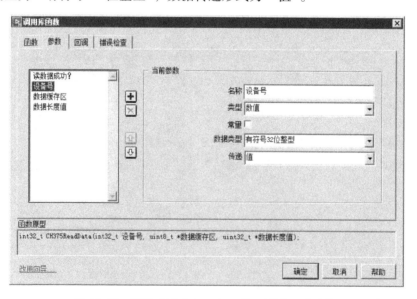

图 15-45   配置 "CH375ReadData" 函数第一个参数

如图 15-46 所示，将 "CH375ReadData" 函数第二个参数命名为 "数据缓存区"，配置该参数的数据类型为 "1 维无符号 8 位整型数组"，数据传递形式为 "数组数据指针"。

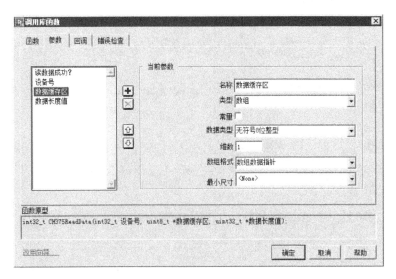

图 15-46　配置"CH375ReadData"函数第二个参数

如图 15-47 所示，将"CH375ReadData"函数第三个参数命名为"数据长度值"，配置该参数的数据类型为"无符号 32 位整型"，数据传递形式为"指针"。

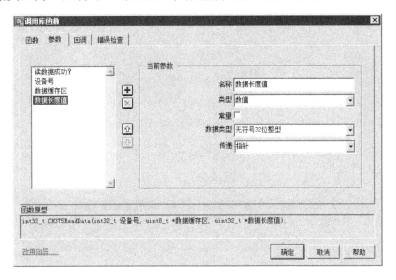

图 15-47　配置"CH375ReadData"函数第三个参数

3) 关闭 USB 设备　数据读取完毕，通过"CH375CloseDevice"函数将设备关闭，关于"CH375CloseDevice"函数在 LabVIEW 中的参数配置，与 CH375OpenDevice"函数类似。

如图 15-48 所示，LabVIEW 通过 CH375DLL. DLL 向 CH372 芯片写入数据。首先初始化打开设备；然后向 USB 设备写入一个字节的数据；最后关闭设备。

值得注意的是，通过 USB 向 CH375 写入数据时，一定要写入数据的长度，"数据长度 + 实际数据"的数据格式是计算机下传到 CH372 的标准数据包格式。如图 15-48 所示，在顺序结构的第一帧中，实际向 CH372 端点 2 的下传缓冲区写入 1 字节的数据，所以输入"CH375WriteData"函数第三个参数的数据长度是"1"。

图 15-48　调用 CH375DLL.DLL 向 USB 总线写入数据

如图 15-49 所示，将"CH375WriteData"函数返回值命名为"写数据成功?"，配置该返回值的数据类型为"有符号 32 位整型"。如果写入 CH372 端点 2 下传缓冲区数据成功，函数返回"1"，否则返回"0"。

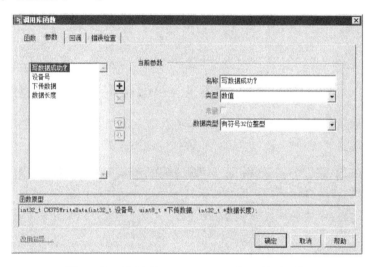

图 15-49　配置"CH375WriteData"函数返回值

如图 15-50 所示，将"CH375WriteData"函数第一个参数命名为"设备号"，配置该参数的数据类型为"有符号 32 位整型"，数据传递形式为"值"。

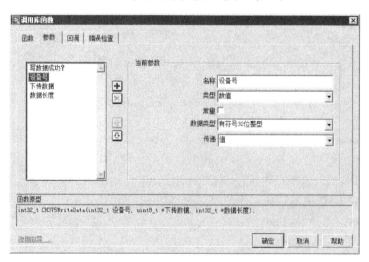

图 15-50　配置"CH375WriteData"函数第一个参数

如图 15–51 所示，将 "CH375WriteData" 函数第二个参数命名为 "下传数据"，配置该参数的数据类型为 "1 维无符号 8 位整型数组"，数据传递形式为 "数组数据指针"。

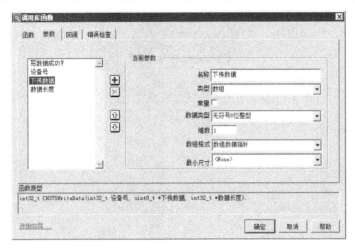

图 15–51　配置 "CH375WriteData" 函数第二个参数

如图 15–52 所示，将 "CH375WriteData" 函数第三个参数命名为 "数据长度"，配置该参数的数据类型为 "有符号 32 位整型"，数据传递形式为 "指针"。

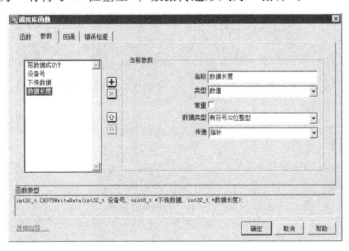

图 15–52　配置 "CH375WriteData" 函数第三个参数

【例 15–5】 编程使用 CH375DLL. DLL 文件实现 PC 与 CH372 通信。

本例在连续读取 CH372 端点 2 的上传数据的同时，要响应用户界面按钮的动作，这就是 "连续循环时的事件响应问题"。在 8.8 节中已将介绍了五种处理此种问题的办法，本例将应用其中的三种：超时事件、回调函数、自定义事件，实现连续读取 CH372 端点 2 的同时响应事件（向端点 2 写入数据）。

如图 15–53 所示构建上位机程序界面，本例中使用的下位机程序是 15.2.3 节中的程序。

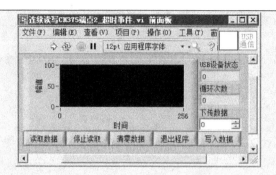

图 15-53   例 15-5 的程序界面

方法 1：如图 15-54 所示，程序框架是一个带超时的事件结构。将连续读取 CH372 端点 2 数据的程序代码在超时事件中实现，事件结构的其他分支叫以在超时等待时间内得到响应。

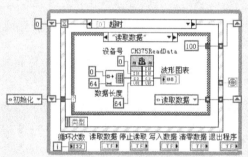

图15-54   在超时事件分支中实现连续循环机制

如图 15-55 所示，在超时事件分支中构建两个条件分支，完成两项工作：CH372 的初始化工作和连续读取 CH372 端点 2 上传缓存区中的数据。如图 15-55 所示，在 While 循环外部为超时事件分支中的状态机输入初始化指令，程序启动后先进入"初始化"分支使能 CH372 芯片。

图 15-55   在超时状态机中完成多项工作

如图 15-56 所示，为程序构建六个事件分支，实现的功能分别为：初始化 CH372 并实现连续的数据采集、触发数据采集、停止数据采集、向 CH372 端点 2 的下传缓存中写入数据、清空波形图表控件中的数据、退出程序。

方法 2：如图 15-57 所示，程序的框架是一个队列状态机，分支功能在状态机中实现，事件响应机制在回调 VI（另一个线程）中实现。

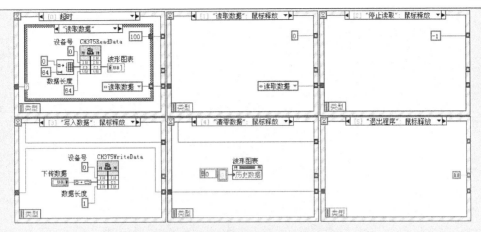

图 15-56 图 15-55 的事件分支

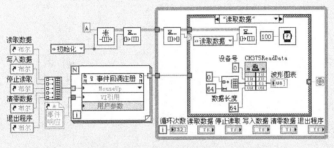

图 15-57 回调机制响应事件

如图 15-58 所示，为状态机构建五个分支，实现的功能分别为：初始化 CH372、连续读取 CH372 端点 2 上传缓冲区中的数据、向 CH372 端点 2 的下传缓冲区写入数据、清零波形图表控件中的数据、注销回调事件和队列引用并退出程序。

图 15-58 图 15-58 程序中的条件分支

如图 15-59 所示，在回调 VI 中响应主 VI 前面板中五个按钮，通过队列函数将按钮响应指令传递到主 VI 的状态机中。

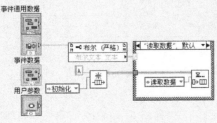

图 15-59 回调 VI 中加载指令

如图 15-60 所示，通过布尔类的属性节点"布尔文本"区分不同的按钮，在条件分支中为按钮加载指令。

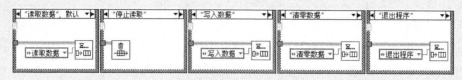

图 15-60　按钮的响应程序

方法 3：创建一个自定义事件分支，在该分支中通过"产生用户事件"函数产生事件，维持自身的持续运行，实现连续循环的功能。如图 15-61 所示，程序框架是一个包含自定义事件和超时事件的事件结构。

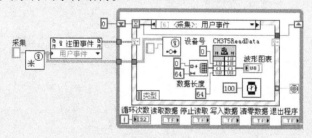

图 15-61　自定义事件中连续读取 CH372 端点 2 上传缓冲区中的数据

如图 15-62 所示，在超时事件分支中初始化 CH372，在"读取数据"按钮的"鼠标释放"事件分支中注册并产生自定义采集事件，在"停止读取"按钮的"鼠标释放"事件分支中通过"非法引用句柄常量"（"VI 程序框图—函数选板—编程—文件 I/O—文件常量—非法引用句柄常量"）注销自定义用户事件。

图 15-62　图 15-6 的事件分支

【例 15-6】 编程实现 CH372 请求应答模式通信。

CH372 请求应答模式的通信是由计算机发起的，具体的过程是这样的（以 CH372 的端点 2 为例）：计算机首先向 CH372 端点 2 下传缓冲区发起数据请求，CH372 收到数据请求后以中断的方式通知单片机，单片机进入中断服务程序。进入中断服务程序后，单片机通过"CH372 GET_ STATUS"命令取消中断状态（CH372 的 INT#引脚恢复高电平）并分析中断代码，得到的中断状态为"端点 2 的下传缓冲区接收数据成功"。单片机得到中断状态后作数据应答，将应答数据写入 CH372 端点 2 的上传缓冲区，然后退出中断服务程序。CH372 芯片收到数据后自动将应答数据返回给计算机。数据被计算机取走后，CH372 首先锁定当前 USB 缓冲区，防止重复发送数据，然后将 INT#引脚设置为低电平，向单片机请求中断。单片机再次进入中断服务程序，通过"CH372 GET_STATUS"命令取消中断状态（CH372 的 INT#引脚恢复高电平）并分析中断代码，得到的中断状态为"端点 2 的上传缓冲区发送数据成功"。然后单片机执行 UNLOCK_USB 命令，释放当前缓冲区，从而可以继续下一次 USB 通信。

本例中通过上位机（LabVIEW）向下位机发送 2 字节数据，单片机收到数据后将这 2 个值的算数和作为应答数据返回给上位机。

（1）本例使用图 15-40 所示的接口电路，单片机端的程序如下：

```c
#include < reg51. h >
#include < CH375INC. h >
#include < stdio. h >
#define DATA_PORT P1
sbit CH375_WR = P2^0;
sbit CH375_RD = P2^1;
sbit CH375_CS = P2^2;
sbit CH375_A0 = P2^3;
unsigned char Data_Length = 0;
unsigned INTStatus = 0;
unsigned char a[2];

void delay()
{
unsigned char i;
for(i = 0;i < 4;i ++);
}

void CH375_Write_Cmd(unsigned char cmd)
{
delay();
CH375_CS = 0;
CH375_A0 = 1;
DATA_PORT = cmd;
CH375_WR = 0;
delay();
CH375_WR = 1;
CH375_A0 = 1;
CH375_CS = 1;
delay();
}

void CH375_Write_Data(unsigned char dat)
{
delay();
```

```c
CH375_CS = 0;
CH375_A0 = 0;
DATA_PORT = dat;
CH375_WR = 0;
delay();
CH375_WR = 1;
CH375_A0 = 1;
CH375_CS = 1;
delay();
}

unsigned char CH375_Read_Data()
{
unsigned char Data;
delay();
CH375_CS = 0;
CH375_A0 = 0;
CH375_RD = 0;
delay();
Data = DATA_PORT;
CH375_RD = 1;
CH375_A0 = 1;
CH375_CS = 1;
delay();
return Data;
}

void Initialize_CH375()
{
CH375_Write_Cmd(CMD_SET_USB_MODE);
CH375_Write_Data(2);
}

void Outside_interrupt0_initialize()
{
    EA = 1;
    EX0 = 1;
    IT0 = 0;
}

void main()
{
    Initialize_CH375();
    Outside_interrupt0_initialize();
    while(1);
}

void Outside_interrupt0() interrupt 0
{
    CH375_Write_Cmd(CMD_GET_STATUS);   /* 取消中断请求 */
    INTStatus = CH375_Read_Data();            /* 获取中断状态 */
```

```
switch( INTStatus )
    {
    case USB_INT_EP2_OUT:                                    /* 端点 2 下传缓
                                                                冲区接收数据成
                                                                功 */
        {
            CH375_Write_Cmd(CMD_RD_USB_DATA);               /* 发送指令"读
                                                                取当前 USB 中断
                                                                的端点缓冲区"
                                                                给单片机,并释
                                                                放该缓冲区为读
                                                                取数据作准
                                                                备 */
            Data_Length = CH375_Read_Data( );              /* 读取后续数据
                                                                长度 */
            do
                {
                    a[ 2 − Data_Length] = CH375_Read_Data( );  /* 从 CH375 读
                                                                取的数据赋给
                                                                数组 */
                    Data_Length − − ;
                }
            while ( Data_Length > 0 );
            CH375_Write_Cmd(CMD_WR_USB_DATA7);             /* 向 USB 端点
                                                                2 的发送缓冲区
                                                                写入数据块 */
            CH375_Write_Data(1);                           /* 首先写入后续
                                                                数据长度 */
            CH375_Write_Data(a[0] + a[1]);                 /* 写入两数和到
                                                                CH375 */
        }
    case USB_INT_EP2_IN:                                    /* 端点 2 上传缓
                                                                冲区上传数据成
                                                                功 */
        {
            CH375_Write_Cmd(CMD_UNLOCK_USB);
        }
    default: break;
    }
}
```

（2）如图 15-63 所示构建上位机程序界面。

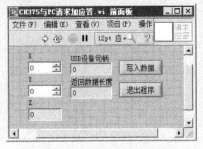

图 15-63　例 15-6 上位机界面

如图 15-64 所示，程序有三个事件分支，实现的功能分别为：初始化 CH372、向下位机发起数据请求并读取下位机上传的应答数据、退出程序。

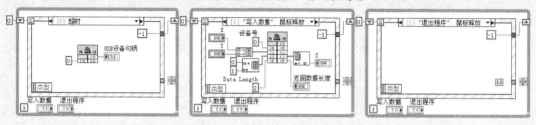

图 15-64　例 15-6 上位机程序

"调用库函数节点"函数调用了 CH375DLL. DLL 文件中的"CH375WriteRead"函数，该函数在 LabVIEW 中的配置情况如图 15-65 所示。

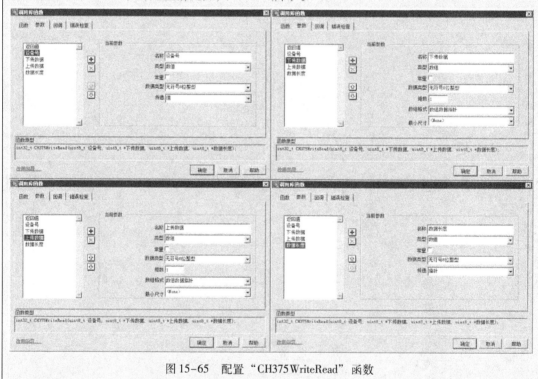

图 15-65　配置"CH375WriteRead"函数

15.2.5　基于 VISA 的 USB 通信

VISA（Virtual Instrument Software Architecture）是一个用来与各种仪器进行通信的高级应用编程接口。

使用 LabVIEW 的 VISA 函数进行 USB 总线通信时，首先要为 USB 设备配置驱动程序，通过 VISA 驱动配置向导可以快速地为 USB 设备配置驱动程序。

1. VISA 编写 USB 驱动程序

INF（Device INFormation File）是 Microsoft 公司为描述硬件设备信息而定义的一种文件

格式，INF 文件中包含硬件设备的信息或脚本以控制硬件操作。INF 文件中指明了硬件驱动该如何安装到系统中，源文件在哪里，安装到哪个文件夹中，怎样在注册表中加入自身相关信息，等等。

在 LabVIEW 中通过 VISA 函数库实现与 USB 总线通信时，需要首先编写 INF 文件，通过 NI 提供的"NI—VISA Driver Wizard"（VISA 驱动配置向导）可以快速地配置 INF 文件并自动安装，INF 文件还可以将 VISA 作为设备的默认启动程序使用。在配置 INF 文件前，首先要确认目标计算机上已经安装 VISA，只有安装了 VISA 才能使用相应的功能。通过"开始—程序—National Instruments—VISA—VISA Driver Developer Wizard"，可以打开 VISA 驱动配置向导，如图 15-66 所示。选择"USB"总线，并单击"Next"按钮进行驱动程序配置。

如图 15-67 所示，在设备信息配置对话框中输入 USB 通信芯片制造商的 VID、产品的 PID、制造商名称、产品代号。CH375 的 VID 为"4348"，PID 为"5537"。

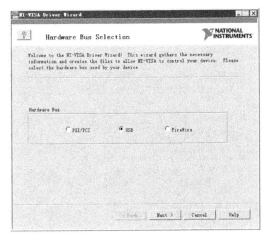

图 15-66　选择总线类型

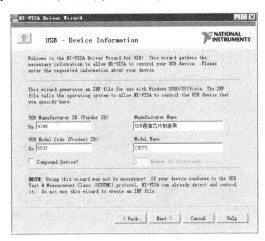

图 15-67　配置 USB 设备的基本信息

图 15-68 所示，在文件输出配置页中输入 INF 文件的文件名和磁盘的生成目录。

如图 15-69 所示，在安装操作配置页中保存默认选项（安装配置的 INF），单击"Finish"按钮完成配置 INF 文件并安装到计算机。

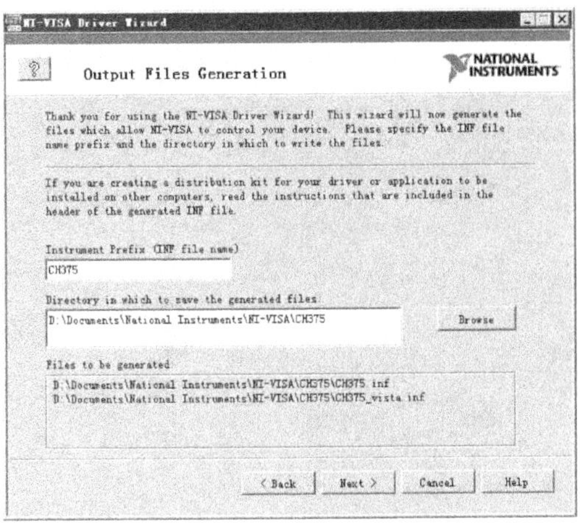

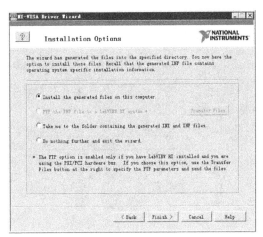

图 15-68　配置文件名称和输出路径

图 15-69　安装配置的 INF 文件

安装好 INF 文件后插入 USB 设备，Windows 操作系统弹出查找驱动对话框，选择 VISA 配置的驱动程序（INF 文件），就可以正确识别设备了。在"我的电脑"上右击并打开"设备管理器"，可以查看 USB 设备是否被 Windows 系统识别。在 USB 设备上右击，通过选择属性窗口可以看到通过 VISA 配置的 USB 设备的相关信息。

通过"NI—VISA Driver Wizard"配置的 INF 文件只能让 Windows 操作系统正确识别 USB 设备，在计算机应用层实现读/写 USB 设备是通过 VISA 函数实现的。

2. 基于 VISA 函数的 USB 通信

LabVIEW 与 USB 通信的顺利实现需要底层硬件与应用层的计算机协调工作，LabVIEW 中的 VISA 函数可以直接操作 USB 接口芯片的端点寄存器。上位机通过 USB 总线获取 USB 设备数据的过程是：单片机将数据发送到 CH372 的某个端点寄存器，等待上位机的 LabVIEW 将数据取走。当计算机将数据取走后，CH372 芯片通过中断输入引脚输出中端标识。CH372 芯片中断引脚"INT#"连接单片机的外部中断引脚"P3.2"，单片机收到中断后，知道数据已经被 LabVIEW 取走，继续发送数据。

如图 15-70 所示，利用 LabVIEW 的 VISA 函数实现简单的 USB 数据读取。程序的运行过程如下。

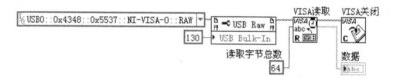

图 15-70　通过 VISA 函数读取 USB 总线数据

（1）通过"资源引用"枚举常量打开需要使用的硬件资源。

（2）通过属性节点"USB Bulk—In"设置 CH372 的上传端点 2 为批量上传的端点。输入"USB Bulk—In"属性的数据"130"，表示 CH372 批量端点 2 的上传端点号，十六进制表示为"82"，十进制表示为"130"。

（3）通过"VISA 读取"函数获取 CH372 批量端点 2 上传缓存区中的数据，由于数据是十六进制的，所以需要在字符串显示控件上右击，在弹出的快捷菜单中选择"十六进制显示"。

（4）读取完数据后，使用"VISA 关闭"函数将 CH372 的资源句柄关闭。

如图 15-71 所示，通过属性节点"USB Out"和"VISA 写入"函数向 CH372 端点 2 的批量下传缓冲区写入数据。

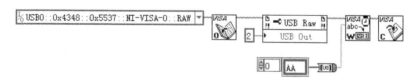

图 15-71　通过 VISA 函数写入 USB 总线数据

【**例 15-7**】基于 VISA 函数实现 USB 通信。

本例使用 LabVIEW 中的 VISA 函数实现与 USB 通用接口芯片 CH372 的通信。本例在例 15-3 的基础上将 VISA 读/写函数直接封装在 LV2 中，以实现 USB 数据的读/写，在全局的各个线程或者不同 VI 之间可以共享这些数据。本例同样采用多线程且辅助线程"子 VI 化"的设计模式，主线程采用的是事件驱动的队列消息处理器。

（1）如图 15-72 所示构建程序界面。

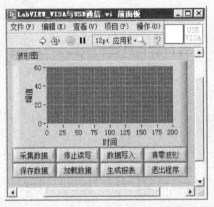

图 15-72　例 15-7 程序界面

（2）如图 15-73 所示，主线程是事件驱动的队列消息处理器，实现前面板用户操作的响应。辅助线程模块化为子 VI 的形式，分别实现：读取 USB 数据、波形显示、USB 写入的功能。

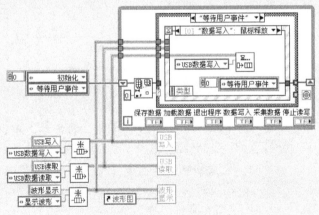

图 15-73　例 15-7 的顶层程序

（3）如图 15-74 所示，为主线程的队列消息处理器构建分支程序。如果主 VI 与动态调用的子 VI 在同一个文件夹中，也可以直接将子 VI 的相对路径连接到"打开 VI 引用"函数的路径输入端，函数将在当前 VI 路径下搜寻子 VI。

（4）在"初始化"分支中初始化 VISA 函数和全局数据存储器。在初始化程序中设置 CH372 的端点 2 作为批量数据通信的端点，在全局程序中保存 192 个数据。

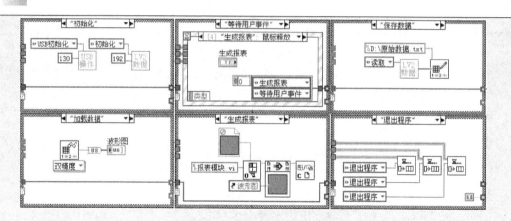

图 15-74　主线程的分支程序

子 VI "USB 操作" 中的程序代码如图 15-75 所示，四个条件分支分别实现 "USB 初始化"、"写入 USB 数据"、"获取 USB 数据"、"注销 USB 设备" 的功能。

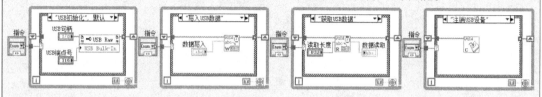

图 15-75　子 VI "USB 操作" 中的程序代码

如图 15-76 所示，LV2 型全局变量 "LV2 数据" 用于保存全局数据，程序的四个分支分别实现全局数据初始化、写入数据、读取数据、清零数据。

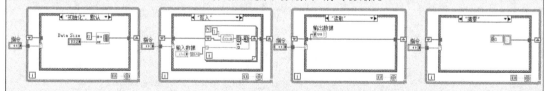

图 15-76　子 VI "LV2 数据" 中的程序代码

如图 15-77 所示，报表模块是一个事件机设计模式，包含两个事件分支。通过报表生成工具包中的函数创建 Word 报表和 Excel 报表，向报表中添加主 VI 波形图和 8 行 8 列的表格，通过 "添加表格至报表" 函数的 "MS Office 参数" 输入端设置表格与图片的间距。使用多事件分支构建程序的退出机制，当单击前面板窗口的关闭按钮或 "退出程序" 按钮时程序退出。

图 15-77　报表模块的程序代码

（5）如图 15-78 所示，在"等待用户事件"分支中创建事件响应机制。

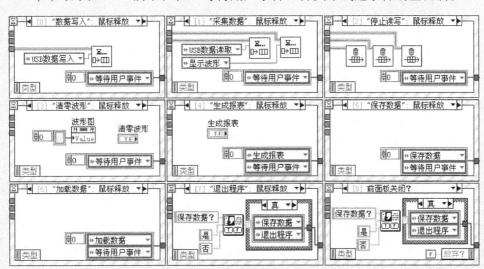

图 15-78　主线程的事件响应机制

（6）如图 15-79 所示编写"USB 数据写入"线程的程序代码，程序每 300ms 向 CH372 端点 2 的下传缓冲区写入 1 字节数据，实现走马灯效果。数据进入 CH372 端点 2 的下传缓冲区后，由单片机读取数据并将数据传递到单片机的 P0 口。

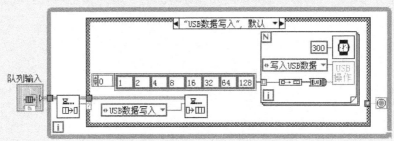

图 15-79　USB 写入线程

（7）如图 15-80 所示编写"USB 数据读取"线程的程序代码，程序每 100ms 读取一次 CH372 端点 2 上传缓冲区中的数据。

（8）如图 15-81 所示编写"显示波形"线程的程序代码，程序每 100ms 刷新一次波形图控件。

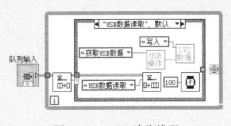

图 15-80　USB 读取线程

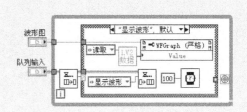

图 15-81　波形显示线程

15.3　计算机声卡通信

1. 计算机声卡简介

声卡是多媒体技术中最基本的组成部分，是实现交变电压信号与数字信号相互转换的一种硬件设备。声卡的基本功能是将话筒输入的模拟电压信号转换为数字信号，或者将计算机中的数字音频信号转换为模拟的电压信号。随着集成电路工艺的发展，集成电路的集成度越来越高，现在计算机的声卡一般集成在主板上。

计算机的声卡实际是一个 A/D & D/A 转换器，A/D 转换器是将自然界中的电压或电流等模拟信号转换为计算机可以识别的数字信号的设备。自然界中的声音是一种波，具有波长、频率、速度等物理特性。计算机的声卡无法直接将这种波动转换为数字信号，声音的波动信号首先通过话筒转换为交流电压信号，然后通过声卡将交变的电压信号转换为数字信号才能进入计算机。D/A 转换器是将数字信号转换为模拟信号的设备，计算机中的数字音频信号通过声卡的 D/A 转换部分还原为模拟的交变电压信号，再通过扬声器等设备将交变电压信号还原为声音。

2. 常用声卡操作函数

在 LabVIEW 中对计算机声卡的操作是通过声卡函数实现的，通过"VI 程序框图—函数选板—编程—图形与声音—声音"，可以获取声卡操作函数。

1）"配置声音输入"函数　如图 15-82 所示，通过"配置声音输入"函数可以配置声卡的 A/D 转换参数。

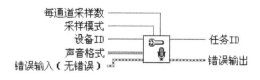

图 15-82　"配置声音输入"函数

（1）每通道采样数：用于设置声卡每个声道的缓存大小。

（2）采样模式：用于设置 VI 的采样模式，包括有限采样（采样一次）和连续采样。

（3）设备 ID：用于指定操作的目标设备，计算机及其外围设备一般从"0"开始编号，编号的最大值由计算机设备数决定。计算机通过对编号的枚举识别设备，通常情况下，声卡的设备号为"0"。

（4）声音格式：用于设置声卡的采集速率、启用通道个数以及每个通道的采样位宽，声音格式主要包含采样率、通道数、采样位宽。

☺采样率 S/s（点/秒）：采样率是指声卡进行 A/D 转换的速率，单位为 S/s（每秒能转换多少个模拟值）。A/D 转换是伴随有信息丢失的，采样率越高，经过声卡进行转换后的数字信号相对于原始模拟信号的信息丢失量越小。例如，有一个 0～10mV 电压变化的锯齿波输入声卡的左声道，周期为 1s，声卡左声道的采样率为 10S/s。声卡一般是 16 位的位宽，经过声卡的 A/D 转换可以在计算机声卡缓存中得到二进制数 0000 0000、0000 0001、0000 0010、0000 0011、0000 0100、0000 0101、0000 0110、0000

0111、0000 1000、0000 1001。用这 10 个二进制数对 0～10 之间的模拟电压进行量化，那么声卡每秒可以转换 10 个模拟值：0～9。0～9 之间有无穷多个值，但是经过声卡的模数转换后，只有这 10 个数值被采样到计算机中。如果将声卡的采样率提高到 1000S/s，则可以得到 0000 0000 0000 0000、0000 0000 0000 0001、0000 0000 0000 0010、…、0000 0011 1110 0111。用这 1000 个二进制数对 0～9 之间的模拟电压进行量化，那么声卡每秒可以转换 1000 个模拟值：0、0.001、0.002、…、9.998、9.999。这样采样得到的信息量就大大增加了，但是占用的计算机内存也更大了。

☺ 通道数：设定启用通道的个数，一般的计算机声卡有两声道：左声道和右声道，具有两个声道的声卡又称立体声声卡。

☺ 每采样比特数（采样位宽）：声卡是 A/D 转换设备，实现的功能是模拟信号转换为数字信号。现在一般的声卡位宽为 16 位，一个模拟的声音输入电压可以量化为一个 16 位数字量。位宽越大，经过声卡进行转换后的数字信号相对于原始模拟信号的精度越高。

（5）任务 ID：返回设备的 ID 号。

2）"读取声音输入"函数　如图 15-83 所示，通过"读取声音输入"函数可以获取声卡的输入数据。

（1）每通道采样数：用于设置每条通道从计算机声卡缓存中读取的字节数。

（2）任务 ID：要进行操作的目标设备的设备号，连接到其他声卡操作函数的任务 ID。

（3）数据：从计算机声卡缓存中读取的声音数据。该数据输出端子返回两元素的一维数组，表示两个声道的数据。如果在"配置声音输入"函数的"声音格式"输入端的簇元素"通道数"中输入"1"，则只启用单通道。那么该数据输出端子只能返回一个元素的一维数组，表示单通道数据。

每个声道的数据类型是波形数据，可以使用"获取波形成分"函数提取波形数据中的单个元素。

3）"配置声音输出"函数　如图 15-84 所示，通过"配置声音输出"函数可以配置声卡的 D/A 转换参数，该函数的参数配置与"配置声音输入"函数类似。

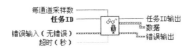

图 15-83　"读取声音输入"函数

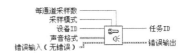

图 15-84　"配置声音输出"函数

4）"写入声音输出"函数　如图 15-85，通过"写入声音输出"函数可以向声卡写入数据。

5）"设置声音输出音量"函数　如图 15-86 所示，通过"设置声音输出音量"函数可以调节声卡输出模拟信号的幅值。

图 15-85　"写入声音输出"函数

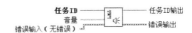

图 15-86　"设置声音输出音量"函数

（1）任务 ID：要进行操作的目标设备的设备号，连接到其他声卡操作函数的任务 ID。

（2）音量：该输入端用于指定声音操作的音量。"0"表示静音，"100"表示最大音量，默认值为"100"。该输入端可以输入标量数据或数组数据，当输入标量数据时，可以调节一个声道的音量；当输入数组数据时，数组数据中有两个元素，可以调节两个声道的音量。

6）声音输入/输出清零   "声音输入清零"函数和"声音输出清零"函数用于停止音频设备并清空声卡缓存。使用该函数后，LabVIEW 将清除与声卡任务相关的资源，声卡任务变为无效。

3．基于计算机声卡的通信

如图 15-87 所示是一个声卡连续采集的程序，在 While 循环内部使用"Sound Input Read"函数连续读取声卡输入缓冲区中的数据。程序启动时，先初始化声卡参数，设置声卡的采样率为 6000S/s，启用双通道，采样位宽为 16 位，声卡每通道的输入缓冲区大小为 200 个数据。程序结束，通过"Sound Input Clear"函数将输入缓存清空并注销声卡采集任务以防内存泄露。在编程应用中，一般将缓存大小与读取的字节数设置为相等。采样率设置的越大，需要的缓存越大，如果采样率很大，而缓存设置的很小，则可能发生溢出，LabVIEW 将报错。从声卡读取的数据为两元素的一维数组，每个元素代表一个通道的数据。每通道的数据类型为波形数据，包括时间、幅值和起始位置，使用"获取波形成分"函数（"VI 程序框图—函数选板—编程—波形—获取波形成分"）可以获取波形成分中的元素。

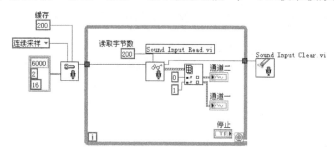

图 15-87   声卡的连续采集程序

如图 15-88 所示是一个向声卡连续写入数据的程序，在循环外部对声卡进行初始化。通过"配置声音输出"函数设置输出采样率为 6000S/s，声卡输出缓存大小为 200 个数据。在 While 循环中通过"写入声音输出"函数连续向声卡写入数据，输出波形的幅值通过"设置声音输出音量"函数调节。程序结束后，通过"声音输出清零"函数将输出缓冲区清零并注销声卡写入任务。

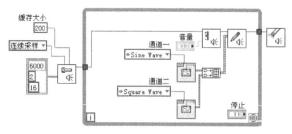

图 15-88   声卡的连续写入程序

　　计算机的声卡连接线是 3.5mm 音频线，接头有三个阶梯层次的圆柱体，分别是公共地、左声道、右声道。进行声卡操作时，声音的音量是波形输出的实际幅值。可以用两头都是 3.5mm 的音频线将计算机的话筒和音频输出连接，验证图 15-86 和图 15-87 所示程序代码。

【例 15-8】 使用后台程序实现声卡数据的写入和读取。

　　对于连续循环 + 用户事件响应的问题，前面已经探讨了五种解决方案，在 15.1 节和 15.2 节中也列举了类似问题的应用。本例使用两个后台 VI 实现声卡数据的写入和读取，两个后台 VI 运行在各自独立的线程，使声卡的读/写操作互不影响。本例意在拓展编程知识面，提高读者在实际编程中解决问题的能力，使读者深入了解"静态 VI 引用"函数的功能。配合 VI 类的属性节点和方法，实现在一个 VI 中控制其他 VI 的运行、停止、加载内存、卸载内存。

　　本例运行两个后台 VI，实现对声卡的读/写操作。如果用两头都是 3.5ms 的音频线连接计算机的耳机插孔和话筒插孔，就可以实现自发自收的功能。

　　（1）按图 15-89 所示构建程序界面。

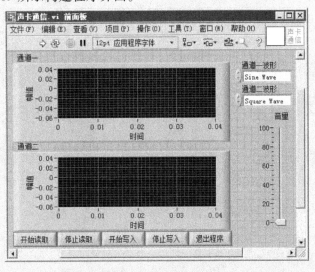

图 15-89　例 15-8 的程序界面

　　（2）主程序的程序框架是一个事件处理器，如图 15-90 所示是后台 VI "声卡写入"的启动和停止程序。后台 VI 的句柄通过"静态 VI 引用"函数获取，通过"VI 程序框图—函数选板—编程—应用程序控制—静态 VI 引用"，可以获取"静态 VI 引用"函数。在"静态 VI 引用"函数上右击，在弹出的快捷菜单中选择"浏览路径"并选中目标 VI，可以得到计算机硬盘上 VI 文件的引用句柄。既然是静态 VI 引用，那么加载内存的形式一定是常驻内存，当主 VI 被打开时，静态引用 VI 随主 VI 一起加载内存。得到目标 VI 的引用句柄后，可以通过属性节点和方法实现对目标 VI 的打开、关闭、修改目标 VI 中控件值的操作。图 15-91 所示程序中，用 VI 类的属性节点"状态"获取后台 VI "声卡写入"的运行状态。该属性节点输出的数据类型为自定义枚举类型，将该属性节点的数据输出端连接到条件结构后，条件结构自动识别枚举选项。VI 类的属性节点"状态"输出四个值：Bad、Idle、Run top level、Running，分别表示：VI 包含错误并且无法执行、VI 在内存中但没有运行、VI 属于活动层次结构中的顶层 VI、VI 已由一个或多个处于活动状态的顶层 VI 调用。用 VI 类的属性节点"状态"判断 VI 是否运行，如果 VI 在内存中没有运行就通过 VI 类的方法"运行"，使后台 VI 运行。

【注意】"运行"的输入端"Wait Uutil Done"应输入"假"，否则主 VI 的程序将停滞在该处，直到后台 VI 运行结束为止。在"停止写入"按钮的"鼠标释放"事件分支中，则通过 VI 类的属性节点"状态"判断 VI 的运行状态。如果后台 VI 正在运行，则通过 VI 类的方法"设置控件值"给后台 VI 中的停止按钮赋值"真"，使后台 VI 停止运行，相当于鼠标单击图 15-91 中前面板的"停止"按钮。

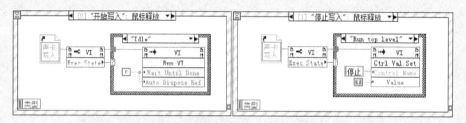

图 15-90　启/停后台 VI "声卡写入"

如图 15-91 所示，在后台 VI "声卡写入"中向计算机声卡写入数据。

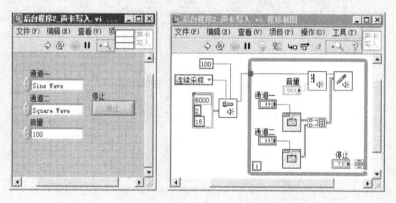

图 15-91　后台 VI "声卡写入"的前面板和程序框图

（3）如图 15-92 所示是后台 VI "声卡读取"的启动和停止程序。

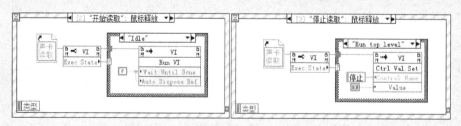

图 15-92　启/停后台 VI "声卡读取"

【注意】单击主 VI 工具栏上的"停止"按钮无法停止后台 VI"声卡读取"或"声卡写入"，这只能使主 VI 停止运行。

（4）如图 15-93 所示，通过主 VI 中的三个按钮："音量"、"通道一波形"和"通道二波形"，配合 VI 类的方法"设置控件值"修改后台 VI"声卡写入"中对应控件的值，达到修改声卡输出的波形参数的目的。

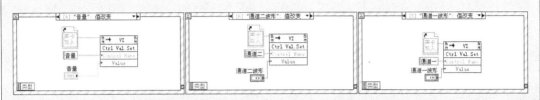

图 15-93　修改后台 VI"声卡写入"中控件的值

如图 15-94 所示，在后台 VI"声卡读取"中，通过主 VI 的静态 VI 句柄和 VI 类的方法"设置控件值"建立后台 VI"声卡读取"和主 VI 中两个波形图控件"通道一"、"通道二"的关联，并将从声卡采集的数据通过 VI 类的方法"设置控件值"赋给这两个波形图控件。

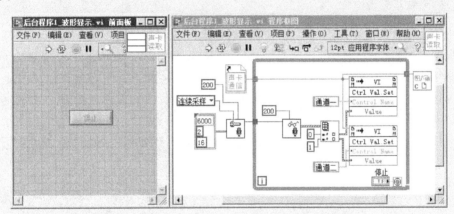

图 15-94　后台 VI"声卡读取"的前面板和程序框图

（5）如图 15-95 是程序的退出机制，首先判断后台 VI 是否在运行，如果正在运行，则通过为后台 VI 前面板"停止"按钮赋值"真"，停止后台 VI。

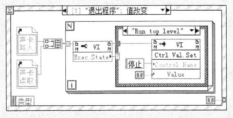

图 15-95　例 15-8 的退出机制

第16章 LabVIEW 应用程序制作

Windows 操作系统下可执行文件的扩展名为 ". exe"，以 ". exe" 为扩展名的文件又称应用程序。LabVIEW 程序的扩展名为 ". vi"，该扩展名为 LabVIEW 自定义的程序扩展名，这样的文件不是可执行文件（应用程序）。将扩展名为 ". vi" 的 LabVIEW 程序脱离 LabVIEW 编辑环境是无法运行的，必须将其制作为扩展名为 ". exe" 的文件才能脱离 LabVIEW 编辑环境独立运行。

LabVIEW 编程环境集成了应用程序生成器（LabVIEW Application Builder），通过 LabVIEW 的应用程序生成器可以生成应用程序（EXE 文件）、安装程序、共享库（DLL 文件）、Zip 文件。

16.1 修改主程序外观

由于 Windows 操作系统下的桌面程序一般包含菜单和工具栏，为了保证 LabVIEW 生成的应用程序与一般的 Windows 有相同的风格，可以通过 VI 属性对话框中的"窗口外观"选项页修改 VI 前面板的样式，使 VI 前面板的工具栏、运行按钮、停止按钮不可见，只保留 VI 菜单项。通过 VI 菜单项"文件—VI 属性"，或者在 VI 前面板右上角的 VI 图标上右击并选择"VI 属性"均可以调出 VI 属性对话框。

下面将详细讲解制作例 15-7 程序安装包的过程，制作为安装包后就可以安装并在没有 LabVIEW 开发环境的机器上运行。

16.2 修改路径

动态调用的子 VI 靠路径加载内存，但是应用程序的安装目录是由用户决定的，程序的制作者无法得知。因此，应用程序的安装目录一般无法维持源程序的磁盘路径，这需要调整动态调用 VI 的路径。一般而言，动态调用的 VI 作为整个程序的一部分与主应用程序在同一个安装目录下，通过"应用程序目录"函数（"VI 程序框图—函数选板—编程—文件 I/O—文件常量—应用程序目录"）可以获取该函数所在 VI 的路径，进而可以获取动态调用 VI 的

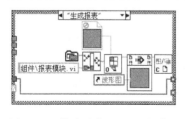

图 16-1　修改动态调用 VI 的路径

路径。在本例制作的程序安装包中，动态调用的"报表模块"被置于"组件"文件夹中。当用户安装程序时，"报表模块"的调用路径就是安装目录下的"组件"文件夹，需要将图 15-75 中"生成报表"分支中的加载路径修改为图 16-1 所示。获取路径的思路是：首先通过"应用程序目录"函数获取安装路径，也就是用户安装程序时指定的磁盘路径；然后通过"创建路径"函数将"组件"文件夹

和动态调用的 VI 名称与安装路径合并成完整的路径，输入到"打开 VI 引用"函数的路径输入端。

16.3　创建 LabVIEW 项目

LabVIEW 的应用程序生成器包含在项目中，首先要创建一个 LabVIEW 项目，有以下两种方法。

1）通过导航窗口创建项目　在导航窗口中选择项目，可以创建一个 LabVIEW 项目。然后通过在"我的电脑"上右击，选择"添加—文件"将"LabVIEW_VISA 与 USB 综合通信 . vi"添加到创建的新项目中。

2）通过 VI 创建项目　打开"LabVIEW_VISA 与 USB 综合通信 . vi"文件，选择 VI 菜单项"项目—新建项目"。在弹出的对话框中将提示是否将打开的 VI 添加到项目中，单击"是"按钮可以将当前打开的 VI 添加到项目中。

将"LabVIEW_VISA 与 USB 综合通信 . vi"添加到项目中后，该 VI 中静态调用的子 VI、DLL 文件等都自动加载到"依赖关系"选项下，展开"依赖关系"选项可以查看"LabVIEW_VISA 与 USB 综合通信 . vi"调用的底层 VI。在"依赖关系"选项中的某个静态调用子 VI 上右击，通过快捷菜单项"查找—调用方"可以查看该子 VI 的调用方。

> **【注意】**"LabVIEW_ VISA 与 USB 综合通信 . vi"中动态调用的子 VI 要手动添加，通过"我的电脑"的快捷菜单选项"添加—文件"可以向项目中添加目标文件。

由于在程序中用到了 NI 的报表生成工具包（Report Generation Toolkit for Microsoft Office），所以在生成应用程序时要加入"_Excel Dynamic VIs. vi"和"_Word Dynamic VIs. vi"，否则生成的应用程序无法运行报表模块。这两个文件在 LabVIEW 的安装目录下，如果 LabVIEW 的安装路径为 D 盘，那么这两个文件所在的路径分别是："D：\LabVIEW 2009 \vi. lib \addons _office_exclsub. llb _ExcelDynamicVIs. vi"和"D：\LabVIEW 2009 \vi. lib \addons _office _wordsub. llb _Word Dynamic VIs. vi"。

在"LabVIEW_VISA 与 USB 综合通信 . vi"中使用了 VISA 函数与 USB 总线通信，这就需要用到"VISA 驱动配置向导"配置的 USB 驱动程序：USB_VISA_vista. inf 和 USB_VISA. inf。在项目中"我的电脑"上右击，在弹出的快捷菜单中选择"添加—文件"，将这两个文件添加到项目中。由于"报表模块 . vi"采用了动态调用，所以也需要手动将该子 VI 添加的项目中。

将制作程序安装包用到的文件都加入到项目后，可以得到图 16-2 所示的文件组织形式。

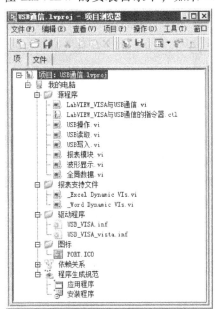

图 16-2　项目中的文件组织形式

16.4 生成应用程序（EXE 文件）

在"程序生成规范"上右击，在弹出的快捷
菜单中选择"新建—应用程序（EXE）"，调出应用程序属性配置对话框。如图 16-3 所示，在对话框左侧的选项中可以对相关选项进行设置，在"信息"选项页中设置"程序生成规范名称"、"目标目录"以及"程序生成规范说明"。

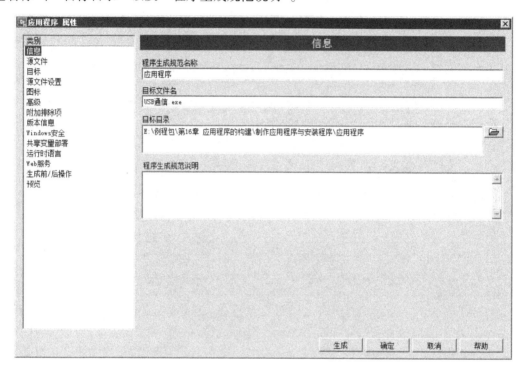

图 16-3 "信息"选项页

如图 16-4 所示，在"源文件"选项页中配置主程序和动态调用的 VI。一般情况下，将启动界面或主程序导入"启动 VI"目录下，动态调用的 VI 和其他支持文件导入"始终包含"目录下。

LabVIEW 的项目文件不仅可以统一分类管理一个工程中的所有 VI，而且还包含了所有 VI 之间的调用关系。LabVIEW 的应用程序生成器参考项目文件中的调用关系制作生成主应用程序及其附属文件和文件夹，进而确定生成的应用程序与所有子 VI、DLL 文件以及其他支持文件的调用关系，使生成的应用程序可以正常运行。在默认的情况下，根据调用关系，静态调用的 VI 自动包含到应用程序中，所以无须将静态调用的 VI 添加到"始终包含"目录下。动态调用的 VI 是通过程序框图中的路径调用的，项目中无法保存动态调用 VI 的调用关系。如果不将动态调用的 VI 置于"始终包含"文件框中，则应用程序生成器在生成应用程序时将忽略该文件。即使在"源文件设置"选项页中为动态调用的 VI 设置了生成的目标路径，在生成的文件夹中也没有该 VI，所以要将动态调用的 VI 置于"始终包含"文件框中。

图 16-4 "源文件"选项页

在"目标"选项页中设置生成的应用程序及其附属文件（文件夹）在计算机硬盘上的文件组织形式（目录结构）。"目标"选项页中，可以手动添加文件夹，将 VI 或支持文件置于自定义的文件夹中。如图 16-5 所示，自定义添加了四个文件夹："组件"、"其他文件"、"报表支持文件"、"图标"。通过目标文件框底部的"＋"按钮和"×"按钮，可以添加或删除自定义的文件夹。

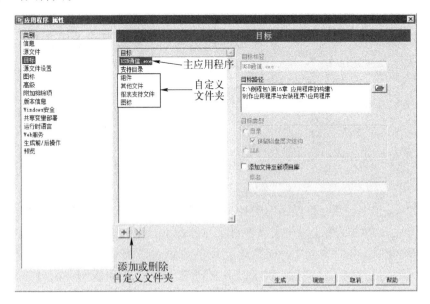

图 16-5 "目标"选项页

如图 16-6 所示，在"源文件设置"选项页中，通过"目标"下拉列表中的枚举选项可以设置 VI 或其他支持文件的生成目录。默认的生成文件是"USB 通信.exe"，这是最终生成的主应用程序。如果选择"使用默认保存设置"，则目标文件将生成在主应用程序"USB 通信.exe"内部，并保持项目中主 VI 与子 VI 的调用关系。

图 16-6 "源文件设置"选项页

一般而言，被静态调用的子 VI 应该选择生成目标为"与调用方相同"，这样无论该子 VI 有多少静态调用方，都可以保持与该子 VI 的调用关系。但是这有可能生成同一个子 VI 的多个副本，使生成的应用程序庞大而凌乱，这种情况下也可以将该子 VI 的生成目标设置为主应用程序内部。在应用程序生成过程中，虽然该静态子 VI 被生成在主 VI 的内部并与主 VI 合并为一个扩展名为".exe"的主应用程序，但是无论调用它的 VI 生成在哪个文件夹中，都可以正常调用该子 VI。如果静态调用的子 VI 较多，为了规范管理子 VI，可以在"目标"选项页中单独创建一个子 VI 文件夹，将静态调用的子 VI 置于该文件夹中。在本例中，静态调用的 VI 和自定义控件有：LabVIEW_ VISA 与 USB 通信的指令器.ctl、USB 操作.vi、USB 读取.vi、USB 写入.vi、波形显示.vi、全局数据.vi，设置这些文件的生成目标为"USB 通信.exe"。主 VI"LabVIEW_VISA 与 USB 通信.vi"是应用程序中的主文件，它的生成目录是无法改变的。由于在"信息"选项页中设置生成的应用程序的名称为"USB 通信.exe"，所以当静态调用的子 VI 选择生成目标为"USB 通信.exe"时，它将与主 VI"LabVIEW_VISA 与 USB 综合通信.vi"合并生成一个文件名为"USB 通信.exe"的应用程序。

动态调用的子 VI 是通过路径调用的，必须将动态调用的子 VI 置于单独的文件夹中。对于动态调用方而言，可以通过"应用程序目录"函数、"创建路径"函数找到生成目录下动态子 VI 的正确调用路径。本例中，将动态调用的"报表模块.vi"生成在自定义的文件夹"组件"中，可以通过更新"组件"文件夹中的动态子 VI 达到升级程序的目的。

将"_Excel Dynamic VIs.vi"和"_Word Dynamic VIs.vi"的生成目标设置为自定义文件夹"报表支持文件"，这两个文件中分别包含了 Word 类和 Excel 类报表的初始化实例，是使用 NI 报表生成工具包构建 Word 报表和 Excel 报表的基础。在生成应用程序后，如果没有这两个文件，Word 报表和 Excel 报表的功能将失效。

依赖关系文件的生成目标比较灵活，保持默认的选项或选择"与调用方相同"都可以。LabVIEW 报表生成工具包中的函数是以子 VI 的形式提供给用户的，每个报表函数又层层调用了许多底层的 VI，这使得"依赖关系"中"vi. lib"文件夹下有许多关于报表函数的更底层的 VI 和面向对象的类，这些文件都是报表函数直接或间接调用的。如果将"依赖关系"中的文件默认生成在主应用程序（USB 通信 . exe）内部，将使得主应用程序文件很大。为了简化主应用程序，将"依赖关系"中的 VI 生成在自定义的文件夹"其他文件"中。在实际的程序开发中，为了进一步简化应用程序的目录结构，可以考虑将报表模块制作为 DLL 动态链接库的形式，将报表函数用到的支持文件都封装在 DLL 内部。

"USB 通信 . exe"这个应用程序的生成过程是：在应用程序的整个生成过程中，"USB 通信 . exe"是以文件夹的形式出现的。然后经过 LabVIEW 应用程序生成器处理过的主 VI（LabVIEW_VISA 与 USB 综合通信 . vi）和静态调用的 VI 被复制到该文件夹中。最后，应用程序生成器将"USB 通信 . exe"这个文件夹转换为同名的应用程序。

> **【注意】** 在本例中，"LabVIEW_VISA 与 USB 综合通信 . vi"和"报表模块 . vi"都静态调用了子 VI"全局数据 . vi"，而在生成应用程序时，"全局数据 . vi"和"LabVIEW_VISA 与 USB 综合通信 . vi"一起生成到了主应用程序（USB 通信 . exe）内部。是不是生成应用程序后，"报表模块 . vi"无法调用子 VI"全局数据 . vi"呢？实际上，在生成应用程序时，LabVIEW 保存了调用关系。生成应用程序后，可以将主应用程序（USB 通信 . exe）看作一个文件夹，"报表模块 . vi"从文件夹"USB 通信 . exe"中调用子 VI"全局数据 . vi"。

如图 16-7 所示，在"图标"选项页中设置主程序窗口左上角的窗口图标。默认的情况下，窗口图标是 LabVIEW 的默认图标，也就是在 LabVIEW 编程环境下 VI 前面板左上角的图标。不再勾选"使用默认 LabVIEW 图标文件"后，可以添加计算机硬盘上的图标，图标

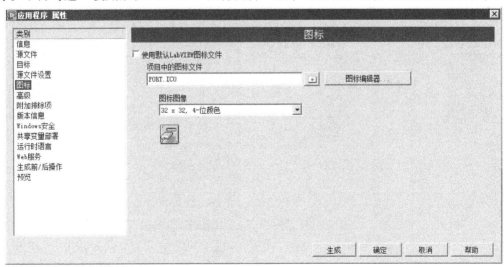

图 16-7 "图标"选项页

的文件格式为".ico"。用户还可以制作自定义的应用程序窗口图标，单击"图标编辑器"可以调出编辑自定义图标的图标编辑器。如果在"图标"选项页中定义了应用程序的图标，那么生成应用程序后，与应用程序相关的所有窗口左上角的图标都是在这里定义的图标。

如图 16-8 所示，在"附加排除项"中一般不勾选"移除未使用的多态 VI 实例"，否则在使用试用版 LabVIEW 软件生成应用程序时可能出错。

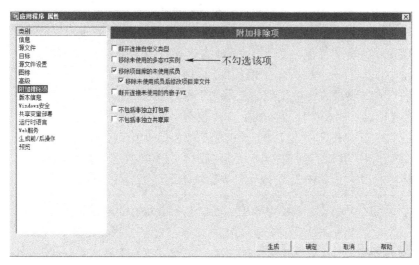

图 16-8　"附加排除项"选项页

如图 16-9 所示，在"预览"选项页中可以预览生成的应用程序在磁盘上的目录组织形式以及生成文件的数目，单击"生成"按钮，LabVIEW 将按当前预览的目录结构生成应用程序。

图 16-9　"预览"选项页

16.5　制作程序安装包

LabVIEW 制作的应用程序与其他语言有所不同，将 LabVIEW 中普通的 VI 制作为扩展名为 ".exe" 的应用程序后，还是不能在没有安装 LabVIEW 编程环境的计算机上运行。还需要在运行程序的计算机中安装 LabVIEW 运行引擎。

LabVIEW 运行引擎（LabVIEW Run—time）是将 VI 程序代码调度运行起来的保证机制，LabVIEW 是图形化的编程语言，将图形程序解释为 Windows 操作系统识别的代码需要 "运行时引擎" 的支持。一般将 "运行时引擎" 和主应用程序制作为一个程序安装包，将主应用程序和 "LabVIEW 运行引擎" 安装在目标计算机上。LabVIEW 的 "运行引擎" 有很多版本，每个版本的 LabVIEW 开发环境对应一个版本的 "运行引擎"。每个版本的 LabVIEW 开发环境开发的 VI 在制作为安装程序时，最好选用当前版本的 "运行引擎"。如果 VI 中用到了 VISA 函数库，则还要将 "VISA 运行时引擎" 安装在目标计算机中，否则与 VISA 函数相关的接口通信模块无法正常工作。

在 "程序生成规范" 上右击，在弹出的快捷菜单中选择 "安装程序"，可以调出安装程序配置对话框。如图 16-10 所示，在 "产品信息" 选项页中为安装程序命名并设置安装程序的生成路径。

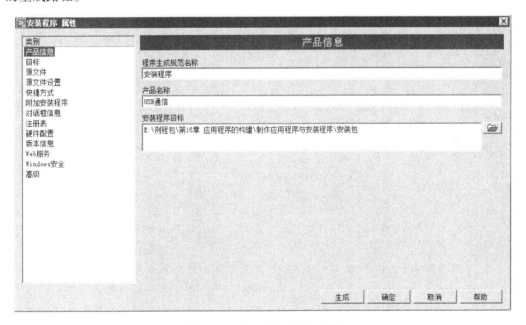

图 16-10　"产品信息" 选项页

如图 16-11 所示，在 "源文件" 选项页中配置安装目录的文件组织形式，在 "目标视图" 栏中有许多有特殊含义的文件夹，它们的含义如下。

☺ 所有用户_桌面：该文件夹是指桌面文件夹、桌面快捷方式所在的文件夹，在计算机 C 盘下。

☺ 个人：该文件夹是指 "我的文档" 所在的文件夹，在计算机 C 盘下。

☺ 程序文件_公共：该文件夹是指 C 盘目录下的 "ProgramFiles" 文件夹，一般是默认的程序安装路径。

☺ 系统：该文件夹是指 Windows 操作系统安装目录下的"System"文件夹，在该文件夹中一般包含系统级的支持文件，如动态链接库文件、驱动程序等。本例中关于通过 VISA 进行 USB 通信的驱动程序就安装在该文件夹中。当 USB 设备插入计算机的 USB 接口时，Windows 操作系统将弹出查找设备驱动的对话框，然后自动搜索 System 文件夹，查找与插入的 USB 设备匹配的驱动程序。

☺ 临时：该文件夹是指 Windows 操作系统临时文件夹，在 C 盘下。

☺ Windows：该文件夹是指 Windows 操作系统的安装目录。

在图 16-11 中，在"程序文件"文件夹下的"USB 通信"文件夹上有一个红色的对勾标记，表示这是默认的安装路径。程序安装包的安装过程实际上是一个解压缩的过程，是将安装包中的一个或多个应用程序（EXE 文件）和其他支持文件解压缩到目标计算机指定磁盘目录的过程。

按图 16-11 所示的安装目录文件组织形式，安装包的默认安装路径为"C:\Program Files\USB 通信"。驱动程序 USB_VISA_vista. inf 和 USB_VISA. inf 的安装路径为"C:\WIN-DOWS\system\USB 驱动程序"。在实际应用中，一般不将设备的驱动程序安装到安装程序目录下，而是安装到 Windows 系统文件夹中，这样可以避免一些不可预知的错误。

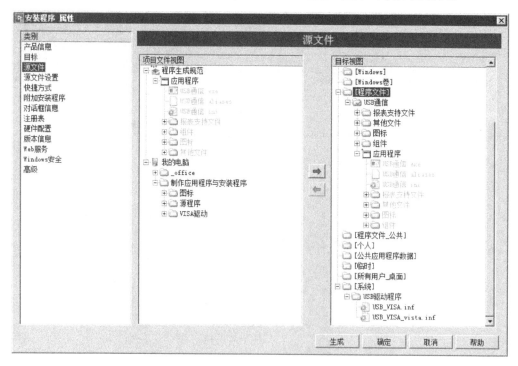

图 16-11　配置安装包的安装目录

如图 16-12 所示，在"快捷方式"选项页中设置程序的快捷方式。默认情况下，安装包生成的主程序的快捷方式默认与主程序在相同的安装目录。但是对于一般的应用而言，需要在桌面生成主程序的快捷方式，在"快捷方式"选项页中的"目录"下拉列表中选择"DesktopFolder（桌面文件夹）"，可以在目标计算机的桌面生成主程序的快捷方式。如果安装程序中打包了多个应用程序，则可以分别通过"添加"按钮或"删除"按钮添加或删除其他应用程序的快捷方式。

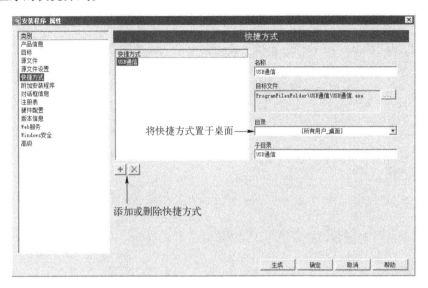

图 16-12　"快捷方式"选项页

如图 16-13 所示，在"附加安装程序"选项页中添加"LabVIEW 运行时引擎"和其他附加组件，如果在程序中用到了 VISA 函数，则必须将"VISA 运行时引擎"也添加到安装程序中。

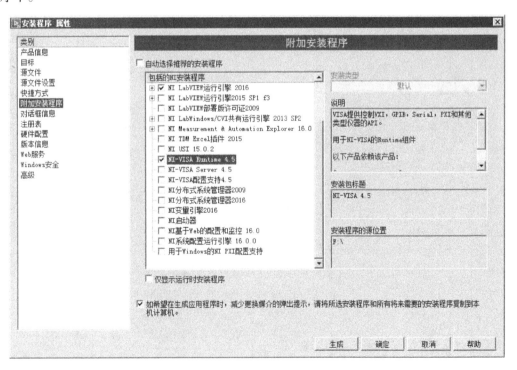

图 16-13　"附加安装程序"选项页

反侵权盗版声明

电子工业出版社依法对本作品享有专有出版权。任何未经权利人书面许可,复制、销售或通过信息网络传播本作品的行为;歪曲、篡改、剽窃本作品的行为,均违反《中华人民共和国著作权法》,其行为人应承担相应的民事责任和行政责任,构成犯罪的,将被依法追究刑事责任。

为了维护市场秩序,保护权利人的合法权益,本社将依法查处和打击侵权盗版的单位和个人。欢迎社会各界人士积极举报侵权盗版行为,本社将奖励举报有功人员,并保证举报人的信息不被泄露。

举报电话:(010)88254396;(010)88258888

传　　真:(010)88254397

E-mail:dbqq@phei.com.cn

通信地址:北京市海淀区万寿路173信箱

　　　　　电子工业出版社总编办公室

邮　　编:100036